全国高影响天气监测预报服务技术复盘(2022年)

中国气象局

气象出版社
China Meteorological Press

内容简介

本书精选2022年影响较大的重大气象灾害过程、气候事件等典型案例，系统复盘监测预报服务过程，深入分析预报服务难点，凝练提取可推广应用的预报技术或方法，总结形成可复制可借鉴的预报经验；还对气象雷达、气象卫星、多源融合数据、数值预报等年度最新产品和应用技术及其在高影响天气、灾害性天气等监测预报服务中的作用进行了总结。

本书可供气象监测预报服务工作者和科研人员学习参考，也可供相关院校师生案例教学使用。

图书在版编目（CIP）数据

全国高影响天气监测预报服务技术复盘. 2022年 / 中国气象局编著. -- 北京 : 气象出版社, 2023.8（2025.1重印）
ISBN 978-7-5029-7966-9

Ⅰ. ①全… Ⅱ. ①中… Ⅲ. ①天气预报－气象服务－研究－中国－2022 Ⅳ. ①P45

中国国家版本馆CIP数据核字(2023)第077349号

Quanguo Gaoyingxiang Tianqi Jiance Yubao Fuwu Jishu Fupan(2022 Nian)
全国高影响天气监测预报服务技术复盘(2022年)
中国气象局　编著

出版发行：气象出版社
地　　址：北京市海淀区中关村南大街46号　　邮政编码：100081
电　　话：010-68407112(总编室)　010-68408042(发行部)
网　　址：http://www.qxcbs.com　　E-mail：qxcbs@cma.gov.cn
责任编辑：周　露　张玥滢　宋　祎　高菁蕾　　终　　审：张　斌
责任校对：张硕杰　　责任技编：赵相宁
封面设计：博雅锦
印　　刷：北京地大彩印有限公司
开　　本：787 mm×1092 mm　1/16　　印　　张：22
字　　数：564千字
版　　次：2023年8月第1版　　印　　次：2025年1月第2次印刷
定　　价：188.00元

前　言

2022年，我国极端天气事件多发、强发，华南地区“龙舟水”降水量居历史第二；夏季南方出现极端持续性高温连旱；局地龙卷集中爆发、“梅花”台风四连登、初冬暴力寒潮等。广大预报人员认真贯彻“人民至上、生命至上”的理念，对2022年高影响天气气候事件开展系统性复盘和总结，进一步落实“监测精密、预报精准、服务精细”要求。

高影响天气复盘总结是预报员加深对天气气候过程的理解认识、凝练预报思路、提炼预报技术成果、实现算法的智能化和产品的数字化、推进研究型业务纵深发展的重要抓手。这不仅对提高气象预报的科学性和准确性具有重要意义，也将对推动气象预报科技的不断创新和进步起到关键作用。

《全国高影响天气监测预报服务技术复盘(2022年)》文集由气象部门预报员联盟首次组织编制，在编制过程中，一是充分总结和借鉴过往经验，进一步强化复盘工作的系统性和科学性。重点聚焦天气气候灾害，总结预报难点和科学问题，深入分析可预报性及预报偏差成因；突出“四大支柱”新技术新产品的业务应用能力和技术支撑作用。二是创新增设专家跟踪环节，确保每篇技术复盘总结有亮点、有深度。

本书精选2022年影响较大的重大气象灾害过程、气候事件等典型案例，系统复盘监测预报服务过程，深入分析预报服务难点，凝练提取可推广应用的预报技术或方法，总结形成可复制可借鉴的预报经验；还对气象雷达、气象卫星、多源融合数据、数值预报等年度最新产品和应用技术及其在高影响天气、灾害性天气等监测预报服务中的作用进行了总结。这些都是预报员需要掌握或者熟练使用的基本知识和技术方法。

该书内容新、覆盖面广，是供预报员日常使用的具有较好业务应用价值的工具书，希望预报员能够参考和灵活使用有关知识，使之真正成为业务中有用的工具和帮手。感谢所有参与编写本文集的作者、指导专家、编审专家和工作人员，他们的辛勤努力和专业知识为本文集的完成提供了坚实的基础。希望本文集能够成为气象预报领域的重要参考资料，为我们的工作和研究提供有益的启示和指导。同时，也期待更多的气象工作者参与到复盘总结工作中，将复盘总结工作制度化、规范化和系统化，不断提升监测精密、预报精准、服务精细水平，切实筑牢气象防灾减灾第一道防线，为全面建成社会主义现代化强国作出新的更大贡献！

编者

2023 年 7 月

目　录

前言

第一部分　天气气候概述及气候事件

2022 年中国天气气候概述及汛期气候预测评估 …… 3
2022 年盛夏我国南方极端高温事件成因分析 …… 16
2022 年重庆极端高温成因诊断分析 …… 28

第二部分　重大天气过程

■ 一、暴雨

2022 年 5 月 9—13 日广西持续性暴雨过程成因及预报误差分析 …… 45
2022 年 6 月 17—22 日华南“龙舟水”极端暴雨过程天气学成因及预报偏差分析 …… 58
2022 年 6 月 4 日安徽暴雨过程成因及预报偏差分析 …… 68
2022 年 6 月 26—27 日华北冷涡背景下暴雨预报偏差分析 …… 81
2203 号台风“暹芭”海南岛特大暴雨成因及预报难点分析 …… 93
2212 号台风“梅花”引发辽宁大暴雨成因及短期预报偏差分析 …… 105

■ 二、台风

2203 号台风“暹芭”长时效路径和强降水预报难点分析 …… 117
2212 号强台风“梅花”的主要特点和预报难点分析 …… 126

■ 三、强对流

2022 年 4 月 11—12 日四川盆地极端大风天气过程成因分析 …… 138
2022 年 5 月 14 日黑龙江五常切变线龙卷过程分析 …… 152
2022 年 6 月 12 日东北冷涡诱发的北京强对流过程分析 …… 160

2022 年 6 月 13 日冷涡背景下华北黄淮飑线天气过程分析 …… 176
2022 年 6 月 25 日东北冷涡背景下沈阳极端雷暴大风成因及思考 …… 190
2022 年 7 月 20 日江苏淮北龙卷天气过程分析 …… 201
2022 年 8 月 13 日四川彭州局地强对流特征分析 …… 221
2022 年 8 月 17—18 日青海大通强对流天气成因及预报难点分析 …… 233

■ 四、强降雪

2021 年 12 月南方大范围降雪天气成因和预报偏差分析 …… 247
2022 年 1 月 27—29 日长江中下游雨雪天气过程检验分析 …… 256

■ 五、沙尘

2022 年 4 月 20—21 日内蒙古强沙尘暴过程天气学成因与预报难点分析 …… 267

第三部分　预报技术支撑

2022 年风云气象卫星技术进展及天气应用分析 …… 283
2022 年综合气象观测技术及天气应用分析 …… 298
2022 年多源融合实况分析产品的研发改进及应用 …… 313
2022 年 CMA 区域模式典型强对流过程评估 …… 326

第一部分

天气气候概述及气候事件

2022 年中国天气气候概述及汛期气候预测评估

章大全　王　凌　袁　媛　韩荣青　李　莹
（国家气候中心，北京，100081）

摘　要：2022 年我国气候状况总体偏差，暖干气候特征显著，区域性和阶段性旱涝灾害明显。南方夏秋连旱影响重，夏季中东部出现 1961 年以来最强高温过程；华南、东北雨涝灾害重，珠江流域和松辽流域发生汛情，登陆台风异常偏少。为了加深对汛期气候异常机理的认识，积累和完善预测技术方法，不断提升预测准确率，本文针对 2022 年汛期气候预测进行复盘总结。2022 年 3 月底正式发布的汛期气候预测准确把握了我国夏季降水异常分布和雨季进程总体偏早的特征，准确预测了中东部大部气温偏高以及长江中下游、江南等地的高温热浪，较准确预测了西北太平洋和南海的台风活动特征。汛期预测成功的原因是重点考虑了北太平洋年代际涛动负位相、La Niña（拉尼娜）事件持续发展、和前冬青藏高原西部积雪偏多等多尺度多因子协同作用对东亚夏季风偏强的影响，多家动力气候模式也提供了较为准确的预测信息。预测不足之处主要是对长江流域高温伏旱的异常程度估计不足，以及对华南前汛期开始时间和强度的预测与实况存在偏差。

关键词：汛期，气候预测，复盘，雨季，高温伏旱

引言

我国地处东亚季风区，气候复杂多变，是世界上气象灾害最严重的国家之一。每年夏季是我国的主汛期，长江、黄河等流域洪涝、干旱频繁发生，给我国经济建设和人民生活造成重大损失。近年来，随着全球变暖影响的加剧，我国的气象灾害呈明显上升趋势。随着我国经济快速增长，气象灾害造成的损失也越来越大[1]。因此，准确的短期气候预测，特别是汛期气候预测，对防灾减灾和国民经济可持续发展具有重要意义。

我国汛期气候异常受到多时间尺度、多因子的综合影响，预测难度大。考虑到业务服务需求和可预报性差异，从前冬到盛夏，不同超前时间关注不同外强迫信号和大气内部变率特征及其影响[2]。国家气候中心在 2—3 月正式发布夏季预测时，主要考虑年代际气候背景、年际尺度海洋和积雪等外强迫信号异常以及动力气候模式对季节尺度大气环流和气象要素的预测信息；在 4—6 月的滚动预测中，更多关注大气季节内振荡和次季节模式的预测信息。

本文首先回顾了 2022 年中国总体气候特征，并详细总结了夏季主要天气气候事件；进一步针对 2022 年汛期降水、东部雨季进程、夏季气温和台风活动的预测效果进行复盘分析，梳理重点考虑的预测依据和应用效果，总结存在的科学问题和可能的解决途径，以期为今后提高预测准确率提供参考。

1 2022 年中国天气气候概述

1.1 全国气候温高雨少

2022 年,全国平均气温 10.51 ℃,较常年(1991—2020 年平均,下同)偏高 0.62 ℃,为 1951 年以来历史次高(图 1),仅比 2021 年偏低 0.02 ℃。从空间分布看,全国大部地区气温接近常年到偏高,其中长江中下游沿江和西北部分地区偏高 1～2 ℃(图 2)。除冬季(2021 年 12 月—2022 年 2 月平均)气温略偏低外,春(2022 年 3—5 月平均)、夏(2022 年 6—8 月平均)、秋(2022 年 9—11 月平均)三季气温均为历史同期最高。2022 年,全国平均高温(日最高气温≥35.0 ℃)日数 16.4 d,较常年偏多 7.3 d,为 1961 年以来最多。全国极端高温事件站次比为 1.51,较常年偏多 1.39,为 1961 年以来历史最多,全国共有 901 个国家站日最高气温达到极端事件监测标准,其中重庆北碚(45.0 ℃)等 366 个国家站日最高气温突破或持平历史纪录。

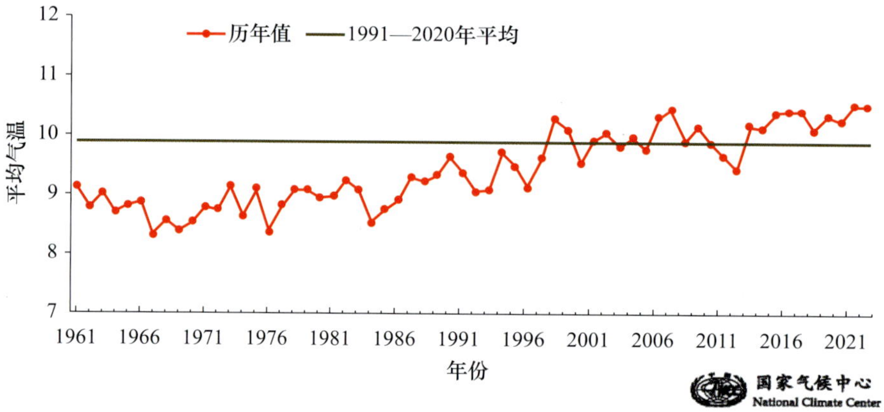

图 1　1961—2022 年全国平均气温历年变化(单位:℃)

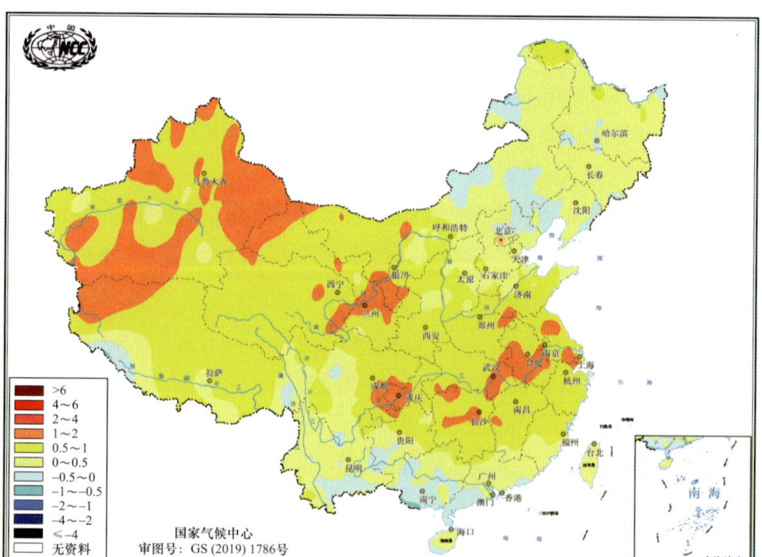

图 2　2022 年全国平均气温距平分布图(单位:℃)

2022 年，全国平均降水量 606.1 mm，较常年偏少 5.0%，为 2012 年以来最少(图 3)。除东北中南部、华北和黄淮的部分地区降水较常年偏多 2～5 成、局地偏多 5～8 成外，全国其余大部地区降水量接近常年到偏少(图 4)。其中，冬、春季降水偏多，夏、秋季偏少；夏季平均降水量为 1961 年以来历史同期第 2 少，主汛期多雨区在我国北方。

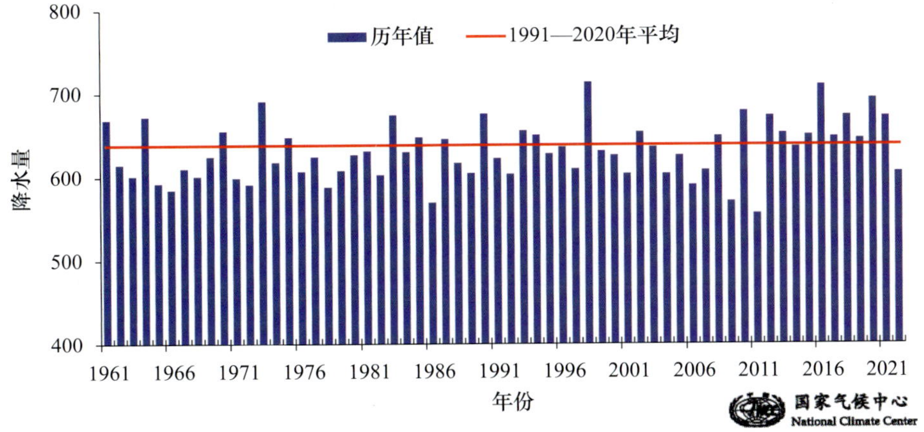

图 3　1961—2022 年全国平均降水量历年变化(单位：mm)

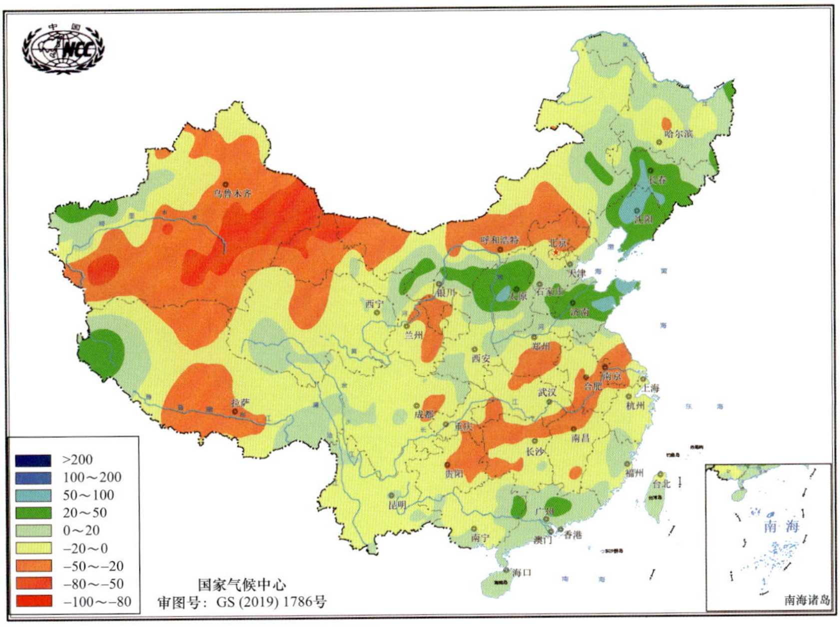

图 4　2022 年全国降水量距平百分率分布图(%)

全国七大江河流域中，除长江流域(1030.0 mm)和淮河流域(781.9 mm)降水量较常年分别偏少 14%和 4%外，其他流域降水量均偏多。其中，辽河流域(791.3 mm，偏多 35%)降水量为 1961 年以来第 2 多，海河流域(584.4 mm)和松花江流域(596.8 mm)分别偏多 14%和 11%(图 5)。

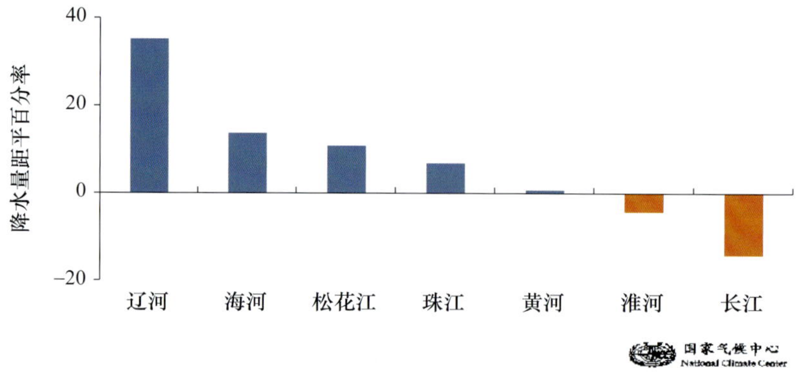

图5　2022年七大流域降水量距平百分率图(单位:%)

1.2　2022年我国主要天气气候事件概述

2022年,我国区域性和阶段性干旱明显,南方夏秋连旱影响重;华南、东北等地雨涝灾害重,珠江流域和松花江—辽流(以下简称松辽流域)流域出现汛情;登陆台风异常偏少,台风“梅花”先后4次登陆,强度大、影响范围广;高温日数多,夏季我国中东部出现1961年以来最强高温过程,高温结束时间晚,南方“秋老虎”天气明显;寒潮过程明显偏多,2月南方出现持续低温阴雨雪和寡照天气,11月末至12月初强寒潮导致多地剧烈降温;强对流天气过程偏少,但局地致灾重;北方沙尘天气少,出现晚[3]。以下给出汛期主要天气气候事件概述。

1.2.1　南方遭遇严重夏秋连旱

2022年7月—11月上半月,长江中下游和川渝等地持续高温少雨,遭遇夏秋连旱。长江流域中旱及以上干旱日数77 d,较常年同期偏多54 d,为1961年以来历史同期最多,过程最大影响面积、重旱及特旱站数比例等多项指标均为历史之最。8月18日,中央气象台与国家气候中心联合发布了气象干旱预警,这也是自2013年以来,第2次启动气象干旱预警,预警时长共90 d。8月24日,湖南、湖北、江西、广东、广西、福建、贵州、云南、陕西、四川、重庆、浙江、江苏、安徽14省(区、市)中旱及以上面积达到峰值。进入9月,长江中下游及以南大部地区持续少雨,气象干旱持续发展,特旱区域有所扩大;9月27日,鄱阳湖主体及附近水域面积为638 km^2,较历史同期偏少7成,为历史新低。

1.2.2　春末夏初“龙舟水”强袭珠江流域

2022年5月21日—6月21日,珠江流域出现6次强降水过程,大部地区累计降水量超过400 mm,部分地区达600～900 mm,广西桂林临桂区局地达1616 mm。流域大部地区降水量较常年同期偏多5成以上,广东北部、广西东北部等地偏多1～2倍;流域平均降水量为440 mm,较常年同期偏多53%,为1961年以来历史同期第2多。受强降水影响,珠江流域逾45条河流超警戒水位,6月21日,珠江防汛抗旱总指挥部将防汛应急响应提升至Ⅰ级。

1.2.3　松辽流域6—7月出现汛情

2022年6—7月,东北三省平均降水量(334.1 mm,偏多39%)为1961年以来历史同期第

2多；吉林降水量(414.2 mm，偏多65%)和降水日数(37.8 d)均为历史同期最多，辽宁降水量420.6 mm，比常年同期偏多7成，超过常年夏季降水总量，为近30年历史同期最多，降水日数为历史同期第2多。受强降水影响，松辽流域有40条河流发生超警戒以上洪水，辽宁绕阳河盘锦段出现堤坝溃口。

1.2.4 登陆台风异常偏少

2022年，西北太平洋和南海共有25个台风(中心附近最大风力≥8级)生成，接近常年(25.1个)，其中4个登陆中国，较常年(7.1个)偏少3.1个，与1982、1997和1998年并列为1949年以来最少。台风“梅花”先后登陆我国浙江、上海、山东和辽宁，是1949年以来第3个4次登陆我国的台风，“梅花”4次登陆地点为不同省(市)，是1949年以来首次，打破了秋台风登陆地的最北纪录。

1.2.5 夏季我国中东部出现1961年以来最强高温过程

2022年6月13日—8月30日，我国中东部地区出现了大范围持续高温天气过程，持续时间长达79 d，为1961年以来最长。四川盆地、江淮、江汉、江南等地35 ℃以上高温日数达30～65 d；35 ℃以上覆盖1692站(占全国总站数70%)，为1961年以来历史第2多；有361站(占全国总站数14.9%)日最高气温达到或超过历史极值，重庆北碚连续2 d日最高气温达45 ℃。评估结果显示，此次高温事件综合强度为1961年有完整气象观测记录以来最强。

2 夏季降水预测评估

2.1 总体趋势预测评估

如前所述，2022年夏季主要多雨区在我国北方，中东部降水总体呈“南北多、中间少”分布(图6a)[4]。国家气候中心3月底正式发布的预报(图6b)准确预测了夏季降水总体趋势和异常分布特征；准确预测了黄河流域中下游、海河流域、辽河流域降水较常年同期明显偏多，暴雨过程多，可能有较重汛情。但是，对长江流域高温干旱的极端程度估计偏弱，对华南和西南地区南部的降水预测与实况也存在明显偏差。

在2022年3月底正式发布汛期预测意见前，重点分析了我国东部夏季降水变化的年代际背景、第1次和第2次La Niña(拉尼娜)事件对东亚夏季风环流和降水影响的差异、印度洋和北大西洋海温以及高原积雪等主要先兆信号的综合影响，并结合了国内外主流动力气候模式和国家气候中心多种客观方法的预测结果，上述多数是支持2022年汛期降水趋势预测成功的主要依据。

2.2 先兆信号及应用

我国东部地区夏季主雨带位置存在显著的年代际变化，因此在2022年夏季降水预测中，

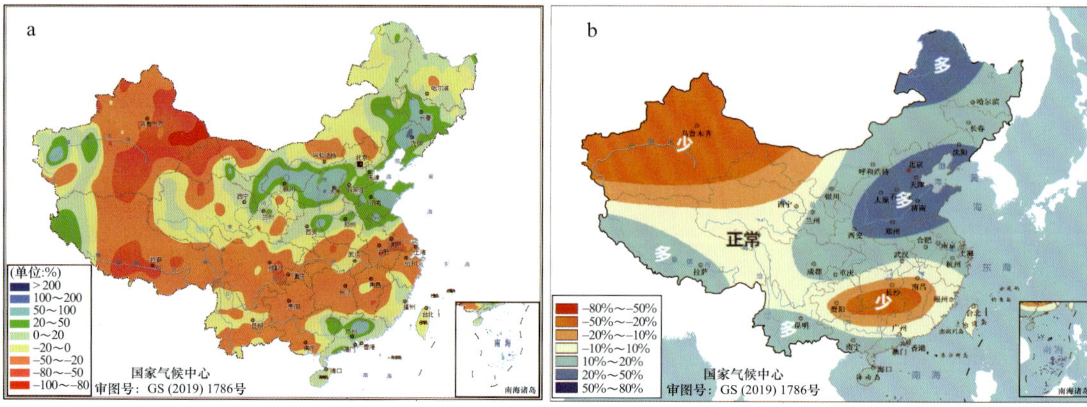

图 6　2022 年夏季(6—8 月)全国降水量距平百分率分布的实况图(a)和 3 月底发布的预报图(b)

首先考虑了降水异常的年代际背景。近 10 年来，我国东部主要呈现南北两条雨带的气候特征，其中北方雨带位于华北、东北和西北地区东部，南方雨带中心位于江南南部至华南地区。我国东部主雨带位置和东亚夏季风的年代际变化与北太平洋和北大西洋海温的年代际变化有密切联系。2022 年，太平洋年代际涛动(PDO)处于冷位相[5]，大西洋多年代际涛动(AMO)处于正位相[6]，这样的年代际背景有利于东亚夏季风偏强和我国北方地区夏季多雨[7-9]。

2020 年 8 月—2021 年 4 月，赤道中东太平洋已经发生了一次中等强度的 La Niña 事件。2021 年 10 月，赤道中东太平洋海温再次进入 La Niña 状态(图 7)。研究表明[10-13]，在连续 La Niña 事件中，第 1 个和第 2 个事件有着不同的触发机制、海温分布形态、演变规律和气候影响。在 2022 年 1—3 月做夏季预测时，重点考虑了连续 La Niña 事件对我国夏季降水异常的不同影响：第 1 个 La Niña 次年，我国东北东部、西北东部和华南降水偏少，而长江和黄河之间降水偏多(图 8a)；第 2 个 La Niña 次年，东北、华北东部、西北地区东部、西南大部降水偏多，长江中下游、江南和江汉等地降水偏少(图 8b)。

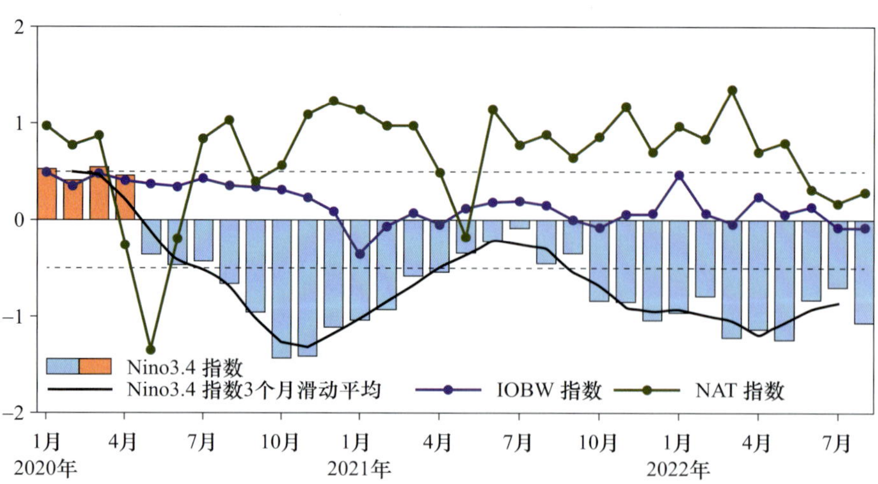

图 7　2020 年 1 月—2022 年 8 月逐月海温指数(单位：℃)

除 ENSO(厄尔尼诺-南方涛动)外，印度洋海温异常和北大西洋海温三极子(NAT)也是汛期预测中考虑的重要外强迫因子。2022 年 3 月，动力模式预测该年夏季印度洋海温全区一致模态(IOBW)为弱的正位相，NAT 为持续正位相(图 7)，有利于我国东部地区降水呈“北多南少”分布，东亚夏季风偏强，初夏东北冷涡活跃。

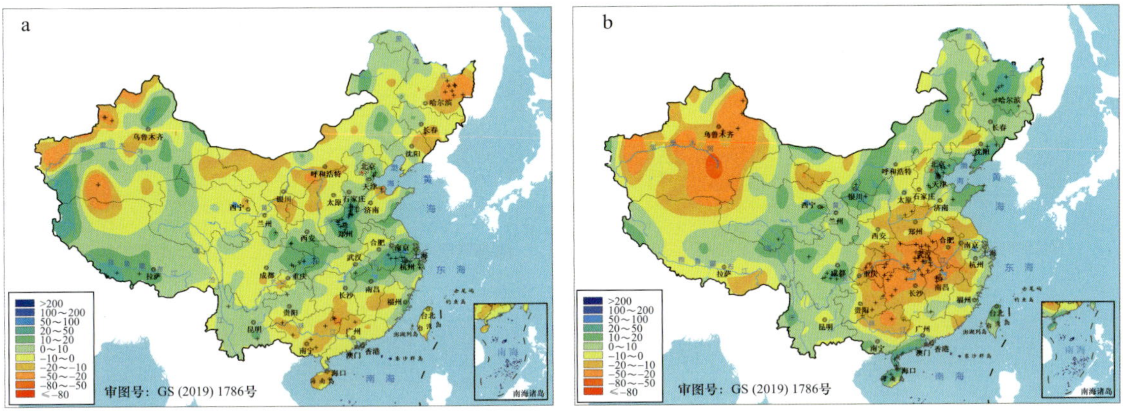

图 8　2022 年我国第 1 个(a)和第 2 个(b)La Niña 事件次年夏季降水距平百分率合成图
(十字区域为通过 0.05 显著性水平检验，单位：%)

此外，前冬青藏高原积雪异常也是影响我国夏季主雨带位置的重要因子。监测显示，2021/2022 年冬季青藏高原积雪面积偏大、日数偏多，特别是在高原西部这一特征更加显著。研究显示，冬季高原积雪异常的空间分布对次年夏季雨带位置有显著影响，高原西部积雪偏多有利于华北和黄淮地区夏季降水偏多[14]。然而，2022 年春季，高原气温异常偏暖，高原积雪由前期冬季较偏多转为偏少。青藏高原积雪由冬到夏表现出显著的阶段性变化特征，其对汛期降水影响的不确定性还需要进一步研究[15]。

2.3　动力模式预测评估

各家动力模式在 2022 年 3 月起报的夏季 500 hPa 位势高度距平场均能较好把握欧亚中高纬环流的总体趋势，仅个别模式对乌拉尔山高压脊的强度和东亚副热带地区高度场正距平的预测与实况有一定偏差。中国气候系统模式 BCC_CSM1.1 模式预测 2022 年夏季 500 hPa 欧亚中纬度为显著的正距平控制，乌拉尔山和鄂霍茨克海阻塞高压均偏强，西太平洋副热带高压(以下简称副高)强度略偏强、位置偏北(图 9a)；中国 CMA_CPSv3(中国气象局次季节-季节-年际尺度一体化气候模式预测业务系统 v3.0 版本)模式预测欧亚中高纬度纬向环流为主，乌拉尔山阻塞高压相对偏弱，鄂霍茨克海阻塞高压偏强，东亚副热带位势高度场为负距平，表明副高较常年偏弱(图 9b)；欧洲中期天气预报中心(ECMWF)模式与 CMA_CPSv3 模式对欧亚中高纬度的预测较为一致，但前者预测副高总体偏强(图 9c)；美国气候预报系统(CFSv2)模式(图 9d)预测巴尔喀什湖附近为低压槽，鄂霍茨克海阻塞高压偏强。与实况(图 9e)相比，CMA_CPSv3 模式和 ECMWF 模式对乌拉尔山附近位势高度距平的预测与实况差异较大，其余各家模式对欧亚中高纬度的预测与实况都较为一致；CMA_CPSv3 模式对东亚副热带地区高度场距平的预测与实况相反。值得注意的是，我国东北地区上空位势高度场为显著的负距平，表明东北冷涡较为活跃，上述动力模式均未能把握这一特征。

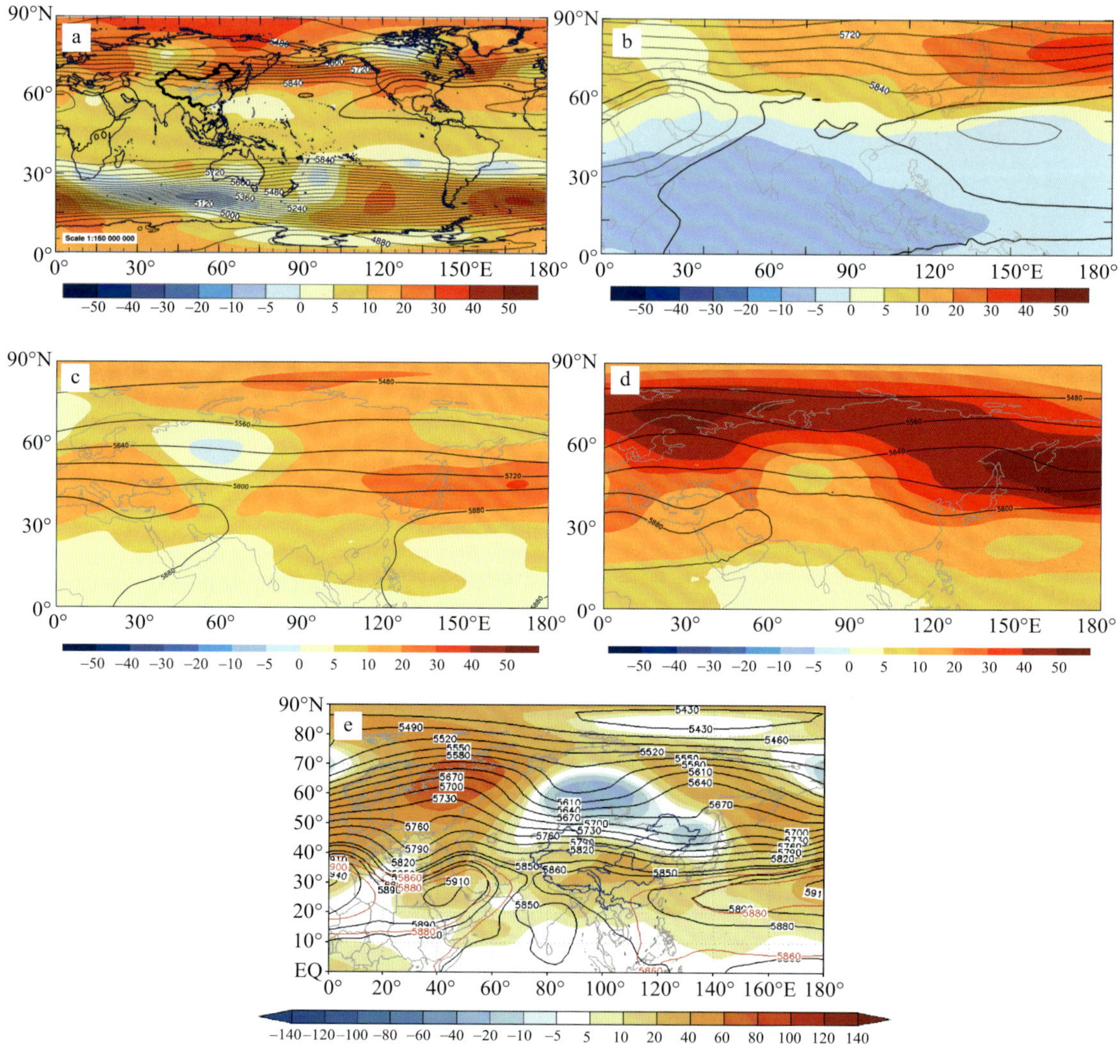

图 9 多家动力模式 2022 年 3 月起报的夏季 500 hPa 位势高度距平场预测结果和实况对比

(a)中国 BCC_CSM1.1 模式;(b)中国 CMA_CPSv3 模式;(c)欧洲 ECMWF 模式;(d)美国 CFSv2 模式;(e)实况

(等值线:位势高度;填色:距平;单位:gpm)

BCC_CSM1.1 模式(图 10a)、CMA_CPSv3 模式(图 10b)和 ECMWF 模式(图 10c)3 月底预测显示,夏季我国东部降水总体呈“南北两条多雨带”的异常分布特征,黄河中下游以南至江南北部降水偏少,总体分布与实况较为一致。但是,BCC_CSM1.1 模式高估了华北北部、西南、华南等地的降水异常,CMA_CPSv3 模式高估了华北北部、西南西部等地的降水异常,ECMWF 模式对江南南部、西南大部、华南西部等地降水偏多的预测与实况存在较大偏差,CFSv2 模式(图 10d)明显高估了北方地区降水偏多的范围和强度。

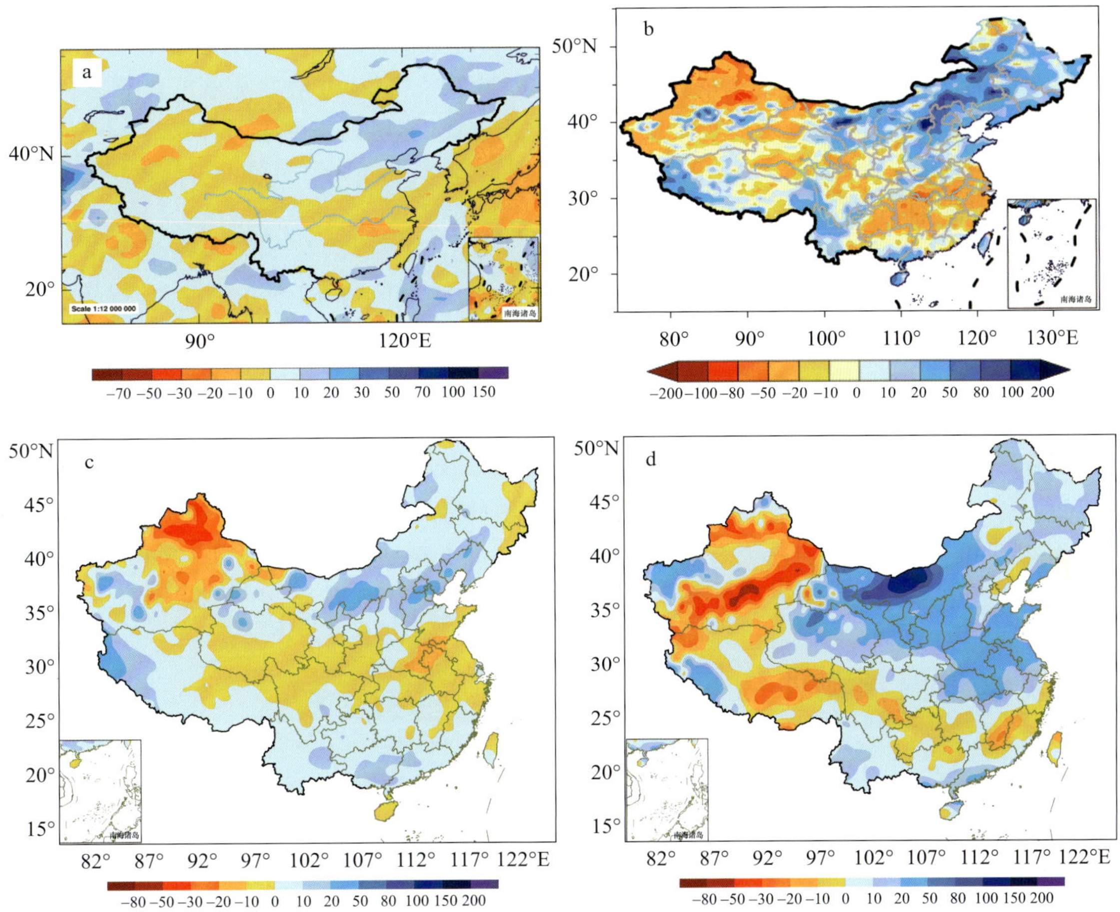

图 10　不同模式于 2022 年 3 月起报的 2022 年夏季全国降水距平百分率空间分布(单位:%)
(a)BCC_CSM1.1 模式;(b)CMA_CPSv3 模式;(c)ECMWF 模式;(d)CFSv2 模式

3 中国东部雨季进程预测评估

3.1 华南前汛期

2022 年 3 月初预测“华南前汛期开始偏晚、雨量偏少”，然而实况为：华南前汛期于 3 月 24 日开始，较常年(4 月 9 日)偏早 16 d，总雨量 856.0 mm，较常年(718.7 mm)偏多 19%。预测与实况差异较大，主要原因在于重点考虑 La Niña 事件在其衰减年对华南前汛期降水偏少的影响，而忽视了南海夏季风爆发前后大气环流的显著调整以及 La Niña 事件在该年春季再次发展加强对环流调整的重要作用。

在南海夏季风爆发(2022 年 5 月 12 日)之前，东亚副热带大气环流显示出对 La Niña 事件典型的响应特征，即 850 hPa 菲律宾地区为异常气旋式环流，副高强度偏弱、脊线位置偏北，华南地区受东北风距平控制，从而导致这一时段的前汛期降水较常年同期偏少。但在南海夏季风爆发之后,大气环流形势发生了明显的季节内转折,副高转为偏强、偏南,菲律宾地区出现异常的反气旋环流,华南地区西南风距平增强,有利于强降水过程的频繁出现,导致 2022 年“龙舟水”异常偏强。该环流形势的调整可能与 La Niña 事件在 2022 年春季突然发展加强有密切关系[4],这是我们在 3 月预测时未能准确把握的重要方面,值得进一步深入研究。

3.2 梅雨和华北雨季

2022 年,梅雨总体呈现开始偏早、梅雨量偏少的特征,而华北雨季开始偏早、强度偏强。2022 年 3 月底发布的汛期预测意见中指出“梅雨开始时间接近常年,雨量接近常年到偏少”。在 5—6 月的滚动预测中,将各区梅雨开始日期调整为较常年偏早,与实况更为一致。针对华北雨季,3 月底预测和 6 月底滚动预测意见均为“华北雨季开始偏早、雨量偏多”,与实况一致。

对各区梅雨和华北雨季预测成功的原因,一是在 3 月做预测研判时重点考虑了连续第 2 个 La Niña 事件和冬春季 NAT 持续正位相对夏季欧亚中高纬大气环流形势和副高偏强、偏北的影响;二是重点关注了 5 月南海夏季风爆发偏早和索马里越赤道气流偏强对梅雨开始偏早的影响;三是及时跟踪评估多家动力模式对东亚大气环流和我国主雨带次季节演变的预测效果。

4 夏季气温预测评估

2022 年夏季,除内蒙古东部、东北东部和南部、华北北部局部等地气温较常年偏低外,全国其余大部地区气温接近常年同期到偏高,其中华东中部、华中中部、西南地区东北部、西北地区中部等地偏高 2～4 ℃(图 11a)。

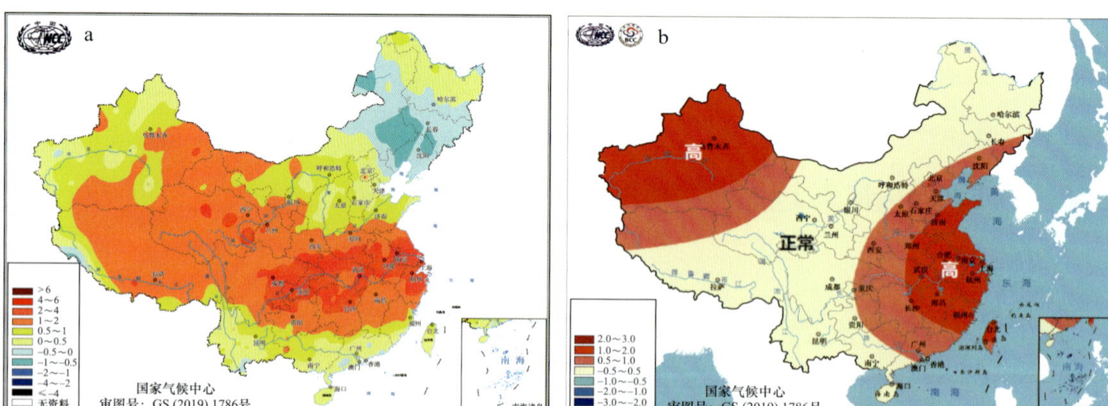

图 11　2022 年夏季(6—8 月)全国平均气温距平分布的实况图(a)和 3 月底发布的预报图(b)(单位:℃)

2022 年 3 月底正式发布的预测指出“夏季我国中东部大部气温偏高,华东、华中、新疆等地高温日数较常年同期偏多,可能出现阶段性高温热浪”(图 11b),与实况(图 11a)基本一致。在 6 月底的盛夏预测中明确指出“7—8 月南方高温伏旱影响重,主要发生在华东、华中等地,要应对长时间高温天气带来能源电力供应紧张状况,做好应急准备工作”。预测较好地把握了全国大部气温偏高的总体趋势和高温异常分布,预测成功的主要原因是对大气环流的总体特征把握较好，尤其较准确地预测了副高较常年同期偏强、偏西、偏北的特征。预测的不足之处是对破纪录高温事件的极端性估计不足，特别是对川渝地区高温热浪的预测与实况存在偏差，主要原因是对副高偏强、偏西的极端异常程度估计不足。针对2022年夏季极端高温的成因，我们将另文分析。

5 西太平洋和南海台风活动预测评估

2022年西太平洋和南海台风的生成和登陆特征已在1.2.4节做了详细描述，这里不再赘述。台风强度总体偏弱，25个编号台风中有12个为热带风暴强度等级，占比较常年值显著偏高，台风移动路径以西北行为主。台风活动的阶段性特征显著，在1—8月生成11个，较常年同期(13.4个)偏少，登陆3个，较常年同期(4.7个)偏少；而在秋季(9—11月)台风生成13个，较常年同期(11个)偏多，登陆1个，较常年同期(2.2个)偏少。

2022年3月底预测："2022年在西北太平洋和南海生成的台风个数为22～25个，接近常年(25个)到偏少；登陆我国的台风个数为7～9个，接近常年(7个)到偏多；台风强度总体偏弱，台风活动路径以西行和西北行为主，其中发生北上登陆台风的可能性较大。"与台风活动实况对比，较为准确预测了台风全年活动的主要特征，包括台风生成频数、有北上台风、总体强度偏弱以及盛行路径，但对登陆个数的预测与实况存在较大偏差(表1)。

表1　2022年全年(1—12月)热带气旋预测与实况对比

预测对象	预测	实况(气候值)	评估
全年生成	22～25个	25个(25个)	趋势一致
夏季生成	7～10个	9个(11个)	趋势一致
秋季生成	8～10个	13个(11个)	趋势不一致
全年登陆	7～9个	4个(7个)	趋势不一致
夏季登陆	4～5个	3个(4.7个)	趋势不一致
秋季登陆	2～3个	1个(2.2个)	趋势不一致
台风路径	西行和西北行，有北上	西北行和北上	趋势一致
影响区域	华南、华东和北方沿海	华南、华东、华北和东北沿海	趋势一致
台风强度	中等到偏弱	中等到偏弱	趋势一致

ENSO循环是影响台风活动的重要外强迫信号[16]。前冬发生的La Niña事件在次年持续，尤其在春季再次发展的冷海温通过"Matsuno-Gill效应"[17]在西太平洋强迫出以赤道为对称的异常反气旋对。其中，位于赤道以北的异常反气旋控制了菲律宾海盆，从而导致西北太平洋台风活动受到抑制，生成频数偏少、强度总体偏弱、活动范围偏西偏北。基于美国CFSv2模式的动力-统计相结合的台风路径客观预测模型，在3月和5月起报均预测2022年西北太平洋台风活动受到抑制，活动路径以西北行为主(图12)。

进入秋季，北半球副热带高压带较前期收缩减弱，热带大气季节内振荡在10月中旬以后主要位于海洋性大陆地区和西太平洋(6～7位相)，有利于西太平洋台风生成。

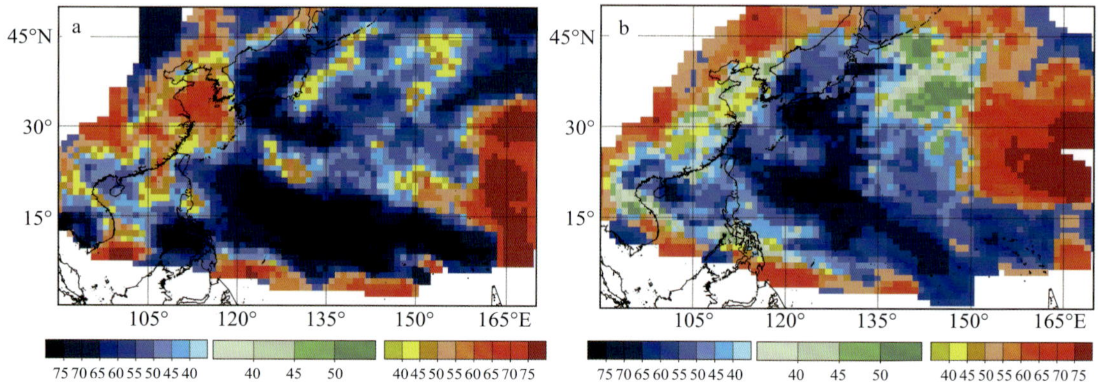

图 12　基于 CFSv2 模式 3 月起报的 2022 年全年(a)和 5 月起报的夏季(b)台风路径密度概率预测图

6 总结和讨论

2022 年我国气候总体偏差,区域性和阶段性旱涝灾害明显。南方夏秋连旱影响重;华南、东北等地雨涝灾害重,珠江流域和松辽流域出现汛情;登陆台风异常偏少,台风"梅花"先后 4 次登陆,强度大、影响范围广;高温日数多,夏季我国中东部出现 1961 年以来最强高温过程,高温结束时间晚,南方"秋老虎"天气明显。

2022 年汛期预测综合考虑了物理诊断和动力模式信息,从多因子协同作用和多时间尺度信号相结合的角度,较早、较好地把握了汛期主雨带位置和旱涝分布,较为准确地预测出雨季季节进程和主要气候事件,以及全国平均气温趋势和高温异常分布。汛期预测不足之处主要是对长江流域高温干旱的极端程度估计不足,对华南前汛期开始时间和强度的预测也与实况有较大偏差。通过对预测思路和效果的梳理和回顾,提出如下亟待解决的科学问题。

(1)加强对连续 ENSO 事件对我国气候异常影响机理的研究。ENSO 是季节到年际热带海气系统的最强信号,也是我国汛期气候异常可预报性的重要来源。随着全球快速变暖,ENSO的演变特征及其对东亚季风区气候的影响发生显著变化,本世纪以来连续 La Niña 事件频繁发生。连续 La Niña 事件的触发机制、海温分布形态、演变规律和气候影响均不相同。因此,需要针对连续 ENSO 事件的演变规律及其对我国气候影响机理开展研究,为进一步提升汛期预测能力提供科学支撑。

(2)加强全球变暖背景下高温干旱等复合型极端事件的发生规律和预测技术研究。今年汛期预测准确把握了全国大范围偏暖的总体趋势,但是对长江中下游和川渝等地高温的极端性及其与干旱的复合影响仍然估计不足。今后汛期预测中需要提升对极端事件异常量级的预测能力,以及不同要素极端事件可能造成的复合影响。

(3)2022 年汛期我国气候阶段性特征显著。5 月至 6 月上中旬,我国主要多雨区位于江南南部到华南,广东等地出现破纪录的"龙舟水"。6 月下旬副高北跳,主雨带北移至华北、东北等地,在副高主体控制下的长江流域出现严重高温伏旱天气。较之季节平均,目前对于次季节尺度气候异常和转折的预测技巧相对较低,预测服务能力仍然相对薄弱,亟须加强对次季节尺度气候异常形成机理和预测方法的研究。

参考文献

[1] 丁一汇．中国气候[M]. 北京：科学出版社，2013.

[2] 李维京．现代气候业务[M]. 北京：气象出版社，2012.

[3] 中国气象局国家气候中心．中国气候公报(2022)[R]. 北京：中国气象局，2023.

[4] 章大全，袁媛，韩荣青．2022 年夏季我国气候异常特征及成因分析[J]. 气象，2023，49(1)：110-121.

[5] MANTUA N J，ZHANG Y，WALLACE J M，et al. A Pacific interdecadal climate oscillation with impacts on salmon production [J]. Bull Amer Meteor Soc，1997，78(6)：1069-1079.

[6] KERR R A. A North Atlantic climate pacemaker for the centuries [J]. Science，2000，288(5473)：1984-1985.

[7] 朱益民，杨修群．太平洋年代际振荡与中国气候变率的联系[J]. 气象学报，2003，61(6)：641-654.

[8] SI D，HU Z Z，KUMAR A，et al. Is the interdecadal variation of the summer rainfall over eastern China associated with SST [J] Climate Dyn，2016，46(1-2)：135-146.

[9] YANG Q，MA Z，XU B. Modulation of monthly precipitation patterns over East China by the Pacific Decadal Oscillation [J]. Climatic Change，2017，144(3)：405-417.

[10] HU Z Z，KUMAR A，XUE Y，et al. Why were some La Niñas followed by another La Niña? [J]. Climate Dyn，2014，42(3-4)：1029-1042.

[11] DINEZIO P N，DESER C，OKUMURA Y，et al. Predictability of 2-year La Niña events in a coupled general circulation model [J]. Climate Dyn，2017，49(11-12)：4237-4261.

[12] OKUMURA Y M，DINEZIO P N，DESER C. Evolving impacts of multiyear La Niña events on atmospheric circulation and U. S. drought [J]. Geophys Res Lett，2017，44(22)：11614-11623.

[13] RAJ DEEPAK S N，CHOWDARY J S，DANDI A R，et al. Impact of multiyear La Niña events on the South and East Asian summer monsoon rainfall in observations and CMIP5 models [J]. Climate Dyn，2019，52(11)：6989-7011.

[14] WANG C，YANG K，LI Y，et al. Impact of spatiotemporal anomalies of Tibetan Plateau snow cover on summer precipitation in eastern China [J]. J Climate，2017，30(3)：885-903.

[15] 丁婷，韩荣青，高辉．2019 年汛期气候预测效果评述及降水预测先兆信号分析[J]. 气象，2020，46(4)：556-565.

[16] HAN R，WANG H，HU Z Z，et al. An assessment of multimodel simulations for the variability of western North Pacific tropical cyclones and its association with ENSO [J]. J Climate，2016，29(18)：6401-6423.

[17] GILL A E. Some simple solutions for heat-induced tropical circulation[J]. Quart J Roy Meteor Soc，1980，106(449)：447-462.

2022 年盛夏我国南方极端高温事件成因分析

章大全[1] 袁 媛[1] 马 杰[2] 尹宜舟[1] 李 莹[1] 吴 捷[1]
(1. 国家气候中心,北京,100081;2. 国家气象中心,北京,100081)

摘 要:2022 年盛夏,我国南方地区发生破纪录的极端高温事件,长江中下游和川渝等地平均气温之高、高温日数之多、降水量之少,均打破历史纪录。导致此次极端高温事件的直接原因是西太平洋副热带高压(以下简称副高)持续异常偏强、偏西。此外,对流层上层南亚高压异常偏强并与副高叠加形成稳定的正压结构,欧亚中高纬度西风带长波活动位置偏北导致冷空气影响偏弱,菲律宾以北异常反气旋偏强,都对极端高温的维持起到了重要作用。进一步分析发现:2022 年春季发展加强的赤道中太平洋冷海温异常,夏季最强的热带印度洋海温偶极子负位相、盛夏青藏高原潜热加热负异常的持续等外强迫因子的协同作用是导致该年盛夏副高持续异常偏强、偏西的重要原因。

关键词:南方极端高温事件,西太平洋副热带高压,南亚高压,海表温度

引言

高温是一种常见的气象灾害,高温热浪会给人民的生活健康、供水供电、农作物生长和生态环境等造成严重影响[1]。在全球变暖背景下,我国高温热浪的发生频次、日数和强度总体呈增多、增强趋势[2]。21 世纪以来,我国中东部和川渝等地极端高温事件频繁发生,极端高温的持续时间、覆盖范围和最高气温等历史纪录不断被打破,高温灾害给国民经济和人民生活造成严重损失[3]。

随着东亚夏季风的向北推进,我国东部夏季不同月份高温事件频发的区域也不尽相同。每年 6 月华北和黄淮地区高温事件频发,而梅雨过后的 7—8 月伏旱期间,长江流域、江南和华南是高温事件发生频率最高的地区[4]。进一步分析表明,我国南方盛夏高温主要有 2 种分布模态,一种是以江淮地区为中心的江淮型高温,另一种是以江南和华南地区为中心的江南型高温,导致这 2 种高温发生的大尺度环流系统和海温强迫有显著差异[5]。对于我国南方夏季高温而言,关键环流系统包括西太平洋副热带高压、大陆暖高压脊以及对流层高层的南亚高压和副热带西风急流,其中导致江淮型高温的关键环流系统包括东亚中纬度正压结构的高压脊和偏弱的副热带西风急流,而江南型高温的主要与副高偏强、偏西有关。

2022 年夏季,我国南方地区再次发生极端高温事件,其影响范围、持续时间和强度均打破历史纪录,造成了严重的社会经济损失[6-8]。受高温少雨影响,南方多地土壤墒情出现明显偏差,高温热害叠加干旱导致农业生产遭受严重经济损失。高温热浪影响人体健康,浙江、江苏、四川等地多人确诊热射病。高温干旱也给电力供应带来巨大压力,四川启动突发事件能源供应保障一级应急响应。总结梳理此次破纪录的高温事件异常特征,分析导致高温热浪的大尺

度环流背景和异常成因，对于加深高温事件形成机理的认识和为防灾减灾提供科技支撑具有重要的理论和应用价值。

1 2022年夏季极端高温事件天气气候特征

2022年6月13日—8月30日，我国中东部地区出现了大范围持续高温过程。此次高温事件持续79 d，为1961年以来我国持续时间最长的区域性高温过程；有1692个气象站（占全国总站数70%）达35 ℃以上，为1961年以来历史第2多；1445个气象站（占全国总站数60%）达37 ℃以上，为1961年以来最多；361个气象站（占全国总站数14.9%）日最高气温达到或超过历史极值，重庆北碚连续2 d日最高气温达45 ℃。评估结果显示，此次高温事件综合强度为1961年有完整气象观测记录以来最强[8]。

从次季节尺度，此次高温事件可以分为3个阶段。首先6月13—26日高温在北方发力，接着7月5—17日开始影响南方地区。经过短暂间歇，7月21日—8月30日南方再次出现持续性大范围高温天气（图1）。中央气象台连续41 d发布高温预警，其中高温红色预警22期。红色预警为公开发布高温预警以来首次发布。

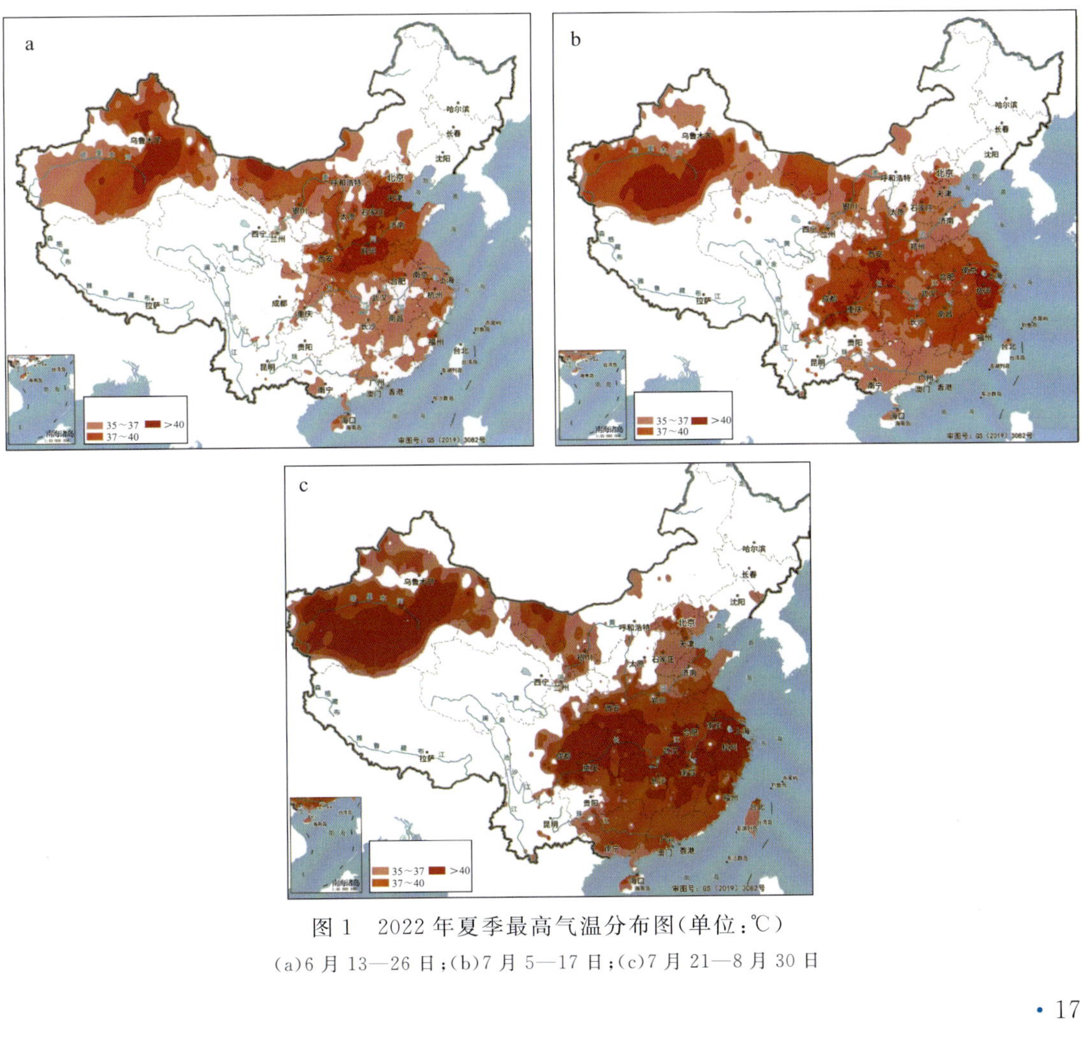

图1 2022年夏季最高气温分布图（单位：℃）

（a）6月13—26日；（b）7月5—17日；（c）7月21—8月30日

7月21日—8月30日是南方地区今年夏季高温的最强时段，在高温强度和持续性上均远超前2次。在此期间，四川、湖北、浙江、江西、重庆、江苏、福建、贵州、湖南、陕西等省(市)共294个国家气象观测站的日最高气温突破历史极值；四川德阳、遂宁更是连续6 d突破历史极值。南方多地持续高温日数超过了一个月，浙江中西部、江西东北部、湖南东部、四川东北部、重庆等地35 ℃以上连续高温日数超过30 d，浙江西南部、江西东北部等地达41 d；重庆和浙江局地40 ℃以上高温日数超过20 d；重庆沙坪坝甚至在8月19—21日连续3 d最低气温也接近35 ℃。除了高温强度和持续时间，此阶段高温天气的影响面积也很大。统计显示，本次过程中35 ℃、37 ℃和40 ℃以上高温覆盖面积分别为452.9万km^2、328.6万km^2和141.8万km^2，影响人口超过10亿(图2)。

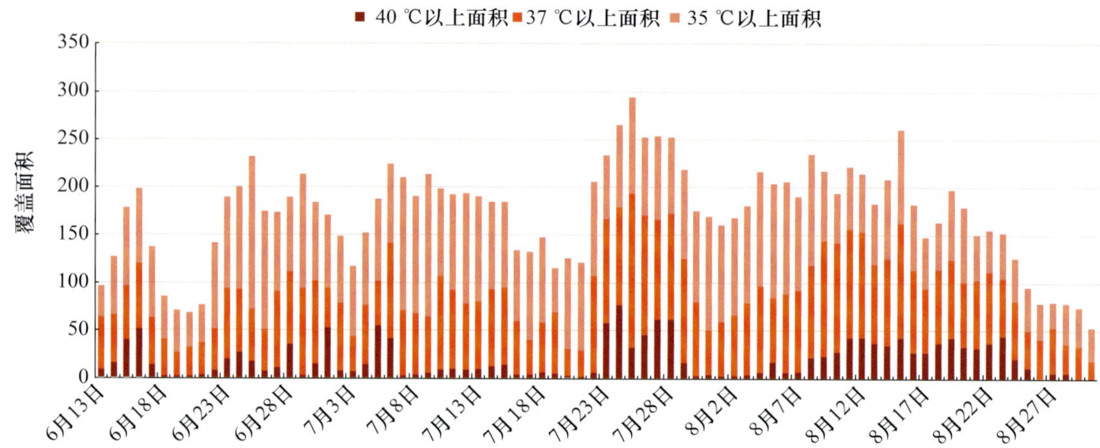

图2 2022年6月13日—8月30日高温天气覆盖面积(单位：万km^2)

受持续高温少雨天气的影响，长江中下游及川渝地区发生了严重的夏伏旱。7—8月，长江中下游及川渝地区降水量较常年同期偏少2～8成、平均气温偏高2～4 ℃，四川、重庆、贵州、湖南、江西、浙江、湖北、江苏、安徽、上海等10省(区、市)平均降水量之少(178.1 mm)、平均气温之高(29.0 ℃)、高温日数之多(34.1 d)均为1961年以来历史同期之最。高温少雨导致上述地区干旱快速发展，干旱日数普遍有20～30 d，局部超过30 d。长江流域10省(市)中旱及以上站数比例达94.6%，为1961年以来历史同期最多；10省(市)平均中旱及以上干旱日数(27.9 d)为1961年以来历史同期第二多，仅次于1978年。此次长江中下游及川渝地区干旱范围广、持续时间长、强度强、影响大。

2 2022年盛夏南方极端高温事件成因

2.1 大气环流异常特征

2022年7—8月，500 hPa欧亚中高纬度环流形势呈"两脊一槽"型，乌拉尔山以西高压脊发展，贝加尔湖至我国东北北部为宽广的低压槽，鄂霍茨克海及以东为偏强的高压脊，东亚沿岸上空为高度场正距平，东亚大槽偏弱(图3a)。这样的环流形势表明：欧亚中高纬度西风带槽脊活动位置总体偏北，尽管西风带波动频繁，但是冷空气活动路径偏北、偏东，难以影响到长江流域[6]。

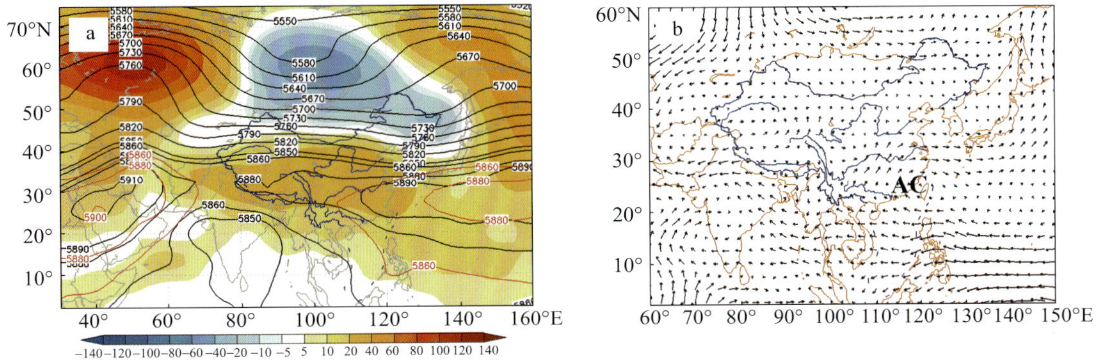

图 3　2022 年 7—8 月(a)500 hPa 环流形势图(等值线为原始场，其中红线为 5880 gpm 副高特征线，阴影为距平场；单位：gpm)和(b)850 hPa 距平风场图(AC 为反气旋异常中心，单位：m/s)

我国大陆大部地区受偏强的大陆高压控制，副高较常年明显偏强、偏西，控制我国长江以南大部地区(图 3a)。从初夏到盛夏，副高强度由接近常年转为异常偏强，尤其 8 月副高强度为 1961 年以来历史第一[9]。7 月和 8 月副高西伸脊点位置均异常偏西，并且多次出现副高与其西侧的大陆高压和伊朗高压打通，进而形成完整的副热带高压带(图 4a、图 4b)。在对流层上层，盛夏南亚高压强度为 1961 年以来最强。南亚高压特征线(12500 gpm 等值线)的东伸脊点在 7—8 月均较气候平均明显偏东，高压中心纬度位置持续偏北(图 4c、图 4d)。由于南亚高压与副高在纬向上的东西进退存在明显"相向而行、相背而去"的反向关系[10]，在经向上主要表现为一致变化的特征，因此，南亚高压的东伸和北移也有利于副高的西伸和北抬。在对流层低层，菲律宾和南海上空盛行东风距平，菲律宾以北至长江中下游为异常反气旋环流控制(图 3b)，引导来自西北太平洋的水汽向长江以北地区输送，而长江流域大部为水汽通量异常辐散区，晴热少雨。

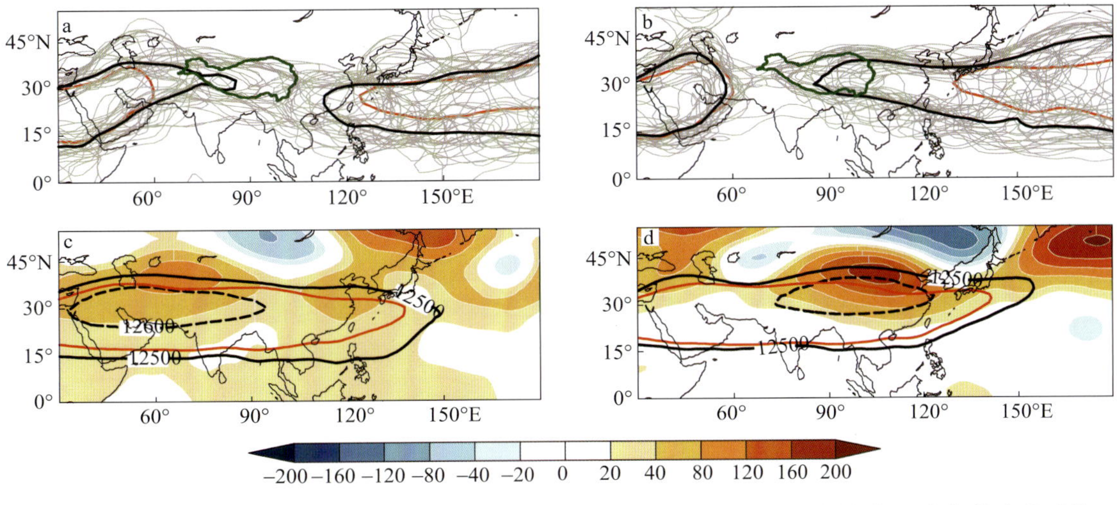

图 4　2022 年 7—8 月(a，b)500 hPa 副高特征线(黑色细线为逐日 5880 gpm 等值线，黑色粗线为月平均，红线为气候值，绿色轮廓为青藏高原)和(c，d)200 hPa 南亚高压特征线；黑色实线和虚线分别为 12500 gpm、12600 gpm 等值线，红线为 12500 gpm 气候平均等值线，阴影为位势高度距平场；单位：gpm)

因此,2022 年盛夏副高的持续异常偏强、偏西是导致我国南方盛夏极端高温干旱的直接原因。长江流域在强大的副高持续控制之下,晴空少云,盛行下沉气流,地面持续增温,导致盛夏出现破纪录的高温天气。尤其在 8 月,对流层高层南亚高压中心位置偏东,与中层的副高相向而行,在 80°～120°E 范围内叠加,导致控制我国大部的高压系统呈稳定正压结构,中心位于川渝上空,使得川渝地区成为高温异常中心[7]。此外,偏北、偏东的冷空气活动和低层水汽的异常辐散也助力了极端高温持续发展。

2.2 热带太平洋和印度洋海表温度异常的协同影响

ENSO(厄尔尼诺-南方涛动)是季节到年际尺度热带海气系统的最强信号,对东亚季风环流和我国气候有重要影响。2021 年 9 月起,赤道中东太平洋海温进入拉尼娜状态,并于 2021/2022 年冬季形成一次弱拉尼娜事件。2022 年春季,拉尼娜事件再次发展加强,尤其赤道中太平洋冷海温增强显著。另一方面,热带印度洋偶极子(IOD)负位相于 2022 年春季开始发展,夏季 IOD 负位相为 1981 年以来最强。下面,将详细分析上述两个关键海区海温异常对 2022 年盛夏副高异常偏强、偏西的协同影响。

已有研究指出,夏季副高异常存在 2 个主要模态,并且分别受到不同关键海区海温的影响[11]。由于副高是位于对流层中下层的深厚环流系统,2022 年盛夏,850 hPa 副高偏强、偏西,为了与文献[11]保持一致,针对盛夏亚澳季风区 850 hPa 位势高度场进行经验正交函数(EOF)分析。结果显示,盛夏副高的第一和第二模态刚好与文献[11]中夏季副高的模态相反,也即盛夏副高第一模态呈西北—东南走向,副高强度与赤道中太平洋的海温和降水呈显著负相关关系,而与赤道西太平洋暖池区的海温和降水呈显著正相关关系(图 5a、图 5c、图 5e)。这表明当盛夏赤道中太平洋海温偏低、降水偏少,而西太平洋暖池区海温偏高、对流活跃时,副高表现为第一模态正位相偏强。盛夏副高第二模态的偏强则主要与赤道中东太平洋和北印度洋海温偏高有关(图 5b、图 5d、图 5f)。

2022 年春季,拉尼娜事件发展加强,尤其赤道中太平洋冷海温发展显著并在盛夏继续维持。赤道中太平洋冷海温异常导致沃克环流的上升支向西移动(图 6a),160°E 附近对流活动受到抑制,而海洋性大陆上空对流更加活跃。一方面,赤道中太平洋受抑制的对流活动通过 Gill-Matsuno 响应在其西北侧激发出反气旋异常环流,从而有利于副高的加强[12]。另一方面,海洋性大陆上空对流活跃,增强的凝结潜热激发局地哈得来环流异常(图 6b),导致副热带西北太平洋受异常下沉运动控制,也有利于副高的增强。

除热带太平洋海温外,印度洋海温异常对东亚季风环流和气候也有重要影响。研究表明,IOD 负位相可以激发对流层上层青藏高原附近的异常反气旋环流,导致南亚高压偏强、偏东[13]。在南亚高压东移过程中,对流层上层负涡度平流强迫的下沉运动在中层产生辐散,有利于负涡度发展和副高加强,由此产生的下沉绝热加热效应有利于中低层暖性副高的维持[14]。

利用数值试验的动力诊断进一步证明,上述关键区海温异常影响副高的物理机制。我们通过给定与实况相似的热带对流异常加热,利用线性斜压模式(LBM)模拟热带太平洋和热带印度洋海温异常及其激发的热带对流异常,分析它们的单独影响和叠加作用。LBM 模式是关于基本气流场上线性化的原始方程模式。本文使用的水平分辨率是 T42,垂直方向上使用 σ

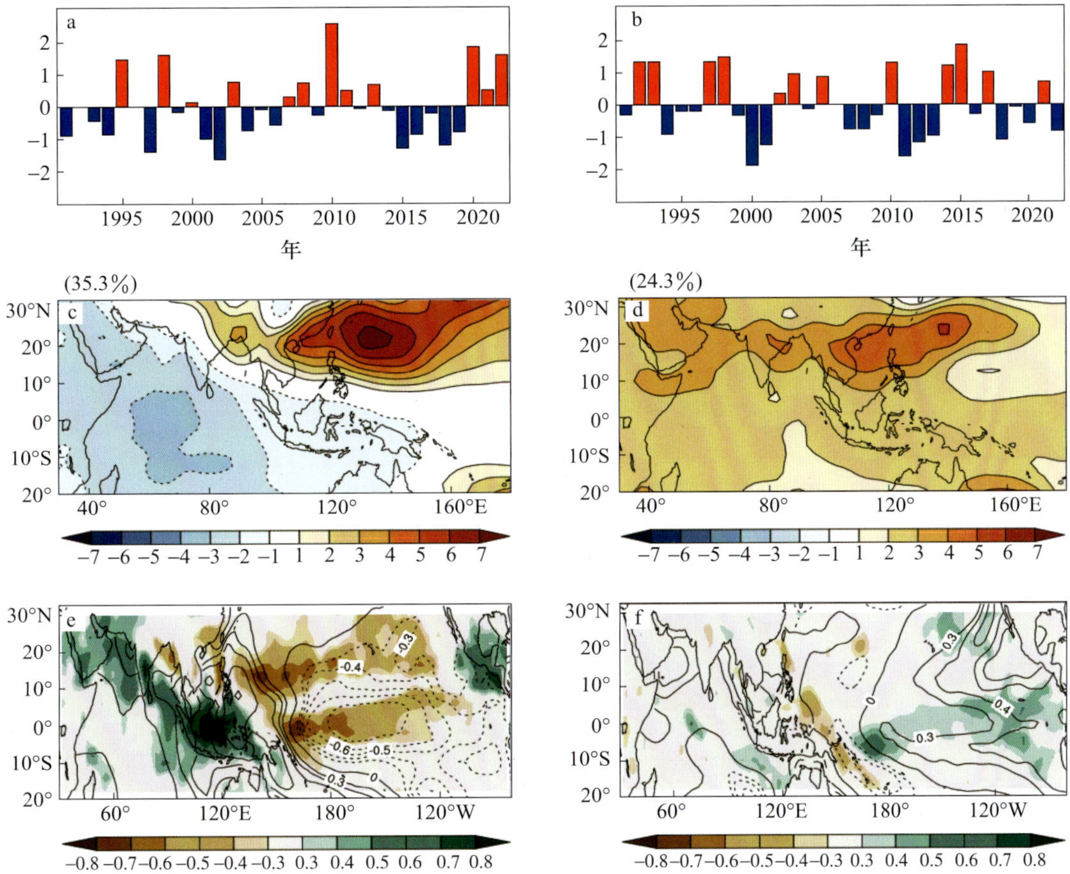

图 5　亚澳季风区 7—8 月(a,b)500 hPa 位势高度场 EOF 第 1、2 模态时间系数；(c,d)850 hPa 位势高度场空间分布(括号中数字为解释方差)；(e,f)EOF 第 1、2 模态时间系数与同期降水量(阴影)和海表温度相关系数(等值线)分布

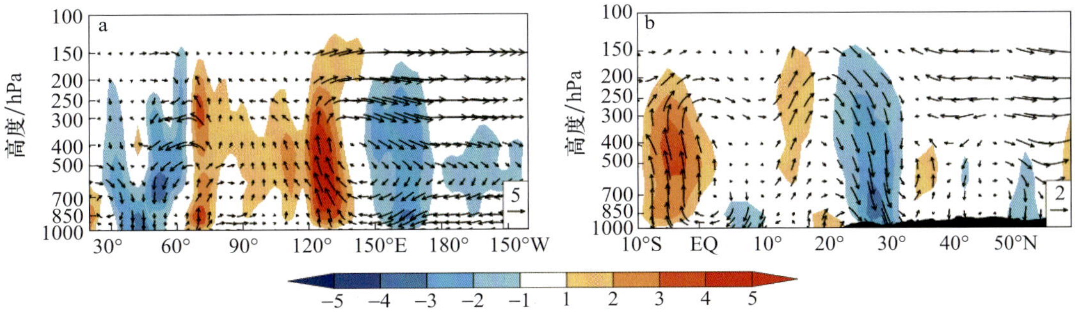

图 6　2022 年 7—8 月沃克环流异常(a)和局地哈得来环流异常(b)
(图中阴影区表示垂直平均风速，单位：−0.01 Pa/s；矢量分别为纬向(a)和经向(b)垂直平均风速距平，水平风速单位：m/s；垂直风速单位：−0.01 Pa/s)

坐标，共有 20 层[15]。结果表明(图 7)，赤道中太平洋的对流异常冷却会导致菲律宾附近对流层低层异常反气旋环流加强，从而使副高偏强；东印度洋的对流异常加热会导致副高偏北并明显向西伸展；二者的叠加作用共同导致副高加强西伸，我国东部受到庞大的副高控制，与 2022

年盛夏大气环流实况基本一致。需要指出的是，由于 IOD 既可以由 ENSO 强迫触发，也可以独立于 ENSO 事件发展[16]，2022 年异常偏强的 IOD 负位相与连续拉尼娜事件之间的关系以及它们对东亚气候的协同影响还需要进一步深入研究。

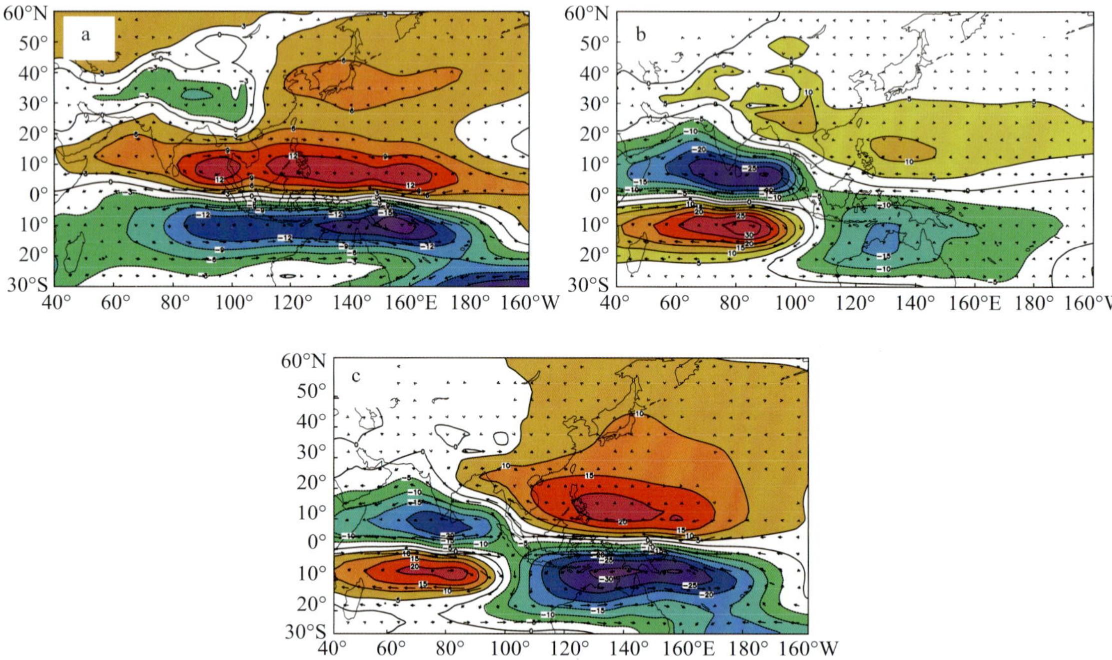

图 7　基于线性斜压模式的数值试验结果

(a)中太平洋冷却；(b)东印度洋加热；(c)中太平洋冷却叠加东印度洋加热

(图中阴影为 500 hPa 流函数，单位：$10^6 m^2/s$；矢量为 500 hPa 距平风场，单位：m/s)

2.3　青藏高原热源和印度夏季风异常的可能影响

青藏高原热源对亚洲季风的爆发和推进有重要影响，其中，春季高原地表感热加热是高原大气热源的主要分量，而夏季高原大气热源主要由降水引起的凝结潜热主导[17]。2022 年 7 月和 8 月，青藏高原中东部地表向上潜热通量为持续负距平，并且注意到巴基斯坦和印度西北部由于发生了历史罕见的洪涝灾害[18]，其潜热通量也为显著负异常(图 8a、图 8b)，这与异常偏强的印度夏季风密切相关。分别选取青藏高原中东部(28°～38°N，85°～102°E)和巴基斯坦(25°～32°N，63°～75°E)作为青藏高原(TP)和印度季风区(ISM)潜热异常关键区，从它们的年际变化可以看出，2022 年 7 月和 8 月上述两个关键区的潜热通量负异常均为 1991 年以来最强(图 8c～f)。利用线性回归分析关键区潜热通量异常对欧亚地区 500 hPa 高度场和 200 hPa 西风急流的影响，结果显示：青藏高原中东部 7 月和 8 月潜热通量异常偏低，有利于副高加强、西伸、北抬，以及东亚副热带西风急流轴位置偏北(图 9a、图 9b)。较之巴基斯坦，青藏高原中东部潜热异常对副高和西风急流的影响更为显著。

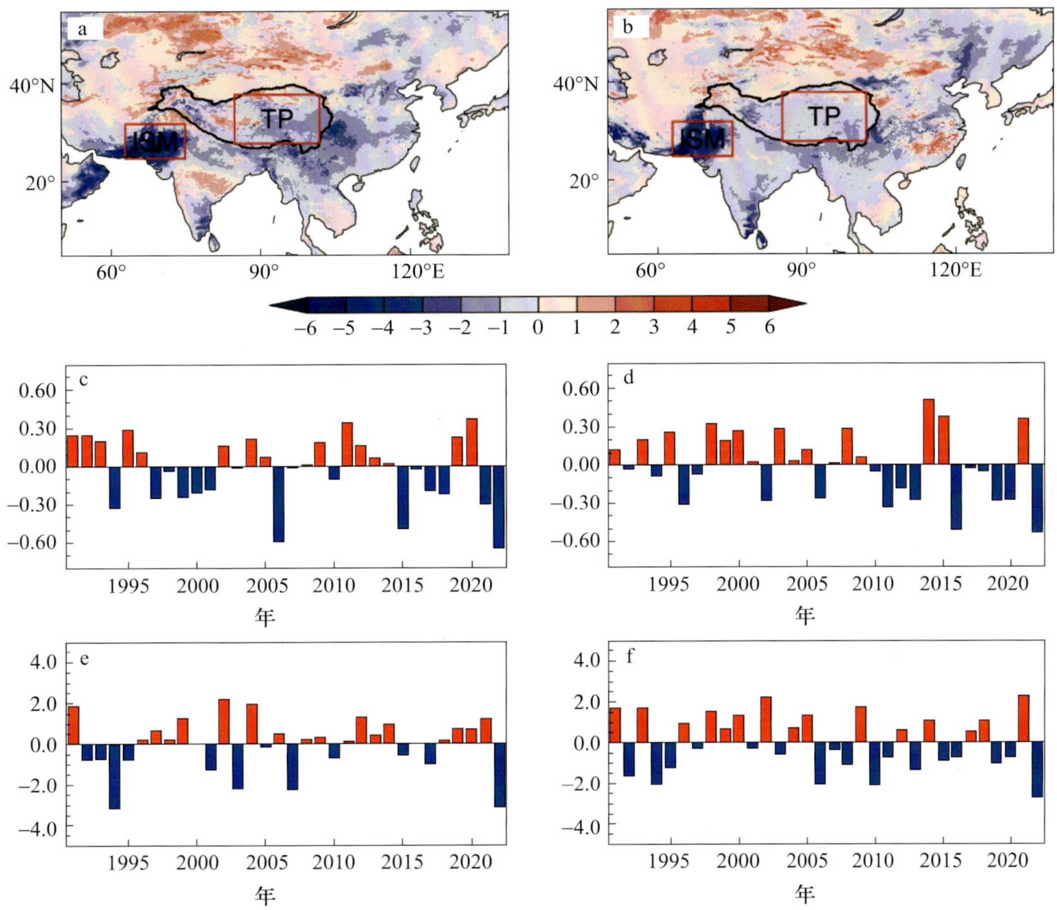

图 8 2022 年 7 月和 8 月(a,b)地表潜热通量距平空间分布图;7 月(c,e)和 8 月(d,f)关键区域平均值年际变化图(c,d 为青藏高原中东部;e,f 为巴基斯坦;单位:10^{-6}J/m^2)

2.4 欧亚中纬度大气环流遥相关波列的重要作用

2022 年盛夏,对流层高层除南亚高压偏强外,欧亚中纬度大气环流遥相关波列也存在显著异常。7 月,在欧亚北部存在自西向东传播的遥相关波列,而中纬度和副热带地区并不显著(图 10a)。8 月,地中海上空至北大西洋存在沿着副热带西风急流传播的遥相关波列,同时该波列在青藏高原以东显著增强(图 10b)。选取关键区域(20°~60°N, 0°~150°E)的 200 hPa 经向风场做 EOF 分析,定义第一模态时间系数为“丝绸之路”遥相关指数(SRPI)[19]。可以看出,2022 年 7 月(图 10c)和 8 月(图 10d)SRPI 为持续负位相,并且 8 月负位相达到 1991 年以来最强,这导致 8 月东亚中纬度在对流层高层为异常偏强的反气旋环流(图 10b),从而有利于南亚高压的中心位置偏东和副高的加强、西伸。

已有研究表明,“丝绸之路”遥相关型与印度夏季风的强弱[20]和青藏高原非绝热加热[21]密切相关。上节分析发现青藏高原热源(TP)和巴基斯坦热源(ISM)在 2022 年盛夏都显著偏强,因此进一步分析这两个关键区热源异常对“丝绸之路”遥相关波列的可能影响。可以看出,

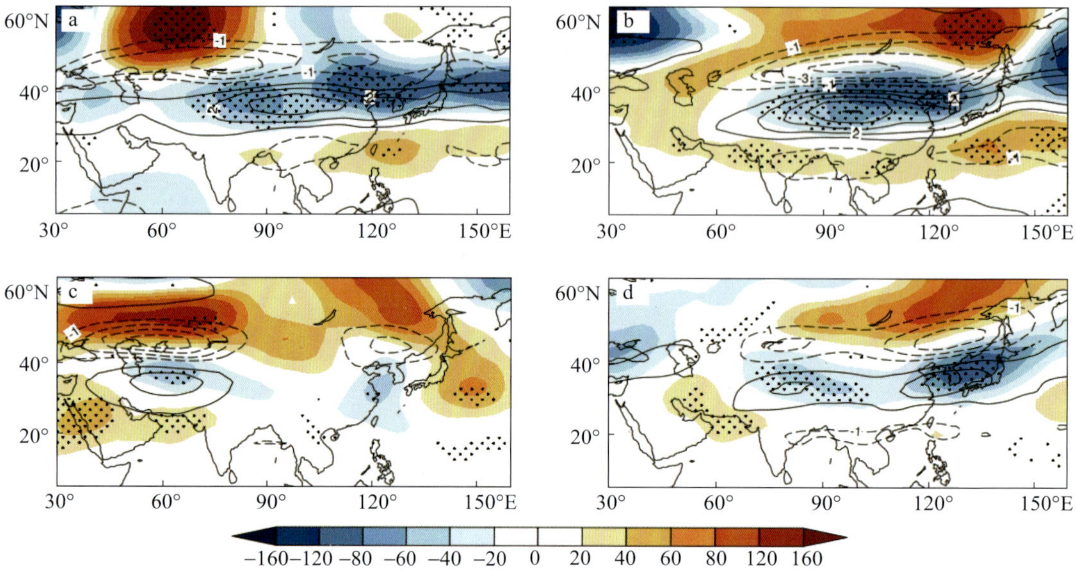

图 9　青藏高原中东部(a,b)和巴基斯坦(c,d)地表潜热通量年际变率回归的 7 月(a,c)和 8 月(b,d) 500 hPa 位势高度距平场(阴影,单位:gpm)和 200 hPa 纬向风场(等值线,单位:m/s)

(图中打点区域表示回归的位势高度场通过 95%的信度检验)

青藏高原和巴基斯坦热源异常均会激发沿副热带西风急流传播的遥相关波列(图 11),并在东亚中纬度激发异常反气旋环流,与 2022 年实况相似。但是,7 月 ISM 的影响(图 11c)较 TP(图 11a)略显著,而 8 月 TP 影响(图 11b)较 ISM(图 11d)更加显著。因此,2022 年 8 月“丝绸之路”遥相关型的异常增强主要受青藏高原潜热加热的影响。

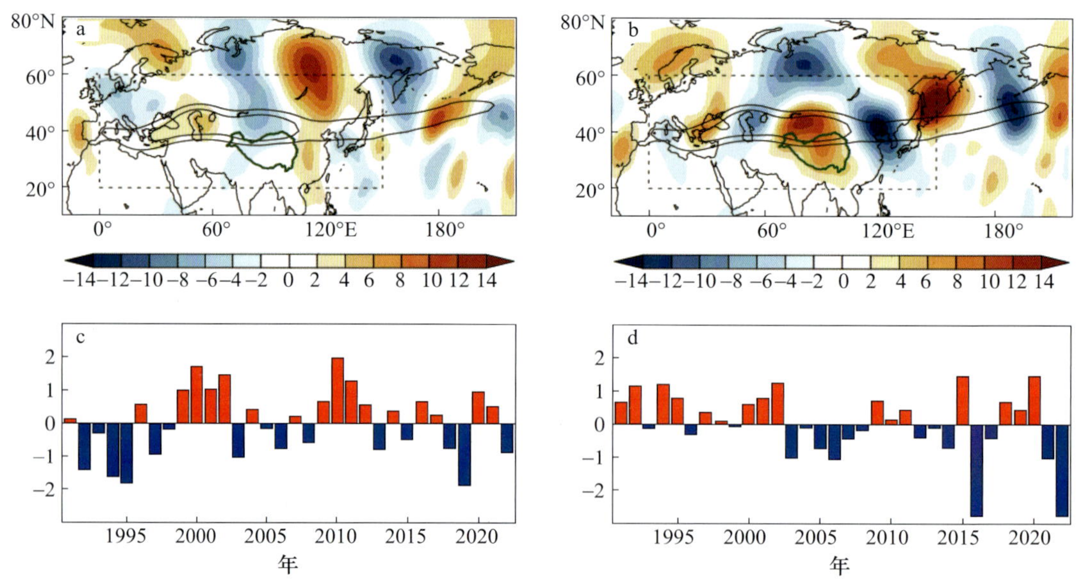

图 10　2022 年 7 月(a、c)和 8 月(b、d)200 hPa 经向风场(a,b;阴影为距平场,黑色等值线分别为 200 hPa 纬向风场气候值 20 和 25 m/s 特征线,虚线方框为“丝绸之路”遥相关定义范围(20°~60°N, 0°~150°E);b 中黑色弧线箭头表示异常反气旋环流;单位:m/s)和“丝绸之路”遥相关指数的年际变化(c,d)

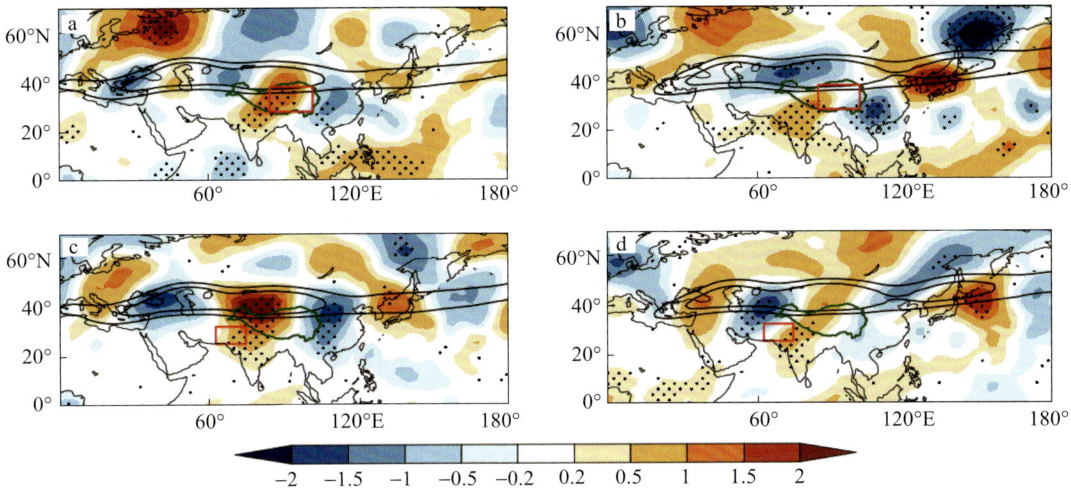

图 11　青藏高原中东部(a,b)和巴基斯坦(c,d)地表潜热通量年际变率回归的
7 月(a,c)和 8 月(b,d)200 hPa 经向风场(阴影，单位：m/s)
(图中等值线分别为 200 hPa 纬向风场气候值 20 和 25 m/s 特征线，打点区域表示回归的经向风场通过 95%的信度检验)

3　总结和讨论

2022 年夏季，我国中东部出现自 1961 年有完整气象观测记录以来综合强度最强的高温过程，高温影响范围广、持续时间长、极端性强。盛夏，长江中下游及川渝等地平均气温之高、高温日数之多、降水量之少，均打破历史纪录。持续极端高温少雨导致严重的夏伏旱，给农业生产和社会经济造成了严重损失。

分析表明，副高的持续异常偏强、偏西是导致 2022 年盛夏我国南方极端高温干旱的直接原因。2022 年盛夏，在北半球副热带上空，副高、大西洋高压和伊朗高压均阶段性增强，由此形成大范围的环球暖高压带。在强大副高的持续控制之下，我国南方地区上空盛行下沉气流，有利于地面增温，同时晴空少云，太阳辐射偏强，导致出现破纪录的高温天气。在对流层上层，南亚高压持续偏强，中心位置 8 月偏东，与中层西太副高相向而行，并在 80°～120°E 范围内形成叠加，导致控制我国南方的高压系统呈稳定正压结构，中心位于川渝上空，使得川渝地区成为 8 月高温异常中心。此外，欧亚中高纬度西风带槽脊位置偏北，冷空气活动路径偏北、偏东，难以影响到长江流域，而对流层低层菲律宾以北的异常反气旋环流使得长江流域为水汽异常辐散中心。这些共同导致了 2022 年盛夏南方极端高温干旱的发生发展。

2022 年盛夏副高的异常偏强是多尺度多因素协同作用的结果(图 12)。在全球变暖背景下，副热带地区位势高度场存在加强的趋势[8]。首先，2022 年夏季拉尼娜事件持续，赤道中太平洋冷海温发展加强，通过 Gill-Matsuno 响应在其西北侧激发出反气旋异常环流，增强副高。海洋性大陆上空对流活跃，增强的凝结潜热激发局地哈得来环流，东亚副热带地区受异常下沉运动控制，也有利于副高的增强。其次，2022 年夏季 IOD 负位相发展，激发对流层上层青藏高原附近和对流层低层菲律宾附近的异常反气旋环流，有利于南亚高压偏强、偏东，副高加强、西伸。数值试验的结果再次证明热带太平洋和印度洋海温协同作用对副高偏强、偏西的重要影响。最后,2022 年盛夏青藏高原潜热通量负异常偏强,导致副热带西风急流轴位置偏北,东亚中纬度暖高压,并激发沿副热带西风急流传播的"丝绸之路"型遥相关波列在青藏高原上空加强,从而进一步导致副高加强、西伸、北抬。

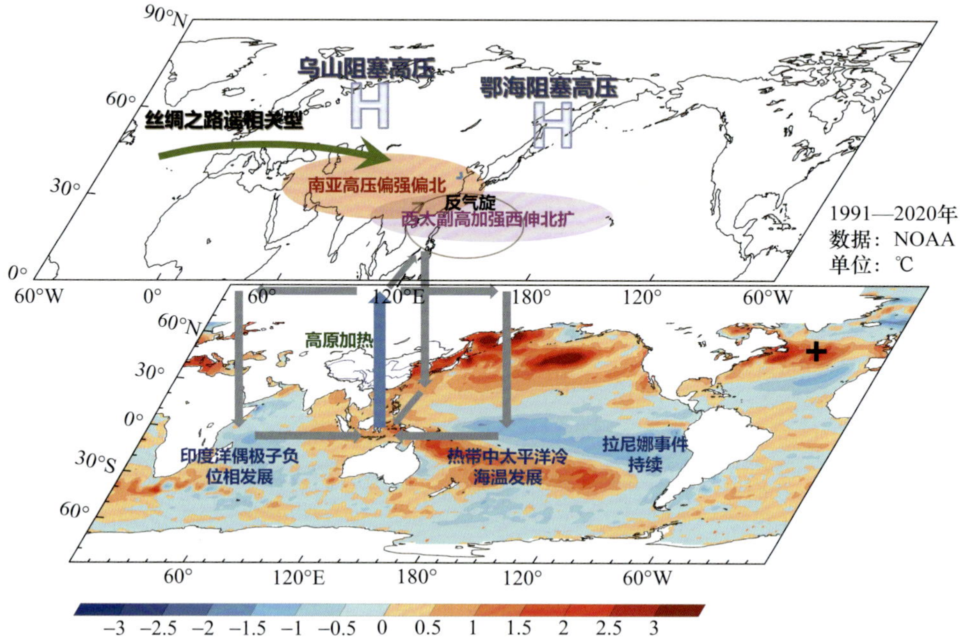

图 12　2022 年盛夏副高异常偏强成因概念模型

参考文献

[1] 丁一汇．中国气候[M]. 北京:科学出版社,2013.

[2] 叶殿秀，尹继福，陈正洪，等．1961—2010 年我国夏季高温热浪的时空变化特征[J]. 气候变化研究进展，2013，9(1)：15-20.

[3] 彭京备，刘舸，孙淑清．2013 年我国南方持续性高温天气及副热带高压异常维持的成因分析[J]. 大气科学，2016，40(5)：897-906.

[4] WANG P，TANG J，SUN X，et al. Heat waves in China：Definitions，leading patterns，and connections to large-scale atmospheric circulation and SSTs [J]. J Geophys Res：Atmos，2017，122(20)：10679-10699.

[5] 袁媛，丁婷，高辉，等．我国南方盛夏气温主模态特征及其与海温异常的联系[J]. 大气科学，2018，42(6)：1245-1262.

[6] 郝立生，马宁，何丽烨．2022 年长江中下游夏季异常干旱高温事件之环流异常特征[J]. 干旱气象，2022，40(5)：721-732.

[7] 林纾，李红英，黄鹏程，等．2022 年夏季我国高温干旱特征及其环流形势分析[J]. 干旱气象，2022，40(5)：748-763.

[8] 章大全，袁媛，韩荣青．2022 年夏季我国气候异常特征及成因分析[J]. 气象，2023，49(1)：110-121.

[9] ZHANG D，CHEN L，YUAN Y，et al. Why was the heat wave in the Yangtze River valley abnormally intensified in the late summer 2022[J] Environ Res Lett，2023，18：034014.

[10] 陶诗言，朱福康．夏季亚洲南部 100 毫巴流型的变化及其与西太平洋副热带高压进退的关系[J]. 气象

学报，1964，34(4)：385-396.

[11] WANG B, XIANG B, LEE J Y. Subtropical high predictability establishes a promising way for monsoon and tropical storm predictions [J]. Proc Nat Acad Sci USA, 2013, 110(8): 2718-2722.

[12]GILL A E. Some simple solutions for heat-induced tropical circulation[J]. Quart J Roy Meteor Soc, 1980, 106(449):447-462.

[13] 李崇银，穆明权．赤道印度洋海温偶极子型振荡及其气候影响[J]. 大气科学，2001，25(4):433-443.

[14] 任荣彩，刘屹岷，吴国雄．1998 年 7 月南亚高压影响西太平洋副热带高压短期变异的过程和机制[J]. 气象学报，2007，65(2)：183-197.

[15]WATANABE M, KIMOTO M. Atmosphere-ocean thermal coupling in the North Atlantic: A positive feedback[J]. Quart J Roy Meteor Soc, 2000, 126(570), 3343-3369.

[16] 袁媛，李崇银．热带印度洋偶极子与 ENSO 事件关系的年代际变化[J]科学通报，2008，53(12)：1429-1436.

[17] 段安民，张萍．青藏高原大气热源年际变率及其驱动因子[J]. 大气科学，2022，46(2)：455-472.

[18] MALLAPATY S. Why are Pakistan's floods so extreme this year[J]. Nature, 2022, https://www. nature. com/articles/d41586-022-02813-6.

[19] LU R Y, OH J H, KIM B J. A teleconnection pattern in upper-level meridional wind over the North African and Eurasian continent in summer [J]. 2002, 54(1): 44-55.

[20] DING Q, WANG B. Circumglobal teleconnection in the Northern Hemisphere summer [J]. J Climate, 2005, 18(17): 3483-3505.

[21] WANG Z, YANG S, LAU N C, et al. Teleconnection between summer NAO and East China rainfall variations: A bridge effect of the Tibetan Plateau [J]. J Climate, 2018, 31(16): 6433-6444.

2022年重庆极端高温成因诊断分析

吴 遥[1] 罗 娟[2] 唐红玉 邓承之[2] 董新宁[1] 白莹莹[1] 朱浩楠[1]
(1.重庆市气候中心,重庆,401120;2.重庆市气象台,重庆,401147)

摘 要:2022年夏季重庆出现自1961年以来最强的持续性极端高温事件。本文利用站点观测和欧洲中期天气预报中心ERA5(第五代欧洲再分析)资料,分析了重庆极端高温事件的主要成因。结果表明,南亚高压加强、东伸,西北太平洋副热带高压(以下简称副高)异常强盛,并西伸、北抬,北方冷空气盘踞在40°～50°N以北地区,难以南下影响长江流域,重庆处于长江上游副高西段异常强盛的下沉和水汽辐散中心区,造成该地区异常持续强高温。副高为1981年以来最极端异常偏西,南亚高压中心异常偏东,二者直接造成了重庆的极端高温。此外,重庆本地地形对极端高温分布有重要影响,8月中旬局地极端高温的出现与太阳辐射和地表感热通量达到最大密切关联。2022年夏季赤道太平洋西部海温的异常偏暖,对重庆极端高温的发生起到了积极作用。

关键词:重庆,高温,成因诊断

引言

随着全球变暖程度的进一步加剧,高温干旱事件发生的风险进一步加大[1-3],我国高温干旱事件呈现增多的趋势[4-7]。21世纪以来,西南地区发生了多次极端高温干旱事件,如2006年川渝地区遭遇了严重的高温干旱事件;2009年遭受秋、冬、春严重连旱;2009—2012年云贵地区发生了有气象记录以来的多年极端连旱。诸多研究发现,西南地区高温事件总体增多,表现出明显的年际和年代际变化特征[8,9],区域平均高温干旱强度逐年增强、影响范围逐年扩大[10-14]。

2022年夏季,我国中东部地区出现了大范围持续高温天气过程,为1961年以来我国持续时间最长的区域性高温过程。有1692个气象站(占全国总站数70%)达35 ℃以上,为历史第2多;1445个气象站(占全国总站数60%)达37 ℃以上,为历史最多;361个气象站(占全国总站数14.9%)日最高气温达到或超过历史极值,重庆北碚连续2 d最高气温达45 ℃。评估结果显示,此次高温事件综合强度为1961年有完整气象观测记录(以下简称历史记录)以来最强。2022年夏季重庆的极端高温突破了历史记录,境内36个区县852个乡镇(街道)遭受高温干旱灾害,给人民群众的生产生活造成严重影响。

对于极端高温气候事件,有许多学者做过研究和成因诊断分析,郝立生等[15]认为2022年夏季500 hPa高度场在青藏高原上空出现明显正距平扰动,尤其是8月,扰动进一步加强并东移到长江流域,诱发西北太平洋副热带高压(以下简称副高)西伸,副高呈东西带状分布,长江流域长时间处于副高控制下,有利于下沉增温。林纾等[16]认为,2022年夏季低纬度的伊朗高压异常东伸，副高略偏北且异常西伸，两高长时间贯通形成高压带，有利于气流辐散下沉，并阻碍水汽向中纬度输送，不利于长江流域产生降水。同时，对流层高层南亚高压异常偏东，与中层的副高相向而行，致使控制我国长江流域及其以南地区的高压系统呈稳定正压结构，造成极端高温干旱天气。很多学者通过对高温干旱影响机制的研究认为，副高和南亚高压是我国夏季大部区域高温干旱最主要和最直接的影响系统，高温的范围、持续时间以及强度与其东西、南北位置、控制面积及强度有密切关联[17-23]。

持续性高温干旱事件的形成往往与持续的环流异常密不可分，其强度和位置等要素的变化对某一区域的影响不尽相同，加之极端气候事件的预测存在较大难度，因此需要进一步提高对其发生规律和异常环流背景的认识。本文针对 2022 年重庆极端高温干旱事件发生的大气环流进行诊断分析，并对副高等直接影响重庆极端高温干旱的主要环流系统开展详细的诊断分析，以期为进一步认识极端高温干旱发生成因、提取预测指标和提高气候预测业务和服务能力提供科学依据。

1 资料和方法

1.1 资料说明

本文所用资料主要包括：

(1)气象台站资料：来自中国气象局国家气象信息中心提供的中国地面基本气象台站资料，选取 1986—2022 年重庆 34 个气象台站逐日平均气温、最高气温等资料。分析时段为夏季 6—8 月内高温出现时段，气候值为 1991—2020 年的标准值。

(2)大气环流资料：由欧洲中期天气预报中心提供的 1981—2022 年 ERA5(第 5 代欧洲中期再分析)逐日资料，要素包括：位势高度、风场和比湿等，资料水平分辨率为 0.25°×0.25°，垂直方向 17 层。整层水汽输送采用 1000～300 hPa 进行积分。文中副高特征指数依据刘芸芸等[24]的指数定义。

1.2 方法简介

区域高温过程根据中华人民共和国气象行业标准《区域性高温天气过程等级划分》(QX/T 228—2014)[25]判定。区域高温过程的等级则根据区域性高温天气过程等级指标进行划分。本文应用的气候诊断分析方法主要有合成、检验等常用气候统计诊断分析方法，方法详解见参考文献[26]。本文在高温面积的统计中，采用地形回归插值算法将气象台站高温资料插值到相对精细化的空间网格[27]。历史高温诊断分析中重点分析特重、重度和中度高温天气过程，分别用 P1 代表特重，P2 代表重度，P3 代表中度区域高温天气过程。

在局地极端高温的诊断分析中，采用热流量方程定量估计影响温度局地变化的各项因子，简化后公式如(1)所示：

$$\frac{\partial T}{\partial t}=-V\cdot\nabla T-w(\gamma_{\mathrm{d}}-\gamma)+\frac{1}{c_{\mathrm{p}}}\frac{\mathrm{d}Q}{\mathrm{d}t} \tag{1}$$

2 2022 年重庆极端高温事件特征

2022 年夏季(以下简称夏季)重庆出现了有历史记录以来最为严重的特重高温天气过程，高温呈现持续时间长、影响范围广和极端性强的特点。夏季区域平均日最高气温≥35 ℃(以下简称≥35 ℃)的高温日数达 49.7 d，是有历史记录以来高温日数最多的年份，超过 2006 年的 49.4 d(图 1a)；日最高气温≥40 ℃(以下简称≥40 ℃)以上的高温日数为 15.8 d，为有历史记录以来最多(图 1b)。夏季全域均出现了高温天气过程，选取期间全市平均日最高气温最大的一天作为高温影响范围最广的统计日，采用地形回归插值算法插值到空间网格，夏季≥35 ℃和≥40 ℃的覆盖面积分别为 7.85 万 km^2 和 4.48 万 km^2，分别占区域总面积的 95.3%和 54.4%(图 1c、图 1d)，均超过 2006 年，为有历史记录以来最广。区域内有 18 个站点的日最高温气温刷新或追平记录历史同期极值，超过了区域观测站点的一半以上。区域内极端最高气温为 45.0 ℃(北碚，8 月 18 日、19 日)，极端高值超过了 2006 年的 44.5 ℃(綦江，8 月 15 日、9 月 1 日)，这也是我国首次在吐鲁番以外地区监测到 45 ℃的高温(图 1e)。

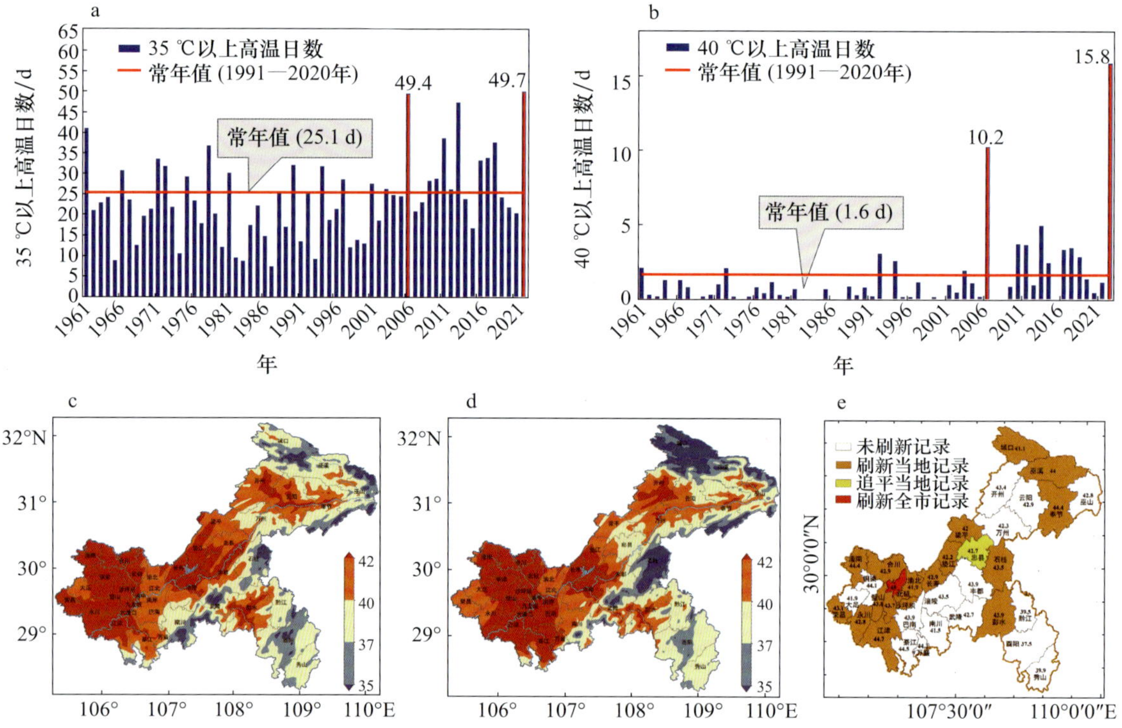

图 1 (a)重庆≥35 ℃的高温日数历年变化图；(b)重庆≥40 ℃的高温日数历年变化图；(c)2022 年 8 月 20 日日最高气温空间分布(单位：℃)；(d)2006 年 8 月 15 日日最高气温空间分布(单位：℃)；(e)2022 年夏季最高气温记录站点分布(图中数字为夏季同期极端最高气温值；单位：℃)

3 2022 年重庆极端高温过程成因诊断

3.1 环流特征分析

根据区域高温过程的定义[25]，2022 年夏季重庆主要有两个时段，分别为 7 月 4—17 日(以下简称第一段)和 7 月 24 日—8 月 29 日(以下简称第二段)，均为特重等级。第一段期间，图 2 显示出，500 hPa 高度场上北半球欧亚中高纬度环流呈“两脊一槽”分布，40°N 以北高度场距平为“＋－＋”的倒 Ω 型，即新地岛及以南的乌拉尔山地区阻高(以下简称乌山阻高)异常强盛；贝加尔湖附近有弱的低压槽发展；日本海以北至鄂霍茨克海地区为异常强盛的阻高(以下简称鄂海阻高)。在 40°N 以南的中低纬度地区，我国大范围地区受正距平高度场控制。100 hPa 高度场上，南亚高压强度异常偏大、偏强、位置偏东。因南亚高压与副高间有相向而行、相背而斥的运动关系[22,23]，且高层大气环流对中低层有一定的引导作用，使副高较常年异常偏西(约 20 个经度)，强度异常偏强(图 2a、图 2b)。

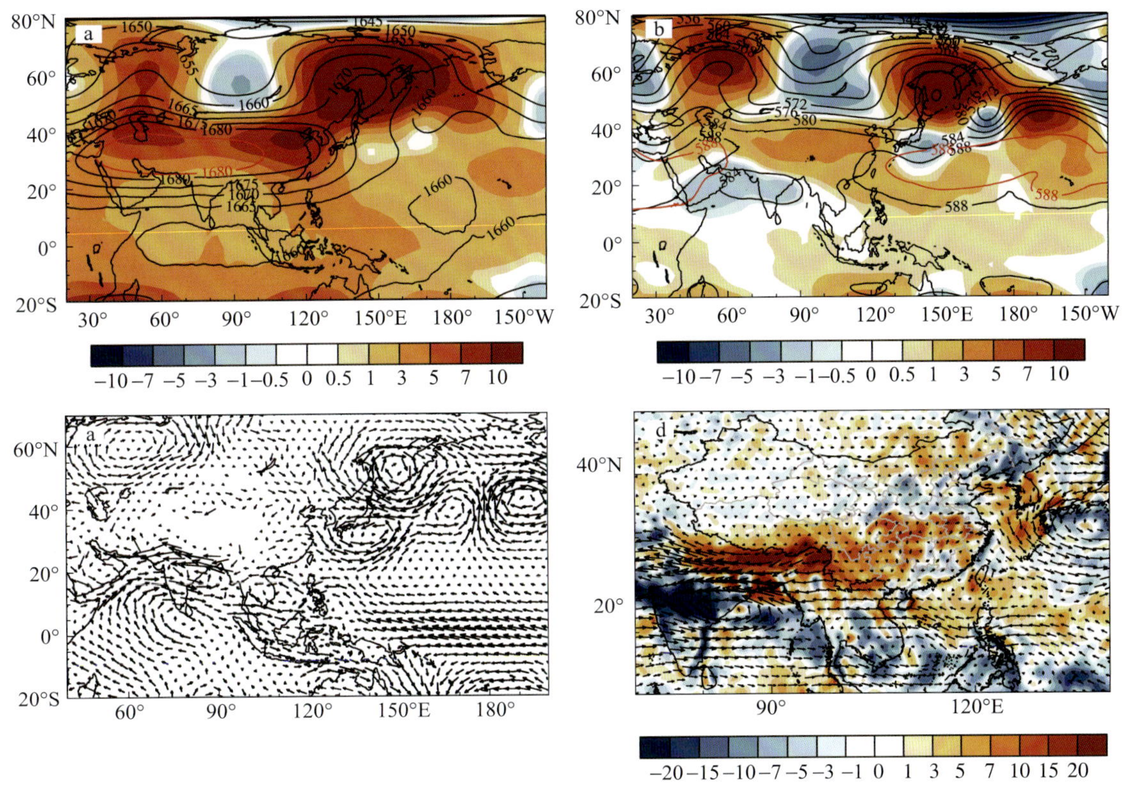

图 2 2022 年 7 月 4—17 日平均环流场分布

(a)100 hPa 位势高度(等值线)及距平场(填色)；(b)500 hPa 位势高度(等值线)及距平场(填色)(黑色等值线为实况值，红色为气候值；单位：10 gpm)；(c)850 hPa 距平风场(矢量)；(d)整层(1000～300 hPa)积分水汽通量(矢量，单位：kg/(m·s))及水汽通量散度距平场(填色，单位：10^{-5}kg/(m^2·s))

850 hPa 风场上,菲律宾附近及以北的西太平洋地区为异常反气旋控制(图 2c),低纬地区来自西北太平洋的暖湿气流对我国长江流域输送不明显,来自印度洋的西南暖湿气流在中南半岛西岸转向为西北气流,未能继续向西南方向输送。在整层水汽输送场上(图 2d),西北太平洋和印度洋向长江流域输送的水汽均偏弱,尤其是重庆地区处于强水汽辐散区,水汽和动力条件均十分不利于降水产生,导致高温干旱的出现。

第二段高温持续了一月有余,是有历史记录以来持续时间最长、极端程度最强的高温过程。从环流图中可看出(图 3a、图 3b),与第一段相同的是北半球欧亚中高纬度环流同样呈"两脊一槽"的倒 Ω 型分布,但第二段 100 hPa 高度场上中高纬度"+-+"波列的分布区域偏北约 10 个纬度,分布在 50°N 以北高纬度地区;500 hPa 高度场上新地岛及以南的乌拉尔山地区正距平分布区范围扩大且中心强度值更强;贝加尔湖附近低压槽强度加强、位置东扩,但鄂海阻高中心位置东移强度明显减弱,高度场正距平中心东移到白令海以南的北太平洋地区。在 40°N 以南的中低纬度地区,南亚高压中心范围较前一次过程北扩、东移,副高较第一段加强并大幅西伸、北抬,外围 588 dagpm 线西伸到 90°E 附近,较常年偏西约 40 个经度,北界北抬至黄河流域,我国中东部和长江流域均在其控制之下,中心最大值较常年偏高超 40 gpm,极为异常(图 3a、图 3b)。

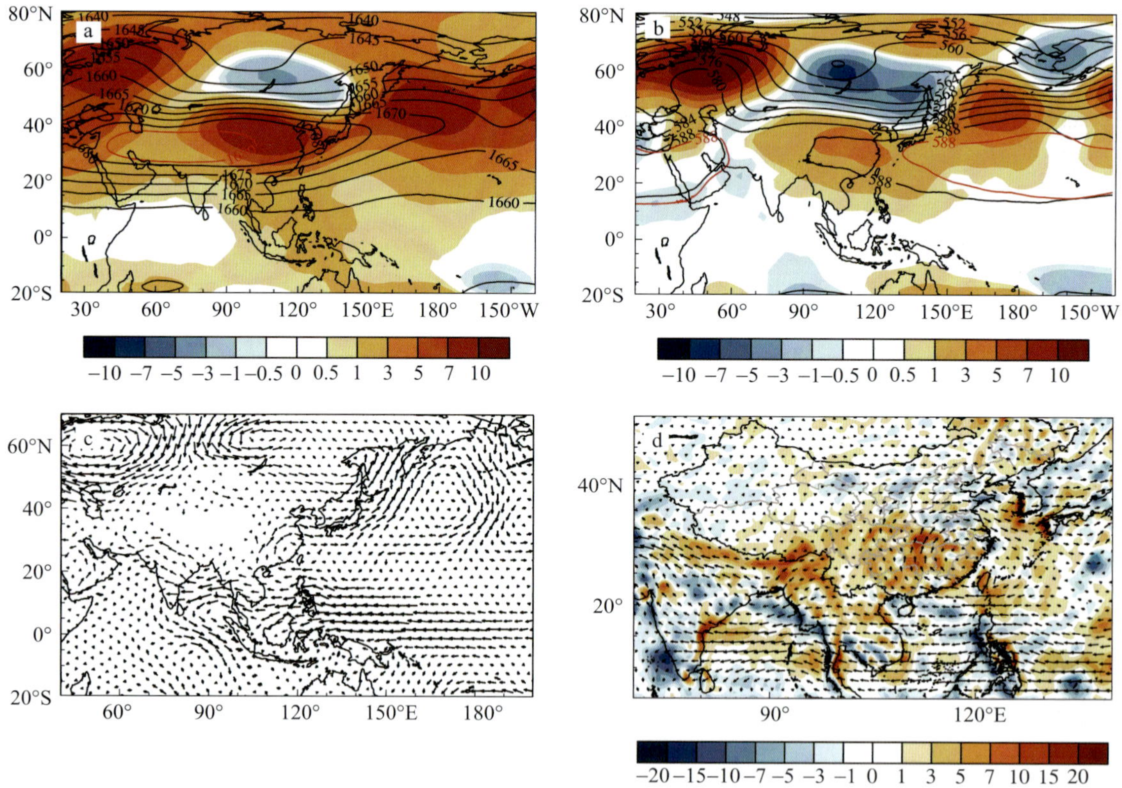

图 3　2022 年 7 月 24 日—8 月 29 日平均环流场分布

(a)100 hPa 位势高度(等值线)及距平场(填色);(b)500 hPa 位势高度(等值线)及距平场(填色)(黑色等值线为实况值,红色为气候值;单位:10 gpm);(c)850 hPa 距平风场(矢量);(d)整层(1000~300 hPa)积分水汽通量(矢量,单位:kg/(m·s))及水汽通量散度距平场(填色,单位:10^{-5} kg/(m^2·s))

与第一段相比,第二段期间 850 hPa 风场上,菲律宾附近及以北的西北太平洋地区异常反气旋更加显著(图 3c),低纬地区来自西北太平洋的暖湿气流对我国长江流域的输送同样不明显，来自印度洋的西南暖湿气流基本消失，中南半岛为东风异常，基本没有西南方向的水汽输送到我国长江流域。在整层水汽输送场上（图 3d），西北太平洋和印度洋对长江流域输送的水汽均偏弱，尤其是重庆及以东地区处在异常强水汽辐散区，极易出现异常高温少雨天气。

3.2 南亚高压和副高的极端性分析

受副高和南亚高压的共同影响，几乎每年重庆都会出现高温天气过程，但 2022 年的 2 段高温过程为什么如此极端？我们从副高和南亚高压的历史极端性进行分析：第一段南亚高压强度（96.01×10^6 km^2 · gpm）和中心位置（96.01°E）偏东程度均为 1981 年以来第二（图 4a、图 4c）；副高西伸脊点位置（97.94°E）偏西程度为 1981 年以第四（图 4c）。第二段南亚高压和副高的南北位置并未出现异常（图 4e），但二者的强度（分别为 94.88×10^6 和 571.13×10^6 km^2 · gpm）均达到了 1981 年以来的极端异常最强（图 4d）；副高西伸脊点位置（93.42°E）偏西程度创 1981 年以来之最，南亚高亚中心位置（86.28°E）偏东程度为 1981 年以来第五（图 4f）。综合上述分析，两次特强高温过程中，副高和南亚高压的强度和东西位置的异常和极端变化，可能是造成重庆夏季极端高温最为直接的原因。

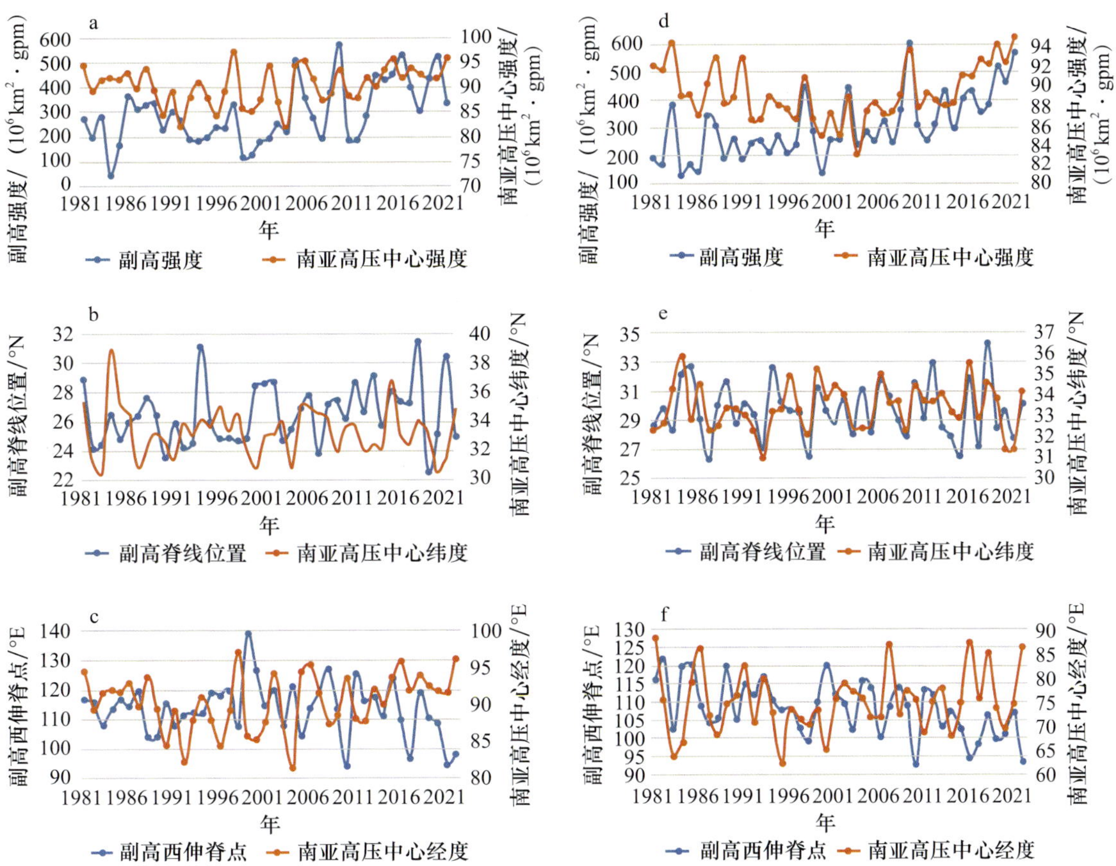

图 4 两段区域高温天气过程副高与南亚高压指数历年变化

（a～c）7 月 4—17 日高温天气过程；（d～f）7 月 24 日—8 月 19 日高温天气过程；（a）和（d）为副高和南亚高压强度指数（单位：10^6 km^2 · gpm）；（b）和（e）为副高脊线与南亚高压中心纬度；（c）和（f）为副高西伸脊点和南亚高压中心经度

3.3 重庆本地地形的作用分析

受特殊的地理位置影响,空气中积聚的水汽和热量很难通过大气的垂直或水平运动扩散。从图 5a 可看出,44 ℃以上的极端高温天气主要出现在平坝、河谷以及岭谷之间的重庆中西部地区,位于云贵高原背风坡。8 月 18 日,北碚出现了 45.0 ℃的日最高气温,从沿 106.4°E 的经向垂直剖面图可以看出(图 5c、图 5d),700 hPa 以下偏南风翻越云贵高原后,在背风坡存在强烈的下沉运动,且白天的下沉运动较夜间更为强烈,背风坡气流一方面下沉绝热增温,另一方面使得气块中的水汽快速蒸发,空气变得高温且干燥。连续 2 天出现 45 ℃极端高温的北碚站(图 5b)位于中梁山和缙云山山谷之间,除了受云贵高原大地形影响以外,还受到平行岭谷小地形的影响,在两者的共同作用下,再加上有利的环流背景,导致北碚极端高温天气出现。

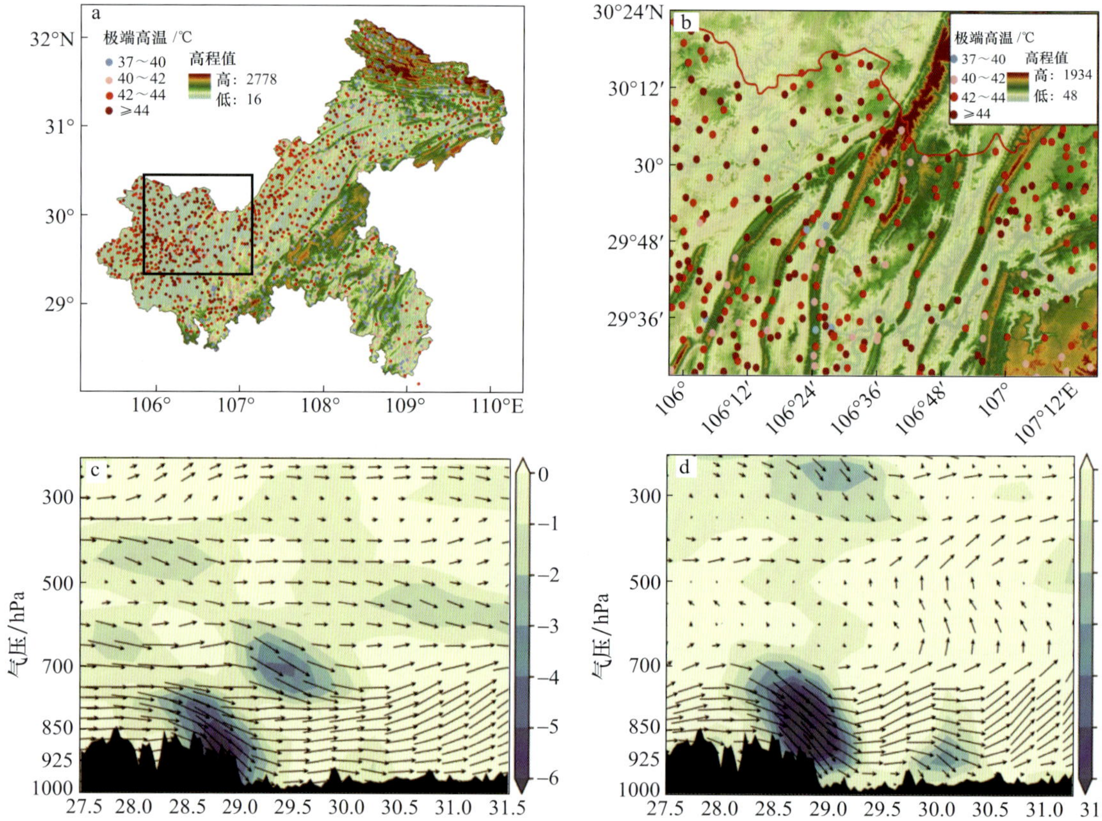

图 5 (a)7—8 月重庆地区极端最高气温(单位:℃)和地形叠加;(b)图为(a)方框内区域;(c~d)沿 106.4°E 垂直环流(vw 合成矢量,v 单位:m/s,w 单位:10^{-2} m/s)、垂直速度剖面(填色,单位:10^{-2} m/s)、地形剖面(黑色阴影);(c)8 月 18 日 02 时;(d)8 月 18 日 14 时

3.4 局地极端高温的成因分析

8 月 18—19 日,重庆北碚站刷新历史记录。从该站 8 月 8—21 日热流量方程各项因子随时间-高度演变可知(图 6a~d),白天低空 850 hPa 以下增温主要源于非绝热加热作用,温度平

流项和垂直运动项均较弱，但对流层中上层 850～300 hPa 的增温则主要源于垂直运动作用，即下沉运动导致的绝热增温现象。夜间温度平流项与垂直运动项分别为显著的正贡献，偏南风翻越云贵高原产生的平流和下沉作用在夜间形成了一定的增温效应，这可能是重庆部分站点夜间升温的机制之一。

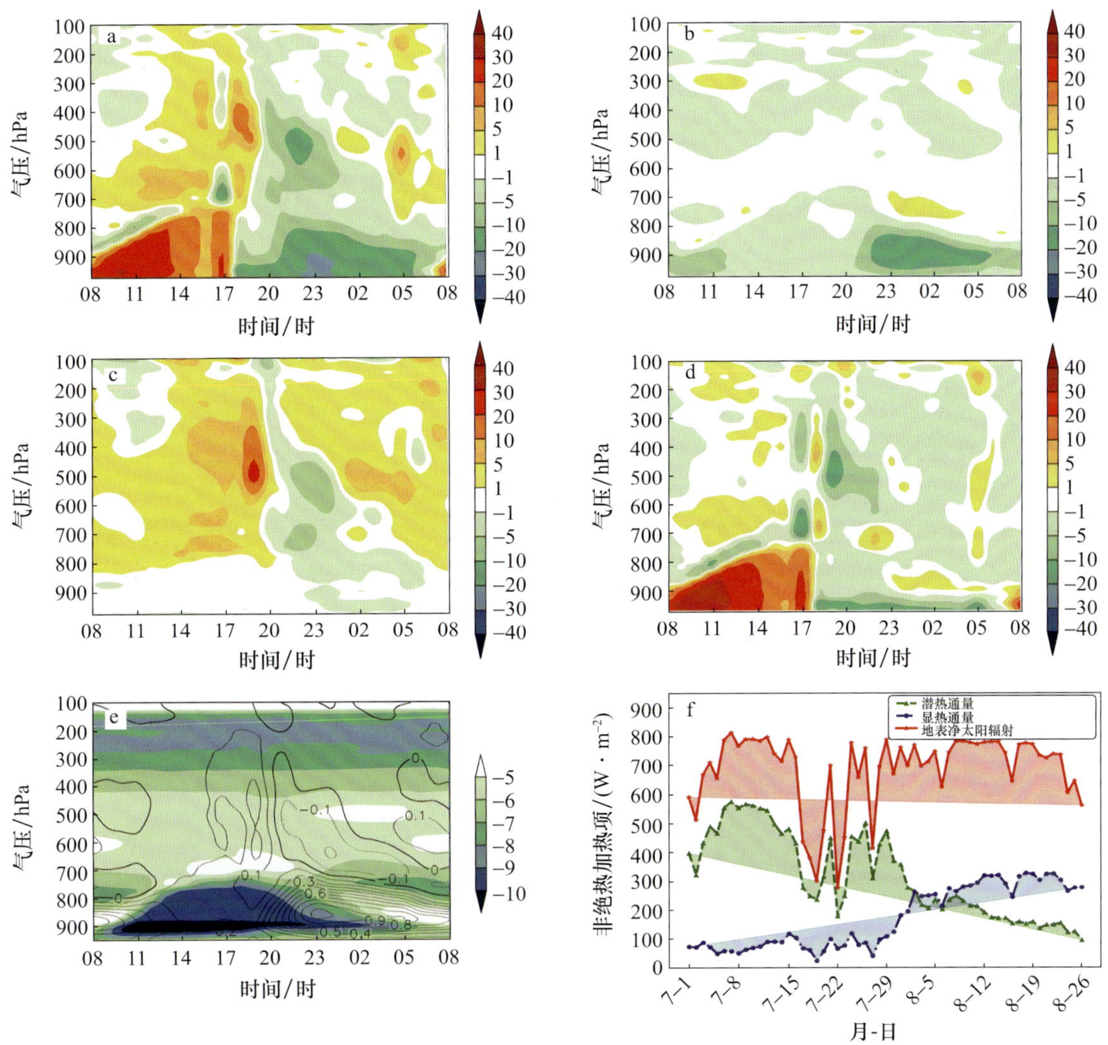

图 6　8 月 8—21 日平均的北碚站(a)温度局地变化、(b)温度平流项、(c)垂直运动项及(d)非绝热加热项的时间-高度演变(单位：10^{-5} K/s)；(e)8 月 8—21 日平均的北碚站气温直减率(彩色阴影，单位：℃/km)及垂直速度(等值线，单位：Pa/s)的时间-高度演变；(f)7—8 月北碚站非绝热加热项随时间的演变(单位：W/m^2)

垂直运动项对低空的增温效应白天弱而夜间强，其原因可能与低空气温直减率日变化有关。由垂直运动项 $-w(\gamma_d-\gamma)$ 可知，该项取决于 w 和 γ。分析显示，北碚站白天在非绝热加热作用下低空快速增温，形成了气温直减率在 −10～−9 ℃/km 的干绝热甚至超绝热层结。而夜间，干绝热或超绝热层结逐渐减弱消失，下沉运动带来的绝热增温效应则逐渐增强(图 6e)。可见，重庆地区日间增温主要源于非绝热加热，由于低空气温直减率接近甚至超过干绝热直减率，垂直运动项作用较小。而夜间，在低空偏南风条件下，在云贵高原北侧的垂直运动效应对低空增温存在显著正贡献。

非绝热加热是重庆地区日间增温最为主要的因子。从7—8月北碚站非绝热演变可以看出(图6f),两段高温过程中,7月的高温过程中北碚近地面的非绝热加热主要取决于太阳辐射和地表潜热加热,8月中旬,太阳辐射和地表感热通量达到最大,使北碚高温进入最强时段,达到和出现极端高温极值。日最高气温与太阳辐射和地表感热通量变化趋势一致,特别是地表感热可以直接加热大气,对地面增温作用更为明显,而地表潜热通量不直接加热大气,需要通过凝结释放而对气温产生影响,对局地高温作用较小。

4 与历史不同等级高温过程环流的差异性分析

4.1 500 hPa 高度场

为深入理解重庆2022年特重高温过程有何特殊性,进一步对重庆中等程度以上高温过程中不同等级高温过程的大气环流差异性进行分析。根据《区域性高温天气过程等级划分》(QX/T 228—2014)计算了2001—2022年间夏季所有区域高温过程(共83次),根据标准选取特重、重度和中度区域高温过程进行分析。图7是P1～P3区域平均500 hPa高度场及距平分布(图7a～e)及距平偏差(图7b～f),可以看出:重庆出现中度及以上等级高温天气过程时,北半球欧亚中高纬均为“+－+”的双阻型(乌山阻高和鄂海阻高同时维持)环流控制,而不同等级高温过程下,这种双阻型环流的南北有明显差异。出现区域高温过程时,这种双阻型环流位置偏西、偏北,尤其是在P1区域时,贝加尔湖地区的负距平中心位于50°N以北地区(图7a)。

与历史特重高温过程时的环流特征相似,第一段和第二段高温天气过程在500 hPa高度场上欧亚中高纬正是出现了“+－+”的双阻型异常环流,同时中低纬南亚高压异常偏强、副高偏强、偏西,导致高温天气过程的出现。比较第一段和第二段高温过程,虽然均达到特重等级,但第二段高温过程乌山阻高比第一段高温过程更偏强、双阻型环流更偏北,中低纬地区南亚高压更偏强、副高更偏西,达到自1961年以来最偏西的位置,使得第二段高温强度大于第一段。

4.2 100 hPa 高度场

100 hPa高度场上(图8a～e)北半球欧亚中高纬大气同样为“+－+”的双阻型环流,且这种特征越明显,高温的强度越强。此外,高温强度越强,南亚高压位置越偏东、偏北。与历史特重高温天气过程的环流特征相似,2022年出现的两段高温过程中均出现了此种双阻型异常环流,且这种特征异常显著,同时南亚高压的位置异常偏东、偏北。比较前后两段高温天气过程,虽然双阻型环流特征和中低纬度南亚高压偏强、偏东的特征同样异常明显,但第二段高温过程中,双阻型环流的南北位置较第一段高温过程时偏北约10个纬度,同时南亚高压北界位置较第一段高温过程偏北约5个纬度,且东伸程度较第一段过程更加显著和极端,从而造成了该地区1961年以来历史最强的极端高温天气过程。

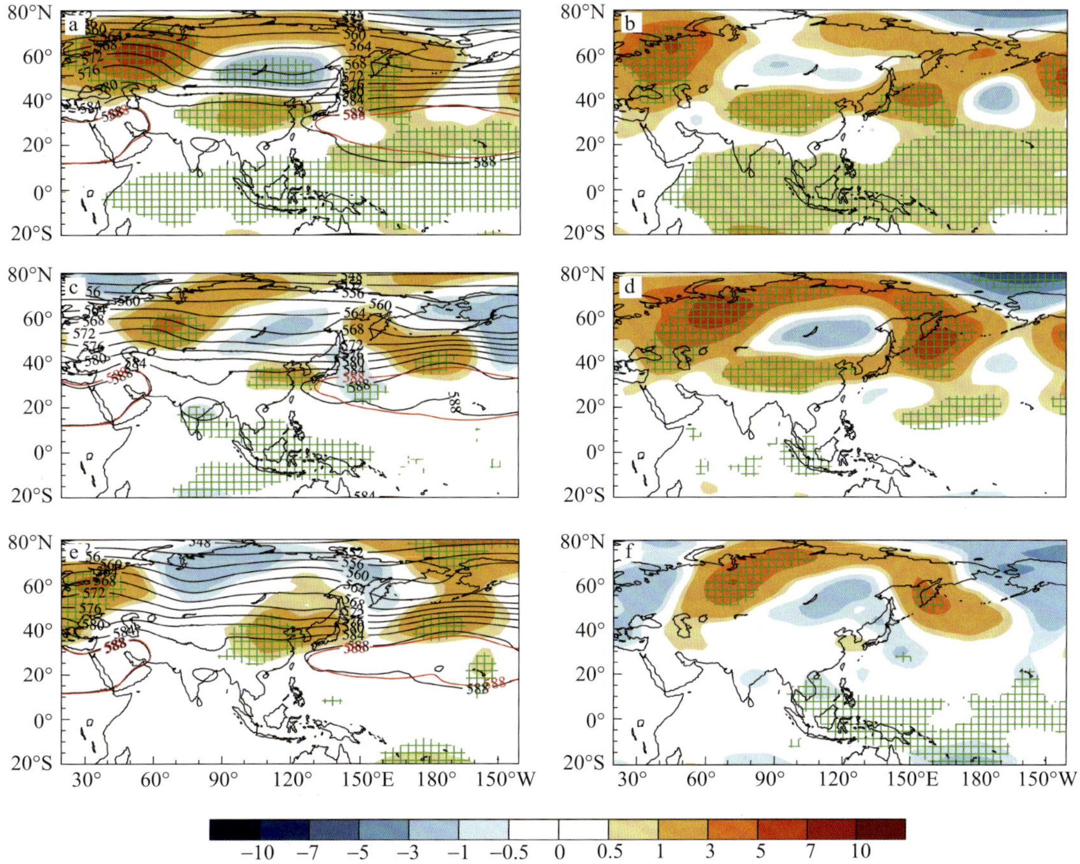

图 7 P1～P3 区域高温过程 500 hPa 位势高度场(等值线)及距平场(填色)分布(a、c 和 e)及 P1～P3 高温过程位势高度距平场偏差图(b、d 和 f)；(a)P1；(c)P2；(e)P3；(b)P1～P2；(d)P1～P3；(f)P2～P3
(图中绿色网格区为通过 90% 显著检验区)

4.3 西太平洋副热带高压

为了解 2022 年极端高温天气过程中副高的影响，对重庆历史出现的 P1～P3 副高面积、强度和位置的变化进行详细的分析。结果表明当副高面积偏大、强度偏强、位置偏西、偏北时，重庆易出现高温天气。当以上各项指标出现异常时，易出现强高温天气过程。第一段副高面积指数为 121.65，较 P1 过程对应气候值偏大 9.95(图 9a)；强度指数为 339.82，接近 P1 过程对应气候值(图 9b)；脊线位置为 25.04°N，接近 P3 过程对应气候值(图 9c)；西伸脊点位置在 97.94°E，较 P1 过程对应气候值偏西 10.36°E(图 9)。第二段副高面积指数为 153.13，较 P1 过程对应气候值显著偏大 41.43(图 9a)；强度指数为 571.66，较 P1 过程对应气候值显著偏强 227.46(图 9b)；脊线位置为 30.18°N，较 P1 过程对应气候值偏北 1.18°N(图 9c)；西伸脊点位置在 93.42°E，较 P1 过程对应气候值显著偏西 14.88°E(图 9d)。第一段和第二段副高面积和西伸位置均显著超过了历史最强高温 P1 的平均值，尤其是第二段，副高的面积偏大、强度偏强、脊线偏北和西伸脊点偏西程度远超 P1 过程对应气候值，几乎达到 1961 年有历史记录以来的最大，故而造成重庆 1961 年以来历史最强的极端高温天气过程。

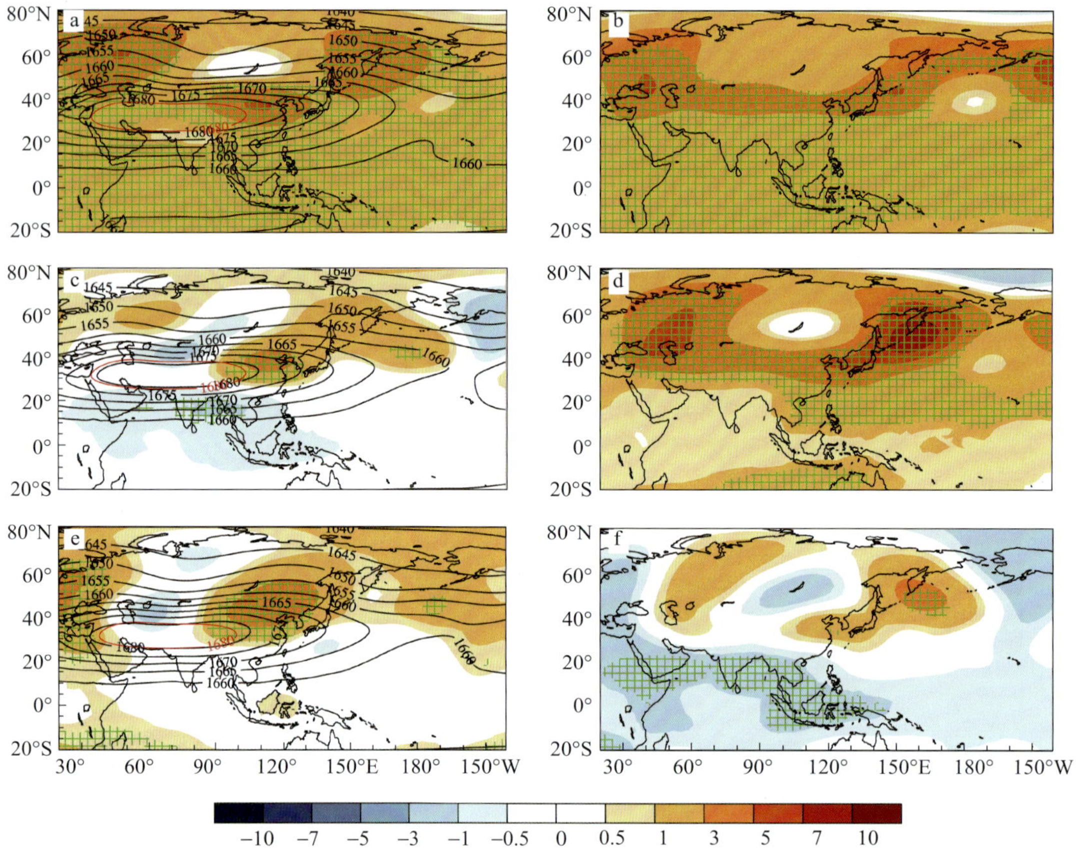

图 8　P1～P3 区域高温过程 100 hPa 位势高度场(等值线)及距平场(填色)分布(a、c、e)及 P1～P3 高温过程位势高度距平场偏差图(b、d、f);(a)P1;(c)P2;(e)P3;(b)P1～P2;(d)P1～P3;(f)P2～P3

(图中绿色网格区为通过 90%显著检验区)

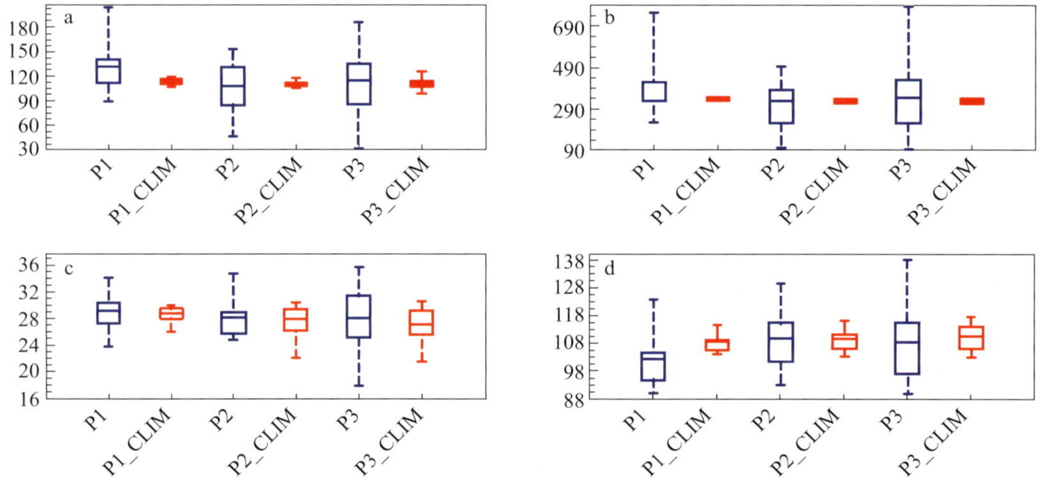

图 9　P1～P3 对应区域高温过程逐日(a)副高面积(单位:10^6 km^2);(b)强度(单位:10^6 km^2 · gpm);(c)脊线位置(单位:°N);(d)西伸脊点(单位:°E)

(箱线图,蓝色为 P1～P3 过程值,红色为 P1～P3 过程对应气候值)

5 大气环流异常的海温强迫影响分析

进一步分析海温外强迫因子的影响表明夏季赤道中东太平洋海温冷水位相明显，拉尼娜事件自2021年10月以来一直持续，而西北太平洋海温呈现明显偏高的态势（图10a）。根据哈得来环流变化可知（图10b、图10c），7月赤道西太平洋在暖海温的影响下，0°～10°S为强对流上升运动，20°～30°N为强盛的下沉运动，使副高的强度进一步加强（图10b）。至8月，在拉尼娜事件持续作用下，赤道太平洋海温仍维持中东部偏冷、西部偏暖，赤道西太平洋110°～120°E为强对流上升运动，对流上升区北推到20°N附近，从而将哈得来环流的下沉区加强并北推到25°～30°N（图10c），使副高进一步北抬并在30°N附近加强、西伸，在强大的副高下沉气流作用下，造成了重庆地区持续的极端高温天气。

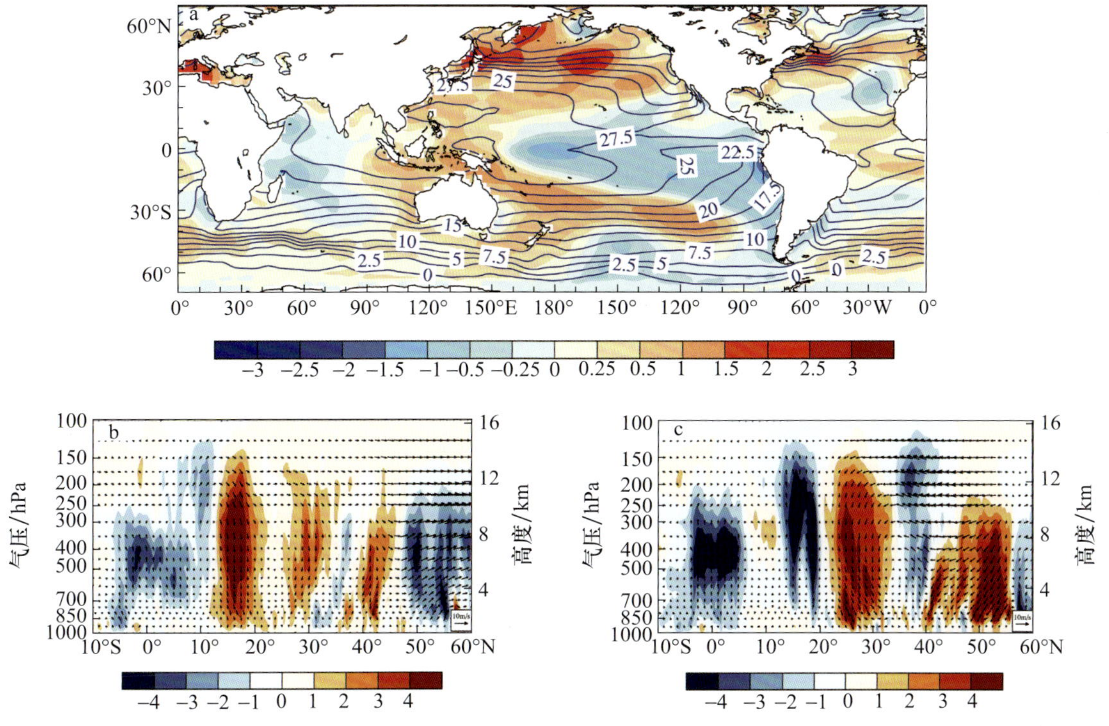

图10 (a)2022年夏季海温距平场空间分布(单位:℃);(b)7月哈得来环流纬向环流剖面图;(c)8月哈得来环流纬向环流剖面图(剖面为沿110°～120°E平均,阴影区单位:0.01 Pa/s)

武炳义等[28]和陆日宇等[29]的研究结果认为，夏季西北太平洋海温升高时有利于双阻型环流异常的出现，且西北太平洋海温与鄂海阻高是通过夏季该海域海温所激发出的经向遥相关波列而产生联系。故夏季鄂海阻高的异常可能与西北太平洋海温的异常偏暖有关，并对重庆夏季极端高温事件的发生起到了积极的作用。

6 结论和讨论

2022年夏季,重庆出现1961年以来最强的持续性极端高温事件。本文利用站点观测和ERA5等资料,分析了重庆极端高温事件特征及主要成因,主要得到以下几点结论。

(1)夏季重庆出现有历史记录以来最为严重的高温天气过程,呈现持续时间长、影响范围广和极端性强的特点。季内区域平均高温日数达49.7 d,是历史记录同期中最多的年份。

(2)夏季两段特强高温过程中,低纬度地区南亚高压加强、东伸,副高异常加强并西伸、北抬,致使贝加尔湖槽底冷空气盘踞在50°N以北地区;同时重庆处在副高西段的强下沉中心区域,重庆处在强盛水汽辐散中心区。高低层异常大气环流场叠加,造成该地区出现异常强高温天气。

(3)夏季最强高温过程中,副高西伸脊点偏西程度为1981年以来最西,同时南亚高压异常偏东,造成重庆夏季出现持续性极端高温事件。此外,重庆本地地形对极端高温分布有重要影响,8月中旬局地极端高温的出现与太阳辐射和地表感热通量达到最大有密切关联。

(4)夏季在拉尼娜事件持续作用下,赤道太平洋海温维持中东部偏冷、西部偏暖的状态,在西部暖海温的作用下,使哈得来环流下沉区加强并北推到25°~30°N,使副高进一步北抬并在30°N附近加强、西伸,在强大的副高下沉气流作用下,造成了重庆地区持续的极端高温天气。

本文针对重庆2022年夏季极端高温事件,分析了大气环流及主要影响环流系统。但影响气候的因素纷繁复杂,可能还受到海洋以外,如高原积雪、海冰等多种因素和外强迫信号的影响,其过程和机理复杂多变,还需要不断在后续的工作中进行深入细致的分析和研究工作,以期为提高气候预测准确率提供更加科学和全面的参考依据。

参考文献

[1] IPCC第六次评估报告第一工作组报告发布[N]. 中国气象报,2021-08-10(001).

[2] 姜大膀,王晓欣. 对IPCC第六次评估报告中有关干旱变化的解读[J]. 大气科学学报,2021,44(5):650-653.

[3] IPCC. Climate Change 2021:The physical science basis contribution of working group I to the sixth assessment report of the intergovernmental panel on climate change[R]. 2021.

[4] 余荣,翟盘茂. 关于复合型极端事件的新认识和启示[J]. 大气科学学报,2021,44(5):645-649.

[5] 吴秋洁. 近55年西南地区干旱气候特征及成因分析[D]. 成都:成都信息工程大学,2019.

[6] 贺晋云,张明军,王鹏,等. 近50年西南地区极端干旱气候变化特征[J]. 地理学报,2011,66(9):1179-1190.

[7] 武新英,郝增超,张璇,等. 中国夏季复合高温干旱分布及变异趋势[J]. 水利水电技术(中英文),2021,52(12):90-98.

[8] 张强. 科学解读"2022年长江流域重大干旱"[J]. 干旱气象,2022,40(4):545-548.

[9] 邹旭恺,高辉. 2006年夏季川渝高温干旱分析[J]. 气候变化研究进展,2007,3(3):149-153.

[10] 彭京备,张庆云,布和朝鲁. 2006年川渝地区高温干旱特征及其成因分析[J]. 气候与环境研究,2007,12(3):464-474.

[11] 杨淑群,潘建华,柏建. 2006年四川极端高温干旱影响系统分析[J]. 西南大学学报(自然科学版),2008,30(7):133-137.

[12] 李永华，徐海明，刘德．2006 年夏季西南地区东部特大干旱及其大气环流异常[J]．气象学报，2009，67(1)：122-132.

[13] 黄荣辉，刘永，王林，等．2009 年秋至 2010 年春我国西南地区严重干旱的成因分析[J]．大气科学，2012，36(3)：443-457.

[14] 李忆平，王劲松，李耀辉．2009/2010 年中国西南区域性大旱的特征分析[J]．干旱气象，2015，33(4)：537-545.

[15] 郝立生，马宁，何丽烨．2022 年长江中下游夏季异常干旱高温事件之环流异常特征[J]．干旱气象，2022，40(5)：721-732.

[16] 林纾，李红英，黄鹏程，等．2022 年夏季我国高温干旱特征及其环流形势分析[J]．干旱气象，2022，40(5)：748-763.

[17] 许婷婷，杨霞，周鸿奎．1981—2019 年新疆区域性高温天气过程时空特征及其环流分型[J]．干旱气象，2022，40(2)：212-221.

[18] 岳岩裕，吴翠红，周悦，等．不同环流背景下极端高温天气特征和预报服务要点[J]．干旱气象，2018，36(6)：1027-1034.

[19] 陈永仁，李跃清．南亚高压活动特征及其天气气候影响研究进展[J]．气象科技，2008，36(2)：174-179.

[20] 王斌，李跃清．近 10 多年南亚高压活动特征及其影响的研究进展[J]．高原山地气象研究，2011，31(2)：75-80.

[21] 岑思弦，陈文，胡鹏，等．南亚高压演变过程及其变异机制研究进展[J]．高原气象，2021，40(6)：1305-1317.

[22] 雷显辉，宋敏红，张少波．夏季南亚高压和西太副高活动特征指数与中国东部降水分布的联系[J]．高原气象，2022，41(2)：489-501.

[23] 李永华，青吉铭，李强，等．夏季南亚高压的年(代)际变化特征及其对西南地区东部旱涝的影响[J]．西南大学学报(自然科学版)，2012，34(9)：71-81.

[24] 刘芸芸，李维京，艾孑兑秀，等．月尺度西太平洋副热带高压指数的重建与应用[J]．应用气象学报，2012，23(4)：414-423.

[25] 全国气象防灾减灾标准化技术委员会．区域性高温天气过程等级划分：QX/T228—2014 [S]．北京：气象出版社，2015.

[26] 魏凤英．现代气候统计诊断与预测技术：第 2 版[M]．北京：气象出版社，2007：160-169.

[27]朱浩楠，刘晓冉，李永华，等．考虑地形的空间插值算法在复杂下垫面地区气温和降水精细化插值的评估[J]．气象，2020，46(5)：655-665.

[28] 武炳义，张人禾．东亚夏季风年际变率及其与中、高纬度大气环流以及外强迫异常的联系[J]．气象学报，2011，69(02)：219-233 .

[29] 陆日宇，黄荣辉．东亚-太平洋遥相关型波列对夏季东北亚阻塞高压年际变化的影响[J]．大气科学，1998，22(5)：52-59.

第二部分

重大天气过程

一、暴雨

2022年5月9—13日广西持续性暴雨过程成因及预报误差分析

黄　晴　农孟松　覃月凤　范　娇　翟丽萍　董雪晗　梁依玲　唐　文
（广西壮族自治区气象台，南宁，530022）

摘　要：利用常规观测、多家数值模式、欧洲中期天气预报中心ERA5（第五代欧洲再分析）等资料，分析了2022年5月9—13日广西持续性暴雨过程的实况特征、成因以及主客观预报误差。此次过程为广西5月典型的持续性暴雨天气形势，暴雨和大暴雨落区范围广、强度大，表现为桂东北、桂西双强降水带，是在有利的持续性暴雨系统（孟加拉湾低压、高原槽、西太平洋副热带高压、伊朗高压、低涡切变、锋面）配置下，持续的动力抬升、强烈的水汽辐合、低层高暖湿热力条件以及不稳定层结的共同作用下形成的。全球数值模式对天气系统移动速度及暴雨热力条件的高估，造成暴雨落区预报范围偏大、累计降水量偏大。多家中尺度模式对桂西暴雨落区有较好的提示，广西区、市两级气象台基于客观预报方法和多个历史个例总结的5月孟湾风暴背景下，广西低涡暴雨呈桂东北、桂西双雨带的特征进行了订正，取到了较好的预报效果。

关键词：持续性暴雨，低涡切变，双雨带

引言

华南前汛期持续性暴雨主要集中在5—6月，过程持续日数一般为3～4 d[1-10]。而在2022年5月9—13日，广西出现5 d持续性强降水过程，局地伴有冰雹、雷暴大风等强对流天气，有13市94县（区）过程5 d累计雨量超过100 mm，最大累计雨量达316.3 mm。过程综合强度属于强等级，为1991年来5月持续天数5 d以上暴雨过程的第6强。此次强降水过程引发了2022年首次广西大范围洪涝灾害，因洪涝灾害受灾19.48万人，农作物受灾面积9528.77 hm^2，倒塌房屋27户59间，直接经济损失2.69亿元。

针对此次过程，5月8日广西壮族自治区气象台（以下简称自治区气象台）呈报重大气象信息专报，指出9日晚到13日我区将出现今年入汛以来范围最大、强度最强、持续时间长的暴雨天气过程。过程期间，广西壮族自治区气象局先后启动重大气象灾害（暴雨）Ⅲ级应急响应和升级Ⅱ级应急响应；自治区气象台共发布暴雨橙色预警2份、暴雨黄色预警3份、暴雨蓝色预警1份。

虽然自治区气象台预报出了此次持续性暴雨天气过程，但仍存在主观预报5 d过程累计雨量偏大、多家数值模式预报桂西暴雨偏小、桂东南暴雨偏大等问题。本文利用常规观测、多家数值模式、ERA5数据等资料，对暴雨过程的实况特征、成因、数值模式检验评估及预报难点等方面进行复盘，为未来的预报服务提出改进思路及对策。

1 过程实况特征

此次过程持续时间长、累计雨量大、暴雨范围广、局地雨强强，并伴有冰雹、大风等强对流天气。5月8日20时—13日20时(北京时，下同)累计雨量达250～400 mm的有1站(316.3 mm)；100～250 mm有13市94县(区)600乡镇，占区域站的38.1%；50～100 mm有14市96县(区)522乡镇，占区域站的47.7%(图1a)。过程期间暴雨落区呈移动性，9日位于桂东北，10日扩大至桂东北和桂西，11日减弱移至桂东南，12日桂东北和桂西再次增强，13日南移至桂南和桂西。5 d暴雨强度呈“弱-强-弱-强-弱”、暴雨落区呈“小-大-小-大-大”的逐日变化特征。小时雨强≥50 mm/h分布在桂西和桂南(图1b)，最大为82.9 mm/h。降水最强时段出现在10日和12日，均表现夜雨特征。

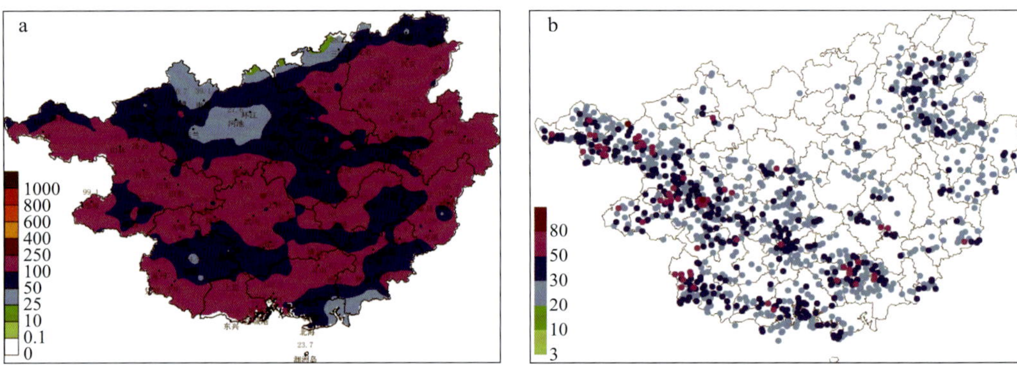

图1　2022年5月8日20时—13日20时广西区域(a)累计雨量分布区域(单位:mm)；(b)最大小时雨强分布(单位:mm/h)

2 持续性暴雨成因及预报偏差分析

2.1 环流形势演变

从5月9—12日500 hPa高度平均场(图2a)可看出，广西处于两高(西太平洋副热带高压、伊朗高压)夹两低(孟加拉湾低压、高原低槽)的天气形势下。与历史同期相比，孟加拉湾低压异常偏强近2σ，西太平洋副热带高压(以下简称副高)稳定，588 dagpm线维持在南海北部一带，其西北部的西南气流与高原南部偏西气流在广西上空汇合。蒙古冷涡达到1.5σ标准化异常，多次分裂高空短波槽向东南方向移动，引导冷空气从东路南下，使得华南北部500 hPa位势高度偏低0.5～1σ，暴雨过程中短波槽频繁影响广西。

从系统演变图可看到，9日受蒙古冷涡分裂的高空短波槽影响，广西处于槽底部(图2c)，导致桂东北局地出现暴雨。10日再次分裂的高空槽向东南方向移动(图2c)，槽后偏北气流明显，引导冷空气补充南下；同时850 hPa高度上西南涡在湘黔中部自西向东移动，广西受低涡南侧切变线影响(图 2b)；切变南侧西南风达到 8～12 m/s，急流轴位于华南沿海，低空急流为暴雨提供充足的水汽输送和不稳定能量；地面锋面进入广西并逐渐南压至桂南(图 2c)，为强降水提供了动力抬升条件，形成桂东北和桂西两条强降水双雨带。11 日转为间歇期，全区大部受槽后西北气流控制，850 hPa 高度场偏南风减弱，地面静止锋稳定在桂南(图 2d)；受残余低涡云系影响，暴雨主要出现在桂东南的局地。12 日高空槽再次引导新一股冷空气南下补充影响(图 2d)，850 hPa高度场低涡自西向东穿过桂中(图 2b)，较 10 日路径更偏南，切变前西南风风速较小，使得低涡路径以东移为主；位于桂南的地面锋面呈西北—东南走向(图 2d)，南压缓慢；中低层系统的配合再次形成桂东北和桂西两条强降水双雨带。13 日暴雨落区显著减小，850 hPa 风速变小，切变较弱，辐合稳定在桂南，受 500 hPa 短波槽东移(图 2d)影响，暴雨主要位于桂南和桂西的部分地区。

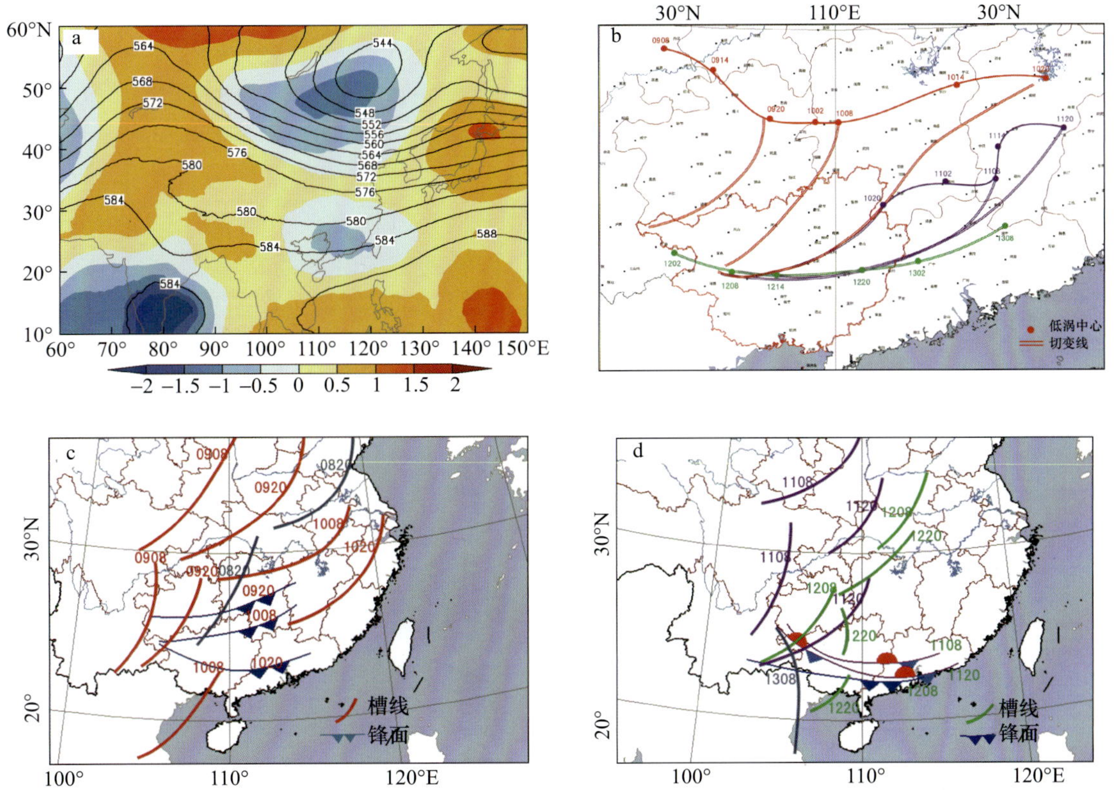

图 2　2022 年 5 月 9—13 日(a)500 hPa 平均位势高度(等值线，单位：dagpm)和气候标准差倍数(填色，单位：σ)；(b)850 hPa 低涡中心(实心点)和切变线(双实线)移动路径；(c)5 月 9—10 日 500 hPa 槽线(实线)和地面锋面(三角实线)移动路径；(d)5 月 11—13 日 500 hPa 槽线(实线)和地面锋面(三角实线)移动路径

2.2　关键物理量诊断分析

2.2.1　不稳定条件

5 月 9 日 20 时，广西上空 850 hPa 与 500 hPa 高度场的温差为 23～24 ℃，具有较大的垂直温度递减率。百色站(桂西)对流有效位能(CAPE)为 722.5 J/kg，925 hPa 高度以上存在弱

的逆温层,有弱的对流抑制能,利于能量的积累;6 km 风切变为 21.4 m/s,3 km 风切变为 13.6 m/s,垂直风切变强有利于强风暴的发展和组织性加强。桂林站(桂东北)CAPE 值小,自由对流高度(LFC)接近 0 ℃层高度,抬升凝结高度(LCL)在 925 hPa 以下,湿层深厚,低层露点温度 24 ℃较高,有利于产生效率高的暖云降水。

11 日 20 时,850 hPa 与 500 hPa 高度场的温差桂北为 21 ℃,桂南为 22～24 ℃,说明桂南的不稳定条件更好。桂林站 CAPE 值和对流抑制有效位能(CIN)都为 0 J/kg,为稳定层结,而百色站 CAPE 值仍有 263 J/kg,6 km 风切变为 11.6 m/s,LCL 和 LFC 都低于 925 hPa,具有对流发展的有利条件。

2.2.2 水汽条件

水汽通量散度可以表征水汽的辐合、辐散,主要暴雨过程期间低层水汽输送来自孟加拉湾,沿着西南气流向广西上空输送。10 日凌晨,850 hPa 水汽通量辐合大值区位于切变线南侧的偏南风中,自桂西北进入,呈东北—西南走向,桂西和桂东北两个水汽通量辐合大值区分别与强降水中心对应,切变线南侧的偏南气流中,还有一个散度辐合中心从中南半岛北部进入广西西南部(图 3a)。12 日凌晨,850 hPa 水汽通量辐合大值区随着低涡进入广西西部,主要是低涡前部的偏东风与东南风的辐合以及低涡南部西南风的辐合(图 3b)有利于对流的发展,与实况暴雨落区相对应。水汽辐合中心与风场的辐合区紧密相连,说明低空急流对水汽的输送贡献作用明显,源源不断的水汽输送及强烈的水汽辐合作用为暴雨提供了必要的水汽条件。

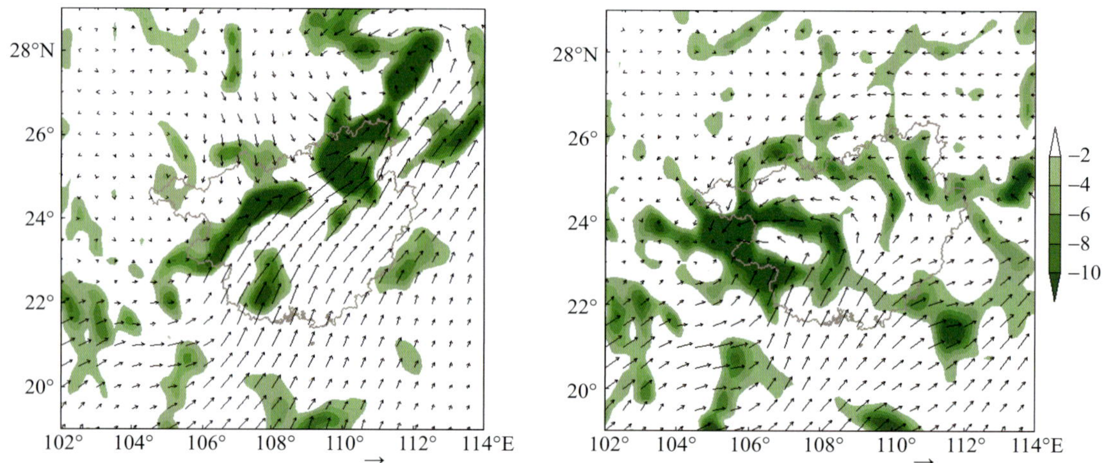

图 3 850 hPa 水汽通量散度(填色,单位:10^{-5} g/(s·hPa·cm^2))和水汽通量(箭头,单位:g/(s·hPa·cm))
(a)2022 年 5 月 10 日 06 时;(b)2022 年 5 月 12 日 01 时

2.2.3 动力、热力条件

为讨论垂直方向上的抬升运动,沿纬向作涡度和垂直速度剖面。10 日凌晨,850 hPa 低涡沿湘黔中部自西向东移动,广西受低涡切变线影响,桂东北有两个正涡度和上升运动大值区,一个位于低层切变线辐合区,另一个位于切变南侧西南急流暖区中(图 4a),强而持续的动力抬升条件有利于对流发展并在桂东北形成“列车效应”，强上升区向上伸展至 300 hPa，600～700 hPa 辐散、800 hPa 以下辐合（图略）和强正涡度区的耦合增强了抬升条件，有利于对流维持。12 日低涡自西向东穿过桂中，从图 4b 可看到桂南低层正涡度区纬向度大，桂南的中西部低层都具备有利的动力抬升条件，特别是桂西南正涡度大值区向上延伸至 500 hPa，与桂西、桂南大范围的暴雨落区相对应。

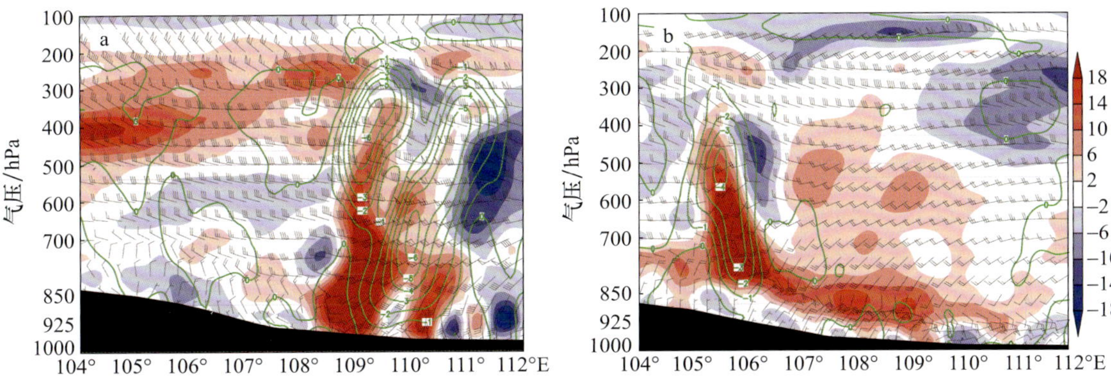

图 4 涡度（填色，单位：10^{-5}/s）、垂直速度（实线，单位：Pa/s）和风场（单位：m/s）的垂直剖面
(a)2022 年 5 月 10 日 06 时沿 25°N；(b)5 月 12 日 04 时沿 23.5°N

同样为讨论暴雨过程的热力条件，沿经向和纬向作假相当位温剖面。桂西暴雨发生前，9 日21 时经向剖面图上（图 5a），广西 850 hPa 高度场假相当位温≥346 K，700 hPa 高度场以下假相当位温随高度减小，说明对流层低层有较好的热力条件，中下层处于不稳定层结。但广西大部地面气温较低，露点温度仅为 18～22 ℃，是大范围持续性暴雨的不利因素。12 日冷空气南下后，锋面稳定在桂南，桂东北处于锋后，近地层假相当位温较低，低层层结稳定；而桂西假相当位温≥346 K，维持着高能、高湿的环境条件（图 5b）。

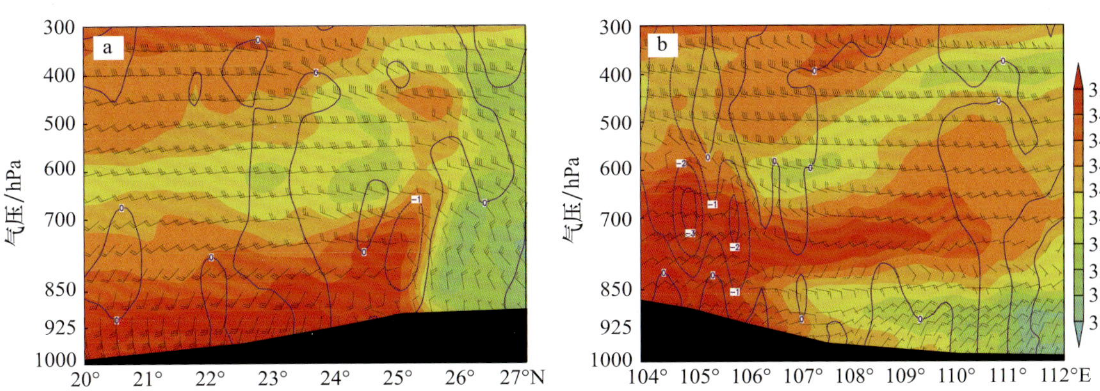

图 5 假相当位温（填色，单位：K）、垂直速度（实线，单位：Pa/s）和风场（单位：m/s）的垂直剖面
(a)2022 年 5 月 9 日 21 时沿 106.5°E；(b)5 月 11 日 19 时沿 25°N

2.3 中尺度系统发展演变

本节将利用 3 h 累计雨量、雷达和卫星云图对 2022 年 5 月 10 日和 12 日强降水的演变特

征进行分析。

10 日 24 h 累计雨量如图 6a,具有明显的夜雨特征。线状对流 9 日 18 时进入桂西北,逐渐发展并向东南移动,比中尺度模式预报对流进入广西的时间提早 2～4 h;9 日 20 时(图 6b),线状对流南移到百色市中部,其西段雷达组合反射率强度达 50 dBZ 以上,并且有后向传播特征;由云顶亮温可看到位于桂西北的中尺度对流云团结构密实,西侧边界光滑呈弧状,云顶亮温梯度大,最低亮温<212 K,桂西北部分地区 3 h 累计雨量 30～40 mm,局地 50 mm 以上(图 6a);而低涡北部大范围云顶亮温已增大至 272 K 以上,说明干冷空气已控制贵州,并迅速南下推动对流快速移动。10 日 05 时(图 6c、图 6d)桂西北对流在东移南压过程中速度减慢,进入切变南侧的南风中发展并转向偏东北方向移动,导致百色南部、南宁北部和河池南部短时强降水出现;桂东北低涡切变东段对流发展且移动较慢,在偏南气流中形成“列车效应”,造成桂东北暴雨,且小时雨强超过 50 mm/h;越南北部季风云系发展,结构密实,最低云顶亮温<212 K,向东偏南方向移动,造成桂西南的强降水。

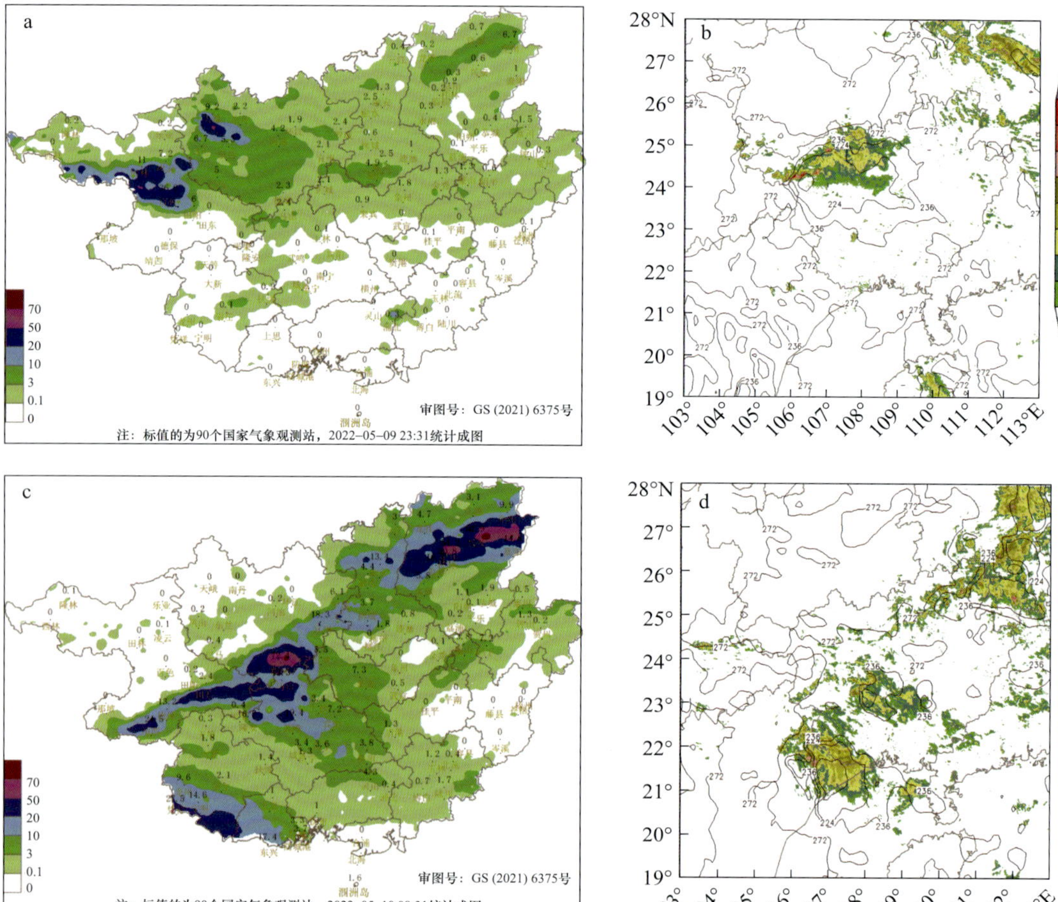

图 6 2022 年 5 月 9 日 23 时(a)、5 月 10 日 08 时(c)前 3 h 累计雨量(单位:mm);
5 月 9 日 20 时(b)、5 月10 日 05 时(d)组合反射率(填色,单位:dBZ)和云顶亮温(实线,单位:K)

12 日 24 h 累计雨量如图 10a,同样具有夜雨特征。11 日 18 时低涡南部线状对流进入桂西北，并快速向东南移动。由于滇黔桂交界处位于锋前，20 时(图 7b)桂西北线状对流上有超级单体生成，造成局地冰雹和大风等强对流天气；从云顶亮温可看到桂西北强盛的中尺度对流云团较 10 日云团边界更光滑，云顶亮温小于 212 K 的范围更大，23 时 3 h 累计雨量≥50 mm 的范围也比 10 日大(图 7a)，小时雨强达到 82 mm/h。12 日 02 时桂西南有活跃的季风云系(图 7c、图 7d)发展且并入低涡云系，使西南暖湿气流与低涡北部的较干气流在广西上空汇合，云团得到进一步发展、加强，并继续向东南移动，导致桂西大部出现大雨到暴雨。桂东雨团(图 7a、图 7c)受高空短波槽尾部和低涡东部弱切变稳定性降水回波影响，持续时间长，向东偏南方向缓慢移动。

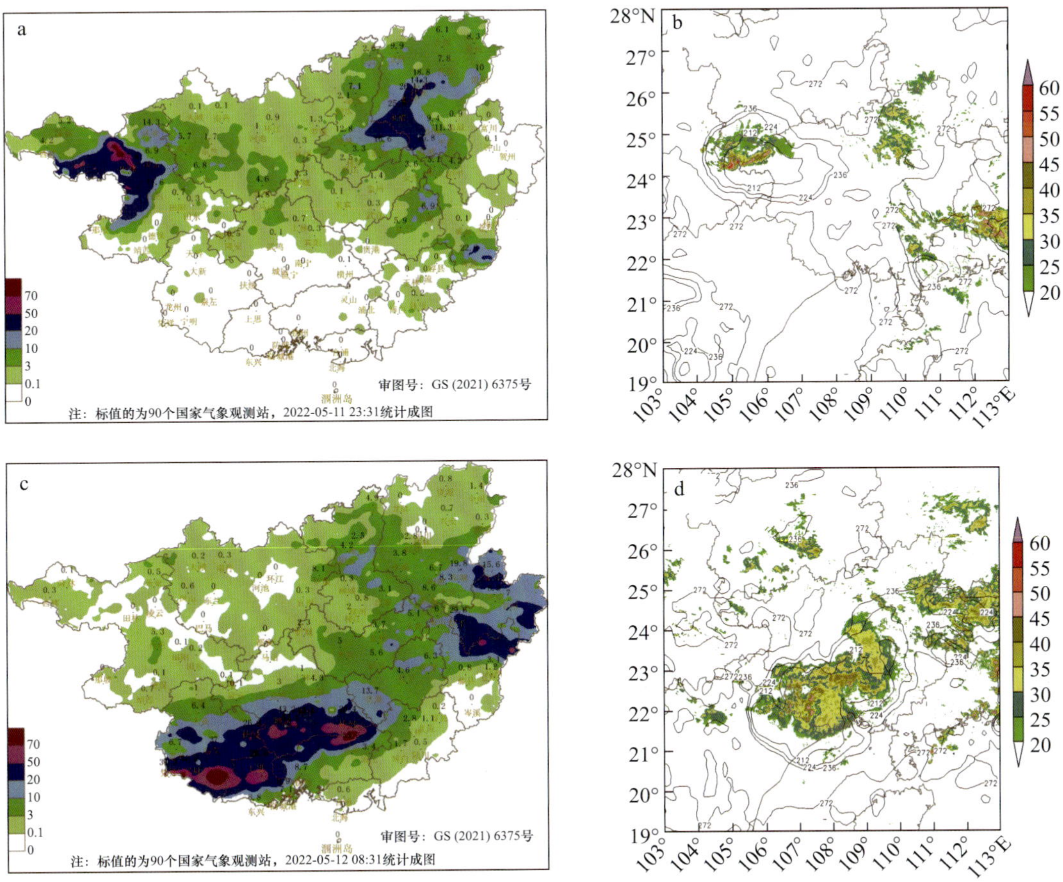

图 7　2022 年 5 月 11 日 23 时(a)和 5 月 12 日 08 时(b)前 3 h 累计雨量图(单位：mm)；
5 月 11 日 20 时(c)和 5 月 12 日 05 时(d)组合反射率(填色，单位：dBZ)和云顶亮温图(实线，单位：K)

2.4　强降水预报偏差分析

此次过程主要受高空槽、低涡和锋面共同影响，大范围强降水主要发生在 10 日和 12 日，暴雨落区均位于桂西和桂东北(图 9a、图 10a)，特别是 12 日桂西出现大范围暴雨。48 h 时效的中国气象局全球同化预报系统(CMA-GFS)和欧洲中期天气预报中心(ECMWF)模式对桂西的暴雨预报均偏小，而中国气象局中尺度天气数值预报系统(CMA-MESO)对暴雨落区预报均有较好表现,特别是对桂西的强降水有很好的指示意义,但预报时间偏晚、强度偏强。自治区气象台针对模式对桂西暴雨漏报的问题进行了订正,暴雨 24 h 预报 *TS* 评分为 0.158(图 8),较国家级智能网格预报(0.095)提高 0.063,有正技巧,其中 12 日暴雨 *TS* 评分提高量达 0.152。本节将结合中国气象局中尺度天气数值预报系统(CMA-MESO)、中国气象局上海数值预报模式系统(CMA-SH9)、中国气象局广东快速更新同化数值预报系统(CMA-GD)三家中尺度模式的 48 h 时效预报结果来分析造成降水最强两日预报偏差的原因。

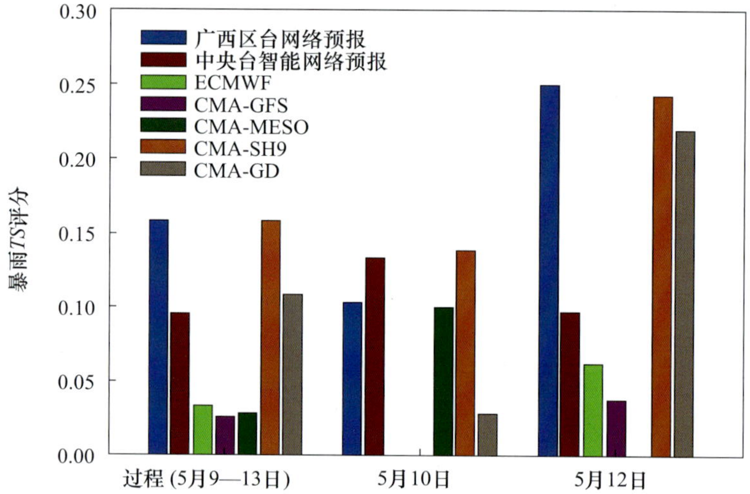

图 8　2022 年 5 月 9—13 日及 5 月 10 日、5 月 12 日暴雨 *TS* 评分

(主观预报 24 h 时效、模式预报 48 h 时效,实况为国家站降水)

2.4.1　5 月 10 日强降水落区与强度偏差分析

根据前文的分析,此次过程副高位置偏南,槽后偏北气流较强,在中层西北气流引导下,西段对流移动速度快,导致 9 日傍晚低涡切变西段对流进入广西西北部比预计要早。低涡切变东段受高空槽东移影响,北部有槽后干空气卷入,对流启动稍晚。副高边缘西南气流与偏西气流辐合抬升导致季风云系发展,全球模式客观预报都低估了季风云系发展并移入桂西南造成强降水。由于高空槽东移快,当切变线和锋面影响桂东南时,500 hPa 已经转为西北气流控制,并且地面气温和露点温度偏低,CAPE 值较小,均不利于桂东南大范围的暴雨形成。全球数值模式都低估了高空槽东移的速度,高估了桂南暖区槽前对流的组织化和"列车效应",造成桂东南的暴雨空报。

CMA-MESO 模式预报出了桂西的强降水落区(图 9b)、强对流带的走向和中南半岛季风云系的并入,虽然暴雨落区不太稳定,但是给了预报员信心。桂西回波移动偏慢,以强降水为主,使得模式预报桂西一带降水范围和强度都偏大。同时,CMA-MESO 也预报出了桂东北残余的对流带,但强度偏弱;锋面(地面辐合线)的预报较实况偏晚(图 9h),造成桂东北预报偏小。CMA-SH9 模式预报大暴雨也偏强,范围偏大(图 9c),但桂北落区较好,切变东部雨带预报较稳定。随起报时次的临近,西部雨带落区有从弱到强、从东到西移动的调整趋势,并且预报出了 500 hPa 槽后强盛的西北气流(图略),有很好的指示作用。CMA-GD 模式预报桂北降水偏弱,高估了桂东南的降水和对流(图 9d),主要是由于预报低涡路径偏西(图 9f),锋面没有进入桂东北（图 9i），500 hPa 为浅槽，槽后为偏西风，引导西部回波东传为主。对于桂西雨带也有从弱到强的调整趋势，存在一定指示意义。

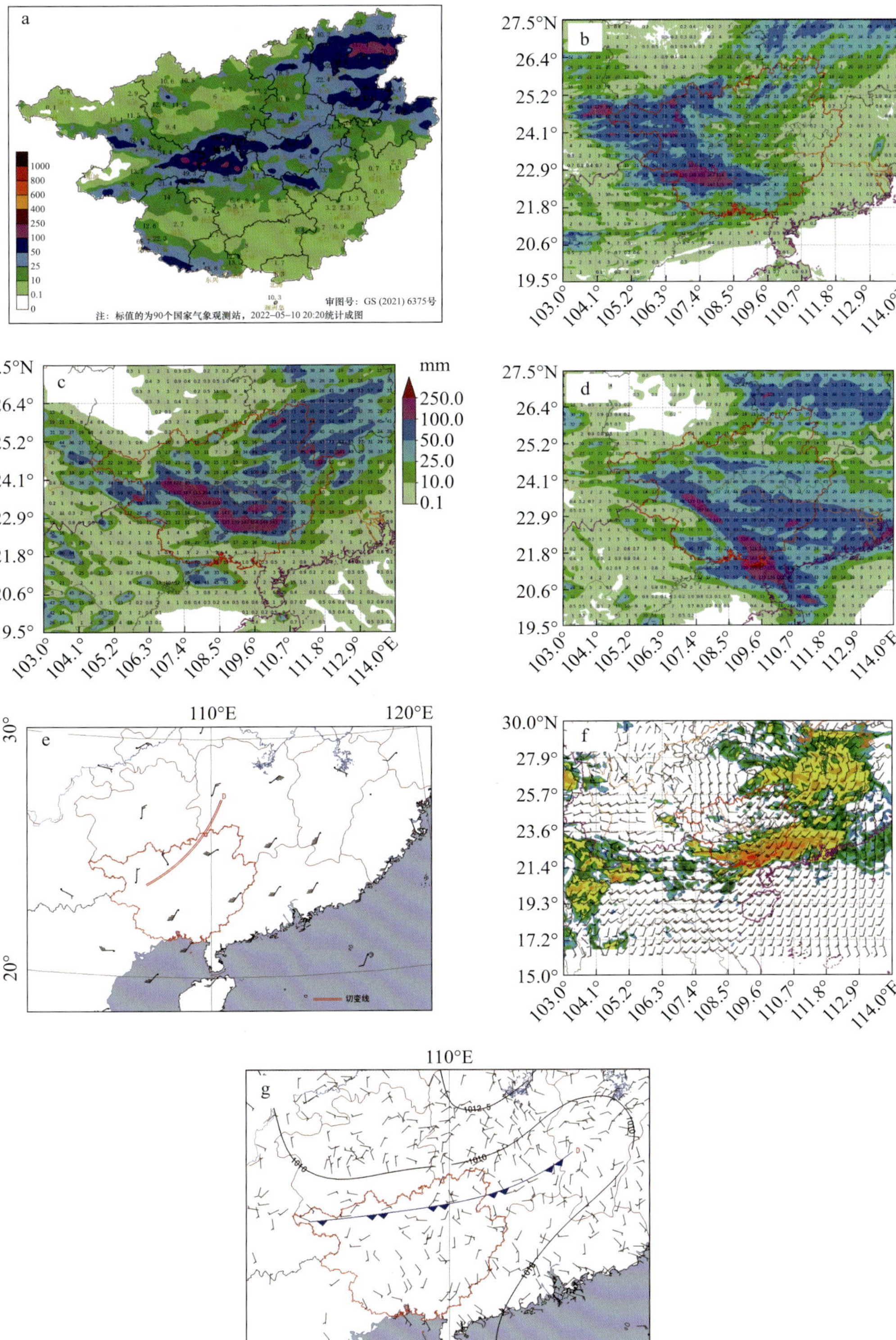

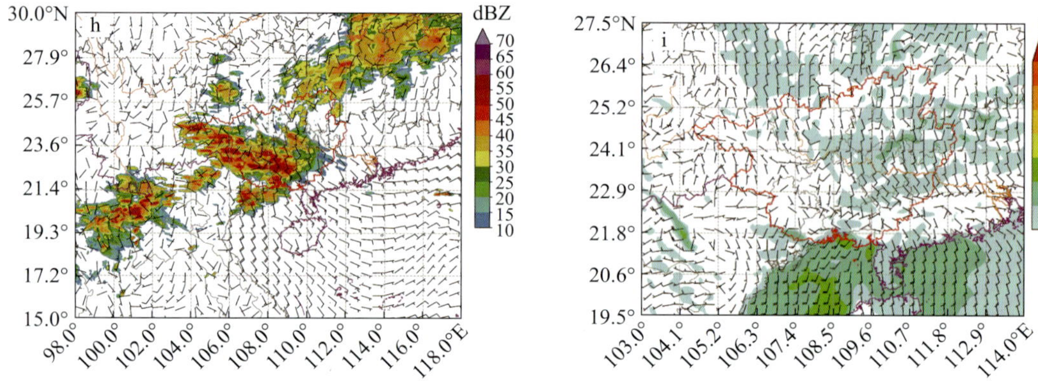

图 9　2022 年 5 月 9 日 20 时—10 日 20 时累计雨量(单位:mm)实况(a)和 CMA-MESO(b)、CMA-SH9(c)、CMA-GD(d)模式 5 月 8 日 20 时起报的 48 h 时效预报;5 月 10 日 08 时 850 hPa 风场(单位:m/s)实况(e)和 CMA-GD 模式 8 日 20 时起报的 36 h 时效预报(f),5 月 10 日 08 时 10 m 风场(单位:m/s)实况(g)和 CMA-MESO(h)、CMA-GD(i)模式 8 日 20 时起报的 36 h 时效预报

2.4.2　5 月 12 日强降水落区与强度偏差分析

11 日傍晚,在中层强西北气流引导下,低涡切变西段对流进入广西西北部比预计要早,西段对流移动速度快。对流到达桂西南时,全球模式预报低估了季风云系发展并入造成的桂西南的大范围暴雨。地面静止锋位于桂南,桂东大部地区处于锋后,受到冷空气的抑制,能量条件较差。但短波槽和低涡东部切变的动力抬升作用仍造成了桂东北稳定性的累计降水,全球模式对桂东北强降水的预报效果更好(图略),中尺度模式对稳定性降水存在漏报。桂东南的空报主要是没有充分考虑到环境条件而高估了低涡东移时南部的降水。

CMA-MESO 模式报出了桂西的强降水落区(图 10b)、强对流带的走向和越南北部季风云系的并入,但南部的暴雨落区偏小,主要是高空槽移速的预报偏差导致(图 10f)。模式未报出桂东北强雨带,但在风场上 500 hPa 高空槽、850 hPa 低涡切变、地面辐合线均有体现,说明在预报稳定性降水上还有些不足。CMA-SH9 模式预报 500 hPa 槽弱且偏北(图略),850 hPa 低涡东侧切变线位置偏北(图 10i),低估了季风云系的影响,导致桂西南暴雨区和桂东北稳定性降水漏报(图 10c)。CMA-GD 模式预报桂西雨带位置和走向与实况较一致(图 10d),将西部雨带落区由弱到强进行了调整,并且较稳定,但高估了桂东南的降水和对流,也未能预报出桂东北的稳定性降水,主要是因为 850 hPa 低涡东侧切变位置预报偏南(图 10h),桂东北低层受偏南气流影响,没有动力辐合条件。

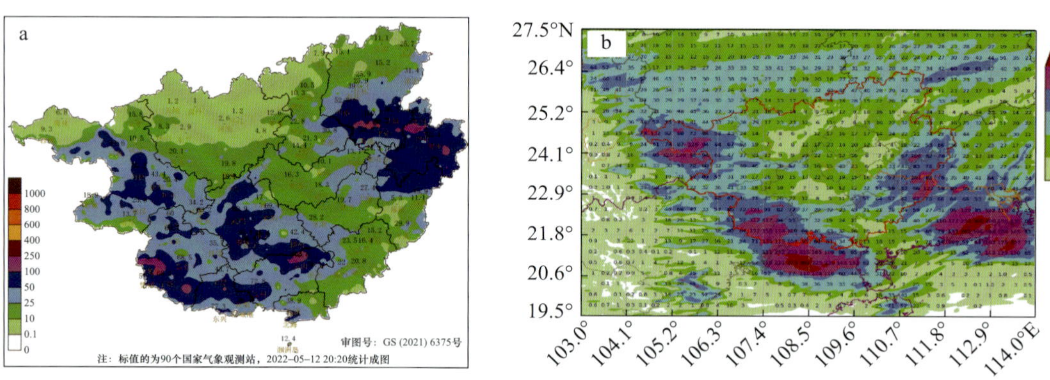

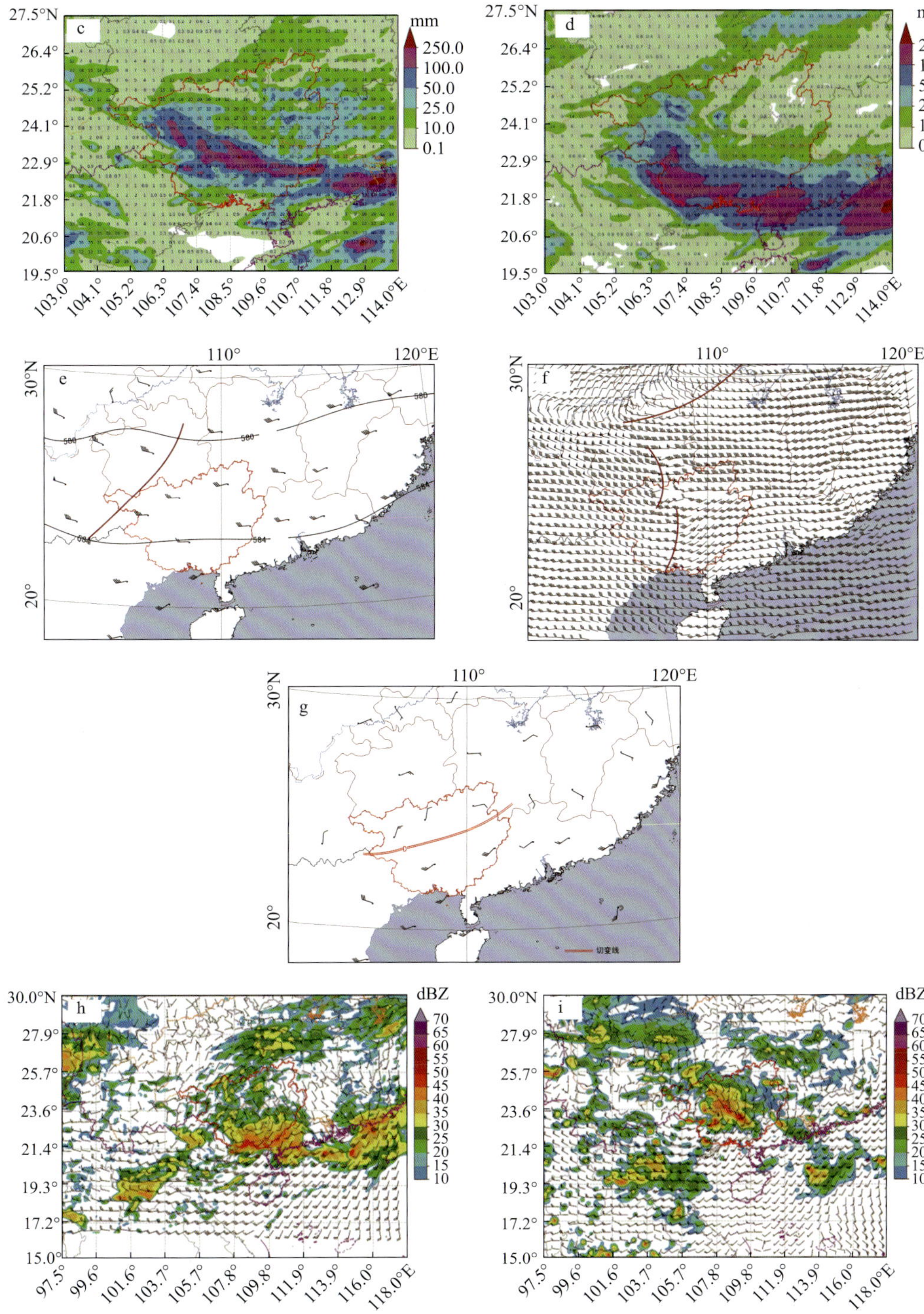

图10　2022年5月11日20时—12日20时24 h累计雨量(单位:mm)实况(a)和CMA-MESO(b)、CMA-SH9(c)、CMA-GD(d)模式10日20时起报的48 h时效24 h降水预报;5月12日08时500 hPa风场(单位:m/s)实况(c)和CMA-MESO模式5月10日20时起报的36 h时效预报(f);5月12日08时850 hPa风场(单位:m/s)实况(g)和CMA-GD模式5月10日20时起报的36 h时效预报(h);CMA-SH9模式5月10日20时起报的12日02时(30 h时效)850 hPa风场预报(i,单位:m/s)

3 预报服务改进思路及对策

在此次预报服务过程中,广西区、市两级气象台综合应用新资料对初生对流、孟湾风暴与低涡云系演变进行分析,针对天气系统移动路径的误差较大,各家数值预报模式存在暴雨空报、调整幅度大、暴雨夜间增幅强度难以把握等难点,根据多个历史个例总结出的5月孟湾风暴背景下广西低涡暴雨呈桂东北、桂西双雨带的特征,针对模式对桂西暴雨漏报问题进行了订正;应用神经网络、基于集合预报的最优百分位、概率匹配和频率订正等本地客观产品针对模式对暴雨范围高估的问题进行了订正。

在中期时段,有利的持续性暴雨系统(孟加拉湾低压、高原槽、副高、伊朗高压、低涡切变、锋面)配置下,需要结合当时的环境条件(地面温度偏低、水汽一般)和模式系统误差(预报锋面南压和北退均比实况偏早)来调整模式预报结果,预估对流发展强度。在短期时段,不同季节要关注影响系统配置的细节(高空槽后偏北气流导致对流系统移速偏快、副高边缘西南气流与偏西气流辐合抬升导致季风云系发展)来调整强降水落区。

针对两次强降水天气过程,短期时段多家中尺度数值模式都预报出了广西西部的强降水落区,为广西西部强降水的预报增强了信心。暴雨落区不稳定与低涡中心不稳定有关,低涡切变暴雨过程的持续性与高空槽、切变后的干空气及副高位置、形态密切相关,需要预报员结合大尺度模式的预报来确定天气系统的位置,从而调整强降水落区。除了关注低涡切变的有利条件,也要关注不利条件(低涡后部的干空气卷入)。稳定性降水落区可能更多要参考大尺度模式的预报。不同模式强降水落区存在不确定性,仍需积累更多的个例,加深对模式性能的认识。

4 总结与讨论

对2022年5月9—13日广西持续性暴雨过程的实况特征、环流形势演变、环境条件、中尺度系统发展演变、数值模式检验评估等方面进行分析,得出以下结论。

(1)2022年5月9—13日广西出现持续性强降水过程,累计雨量大、暴雨范围广,为1991年来5月持续天数5 d以上暴雨过程的第6强。降水最强时段出现在10日和12日,均形成了桂东北和桂西两个强降水双雨带。

(2)此次过程为广西5月典型的持续性暴雨天气形势,蒙古冷涡多次分裂,高空低槽移出并引导地面冷空气南下,西南低涡切变生成并2次东移影响广西,其南部和东部的低空急流形成辐合抬升条件,来自孟加拉湾西南急流为暴雨提供了必要的水汽,广西低层高暖湿热力条件和一定的不稳定层结均有利于此次持续性暴雨天气过程的产生。

(3)高原槽后偏北气流强导致对流移动速度快,低涡后部干冷空气的卷入抑制对流的发展,广西大部地面气温和露点温度偏低,不利于对流发展,全球数值模式预报低估了以上不利因素,导致过程累计雨量较实况偏大。

(4)多家中尺度模式对暴雨落区预报均有较好表现,特别是对桂西的强降水有很好的预报指示意义;广西区、市两级气象台综合应用新资料对对流和云系演变进行分析,基于客观预报方法和多个历史个例总结出的5月孟湾风暴背景下广西低涡暴雨呈桂东北、桂西双雨带的特征，针对模式对桂西暴雨漏报的问题进行了订正，取到了较好的预报效果。

参考文献

[1] 徐明，赵玉春，王晓芳，等．华南前汛期持续性暴雨统计特征及环流分型研究[J]．暴雨灾害，2016，35(2)：109-118.

[2] 王晓芳，徐明，闵爱荣，等．2010年5月我国南方持续性暴雨过程分析[J]．暴雨灾害，2010，29(2)：193-199.

[3] 高安宁，赖珍权，张瑞波，等．不同环境风场条件下两次华南西部低涡暴雨个例对比分析[J]．气象，2013，39(1)：11-19.

[4] 陈涛，张芳华，端义宏．广西“6·12”特大暴雨中西南涡与中尺度对流系统发展的相互关系研究[J]．气象学报，2011，69(3)：472-485.

[5] 孙兴池，郭俊健，王业宏，等．低涡和副热带高压共同影响下的暴雨落区分析[J]．气象，2015，41(4)：401-408.

[6] 黄明策，李江南，农孟松，等．一次华南西部低涡切变特大暴雨的中尺度特征分析[J]．气象学报，2010，68(5)：748-762.

[7] 杜倩，覃丹宇，张鹏．一次西南低涡造成华南暴雨过程的FY-2卫星观测分析[J]．气象，2013，39(7)：821-831.

[8] 林宗桂，林墨，林开平．强降雨监测预警产品原理和应用[J]．气象研究与应用，2014，35(2)：23-26，125.

[9] 刘国忠，丁治英，贾显锋，等．影响华南地区西南低涡及致洪低涡活动的统计研究[J]．气象，2007，33(1)：45-50.

[10] 林开平，陈伟斌，刘国忠，等．广西暴雨业务预报技术回顾与展望[J]．气象研究与应用，2020，41(4)：13-19.

2022年6月17—22日华南“龙舟水”极端暴雨过程天气学成因及预报偏差分析

任鹏飞[1] 邓文剑[1,2] 张 东[1] 陈 涛[3] 吴乃庚[1]
(1. 广东省气象台(南海海洋气象预报中心、珠江流域气象台),广州,510080;
2. 广东省区域数值天气预报重点实验室/中国气象局广州热带海洋气象研究所,
广州,510080;3. 国家气象中心,北京,100081)

摘 要:2022年6月17—22日,华南地区发生持续6天的极端“龙舟水”暴雨事件。此次过程属于强西南季风背景下的持续性暴雨事件,强降水呈现较显著的“晨雨”特征,暴雨中心主要在华南北部内陆。天气形势分析表明,南亚高压稳定在青藏高原附近,为华南暴雨发生提供有利的高层辐散条件;受稳定维持的西太平洋副热带高压(以下简称副高)影响,华南地区水汽通量分布较常年异常偏强、偏北。低层强盛的南海季风急流持续深入华南内陆,导致暴雨反复出现在南岭南侧的迎风坡前地区。边界层急流5次夜间增强与降水中心增强对应较好。分析评估表明,业务数值模式总体能预报此次内陆型季风暴雨事件,但预报落区和强度仍有较大偏差,结合模式形势和概念模型的主观预报对暴雨过程有较好的订正作用。此次暴雨事件预报难点主要体现在持续暴雨的极端性以及相似南风背景下暴雨落区的准确预估,后续需加强对不同类型暖区暴雨的特征和边界层触发机制的研究。

关键词:“龙舟水”,季风强降水,边界层急流,预报偏差分析

引言

“龙舟水”是指我国华南地区端午节前后出现的一种自然现象,通常发生在5月下旬—6月中旬[1]。这一现象的成因与南海夏季风的交替、季风对流降水以及冷暖空气交汇造成的锋面降水密切相关[2,3]。在这个时期,华南地区通常会出现大而集中的降水,导致城乡积涝等灾害。2005年6月18—25日,受高空槽、切变线和西南季风共同影响,广东省遭遇了历史罕见的较大范围连续性特大暴雨和强降水的侵袭。其中,惠州市龙门县过程累计雨量达1300.2 mm,西江流域遭遇超百年一遇的特大洪水的袭击。2008年5月28日—6月19日,广东省平均降水量达612.6 mm,超过历史同期平均降水量的2倍,强降水中心位于珠江三角洲、阳江及粤东沿海地区。

2022年“龙舟水”期间(5月21日—6月21日),华南地区暴雨事件频繁发生,引发多个乡镇出现城乡积涝、山体滑坡、泥石流等灾害。其中,6月17—22日,华南中北部地区出现持续的极端强降水过程。与2005年“龙舟水”事件不同,这次极端降水事件是在强劲的南海西南季风影响下,远离锋面和切变系统的一次持续强降水过程。此外,不同于2008年6月的极端“龙

舟水”事件，本次过程的强降水中心位于华南的北部地区。广东省清远市英德市东华镇的过程累计降水量高达 794.5 mm。此次极端暴雨导致珠江流域多个河流出现超警戒水位，北江流域发生了仅次于 1915 年的超百年一遇的特大洪水[4]，广东省超过 160 万人受灾，直接经济损失超过 80 亿元。

季风型暴雨一直是气象学界科研与业务关注的重点[5-7]。为加深华南季风区暴雨事件科学认识，2013 年起中国气象科学研究院牵头组织了华南季风降水试验（SCMREX）[8]，重点围绕华南前汛期季风强降水事件开展科学观测和研究，并就边界层特征、微物理特征、同化试验等方面取得了不少认识[9-14]。对广东乃至华南前汛期的“龙舟水”过程，科学界也进行了不少研究，在气候背景、季节内调制因子、天气尺度形成机制和降水分型等方面取得了不少认识[15-22]。但由于“龙舟水”的形成机理比较复杂，演变规律还不太清晰，每次暴雨发生前后天气系统的配置各有差异，业务预报难度仍很大[7,23-26]。

本文针对 2022 年 6 月 17—22 日强季风下的极端暴雨过程，利用中国国家和区域气象站点逐小时降水资料和欧洲中期天气预报中心 ERA5（第五代欧洲再分析）资料[27]，对此次极端季风强降水过程的特征，特别是强降水区重复出现在广东北部山区和长时间持续的天气成因进行了诊断。同时，采用 *TS* 准确率、空报率和漏报率，结合业务全球/区域数值预报模式对暴雨预报能力进行了分析评估，以期加深对季风极端暴雨事件发生发展和数值模式业务应用的认识。

1 极端暴雨过程基本特征

2022 年 5 月 12 日，南海夏季风爆发，华南地区的暖湿条件开始有明显改善，南方暴雨过程开始增加。2022 年“龙舟水”期间（5 月 21 日—6 月 21 日），广东省平均降水量 514.5 mm，较历史同期偏多 54%，是有气象记录以来第 3 多，也是继 2009 年以来最强“龙舟水”天气。降水空间分布严重不均，呈异常的北多南少态势，韶关、清远平均雨量分别为 847.2 mm、845.8 mm，较常年同期分别偏多 1.9 倍、1.3 倍，双双刷新当地历史纪录。

6 月中旬以后暴雨落区分布在广东、广西北部的南岭山脉南侧以及江西、福建的北部，而华南沿海地区降水较少（图 1a）。在广东省的 86 个国家站和 3000 多个区域站中，有 13 个国家站和 269 个区域站的累计降水量超过 250 mm，其中韶关翁源县新江镇区域站的累计降水量最大，为 779.8 mm。广西则有 16 个国家站和 134 个区域站的累计降水量超过 250 mm。另外，过程期间，大部分市、县出现了短时强降水和 8 级左右的雷暴大风。两广北部是短时强降水的中心，其中广东省有 5 个国家站和 103 个区域站、广西省有 9 个国家站和 163 个区域站均出现小时降水量超过 50 mm 的强降水。18 日 06 时，江门开平龙胜镇过程最大 1 h 降水量 109.3 mm；14 日 14 时，阳江阳西县织篢镇过程最大阵风风速 27.2 m/s。

图 1b～f 为 6 月 17—21 日华南地区的逐日降水量分布。6 d 中华南地区每天都有区、县出现大暴雨。除了 22 日降水范围收缩并趋于结束外，其余 5 d 均有市、县出现了超过 250 mm 的特大暴雨。同时，此次持续强降水的落区较为稳定，反复出现在华南北部的内陆地区，导致北江和西江流域出现致洪暴雨。

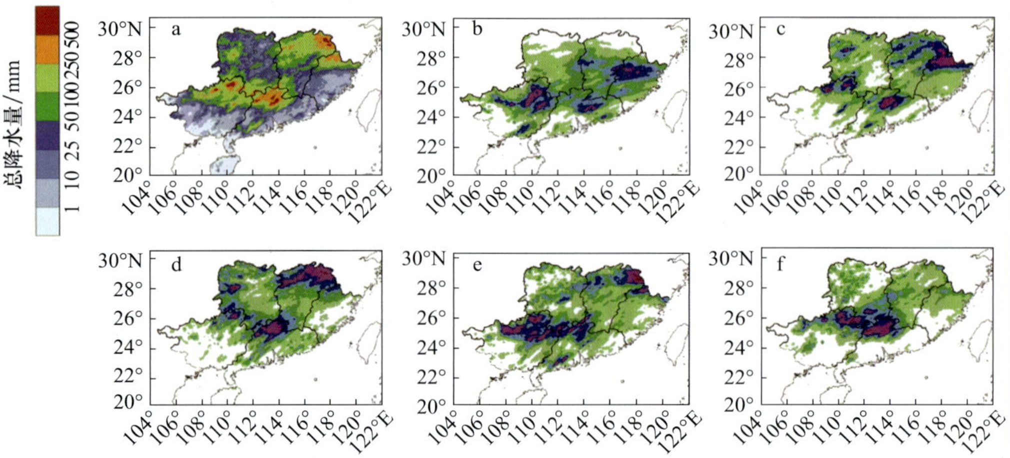

图 1　2022 年 6 月 17—22 日华南总降水量(a,单位:mm)及 6 月 17 日(b)、6 月 18 日(c)、6 月 19 日(d)、6 月 20 日(e)、6 月 21 日(f)逐日降水量(单位:mm)分布图

图 2 展示了极端降水期间广东气象站小时雨强大于 50 mm 的频次日变化,显示本次降水过程具有明显的"晨雨"特征,降水在凌晨至早晨时间段明显强于其他时次,大约在 08 时达到峰值。

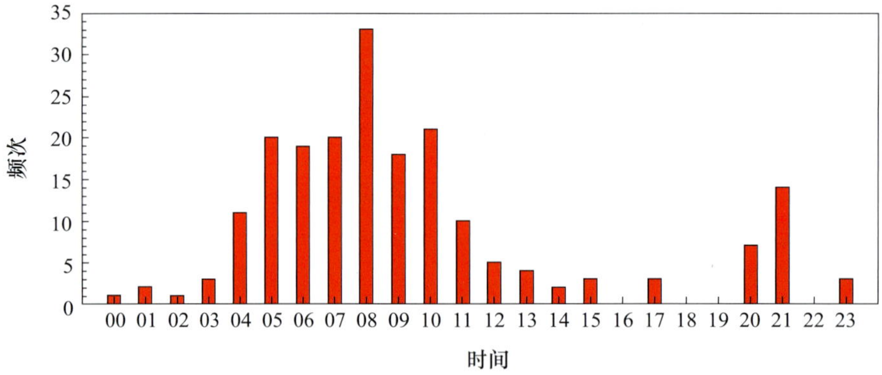

图 2　2022 年 6 月 16 日 21 时—22 日 20 时 23°N 以北广东站点小时雨强>50 mm 的频次日变化(北京时)

2　极端暴雨过程成因分析

本次降水过程多地的过程累计降水量和小时雨强都达到了历史极值,极端性较强。降水的极端性主要表现在 3 个方面:(1)降水持续时间长,导致地区累计降水量大;(2)降水落区稳定,反复出现在华南北部地区;(3)短时降水强度大,特别是晨间降水强。因此,为了得到本次强降水过程呈现极端性的原因,需要一一分析本次过程 3 方面极端性的成因。

2.1　持续性极端降水天气学成因

本次过程发生在高层辐散、中层短波槽东移、低层西南季风爆发的天气形势下(图 3)。南亚高压已于6月中旬北移至靠近青藏高原的位置，并保持在高原西侧，华南地区持续受南亚高压东侧的辐散区控制。此外，华南地区处于西太平洋副热带高压（以下简称副高）北侧西风带（图3a），多次受青藏高原东侧东移短波槽活动影响。副高略偏强于气候平均态，高原槽前和副高北侧的西南气流有利于建立南海季风水汽输送通道，为华南内陆地区暴雨创造了有利的水汽条件。从850 hPa水汽通量来看，在6月中旬副高东撤出南海的背景下，西南季风将孟加拉湾和南海地区水汽输送至我国南方地区，过程期间华南地区季风水汽输送较常年同期显著偏强（图3b），距平大值区集中分布在两广北部地区，与强降水落区基本一致。

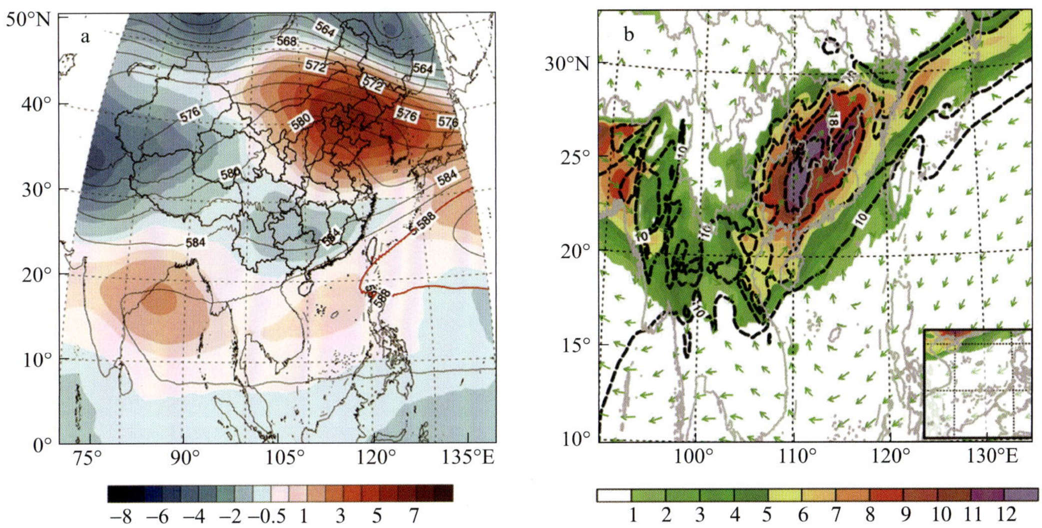

图3　2022年6月17—22日平均的(a)500 hPa位势高度场分布（等值线，单位：dagpm，红线代表588 dagpm线）和距平（填色，单位：dagpm）；(b)850 hPa风距平（箭头，单位：m /s）和水汽通量（等值线，单位：10^{-3} g/(hPa·cm·s)）及水汽通量距平（填色，单位：10^{-3} g/(hPa·cm·s)）

此次华南暴雨持续时间长与高低层多个天气系统相互作用并稳定维持有关。从图4a可以看出，降水期间华南北部地区高层始终为辐散，为持续性暴雨的发生提供了有利的高空出流条件。在图4b所示的沿降水中心的500 hPa剖面图中，出现了多次短波系统波动，为华南北部暴雨发生提供了有利的天气尺度动力抬升条件。中层波动一直持续到21日夜间，然后随着副高的增强趋于结束。在整个降水过程中，低层水汽输送始终为正异常（图4c），在21日夜间开始水汽正异常减弱，华南降水转为明显减弱。

2.2　强降水落区分布在华南北部内陆的成因

已有统计表明，华南地区的季风型降水通常发生在沿海地区[2,7]。然而，本次极端强降水过程的显著特点是降水反复出现在华南北部，而沿海城市的降水相对较弱。从具体水汽通量分布来看（图3b），暴雨的落区与水汽通量的大值区也有较好对应，西南季风输送水汽沿孟加拉湾—中南半岛中北部—北部湾—华南的路径向北推进，持续不断地为华南北部地区提供水汽。鉴于此次持续降水过程期间未有锋面、切变等系统南下影响，可以将过程定性为华南地区前汛期西南季风气流控制下的一次持续性暴雨过程，具有明显的暖区强降水性质。

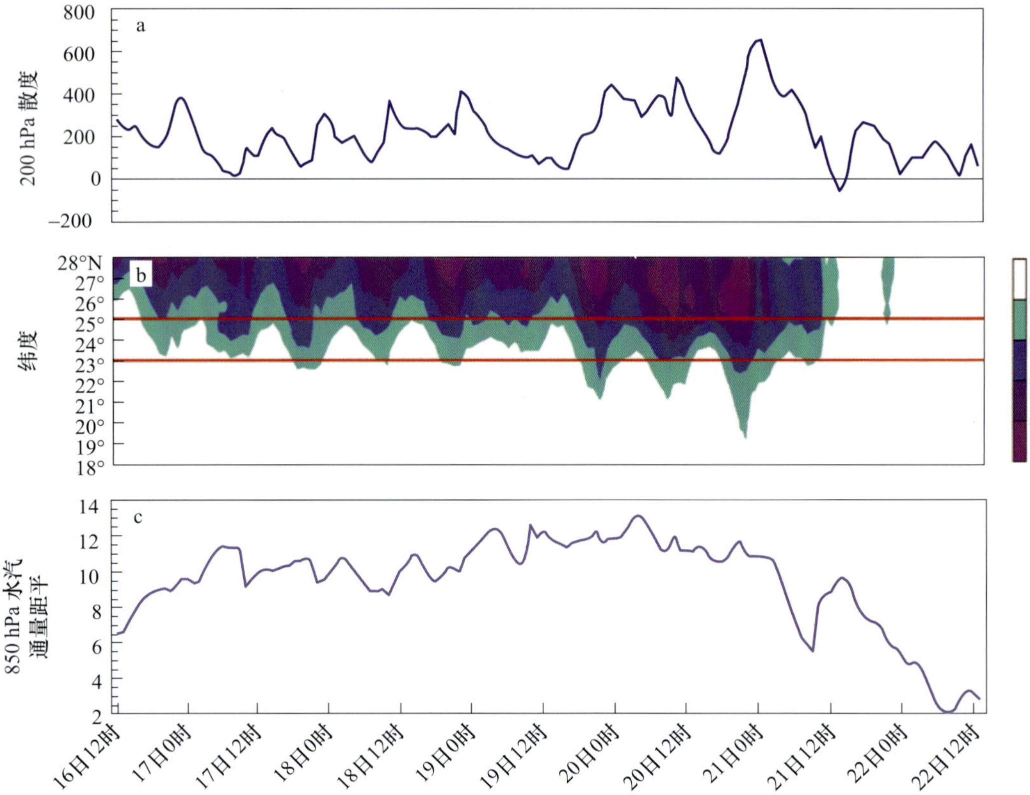

图 4　2022 年 6 月 16 日 20 时—22 日 20 时(a)华南北部平均的 200 hPa 散度(单位:10^{-7}/s)和(c)850 hPa 水汽通量距平(23°～25°N, 112°～116°E,单位:10^{-3} g/(hPa · cm · s));(b)沿着 113°E 的 500 hPa 高度场时间-纬度演变(单位:dagpm)

多项实践和研究表明,低空急流对华南前汛期的锋面和季风暴雨发生起着关键的作用[1,6,7]。研究表明,天气尺度系统相关的低空急流(SLLJ)和大气边界层内的低空急流(BLJ)对这 2 类暴雨的影响存在差异[6,28,29]。其中,边界层低空急流的结构、强度和日变化等因素对于海岸季风暴雨的发生和发展具有关键作用[7]。

为了说明低空急流在此次暴雨落区中的作用,图 5 给出了沿着暴雨中心经线 113°E 的 925 hPa 风速演变图。图中可见,此次暴雨落区位置偏北,与边界层南风的强度和推进的位置对应。低层风速在 17 日后明显加强,且急流中心从南海海面推进到更北的内陆位置,在低空急流的出口区(北侧)有强的风速辐合,与暴雨落区的位置高度重叠。

本次降水过程中,双低空急流(850～550 hPa 的 SLLJ 和 975～900 hPa 的 BLJ)的推进导致水汽源源不断地输送到华南北部地区,致使降水集中在边界层急流辐合区前方,这是落区集中在华南北部地区的原因之一(图略)。此外,南岭迎风坡的地形抬升作用也与暴雨落区分布密切相关。图 6 显示了过程期间沿 113°E 经线的 v-w 风场、水平散度、地形及累计降水分布。图中显示降水分布与迎风坡地形分布高度一致,迎风坡前偏南气流受地形强制抬升影响,低层出现明显风场辐合,有利于形成地形性降水增幅效应。

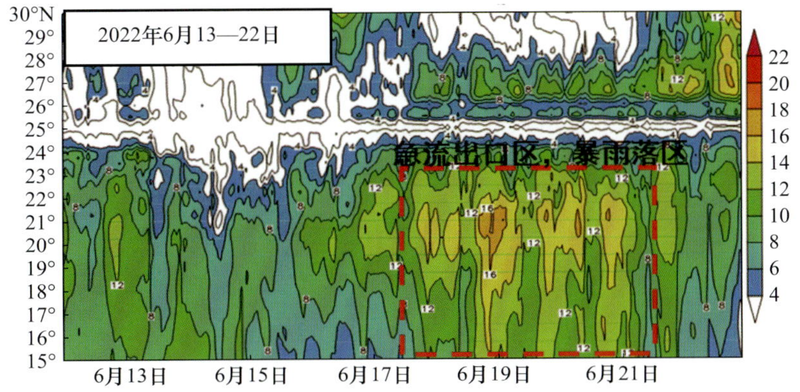

图 5　2022 年 6 月 13—22 日沿着 113°E 的 925 hPa 风场时间-纬度演变(单位：m/s)

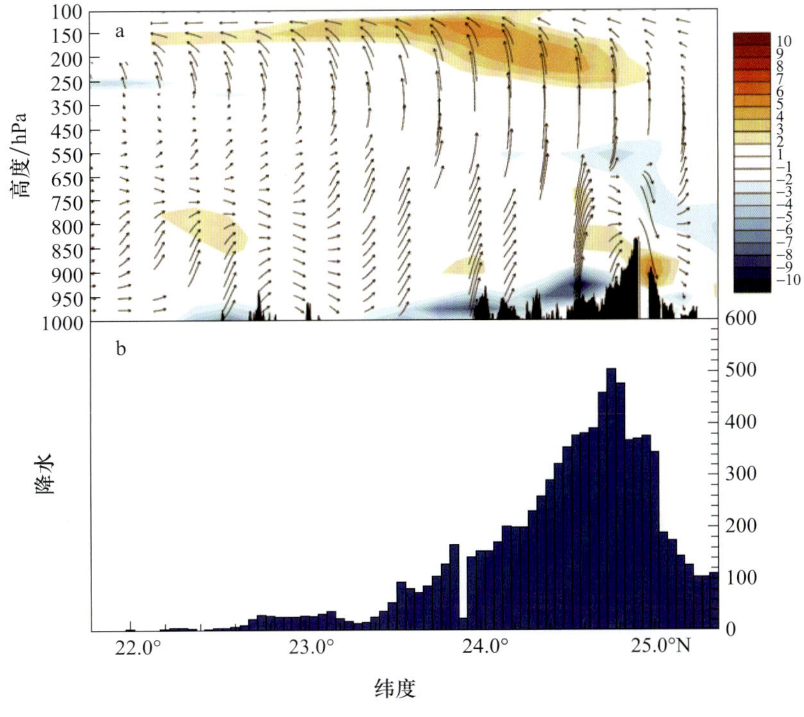

图 6　2022 年 6 月 17—22 日(a)沿 113°E 的经向垂直环流(矢量：$v-w$ 风场，v 单位：m/s，ω 单位：10^{-2} Pa/s，填色：水平散度 10^{-5}/s，黑色阴影：地形)和(b)累计雨量分布图(单位：mm)

2.3 "晨雨"特征的成因

本次极端降水过程表现出明显的"晨雨"特征。图 7 展示了降水中心区的平均降水和低层风场随时间的演变。可以看到，在 5 d 暴雨过程中，850 hPa 与 925 hPa 的低空急流演变趋势较一致。低空急流的 5 次夜间增强与粤北暴雨中心的降水增强密切相关，急流的增强在时间上略微超前于降水，造成降水呈现出明显的"晨雨"特征。由此可见，季风低空急流的夜间加强除了影响华南海岸暖区降水外[7]，对此次华南内陆暖区暴雨中早晨强降水也起到关键作用。

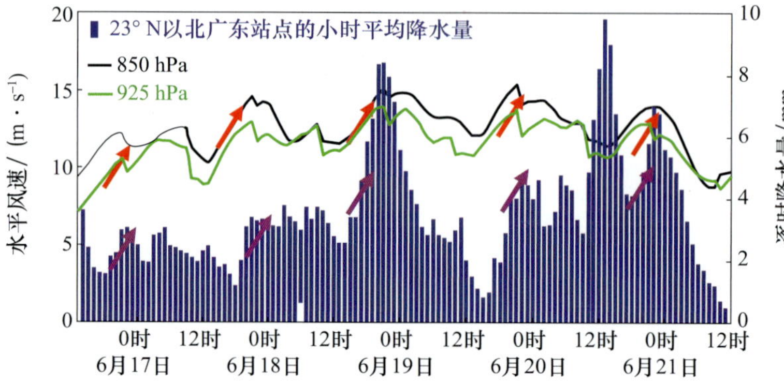

图 7　2022 年 6 月 17—21 日降水中心区域平均降水量和低层风的小时演变（横坐标：时间，世界时）

3 暴雨过程的预报偏差分析

在季风背景下，极端暴雨的预报一直是业务预报中的难点[7,23-26]。图 8 展示了实况、24 h 主观预报以及欧洲中期天气预报中心（ECMWF）模式（全球模式）和中国气象局广东快速更新同化数值预报系统（CMA-GD）模式（区域模式）48 h 降水预报。总体而言，无论是 ECMWF 模式还是 CMA-GD 模式，对此次极端降水过程均有一定的预报能力。模式预报的降水落区与观测一致分布在广东北部地区。对降水的节奏也有准确的预报，均预报出降水从 17 日起趋于明显，21 日趋于减弱的特征。然而，模式预报的不足之处也非常明显。例如，ECMWF 模式预

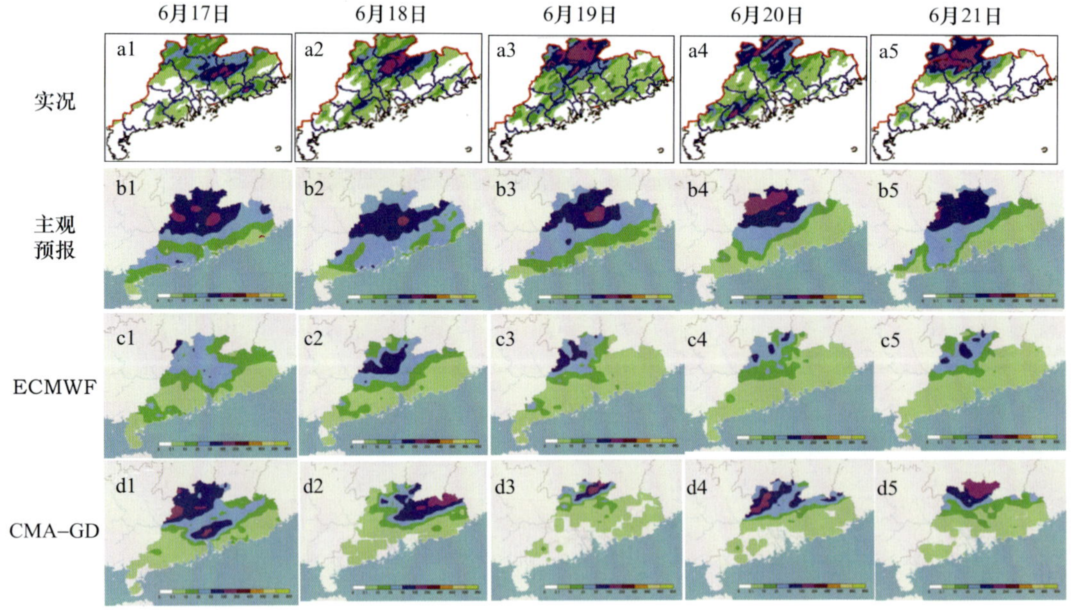

图 8　2022 年 6 月 17—21 日（a1～a5）实况降水；（b1～b5）24 h 主观降水预报；（c1～c5）ECMWF 模式 48 h 降水预报；（d1～d5）CMA-GD 模式 48 h 降水预报（单位：mm）

报的降水相对实况明显偏弱。CMA-GD 模式虽然在降水的极端性预报上优于 ECMWF 模式，但在降水落区上与实况仍存在较大的偏差，且存在空报问题。

在模式环流形势预报基础上，预报员结合业务经验和概念模型综合分析[1,13,30]，对此次极端暴雨过程有较准确的把握。主观预报能更充分地预估降水的极端性，有效地订正了全球模式对极端降水量级偏弱的估计，减少了区域模式对降水的空报。

表 1 给出了过程期间主、客观暴雨预报的 *TS* 评分、漏报率和空报率评分结果。根据 *TS* 评分，预报质量由好到差分别为主观预报、CMA-GD 模式和 ECMWF 模式。CMA-GD 模式在暴雨以上降水预报中表现优于 ECMWF 模式，表明区域模式在预报极端强降水方面具有一定优势。主观预报在模式基础上具有较好的订正能力，在 18—21 日暴雨以上降水级别中评分明显优于模式，对暴雨以上降水的漏报率明显降低，发挥出了预报员在预报精度上的经验优势。但需要注意的是，主观预报对暴雨以上降水的空报相对比较严重，表明对暴雨落区的预报仍存在挑战。

表 1　2022 年 6 月 17—21 日平均的主客观预报对暴雨以上预报评分

	主观	ECMWF	CMA-GD
TS 评分	0.34	0.15	0.21
空报率	0.64	0.49	0.52
漏报率	0.12	0.80	0.64

整体来看，全球模式、区域模式和主观预报都对 17—22 日的极端降水过程进行了明确的预报。然而，全球模式对降水量预报偏弱，特别是对暴雨以上的降水（图 8c）。区域模式虽对降水的量级有充分预估，但预报的降水落区与观测存在较大偏差，从而导致空报漏报问题较多（例如 CMA-GD 模式对 18 日降水的预报）。预报员在模式基础上借助经验和概念模型对降水量级和落区进行正向订正，特别是对暴雨以上量级的降水预报评分明显高于模式。但在持续性暴雨过程中，主客观预报对暴雨的定量预报和落区预报与实际仍存在差距。

此次过程的预报难点有 2 点。

（1）降水极端性难以准确预报。由于缺乏海上观测资料和对西南季风的特征观测不足，以及极端降水关键因子的阈值难以把握，季风暴雨的主客观预报存在挑战。季风暴雨的低预报技巧源于我们对此类暴雨的形成机制认识不足，后续的研究需要加强对季风暖区暴雨的特征分析，同时改善模式物理机制。

（2）相似南风背景下暴雨落区难以把握。在相似的西南季风背景下，暴雨大尺度环流特征往往类似。从此次极端降水过程来看，水汽通量大值区及其辐合中心位置偏北，与边界层南风强度和推进的位置密切相关，配合南岭地形的增幅作用，使得降水落区集中分布在华南北部地区。因此，需要加强对暴雨的边界层触发机制的研究工作，针对影响暴雨落区的关键因子进行分析，以实现对暴雨的精细化预报。

4 总结与讨论

本文从极端暴雨过程特征、天气学成因、预报偏差分析 3 个方面对 2022 年 6 月 17—22 日华南“龙舟水”极端暴雨过程进行了总结,结论如下。

(1)本次极端降水过程持续时间长,短时间内降水强度大,“晨雨”特征显著,暴雨落区反复出现在华南北部地区,雨量叠加效应明显,北江流域出现超百年一遇的洪水。

(2)此次持续性降水过程发生在相对稳定的天气尺度环流背景下,其中南亚高压稳定维持在青藏高原西侧,华南持续受高压东侧的辐散区影响。高原短波槽活动频繁,提供了有力的动力抬升作用。在稳定的副高西侧边缘,南海至华南地区有持续强劲的西南季风,华南地区低层水汽输送异常偏强。上述因子共同作用是致使强降水长时间持续、降水强度大的主要天气学原因。

(3)暴雨落区与低空急流推进位置及南岭迎风抬升作用密切相关。边界层急流强且位置偏北,导致水汽输送能够达到华南以北的位置。配合华南北部的南岭地形,气流在迎风坡抬升作用下,也有利于山前地区的降水增加。强降水表现出显著的“晨雨”特征,与季风夜间增强密切相关。

(4)预报偏差分析表明,在此次 6 月 17—22 日的极端“龙舟水”过程中,模式和主观预报对降水过程均有准确把握。全球模式对降水量级预报偏弱,而区域模式对降水落区的预报存在较大偏差,出现了明显的空报和漏报。预报员借助自身的业务经验和天气学概念模型,对模式预报结果有一定的订正能力,尤其是降水量级和落区方面。

(5)这次极端降水过程存在 2 个预报难点,一是暴雨的极端性难以准确预报,二是相似南风背景下暴雨的落区难以确定。进一步加强对季风暖区暴雨多尺度特征分析,深入研究其对流触发和组织机制,有利于提高季风暖区暴雨落区预报能力。

参考文献

[1] 林良勋. 广东省天气预报技术手册[M]. 北京:气象出版社, 2006: 119-150.

[2] 林良勋, 吴乃庚, 黄忠, 等. 广东 2008 年罕见“龙舟水”特点及成因诊断分析[J]. 气象, 2009, 35(4):43-50.

[3] 吴婉萍. “龙舟水”肆虐南粤[J]. 气象知识, 2005(4):6.

[4] 宋利祥, 刘培, 贾文豪, 等. 北江流域 2022 年 6 月洪水与 1915 年 7 月洪水对比初探[J]. 中国水利, 2022(15):21-23.

[5] LUO Y L, LI L Y, JOHNSON Richard H. Science and prediction of monsoon heavy rainfall [J]. Science Bulletin, 2019, 64(21): 1557-1561.

[6] 黄士松. 华南前汛期暴雨[M]. 广州:广东科技出版社, 1986.

[7] WU N, DING X, WEN Z, et al. Contrasting frontal and warm-sector heavy rainfalls over South China during the early-summer rainy season [J]. Atmospheric Research, 2020, 235(10):4693.

[8] LUO Y L, ZHANG R H, WAN Q L, et al. The Southern China Monsoon Rainfall Experiment (SCMREX) [J]. Bulletin of the American Meteorological Society, 2016, BAMS-D-15-00235. 1.

[9] LIU X, LUO Y, GUAN Z, et al. An extreme rainfall event in coastal South China during SCMREX-2014: Formation and roles of Rainband and Echo trainings [J]. J Geophy Res, 2018, 123: 9256-9278.

[10] WANG H, LUO Y L, JOU J D. Initiation, maintenance, and properties of convection in an extreme rainfall event during SCMREX: Observational analysis [J]. J Geophys Res Atmos, 2014, 119: 13206-13232.

[11] ZHANG X, LUO Y, WAN Q, et al. Impact of assimilating wind profiling radar observations on convection-permitting quantitative precipitation forecasts during SCMREX [J]. Weather Forecasting, 2016,

31：1271-1292.

[12] ZHANG X. Application of a convection-permitting ensemble prediction system to quantitative precipitation forecasts over southern China：Preliminary results during SCMREX [J]. Quart J Royal Meteor Soc，2018，144：2842-2862.

[13] 吴乃庚，温之平，邓文剑，等．华南前汛期暖区暴雨研究新进展[J]．气象科学，2020，40(5)：605-616.

[14] MENG W G，WANG Y Q. A diagnostic study on heavy rainfall induced by landfalling typhoon Utor (2013) in South China. Part II. Post-landfall rainfall [J]. J Geophys Res，2016，121(21)：12803-12819.

[15] 王娟怀，杨守懋，韦智嘉，等．全球气候变暖背景下广东"龙舟水"的变化特征[J]．广东气象，2018，40(1)：4-8.

[16] 郭圳勉，简茂球，张弘豪，等．广东"龙舟水"降水分型分析[J]．广东气象，2016，38(6)：6-11.

[17] 谷德军，纪忠萍．2008 年广东强龙舟水与准 10 天振荡[J]．热带气象学报，2011，27(1)：11-21.

[18] 王婷，胡娅敏，潘蔚娟．2008 年广东"史上最强龙舟水"的气候成因[J]．广东气象，2008，30(4)：5-7.

[19] 钱维宏，艾阳，陈绿文，等．一次广东典型龙舟水暴雨过程的扰动形势分析[J]．热带气象学报，2020，36(4)：433-443.

[20] 李翠华，蒋国华，王婷，等．2008 年广东史上最强龙舟水的分析研究[J]．安徽农业科学，2009，37(28)：3739-3741.

[21] 伍红雨，李春梅，王迪龙．近 55 年广东"龙舟水"异常特征及成因分析[J]．热带气象学报，2017，33(5)：608-616.

[22] 胡娅敏，杜尧东，罗晓玲．近 49 年华南"龙舟水"的降水分型[J]．气象，2013，39(8)：1031-1041.

[23] SUN J，ZHANG Y，LIU R. et al. A Review of Research on Warm-Sector Heavy Rainfall in China[J]. Adv Atmos Sci，2019，36：1299-1307.

[24] 闵锦忠，吴乃庚．近二十年来暴雨和强对流可预报性研究进展[J]．大气科学，2020，44(5)：1039-1056.

[25] 张凌云，刘蕾．柳州 2020 年一次"龙舟水"成因及预报偏差分析[J]．气象研究与应用，2022，43(3)：61-71.

[26] 唐思瑜，沙天阳，涂静，等．全球和区域模式在 2022 年广东龙舟水期间的评估[J]．广东气象，2022，44(4)：35-37.

[27] HERSBACH H，COAUTHORS. Global reanalysis：Goodbye ERA-Interim，hello ERA5[R]. ECMWF Newsletter，No. 159，ECMWF，Reading，United Kingdom，2019：17-24.

[28] DU Y，CHEN G. Heavy rainfall associated with double low-level jets over southern China. part II：convection initiation [J]. Monthly Weather Review，2019，147(2)：543-565.

[29] LIU X，LUO Y，HUANG L. Roles of double low-level jets in the generation of coexisting inland and coastal heavy rainfall over south China during the pre-summer rainy season [J]. Journal of Geophysical Research：Atmospheres，2020，125，e2020JD032890.

[30] DENG W J，REN P F，ZHANG D，et al. An extreme monsoon heavy rainfall event over inland South China in June 2022：a synoptic causes analysis [J]. Journal of Tropical Meteorology，2023 (1)：16-25.

2022年6月4日安徽暴雨过程成因及预报偏差分析

邵立瑛　姚　晨　郑淋淋　王　悦　罗　静
(安徽省气象台,合肥,230031)

摘　要:采用常规观测、欧洲中期天气预报中心模式(ECMWF)及ERA5(第五代欧洲再分析)资料、中国气象局中尺度天气数值预报系统(CMA-MESO)预报资料,针对2022年6月4日08时—5日08时安徽省沿淮到沿江江南暴雨过程的成因和预报偏差进行了分析。暴雨过程发生在500 hPa冷涡后部冷空气南下以及低层暖湿气流加强、北推的环流背景下,强降水主要分2个阶段:第一阶段强降水位于沿淮至江淮之间,对流在暖区由弱扰动触发,随着弱冷空气的侵入,中低层扰动加强使降水维持发展;第二阶段强降水位于沿江江南,以锋面降水为主,雨带表现为锋面附近对流的组织化发展,在夜间急流和冷空气共同作用下,降水发展加强。模式降水出现较大偏差的原因主要有2个:一是对近地层风场结构刻画出现偏差,对急流和冷空气强度的预报均偏弱,致使落区偏南、强度偏弱;二是模式对暖区对流触发和发展的预报性能欠佳,实际业务中需加强对暖湿背景下边界层辐合线、地面高温高湿区实时变化的监测分析及临近订正。

关键词:暴雨,中尺度对流系统,预报偏差分析

引言

暴雨经常造成洪涝、城市内涝、山体滑坡、泥石流等灾害,尤其是在汛期降水过程中,显得尤为重要[1]。中尺度系统往往是产生暴雨的直接影响系统[2]。关于中尺度对流系统形态特征及形成原因的研究较多[3-7],周宏伟等[8]和王啸华等[9]在对暴雨过程的多尺度研究中发现边界层环境风有可能促使中尺度对流系统组织化发展,安徽暴雨的产生也常常伴随着地面中尺度辐合线或中尺度气旋活动。张家国等[10]分析梅雨锋中尺度气旋波引发特大暴雨时指出,雷暴单体在冷、暖锋附近和涡旋中心附近强烈发展。郑婧等[11]对梅雨锋短时大暴雨多尺度场特征进行分析时指出不同性质气流交汇及边界层辐合都对暴雨产生起到重要作用。

不同天气系统相互作用下的暴雨预报存在很大难度,且暴雨多体现为对流性特征[12],此时主客观预报均易出现较大偏差。宗志平等[13]在对四川盆地西南暴雨过程检验过程中发现,暖区对流的触发与边界层风场切变线影响密切相关,但主客观预报对此的预报能力十分有限。伍志方等[14]在分析一次发生在广州的局地特大暴雨时也指出,全球模式预报暖区对流能力较弱,从而导致局地特大暴雨的漏报,但中国气象局中尺度天气数值预报系统(CMA-MESO)在降水精细化和日内尺度预报方面,和其他区域中尺度业务模式相比有一定优势[15],能够实现复杂地形下对流可分辨尺度的数值预报[16]。

2022年6月4日08时—5日08时,安徽省沿淮到沿江江南出现了一次暴雨过程,强降水主要位于安徽省几个大城市的市中心,降水突发性强,多地开启“看海模式”。晚高峰时段交通

拥堵、城市小区地下停车场被淹，经济损失、社会影响均较为严重，引发社会舆情。此次过程主客观预报均明显偏弱。因此，本文利用常规地面和高空观测资料、高分辨率地面自动站小时雨量资料、风廓线资料、CMA-MESO 逐小时 3 km 预报资料、欧洲中期天气预报中心模式（ECMWF）逐小时 0.25°×0.25°的预报场以及 ERA5 资料，对本次过程的环流背景、中尺度成因和预报偏差等展开分析，重点探讨环境条件对中尺度对流系统发生发展的动力和热力机制，分析预报偏差的可能原因，为今后预报员的主观预报提供参考依据。

1 降水实况和特点

2022 年 6 月 4 日 08 时—5 日 08 时，安徽省出现了一次暴雨到大暴雨过程，暴雨造成合肥、芜湖和淮南市中心的主要城市路段积水严重，引发大范围的城市内涝。以芜湖为例，37 个住宅小区积水，58 处道路积水。该过程小时雨强大，多站超过 50 mm/h（图 1a）。这次过程安徽地区的强降水从北向南移动，分别集中在沿淮和沿江地区。北部的沿淮和淮北地区西部强降水分散，12 h 最强降水发生在怀远，降水量达 147.9 mm，小时雨强最大为 82.4 mm/h（4 日18 时，怀远荆芡，图略），对流性强。南部沿江地区强降水呈带状分布，小时雨强最大为 62.2 mm/h（5 日 03 时芜湖咸保，图略）。从淮南和芜湖 2 个强降水测站的单站逐小时降水量时间演变（图 1b、图 1c）可以看出，淮南站出现 2 个时次短时强降水，且不连续，强降水具有突发性；芜湖站出现连续 2 个时次短时强降水，降水是逐渐增强的，随后又逐渐减弱，是在系统性降水中发展起来的对流性降水。

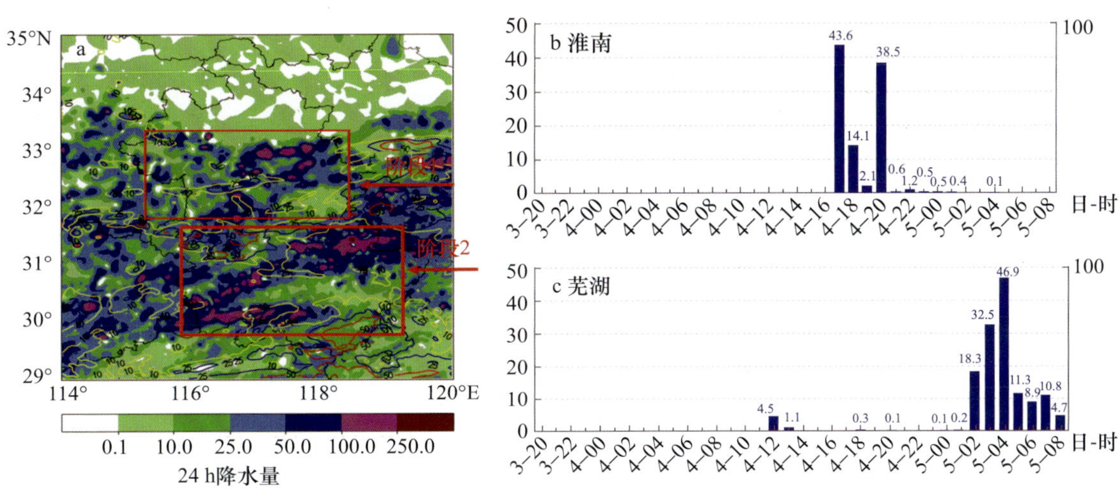

图 1 (a)2022 年 6 月 4 日 08 时—5 日 08 时降水量（单位：mm）；6 月 3 日 20 时—5 日 08 时 (b)淮南、(c)芜湖单站逐小时降水量时间演变

2 环流形势与影响系统

强降水天气发生前，6 月 4 日 08 时，亚洲中高纬 500 hPa 高度场环流形势呈“两脊一槽”型，

蒙古国北部受冷涡控制,随着冷涡逐渐东移、南下,后部携带的冷空气开始影响我省,南支槽前西南暖湿气流和南下的冷空气交汇,促使不稳定能量进一步加强。夜间冷空气进一步南下渗透,安徽上游多短波槽活动,降水强度继续增强(图 2a)。低层低涡东移,20 时之后 850 hPa 冷切从江淮之间南压至沿江,降水在切变南侧西南急流中发展加强,低空急流为暴雨区输送了大量水汽和不稳定能量,淮河以南地区 850 hPa 比湿达 14～16 g/kg(图 2b)。地面一直处于低压环流中,20 时江淮之间出现明显的风场辐合,02 时地面气压加强到 1000 hPa。200 hPa 高度场上白天我省处于南亚高压外围辐散场中,20 时开始高层辐散,分流区仍位于沿淮地区,02 时逐渐南压至沿江地区,自北向南高层辐散抽吸作用增强,使得夜间上升运动更为明显(图 2c)。

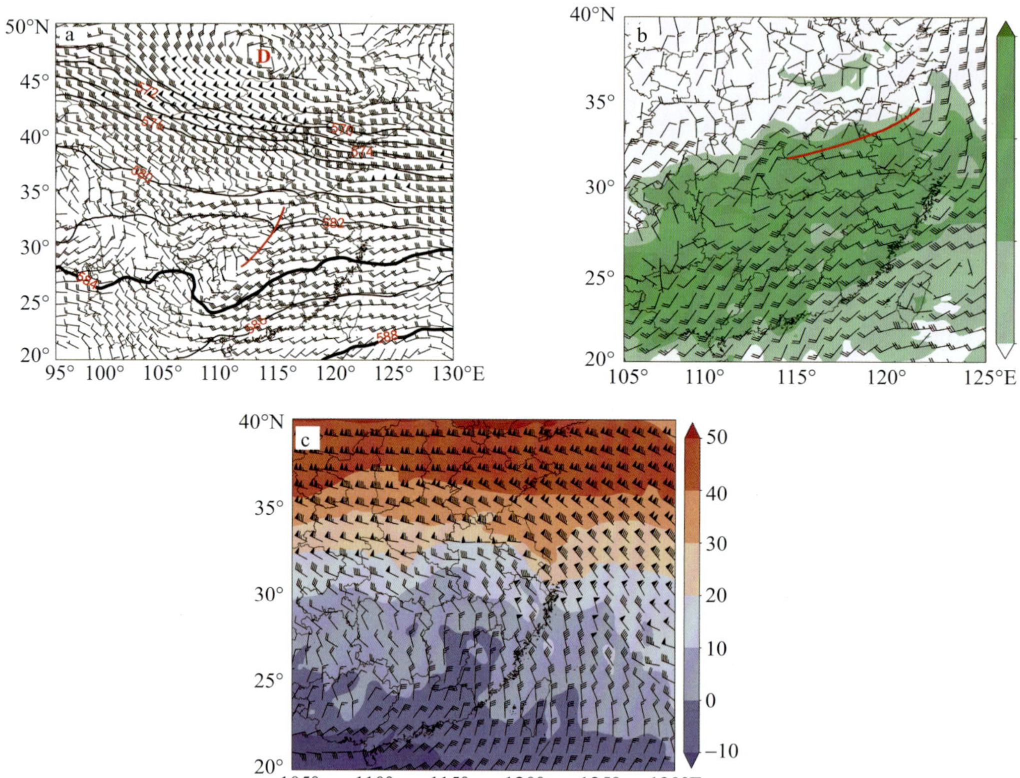

图 2　2022 年 6 月 4 日 20 时(a)500 hPa 高度场(等值线,单位:dagpm)和风场(单位:m/s);(b)850 hPa 风场和比湿(填色,单位:g/kg);(c)200 hPa u 风场(填色,单位:m/s)

3　中尺度对流系统

3.1　中尺度对流系统的演变

2 个阶段过程均出现了暴雨及以上量级降水,但其中尺度过程有所差异。第一阶段主要以暖区对流性降水为主,局地性强,发展变化较快。卫星云图显示,4 日 14 时之后,江淮中东部边界层辐合线附近不断有新生对流云团合并发展,在低层北风的作用下逐渐南压,南压过程中与大别山北侧东移的云团合并，于 17 时形成水平尺度约 70 km 近圆形的中尺度对流云系，TBB(云顶亮温)降至−70 ℃左右，在 TBB 梯度密集带，上升运动发展旺盛，雨强增强(图略)。雷达拼图也显示，14 时开始江淮之间局地有明显的对流出现(图 3a)，15 时(图 3b)A 区新生的对流和 B 区对流逐渐合并，在向北移动过程中组织化程度不断增强，于 17 时发展形成“人字形”雨带西段的带状回波，同时 C 区对流开始新生，并逐渐发展形成“人字形”雨带东段的带状回波，结构趋于完整(图 3c)。随着冷空气南下，D 区对流逐渐减弱消散，而 E 区对流加强，并呈准静止状态，在沿淮地区维持 1 h 左右，19 时 E 区带状回波结构已完全松散(图 3d)，20 时开始淮北地区地面风场完全转为偏北风，江淮之间雨势开始减弱。

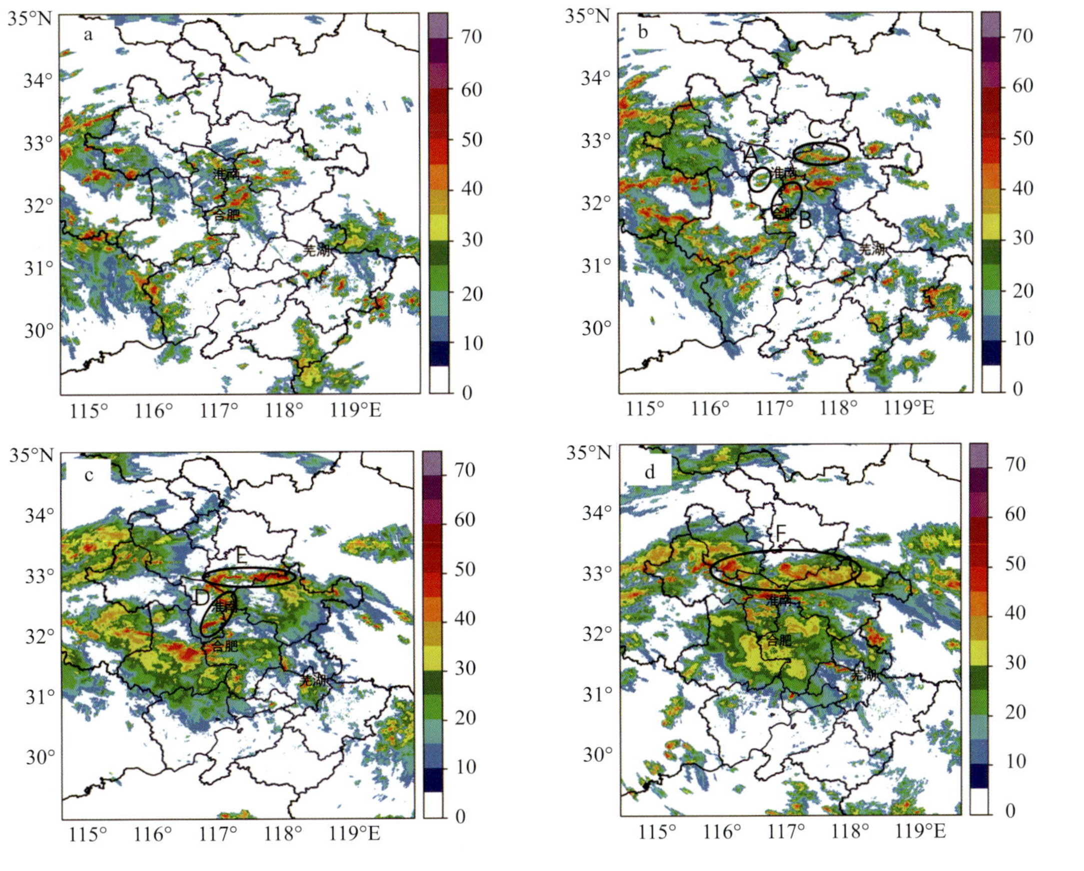

图 3　2022 年 6 月 4 日雷达组合反射率(填色，单位：dBZ)
(a)14 时；(b)15 时；(c)17 时；(d)19 时

第二阶段以锋面系统性降水为主，局部伴有对流性质，对流的组织化程度较高。23 时开始，沿江西部 A 区安庆境内不断有对流触发(图 4a)，并在引导气流影响下东移北上至 B 区，此时 C 区铜陵境内在南下的冷空气影响下局部也有对流新生(图 4b)，在缓慢东移过程中与后部 B 区东移的回波合并发展，于 03 时形成 D 区的线状回波(图 4c)。随着低层冷空气进一步渗透，线状结构逐渐松散，而 03 时之后 E 区安庆境内仍不断有对流新生，在 06 时 850 hPa 上沿江地区完全转为偏北风后，对流逐渐南压，07 时南压至 F 区，并与 G 区安庆南部东移发展的回波合并(图 4d)，从而形成江南西部的带状雨带。

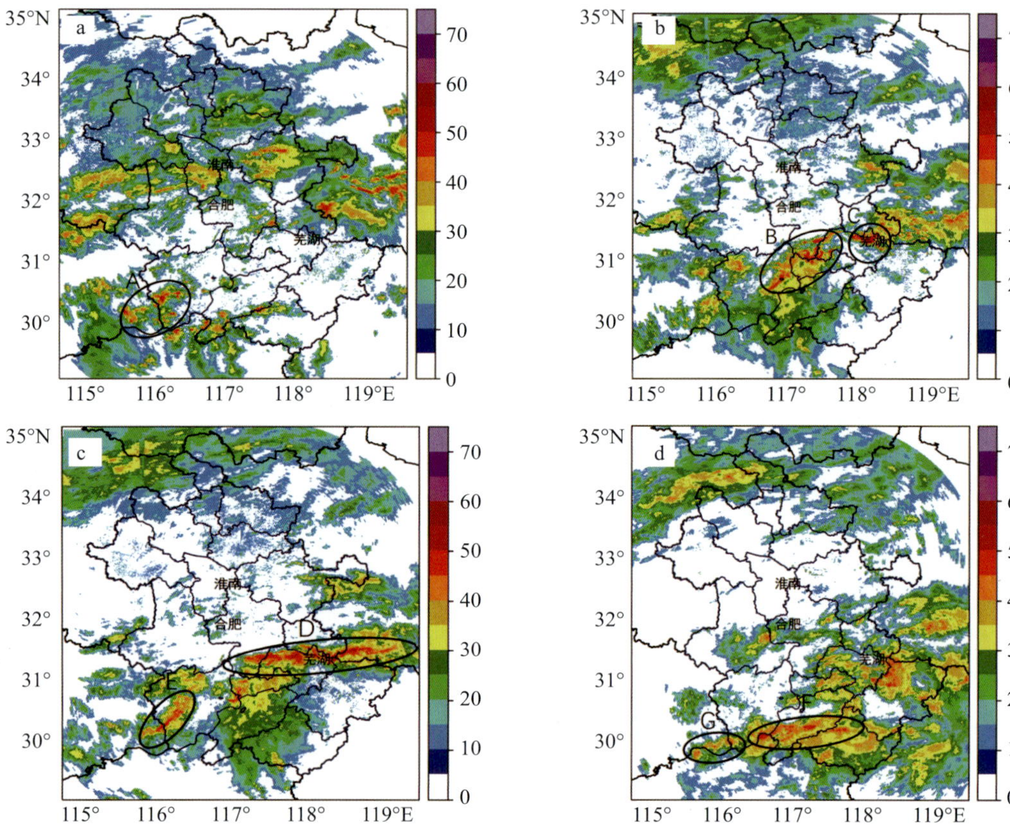

图 4　2022 年 6 月 4—5 日雷达组合反射率(填色,单位:dBZ)

(a)4 日 23 时;(b)5 日 02 时;(c)5 日 03 时;(d)5 日 07 时

3.2　中尺度对流系统的触发和维持机制

利用探空资料、区域自动站观测资料、风廓线数据和 ERA5 资料对中尺度对流系统的触发和维持机制进行分析。4 日 08 时阜阳站和徐州站探空显示,订正后的阜阳站 CAPE 值高达 2946 J/kg,K 值 39.7 ℃,抬升凝结高度低,暖云层深厚,降水效率高。徐州站 6 km 垂直风切变达 16.1 m/s。因此,充沛的水汽条件、较强的能量和风切变均是沿淮地区产生对流性强降水的有利条件(图略)。第一阶段中,合肥站风廓线中,午后边界层风向由西南风转为东南风,对流在暖区中发展。在回波发展前期,中低层有冷空气逐渐侵入,垂直风切变开始显著增强,较强的风切变有利于对流的组织化发展(图 5a)。14 时开始在地面西南风的影响下,地面高能区逐渐北推,假相当位温梯度加强,至 17 时江淮之间中北部假相当位温梯度大值区建立(图 5b),暖空气一侧的上升运动和冷空气一侧的下沉运动加强,从而位温梯度大值区加强的上升运动[17]触发对流。随着局地对流新生,沿淮中东部的地面小时雨强也逐渐增强,受降水拖曳作用的影响,该地区出现下沉气流。从 16—17 时逐小时温差图显示可知,在沿淮中东部,地面逐小时气温下降显著,平均下降 4～6 ℃(图 5c),在近地面形成中尺度锋区,也有利于对流维持。随着冷空气进一步加强并向南推进,地面辐合加强,17 时地面风场上沿淮西部产生中尺度气旋式涡旋，涡旋东侧辐合较强，为对流维持提供了良好的动力抬升条件。

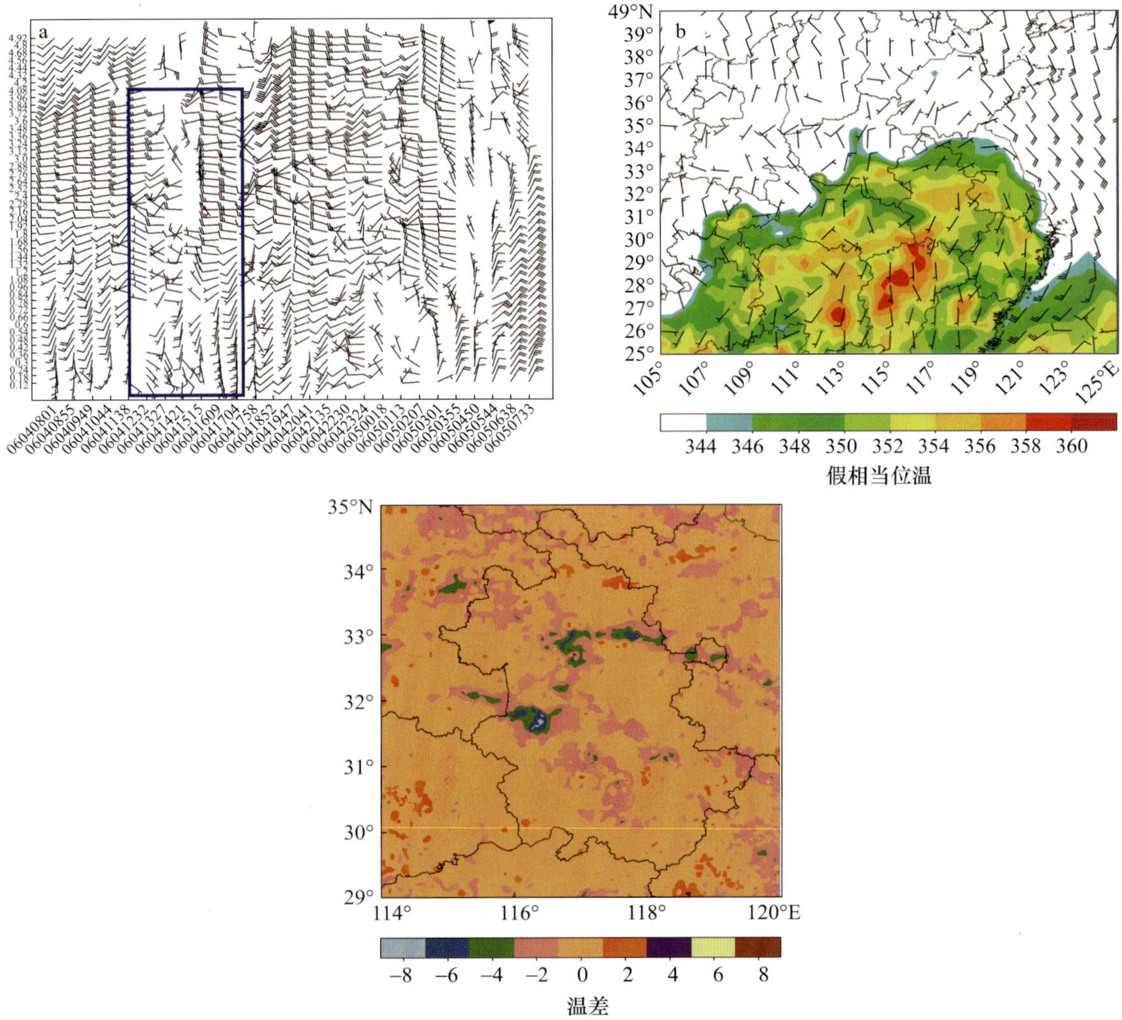

图 5　2022 年 6 月 4 日 08 时—5 日 08 时合肥站风廓线(a,其中蓝色方框表示对流发展前，中低层冷空气侵入和垂直风切变增强的区域)；4 日 17 时地面风场和假相当位温(b,填色，单位：K)；4 日 16—17 时地面温差(c,填色，单位：℃)

第二阶段中，以芜湖站风廓线为代表，从风场分布可知，夜间冷锋过境，近地面锋面坡度大，并且西南急流进一步增强，最大风速达 12～14 m/s(图 6a)，低空急流的加强为强降水提供了更有利的动力抬升条件，对暴雨产生促进作用。夜间低层北风进一步南压，切变线也南压至沿江地区，沿江江南能量条件较差，假相当位温梯度不明显。在降水发生的强盛阶段，高层辐散有所增强，垂直运动伸展到对流层高层 400 hPa 附近，有利于中尺度对流系统的发展和强降水的维持，动力强迫条件较好(图 6b)。近地面的干冷空气入侵使得沿江附近水平锋区加强，并在地面辐合抬升区触发不稳定能量释放(图 6c)，从而在沿江西部不断触发对流。因而，即使夜间沿江地区热力条件不足，但在强的动力抬升作用下也能激发出强降水。

综上可知，2 个阶段的降水特点以及触发维持机制均有显著差异。第一阶段以对流性降水为主，局地性强，呈现对流散发并加强的特征。降水在暖区由弱扰动触发，较好的热力条件

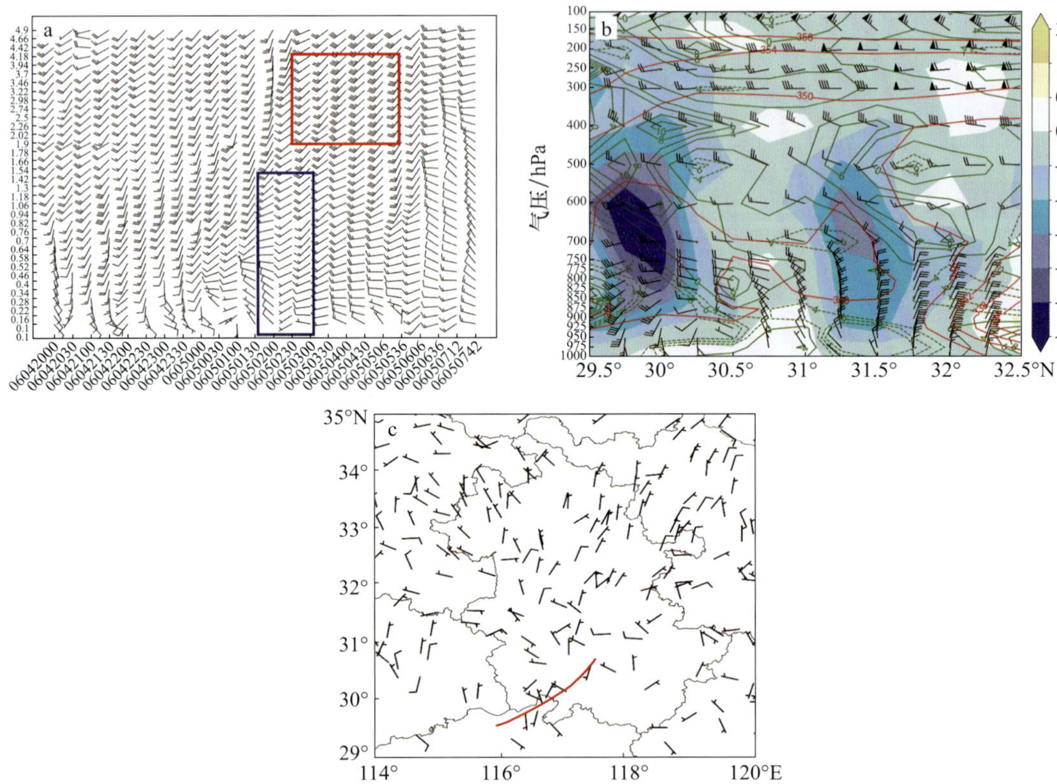

图6　2022年6月4日20时—5日08时芜湖站风廓线(a,其中红色方框表示夜间急流显著加强区域;蓝色方框表示有冷锋过境的区域);5日06时沿116.75°E的水平风(风羽)、垂直速度(填色,单位:Pa/s)、散度(绿色等值线,单位:10^{-5}/s)和假相当位温(红色等值线,单位:K)的纬度-高度剖面(b);5日06时地面风场(c)

以及弱冷空气入侵增加了中低层扰动,使得降水维持发展。第二阶段以锋面降水为主,对流在锋面附近呈组织化发展,虽夜间热力条件差,但强盛的西南急流和南下冷空气为降水发展加强提供了良好的动力条件。

4　降水预报偏差及成因分析

4.1　预报偏差成因分析

4.1.1　降水量预报偏差分析

从6月4日08时—5日08时实况与主客观降水预报对比可知,全球模式预报对暴雨量级的降水全部漏报,中尺度模式均有一定反映。安徽省气象台6月4日08时智能网格的降水预报主要参考了ECMWF模式,2个阶段强降水均预报偏弱,预报的小雨量级雨带位置和实况较为接近,而暴雨及以上量级降水落区全部漏报(图略)。ECMWF和CMA-MESO 2家模式在6月3日20时起报的6月4日08—20时以及6月4日20时—5日08时降水均与实况有一定的偏差。第一阶段中，ECMWF(图 7a)和 CMA-MESO(图 7b)2 家模式对沿淮至江淮之间北部的强降水均未报出，ECMWF 模式对大别山附近的强降水明显低估，只报了中到大雨量级，对降水量预报明显偏小；而 CMA-MESO 模式对强降水有所反映，局部报了暴雨量级，但位置偏南，范围明显偏小。第二阶段中，ECMWF 大尺度模式对沿江地区的锋面降水预报较好，虽量级预报偏小，但带状雨带有所反映(图 7c)。由此可知，大尺度和中尺度模式对系统性特征不明显、局地性较强的对流性降水预估能力有限。

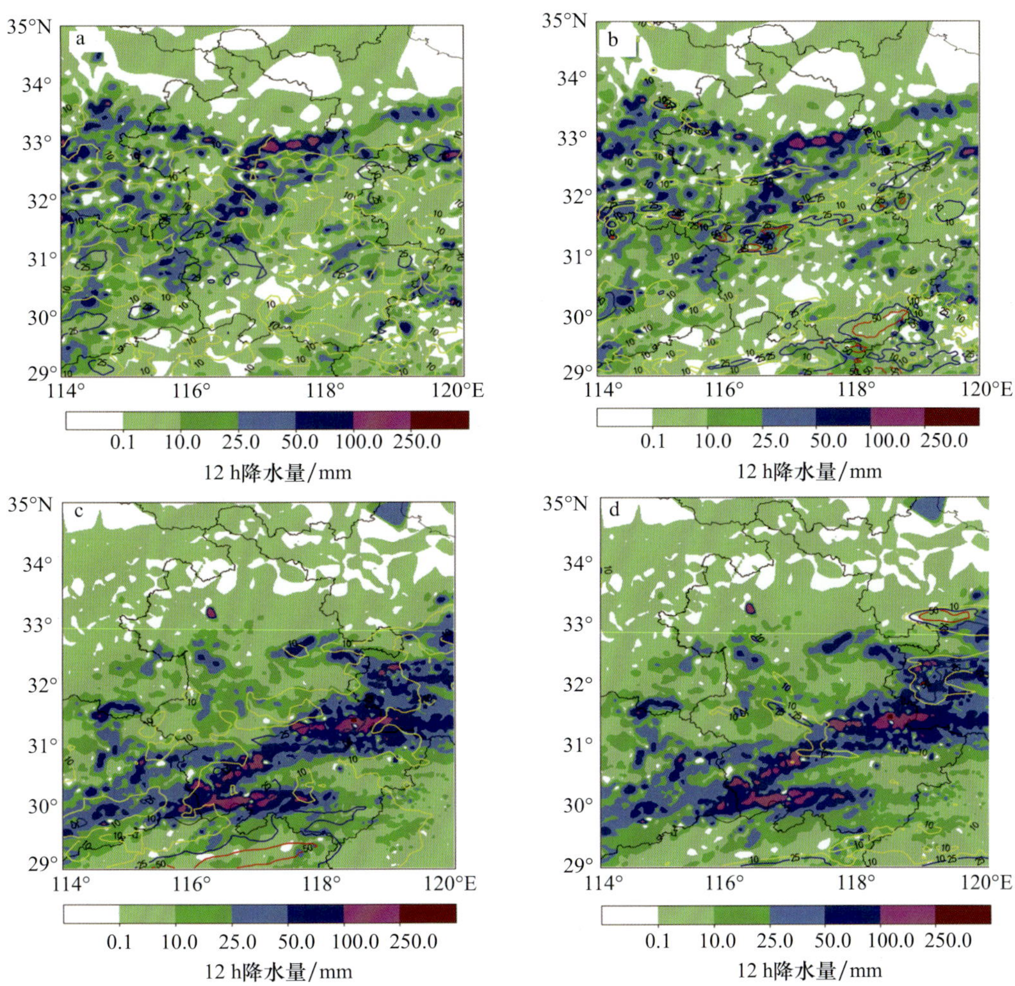

图 7　ECMWF 模式和 CMA-MESO 模式(a,b) 6 月 3 日 20 时起报 6 月 4 日 08—20 时降水量；(c,d)6 月 4 日 20 时—5 日 08 时降水量

(预报场：等值线(10 mm—黄色，25 mm—蓝色，50 mm—红色)，分析场：填色)

从第一阶段逐小时降水对比可知，14 时开始，分析场上淮北地区西部不断有对流触发，并逐渐发展加强(图 8a、图 8c、图 8e)，而预报场上淮北地区西部降水明显偏弱，对流特征不显著(图 8b、图 8d、图 8f)。17—18 时对流发展旺盛时期，实况降水呈现出对流散发并加强的特点，而预报场淮北地区西部的强降水并未报出，同时沿淮地区东部强降水预报位置明显偏南、强度预报偏弱。可见模式对暖湿环境下对流触发的位置以及触发后的发展趋势预报效果不佳。下面对出现偏差的成因进行进一步分析。

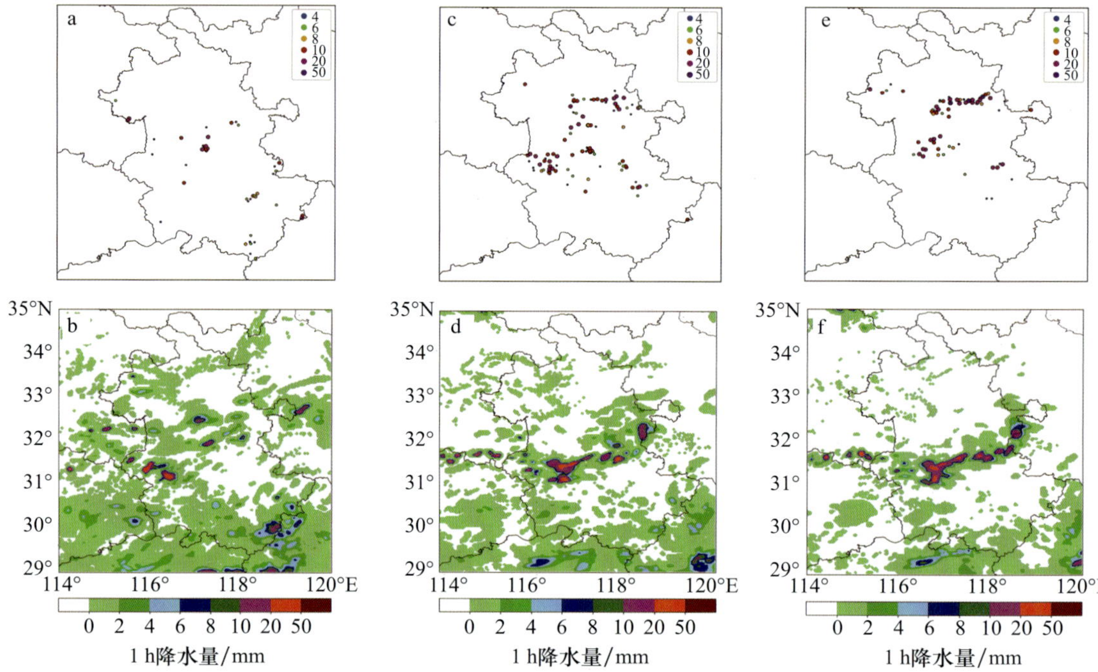

图 8 ERA5 分析场降水量(单位:mm)(a)14 时、(c)17 时和(e)18 时;CMA-MESO 6 月 3 日 20 时起报 6 月 4 日小时降水量(单位:mm)(b)14 时、(d)17 时和(f)18 时

4.1.2 风场预报偏差分析

从第一阶段边界层风场对比可知,午后淮北地区西部有明显辐合,2 家模式均报出了该地区的辐合(图 9a、图 9b、图 9e、图 9f),但 CMA-MESO 模式预报场主要为偏东风和偏南风辐合,而分析场为东北风和西南风辐合(图 9e、图 9f),因而预报的辐合强度较弱。沿淮地区西部对流在暖切中触发,ECMWF 模式预报场为偏东风和偏南风辐合,辐合强度较弱(图 9a、图 9b),而 CMA-MESO 模式预报场对暖切没有体现,风场上仅为一致的东南风(图 9e、图 9f),因此动力条件不足可能是未预报出沿淮地区对流的原因。在沿淮至江淮之间北部降水发展强盛阶段,近地面冷空气已明显南下,17 时 925 hPa 高度场上 32°N 以北完全转为偏北风,ECMWF 模式预报场与实况较为一致,但强度有所偏弱,平均偏弱 2 m/s(图 9c),CMA-MESO 模式预报场在 33°N 仍以偏南风为主(图 9g),因而,2 家模式对冷空气预报明显偏弱。1000 hPa 高度场上由于弱冷空气渗透,辐合明显加强,在 32°～33°N 出现气旋式辐合,ECMWF 模式和 CMA-MESO 模式对辐合均有一定体现(图 9d、图 9h),但 CMA-MESO 模式在沿淮附近地面 2 m气温预报较实况偏低 4～6 ℃(图略),一定程度上也抑制了局地对流的触发。因此,冷空气强度和地面温度预报偏弱可能是 CMA-MESO 模式降水预报偏差最大的原因。综上所述,第一阶段中,ECMWF 模式相比 CMA-MESO 模式而言,对本阶段降水过程的风场预报能力略优,但该阶段降水存在明显的对流云团之间的合并及组织化过程,这些过程涉及中小尺度系统相互作用,全球模式自身模式性能的局限性,使得 ECMWF 模式对对流性降水低估,因而使得局地暴雨、大暴雨漏报。CMA-MESO 模式对降水过程中风场、温度场预报的偏差使得该模式在此次对流性降水过程中表现能力较差。

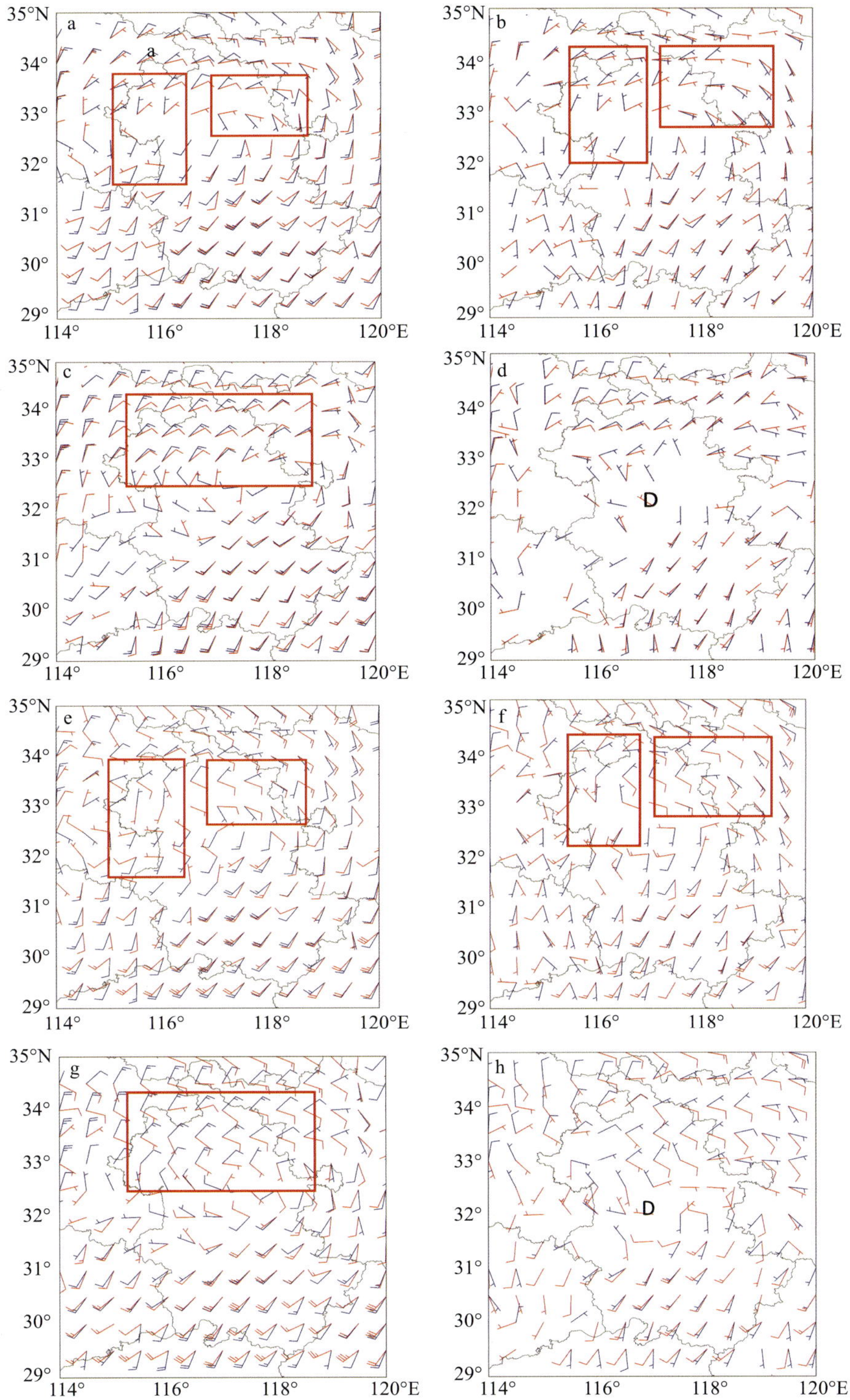

图9　ECMWF模式6月3日20时起报6月4日14时(a、b)和17时(c、d) 925 hPa、1000 hPa风场天气学检验图；CMA-MESO模式6月3日20时起报6月4日14时(e、f)和17时(g、h) 925 hPa、1000 hPa风场天气学检验图
(红色：ECMWF模式、CMA-MESO模式；蓝色：ERA5，其中a、b、e、f左侧的红框分别表示ECMWF和CMA-MESO预报的淮北地区西部强辐合区；a、b、e、f右侧的红框分别表示ECMWF预报场为偏东风和偏南风弱辐合区域；c、g红框分别表示ECMWF和CMA-MESO模式对冷空气预报偏弱区域)

从第二阶段中低层风场对比可知，2家模式在夜间沿江西部降水发展旺盛时段，对该区域西南急流强度预报均偏弱，平均偏弱2～4 m/s。ECMWF模式预报的北部冷空气强度平均偏弱2～4 m/s(图10a、图10c)，而CMA-MESO模式平均偏弱4～6 m/s(图10b、图10d)，该模式低估了北边南下的冷空气强度，使得预报的降水强度均偏弱。2家模式预报沿江附近冷切变位置与分析场上较为一致，但CMA-MESO模式未报出沿江西部的弱辐合切变，而该地区低层辐合的维持也是不断触发对流的有利因素之一。

综上所述，第二阶段中，ECMWF全球模式对夜间降水的系统把握较好，但由于冷空气和急流强度预报较弱，导致对系统性降水低估。CMA-MESO模式预报的强降水位于冷切变附近，而实际降水出现在急流出口区，低层风场偏差使得降水位置和强度出现偏差。

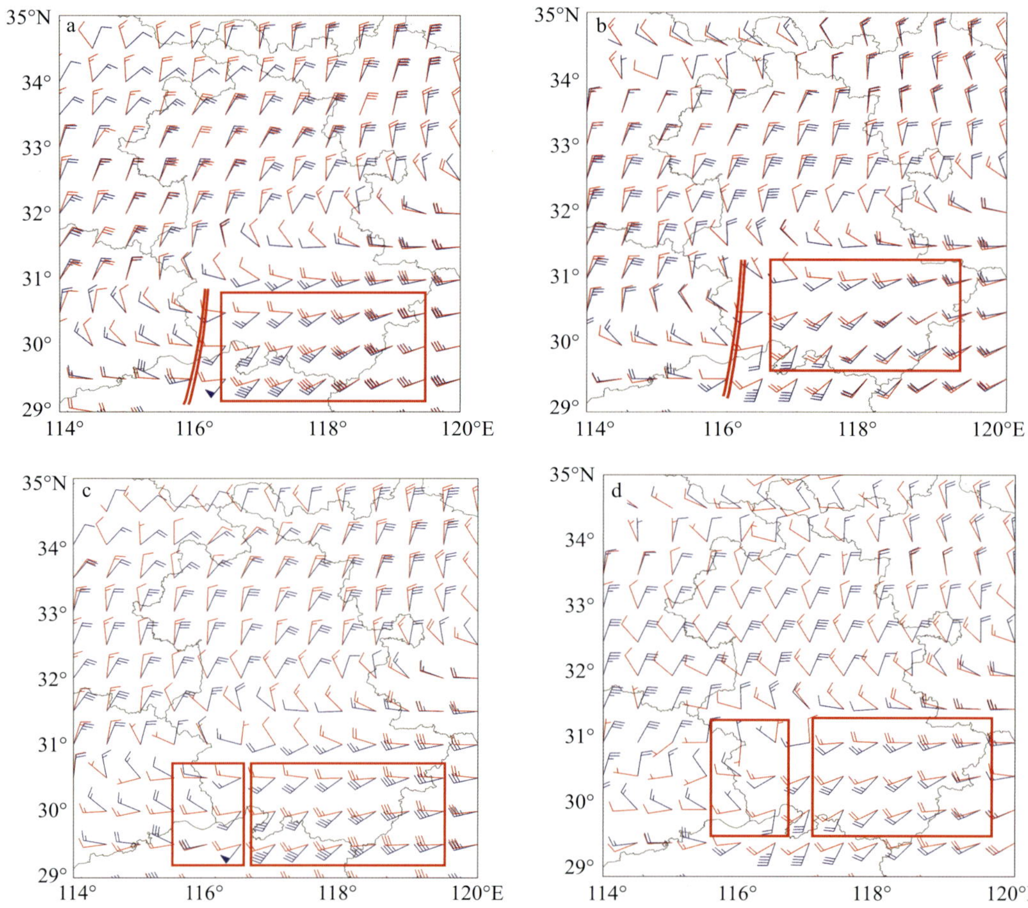

图10 ECMWF模式6月3日20时起报6月5日05时850 hPa(a)、925 hPa(b)风场天气学检验；CMA-MESO模式6月3日20时起报6月5日05时850 hPa(c)、925 hPa(d)风场天气学检验

(红色：ECMWF、CMA-MESO；蓝色：ERA5；a、b、c右侧和d右侧红框表示ECMWF模式和CMA-MESO模式预报西南急流较强度实况均偏弱2～4 m/s的区域；c左侧和d左侧红框表示CMA-MESO模式未预报出沿江西部弱辐合切变的区域)

4.2 预报改进思路

此次过程的降水检验结果表明，中尺度模式表现较好，能在一定程度上对强降水有所体

现，但仍不够准确，给降水的精细化预报带来一定难度。因此，在业务预报中需加强滚动订正，做好递进式服务。

(1)应加强多种数值模式的综合应用和检验评估，除了要了解每种数值模式普遍性的特点外，更需要关注天气系统在临近时效内移动速度、强度的变化和检验结论，结合实况对强降水的落区和强度做出有效订正。

(2)在强降水的短临预警中，要增强对多源观测资料的综合分析能力。关注中尺度环境场的变化特征，及时跟进对流系统生消变化，订正预报结论，为精准预警提供可靠参考。

(3)此次暴雨过程造成较大经济损失、社会影响也较为严重，引发公众关注。服务中可在现有的预报预警信息外，加强递进式服务，与重点行业领域开展联动服务，做好全方位、多渠道的公众气象服务和科普工作，在为政府精准决策提供关键信息支撑的同时，也能及时向公众传递最新的天气信息。

5 结论

(1)此次强降水过程的环流背景特征为冷涡后部冷空气南下与南支槽前西南暖湿气流交汇，触发不稳定能量释放。南亚高压附近高空辐散区有利于天气尺度上升运动加强。

(2)此次过程分为 2 个阶段，有南北两条暴雨-大暴雨雨带，分别位于沿淮—江淮之间和沿江江南。第一阶段以暖区对流性降水为主，对流在暖区和地面扰动附近触发，假相当位温梯度大值区附近有显著的辐合上升运动，也是中尺度对流系统得以触发的有利条件。第二阶段以锋面系统性降水为主，在夜间急流加强和冷空气共同作用下，锋区加强，锋面附近对流组织化发展，降水加强。

(3)预报员和各家业务数值模式对两条雨带的位置预报有偏差，对量级预报明显偏小。暖区对流性暴雨，CMA-MESO 模式比 ECMWF 模式对降水预报略优，但位置和强度仍偏差较大。CMA-MESO 模式预报偏差的主要原因可能是对低层冷空气强度和地面 2 m 温度预报偏弱，而 ECMWF 模式虽对降水系统把握较好，但对中小尺度系统相互作用的预报能力不足，对暖区对流性暴雨预报偏小。对于系统性降水，ECMWF 模式对降水落区的预报明显优于 CMA-MESO 模式，但由于对冷空气和西南急流强度预报偏弱，导致降水量级预报明显偏小，而 CMA-MESO 模式对低层风场预报的偏差是其预报偏差的重要原因。

参考文献

[1] 漆梁波，吴君婧，施春红．一次江淮特大暴雨过程的预报着眼点反思[J]．暴雨灾害，2020，39(6)：647-657.

[2] 张芳，张芳华，孔期，等．2018 年 5 月 21 日四川盆地极端大暴雨的中尺度成因和预报偏差分析[J]．气象，2022，48(6)：691-704.

[3] 张家国，周金莲，谌伟，等．大别山西侧极端降水中尺度对流系统结构与传播特征[J]．气象学报，2015，73(2)：291-304.

[4] 吴涛，张家国，牛奔．一次强降水过程涡旋状 MCS 结构特征及成因初步分析[J]．气象，2017，43(5)：540-551.

[5] 李彦霖，张述文，田程，等．基于雷达回波的贵阳地区对流性降水特征分析[J]．气象，2018，44(6)：

752-758.

[6] 田付友,郑永光,张小玲,等.2017年5月7日广州极端强降水对流系统结构、触发和维持机制[J]. 气象,2018,44(4):469-484.

[7] 高帆,尹承美,蔡哲,等. 济南市重大短时强降水过程特征分析[J]. 海洋气象学报,2019,39(1):131-141.

[8] 周宏伟,王群,裴道好,等,苏北东部一次梅雨锋大暴雨过程的多尺度特征[J]. 气象,2011,37(4):432-438.

[9] 王啸华,吴海英,唐红昇,等.2009年7月7日南京短时暴雨的中尺度特征分析[J]. 气象,2012,38(9):1060-1069.

[10] 张家国,黄小彦,周金莲,等. 一次梅雨锋上中尺度气旋波引发的特大暴雨过程分析[J]. 气象学报,2013,71(2):228-238.

[11] 郑婧,孙素琴,吴静,等. 梅雨锋短时大暴雨的多尺度环境场分析[J]. 气象,2014,40(5):570-579.

[12] 郑婧,许爱华,孙素琴,等. 高空西北气流下特大暴雨的预报误差分析及思考[J]. 气象,2018,44(1):93-106.

[13] 宗志平,陈涛,徐珺,等,2012年初秋四川盆地两次西南涡暴雨过程的对比分析与预报检验[J]. 气象,2013,39(5):567-576.

[14] 伍志方,蔡景就,林良勋,等. 2017年广州"5·7"暖区特大暴雨的中尺度系统和可预报性[J]. 气象,2018,44(4):485-499.

[15] 许晨璐,王建捷,黄丽萍. 千米尺度分辨率下GRAPES-Meso4.0模式定量降水预报性能评估[J]. 气象学报,2017,75(6):851-876.

[16] 谢漪云,王建捷.GRAPES千米尺度模式在西南复杂地形区降水预报偏差与成因初探[J]. 气象学报,2021,79(5):732-749.

[17] KOCH S E. The role of an apparent mesoscale frontogenetic circulation in squall line initiation[J]. Mon Wea Rev,1984,112(10):2090-2111.

2022年6月26—27日华北冷涡背景下暴雨预报偏差分析

董　全　郭楠楠　胡　艺　宫　宇　张芳华
（国家气象中心，北京，100081）

摘　要：2022年6月26—27日华北和黄淮等地出现一次华北冷涡背景下的暴雨过程，此次强降水过程，中期时效模式预报雨带位置偏北2～3个纬度，造成京津冀部分地区暴雨空报和山东暴雨漏报，短期时效主客观预报暴雨范围偏大，BIAS（偏差）达2左右，造成河南、山东、吉林等地约150站暴雨空报。针对上述预报误差，重点分析总结此次强降水过程中华北冷涡中期时效的预报不确定性，以及短期时效模式强降水落区预报误差的成因。结果显示，此次暴雨过程是在华北冷涡和西北太平洋副热带高压（以下简称副高）相互作用下，低层急流、切变线和低涡发展加强，由中尺度对流系统（MCS）发展而导致的强降水。数值模式提前5～6 d报出此次暴雨过程，但对华北冷涡及其伴随的西风槽、下游高压脊等系统预报偏强，导致低层低涡移动路径和强降水带预报偏北。短期时效对低空西南急流预报偏强，近地层逆温预报偏弱，导致CAPE值和对流系统预报偏强，从而造成36 h时效山东南部强降水空报。

关键词：华北冷涡，黄淮，暴雨，预报偏差

引言

华北冷涡影响下的暴雨是华北和黄淮等地汛期强降水的主要类型，但暴雨的具体落区和强度受到冷涡背景下低层辐合系统，如低涡、切变线、低空急流和地面气旋等的位置、强度和移速的影响，同时也会受到中尺度对流系统的反馈作用，以及特殊地形等多种因素的复杂影响，导致雨带位置和走向常常存在一定的偏差，暴雨“精准预报”难度较大[1]。

在华北冷涡背景下，低层急流、切变线或低涡中心的强度、位置和移动方向是强降水落区的关键影响因子，也是华北汛期暴雨预报的突出难点问题[2-4]。近年来，我国气象工作者针对多次华北冷涡背景下的暴雨过程开展了总结研究，例如2016年7月19—20日[5]和2021年7月11—12日[6]的暴雨过程，在一定程度上提高了对华北冷涡暴雨的认识和预报能力。

2022年6月26—27日，在华北冷涡背景下，华北南部至黄淮北部地区低层生成低涡切变线系统，出现大范围强降水天气。此次过程中，低层低涡位于高空冷涡中心东南方向，二者相距约1000 km，低涡系统表现出明显的倾斜结构，与上述2016年和2021年2次过程明显不同。此次暴雨过程的中期预报偏差较大，强降水落区较实况偏北2～3个纬度，导致京津冀地区暴雨空报和山东中南部暴雨漏报。36 h时效暴雨预报范围明显偏大，BIAS达1.6～2.1，导致河南、山东、吉林等地约150站暴雨空报。因此，很有必要对此次过程中期落区偏北、短期暴

雨空报的可能成因开展复盘分析，揭示暴雨预报偏差的可能原因，进一步完善华北冷涡暴雨的预报思路。

1 天气实况

1.1 降水实况特征

2022 年 6 月 26—27 日，我国北方地区出现上半年以来最强降水过程，波及省份多，累计雨量大。河北、天津、辽宁、吉林以及河南、山东、苏皖中北部、湖北等地的部分地区累计降水量达 50～200 mm，山东南部和河南东南部等地的部分地区累计降水量超过 200 mm，局地达 250～350 mm(图 1a)，山东南部和江苏北部 27 站日雨量突破 6 月历史极值(图 1b)。

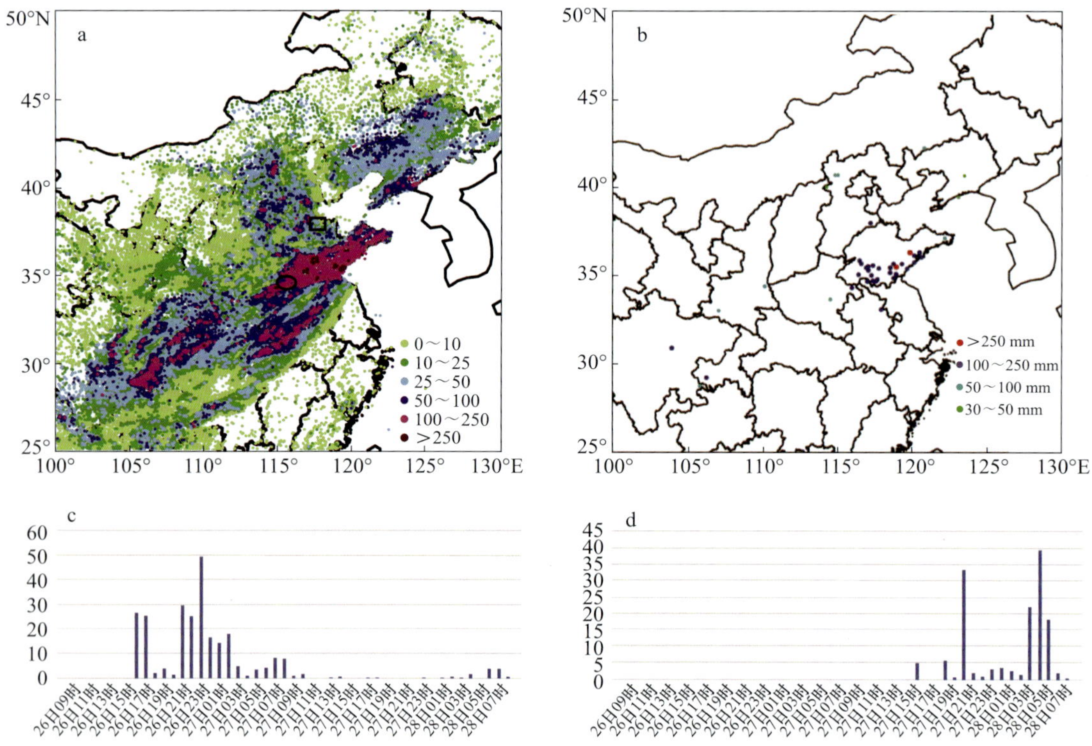

图 1　2022 年 6 月 26 日 08 时—28 日 08 时累计降水量(a,单位:mm)；
日降水量突破 6 月历史极值站点(b)；山东莒县(c)和安徽蚌埠(d)小时降水量时序图
(a 中黑色方框和椭圆分别为莒县和蚌埠所在位置)

此次强降水过程伴有明显的短时强降水(>20 mm/h)，华北、黄淮等地最大小时降水量普遍在 50 mm 左右，山东南部部分站点达 80 mm 以上，个别站达 100 mm 以上(图略)。从山东南部莒县站小时降水量时序图(图 1c)可见，降水主要有 2 个阶段，一个是 26 日午后，伴有 2 h 的短时强降水，一个是 26 日前半夜，出现连续 3 h 短时强降水和 3 h 15 mm/h 雨强的降水，从小时雨强和持续时间来看，第二阶段的降水均强于第一阶段。27 日上午对流减弱，午后至夜间在苏皖北部等地再次发展，从蚌埠站的小时降水量时序图可见（图 1d），降水主要发生在 27 日 21 时和 28 日 04 时前后，雨强和持续时间上，都较山东的降水弱。

1.2 强降水中尺度系统特征

根据雷达回波反映的强降水中尺度系统特征，可将此次华北和黄淮的强降水过程分为 3 个阶段。(1)26 日 13—19 时，为过程的初始阶段，京津冀大部、山东、河南中北部出现分散对流，对流于 13 时在上述地区触发，并逐步发展，对流组织性较弱，但对流强度强，最大雷达组合反射率达 60 dBZ，对应分散性短时强降水（图 2a）。(2)26 日 20 时—27 日 08 时，为降水的最强时段，京津冀和山东北部的对流减弱消亡，山东中南部的对流组织化发展，并加强为中尺度对流系统（MCS），最大雷达组合反射率 55 dBZ，在其东移的同时，新的 MCS 不断在其上游（西侧）新生和发展，叠加对流“列车效应”，导致山东南部较大范围的超过 6 月历史极值的极端日降水事件（图 2b）。(3)27 日 17—22 时，为对流发展的第三阶段，27 日 09 时山东南部等地的对流迅速减弱，至 16 时为对流间歇期。之后随着冷空气南下和切变线的南移，17 时前后对流在河南南部、湖北东部和安徽北部等地再次发展，并组织成 MCS，最大雷达组合反射率 55 dBZ，导致此次降水过程的另一个强降水中心出现（图 2c）。可见，华北中南部以分散性对流为主，生命史短，而黄淮等地有多个 MCS 发展，并存在“列车效应”，导致区域性大暴雨天气。

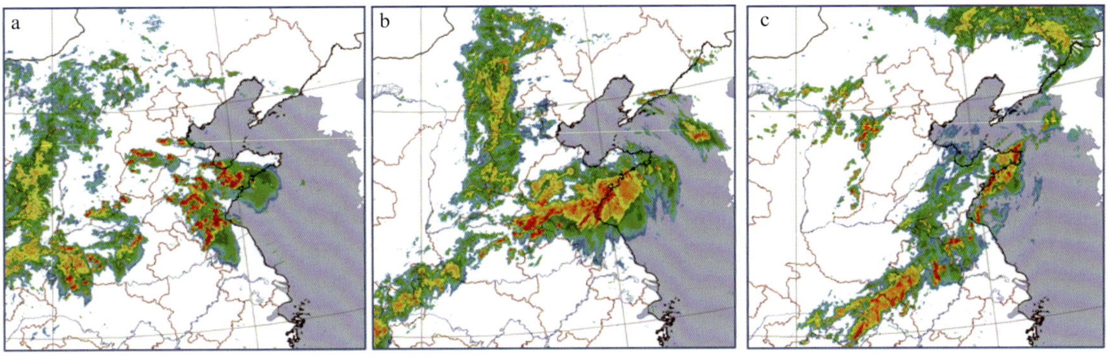

图 2　2022 年 6 月 26—27 日降水过程中 3 个阶段的典型雷达组合反射率图

(a)26 日 15 时；(b)27 日 01 时；(c)27 日 20 时

1.3 环流形势分析

2022 年 6 月 26—27 日，随着蒙古国中部至我国河套地区高空槽的东移，内蒙古中部至华北一带高空冷涡发展生成，27 日 20 时，内蒙古中部一带的低压中心与冷中心接近重合。在此期间，西北太平洋副热带高压（以下简称副高）西伸、北抬，西脊点由 120°E 附近西伸至 104°E 附近，北界由江南南部北抬至江南北部。受副高西伸和华北冷涡加强的共同作用，低空急流形成并显著加强，急流中心位于山东南部至半岛一带，中心风速达 16～20 m/s（图 3a）。与此对应的 200 hPa 高度场上为南亚高压东北侧的高空分流区（图 3b），存在明显的辐散,高层辐散、低层辐合有利于上升运动加强和低层低值系统的发展,华北南部至黄淮北部有切变线和低涡发展(图 3a)。受冷涡底部高空槽和低空急流共同影响,山西南部附近的气旋不断发展加强,低涡和气旋中心沿切变线向东北方向移动,强降水主要出现在低涡中心南侧。同时,位于内蒙古西部和中部一带的气旋中心,在东移过程中不断减弱并消亡(图 3c)。

在这一环流形势下,华北南部、黄淮等地存在较好的水汽和不稳定条件,CAPE 值普遍在 1000 J/kg 左右,整层可降水量达 60～70 mm(图 3d)。从影响系统和物理量来看,都具备了形成强降水的条件。标准化异常[7,8]的结果显示,500 hPa 高度场东北地区附近高压脊偏强达 2～3 倍标准差,整层可降水量超过 4 倍标准差,850 hPa、900 hPa、950 hPa 急流达到 2～3 倍标准差(图略),从环流形势到物理量都有一定的异常性,存在出现极端降水的可能性。

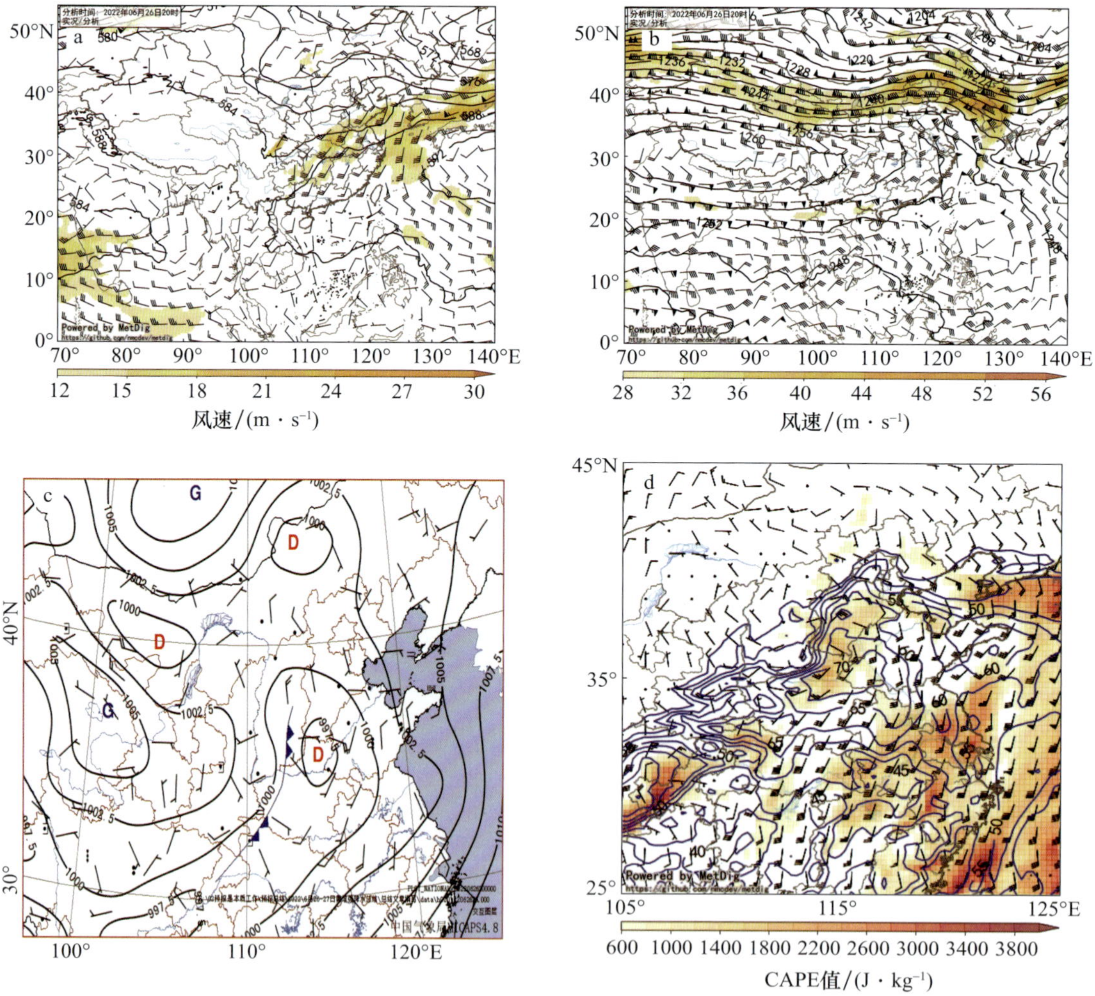

图 3　2022 年 6 月 26 日 20 时环流形势和物理量场

(a)500 hPa 高度场、850 hPa 风场和风速(填色);(b)200 hPa 高度场、风场和风速(填色);(c)地面观测、海平面气压场、气旋中心和锋面;(d)整层可降水量(等值线)、CAPE 值(填色)和 925 hPa 风场

2 暴雨预报偏差分析

2.1 主客观暴雨预报偏差特征

对于 26—27 日的强降水过程，中短期时效主客观预报的偏差特征主要表现为强降水落区偏北，随着时效临近，落区预报逐渐向南、向东调整，趋向实况，但暴雨空报明显。

预报员 26 日和 27 日对全国暴雨预报的 *TS* 评分分别为 0.30 和 0.26，较数值模式和客观预报评分都有所提高。从具体预报情况来看，26 日，主观预报对山东南部区域性大暴雨预报准确，但暴雨落区较实况范围偏大，BIAS 达 2.10，山东北部、河北南部、河南中部、安徽北部等地空报 159 站暴雨（图 4a）；27 日，主观预报较实况落区略偏北，降水范围和强度预报偏大，暴雨 BIAS 达 1.67，河南东南部、山东南部、苏皖北部、辽宁、吉林等地暴雨和大暴雨空报，空报率均大于 0.5，预报量级较实况偏大（图 4b）。

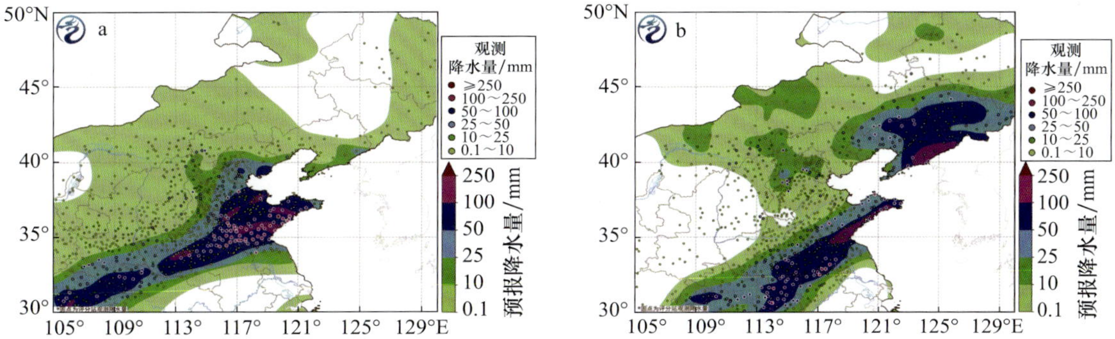

图 4　2022 年 6 月 26 日（a）和 27 日（b）中央气象台 24 h 降水量主观预报（填色）和实况（散点）对比

对比检验不同模式和客观预报产品不同时效对 26 日 08 时—27 日 08 时累计降水量预报（图 5）可以发现，各个模式产品能提前 5～6 d 报出华北黄淮的这次强降水过程，但雨带位置明显偏北。提前 6 d（156 h 时效），ECMWF（欧洲中期天气预报中心）模式、FreEC（ECMWF 频率匹配）和 MAIT（自适应集成）报出华北黄淮的强降水，但主要降水落区位于京津冀、山东北部以及河南中北部等地，其中 100 mm 以上的降水主要位于北京以及河北南部，与实况相比明显偏北。提前 5 d（132 h 时效），ECMWF 模式、FreEC 和 MAIT 较前一日雨带位置明显南调至河北中南部至山东北部等地，但仍较实况明显偏北；CMA-GFS（中国气象局全球同化预报系统）模式和 FreGFS（CMA-GFS 频率匹配）也报出此次过程，强降水位置同样较实况明显偏北。主观预报中期时效的预报误差，与上述模式和客观产品的预报误差相似，较实况明显偏北，对京津冀等地暴雨明显空报。

随着预报时效临近，各模式和客观产品预报的雨带逐渐由北向南调整，提前 2～3 d 时效时，强降水逐渐南调至华北南部和黄淮等地，与实况较为接近。CMA-GFS 模式和 FreGFS 提前3 d（84 h 时效）预报暴雨落区南调至山东中南部、河南中西部以及安徽北部和江苏北部等地，与实况较为一致。ECMWF 模式、FreEC、MAIT 提前 2 d（60 h 时效）雨带位置南调至山东中南部等地,与实况接近。但 36 h 时效 ECMWF 模式、FreEC 和 MAIT 等模式或客观预报以及 CMA-MESO(中国气象局中尺度天气数值预报系统)等中尺度模式在山东北部等地预报了暴雨,这在一定程度上影响了预报员的判断,导致 26 日山东北部等地暴雨空报。

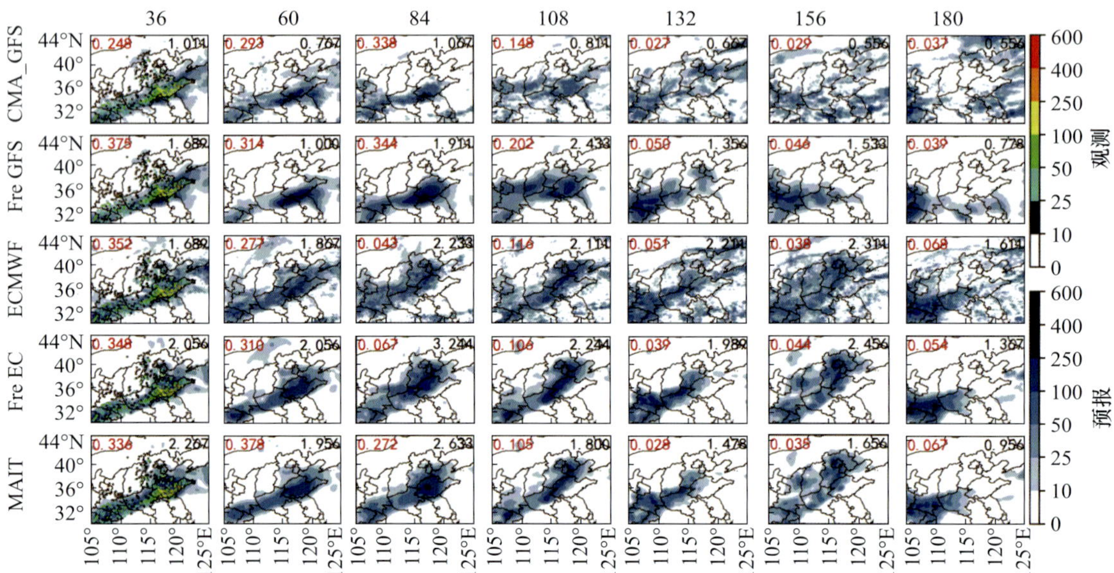

图 5　CMA-GFS 模式、FreGFS(CMA-GFS 频率匹配)、ECMWF 模式、FreEC(ECMWF 频率匹配)、MAIT(自适应集成)不同预报时效对 6 月 26 日 08 时—27 日 08 时累计降水预报

(阴影为预报;彩色点为实况;红色数字和黑色数字分别为图中站点暴雨预报的 *TS* 评分和 BIAS)

综上可见,模式和主客观预报对此次强降水过程提前一周时效雨带位置预报普遍偏北,短期时效的主要误差特征是暴雨落区略偏北、范围偏大,暴雨和大暴雨空报明显。

2.2　中期时效预报偏差分析

区域性暴雨的中期预报关键点在于环流形势和主要影响系统的预报可靠性。图 6 为 ECMWF 模式(图 6a、图 6b)和 CMA-GFS 模式(图 6c、图 6d)156 h 和 108 h 时效对 6 月 27 日 08 时 500 hPa 高度场、850 hPa 风场和风速的预报。与分析场(图略)对比可见,ECMWF 模式 156 h 时效预报出了西风槽发展加强和低层的急流、切变线、低涡等系统,但 500 hPa 没有高空冷涡生成,西风槽及下游高压脊均较实况明显偏强,副高明显偏南偏东,整体表现为环流经向度较实况显著偏强,低空急流偏南分量偏强,低涡位置偏北(图 6a),预报强降水主要位于华北等地,较实况明显偏北。108 h 时效(图 6b),环流形势和影响系统预报逐渐向实况调整,对应此时强降水雨带位置逐渐向南调整,但冷涡底部槽和东侧高压脊较实况依然偏强,导致降水预报较实况依然偏北(图 5)。CMA-GFS 模式 156 h(图 6c)和 108 h(图 6d)时效均没有预报出明显的高空冷涡,西风槽位置偏南,副高偏东,环流经向度与实况较接近,关键系统强度预报偏弱,对应降水强度预报明显偏弱,但 108 h 时效暴雨落区较 ECWMF 模式更接近实况,*TS* 和 BIAS 评分均优于 ECWMF 模式(图 5)。

可见,两家模式提前一周左右均预报出了西风槽发展加强,及其引发的华北黄淮等地的强降水过程，但 ECMWF 模式预报西风带槽脊偏强，导致环流的经向度预报显著偏强，低涡移动路径和强降水落区偏北；而 CMA-GFS 模式的主要误差特征是没有预报出高空冷涡，低层切变线和低涡偏弱，降水偏弱。

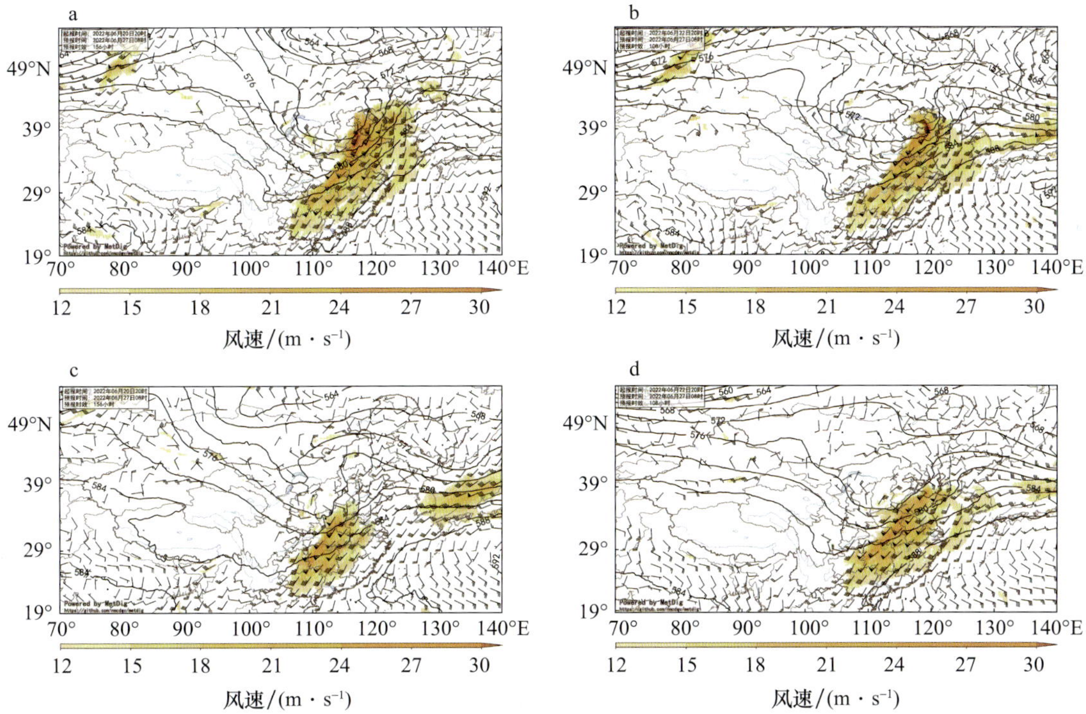

图 6　ECMWF 模式(a、b)和 CMA-GFS 模式(c、d)不同时效(156 h：a、c；108 h：b、d)对 2022 年 6 月 27 日 08 时 500 hPa 高度场、850 hPa 风场和风速的预报

基于 6 月 22 日 20 时起报的集合预报，对华北等地 26 日 08 时—27 日 08 时(图 7a)和 27 日 08 时—28 日 08 时(图 7b)累计降水量与 500 hPa 位势高度的集合敏感性分析[9,10]显示，模式中期时效预报的华北等地的降水，与西风槽和东侧高压脊的强度呈正相关，说明西风槽越深、东侧高压脊越强(27 日与副高同位相叠加)，越有利于华北等地的强降水。也即是说，华北等地的降水与西风带上下游的槽脊系统位置和强弱相关，上下游天气系统的预报误差会导致华北等地降水预报的误差，集合敏感性分析特征与上述确定性模式中期时效环流形势预报误差特征(图 6)是一致的。

综上分析，中期时效华北冷涡及其下游东北地区的高压脊的位置和强弱，可能是影响强降水落区和强度的关键因子。此外，通过与 2016 年 7 月 19—20 日和 2021 年 7 月 11—12 日 2 次华北低涡暴雨的对比分析(图略)也发现，这 2 次过程低涡东侧的高压脊更强，环流的经向度更大，更有利于低涡在华北加强和维持，低涡系统发展深厚，导致华北地区强降水出现；而此次过程东侧的高压脊明显较前 2 次过程弱，冷涡底部的槽也偏弱，低层低涡位于高空冷涡中心东南方向，低涡发展不够深厚，低涡系统表现出明显的倾斜结构，对华北地区的影响减弱，主要影响黄淮地区。因此，预报中需要加强高低空和上下游系统及其预报误差的综合分析，提高对暴雨落区和强度的预报能力。

中期时效，各数值模式对此次过程降水落区预报的误差普遍较大。集合预报系统降水集

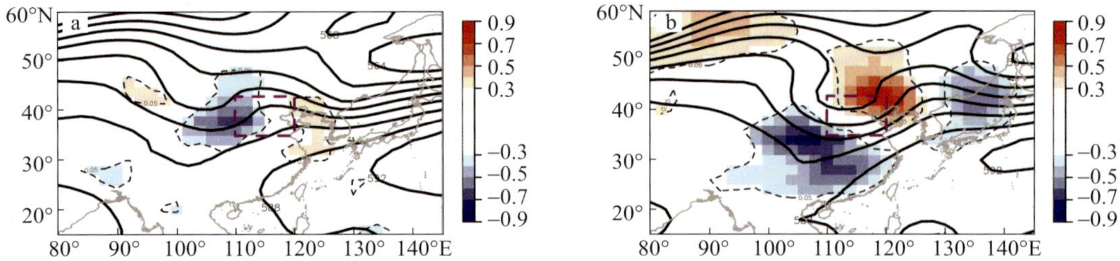

图 7　2022 年 6 月 22 日 20 时起报，目标区域(紫色方框)26 日 08 时—27 日 08 时(a)和 27 日 08 时—28 日 08 时(b)累计降水量分别与 26 日 08 时和 27 日 08 时 500 hPa 位势高度场的集合敏感性分析
(等值线为集合预报 500 hPa 位势高度平均值，填色为位势高度与目标区域降水量的相关系数，均通过 95%的显著性检验)

合平均的大值区、暴雨的高概率区等较实况同样明显偏北，但从邮票图(图略)来看，仍然有个别集合成员能够较好地预报出黄淮等地的强降水。在集合敏感性分析的基础上，通过提取集合成员的极端演变信息，有可能为预报员提前提供预报调整的可能信号。例如 Tubing 聚类分析，该方法根据集合离散度以及聚类半径可以得到中央类和极端类，能有效提取集合预报中远离集合平均的极端信息[11]。对 ECMWF 集合预报系统提前 6 d 预报的 6 月 26 日 20 时 500 hPa 位势高度场进行 Tubing 聚类分析，除了与集合平均相似的中央类，提取出 Tube1 和 Tube2 两类极端类。对比不同类的环流场与降水场(图 8)，发现极端类与中央类的环流差异主要体现在西风槽的强度和副高的位置，相较中央类，Tube1 类的西风槽较弱，副高最偏西，对应的降水落区偏南，强降水主要位于黄淮等地，该类包含有 3 个成员，其中第 21 个集合成员的降水落区与实况降水十分接近(图略)。Tube2 类的西风槽最强，槽底位置最偏南，副高西脊点最偏东，导致雨带主要以东北—西南走向为主，强降水中心偏北，主要位于华北等地。这一特征与上述环流误差分析和敏感性分析的结果一致，即西风槽越强，越有利于雨带北上，导致京津冀等地强降水空报。

基于上述敏感性和误差发展演变的特征，通过对模式预报误差进行不断的检验评估，有可能尽早优选出预报更可靠的集合成员或类，进而对模式预报误差进行预估和订正。例如，运用 6 月 24 日 20 时的实况对集合预报系统 6 月 20 日 20 时起报的 96 h 时效聚类结果进行对比检验显示(图略)，新疆北部逐渐东移的高空槽及副高的位置等，与 Tube1 类在该时次的环流特征更为一致，表明 Tube1 类的环流形势在预报中更具参考价值，即强降水落区有可能在黄淮附近。24 日 20 时起报的确定性预报，强降水落区也调整至黄淮等地，结合上述 Tube1 类的预报，可以进一步增强将雨带由京津冀南调至山东等地的信心。可见在此类降水事件中，中期时效通过对集合预报极端信息的提取，关注环流演变的极端可能以及造成的降水预报差异再辅以实时的模式检验，有可能更早地优选出更接近实况的集合成员，进而对确定性模式预报进行订正，但这一订正思路仍需进一步结合更多个例开展研究和应用。

2.3　短期时效预报偏差分析

此次过程短期时效预报偏差的显著特征是暴雨预报范围偏大，空报明显(图 4)，特别是 27 日，多家模式和客观预报方法 36 h 时效内都在山东南部预报大暴雨，而实况为中雨，降水量预报偏大明显，以下重点分析这一误差原因。

首先从产生暴雨的关键影响系统预报检验看，ECMWF 模式对 27 日 08 时 500 hPa 华北

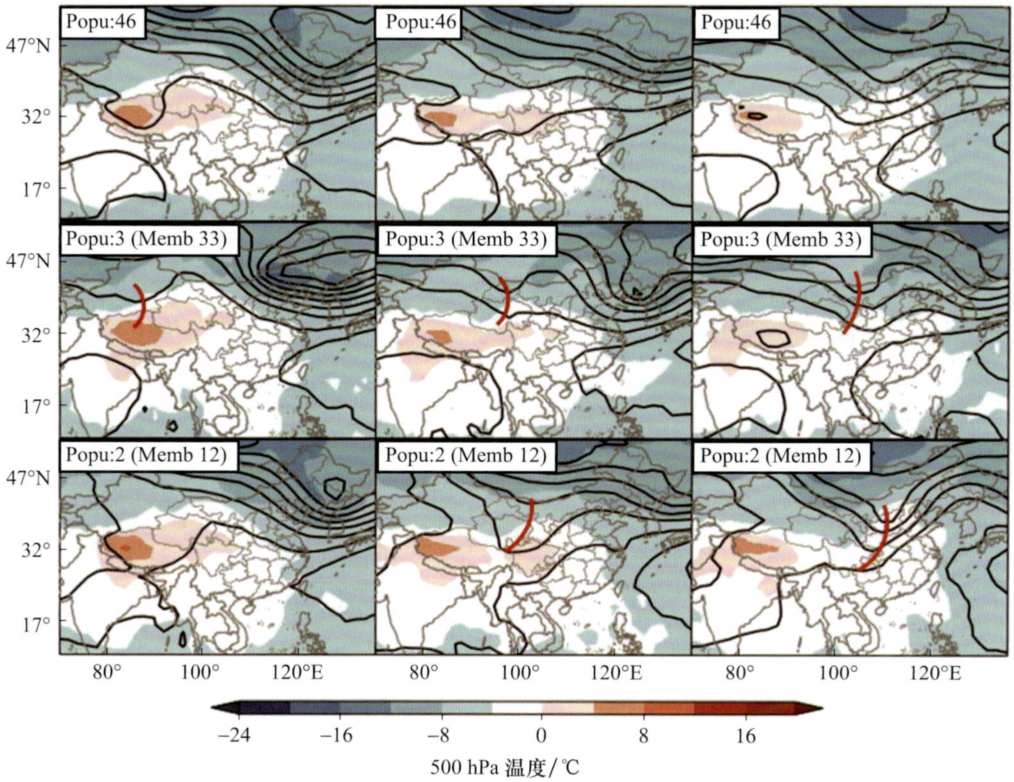

图 8　对 2022 年 6 月 20 日 20 时起报的 ECMWF 集合预报系统
6 月 24 日 20 时—6 月 26 日 20 时 500 hPa 位势高度场 Tubing 聚类结果
（第一行：中央类平均；第二行：Tube1 类极端成员；第三行：Tube2 类极端成员，
黑色等值线为 500 hPa 位势高度，单位：dagpm，填色为 500 hPa 温度，单位：℃）

冷涡底部的高空槽和低层低涡位置的 12 h 时效预报（26 日 20 时起报）较实况略偏北，对低空急流预报则明显偏强，山东南部至苏皖北部地区的风速差达 8 m/s（图 9a），CMA-GFSS 模式（图 9b）和 CMA-MESO 模式（图 9c）也表现出同样的偏差特征。集合敏感性分析显示，苏皖等地西南急流强度与山东南部等地的降水强度呈正相关（图 9d），即偏强的西南低空急流可能导致山东等地降水偏强。这一偏差会导致水汽和不稳定能量输送偏强、偏北，进而导致对流预报偏强[12]，使累计降水量预报偏强、范围偏大。

其次模式对山东南部地区的对流条件预报也有较大偏差。全球和中尺度模式 26 日 20 时起报的 12 h 预报场显示 27 日上午（08—11 时）山东南部仍有暴雨到大暴雨。青岛站 27 日 08 时的探空曲线整层接近饱和，层结曲线近似与湿绝热线平行，为中性层结，是典型的强降水发生后的层结曲线。但在近地层存在弱的逆温，对流有效位能（CAPE）仅为 63.2 J/kg，而对流抑制能量则为 110.6 J/kg（图 10a）。从 ECMWF 模式和 CMA-MESO 模式 26 日 20 时起报 12 h 时效对青岛站的探空预报来看，2 家模式都报出了整层近饱和的中性层结，但是对近地层的逆温反应不足（图 10b、图 10c），导致预报的 CAPE 值明显偏大。ECMWF 模式和 CMA-MESO 模式预报山东南部的 CAPE 值分别为 500 J/kg 和 300 J/kg 左右（图略），再配合偏强的低空急流（图 9a、图 9c）则有利于在山东南部预报出偏强的降水和对流。

可见，在 36 h 时效内，模式对低空急流和大气不稳定条件预报偏强是导致 27 日山东南部

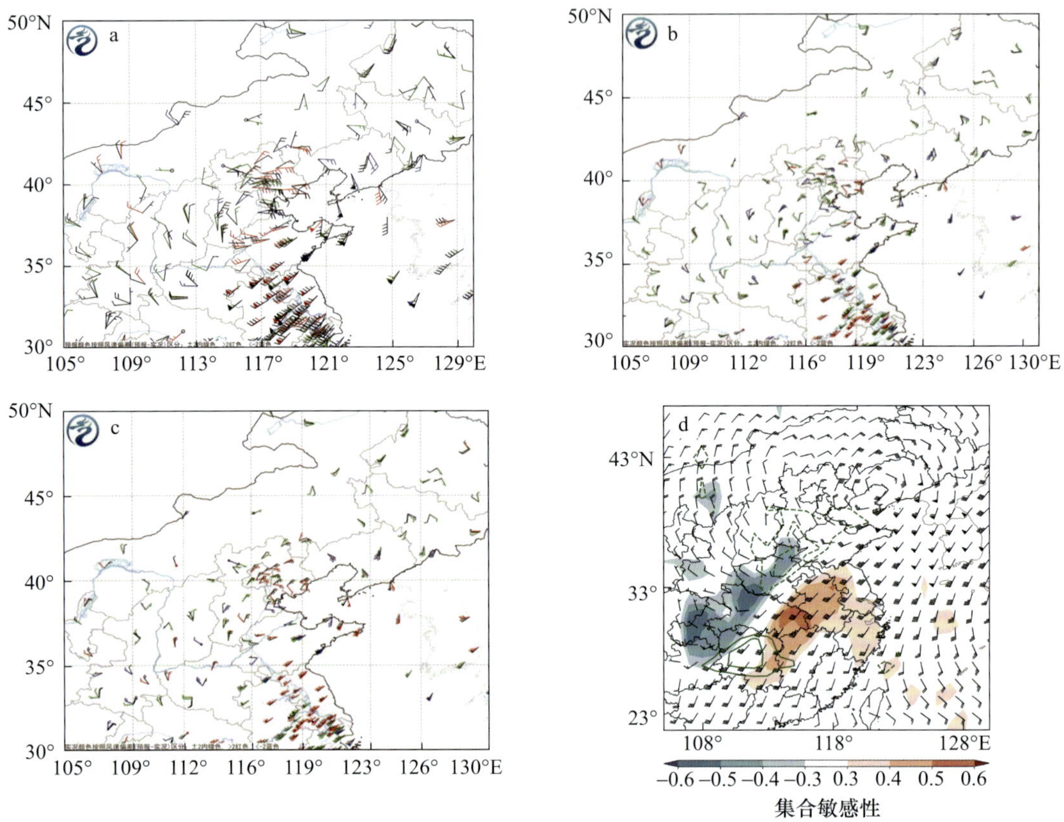

图 9　ECMWF 模式(a)、CMA-GFS 模式(b)、CMA-MESO 模式(c)2022 年 6 月 26 日 20 时起报的 12 h 时效850 hPa风场预报与 6 月 27 日 08 时实况对比(黑色为实况,其他颜色为预报,其中红色、蓝色和绿色分别表示预报较实况偏大 2 m/s 以上、偏小 2 m/s 以上和偏差在 2 m/s 以内);(d)山东附近(紫色方框)的降水对 850 hPa 风场的敏感性

等地暴雨到大暴雨空报的原因。实况近地层的逆温,可能由降水的蒸发冷却、对流冷池、低空暖平流等造成,涉及动力、热力和微物理等相互作用的复杂过程,近地层要素一直以来也是模式预报误差最大的部分。因此,在对关键天气系统预报基本可靠的前提下,数值模式对低层风场、温度场、中尺度对流过程等预报的误差,同样会导致短期时效强降水预报落区和强度的预报误差,进而限制强降水的可预报性。实际预报中,需结合多源高分辨率观测资料对数值模式进行早期检验,有望在临近时效对暴雨落区做出一定订正。

3 总结与讨论

本文针对 2022 年 6 月 26—27 日华北冷涡背景下一次暴雨过程,重点分析了中短期预报偏差特征及其可能的原因,得到如下初步结论。

(1)此次暴雨过程是在华北冷涡和副高相互作用下,低层急流、切变线和低涡发展加强,由 MCS 发展直接导致的强降水。强降水区主要位于高空冷涡中心南侧约 1000 km 的华北南部至黄淮地区,与低层低涡、切变线和低空急流的发展关系密切。

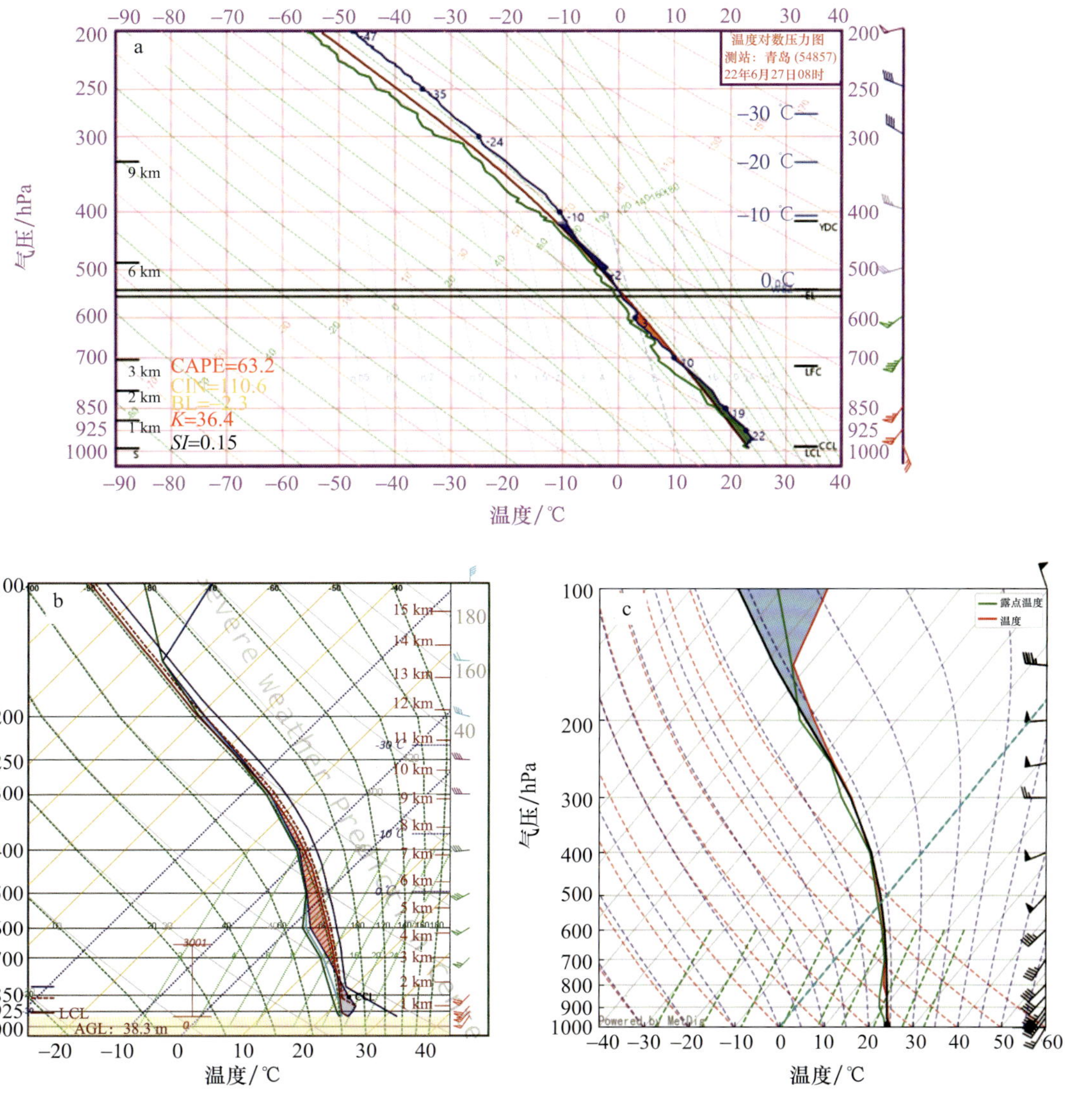

图 10　2022 年 6 月 27 日 08 时青岛站探空实况(a)；ECMWF 模式(b)、CMA-MESO 模式(c)12 h 时效探空预报

(2)CMA-GFS 模式提前 5 d、ECMWF 模式和 MAIT 提前 6 d 预报出了此次天气过程，但对低层低涡的位置和路径预报普遍偏北，导致强降水落区偏北，CMA-GFS 模式和 ECMWF 模式分别提前 3 d 和 2 d 将雨带位置调整至和实况接近。中期时效低涡路径的预报偏差主要与华北冷涡及其伴随的西风槽和下游高压脊的强度和位置的预报偏差有关，通过 Tube 聚类等方法对集合预报信息进行提取，再结合敏感性分析和模式误差实时检验，有可能在业务预报中通过优选集合预报成员，提供中期时效强降水落区的订正信息。

(3)在短期尤其是 36 h 预报时效，模式对华北冷涡、副高等系统预报误差较小，但对江淮、黄淮南部等地低空急流预报普遍偏强，对近地层的逆温预报偏弱，导致 27 日山东南部降水预报偏强。业务中可结合多源高分辨率观测资料对数值模式进行早期检验，在临近时效对暴雨落区做出一定订正。

预报实践和本文分析进一步表明,环流形势提供强降水发生的大尺度背景条件,而强降水的发生取决于在这一背景条件下,中尺度系统的发生和演变,所以同样在华北冷涡背景下,具体的降水强度和落区差异可能很大,因此不能只依据环流型进行预报,而是以此为参考,仔细分析预估中尺度对流系统的发展演变过程,对强降水进行更加准确可靠的预报。

另外需要指出的是,数值模式对于不同地区暴雨预报偏差的原因非常复杂,本文的分析还比较初步。今后需要在预报服务中,针对具体问题,对模式偏差进行具体分析和预估,并且通过大量个例的分析和总结,形成更为完善的订正思路。

致谢:感谢国家气象中心林建首席对文稿的悉心指导和有益修改建议,以及其他匿名审稿人的审阅和修改意见,使得文章更加完善。感谢国家气象中心罗琪、胡宁、唐健、关月、谌芸在成文过程中的帮助,以及部分图的制作。

参考文献

[1] 陶诗言. 中国之暴雨[M]. 北京:科学出版社,1980.

[2] 雷蕾,孙继松,何娜,等."7.20"华北特大暴雨过程中低涡发展演变机制研究[J]. 气象学报,2017,75(5):685-699.

[3] LI W L, XIA R D, SUN J H et al. Layer-wise formation mechanisms of an entire-troposphere-thick extratropical cyclone that induces a record-breaking catastrophic rainstorm in Beijing[J]. Journal of Geophysical Research: Atmospheres,2019,124:10567-10591.

[4] 符娇兰,陈双,沈晓琳,等. 两次华北冷涡降水成因及预报偏差对比分析[J]. 气象,2019,45(5):606-620.

[5] 符娇兰,马学款,陈涛,等."16.7"华北极端强降水特征及天气学成因分析[J]. 气象,2017,43(5):528-539.

[6] 中国气象局. 全国高影响天气监测预报服务技术复盘(2021年)[M]. 北京:气象出版社,2022.

[7] GRUMM R H. Bejing flood of 21 July 2012-Draft[R]. NWS State College Case Examples. 2012.

[8] 杜钧,Grumm R H,邓国. 预报异常极端高影响天气的"集合异常预报法":以北京2012年7月21日特大暴雨为例[J]. 大气科学,2014,38(4):685-699.

[9] TORNR D,HAKIM G J. Ensemble-based sensitivity analysis[J]. Mon Wea Rev,2008,136:663-677.

[10] 王毅,张晓美,陶亦为,等. 基于集合预报的台风"利奇马"登陆后远距离暴雨预报的敏感性分析[J]. 气象科学,2020,40(1):22-29.

[11] ATGER F. Tubing: an alternative to clustering for the classification of ensemble forecasts[J]. Wea Forecasting,1999,14:741-757.

[12] FRITSCH J M, MURPHY J D, KAIN J S. Warm core vortex amplification over land[J]. J Atmos Sci,1994,51(13):1780-1807.

2203号台风"暹芭"海南岛特大暴雨成因及预报难点分析

郝丽清　吴　俞　刘　遇
（海南省气象台，海口，570203）

摘　要：2203号台风"暹芭"影响期间，海南岛西南部特大暴雨的预报出现偏差。本文利用多源观测和ERA5（第五代欧洲再分析）数据，对特大暴雨成因进行初步分析，并通过对EC-MWF（欧洲中期天气预报中心）、CMA-GFS（中国气象局全球同化预报系统）、CMA-MESO（中国气象局中尺度天气数值预报系统）等多个业务数值模式的降水预报检验提出预报难点，最后结合模式偏差的部分原因讨论改进措施。结论如下：此次特大暴雨是在高层强辐散、低层台风水汽供应充足的背景下，由台风中尺度切变线和地形辐合共同作用来维持的对流雨带产生，地形对西部山区、南部海岸线附近强降水的产生有显著贡献；中尺度模式在48 h或更短时效内的降水预报量级有指示意义，但在预报稳定性、强降水范围、落区上仍有诸多不足，模式分歧大、对各模式特性把握不足加大了主观订正难度；中尺度模式强降水预报偏差的原因包括台风中小尺度结构的预报偏差，以及局地地形对降水影响的偏差等；通过开展模式雨带预报检验来了解模式偏差的特点及其成因，同时加深预报员对台风中小尺度对流活动特征、地形对降水增幅作用的认识，是提高预报能力的有效举措。

关键词：台风"暹芭"，特大暴雨，中尺度切变线，地形，预报检验

引言

近年来学者对台风降水的影响因子及形成机理进行总结，认为台风暴雨大小并不由台风强度决定，其强度和分布与3方面因素有关，即涡旋内部结构、环境大气控制和下垫面强迫[1,2]。何立富等[3]认为台风"利奇马"极端降水与西风槽活动、冷空气侵入有关，螺旋雨带汇入地形迎风坡形成的"列车效应"带来山东极端降水；段晶晶等[4]对台风"莫兰蒂"的模拟诊断发现外雨带中小尺度对流的局地发展引发了浙江局地大暴雨。郑林晔等[5]发现台风"玛莉亚"（2018）外螺旋雨带上的β中尺度线状对流不断经过温州地区造成强降水，地面辐合线是降水的主要触发机制；薛煜等[6]对台风"菲特"（2013）中"列车效应"和形成机制的分析则指出沿海中尺度辐合线和向岸地形是重要影响因子。以上研究成果表明，对于台风外雨带的局地强降水，中小尺度系统和下垫面的作用尤为重要。

2022年7月1日夜间，2203号台风"暹芭"从海南岛东北部海面经过，受其影响，海南岛西南部地区出现特大暴雨（图1），造成了山体滑坡、城市内涝等次生灾害，受灾人口为3.55万人，因灾死亡2人，直接经济损失达1.83亿元。主客观预报产品对此次特大暴雨的预报均出现偏差，本文对特大暴雨成因进行初步分析，并通过预报检验和偏差分析的结果总结预报难点，最后讨论了预报的改进思路。

1 降水特点与极端性

1.1 降水实况与特点

受台风“暹芭”影响,2022 年 7 月 1 日 08 时—3 日 08 时(强降水过程起止时间,下同),海南岛大部地区出现 100 mm 以上的降水,其中西南部 7 个市、县共 24 个乡镇(区)累计降水量超过 300 mm,最大为昌江县王下乡的 581.4 mm(图 1b、图 1c)。日特大暴雨时段为 1 日 20 时—2 日 20 时,海南岛西南部的 4 个市、县共 20 个乡镇累计降水量超 250 mm,最大为昌江县王下乡的 516.2 mm。

此次特大暴雨具有雨强大(对流降水占比大)、强降水时段集中的特点。全过程正常观测的全岛 595 个国家站和区域自动站中,各时次雨强大于 30 mm/h 的站数见图 1c,1 日 20 时—2 日 20 时有 2 个强降水高峰,峰值站数达到 30 站以上,其中 1 日夜间到 2 日早晨的强降水中心在西部山区,2 日上午到中午的强降水则主要分布在南部地区。

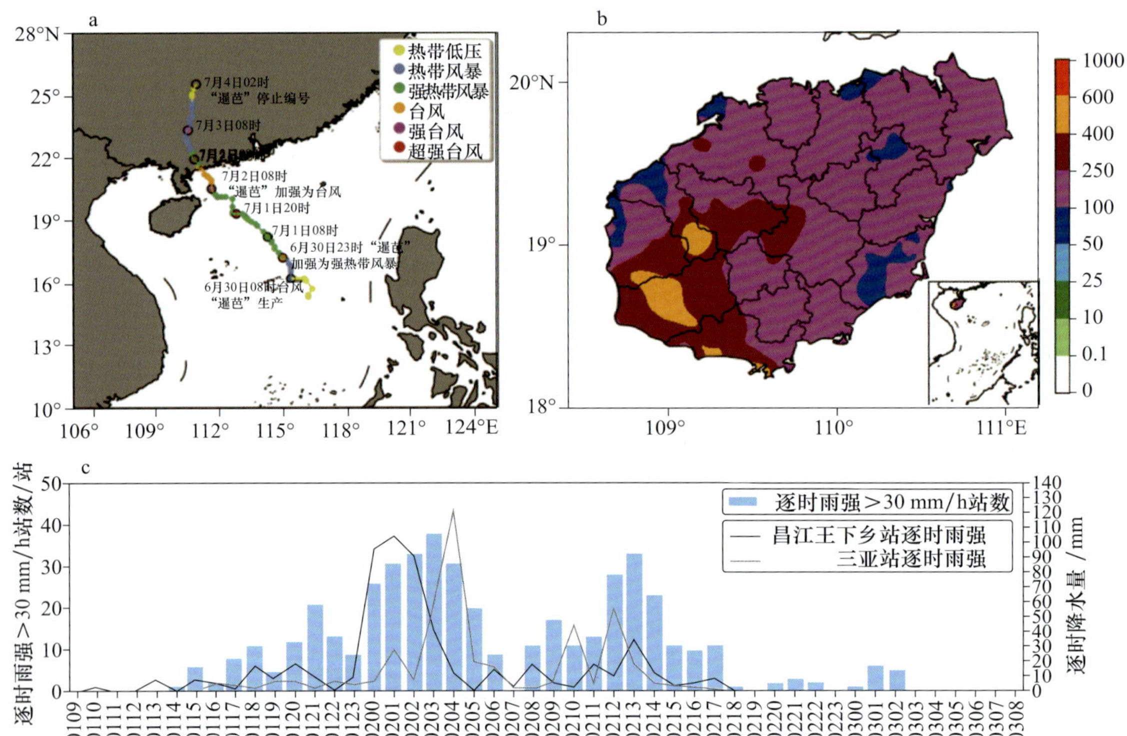

图 1 (a)“暹芭”路径图;(b)2022 年 7 月 1 日 08 时—3 日 08 时海南岛降水量(单位:mm);(c)2022 年 7 月 1 日 08 时—3 日 08 时逐小时雨强＞30 mm/h 站数和单站降水量

1.2 降水极端性

日降水方面,7 月 1 日 20 时—2 日 20 时,三亚市平均累计降水量达到 234.4 mm,三亚站记录到 421.6 mm(图 1c)，突破该站点有历史记录以来最大日降水量极值。

小时雨强方面，昌江县七叉镇 2 日 02 时的 1 h 降水量达 137.5 mm，是有区域自动站观测以来，台风过程中记录到的最大雨强。1 日夜间至 2 日中午，海南岛西南部共 21 站次出现 100 mm/h 的降水，也是有区域自动站观测以来，台风暴雨过程中次数最多的，远多于排名第 2 的超强台风"威马逊"(1409)过程(9 站次)。

2 特大暴雨成因分析

2.1 环流背景

海南岛的强降水发生在台风"暹芭"从东北部海面经过到登陆广东茂名市期间，此时台风沿着西太平洋副热带高压 588 dagpm 线的外缘向西北方向移动，并由强热带风暴级缓慢加强为台风级，强降水由距台风中心 250～400 km 的西南象限外围雨带产生。台风环境场显示，台风"暹芭"处于 100 hPa 南亚高压东南侧，台风中心南侧长时间维持强辐散，散度值$>10^{-4}$/s，海南岛西南部处于辐散场中，1 日夜间至 2 日上午，辐散趋于增大，有利于其下方深对流的发展；低层 850 hPa 上，台风南侧有强劲的西南季风输入，水汽通量$>$40 g/(cm · hPa · s)，海南岛虽然不位于水汽通道中心，但强季风暖湿气流输入有利于台风"暹芭"的近海增强，以及在此过程中其外雨带对流活动的增强，因此也是海南岛特大暴雨的有利条件之一(图 2)。

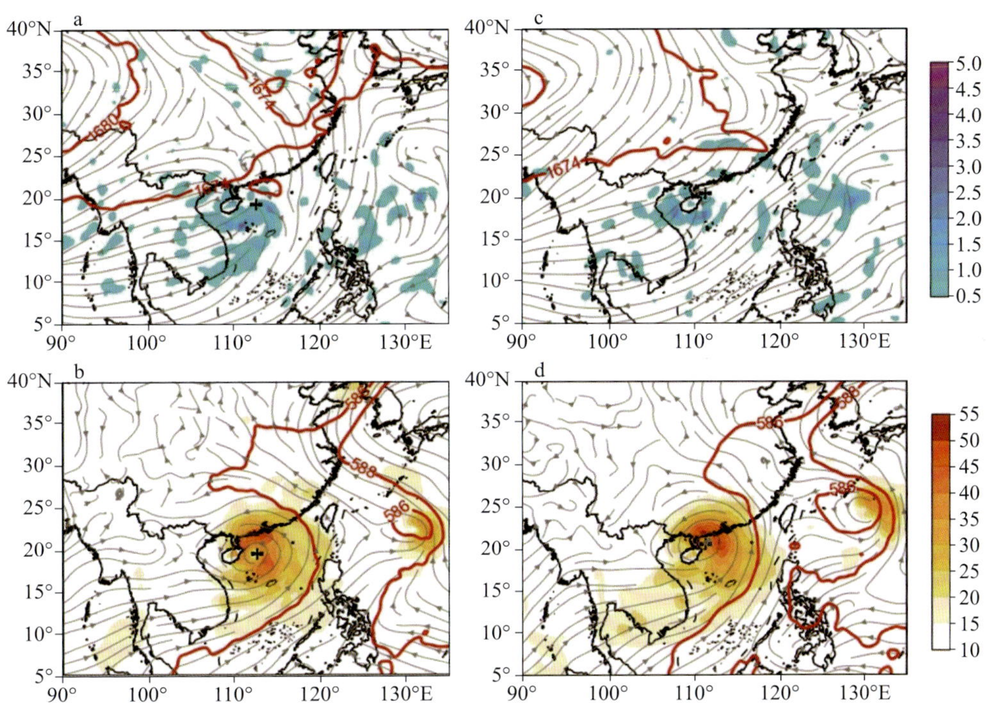

图 2 (a、c)100 hPa 高度(等值线，单位：dagpm)、散度(填色，单位：10^{-4}/s)和流场；(b、d)500 hPa 高度(等值线，单位：dagpm)、850 hPa 流场和水汽通量(填色，单位：g/(cm · hPa · s)；(a、b)为 2022 年 7 月 1 日 20 时；(c、d)为 2022 年 7 月 2 日 08 时("+"处为台风中心位置)

此外，台风“暹芭”在2日01—07时移速较慢，其中03—05时徘徊少动，随之移动缓慢的中尺度雨带导致局地累计降水量大。

2.2 中小尺度对流特征

2.2.1 中尺度对流雨带的演变

此次过程降水对流特征明显，分析雷达回波和云图可见，海南岛上空雷达反射率因子>40 dBZ表征的对流活动分为2个阶段。

第1阶段(7月1日20时—2日03时)，台风“暹芭”西北象限的β中尺度线状强对流快速发展、移至海南岛西部后维持。台风“暹芭”未靠近海南岛时，云系不对称，云顶相当黑体亮度温度(TBB)<−52 ℃的深对流区主要位于台风中心以南、与西南季风云系相连的螺旋云带上，对海南岛的影响仅限于南部地区(图3a)。1日18时前后，在台风移向的左前侧、雷州半岛东南部，有一小段垂直于海南岛北部海岸线的线状对流快速增长，至1日20时，线状对流强度达到50～60 dBZ，长度增长至约150 km，其对流单体具有热带对流的低质心特征，但18 dBZ的回波顶高达15～20 km(图略)，正上方TBB<−52 ℃的面积快速增长(图3b)。2日0时，该线状对流随台风环流移至海南岛西部山区后停滞，上游海上对流减弱(图3c)，之后的2 h对流在海上出现再次增长，其上的回波单体持续向东南方向移动，影响下游陆地。

第2阶段(2日04—16时)，β中尺度对流雨带在海南岛西南部沿海地区反复增强(图3e,f)。1日夜间海南岛西南部沿海维持较强的高层出流，当β中尺度对流雨带移出西部山区、移向高层辐散场上游时，强度得到再次发展，并多次间歇性增强，其上>45 dBZ的强对流单体在狭长区域内反复生消，对流云顶的云砧(TBB低值区)随高层出流偏向下风西南方向，对流雨带上方对应TBB梯度大值区，是易产生对流性强降水的典型特征。

2.2.2 中尺度对流雨带造成的“列车效应”及其维持机制

当多个对流单体反复经过同一地点，形成的降水累计现象即“列车效应”，热带气旋中这一现象持续时间短则2～4 h，长可达10 h以上[3-7]。1日23时—2日14时，从雷达组合反射率因子(以下简称*CR*)分析，影响海南岛的中尺度对流雨带在4个时段内形成了典型的“列车效应”特征，即1日23时—2日02时、2日02—05时、07—09时、12—14时。前2次维持3 h，是由同一条对流带在越过霸王岭(图4a中黑三角位置)时越山后形成，后两次维持2 h，由2条重新增长的对流带产生，之间有2～3 h的过渡期，图4a～c给出平均*CR*表示的3条对流带位置。

线状/带状对流系统的后向增长与“列车效应”维持有明显的正相关。利用逐6 min的组合反射率因子拼图分析了β中雨带周边的对流增长，重点考察雨带上游弱回波区的反射率增长，定义以某点为中心，60 km边长的正方形区域内，>20 dBZ的回波面积占比小于60%，则该点处于弱回波区，由此尽可能消除螺旋雨带整体移入带来的大面积增长。根据前文分析，“列车效应”由3条β中尺度对流雨带产生，图4d～f是第1、第3、第4次“列车效应”结束前一时刻的3 h有效回波增长次数(6分钟*CR*增强5 dBZ以上、且达到20 dBZ或以上记为一次有效增长)，强回波带上游、海南岛西部海面及沿海地区，3个时段均出现较大范围4次以上的对

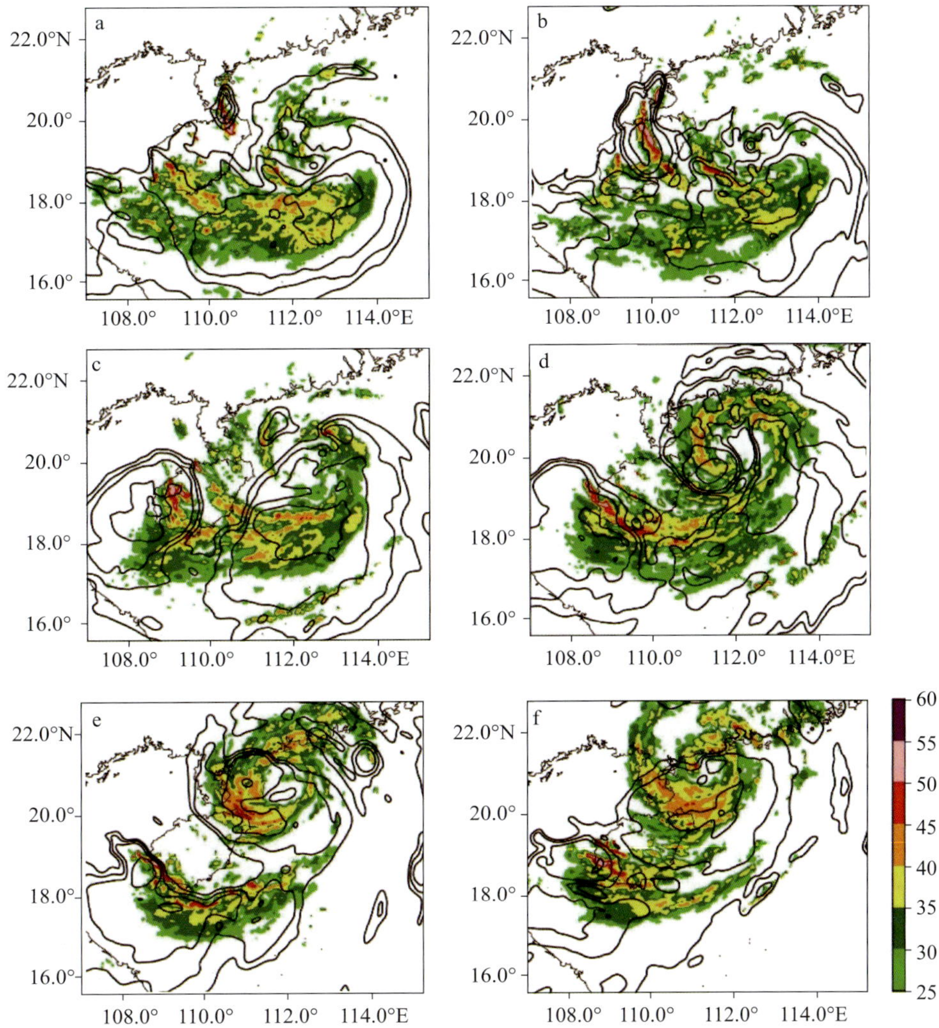

图 3　2022 年 7 月 1 日 FY-4A 卫星 10.8 μm 红外通道 TBB 及雷达组合反射率拼图

(a)1 日 18 时；(b)1 日 20 时；(c)2 日 0 时；(d)2 日 04 时；(e)2 日 08 时；(f)2 日 12 时

(等值线，−82～−52 ℃，间隔−10 ℃；填色，单位：dBZ)

流增长，中心区域达到 8 次以上。

回波增长的区域多集中在迎风坡、海岸线附近，同时海面上对流带的上游也有明显回波增长。将分辨率 0.25°×0.25°的 ERA5 逐时风场采用 9 点平滑滤波方案，分离出 100 km 以下的扰动(图 4g～i)，发现在近地层，β 中对流带上游有中尺度切变线和辐合区，下游是位于海岸线到迎风坡间的强辐合区(散度值达-20×10^{-5}/s 以上)。这 2 个辐合区中前者强度较弱，沿切变线有分散的回波单体新生、增长、聚集，随后沿台风环流并入对流带，后者则是回波迅速增强的关键区，也是强降水主要落区。切变线活动时间与对流带持续时间有正相关，2 日 0 时前后的切变线维持 5 个时次，相应的对流带降水达 6 h，2 日早晨的切变辐合减弱较快，"列车效应"维持时间也仅有 2 h。

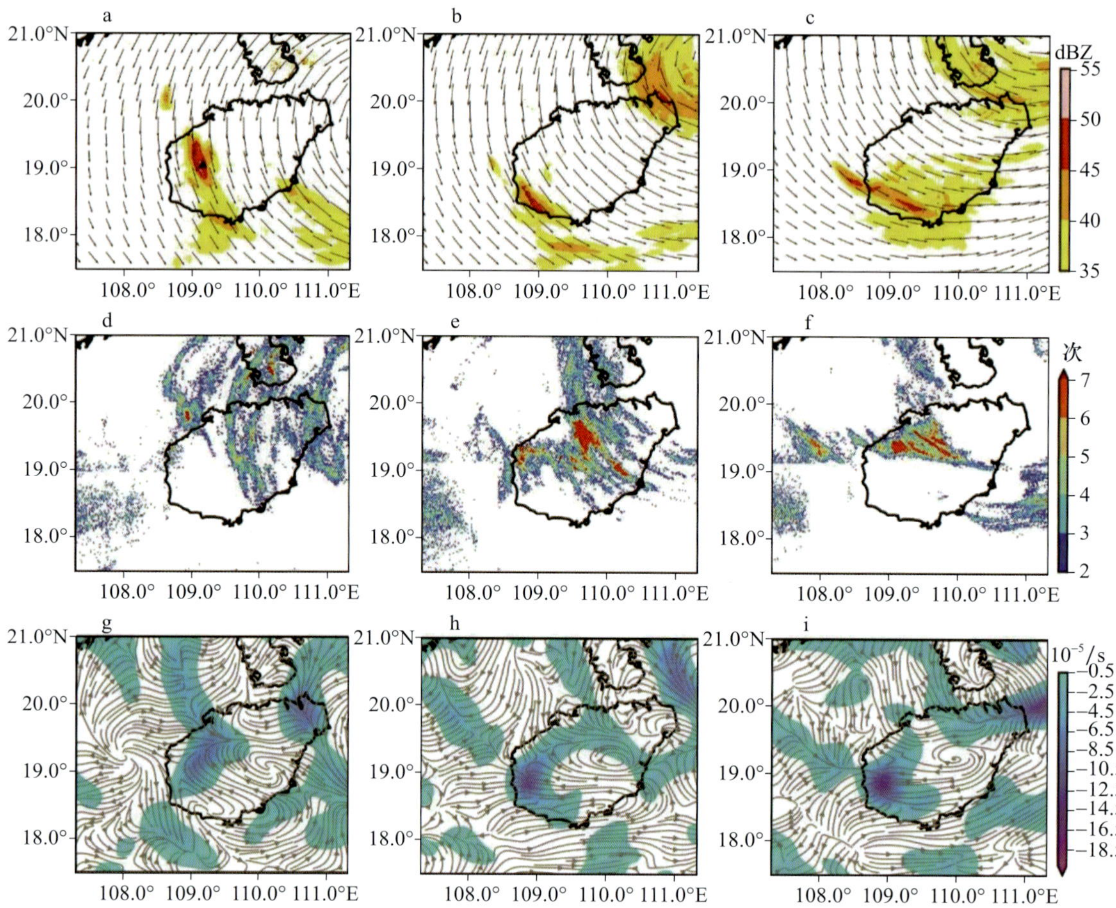

图 4　2022 年 7 月 1 日 23 时—2 日 02 时(a)、2 日 07—09 时(b)、12—14 时(c)平均雷达组合反射率因子和 700～500 hPa 平均风场;2022 年 7 月 1 日 22 时—2 日 01 时(d)、2 日 05—08 时(e)、10—13 时(f)弱回波区的回波增强次数(填色);2022 年 7 月 2 日 0 时(g)、2 日 06 时(h)、2 日 11 时(i)中尺度滤波后的950 hPa流场和散度(填色)

(a 中黑色三角为霸王岭位置)

2.3　地形影响

2.3.1　山脉抬升

海南岛地形为一穹形山体,四周低平,中部高耸,海拔超过 1000 m 的山峰有 81 座,大致呈东北—西南向排列。当海南岛低层受到垂直于山脉走向的强西北气流控制时,西部山区常成为降水中心,昌江县王下乡由于特殊向西开口的“口袋”地形,易出现小尺度地形强迫辐合和涡旋,导致极端降水[7,8]。台风“暹芭”过程中,海南岛累计降水大于 250 mm 站点密集分布在海南岛西南部山区,强降水期间,该区域先受西北风,后转为西偏北风的影响,沿地形升度(强降水期间气流来向)方向,降水逐级增大(图 5a、图 5b)。以王下乡所在的昌江县为例,海拔＜100 m、100～200 m、＞200 m 测站的平均过程累计降水分别为 113 mm、264 mm、430 mm,地形造成的降水增幅明显。

图 5c、图 5d 分别是对流雨带经过海南西部霸王岭以及西南部尖峰岭时沿着低层气流方向的风场垂直剖面。2 日 01 时雨带经过霸王岭时，迎风坡的对流层中下层均为上升运动，上升中心在地形陡度最大的山顶附近（对应霸王岭位置），气流爬山时加速，越过山顶高度后减速上升，地形抬升作用减小，山脊的背面 600 hPa 以下转为下沉气流。2 日 07 时，海南岛西南部低层转为西偏北风，尖峰岭迎风坡仍为上升运动，但上升气流较前期偏弱，其背风坡处于高层辐散下方，抽吸作用使得 800 hPa 以上表现为上升气流，其下仍由下沉气流控制。相较而言，此次过程中，山脉抬升作用对海南岛西部强降水的贡献大于南部地区。

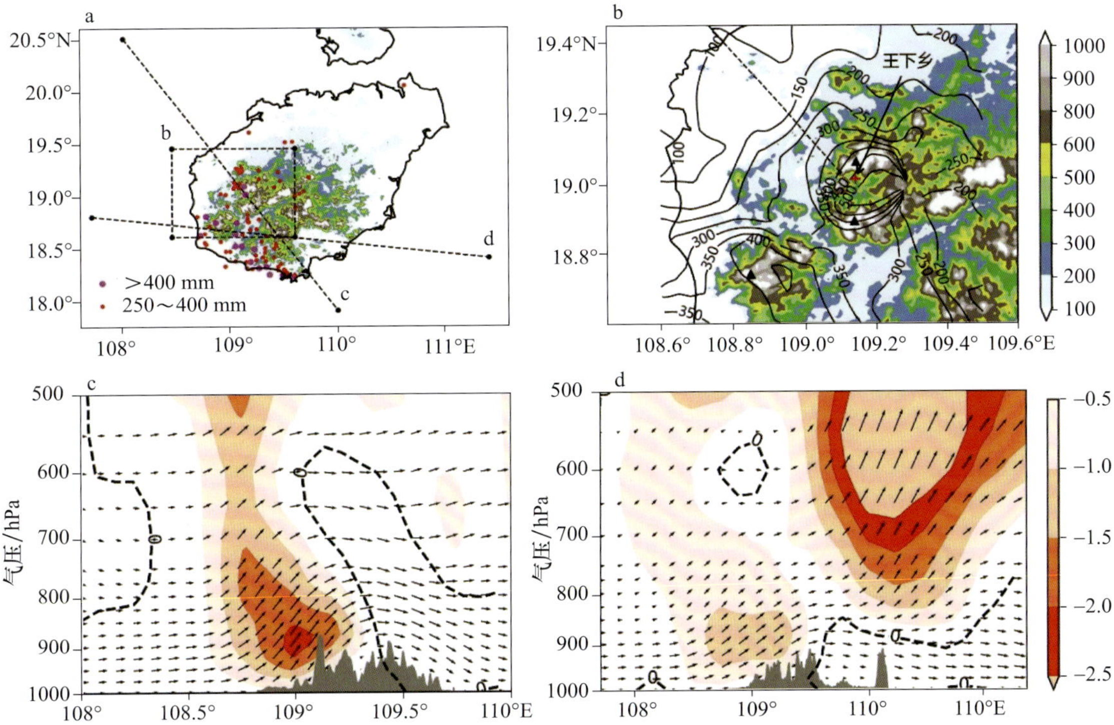

图 5 (a)过程累计降水 250～400 mm（红色）、>400 mm（紫色）站点分布和地形（填色，单位：m）；(b)西部山区降水（等值线，单位：mm）和地形（填色，单位：m）（红十字位置为王下乡，黑三角代表 1400 m 以上的山峰，由北向南依次为霸王岭、猴猕岭和尖峰岭）；(c)2022 年 7 月 2 日 01 时沿(a)中线段 c 的风场剖面；(d)2022 年 7 月 2 日 07 时沿(a)中线段 d 的风场剖面（垂直方向放大 10 倍）和垂直速度（填色，单位：Pa/s，虚线为 0 等值线）

2.3.2 海岸线效应

海岸线分布对降水的影响同样不可忽视，当风场垂直于海岸线时产生辐合，平行于海岸线则由侧向摩擦产生次级涡度环流，辐合与正涡度叠加的区域降水将加强[9]。利用地面自动站风场资料计算了特大暴雨期间海岸线附近的散度和涡度，结果显示海南岛西部沿岸始终是辐合区，偶尔叠加正涡度，而南部沿海维持正涡度，偶尔叠加弱辐合，均有利于降水加强。当 2 种效应叠加，有典型的降水增强现象，如 2 日 01 时前后西部强降水时段正涡度和辐合同时加强（图 6a）、2 日 04 时南部正涡度加大并叠加辐合，该时次三亚市区有 7 个测站雨强>100 mm/h（图 6b）。2 日上午南部正涡度带维持，下午随着台风"暹芭"的北上，这一带转为西南气流，海岸线效应趋弱。

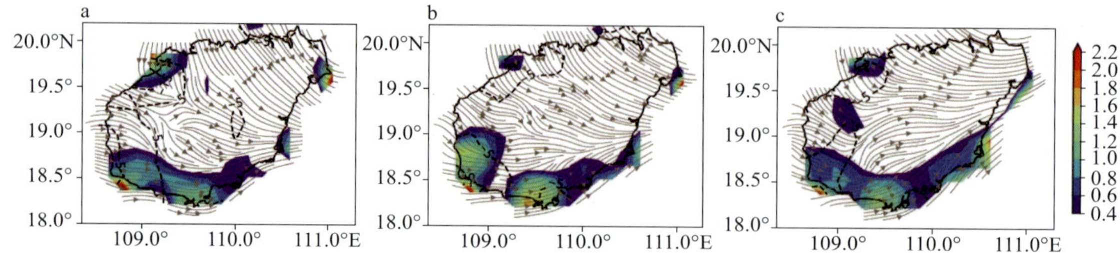

图 6　2022 年 7 月 2 日 01 时(a)、2 日 04 时(b)、2 日 08 时(c)地面风场客观分析(流线)、散度(等值线,单位:10^{-5}/s)、涡度(填色,单位:10^{-4}/s)

3 预报检验和预报难点分析

3.1 主客观降水预报评分

选取 6 月 29 日 20 时、30 日 20 时和 7 月 1 日 20 时的 3 个起报时次,将海南省气象台格点预报(SPCC)、中国气象局全球同化预报系统(CMA-GFS)、欧洲中期天气预报中心(ECMWF)、美国国家环境预报中心全球模式(NCEP-GFS)、中国气象局中尺度天气数值预报系统(CMA-MESO)、中国气象局上海数值预报模式系统(CMA-SH9)、中国气象局广东快速更新同化数值预报系统(CMA-GD)的降水预报评分(*TS* 评分)进行对比。对于 7 月 1 日 20 时—2 日 20 时的强降水,72 h 时效的 ECMWF 模式和 SPCC 模式在暴雨、大暴雨量级上明显优于其他模式,但所有模式均未预报出特大暴雨;48 h 时效,有 2 个中尺度模式(CMA-SH9 和 CMA-GD)和 1 个全球模式(NCEP-GFS)预报有特大暴雨,而暴雨、大暴雨的预报,CMA-GFS 模式评分较低,其余各产品评分差异不显著;24 h 时效,3 个全球模式对特大暴雨仍然没有体现,3 个中尺度模式表现较好,24 h 评分均达到 0.1 以上,SPCC 模式评分高于全球模式但低于中尺度模式(图 7)。

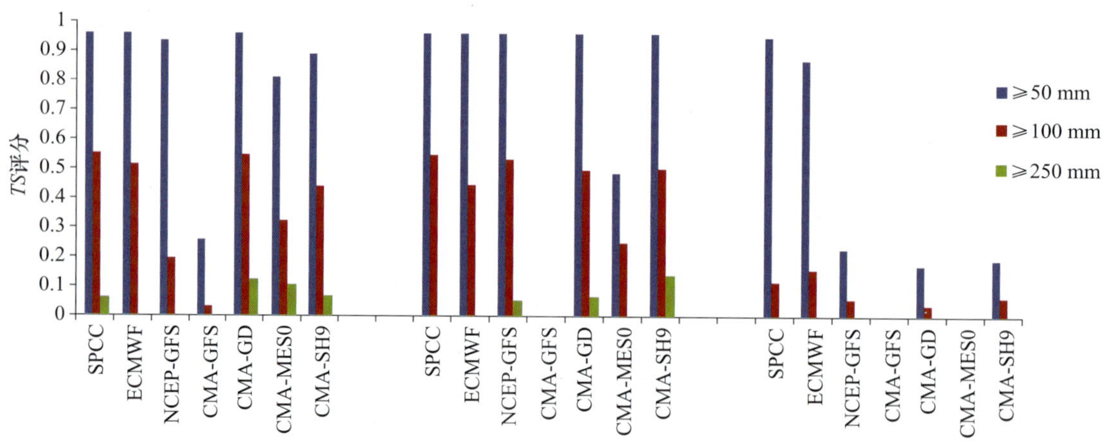

图 7　2022 年 6 月 29 日 20 时、30 日 20 时和 7 月 1 日 20 时起报的 7 月 1 日 20 时—2 日 20 时累计降水 *TS* 评分

3.2 模式降水强度和落区检验

针对1.1小节分析的2个强降水高峰所处时段，将1日夜间(1日20时—2日08时)、2日白天(2日08—20时)的降水实况与表现较好的ECMWF模式及3个中尺度模式预报进行对比检验(图8)。由图可见，在预报稳定性和提前量上，ECMWF模式提前36 h稳定预报出全岛性暴雨过程，而中尺度模式在24 h时效内预报效果较好，长时效的预报偏差总体增大，且预报调整趋势不一致，如CMA-MESO模式7月1日08时对于2日白天海南岛强降水中心在西南部的预报准确，但1日20时起报的2日白天强降水中心却偏离至海南岛西部；降水强度上，ECMWF模式降水量级整体偏小，未预报出特大暴雨，中尺度模式降水预报整体偏大，在海南岛西南部的降水量接近实况或略偏大，如预报1日夜间最大累计降水超过400 mm、2日白天大于250 mm，但对海南岛东北部，即台风内雨带影响区域(台风中心2日早晨从东北部近海经过，距离最近处约76 km，见图1a)的预报明显偏强。强降水落区方面，台风登陆前，台风中心西南象限12 h＞100 mm的强降水主要分布在的外雨带中(海南岛110°E以西地区)，台风内雨带(110°E以东)降水相对较小，对于这一时期"外大内小"的特征，ECMWF模式呈现相反的分布，中尺度模式虽然预报效果较好(内、外雨带降水量级相当)，也仍存在内雨带降水偏强、大暴雨范围过大、雨带位置与实况有偏差等诸多不足。另外，对于1日夜间霸王岭迎风坡、2日白天南部沿海地区的＞100 mm的强降水，36 h时效以上所有模式均出现了漏报，36 h时效内中尺度模式的强降水中心位置明显偏离，并未体现出精细化地形特征与强降水中心的密切联系，说明中尺度模式对地形造成的局地降水增幅尚不能准确描述。

3.3 模式强降水偏差分析

此次过程，中尺度模式预报降水的量级有指示意义，但其强降水中心主要位于大尺度地形(五指山脉)的西、南迎风坡，对于南部沿海(三亚市区附近)的降水预报明显偏小，如CMA-MESO模式在1日20时起报的2日白天强降水偏向实况北侧，三亚市仅有中雨(图8b)。将1日20时起报的CMA-MESO模式风场与CLDAS(中国气象局陆面数据同化系统产品)的10 m风场进行对比(图9)，发现2日上午，模式预报风场与CLDAS的涡旋中心接近，且与台风定位误差趋于减小，路径误差不是降水落区偏差主要来源。两者风场在海南岛西南部有显著差异，CLDAS表现为西北风和为偏西风的切变，CMA-MESO模式为西北风和西南风(风速偏大)的切变，切变(强降水)位置较雷达观测的雨带位置偏北，因此台风中尺度结构的偏差应是强降水落区偏差的主要原因。在南部海岸线附近，CLDAS上有清楚的正涡度带，与图6中自动站风场计算的结果吻合，而CMA-MESO模式上这一特征不明显，可能导致这一带的降水预报偏小。

3.4 预报难点分析

(1)此次特大暴雨，ECMWF模式等全球模式暴雨预报稳定性较好，但量级明显偏小，中尺度模式预报的降水量级接近实况，但稳定性较差、提前量小、特大暴雨落区偏离，模式分歧

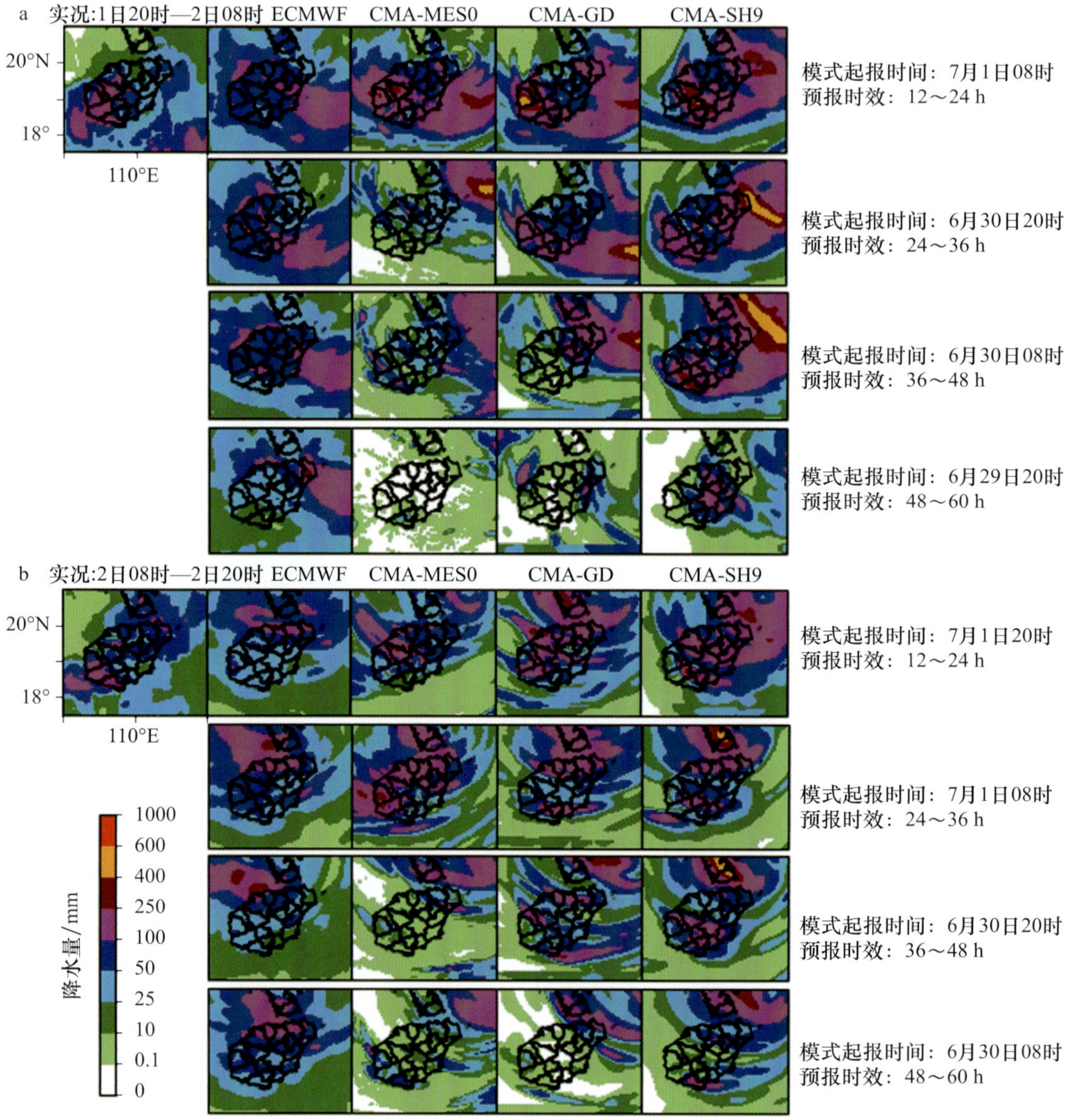

图 8　ECMWF 模式、CMA-MESO 模式、CMA-GD 模式、CMA-SH 模式对 2022 年 7 月 1—2 日的降水预报

(a)1 日夜间;(b)2 日白天

大、对各模式特性把握不足增大了主观订正难度。

(2) CMA-MESO 模式等中尺度模式强降水落区预报偏差的原因之一是台风中小尺度结构的预报偏差,另一原因是模式不能准确描述地形对局地降水的影响,而预报员在这 2 方面的认识也不足以对特大暴雨落区做出准确订正。

4 预报改进思路

(1)此次特大暴雨,不仅与台风"暹芭"的路径、强度有关,也与台风中尺度对流结构有关,

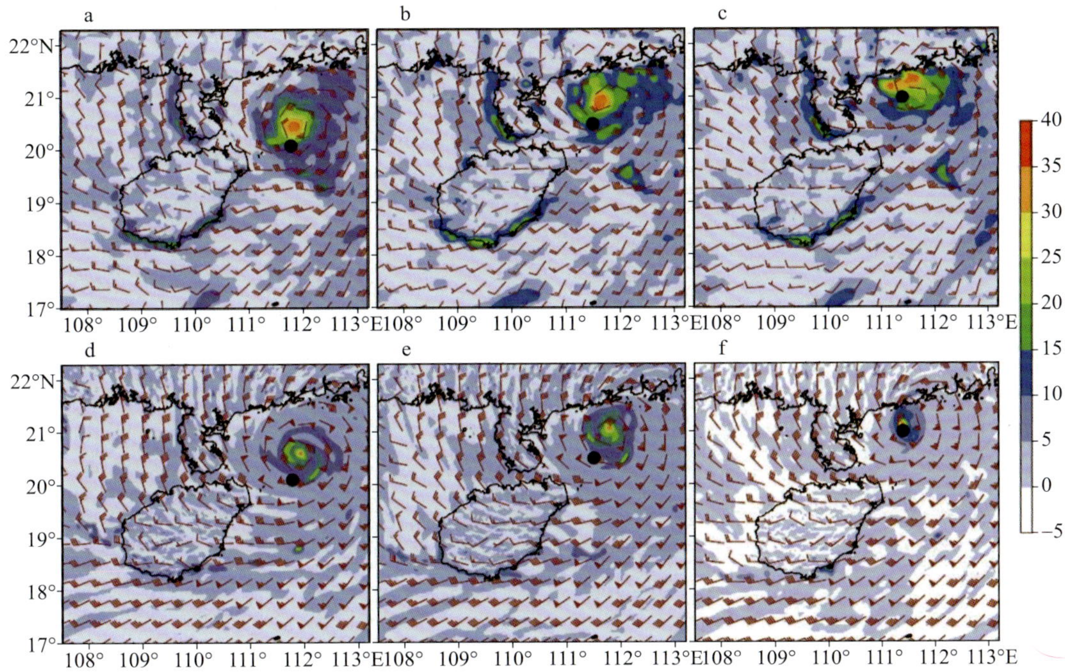

图 9　CLDAS(a～c)与 CMA-MESO 模式(d～f)2022 年 7 月 1 日 20 时起报的
2 日 10 m 风场、涡度(填色，单位：10^{-4}/s)
(黑色圆点为台风定位)

有必要开展模式对影响海南岛及其周边海域的台风雨带的预报性能评估。

(2)通过数值试验、相似个例多尺度分析等方法，加深预报员对影响海南岛台风的中小尺度对流特征的了解，以及地形造成的降水增幅作用的机理认识，提高降水预报订正能力。

5 结论

本文利用多源观测和 ERA5 数据，对 2203 号台风“暹芭”影响期间，海南岛西南部的特大暴雨成因进行初步分析，并通过对 ECMWF 模式、CMA-GFS 模式、CMA-MESO 模式等多个业务数值模式的降水预报检验提出预报难点，最后结合模式偏差的部分原因讨论改进措施，结论如下。

(1)特大暴雨是在高层强辐散、低层台风水汽供应充足的背景下，由台风中尺度切变线和地形辐合共同作用来维持的对流雨带产生，地形对西部山区、南部海岸线附近强降水的产生有显著贡献。

(2)中尺度模式在 48 h 或更短时效内的降水预报量级有指示意义，但在预报稳定性、强降水范围、落区上仍有诸多不足，模式分歧大、对各模式特性把握不足加大了主观订正难度。

(3)中尺度模式强降水预报偏差的原因包括台风中小尺度结构的预报偏差，以及局地地形对降水影响的偏差等。通过开展模式雨带预报检验来了解模式偏差的特点及其成因，同时加深预报员对台风中小尺度对流活动、地形对降水增幅作用的机理认识,是提高降水预报能力的有效举措。

参考文献

[1] 陈联寿,许映龙. 中国台风特大暴雨综述[J]. 气象与环境科学, 2017, 40(1):3-10.

[2] 任福民,杨慧. 1949年以来我国台风暴雨及其预报研究回顾与展望[J]. 暴雨灾害, 2019,38(5):526-540

[3] 何立富,陈双,郭云谦. 台风利奇马(1909)极端强降雨观测特征及成因[J]. 应用气象学报,2020,31(5):513-526.

[4] 段晶晶,钱燕珍,郭建民."莫兰蒂"外螺旋雨带在浙江局地发展引发大暴雨成因分析[J]. 干旱气象,2019,37(01):57-66.

[5] 郑林晔,谌芸,肖天贵. 台风"玛莉亚"(201808)内核和外围螺旋雨带强降水成因初探[J]. 成都信息工程大学学报,2020,35(06):653-662.

[6] 薛煜,李靓靓,朱业,等. 1323号台风"菲特"螺旋云带中"列车效应"特征及形成分析[J]. 大气科学,2021,45(2):379-392.

[7] 蔡小辉,杨仁勇,周过海,等. 1117号强台风"纳沙"引发海南岛特大暴雨过程分析[J]. 气象研究与应用,2012, 33(02):5-8,122.

[8] 杨仁勇,闵锦忠,郑艳. 强台风"纳沙"引发的特大暴雨过程数值试验[J]. 高原气象,2014,33(03):753-761.

[9] 程正泉. 地形作用对登陆台风螺旋雨带的影响[C]//第27届中国气象学会年会灾害天气研究与预报分会场论文集,中国气象学会,2010:16.

2212 号台风“梅花”引发辽宁大暴雨成因及短期预报偏差分析

于凡越　阎　琦　陆井龙　曲荣强　谭政华　杜傢义　陆忠艳　李　杨
李　爽　于亚鑫　贺　慧　苏小琁　夏佳琦　孙艺博　周春晓　桑明刚　张　璇
（辽宁省气象台，沈阳，110052）

摘　要：利用辽宁加密自动站、数值模式预报及 NCEP（美国国家环境预报中心）FNL 全球再分析资料（1°×1°）对 2212 号台风“梅花”引发辽宁大暴雨成因及短期预报偏差进行分析。结果表明，此次降水过程分为两个阶段，第 1 阶段受台风倒槽影响，副热带高压与台风倒槽之间强盛的东南气流持续向辽东半岛一带输送暖湿空气，2214 号台风“南玛都”北侧的偏东气流有利于水汽通道的建立和维持；高层辐散配合低层辐合，整层动力条件较好，导致强降雨的出现。第 2 阶段台风北上与西风槽共同作用，台风“南玛都”对台风“梅花”仍存在水汽补给作用，高、低空急流耦合作用加强了降水区的上升运动，不断促使低层大量水汽辐合抬升，台风暖心结构明显，配合北方弱冷空气入侵，加剧了大气的垂直不稳定度，利于雨强增大。短期预报偏差主要表现为强降水落区位置偏西。部分 ECMWF（欧洲中期天气预报中心）集合预报成员对强降水落区位置的预报有很好的把握。500 hPa 西风槽、850 hPa 低空急流和地面气旋是影响强降水落区的敏感系统，850 hPa 低层偏南急流位置的预报偏西，导致对暴雨、大暴雨落区位置预报偏西。

关键词：台风“梅花”，暴雨成因，预报偏差，集合预报，敏感性分析

引言

我国是世界上登陆台风最多、灾害最重的国家之一[1]。台风不仅带来大量的降水导致洪涝，同时也造成各类次生灾害，台风暴雨的研究与预报一直是气象界关注的重点问题之一[2,3]。相关研究指出，台风暴雨与台风路径、台风强度、低空急流、弱冷空气活动、台风内部中小尺度对流活动、地形作用等许多因素有关[4-11]。陈联寿等[12]对热带气旋研究指出，热带气旋暴雨往往与热带气旋外围的低空急流相联系，急流的存在为热带气旋环流的东侧和南侧的水汽输送提供了便利；李慧琴[13]等研究指出弱冷空气入侵会触发不稳定能量释放，从而加剧大暴雨的程度；诸多学者[14-21]通过对典型个例的研究表明，登陆台风造成的大范围暴雨主要发生在高空急流入口区右侧的强辐散流场的下方，暴雨的落区不确定性与多种复杂因素有关，仍需要进行深入细致的研究。

辽宁省地处东北地区南部，近年来受登陆北上台风影响的次数显著增多。辽宁台风暴雨过程的大气环流特征、影响因子呈多样性和复杂性，有关台风影响下的辽宁暴雨形成机

理及暴雨落区偏差成因的研究还比较薄弱。2212 号台风“梅花”对辽宁影响时间长达 66 h，辽宁中东部和南部地区出现大暴雨，全省受灾人口 16197 人，紧急转移安置人口 560 人，农作物受灾面积 1195.57 hm^2，尽管总体服务效果较好，但暴雨落区偏差的订正能力还有待提升。本文利用辽宁加密自动站、数值模式预报及 NCEP FNL 资料通过水汽、热动力条件对“梅花”引发辽宁大暴雨成因进行分析，利用 ECMWF 模式集合预报产品通过敏感性分析的方法诊断短期预报偏差影响因子，以期为台风暴雨的预报提供参考。

1 台风“梅花”移动路径及降水实况

台风“梅花”于 2022 年 9 月 8 日 08 时在西北太平洋洋面上生成，并逐渐加强，于 9 月 11 日达到强台风级，此后一路北上，成为了 2000 年以来首个登陆辽宁省的台风，以及 1950 年来第三个四次登陆中国的台风，并给我国华东和东北等地带来明显强风雨影响。

14 日午后开始，辽宁省受台风“梅花”外围云系影响出现降水，至 17 日 08 时结束，影响时间长达 66 h。中东部和南部地区出现暴雨到大暴雨(图 1b)，全省平均降雨量达 70.5 mm，为常年 9 月总降雨量的 1.4 倍，最大降雨量 307.6 mm，最大小时雨量 50.6 mm。从全省平均雨量的时间演变来看(图 2b)，此次降水过程大致分为两个降水阶段，分别是 14 日夜间和 16 日白天，14 日夜间(14 日 23 时—15 日 07 时)受台风“梅花”外围云系影响，全省平均雨量为 11 mm，15 日白天至傍晚开始雨量逐渐减弱，仅东南沿海地区存在较弱降水。16 日白天(16 日 08—20 时)受台风本体影响，强降水中心逐渐由南部移至东部地区，全省平均雨量为 35.0 mm，占此次过程总雨量(70.5 mm)的 49.6%，16 日夜间台风逐渐减弱填塞，降雨急剧减弱并趋于停止。

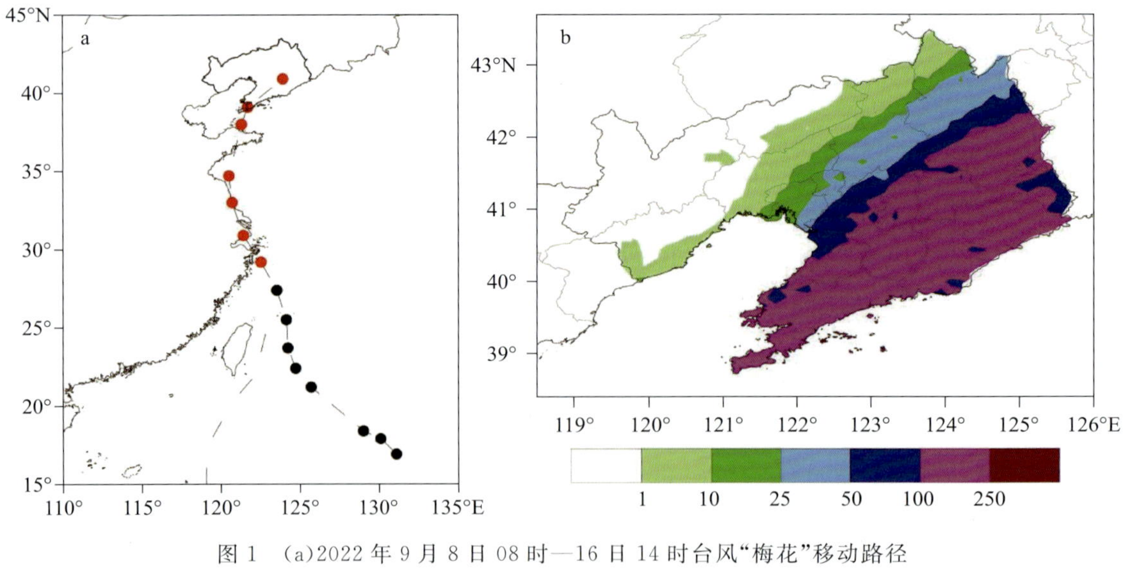

图 1 (a)2022 年 9 月 8 日 08 时—16 日 14 时台风“梅花”移动路径
(黑色圆点表示台风影响辽宁之前路径，红色圆点表示影响辽宁时段)；
(b)2022 年 9 月 14 日 14 时—17 日 08 时辽宁地区累计降水分布图(单位:mm)

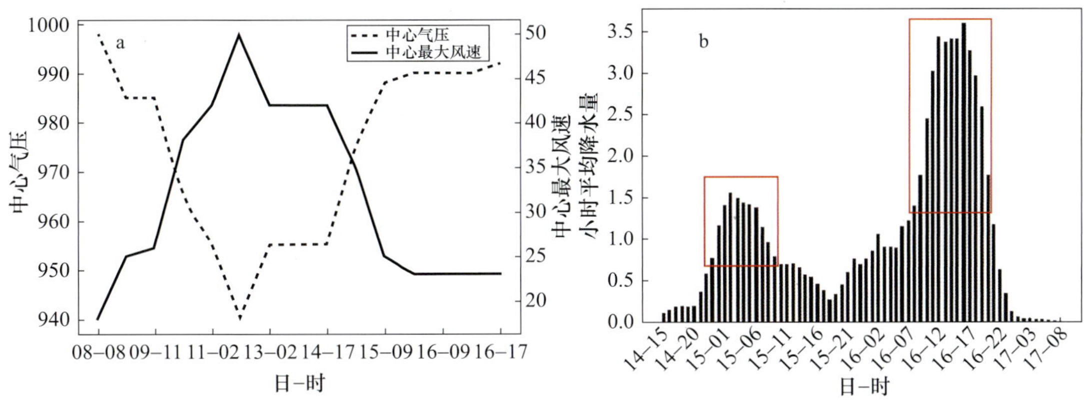

图 2　(a)2022 年台风“梅花”中心气压和中心最大风速变化图(实线为中心最大风速，单位：m/s；虚线为中心气压，单位：hPa)；(b)辽宁地区逐小时平均降水量(红框内为两个降水阶段，单位：mm)

2 大暴雨成因分析

2.1 大尺度环流背景

9 月 15 日 02 时(图 3a、图 3b)，欧亚大陆 500 hPa 上呈“一槽一脊”的环流形势，高空槽位于新疆北部，我国东北地区北部受高空脊控制，受西太平洋 2214 号台风“南玛都”挤压影响，西太平洋副热带高压(以下简称副高)逐渐变为南北较窄的条状分布，受副高西侧偏南气流引导，台风“梅花”沿我国东部海岸线北上，东南暖湿气流持续向辽宁地区输送，辽宁处于台风倒槽顶部出现持续性降水(图 3b)。

9 月 16 日 14 时(图 3c)，副高南部台风“南玛都”加强并缓慢向西移动，500 hPa 上副高 588 dagpm 线继续减弱东退。台风“梅花”北上在大连登陆。西风槽分为南北两支，台风“梅花”逐渐并入北支西风槽，西风槽的经向度增大，西风槽控制范围扩大。850 hPa 上“梅花”西北侧有明显的东北风，冷平流开始侵入台风“梅花”，冷、暖空气结合加剧了大气的垂直不稳定度，更易形成强对流天气，导致降水强度明显增强(图 3b)。

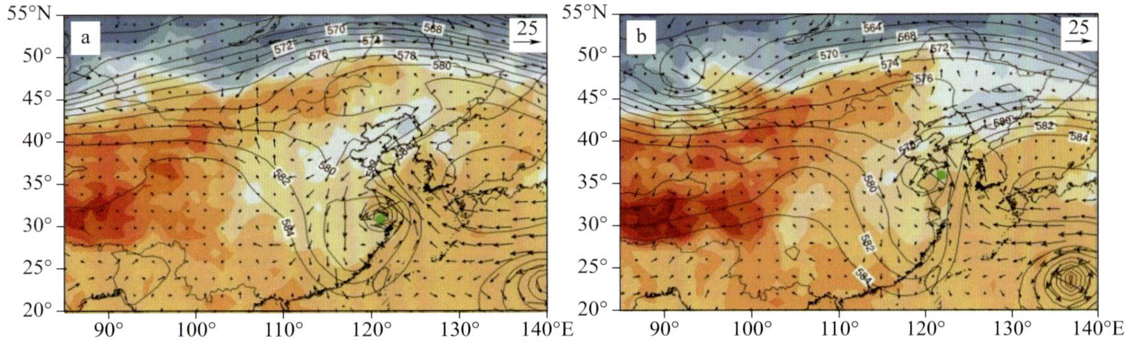

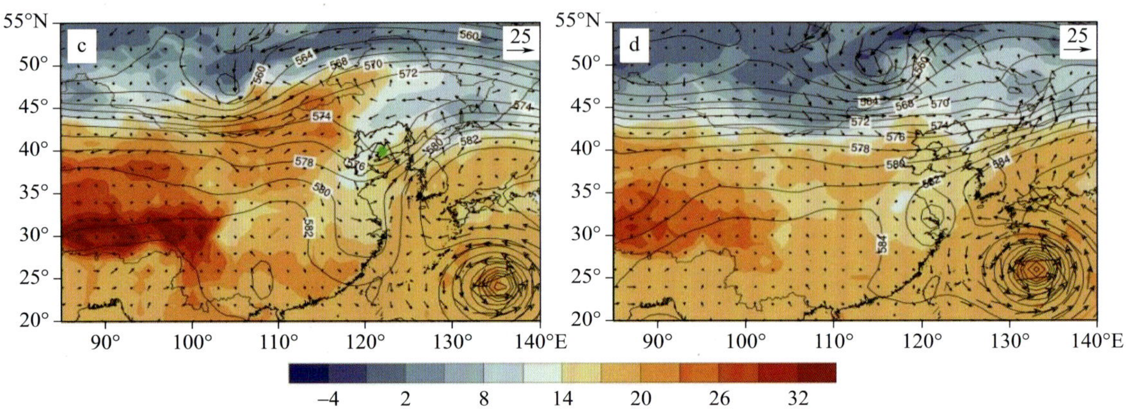

图 3　9 月 15 日 02 时(a)、15 日 20 时(b)、16 日 14 时(c)、17 日 08 时(d)500 hPa 位势高度场(实线,单位:dagpm)、850 hPa 风场(箭头,单位:m/s)及 850 hPa 温度(彩色,单位:℃,绿色原点表示台风“梅花”中心位置,下同)

9 月 17 日 08 时(图 3),西风槽东移减弱,辽宁上空逐渐转为平直西风气流控制,低空气旋区域逐渐填塞消失。

2.2　水汽条件

9 月 15 日 02 时,台风“梅花”位于上海附近(图 4a),大气可降水量大值区基本围绕台风眼区均匀分布,“梅花”整体环流结构密实对称,台风中心 850 hPa 比湿达 14 g/kg,大气可降水量也达到 70 mm。辽宁处于台风倒槽顶部位置,辽宁南部水汽充足,850 hPa 比湿维持在 10 g/kg 以上,大气可降水量达到 60 mm。副热带高压与台风倒槽之间存在强盛的东南暖湿气流持续向山东半岛至辽东半岛一带输送(图 5a),同时,2214 号台风“南玛都”位于日本以南洋面,其北侧的偏东风不断引导暖湿气流向西北方向输送,形成一条从洋面到台风倒槽区域的水汽通道,为降水源源不断提供水汽。从水汽通量散度场上来看(图 5a),山东半岛至辽东半岛一带存在水汽辐合中心,强度达 -0.6×10^{-7} g/(s · hPa · cm^2),此时对应降水第 1 个集中阶段。

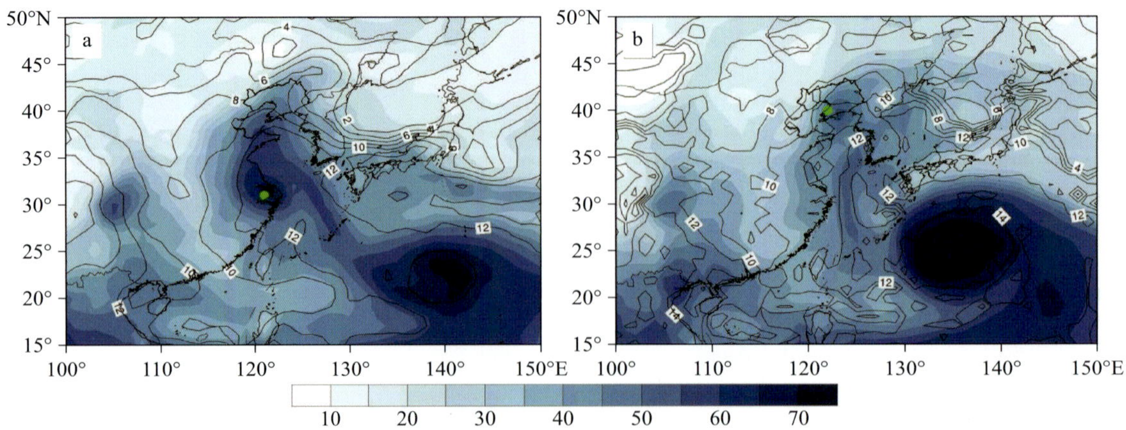

图 4　9 月 15 日 02 时(a)、9 月 16 日 14 时(b)850 hPa 比湿(实线,单位:g/kg)及大气可降水量(填色,单位:mm)

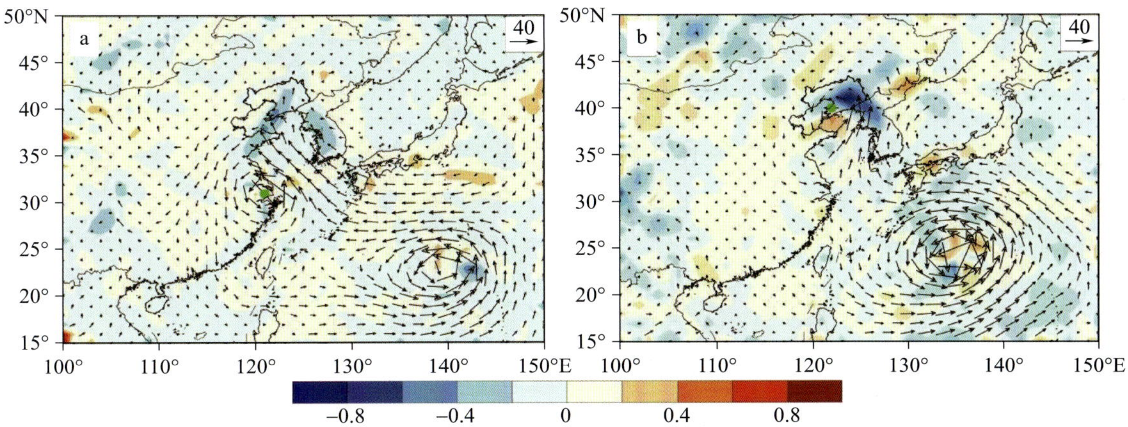

图 5　9 月 15 日 02 时(a)、9 月 16 日 14 时(b)850 hPa 水汽通量(箭头，单位：g/(s·hPa·cm^2))及 850 hPa 水汽通量散度(填色，单位：10^{-7} g/(s·hPa·cm^2))

9 月 16 日 14 时，台风“梅花”登陆辽宁后，大气可降水量中心和水汽输送集中区域均在台风中心的东部(图 4b)，大气可降水量中心达 65 mm，比湿达 12 g/kg，“梅花”对称性结构改变，这也有助于台风强度的维持。从水汽输送场来看(图 5b)，降水第 1 阶段的水汽输送通道仍然维持，台风“南玛都”北侧偏东风不断引导暖湿气流向西北方向输送，与台风“梅花”东侧的偏南气流相衔接，输送至辽宁东部，在辽宁东部形成水汽辐合中心，强度为-0.8×10^{-7} g/(s·hPa·cm^2)，此时对应降水第 2 阶段。上述分析表明，850 hPa 水汽通量辐合大值区与实际强降水落区有良好的对应关系，相对于第 1 阶段，第 2 个降水阶段的水汽辐合更强，也对应更强的降水强度。

2.3　高、低空急流耦合作用

9 月 15 日 02 时，对应降水第 1 阶段，东亚存在一支副热带高空急流，从我国东北地区延伸至日本以东西太平洋上，辽宁位于高空急流入口区附近，辽宁东部为辐合区，强度为-0.4×10^{-4}/s，中西部为较强辐散区(图 6a)。850 hPa 台风东侧和副高之间为风速大于等于 12 m/s 的强风速带，形成东南低空急流，自东海向渤海方向延伸，急流出口区位于辽宁南部至渤海海峡一带，这一区域恰好为辐合中心(图 6c)。16 日 14 时，高空急流入口区位置相对于上一阶段略偏东北，辽宁东部正位于入口区右侧，同时从散度场上来看，辽宁至吉林一带均为辐散，辐散中心位于辽宁东部，强度达1×10^{-4}/s(图 6b)。850 hPa 辽宁东部正位于低空偏南急流出口区左侧，且辐合中心强度达-0.8×10^{-4}/s，副高北侧高空急流入口区右侧强辐散区与低空急流出口区左侧强辐合区基本重叠。当台风上空为强辐散时，次级环流的抽吸作用会加强低空的垂直运动，同时加强低空的辐合作用，有利于台风环流的维持和加强[20,21]，配合持续的水汽输送，从而造成辽宁的强降水。

2.4　热力条件

台风是一种高温高湿系统，降水与外围气流的暖湿程度有关。假相当位温是表示温度和水汽的综合性物理量，它的垂直分布反映了大气层结对流不稳定度的状况。9 月 15 日 20 时

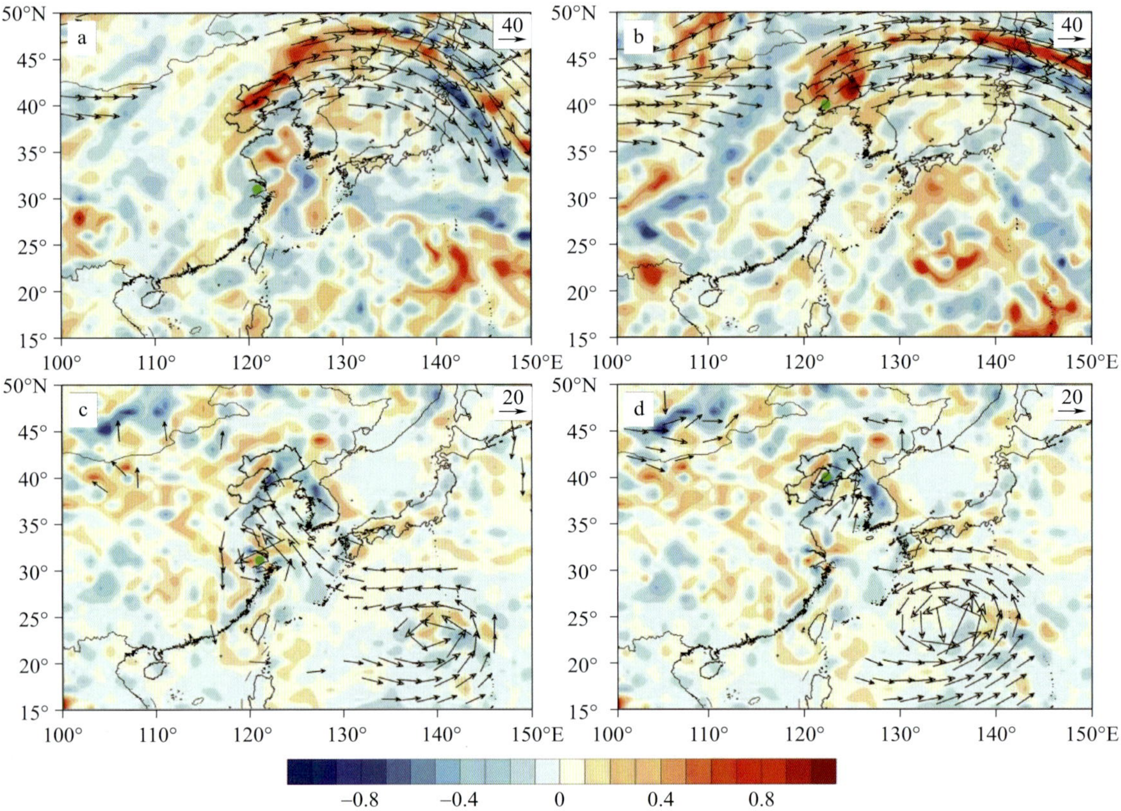

图 6 9 月 15 日 02 时(a,c)和 9 月 16 日 14 时(b,d)200 hPa(a,b)、850 hPa(c,d)风场(箭头,单位:m/s,200 hPa 为风速≥30 m/s 的部分,850 hPa 为风速≥12 m/s 的部分)及散度(填色,单位:10^{-4}/s)

(图 7a),台风"梅花"登陆辽宁前,台风中心具有明显的垂直暖心结构,中心强度达 350 K 以上,从地面到 400 hPa 都表现为明显的上升运动,在台风中心以北,39°~40°N 范围内为能量相对低值区。东北地区整体处于高空脊控制下,缺乏冷空气与台风"抗衡",台风"梅花"在副高西侧偏南暖湿气流的推动下继续北上,登陆大连。

"梅花"从大连登陆后,仍然维持深厚的垂直暖心结构且向北倾斜(图 7b),暖中心到达 500 hPa 附近,中心强度达 350 K,在高、低空急流耦合作用下,加强了对流层的上升运动,从地面到 600 hPa 上升运动非常明显,中高层暖气团携带暖湿空气与北方偏冷气团交汇,锋生加强,激发不稳定能量释放,另外,对流层中低层有弱干冷空气入侵,加剧了大气的垂直不稳定度,进一步加强不稳定能量的释放,配合充足的水汽供应,造成强降水。

综上,两个降水阶段的影响系统不同,第 1 阶段受台风倒槽的影响,而第 2 阶段受台风北上与西风槽结合共同影响;第 2 个阶段高、低空急流耦合作用加强了降水区的上升运动,配合北方弱冷空气入侵,加剧了大气的垂直不稳定度,配合强的水汽辐合作用,导致第 2 个时段降水更强。

3 短期预报偏差分析

近年来数值模式的预报能力有了长足进步,但对一些高影响天气系统的预报仍会出现较

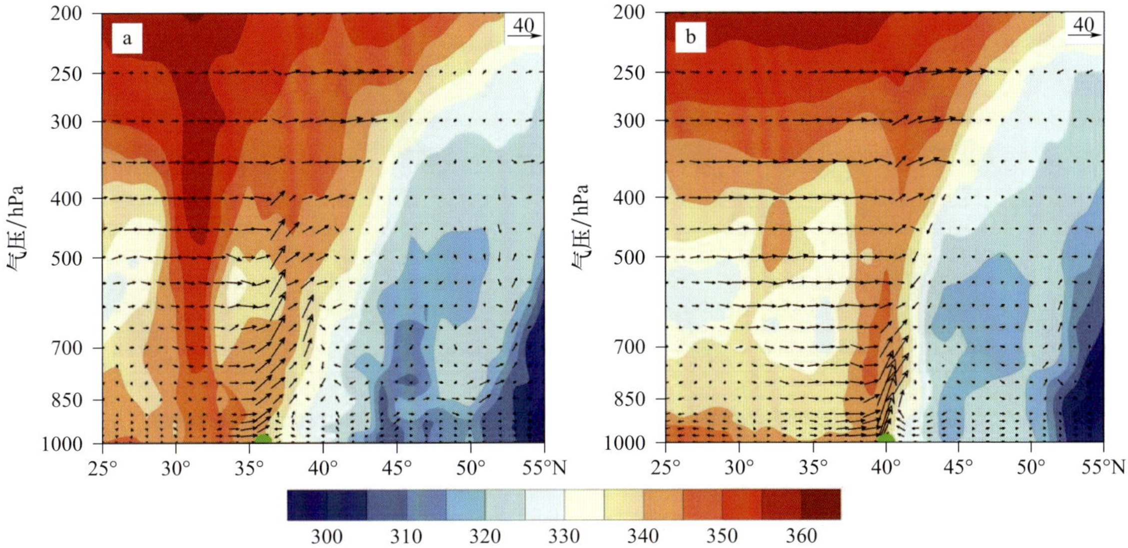

图7　9月15日20时(a)和16日14时(b)沿台风中心假相当位温(填色，单位：K)及经向风速(单位：m/s)和垂直速度(单位：10^{-1} Pa/s)经向垂直剖面图

大误差[22,23]，高影响天气的可预报性、预报误差及其影响因子问题一直是气象业界热点问题。张云济等[24]研究了河南“21·7”极端暴雨的预报不确定性，指出低空急流等系统是降水预报的敏感因子；何斌等[25]发现台风远距离降水预报偏差不仅与台风路径有关，还与中纬度系统有关；苏翔等[26]发现大尺度影响系统预报偏差是造成梅雨暴雨中期预报雨带偏北的原因。那么，此次过程强降水的偏差特征及原因是什么？下文进行重点分析。

降水第2阶段(9月16日08—20时)，影响时间占过程总时间的18%，但降水量占比接近50%，且伴有强对流天气，对辽宁地区影响最大，因此重点对该阶段预报偏差进行分析，利用ECMWF模式集合预报产品诊断影响因子及预报偏差的原因。

短期预报时效内，ECMWF模式在13日20时预报副高位置最接近实况，相比其他模式位置明显偏西偏强，最先对“梅花”北上登陆辽宁做出正确预报，同时预报辽宁南部雨量达大雨到暴雨。从15日20时起报的情况来看，CMA-MESO(中国气象局中尺度天气数值预报系统)(图8c)和CMA-BJ(中国气象局北京快速更新循环数值预报系统)(图8d)模式对暴雨、大暴雨落区的位置较接近，主要位于辽宁的中部及南部，CMA-MESO模式预报大暴雨落区范围最小，相对来说，ECMWF模式和CMA-GFS(中国气象局全球同化预报系统)模式对暴雨、大暴雨落区的预报位置把握更好，位置偏东，更接近实况。从ECMWF模式的调整来看，ECMWF模式对暴雨、大暴雨落区有逐渐向东调整趋势(图8e～图8h)，但15日20时的预报与实况相比，暴雨、大暴雨落区仍然偏西。从以上的分析可以发现，各模式均做出了大暴雨量级的预报，但是对暴雨、大暴雨落区的预报有一定分歧，ECMWF模式和CMA-GFS模式表现相对更好。

此次过程中，ECMWF模式最先对台风“梅花”北上登陆辽宁做出正确的预报调整，所以基于9月15日20时起报的ECMWF模式集合预报产品，对9月16日08—20时的降水偏差进行分析，计算51个成员降水预报集合平均和集合离散度(图9)，可以看到各集合成员对强降水落区的预报有一定分歧，但基本都位于辽宁南部地区，从集合离散度上来看，存在两个极值中心，分别位于营口附近海域及庄河到岫岩一带，说明强降水落区预报在24 h时效的预报中还存在较大的不确定性。

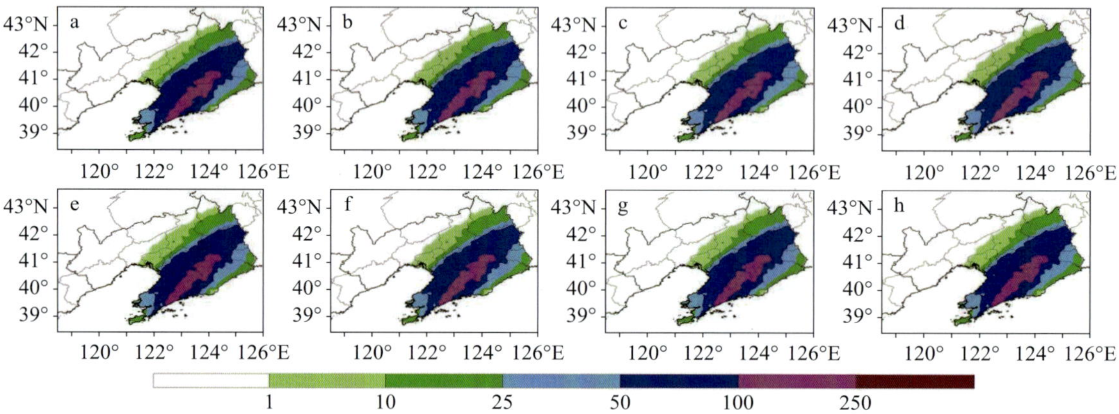

图 8 不同模式的累计降水量(9 月 16 日 08—20 时,单位:mm)预报与实况对比

(a)实况;(b)CMA-GFS 模式 15 日 20 时起报;(c)CMA-MESO 模式 9 月 15 日 20 时起报;(d)CMA-BJ 模式 9 月 15 日 20 时起报;(e)~(h)分别为 ECMWF 模式 9 月 15 日 20 时、15 日 08 时、14 日 20 时、14 日 08 时起报

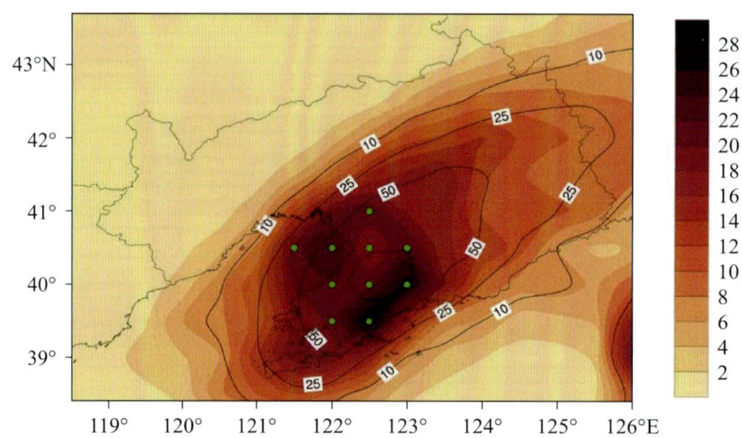

图 9 9 月 15 日 20 时起报的 ECMWF 集合预报 9 月 16 日 08—20 时累计降水量预报集合平均(等值线,单位:mm)和集合离散度(填色),绿色圆点为集合成员对区域内降水量预报最大值所在位置

对 9 月 15 日 20 时起报的 51 个集合成员累计降水量预报(9 月 16 日 08—20 时)进行 EOF 分解(图 10),第 1 模态(图 10a)呈偶极型、东西反位相分布特征,方差贡献率为 36.4%,PC1 越大的集合成员对强降水落区预报位置越偏东,反之表示位置偏西,极值的分布位置与集合离散度分布(图 9)有着很好的对应关系。第 2 模态(图 10b)反映出东北、西南反位相的分布特征,方差贡献率为 17.8%,PC2 越大的集合成员对强降水落区预报位置越偏西南,反之表示位置偏东北。EOF 第 3 模态(图 10c)的方差贡献仅为 9.3%,反映了辽宁南部地区降水量整体偏多或偏少的特征。综合累计降水量预报 EOF 分解和集合平均预报的空间分布特征可以看出,在 24 h 时效,集合成员对强降水落区有一定分歧,同时,对 51 个集合成员的累计降水量预报空间分布进行了逐一检验(图略),发现部分集合成员对强降水落区的位置有很好的把握,这说明对于此次过程来说,集合预报的离散度能较准确反映出强降水落区位置,该过程是可预报、可订正的。

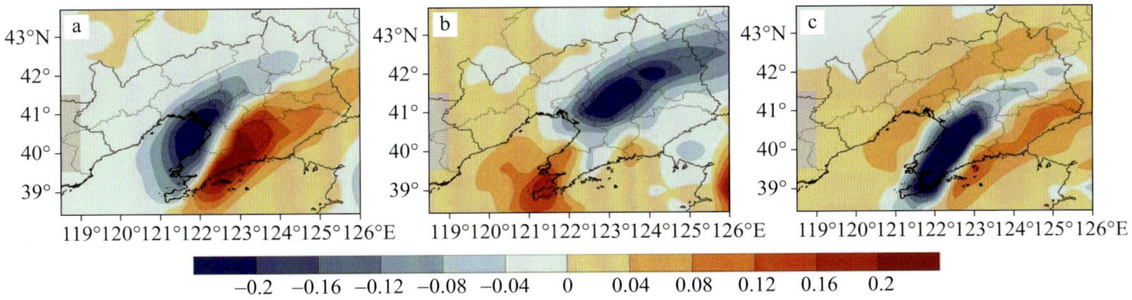

图 10　9 月 15 日 20 时起报的 ECMWF 集合预报 9 月 16 日 08—20 时累计降水量预报 EOF 分解的前 3 个模态，分别为第 1 模态(a)、第 2 模态(b)、第 3 模态(c)

为寻找影响强降水落区的关键影响系统，计算 PC1 与强降水集中时段(9 月 16 日 14 时)51 个集合成员的 500 hPa 位势高度、850 hPa 经向风速、海平面气压场预报的相关系数(图 11)。分析发现，PC1 与 500 hPa 上与“梅花”结合的西风槽有显著的相关性，在槽前位置有明显的正相关，槽后位置有明显的负相关，说明西风槽位置偏东，强降水落区偏东，反之亦然。PC1 还与 850 hPa 低空急流区的偏南风强度以及急流左侧的偏北风强度有关，说明强降水落区与低空急流的位置有关，偏南急流位置偏东，则强降水落区偏东，反之亦然。从 PC1 与海平面气压的相关系数分布上来看，与上述两种系统有着类似的分布特征，说明地面气旋位置偏东，强降水落区偏东。综上说明，ECMWF 集合预报对强降水落区预报不确定性与 500 hPa 西风槽、850 hPa 低空急流和地面气旋强度预报误差有关，是本次强降水过程降水预报的敏感系统。

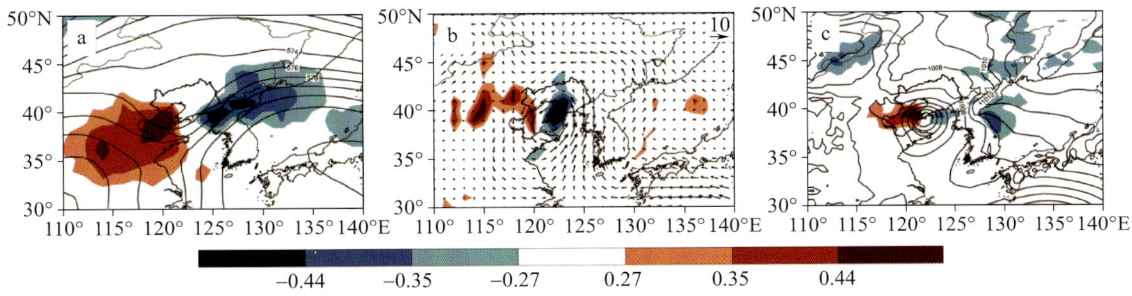

图 11　PC1 与 9 月 16 日 14 时 500 hPa 位势高度(a)、850 hPa 经向风速(b)、海平面气压场(c)预报的相关系数

(填色部分为相关系数；a 中等值线为 500 hPa 位势高度的集合平均(单位：dagpm)；b 中箭头为 850 hPa 水平风场的集合平均、等值线为 850 hPa 经向风速的集合平均(单位：m/s)；c 中的等值线为海平面气压场的集合平均(单位：hPa))

为了进一步说明上述敏感系统对强降水落区预报的影响。对 9 月 15 日 20 时起报的 51 个集合成员 16 日 14 时 850 hPa 经向风进行 EOF 分解(图 12)，主模态分布特征同 16 日 08—20 时累计降水量预报 EOF 分解第一模态(图 10a)接近，呈偶极型、东西反位相分布特征，方差贡献率为 40.6%，PC1 越大的集合成员对 850 hPa 偏南急流位置预报越偏东，反之表示位置偏西。从图 12b 可以看出，850 hPa 经向风 EOF 分解主模态各成员对应系数同降水量 EOF 分解主模态对应时间系数有较好的同位相对应关系，它们的相关系数为 0.35，通过了 0.05 置信界限。根据 850 hPa 经向风 EOF 分解主模态各成员对应系数，选取大于标准差绝对值 1.5

倍的集合成员,包括 3 个偏南急流位置异常偏东(正异常)成员和 5 个偏南急流位置异常偏西(负异常)成员,得到两组异常成员合成的降水落区分布(图 13),发现当偏南急流位置偏西时,强降水落区位置偏西,反之亦然。说明 850 hPa 偏南急流对强降水落区有较明显的指示意义,是影响强降水落区的关键敏感系统。

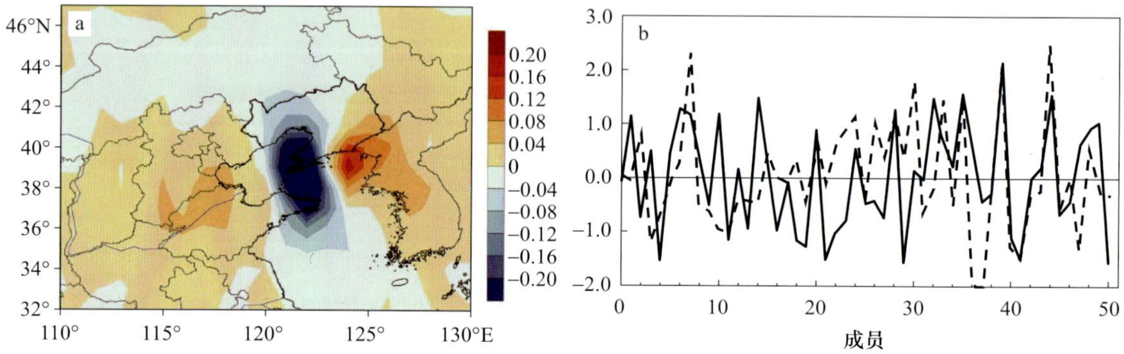

图 12 9 月 15 日 20 时起报的 ECMWF 集合预报 16 日 14 时 850 hPa 经向风(a)、EOF 分解主模态及各成员对应系数(b,实线、虚线为图 10a 对应系数)

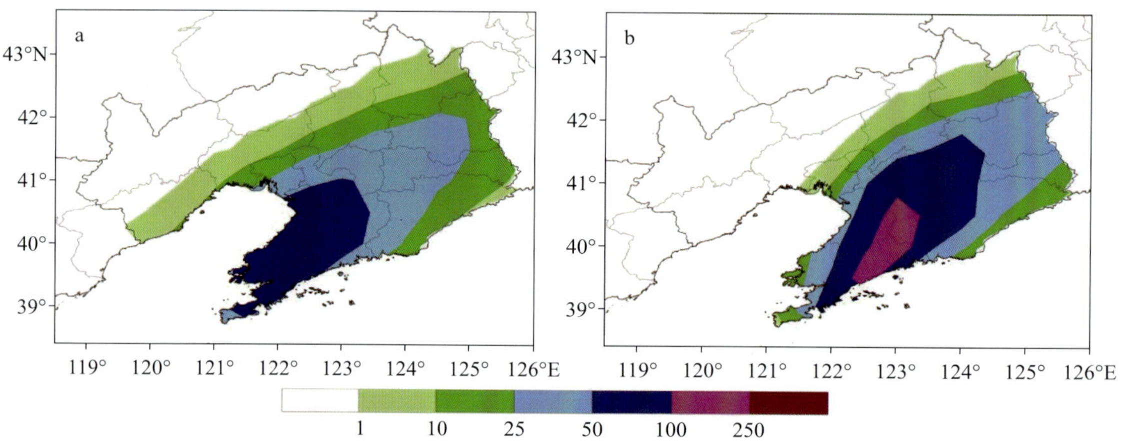

图 13 850 hPa 经向风 EOF 分解主模态各成员对应系数负异常(a)、正异常(b)集合成员合成 16 日 08—20 时累计降水量分布图(单位:mm)

4 结论

(1)"梅花"台风造成的本次强降水过程具有持续时间长、极端性强、时空分布不均匀的特点。降水主要分为两个阶段。

(2)降水第 1 阶段受台风倒槽影响,副热带高压与台风倒槽之间强盛的东南气流持续向辽东半岛一带输送暖湿空气,2214 号台风"南玛都"北侧的偏东气流有利于水汽通道的建立和维持;高层辐散配合低层辐合,整层动力条件较好导致强降雨的出现。降水第 2 阶段台风北上与西风槽共同作用,副热带高压偏北偏强,台风"南玛都"对台风"梅花"仍存在水汽补给作用,高、低空急流耦合作用加强了降水区的上升运动,不断促使低层大量水汽辐合抬升,台风暖心结构明显，配合北方弱冷空气入侵，加剧了大气的垂直不稳定度，利于雨强增大。

（3）ECMWF 模式短期预报的误差主要表现为强降水落区位置偏西。部分集合成员对强降水落区的位置有很好的把握。500 hPa 与台风结合后的西风槽、850 hPa 低空急流和地面气旋是影响强降水落区的敏感系统，850 hPa 低层偏南急流位置的预报偏西，导致对暴雨、大暴雨落区位置预报偏西。

ECMWF 模式集合预报部分集合成员对强降水落区的位置有很好的把握，说明对于此次过程来说，集合预报的离散度能较准确反映出强降水落区位置。在实际预报业务当中，预报员可以关注关键影响系统预报，如低空急流、西风槽的位置和实况的偏差。另外，受辽宁东部复杂地形影响，受限于模式预报能力，天气系统本身的不确定性等因素，很难提前 24 h 以上做出准确定量预报，需加强中尺度系统的短时临近监测和预报。

参考文献

[1] 陈联寿，许映龙．中国台风特大暴雨综述[J]．气象与环境科学，2017，40(1)：3-10.

[2] 陈联寿．登陆台风特大暴雨成因分析[J]．气象，1977(11)：10-13.

[3] 丁一汇．暴雨和中尺度气象学问题[J]．气象学报，1994(3)：274-284.

[4] 陈联寿．热带气旋研究和业务预报技术的发展[J]．应用气象学报，2006，17(6)：672-681.

[5] 许爱华，叶成志，欧阳里程，等．"云娜"台风登陆后路径和降水的诊断分析[J]．热带气象学报，2006，22(3)：229-236.

[6] 杨引明，郑永光，陶祖钰．上海热带低压特大暴雨分析[J]．热带气象学报，2003，19(4)：413-421.

[7] 李志楠，郑新江，赵亚民．9608 号台风低压外围暴雨中尺度云团的发生发展[J]．热带气象学报，2000，16(4)：316-326.

[8] 任福民，杨慧．1949 年以来我国台风暴雨及其预报研究回顾与展望[J]．暴雨灾害，2019，38(5)：526-540.

[9] 刘奕辰，周伟灿，常煜，等．山东半岛东海岸一次台风暴雨的成因研究[J]．高原气象，2018，37(6)：1684-1695.

[10] 刘硕，李得勤，赛瀚，等．台风"狮子山"并入温带气旋过程及引发东北强降水的分析[J]．高原气象，2019，38(4)：804-816.

[11] ZHU T，ZHANG D L. Numerical simulation of Hurricane Bonnie(1998)，Part II：Sensitivity to cloud microphysical processes[J]. J Atmos Sci，2006，63(1)：109-126.

[12] 陈联寿，丁一汇．西太平洋台风概况[M]．北京：科学出版社，1979.

[13] 李慧芹，李江南，于艳，等．一次海南秋季台风暴雨的特征和成因分析[J]．热带气象学报，2018，34(1)，133-144.

[14] 陶祖钰，田佰军，黄伟．9216 号台风登陆后的不对称结构和暴雨[J]．热带气象学报，1994，10(1)：69-77.

[15] 吕心艳，许映龙，董林，等．2018 年西北太平洋台风活动特征和预报难点分析[J]．气象，2021，47(3)：359-372.

[16] 赵宇，崔晓鹏，王建国．由台风低压倒槽引发的山东暴雨过程研究[J]．气象学报，2008，66(3)：423-436.

[17] 谭震，梁梅，薛宇峰，等．1909 号超强台风"利奇马"强降水特征的诊断[J]．南京信息工程大学学报，2020，12(4)：450-459.

[18] 刘晓汝，谢作威．2019 年超强台风"利奇马"引发浙江特大暴雨过程分析[J]．气象科学，2020，40(1)：89-96.

[19] 丛春华，陈联寿，雷小途，等．台风远距离暴雨的研究进展[J]．热带气象学报，2011，27(2)：264-270.

[20] 余贞寿，高守亭，任鸿翔．台风"海棠"特大暴雨数值模拟研究[J]．气象学报，2007，65(6)：864-876.

[21] 颜玲，周玉淑，刘宣飞．1410 号台风 Matmo 登陆前后的动热力结构演变和水汽输送特征分析[J]．大气

科学,2021,41(2) : 289-301.

[22] DAI K, BI B, ZHU Y. Investigation of the medium-range forecast errors for the extreme rainfall event in North China during July 19-20, 2016[J]. Chinese Science Bulletin, 2018, 63(3): 340-355.

[23] 彭飞,李晓莉,赵滨,等. CMA全球数值预报系统东亚地区中期大尺度预报误差溯源初步探究:个例分析[J]. 气象,2022,48(6):665-676.

[24] 张云济,于慧珍,张慕容,等. 河南“21·7”极端暴雨预报的不确定性和误差增长机制[J]. 中国科学:地球科学,2022,52(10):1929-1947.

[25] 何斌,楼茂园,李海军,等. 集合预报对台风天鹅(2015)远距离暴雨的不确定性研究[J]. 气象,2020,46(1):15-28.

[26] 苏翔,康志明,庄潇然,等.2020年梅雨期暴雨雨带预报不确定性分析[J]. 气象,2021,47(11):1336-1346.

二、台风

2203号台风“暹芭”长时效路径和强降水预报难点分析

周冠博　张　芳　黄奕武　罗　琪　郭乙莹
(国家气象中心,北京,100081)

摘　要:台风“暹芭”是2022年首个登陆我国的台风,在华南登陆减弱后,其残余环流继续北上,与西风带系统共同影响我国华中、华东、华北及东北等地的部分地区。“暹芭”影响时间长、范围广,累计雨量大、风雨强度强,其长时效路径预报和强降水预报难度较大,主要的预报难点及订正思路包括:(1)“暹芭”的长时效(72～120 h)路径预报难度大,主要表现为多家模式预报一致偏西,分析结果表明,长时效路径预报偏差是由于模式对东台风、大陆高压和西风急流等关键系统的预报偏差所导致,可以通过天气学分析、模式预报偏差对比和关键系统识别客观方法研发等方式对此类预报偏差进行及时订正;(2)“暹芭”残余环流北上与西风带系统结合之前造成的湖南等地分散性强降水的预报难度大,可通过分析高低空风场的演变趋势、模式偏差早期检验等在短期和临近预报时效做出一定订正。

关键词:台风“暹芭”,长时效路径预报,强降水预报订正,预报难点

引言

由于地面摩擦和水汽的切断,台风登陆后大部分会快速减弱,少数台风却能在陆上维持很长时间,同时这类台风往往途经地域广、风雨影响大。因此从防灾减灾的角度考虑,台风登陆后的路径预报和强降水预报问题都是亟须探讨的科学问题。研究表明[1],台风在陆上的维持时间主要与登陆时的强度、大尺度环境场、水汽输送、下垫面条件以及中纬度冷空气有关。陈联寿等[2,3]指出,台风登陆后维持并停滞、水汽源源不断输送、中低纬环流相互作用、中尺度系统影响及地形作用等,是造成台风大暴雨的重要因素。程正泉等[4]指出大尺度环流对登陆台风降水有明显影响,其中西南急流、高低空辐散辐合强度、台风及环境风场结构以及台风下游大陆上空大气湿热状态等都是需要加以考虑的因素。登陆台风降水预报除了受台风路径和强度预报的直接影响外,也会受中低纬系统、地形、海岸线分布等因素的影响,常常会产生暴雨或大暴雨,预报难度明显增大[5]。2022年3号台风“暹芭”及其减弱后的残余环流维持时间长、影响范围广,据统计,台风“暹芭”共造成广东、广西、海南省超过150万人受灾、6万余人紧急转移安置、400余间房屋倒塌,农作物受灾面积9.57万 hm^2。湖南、江西、湖北、安徽、河南、山东、河北、辽宁等地均出现了暴雨洪涝灾害。“暹芭”登陆后由于环流维持时间较长并与其他天气系统相互作用,导致其长时效路径预报出现了明显偏差;“暹芭”造成强降水持续时间长、阶段性特征明显,不同阶段的强降水预报偏差和难点不尽相同,其中在“暹芭”环流北上与西风带系统结合之前的强降水预报难度最大,这也是目前台风强降水预报业务中面临的突出问题[6]。基于以上的预

报难点，本文将重点分析“暹芭”长时效路径预报和强降水预报难点出现的原因和订正思路。

1 数据来源

本文所用数据资料主要来源：中国气象局(China Meteorological Administration，CMA)的官方主观预报和实时业务预报资料；国家气象信息中心提供的国家级自动气象观测站风雨观测资料和CRA中国气象局全球大气和陆面再分析资料(CMA's Global Atmospheric Reanalysis)；欧洲中期天气预报中心(European Centre for Medium-Range Weather Forecasts，ECMWF)1 h间隔、空间分辨率为0.25°×0.25°的第五代全球再分析资料(the fifth generation of ECMWF atmospheric reanalysis of the global climate)，即ERA5资料。模式预报资料主要来自中国气象局区域台风数值预报系统(CMA-TYM)、欧洲中期天气预报中心和美国环境预报中心(National Center for Environmental Prediction，NCEP)的确定性模式和集合预报产品。

2 预报难点分析

2.1 预报误差分析

中央气象台对“暹芭”主观路径预报误差在24 h、48 h、72 h、96 h和120 h分别是68 km、186 km、368 km、673 km和964 km(图1a)，其中24 h的预报误差小于过去五年平均的路径预报误差(71 km)，说明预报员对台风“暹芭”路径24 h内的订正有正贡献，但长时效预报(72～120 h)的路径误差均明显大于过去五年平均误差，这主要是由于预报员在“暹芭”发展早期阶段的长时效路径预报偏西而造成的，下面将进一步分析出现较大误差的具体原因。

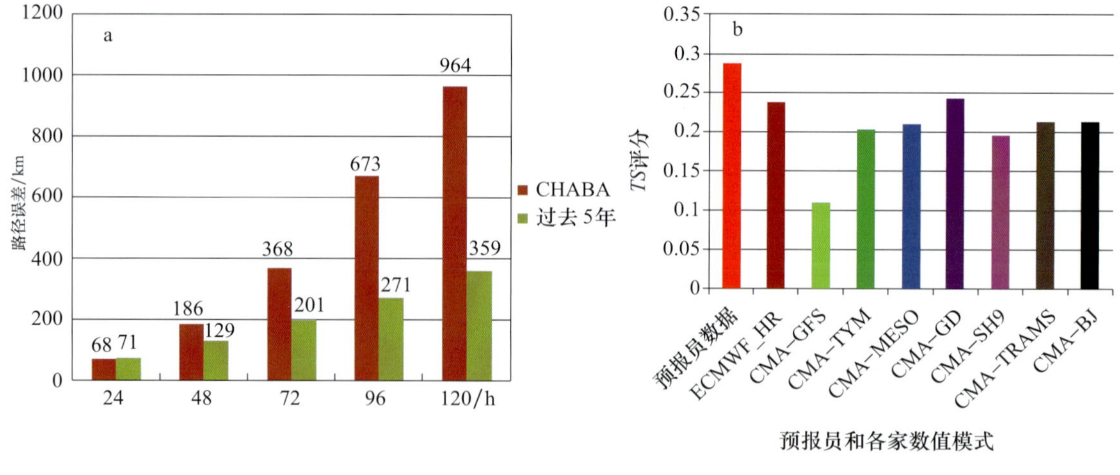

图1 (a)台风“暹芭”的CMA主观路径预报误差与过去五年的平均路径预报误差对比(单位：km)；(b)7月1—7日暴雨及以上量级降水预报*TS*评分(预报员：24 h时效；数值模式：36 h时效)

台风“暹芭”造成多地暴雨洪涝灾害和城市内涝。对于暴雨及以上量级的强降水，在中期时效受"暹芭"及其减弱后的低压的强度和路径预报偏差以及多系统相互作用的复杂影响，可预报性较低，其中 96 h 暴雨预报 *TS* 评分约 0.08，略低于 2018—2021 年的平均值；而在短期时效预报员综合多种资料分析做出较好的订正，24 h 预报 *TS* 评分达 0.29，高于各家数值预报模式(图 1b)，预报服务效果良好。

2.2 长时效路径预报偏差的原因分析

2.2.1 长时效路径预报偏差

结合台风"暹芭"的路径误差分析(图 1a)和 CMA 不同起报时间的路径预报图(图 2a～图 2c)不难发现，CMA 主观和多家确定性模式对"暹芭"生命史早期阶段(6 月 29 日—7 月 1 日起报)的长时效路径预报(72～120 h)偏西，同时早期的集合预报路径发散度大，但大多数集合成员为登陆后在广西转向偏西方向缓慢移动或在广西南部回旋(图 2b)。下文将给出对"暹芭"长时效路径预报偏西的主要原因及分析。

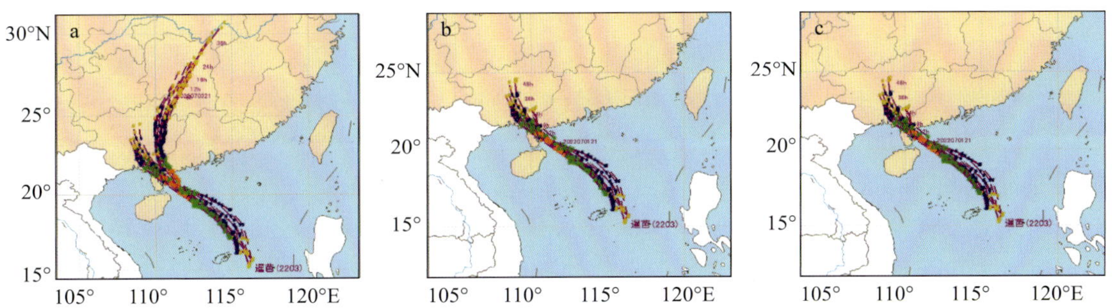

图 2 CMA 对"暹芭"不同时刻起报的主观预报路径

(a)6 月 29 日 08 时—7 月 4 日 05 时起报的主观预报路径；(b)6 月 29 日 08 时—7 月 2 日 05 时起报的主观预报路径；(c)7 月 2 日 08 时—4 日 05 时起报的主观预报路径

2.2.2 确定性模式环流形势预报分析

当"暹芭"还处于低压阶段时(6 月 28 日)，预报员从确定性模式长时效 500 hPa 预报形势场上可以看到"暹芭"登陆后其北侧的大陆被一个宽广的鞍型场占据(图 3a)，台风距西风带低槽区较远，不利于北行；并且"暹芭"进入广西后更靠近大陆高压一侧，台风西侧的东北气流明显强于东侧的偏南气流，有利于西南行或回旋。850 hPa 流场和风场表明"暹芭"附近环境场中南侧的风速并不比其他象限的风速更强，说明低层对台风移动的引导不明确(图 3b)；但是"艾利"附近的季风流入更强，有利于东台风加强。如果"艾利"的强度发展到超过"暹芭"且纬度更北，两个台风可能会出现明显的双台风效应，西台风将西行或回旋。在高空 200 hPa"暹芭"北侧为南压高压脊线(图 3c)，脊线北侧有高空槽，但位置偏西，导致"暹芭"的高空出流与槽前的西风急流不相连，高压脊线的阻挡作用、出流与急流不相连是高空形势场中不支持台风北行的重要信号。因此，通过早期起报的环流形势分析可以看出，"暹芭"登陆并进入广西后，其周边高低空各层的环境条件和东台风"艾利"的发展趋势，均支持其转向偏西方向移动的路径预报。

模式对环流形势预报的偏差是一个逐渐纠正的过程，"暹芭"将北行而不是西行的明显信

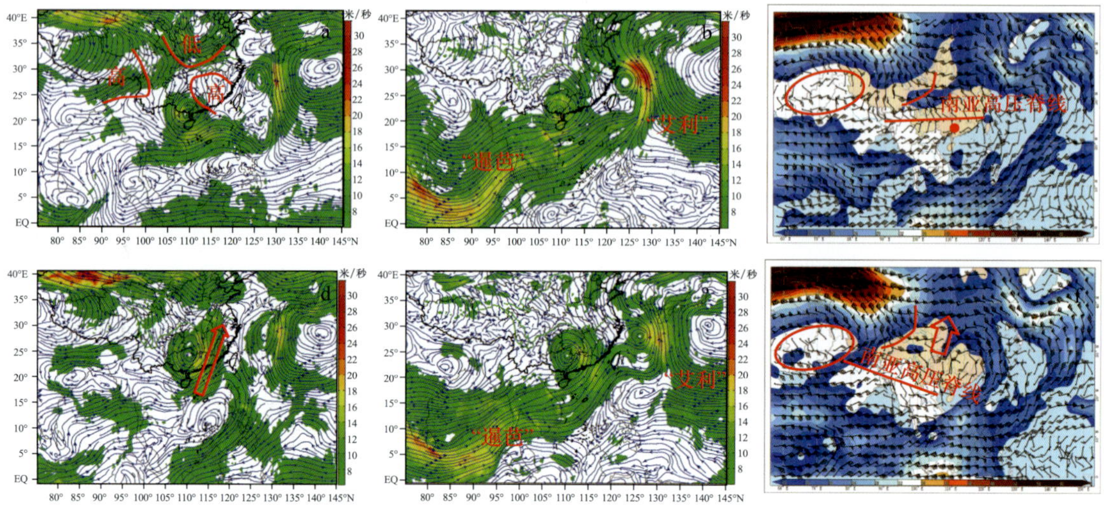

图 3　ECMWF 确定性模式 6 月 28 日 20 时起报的 120 h 预报 500 hPa(a)、850 hPa(b)流场和风速场、200 hPa 风场(c)和 7 月 3 日 20 时分析场 500 hPa(d)、850 hPa(e)流场和风速场、200 hPa 风场(f)

号直到 7 月 1 日 20 时的实况、分析场和预报场才出现，特别是东台风“艾利”的强度并没有像预期那样加强。从 7 月 1 日 20 时的云导风图(图略)可以看出，台风北侧的高空出流已经出现了将与北侧的西风急流相连的迹象，该时刻模式的分析场也证实了这一现象。从预报场和分析场的对比不难看出，早期在环流形势中支持预报员做出台风后期将西行的几个关键系统都有变化，主要表现为 500 hPa 流场显示(图 3d)，尽管大陆上有鞍型场，但是宽度较预报场小很多，并且台风距东侧的高压更近，东侧的偏南气流明显更强，意味着中层的引导是有利于台风向偏北移动；而 850 hPa 的流场则表明(图 3e)，东台风“艾利”由于没有像预期那样有充足的低层水汽流入，强度发展不理想，同时“暹芭”东侧偏南季风更强，将引导台风北行；200 hPa 高空流场上(图 3f)，阻挡“暹芭”北行的南压高压脊线位于台风的西侧而不是像预报场那样在台风北侧，台风北侧脊区被西风槽取代，槽前的西风急流与台风出流连接，意味着在高空上，台风北行的通道已经打开。基于高、中、低各层实况分析场和预报场的变化，CMA 对台风“暹芭”的长时效预报(72～120 h)路径在 7 月 2 日 08 时进行了一次较大的调整，将路径由原来的西折慢行调整为向北偏东方向移动。

2.2.3　关键系统分析

利用天气学分析方法对比模式在不同时刻起报的形势场预报差异(图略)，发现早期模式在 500 hPa 高度场的预报中对“暹芭”北侧的大陆高压、东台风“艾利”的预报偏强；同时从 200 hPa 风场中可以看出(图略)，模式早期对“暹芭”北侧高空急流的预报偏差较大，晚起报的预报场中台风北侧出现了明显的偏北出流。这跟前面对环流形势的预报和实况的对比分析基本一致。同时，通过计算不同时刻起报的形势场之间的格点差，可以发现东台风附近的 850 hPa 风场、北侧大陆上 200 hPa 高空槽附近的高度场和风场偏差明显，且以上三处与“暹芭”位置具有较高的相关性，敏感性测试(图略)结果显示为台风路径的高敏感区。以上分析表明，东台风“艾利”的强度、“暹芭”北侧的大陆高压、200 hPa 急流是影响“暹芭”长时效路径及环流预报调整的关键系统或关键区。

进一步通过同一时刻起报的典型集合成员环流形势对比的方式对以上结论进行验证。从6月30日20时起报的72 h集合预报成员中挑选了2个具有代表性的成员进行对比分析，其中22号成员预报"暹芭"路径是所有集合成员中最偏西的(图略)，可以作为模式预报出现较大偏差的代表；43号成员预报"暹芭"路径与实况最接近(图略)，可以作为模式预报基本正确的代表。可以看出，在22号成员200 hPa流场预报中，"暹芭"北侧的出流与"暹芭"是处于分离的状态，而在500 hPa高度场预报中，东西两环西太平洋副热带高压(以下简称副高)是呈现打通的状态，说明集合预报对中层的大陆高压预报偏强，而对高层北侧出流与西风带系统相连估测不足。这两个偏差与前文所述对确定性模式的分析所得结论一致，说明"暹芭"的路径偏差与高层流场的预报偏差有关，当高层流场预报调整之后，中层或中低层流场也随之变化，"暹芭"登陆并进入广西后，其周边高低空各层的环境条件的发展趋势，均支持其转向偏北方向移动。

由此可见，台风"暹芭"的长时效路径预报难度较大，这主要是由于大部分模式对台风"暹芭"早期长时效路径预报出现了明显偏西的预报偏差，分析表明，引起偏差的主要原因是对东台风"艾利"的强度、大陆高压区的宽度、高空流场(包括南亚高压脊线的位置和高空槽前的西风急流)等关键系统的预报偏差引起。一般认为，当双台风发生相互作用时，常常是西台风影响我国，东台风位于西北太平洋，东台风的预报不确定性可能会导致大尺度环流的预报不确定，造成西台风的路径预报偏差，这是业务预报时需要考虑的重要影响因素之一。预报员对模式预报的形势场中的关键系统或者关键区的识别、检验和订正能力，一方面取决于预报经验的积累和对模式预报细微调整的敏感程度，另一方面取决于实时检验产品和平台是否完善。因此，从以上两方面入手，积累预报经验、对模式预报进行详细分析、研发关键系统识别客观方法、在业务中建立完善的实时检验产品和平台，将有助于预报员及时订正台风预报路径。

2.3 强降水预报难点分析

2.3.1 强降水阶段特征及预报偏差

按照台风"暹芭"登陆前后环流的发展演变可将强降水过程分为3个阶段。

(1)台风登陆期间(1—2日)，台风"暹芭"受副高西侧偏东气流和西南季风引导向西北方向移动，环境场高能高湿，对流发展旺盛，小时雨强大；强降水主要出现在台风中心西南侧的急流区以及东侧螺旋雨带中。此阶段强降水分布相对集中，短期预报效果总体较好。但受台风路径预报偏西的影响，主客观暴雨预报均出现不同程度偏西。

(2)台风环流减弱北上与西风带系统结合之前(3—4日)，受东侧台风"艾利"影响，副高东退减弱，"暹芭"及减弱后的低压环流自华南缓慢北上。3日，降水回波变得松散，主要为本体稳定性降水和东侧、南侧螺旋雨带中的对流性降水。4日早晨，低压环流转向东北方向移入湖南；白天，其东侧偏南急流逐渐加强，降水在急流前沿辐合区重新发展加强并向北移动。在此环流转折阶段，强降水落区分布相对其他两个阶段更为分散，预报难度更大。以7月4日08时—5日08时为例，预报员(图4a)、数值模式(图4b、图4c)以及客观产品(图4d)提前1 d对湖北中南部至湖南中北部一带的强降水预报均偏弱(图4)。

(3)减弱后的低压环流与西风带系统结合以及低压尾流降水(5—7日)。5日起，低压环流继续向东北方向移动，逐渐与其北侧西风带系统结合，低压北侧倒槽发展，黄淮、东北地区等地出现较大范围强降水。主客观提前 1 d 对上述地区强降水预报效果均较好；而受低压尾流影响，华南仍有分散性强降水，对这类局地强降水主客观预报效果均不够理想。

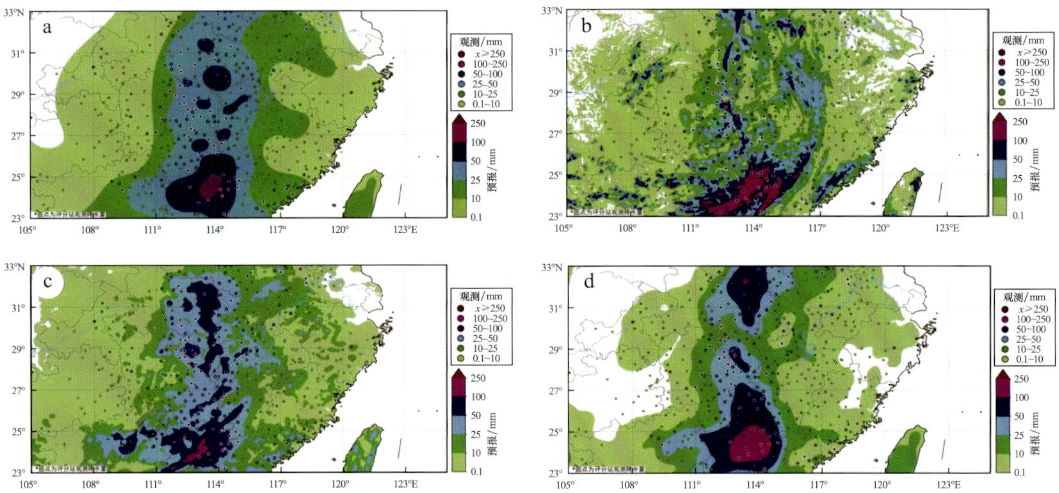

图 4　7 月 4 日 08 时—5 日 08 时 24 h 降水量实况(圆点)和预报场(填色)预报员(a)、CMA-MESO 模式(b)、ECMWF 模式(c)、最优背景场客观产品(d)，起报时间：模式和客观产品 3 日 20 时，预报员 4 日 08 时(红圈为暴雨漏报区域)

2.3.2　强降水预报难点及订正思路

台风"暹芭"登陆后移动路径特殊，影响时间长，降水范围广，强降水预报难点较多，主要有：台风路径和移速偏差以及地形作用、海陆分布等造成的强降水预报误差，台风环流减弱阶段的分散性强降水预报，低压环流与西风带系统以及地形相互作用造成的强降水落区、强度和影响时间的预报，台风北上后华南地区季风尾流造成的分散性强降水以及台风远距离降水的预报等。

业务实践表明，北上台风或低压环流与西风带系统结合前的强降水预报是业务中面临的突出难点，而本次过程中也有类似特点。为进一步探讨环流转折阶段强降水的预报着眼点，本文以 7 月 4 日湖南等地的强降水预报为例，重点分析登陆台风环流减弱后与西风带系统结合之前的降水预报偏差及可能的订正思路。由于强降水中期预报的影响因素更为复杂，因此这里将结合业务实际，重点针对短期和短临时效的订正思路进行分析。

1. 天气系统预报偏差及短期预报订正思路

7 月 4 日上午，随着 200 hPa 低槽缓慢东移，槽前高空急流区逐渐移近湖南中北部，形成有利的高层辐散形势(图 5a)；而在对流层低层，低压东南侧偏南急流增强，并在湖南中北部形成风速辐合(图 5b)，高低空急流耦合在该地区产生深厚而强烈的上升运动(图 5c)。集合敏感因子计算也表明，200 hPa 散度和 850 hPa 风速与湖南中北部暴雨区具有显著的正相关关系，表明高低层急流耦合导致的强上升运动是造成强降水的关键动力因子。

分别对 ECMWF 和 CMA-MESO 模式 3 日 20 时起报的 200 hPa(图 6)和 850 hPa(图略)风场和散度进行检验，结果显示两家模式对 4 日 14 时华中地区两层风速和散度场预报均明显

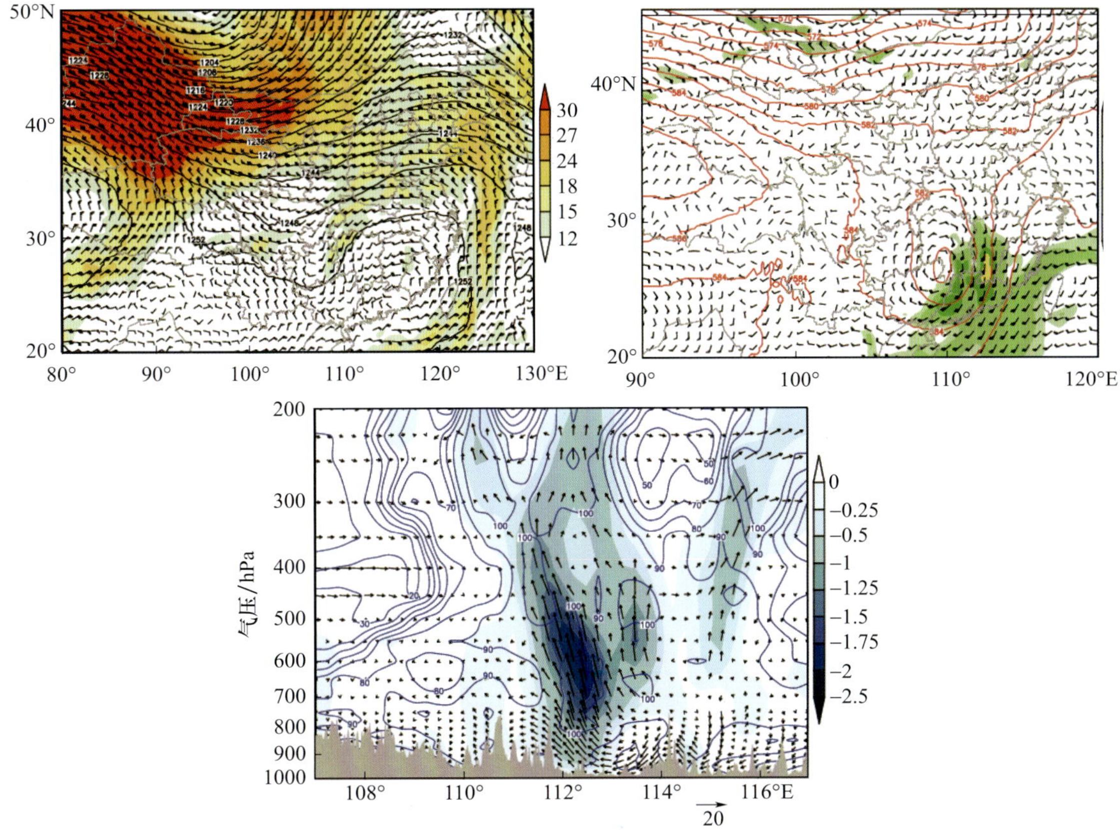

图 5 (a)ERA5 分析场 4 日 08 时 200 hPa 高度场(等值线)和风场(风向杆，填色风速≥12 m/s)；(b)4 日 08 时 500 hPa 高度场(等值线)和 850 hPa 风场(风向杆，填色风速≥12 m/s)；(c)4 日 14 时过 27.5°N 垂直速度(填色，单位：Pa/s)和 v；$-10w$(箭头)的经向-高度剖面

偏弱，相应的上升运动预报也明显偏弱，但模式对 200 hPa 高空急流东移加强以及散度增大的趋势预报与分析场一致(图 6)。同时，利用 4 日 05 时风廓线组网风场对 CMA-MESO 模式 3 日 20 时起报的预报场进行检验可发现模式对 850 hPa 风速预报偏弱的偏差特征。因此，结合模式风场预报的变化趋势与早期检验结果，提前 24 h 可对湖南中北部强降水预报做出有效订正。

2. 中尺度对流系统预报偏差及短临时效预报订正思路

对造成强降水的中尺度对流系统分析发现，4 日 12 时前后在低压中心东侧偏南急流辐合区有对流单体触发，对流尺度小，但发展旺盛，且随低压中心向北移动并在辐合最强区域发展加强；同时在东侧急流区不断有新的回波移入，导致湖南中北部一带降水持续。对 CMA-MESO 模式 3 日 20 时起报的雷达反射率因子和逐 6 h 降水量预报检验(图略)发现，模式对 4 日 14 时 6 h 对流性降水量级预报明显偏弱。

在短期时效内，预报员很难对中尺度系统发展演变进行有效订正，而在短临时效内，可根据实况监测做出一定的订正。4 日 08—11 时实况天气监测表明，低压环流向东北方向移动的过程中，中心气压呈减弱趋势但环流依然完整(图 7a)，其中心及东南侧地面空气持续饱和(图 7b)，地面存在中尺度辐合线且不断加强，辐合线东侧气温逐渐升高，在湖南东部形成南北向温度锋区(图 7c)，有利于对流系统的发展和维持。因此，在 4 日上午，可根据环境条件变化提前 2 h 左右对湖南中北部强降水做出临近订正预报。

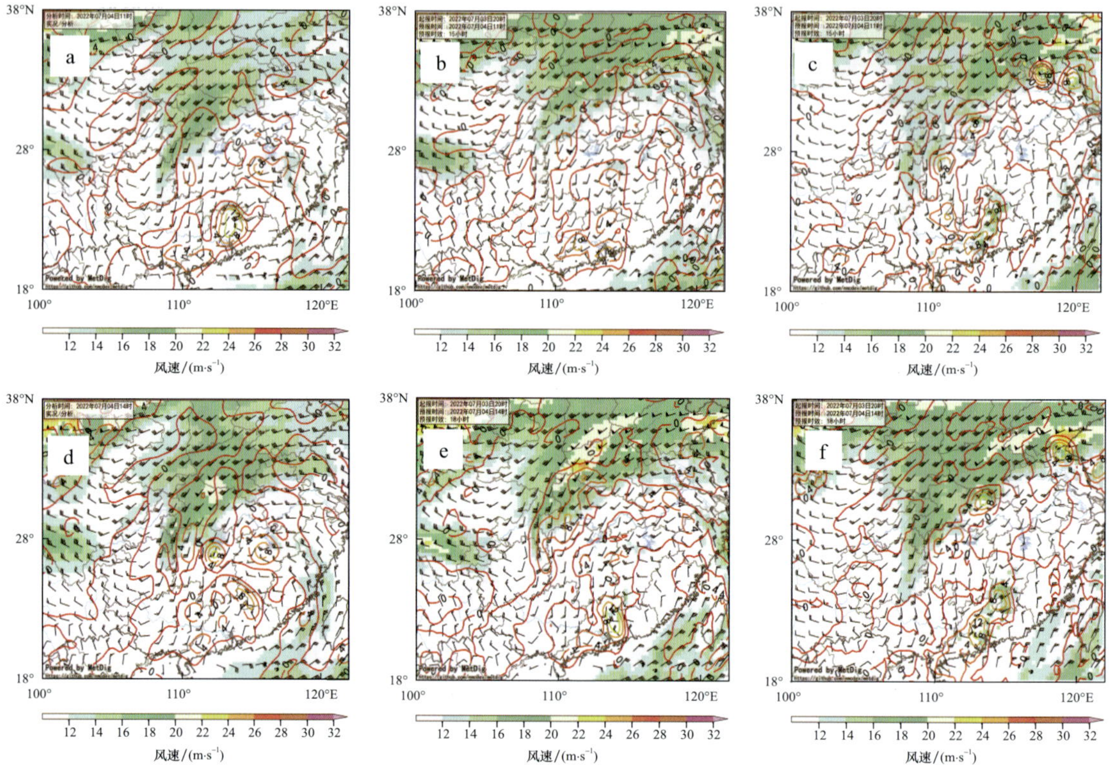

图 6　ERA5 分析场(a、d)和 ECMWF 模式(b、e)、CMA-MESO 模式(c、f)3 日 20 时起报的 4 日 11 时(b、c)、14 时(e、f)的 200 hPa 风场(风向杆,填色风速≥12 m/s)和散度(等值线,单位:10^{-5}/s)预报场对比

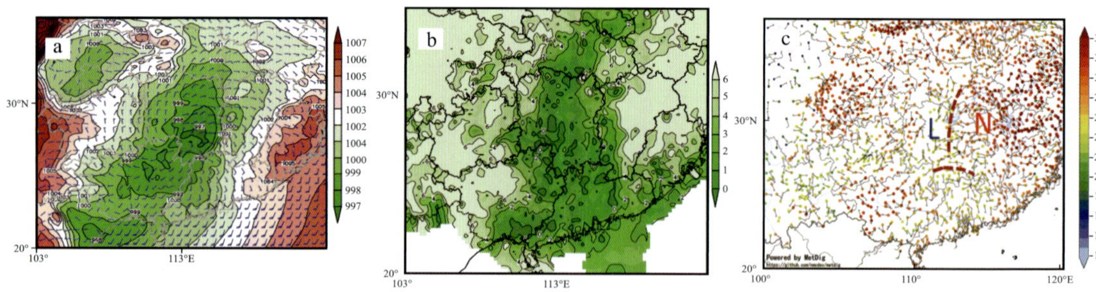

图 7　(a)ERA5 分析场 4 日 08 时海平面气压场(填色、等值线,单位:hPa)和 10 m 风场(风向杆);(b)4 日 11 时地面自动站观测的 2 m 温度露点差(填色、等值线,单位:℃);(c)4 月 11 时地面自动站观测的风场(风向杆)和 2 m 气温(圆点,单位:℃)

3 结论

利用多家客观模式资料和 CMA 实时业务预报资料对 2022 年第 3 号台风“暹芭”的长时效路径预报和强降水预报难点问题进行了分析和研究,得出主要结论如下。

(1)台风“暹芭”是 2022 年首个登陆我国的台风,风雨影响持续时间长、范围广,登陆减弱后其残余环流继续北上，与西风带系统一起继续影响我国华中、华东、华北及东北地区；累计雨量大、风雨强度强；降水的阶段性特征明显。

(2)“暹芭”的长时效(72～120 h)路径预报难度大，主要表现为多家模式预报一致偏西，分析结果表明，长时效路径预报偏差是由于模式对东台风、大陆高压和西风急流等关键系统的预报偏差所导致，可以通过天气学分析、模式预报偏差对比和关键系统识别客观方法研发等方式对此类预报偏差进行及时订正。

(3)“暹芭”强降水预报受台风路径和强度预报以及多系统相互作用的复杂影响，不同阶段的可预报性和预报难点有差异。其中，登陆后与西风带系统结合之前的强降水预报难度更大。在本次过程中，可通过分析高低空、高低纬系统相互作用、模式关键要素场预报的变化趋势、局地动力和热力以及地形作用等，进行短期和短临时效订正预报。建议开发登陆台风不同阶段(重点是转折阶段)的强降水客观预报技术，进一步提高降水预报准确率。

参考文献

[1] 李英，陈联寿，王继志．热带气旋登陆维持和迅速消亡的诊断研究[J]. 大气科学，2005，29(5)：482-490.

[2] 陈联寿，丁一汇．西太平洋台风概论[M]. 北京：科学出版社，1979.

[3] 陈联寿，徐祥德，王继志，等．热带气旋动力学引论[M]. 北京：气象出版社，2002.

[4] 程正泉，陈联寿，李英．登陆台风降水的大尺度环流诊断分析[J]. 气象学报，2009，67(5)：840-850.

[5] 钮学新，杜惠良，刘建勇．0216 号台风降水及其影响降水机制的数值模拟试验[J]. 气象学报，2005，63(1)：57-68.

[6] 杨舒楠，曹勇，陈涛，等．台风苏迪罗登陆次日分散性暴雨成因及预报着眼点[J]. 气象，2019，45(1)：38-49.

2212号强台风"梅花"的主要特点和预报难点分析

刘汉华[1] 向纯怡[2] 王 晴[2] 胡 艺[2] 黄新晴[1] 沈文强[1] 郭巧红[1]
(1. 浙江省气象台,杭州,310051;2. 国家气象中心,北京,100081)

摘 要:2022年第12号台风"梅花"先后登陆浙江、上海、山东、辽宁四省(市),是1949年以来首个四次登陆在不同省(区、市)的台风。利用多源资料对"梅花"的主要特点和预报难点进行了分析,得出如下主要结论:(1)"梅花"具有登陆次数多、登陆强度强、风雨影响时间长、范围广、强度大的特点。(2)"梅花"路径预报难点集中在生成初期路径趋势预报和登陆后的陆上路径预报这两个阶段,路径误差主要来源于初期路径预报偏东、登陆前后的陆上预报路径偏西和移速偏慢;加强影响台风路径的西太平洋副热带高压(以下简称副高)、低涡、南亚高压等关键系统的及时检验和订正,关注引导气流的变化,可更好把握台风的路径趋势。(3)"梅花"降水预报难点集中在过程降水极值和强降水落区两个方面,此次降水极值预报存在低估现象,强降水落区存在明显范围偏大、暴雨大暴雨空报较多的偏差;加强山脉地形对于降水影响的定量化研究,开发基于地形影响的降水预报产品,可给预报员提供定量参考。

关键词:台风"梅花",预报难点,副热带高压,路径预报,强降水

引言

随着台风综合观测体系的不断完善和数值模式预报能力的提高,我国台风业务预报得到了快速发展[1],但仍有一些台风的路径预报尤其是长时效路径预报误差较大[2],台风影响暴雨预报也是业务预报的难点之一。面对防灾减灾的精细化服务需求,台风业务预报仍给预报员带来很大的挑战。通过分析当年影响台风的特点和预报难点对于预报员积累台风预报和服务经验具有重要的应用价值。

2022年第12号台风"梅花"于9月8日08时生成,先后登陆浙江、上海、山东、辽宁四省(市),给华东和东北地区东部带来长时间的强风雨影响。针对台风"梅花",中央气象台和相关省(区、市)气象台及时发布预警,24 h路径预报误差64.5 km,强度预报误差3.4 m/s,暴雨以上量级降水预报评分优于业务模式,为各级党委政府部署防灾减灾救灾工作提供了科学决策依据。但从预报精准角度上看,"梅花"在路径和降水预报方面还存在一定的预报难点和偏差,本文将对"梅花"的预报难点和偏差进行复盘总结,提炼预报着眼点,为今后的台风预报服务提供参考。分析使用的数据资料包括:中国气象局地面、高空、雷达和卫星观测资料;ERA5(第5代欧洲再分析)逐小时资料(空间分辨率为0.25°×0.25°);中央气象台(CMA)、日本气象厅(JMA)和美国联合台风警报中心(JTWC)的台风官方预报资料;模式预报资料主要来自中国气象局全球同化预报系统(CMA-GFS)、中国气象局台风数值预报系统(CMA-TYM)、中国气象局区域数值预报系统(CMA-MESO)、欧洲中期天气预报中心(ECMWF)和美国环境预报中心(NCEP)。

1 台风"梅花"概况和主要特点

台风"梅花"于 2022 年 9 月 8 日 08 时在西北太平洋洋面生成，先偏西行逐渐转西北方向移动，11 日 02 时在台湾以东洋面加强为强台风级并逐渐转向偏北方向移动，12 日进入东海后减弱为台风，13 日 05 时在东海南部再次加强为强台风级，14 日 20 时 30 分在浙江普陀沿海登陆，15 日 00 时 30 分在上海奉贤二次登陆，16 日 00 时在山东青岛崂山区沿海三次登陆，12 时 40 分在辽宁省大连市金普新区第四次登陆，之后逐渐减弱变性为温带气旋，中央气象台 16 日 20 时对其停止编号（图 1a）。

台风"梅花"具有如下主要特点：(1)登陆次数多。"梅花"是 1949 年以来第 3 个四次登陆我国的台风，也是首个四次登陆在不同省（区、市）的台风。(2)登陆强度强。"梅花"在浙江普陀登陆强度为强台风级（14 级，42 m/s），是 2022 年登陆我国的最强台风，也是 1949 年以来登陆舟山的最强台风；"梅花"在上海奉贤登陆强度为台风级（12 级，35 m/s），是 1950 年以来登陆上海的最强台风。(3)风雨影响时间长、范围广、强度大。9 月 12—17 日，"梅花"自南向北先后影响我国中东部 8 个省（区、市），过程降水时间长达 6 d，其中台湾地区北部、浙江北部和东部、上海、江苏东部、山东半岛和辽宁东部等地累计降雨量有 100～200 mm，浙江绍兴、宁波、舟山及山东青岛、烟台等地部分地区 250～500 mm（图 1b），23 个国家气象观测站日雨量突破 9 月极值，最大过程降水量为浙江余姚大岚镇夏家岭 707 mm，最大小时雨强为浙江海曙薛家 98.6 mm/h；浙江东部、上海、江苏东部、山东半岛、辽宁东部等地最大阵风有 8～10 级（图 1c），上海沿海、浙江沿海及部分岛礁风力达 12～15 级，最大阵风出现在浙江舟山徐公岛 16 级（53.6 m/s）。浙江东北部沿海海面 12 级以上大风累计时长达 12 h。

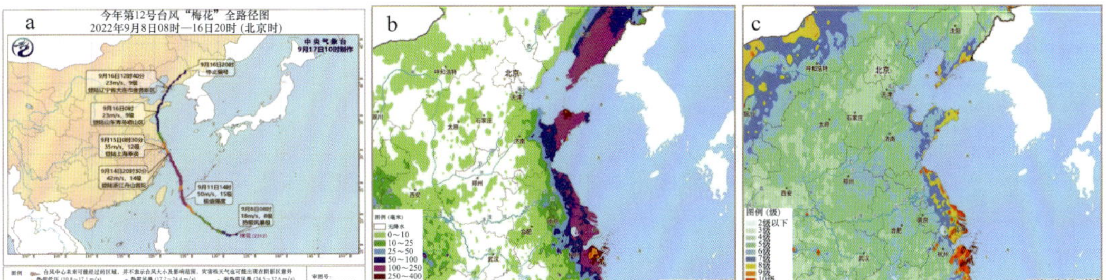

图 1　台风"梅花"全路径(a)、9 月 12 日 08 时—17 日 08 时过程降水量实况（单位：mm）(b)和过程最大阵风实况（c，单位：m/s）

2 预报检验

2.1 路径预报检验

中央气象台 24 h、48 h、72 h、96 h 和 120 h 的台风"梅花"主观路径预报误差分别为 64.5 km、133.8 km、199.5 km、307.3 km 和 447.0 km（图 2a），其中 24 h 主观预报误差较近

5 年平均[3-7](73.4 km)减小 12.1%,48 h 和 72 h 主观预报误差与近 5 年平均误差基本相当,96 h 和 120 h 较近 5 年平均误差有所增大,尤其是 120 h 的预报误差明显大于近 5 年平均(342 km),说明“梅花”5 d 的路径预报误差较大,但短期预报效果较好。此外值得注意的是,各时效主观误差大于日本气象厅和美国联合台风预警中心,相对客观模式各时效预报误差明显优于 CMA-GFS 和 CMA-TYM,但次于 ECMWF 和 NCEP,整体来看,路径预报准确率还有一定的提升空间。

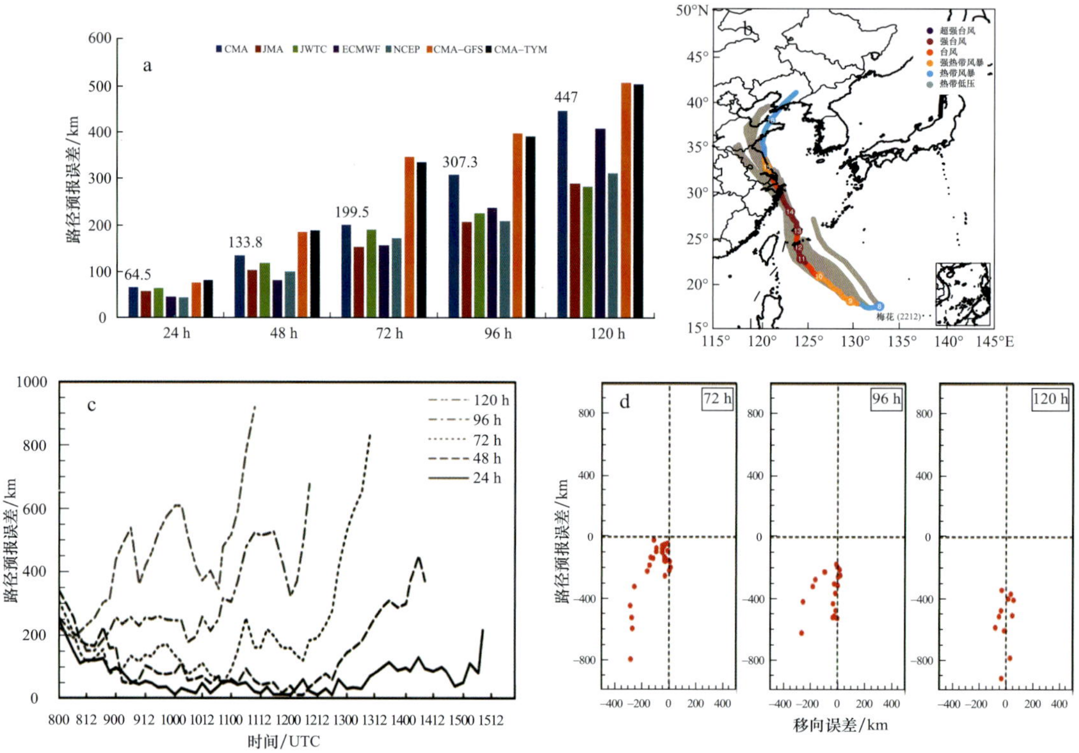

图 2 (a)中国、日本、美国官方预报和常用业务模式路径预报误差对比(单位:km);(b)中央气象台各时次的预报路径(灰色)和实况路径图(填色);(c)中央气象台关于台风“梅花”各时效路径预报误差的时间演变(单位:km);(d)台风“梅花”9 月 10—14 日的 72 h、96 h、120 h 路径误差分布(单位:km)

从中央气象台各时次的预报路径和实况对比(图 2b)来看,可以发现在“梅花”生成初期(9 月8 日)路径预报明显偏向实况东侧;当“梅花”强度发展至台风级后(9 月 10—12 日)路径预报趋势与实况接近,登陆点预报集中在浙江东北部沿海;登陆前一天和登陆当天(9 月 13—14 日)路径预报明显偏向实况西侧,各时效的预报误差再次加大。从图 2c 各预报时效误差的时间演变可以看出,24 h 和 48 h 的预报误差在初始阶段和登陆前后偏大,而 72 h、96 h 和 120 h 预报误差则从“梅花”在台湾以东洋面加强为强台风级之后明显增长。从 9 月 10—14 日的 72 h、96 h、120 h 误差空间分布(图 2)可以看出,在“梅花”登陆前,路径 3～5 d 预报存在明显的移速误差,预报移速较实况明显偏慢(路径误差<0)。说明移速预报偏慢是导致该阶段 3～5 d 预报误差较大的主要原因。

2.2 强度预报检验

中央气象台 24 h、48 h、72 h、96 h 和 120 h 的主观强度预报误差分别为 3.4 m/s、4.5 m/s、3.5 m/s、5.8 m/s 和 8.3 m/s，其中 72 h 内误差明显优于美国和各家客观模式预报，也明显小于过去 5 年平均[3-7]，较 CMA-GFS 和 CMA-TYM 有非常高的正技巧订正。

2.3 降水预报检验

12—13 日，“梅花”登陆之前，台风外围环流开始影响华东沿海，暴雨落区分散，主客观空报较多。台风登陆前后，特别是向北移动过程中，空报逐渐减小，本体影响阶段 24 h 暴雨评分超过 0.4（图 3a），但预报的落区整体偏西，特别是 14 日台风登陆前后，浙江西北部、江苏一带出现了明显的暴雨、大暴雨空报（图 3b），值得进一步分析。

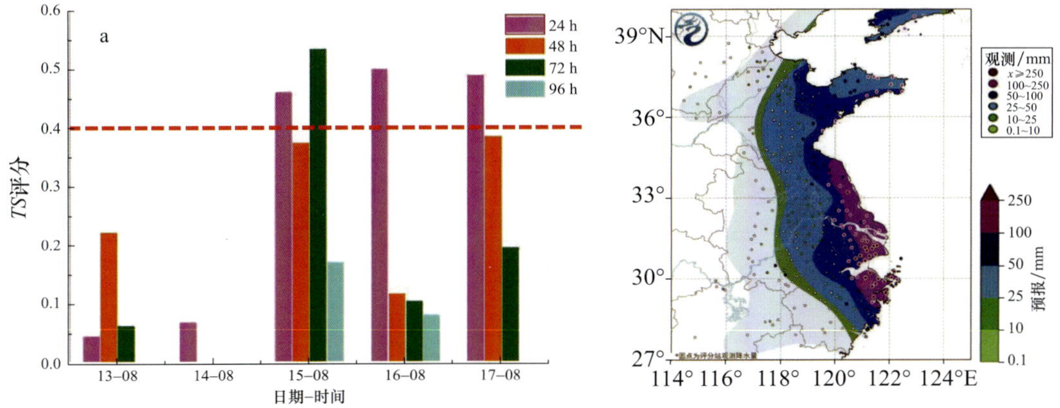

图 3 (a)9 月 13—17 日 24—96 h 暴雨及以上量级降水预报 *TS* 评分；(b)14 日 08 时—15 日 08 时预报员 24 h 累计降水量预报（填色）和实况（圆点，单位：mm）

3 预报难点分析

3.1 路径预报难点分析

“梅花”生成初期路径趋势预报和登陆前后的陆上预报难度大。初期路径预报偏东，登陆前后的陆上路径预报偏西、移速偏慢，以下主要针对这两个难点和误差做具体分析。

3.1.1 “梅花”生成初期路径趋势预报难度大、预报路径偏东

“梅花”生成初期（9 月 8 日）各主流模式均预报了伴随中纬度西风槽东移，副热带高压明显减弱断裂（图 4）的变化趋势，有利于“梅花”西北行，但随着东侧热带气旋和陆上切断低涡的

发展,“梅花”长时间处于弱引导气流环境中,由于模式对台风主要影响系统的长时效预报存在明显偏差,不同起报时刻的预报调整幅度大,各个模式之间的路径预报分歧增大,如7日20时起报的ECMWF集合模式(图4c),集合成员的预报路径从西北行登陆台湾到西北行转向日本均有,发散度非常大,导致“梅花”生成初期的路径预报难度非常大。考虑多数成员和确定性预报均预报了明显的初期西北行后期转偏北行的路径,多模式预报登陆浙江的概率不足10%,故预报员初期主观预报短期路径以西北行为主后逐渐转偏北行,长时效没有给出登陆浙江的路径趋势。

从2.1路径预报检验发现,“梅花”初期路径预报偏向实况路径东侧,短期预报误差较大。从500 hPa实况高度场和7日20时起报的CMA-GFS、ECMWF对应预报场对比来看(图4a、图4b),可以发现,“梅花”生成初期8日08时、20时中纬度西风槽位置较预报略偏北,副高非常强盛,中心达593 dagpm,比预报明显偏强,且未出现模式预报的快速减弱断裂现象,导致8日白天“梅花”实际仍主要受副高南侧的偏东气流引导,以西行为主,这是初期路径预报出现偏东误差的主要原因。

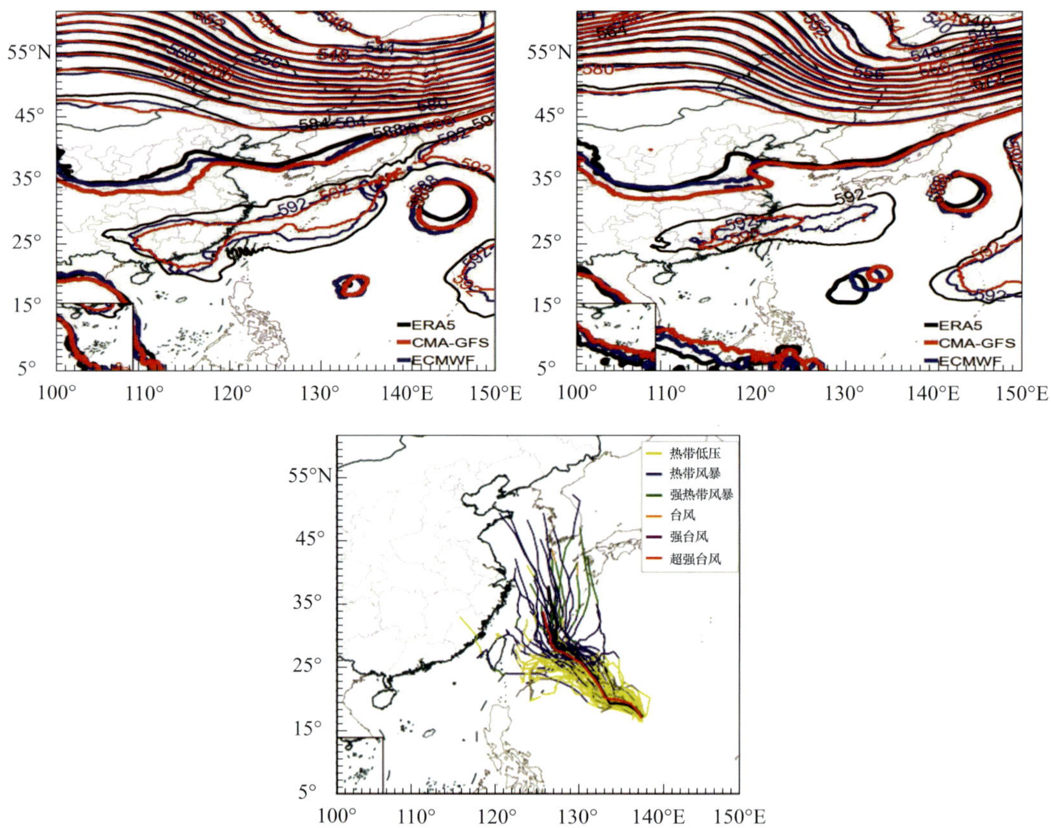

图4　2022年9月8日08时(a)、20时(b)的500 hPa实况高度场(黑线)和7日20时CMA-GFS(红线)、ECMWF(蓝线)起报的12 h和24 h预报高度场(单位:dagpm)和ECMWF 7日20时起报的“梅花”集合预报路径(c)

3.1.2　登陆前后的陆上预报路径偏西、移速偏慢

“梅花”登陆前一天和登陆当天(9月13—14日),各家主流模式集合预报和确定性路径

(图 5b～图 5d)均出现明显西调趋势，其中 CMA 集合预报全部成员预计“梅花”将在浙江温岭到舟山一带沿海登陆，且登陆后继续向偏西方向深入内陆，而 ECMWF 和 NCEP 的集合预报也出现西调，个别成员预报了偏北移动的趋势，各家确定性预报均考虑在宁波沿海一带登陆。预报员对环流形势进行分析发现，出现此现象原因在于各家主流模式 12 日 20 时起报均预报 13 日 500 hPa(图 5a)大陆高压脊将与西太平洋副热带高压合并，同时大陆上的低涡南移，距离“梅花”东侧约 1500 km 的热带低压未来将发展成第 14 号台风“南玛都”。考虑受副高西南侧的东南气流引导、大陆上低涡的牵引以及未来“南玛都”的影响，预报员根据模式的调整趋势将“梅花”的预报路径向西做了调整，登陆点调整至宁波象山沿海，登陆后将继续向西北方向移动。但后期的检验表明，这次的调整导致预报路径偏向实况西侧，误差开始增大。

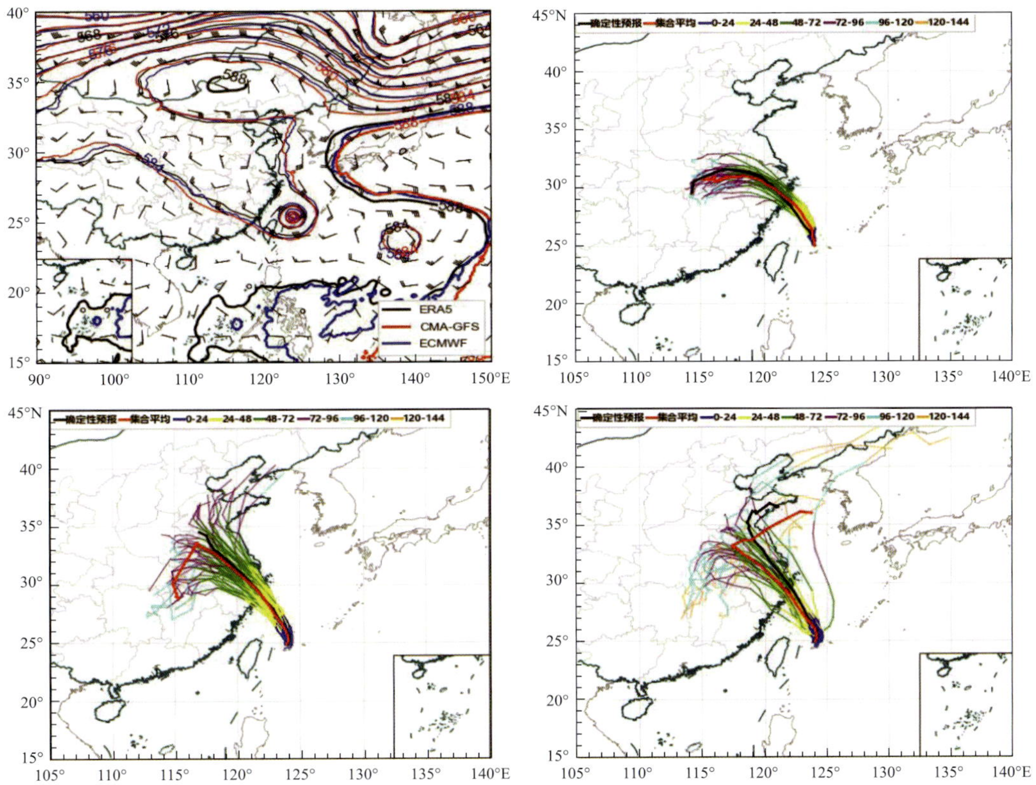

图 5 (a)2022 年 9 月 13 日 08 时的 500 hPa 实况高度场(黑线，单位：dagpm)、风场和 12 日 20 时 CMA-GFS(红线)、ECMWF(蓝线)起报的 12 h 预报高度场(单位：dagpm)；(b)～(d)CMA、ECMWF、NCEP 9 月 12 日 20 时起报的“梅花”集合预报路径

从 13 日 08 时 500 hPa 形势检验来看(图 5a)，模式预报副高和大陆高压脊合并趋势跟实况一致，但实况副高较预报略强，低涡较预报偏弱，位置略偏北，500 hPa 风场(图 6a)显示，“梅花”中心南侧偏西急流实况较预报偏强 4 m/s，略强于北侧偏东急流，这不利于“梅花”出现西行分量，200 hPa 风场(图 6b)显示，“梅花”北侧存在强盛的西南急流出流，本体附近的偏南引导气流明显，从图 6“梅花”引导气流的演变也可以看出，13 日白天整层平均引导气流以偏南气流为主，13 日 20 时伴随对流层上层槽减弱，海上南压高压的增强，南偏东引导气流才逐渐明显起来，这导致“梅花”13 日白天以偏北行为主，20 时后才转为北偏西移动，转向较预报偏晚

12 h,这是误差产生的关键原因。

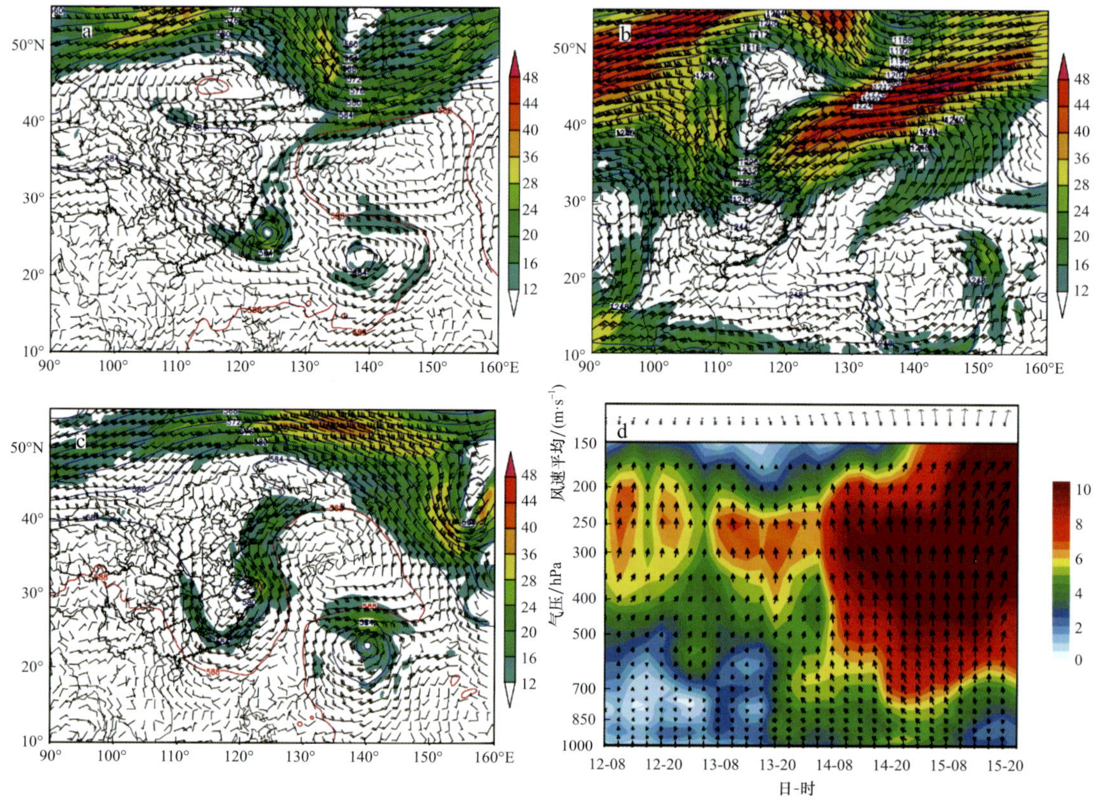

图6　9月13日08时500 hPa(a)、200 hPa(b)、9月14日23时500 hPa(c)的高度场(等值线,单位:dagpm)和风场(填色为风速≥12 m/s);(d)9月12—15日梅花引导气流(风矢,填色)及整层平均(上方框风矢)的时间演变(单位:m/s)

从上文中路径检验可得出“梅花”登陆前长时效路径预报尤其是登陆后预报存在明显的移速预报偏慢现象,出现此现象原因主要在于登陆前各家模式对于“梅花”长时效路径预报分歧大,以12日20时起报为例,CMA集合预报全部成员及ECMWF、NCEP集合预报约80%的成员均预报台风登陆后将移入弱引导气流环境,可能长时间回旋或在陆上滞留,预报员采信了大部分成员的预报趋势,对登陆后的“梅花”移速预报较慢。而实际上“梅花”登陆后(图6c),并未进入弱引导气流环境中,由于有弱冷空气影响,移动路径比较靠东,离东环副高较近,受其西侧明显的偏南气流引导,快速向偏北方向移动,后逐渐并入西风槽,快速转北偏东行进入渤海。从“梅花”各层和整层平均引导气流的演变(图6)也可看出,“梅花”在14日起800 hPa以上引导气流明显加强,中高层和整层平均引导气流达到10 m/s以上,这有利于“梅花”加速北上。

3.1.3　路径预报着眼点

“梅花”路径偏差产生关键原因在于模式预报影响台风移动的关键系统存在偏差,导致引导气流预报存在偏差。业务中,预报员需加强对模式中影响台风路径的关键系统副高、西风槽、低涡、对流层上层槽、南亚高压等的及时检验和订正,关注引导气流的变化,对于登陆后快速北上的台风,尤其需关注中高层引导气流的作用,及时利用实况观测动态订正各系统的演变，以便更好把握台风的路径趋势。可尽快建立和发展形势场实时检验和预报订正系统，辅助预报员进行及时的预报调整。

3.2 降水预报难点及成因分析

“梅花”降水预报难点主要在过程降水极值和强降水落区上，对于“梅花”累计降水极值存在低估，主流模式预报的极值为 300 mm 以上，预报员主观订正到 500 mm 以上，但实况显示浙江东北部地区多地出现了 500 mm 以上的强降水，最大余姚大岚镇夏家岭出现了 707 mm 的极端降水；在强降水落区的预报方面，整体预报范围偏大偏西，导致暴雨、大暴雨空报较多，尤其是 9 月 14 日台风本体主要降水时段，江苏大部、浙江西北部均出现了明显的暴雨大暴雨空报现象。下面将主要针对浙江东北部强降水的成因和 14 日强降水落区偏差这两个方面进行分析。

3.2.1 浙江东北部强降水的成因分析

受“梅花”影响，浙江东北部出现了 707 mm 极端降水，主客观预报均对其把握不足。从代表站夏家岭逐小时降水演变（图 7a）可以发现浙江的强降水主要由长时间的持续性降水累加造成。从卫星云图演变（图 7b、图 7c）可以发现降水主要分成两个阶段：14 日 12 时之前主要为台风倒槽和外围螺旋雨带的降水，该阶段雨强时强时弱，呈三峰型；之后主要为台风本体影响降水，该阶段强降水集中，呈单峰型，大部时间雨强超过 20 mm/h，强降水集中在台风中心西侧，具有明显的不对称性。

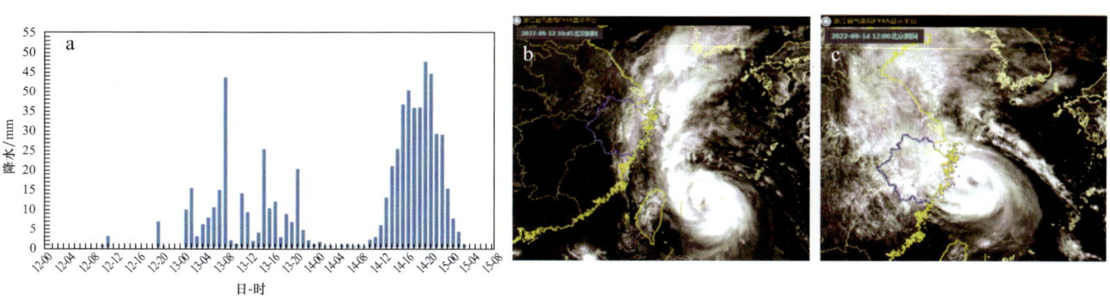

图 7　浙江余姚大岚镇夏家岭逐小时降水演变（a，单位：mm）、FY-4 可见光云图 9 月 12 日 10 时 45 分（b）、9 月 14 日 12 时（c）

造成浙江东北部强降水成因主要有以下五个方面。

（1）降水影响时间长，“梅花”生成后其倒槽与冷空气结合，造成其北侧形成横跨上千公里的倒槽云系（图 7b），12 日“梅花”未进入东海时，浙江东北部地区已经开始受到该云系影响出现分散性的暴雨天气，后伴随台风北上登陆舟山沿海，降水逐步增大，至 15 日上午影响结束，影响时间 3 天有余。

（2）持续的水汽输送为强降水提供了有利的水汽条件。虽然“梅花”与“南玛都”未产生明显的藤原效应，但从 850 hPa 水汽通量图（图略）上可以发现“南玛都”生成之后其北侧偏东气流一直持续向“梅花”和浙江沿海输送水汽，这为浙江强降水的产生提供了充足的水汽条件，从 925 hPa 水汽通量散度场（图略）来看，可以发现浙江东北部地区长时间处于明显的水汽通量散度负值区中。此外通过逐小时的 925 hPa 水汽通量散度场和降水量演变对比(图略)可发现,925 hPa 水汽通量辐合强度大值区与强降水落区对应良好,且辐合强度的变化对降水强度有一定指示意义,在今后台风降水预报中可进行参考。

(3)台风的非对称结构发展。从图 8a 可见,“梅花”登陆前后台风眼结构清晰,东南侧空心结构显著,台风西侧和北侧密蔽云区覆盖,强度强、结构紧密,对流发展旺盛,45 dBZ 回波发展高度(图 8b)达 5~6 km,东侧和南侧回波强度弱、结构稀疏,大于 45 dBZ 强回波长时间经过浙江东北部地区,进而给该地带来明显的强降水。物理量诊断发现,登陆前台风相对涡度的大值区整体位于台风中心轴线西侧,低层辐合、高层辐散的动力场配置(图 8c)也位于中心轴线西侧,低层辐合中心随高度向西倾斜,相应在台风中心西侧产生强烈的上升运动,向上伸展至 200 hPa,大值中心位于 850 hPa 和 550 hPa 附近。因此,台风结构不对称导致台风中心西侧出现强烈的动力抬升作用,进而导致浙江东北部强降水发生。

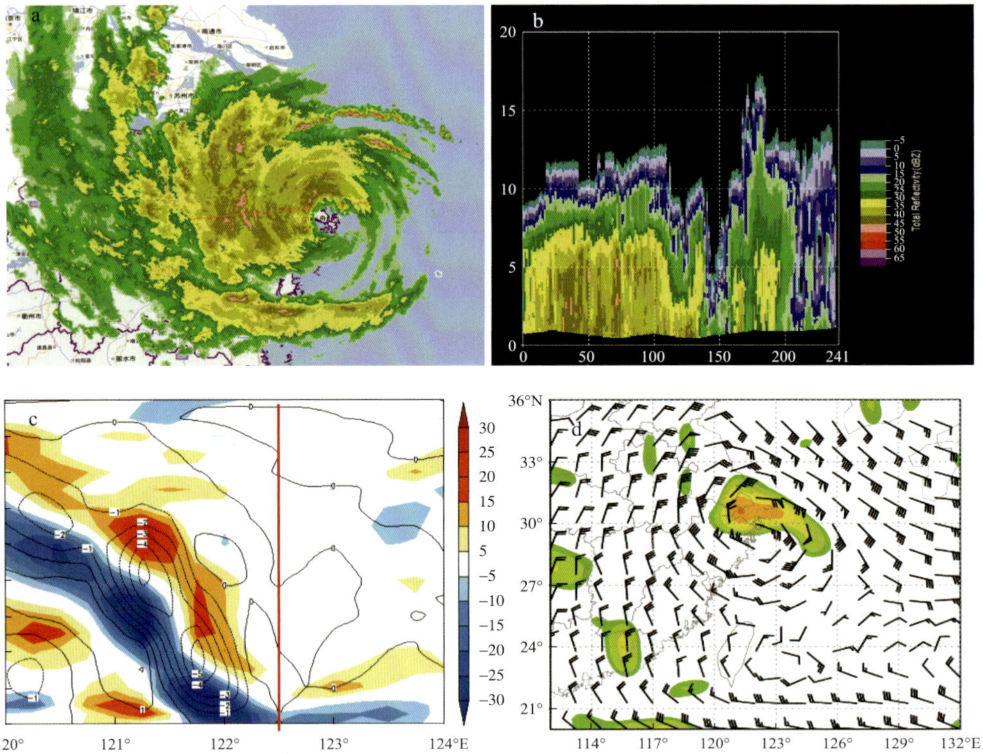

图 8 (a)14 日 20 时 30 分雷达 CR 拼图;(b)CR 剖面;(c)14 日 14 时沿台风中心过 28.8°N 散度(填色,单位:10^{-5}/s)和垂直速度(等值线,单位:Pa/s)纬向垂直剖面,红线表示台风中心轴线;(d)14 日 20 时 850 hPa 锋生(阴影,单位:K/(km·s))和风场

(4)锋生作用。14 日中高纬大气环流形势(图略)呈“西低东高”分布,台风“梅花”位于西太平洋副热带高压西侧,新疆北部有经向度较大的高空槽,自槽底沿西北气流有干冷空气从低层卷入台风环流内部,导致台风中心西侧对流层低层锋生(图 8d),有利于上升运动在台风中心西侧增强,导致降水增强。

(5)浙江山脉地形对降水增幅明显。“梅花”带来的浙江强降水累计 500 mm 以上基本位于四明山区域(图 9a),四明山海拔在 400~900 m,其迎风坡和北向喇叭口地形可迫使水汽辐台抬升，加强垂直运动的发展，进而使降水加强。如14日15时（图9b）在四明山上空存在持续的偏北风和东北风的辐合，且偏北风和东北风与浙江东北部山脉地形夹角大，有利于增强地形抬升作用，使降水产生增幅，此时四明山区域多站出现30 mm/h以上的短时强降水，夏家岭1 h内出现了49.4 mm的强降水，而邻近平原余姚站仅27.9 mm。

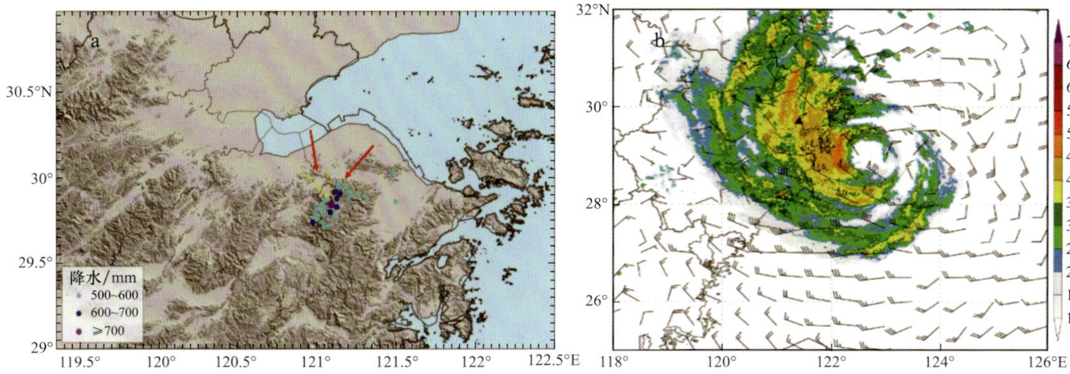

图9 （a）过程累计降水超过500 mm的站点分布和地形高度（阴影）；（b）14日15时地面风场和雷达拼图（黑三角为夏家岭站）

统计2000年以来从东海南部北上登陆舟山（2212梅花、2106烟花、1918米娜）或进入舟山东部海域转向（2211轩岚诺、2114灿都、1509灿鸿）的6个台风，发现这6个台风均在宁波四明山区形成了明显的强降水中心。四明山区的最大雨量中心与宁波地区的过程面雨量相比，平均增幅1.7倍，与邻近平原站（如余姚）相比，平均增幅1.5倍。

3.2.2 台风本体暴雨预报偏差分析与思考

9月14日“梅花”本体降水时24 h暴雨评分超过0.4，但是暴雨落区整体偏西，特别是浙江西北部、江苏一带出现了明显的暴雨、大暴雨空报（图3b）。分析原因发现低层风场预报偏差是造成暴雨预报偏西的主要原因。从形势场预报看，全球和中尺度模式对于低层风场预报均偏大，在江浙一带14日08时预报出明显的倒槽，而实况为一致的东北风，且风速相较预报场偏弱（图10）。关键影响系统位置预报偏西，是暴雨预报偏西的主要原因。此外，14日台风“梅花”强风雨集中在本体周围，“梅花”的尺度较小，进一步增加了降水落区对台风路径预报的敏感性，本次“梅花”路径陆上预报整体偏西，亦导致强降水落区预报偏西。各家主流模式强降水落区预报偏西也给预报员带来了一定的订正难度。

台风暴雨落区预报订正的思考：需密切关注台风路径的细微变化，在此次“梅花”预报过程中，各家模式在短期时效内对台风路径预报存在明显摆动，72 h路径预报与实况最接近，60 h预报出现明显西调，较实况最为偏西，之后模式开始连续东调，与此对应，60 h至临近时效多家模式暴雨落区稳定向东调整，这种调整趋势可定性地为暴雨落区订正提供参考（图略）。中央气象台研发的基于订正路径的OBEST客观方法对暴雨落区有较好的订正，在实际预报中可加以应用。

3.2.3 降水预报着眼点

台风影响降水重点关注台风路径、台风结构、水汽条件、动力条件、地形增幅以及影响时间的长短等。"梅花"影响浙江东北部地区时间长、持续的水汽输送、台风结构的不对称发展、低层锋生、地形增幅等是造成浙江东北部强降水产生的重要原因。从东海南部北上的台风引发浙江的强降水中心一般会出现在四明山区域,降水极值可在平原基础上 2.5 倍考虑效果较好。

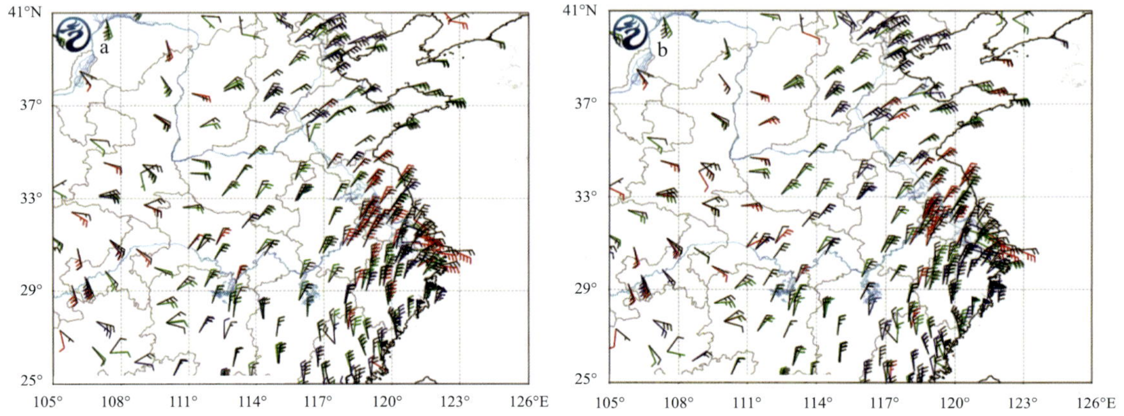

图 10　ECMWF(a)和 CMA-MESO(b)模式 13 日 20 时起报 12 h 预报时效 850 hPa 风场

(黑色风羽代表实况;彩色风羽代表预报;绿色代表预报-实况偏差在 2 m/s 以内;红色代表偏差大于 2 m/s;蓝色代表偏差小于 2 m/s)

4 总结和讨论

本文对 2212 号台风"梅花"的主要特点和预报难点进行了分析,得到如下主要结论。

(1)"梅花"是 1949 年来首个四次登陆在不同省(市)的台风,具有登陆次数多、登陆强度强、风雨影响时间长、范围广、强度大的特点。

(2)"梅花"初期路径预报偏向实况东侧,登陆前后陆上预报路径偏西、移速偏慢,误差的主要来源说明模式对关键系统的预报存有偏差。

(3)"梅花"影响浙江东北部地区时间长、持续的水汽输送、台风结构的不对称发展、低层锋生、地形增幅等是造成浙江东北部强降水产生的重要原因。

(4)台风降水预报重点关注台风路径、结构、水汽条件、动力条件、地形增幅以及影响时间长短等。模式往往对地形增幅作用估计不足,易造成降水极值的低估、极端降水的漏报。

通过典型个例分析发现,预报员需加强影响台风路径的关键系统副热带高压、西风槽、低涡、对流层上层槽、南亚高压等的及时检验和订正,关注引导气流的变化,以便更好把握台风的路径趋势。尽快建立和发展形势场实时检验和预报订正系统,辅助预报员进行及时的预报调整。需加强山脉地形对于降水影响的定量化研究,可开发基于地形影响的降水预报产品,给预报员提供定量参考。

参考文献

[1] 钱传海,端义宏,麻素红,等. 我国台风业务现状及其关键技术[J]. 气象科技进展,2012,2(5):36-42.

[2] 王海平,董林,许映龙,等. 台风"烟花"的主要特点和路径预报难点分析[J]. 海洋气象学报,2022,42(1):83-91.

[3] 董林，高拴柱，许映龙，等．2017 年西北太平洋台风活动特征和预报难点分析[J]．气象，2019，45(9)：1322-1334.

[4] 吕心艳，许映龙，董林，等．2018 年西北太平洋台风活动特征和预报难点分析[J]．气象，2021，47(3)：359-372.

[5] 王海平，董林，许映龙，等．2019 年西北太平洋台风活动特征和预报难点分析[J]．气象，2021，47(8)：1009-1020.

[6] 周冠博，柳龙生，董林，等．2020 年西北太平洋台风活动特征和预报难点分析[J]．气象，2022，48(4)：504-515.

[7] 向纯怡，许映龙，高拴柱，等．2021 年西北太平洋台风活动特征和预报难点分析[J]．气象，2022，48(9)：1195-1208.

三、强对流

2022年4月11—12日四川盆地极端大风天气过程成因分析

刘伯骏[1]　夏　饔[1]　周燕秋[2]　邓承之[1]
(1. 重庆市气象台,重庆,401147;2. 重庆市铜梁区气象局,重庆,402560)

摘　要:利用地面加密自动站、探空、ERA5(第5代欧洲再分析)资料及X波段相控阵雷达等数据,分析2022年4月11—12日发生在四川盆地的一次极端大风天气过程。结果表明:(1)高空槽东移携带干冷空气叠加在低层暖脊之上,配合地面冷锋和辐合线为强对流的发生提供了有利的环境条件;(2)此次雷暴大风过程中,极大风速的分布具有明显的地域性差异。盆地北部受天气尺度冷锋过境影响,形成大范围8～9级阵风;盆地南部暖湿气流北上触发对流,出现强且分散的极端雷暴大风;盆地中部一线,冷暖空气交汇触发强烈对流天气,强下沉有效位能造成的对流下沉支与密度流共同作用,形成西北—东南向线状分布的11～13级大风;(3)此次强雷暴大风精细落区具有一定的可预报性,地面3 h变压能表征冷锋前暖平流强度,负变压区能提前1～2 h提示后续产生强雷暴大风的位置,结合S波段与X波段相控阵雷达的协同观测,可以为更加准确地升级发布预警信号提供帮助。

关键词:雷暴大风,地域差异,3 h变压,监测预警

引言

雷暴大风是指由大气对流活动所导致的地面及近地面的强阵风事件,主要发生在春末及夏季,阵风强度超过30 m/s则称之为极端雷暴大风[1]。它的产生机制主要包括对流风暴中的强下沉气流而形成的辐散、高空水平动量下传、冷池密度流等[2-4]。Fujita[5]指出雷暴大风是由于上升气流凝结的冰晶、水滴,在下落过程中产生拖曳作用和融化、蒸发吸收的潜热使大气冷却所引起的,水凝物在下沉气流的启动和维持中起到关键作用。对雷暴大风的研究,气象学者对其发生的环境条件[6-9]、时空分布等气候特征[10,11]以及中小尺度精细化结构[12-17]等方面取得了较为丰富的成果。马淑萍等[1]选取全国95个极端雷暴大风个例揭示了发生极端雷暴大风事件的关键环境参数特征。康岚等[18]在研究2015年四川盆地一次极端大风发现干空气被夹卷进入下沉气流使得雨滴迅速蒸发,加强下沉气流强度会显著增大风速。近年来,极端雷暴大风个例中常常观测到低层小尺度涡旋,翟丽萍等[19]发现下击暴流发生前,中层径向辐合逐渐加强,致使低层旋转性加大、直径减小、旋转厚度增加,最终导致下击暴流产生。随着X波段双偏振相控阵雷达布点加密,X波段雷达资料凭借其更高的时空分辨率、更强的中小尺度涡旋捕捉能力而被用于雷暴大风分析中。王清川等[20]通过分析X波段双偏振雷达反射率因子径向剖面图,发现

50 dBZ 及以上强回波向高层伸展后迅速下降与地面灾害性大风出现时间有很好的对应关系。

费海燕等[21]、陈晓欣等[22]统计的大范围雷暴大风事件空间分布显示，四川盆地为雷暴大风低发区，在 2004—2013 年出现风速 25 m/s 及以上雷暴大风的频次为 0.5 次/万千米^2，远低于华北(4.1 次/万千米^2)和东北(4.0 次/万千米^2)地区。由于四川盆地极端雷暴大风事件出现次数少，预报员对其认识不足，对于预报预警雷暴大风发生的时间、强度、影响范围等仍是预报业务面临的巨大挑战。2022 年 4 月 11 日 18 时—12 日 08 时，四川盆地出现了一次罕见的极端雷暴大风天气，影响范围大、致灾性强。本文尝试利用地面加密自动站、探空、ERA5 资料、重庆南泉 X 波段相控阵雷达等多源资料，分析此次极端雷暴大风天气的成因，以期为今后极端天气事件的监测预警提供科学依据。

1 资料及方法

1.1 资料

本文使用重庆南泉 X 波段双偏振相控阵雷达资料，径向分辨率为 30 m，垂直方向连续 68 个仰角进行无缝扫描。与新一代多普勒天气雷达不同，相控阵雷达在垂直方向上采用电子扫描方式，可快速获取 1 个方位角的完整信息，随后切换至下一个方位角，直至完成 360°全方位角扫描。因此，可将体扫时间控制在 60 s 内，实现了对天气系统的高时空分辨率快速扫描。重庆中心城区大风发生位置距南泉雷达约 30 km，处于有效观测范围内，高时空分辨率的雷达观测数据为雷暴大风的分析提供了有力的数据支持。

本文基于中国气象局灾害性天气短时临近预报预警业务系统 SWAN(Severe Weather Automatic Nowcast System)，使用重庆、万州、黔江、永川、涪陵共 5 部新一代多普勒天气雷达，进行四川盆地内雷达拼图的计算。同时，地面加密自动站、沙坪坝 L 波段秒级探空资料，以及欧洲中期天气预报中心第五代再分析资料(ERA5)也被用于后续分析中。重庆南泉 X 波段相控阵雷达、沙坪坝探空站的具体分布见图 1。

1.2 方法

分析中涉及水凝物分类及锋生函数计算。在水凝物分类中，主要参考 X 波段双偏振雷达测得的偏振信息和零度层亮带高度信息，使用双偏振雷达回波的水凝物识别算法[23,24]对回波进行水凝物分类，水凝物类型包括地物杂波、水平冰晶、垂直冰晶、湿雪、干雪、霰/雹、雨加雹、冰雹、大雨滴、大雨、中雨、小雨。锋生函数表征锋面加强，并使用 ERA5 数据进行诊断分析，包含水汽因子的湿锋生函数 F 可写为如下形式[25]：

$$F=\frac{\mathrm{d}}{\mathrm{d}t}|\nabla\theta_{\mathrm{e}}|=F_1+F_2+F_3$$

$$F_1=-\frac{1}{2|\nabla\theta_{\mathrm{e}}|}\left[\left(\frac{\partial\theta_{\mathrm{e}}}{\partial x}\frac{\partial\theta_{\mathrm{e}}}{\partial x}-\frac{\partial\theta_{\mathrm{e}}}{\partial y}\frac{\partial\theta_{\mathrm{e}}}{\partial y}\right)\left(\frac{\partial u}{\partial x}-\frac{\partial v}{\partial y}\right)+2\frac{\partial\theta_{\mathrm{e}}}{\partial x}\frac{\partial\theta_{\mathrm{e}}}{\partial y}\left(\frac{\partial u}{\partial y}+\frac{\partial v}{\partial x}\right)\right]$$

$$F_2=-\frac{1}{2}|\nabla\theta_{\mathrm{e}}|\left(\frac{\partial u}{\partial x}+\frac{\partial v}{\partial y}\right)$$

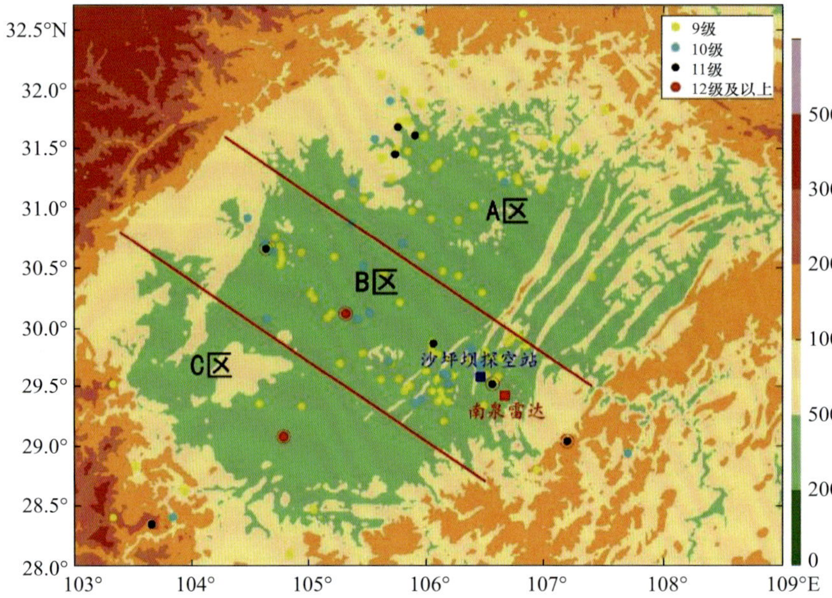

图 1　2022 年 04 月 11 日 20—12 日 08 时，四川盆地 9 级以上雷暴大风分布
（极端雷暴大风以红色圆圈标注；重庆南泉 X 波段相控阵雷达、沙坪坝探空站分别以红、蓝方块表示）

$$F_3 = -\frac{1}{|\nabla\theta_e|}\frac{\partial\theta_e}{\partial p}\left(\frac{\partial\theta_e}{\partial x}\frac{\partial\omega}{\partial x}+\frac{\partial\theta_e}{\partial y}\frac{\partial\omega}{\partial y}\right)$$

式中，F_1 为变形项，F_2 为辐合项，F_3 为垂直项。当 $F>0$ 时锋生，$F<0$ 时锋消。

2 过程概述

2022 年 4 月 11 日 18 时—12 日 08 时，四川盆地自西北向东南出现了一次显著的雷暴大风天气。雨量以中到大雨为主，局地出现暴雨到大暴雨；盆地大部地区出现 8 级以上大风。最大瞬时风速为 37.4 m/s，出现在 11 日 21 时 58 分四川安岳，为该站建站以来观测到的最强风速。据不完全统计，本次过程造成川渝地区 16000 余人受灾，紧急转移安置 38 人，轻伤 23 人；农作物受灾面积 1207.4 hm^2（其中绝收 17.5 hm^2），倒损房屋 2158 间，直接经济损失 3313.8 万元。此次过程中，极大风速分布具有明显的地域性差别，盆地内最强风力呈西北—东南线状走向分布（图 1-B 区）；以北地区风力稍小、大风分布广泛（图 1-A 区）；以南地区零散分布着风速超过30 m/s的阵风（图 1C 区）。

3 极端大风成因

3.1 环流形势

4 月 11 日 20 时，500 hPa 有高空槽东移至盆地西部，盆地位于高空槽前西南气流中，槽后西北风引导北方冷空气南下，与南支槽前的西南暖湿气流在四川盆地相交汇；槽前急流风速可达 26 m/s，盆地位于该急流入口区右后侧，处于次级环流上升支位置。700 hPa 低涡中心位于四川南部，低涡前的暖平流促使地面低压系统发展。在四川与重庆交界地区存在露点锋，利于对流风暴的增强。850 hPa 低涡中心位于宜宾自贡一带，盆地东部受高能舌控制。地面冷高压中心位于内蒙古中北部，中心强度为 1012.5 hPa；地面冷锋呈西南—东北走向，从四川盆地中部—陕西南部南压过境，具有深厚的锋面大尺度的动力强迫条件（图 2a）；此外，盆地地区白天天气晴朗，受热低压控制，具有热力不稳定的条件。随着地面辐合线的触发抬升，在锋面及锋前暖区中造成大范围强对流天气。

重庆沙坪坝站 20 时的探空显示（图 2b），自逆温层顶抬升的最优对流有效位能（MUCAPE）为 1371 J/kg，850 hPa 与 500 hPa 间垂直温度差为 32.8 ℃，地面露点为 18 ℃，对流层中层 700 hPa 到 500 hPa 为深厚干层，平均温度露点差为 26.8 ℃，最大单层温度露点差高达 43 ℃。中高层强干空气的卷入，进一步促使不稳定增长和强下沉对流有效位能（DCAPE）的形成，由 600 hPa 计算的 DCAPE 达到 1386 J/kg，为雷暴大风的发生提供了良好的热力条件。本次过程中，垂直风切变较大且主要集中在低层，0～3 km 垂直风切变为 14.5 m/s，0～6 km 垂直风切变为 16.5 m/s。相比于超级单体风暴，此类强垂直风切变更有利于高度组织化的多单体线风暴的产生。800 hPa 到地面的层结曲线接近于干绝热、露点贴近等饱和比湿线，表明 800 hPa 以下气团的充分混合。

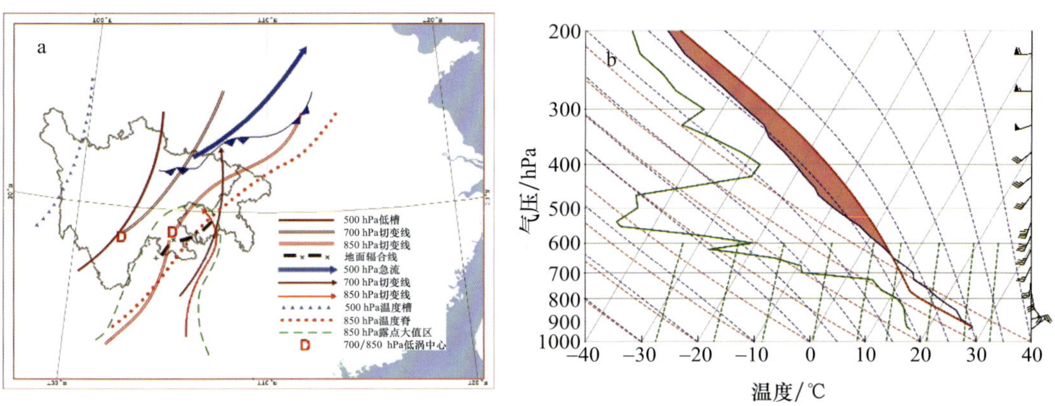

图 2　2022 年 04 月 11 日 20 时中尺度分析（a）及沙坪坝站探空图（b）

3.2　中尺度系统演变特征

ERA5 资料及 SWAN 雷达回波拼图显示，冷锋主体表现为相当位温低区，伴随锋生函数大值区。11 日 18 时（图 3a），冷锋位于盆地北部，但其南侧有弱北风南下，在盆地南部高湿区内触发零散对流。11 日 20—22 时（图 3b、图 3c），盆地西侧呈准线状的多单体风暴，并逐渐发展增强，组织成飑线，以结构紧密、强度＞45 dBZ 的多个呈准线状排布对流单体构成。该系统主要处于 850 hPa 偏北气流、700 hPa 偏南暖湿气流中，与冷锋锋区联系紧密，呈强斜压性。此时出现过程中最强的安岳极端雷暴大风。23 时起，飑线迅速解体，50 dBZ 以上强回波逐渐由南北向演化为西北东南向。12 日 0—04 时（图 3d～图 3f），随着系统地发展，暖空气上升绝热冷却，冷空气下沉增温，趋于锋消，锋生区随北风南下出现在重庆南部，锋生减弱，对应回波强度明显减弱。

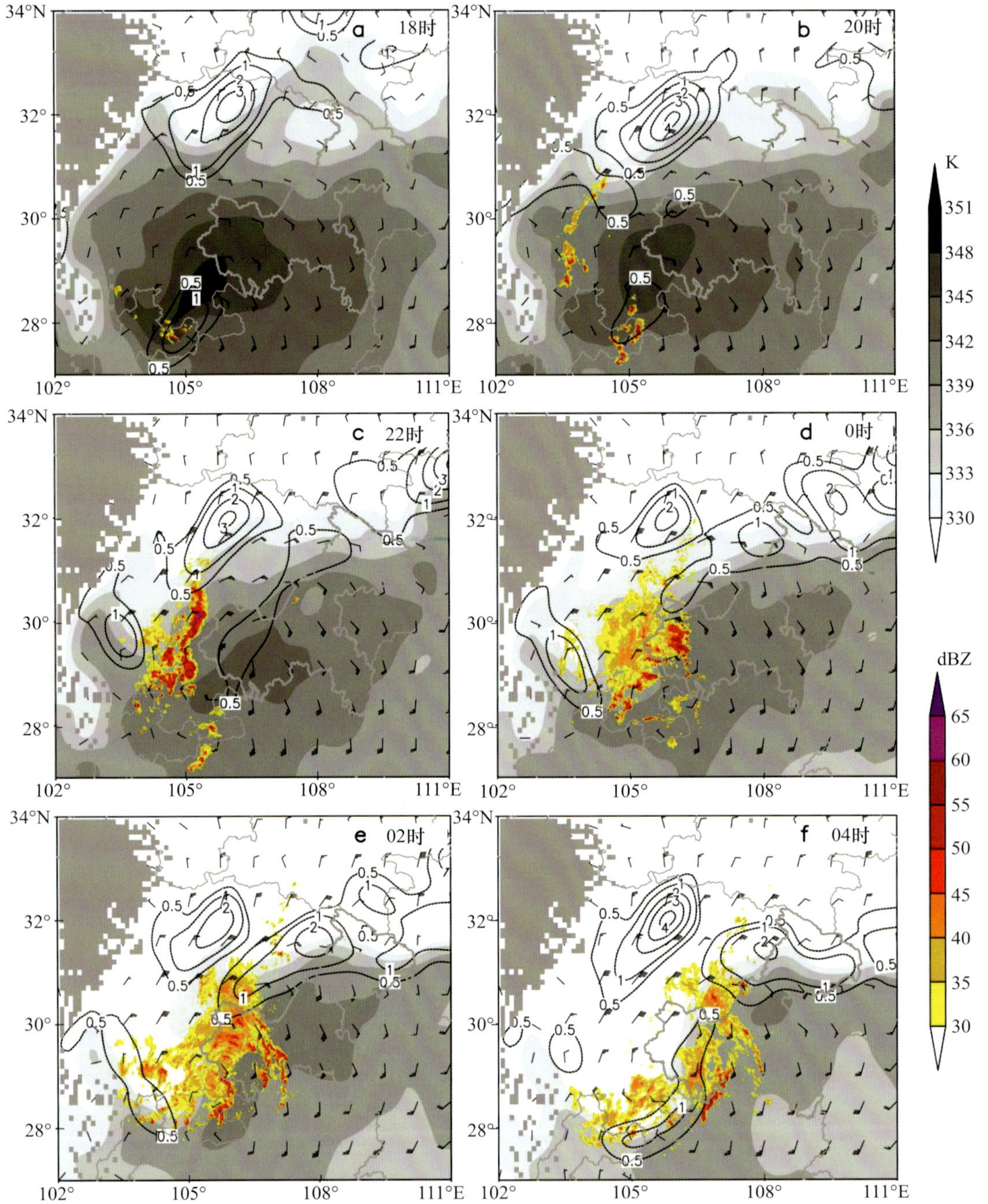

图3 850 hPa 风场(风向杆)、相当位温(灰度阴影,单位:K)、组合反射率因子拼图(彩色阴影,单位:dBZ)和锋生函数分布(黑色虚线,单位:10^{-8} K/(m·s),地图左侧灰度阴影代表青藏高原)

3.3 地面自动站分析

地面上,由冷空气、对流下沉支共同造成的冷池与前方暖区形成了 8～14 ℃的温差,强水平温度梯度表征冷暖空气的密度差异较大，该区域伴随着 8 级以上的大风。11 日 23 时(图 4a)，冷暖空气交绥于重庆西部与四川交界处，交绥区内温度梯度大，锋前高温达 26 ℃，锋后冷气团普遍低于 18 ℃，冷池中心温度最低为 12 ℃；12 日 0(图 4b)—01 时(图 4c)，对流系统东移南压过程中锋区内等温线密集，温度梯度加大，风场中表现以北风或西北风为主，与冷池出流方向基本一致，大范围的偏北大风主要出现在锋区附近及冷锋后部冷气团中，前后温差大，冷池密度流强，这是造成大范围雷暴大风的重要原因之一。

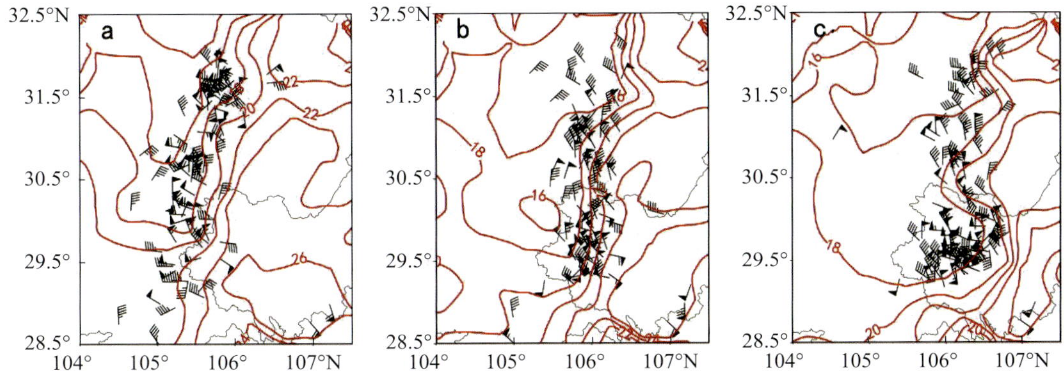

图 4　11 日 23 时(a)、12 日 0 时(b)、12 日 01 时(c)，地面温度分布(等值线，单位：℃)与小时极大风速(风杆，单位：m/s)

从雷暴大风的分布来看，直接受密度流影响的盆地中北部地区虽然大风分布范围广，但强度以 8～10 级为主。而环境条件等原因无法解释，为何盆地中部(图 1B 区)呈西北—东南向线状分布的极端大风、盆地南部(图 1C 区)零散分布的一些 12 级以上极端大风，要比盆地北部(图 1A 区)更强。

为研究本次过程中极端雷暴大风的形成机理，选取高坪、安岳、富顺三个代表站(位置见图 5a)分析温压场随时间的变化。位于最北端的高坪站(图 5b)，在 11 日 23 时 48 分出现 8 级大风。而在大风发生前，18 时高坪站为北风且逐渐加强，21 时开始露点迅速降低，到 23 时露点由 16 ℃降至 9.1 ℃，地面变压为 2 hPa，气温下降缓慢；即在雷暴大风发生前，已有干冷空气影响高坪站，高坪站要素变化呈现出典型的锋面系统过境特征。

与之相比，位于最南端的富顺(图 5d)在 21 时 22 分左右出现 9 级大风，对流发生前，露点逐渐升高，而地面气压略有下降。由于该站在此阶段(大风发生前)未出现明显降水天气，露点的升高应为低空的暖湿平流带来水汽充分混合至地面所致。探空显示(图 2b)800 hPa 以下气团温度垂直递减率接近干绝热线，使得此高度之下的暖湿平流所带来的水汽更容易扩散至地面，即在富顺发生雷暴大风前，有一支暖湿气流向此输送水汽和能量。此外，富顺要素变化呈典型的阵风锋过境时的表现特征。

安岳站(图 5c)在 21 时 58 分出现 13 级大风，对流发生前 20—21 时，温度、露点和气压基本维持，21—22 时地面出现 10 ℃的小时负变温和 3～4 hPa 的正变压。结合南北两站分析可知，暖湿气流顶端与冷空气交汇处，应位于安岳站附近。因冷空气随高空槽自西向东移动，其与暖湿气流的主要交汇处呈西北—东南走向，恰好与本次过程中盆地中部自西北向东南依次发生的 11～13 级大风区域相对应。同时，对于盆地南部零散分布的极端大风，其发生时间明显早于其他大风，主要为暖湿气流影响下发生局地对流所导致，具有强度较大、分布零散的特征。

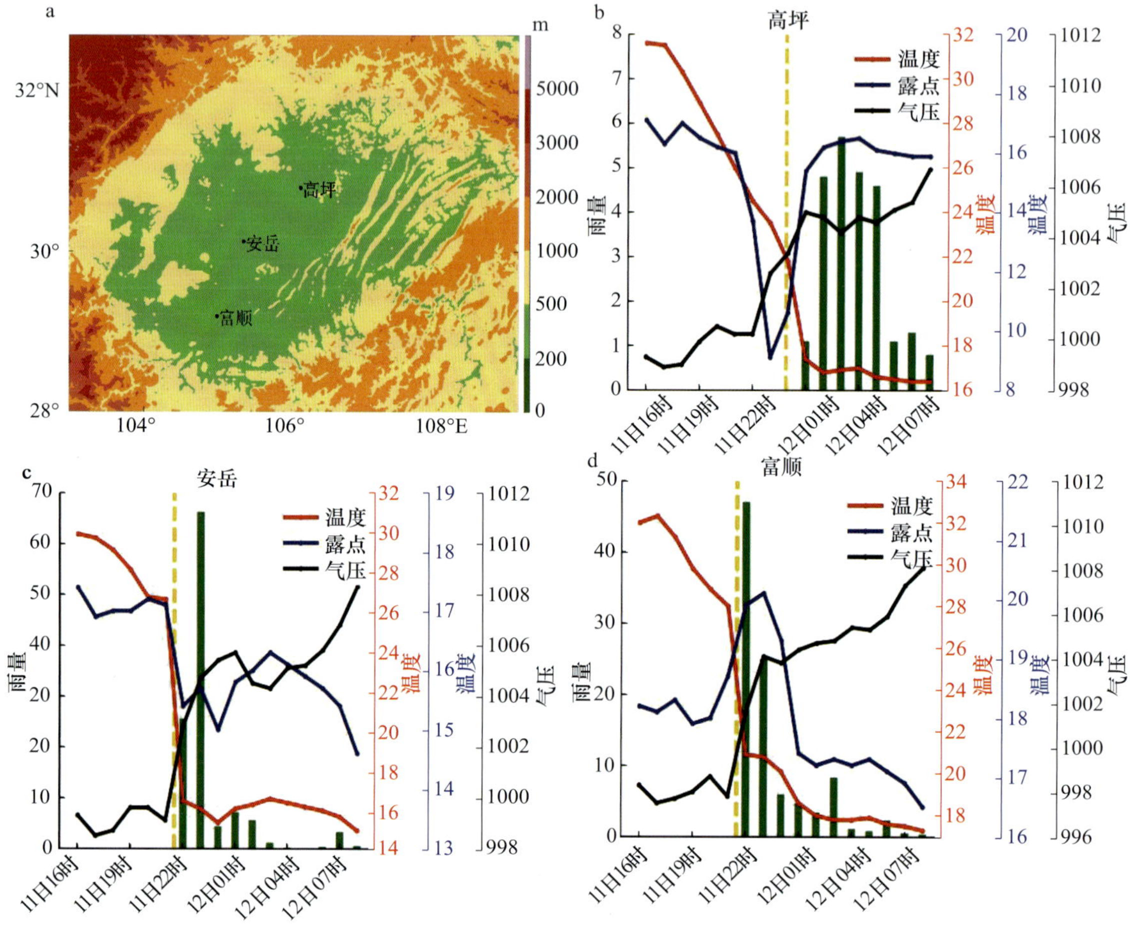

图 5　高坪、富顺、安岳空间位置(a)及温度(红线,单位:℃)、气压(黑线,单位:hPa)、露点(蓝线,单位:℃)、雨量(柱状图,单位:mm)时间变化(高坪、安岳、富顺分别为 b、c、d),黄色虚线表示当地大风发生时刻

3.4　安岳极端雷暴大风 S 波段雷达观测分析

11 日 21 时 57 分,重庆雷达组合反射率因子(图 6a)上显示,飑线系统过境时,即出现安岳极端雷暴大风(37.4 m/s)。飑线上对流活动并不均匀,安岳位于飑线中部略向东凸起位置,上空对流发展最为旺盛,强度超过 65 dBZ;飑线其余位置回波强度以 35～55 dBZ 为主,明显弱于安岳。1.5°仰角径向速度图(图 6b)上有大片呈紫色的距离折叠区,但仍可见最强回波处伴有明显的中层径向辐合。与典型飑线不同,本次飑线径向速度场上未见有明显的后侧入流急流。强下沉气流由回波前侧强入流(约 25 m/s)导致的中层径向辐合,与粒子蒸发造成的负浮力共同作用造成,这与高坪大风的成因有着明显区别。

剖面图显示,安岳上空对流发展旺盛,60 dBZ 高度伸展至 9 km,回波主体呈东倾,低层为弱回波区(图 6c),回波前侧有一支强出流向上爬升,在 4～10 km 高度内都形成了较强的中层径向辐合(图 6d)。回波倾斜方向与径向速度图上的力管环流方向并不一致，强回波东侧的弱回波区应是强上升气流所致。强回波西侧也有低层回波减弱趋势，且与速度场中辐散区对应，此处是风暴的主要下沉支，也是导致安岳地面大风的直接原因之一。

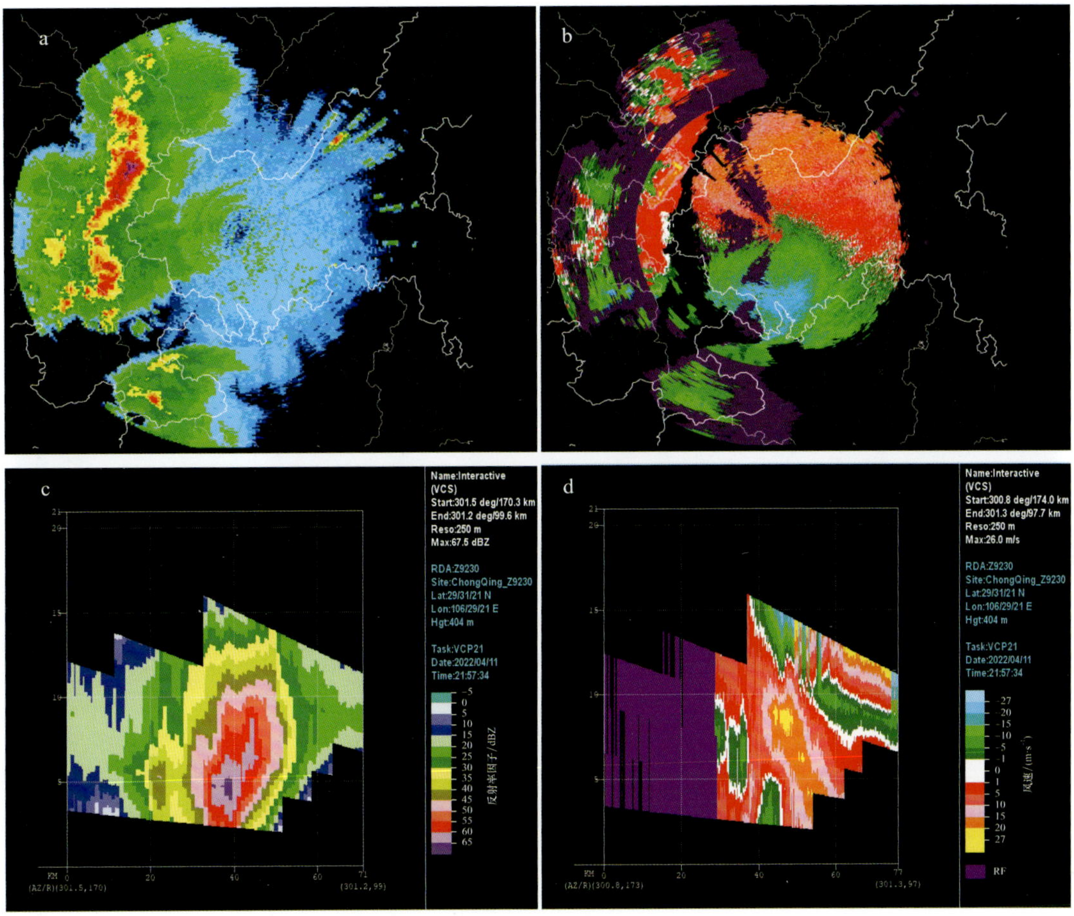

图 6　11 日 21 时 57 分重庆雷达组合反射率因子(a，单位：dBZ)、1.5°仰角径向速度(b，单位：m/s)、沿白线所作的反射率因子(c)、径向速度剖面(d)

3.5　重庆大风 X 波段相控阵雷达观测分析

12 日 0 时左右，系统逐渐移近重庆，并进入重庆南泉 X 波段相控阵雷达观测范围内，此时地面仍伴有大范围强雷暴大风出现。0 时 10—20 分期间主要影响系统以多单体风暴形式向东偏北方向移动，其东侧暖区内有新单体生成。0 时 10 分反射率因子垂直剖面(剖面位置见图 7a)显示，新单体初始质心高度在 6～8 km，强度约为 35 dBZ(图 7b)；5 min 后，3～5 km 处反射率因子增强至 50 dBZ，并逐渐靠近多单体风暴(图 7c)；随后 5 min 内，单体与多单体风暴合并，其反射率因子质心快速下降，造成雷暴大风天气(图 7d～图 7f)。

12 日 0 时 16 分的反射率因子(图 8a)与水凝物分类产品(图 8b)垂直剖面上显示，风暴单体内有大量雹、霰等固态粒子在下降过程中逐渐转化为大雨滴。单体东侧接近环境干区，低层有回波减弱，表明粒子强烈的蒸发作用。相比较于固态粒子的融化，水滴蒸发时吸收的潜热更加剧烈，可达到融化时的8倍左右[26]，这为单体内的下沉气流提供了充足的负浮力。但风暴单体从生成到合并仅仅用时十余分钟，在S波段雷达及其拼图观测中，只能出现在1～2个体扫内，极难被观测到。

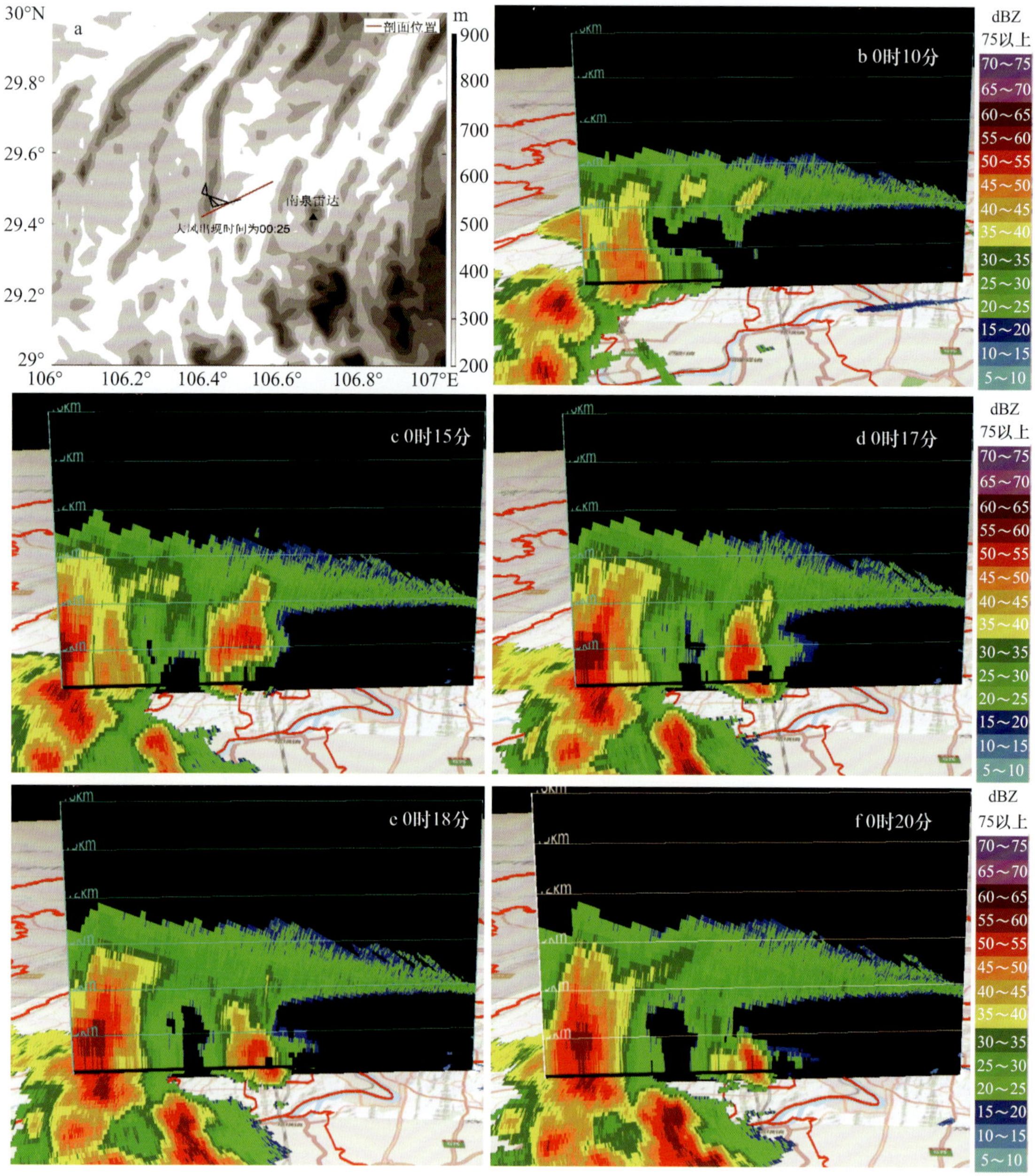

图7　剖面位置(a)及12日0时10分(b)、0时15分(c)、0时17分(d)、0时18分(e)、0时20分(f)反射率因子拼图垂直剖面(单位:dBZ)

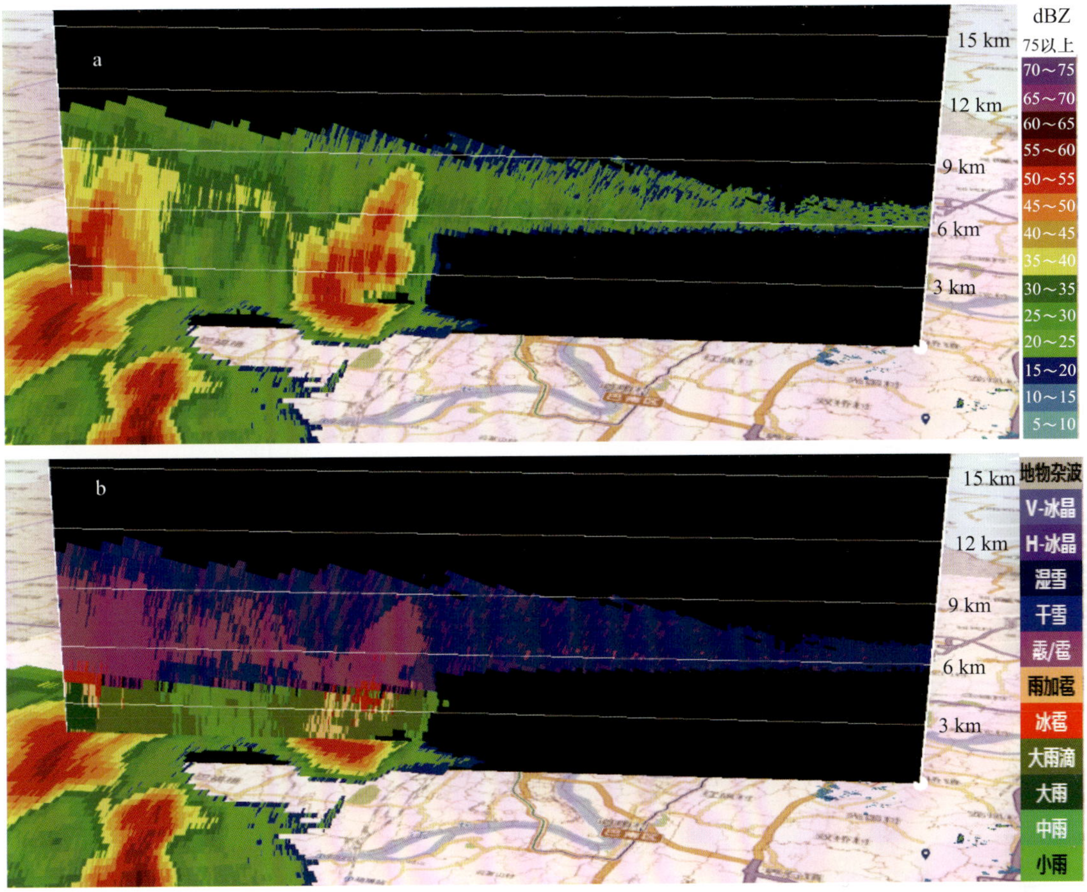

图 8　0 时 16 分南泉雷达反射率因子垂直剖面(a,单位:dBZ)、水凝物分类产品垂直剖面(b)

4　极端大风的可预报性及预报着眼点

4.1　CMA-MESO 可预报性

中尺度模式在本次体现出了明显的可预报性,CMA-MESO 提前 2 d 就预报出了本次强对流天气过程。在 11 日 08 时,模式给出 22 时冷锋东北—西南向的回波形态,同时提示暖区内有对流新生(图 9a)。模式预报的盆地中南部对流强度明显强于北部,且与实况强度(图 9b)基本相当,对预报有一定提示意义,但是 CMA-MESO 对对流组织化形态和飑线的生消预报效果相对一般,且强回波预报范围略偏大。

4.2　临近时段极端大风可预报性

针对本次强对流天气过程,重庆市气象台先后于 11 日 22 时和 23 时 50 分发布大风黄色

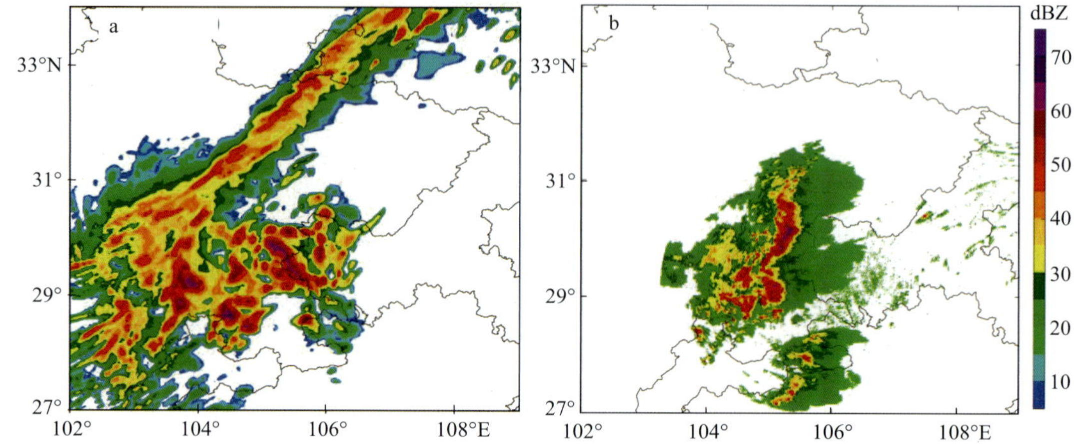

图 9　11 日 08 时 CMA-MESO 起报的 22 时组合反射率因子(a)及实况(b)图(单位:dBZ)

预警信号和暴雨蓝色预警信号。从服务效果看,大风预警信号提前 1～3 h 较好预报出了雷暴大风的主要落区。当西南地区春季强天气尺度强迫配合较好的环境条件时,预报员有把握提前 1～2 d 就可以判断出雷暴大风过程,特别是当上游回波组织化并逐渐移近后,会果断发布本地大风预警信号。

此次过程的主要预报难点是:在大范围强对流天气过程中,如何在临近时段指导部分区县发布精细化的高等级大风预警信号。图 10a 给出了 21 时自动站的 3 h 变压,可见在安岳附近 3 h 变压为－0.7～0.3 hPa,这种异于日变化且强于周边的降压(增暖)也恰好对应着 1 h 后的极端大风。类似的,22 时的 3 h 变压显示重庆境内大足、铜梁等地有负变压中心(图 10b),也对应后续 23—0 时发生强雷暴大风的位置。11 日 22 时(图 10c)及 12 日 0 时(图 10d)的温度分析场与流场显示,上述大风位置后侧均有一个 γ 中尺度的强冷中心,与局地对流造成的冷池相联系。综上所述,在本次个例中,当锋面和干冷空气强度等条件相对趋同时,是否存在暖湿空气成为极端大风产生与否的最大制约因素。因此,当触发条件必定满足、冷空气强度基本趋同时,负变压中心提前 1～2 h 预示着后续强雷暴大风区域,提前分析暖湿空气分布及强度,并针对性提升预警信号等级是一种可行的思路。

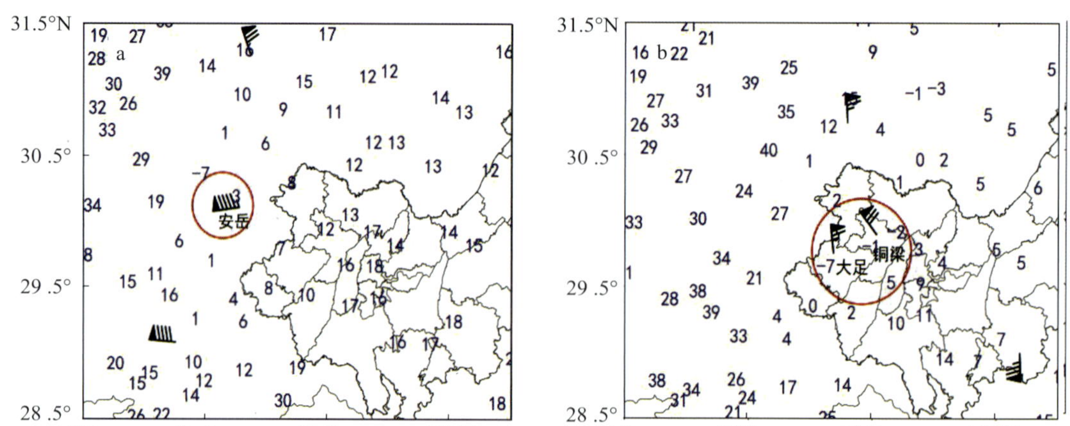

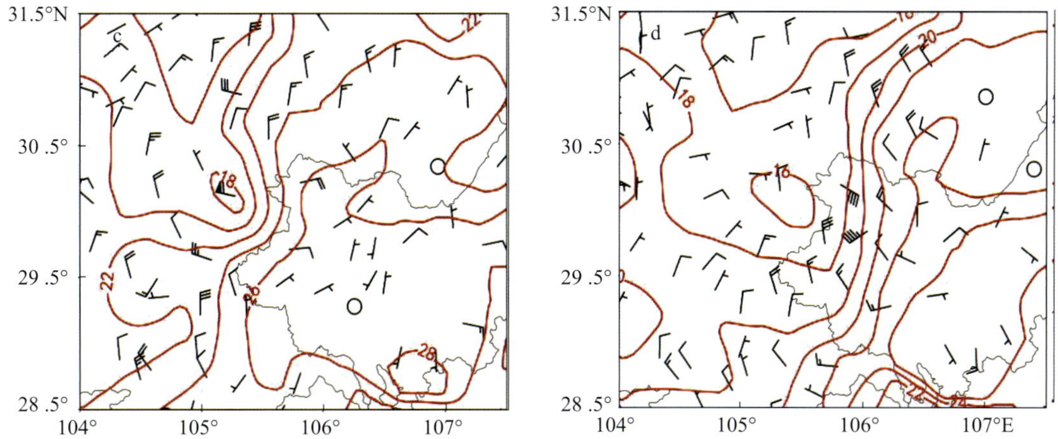

图 10 (a) 21 时 3 h 变压(单位:hPa)与安岳大风(单位:m/s)(21 时 58 分);(b) 22 时 3 h 变压(单位:hPa)与大足、铜梁大风(单位:m/s)(23 时 30 分、23 时 58 分);(c)11 日 22 时地面温度分析场(单位:℃)与风场(单位:m/s);(d)12 日 0 时地面温度分析场(单位:℃)与风场(单位:m/s)

4.3 预报着眼点

此次极端雷暴大风过程的预报着眼点:(1)有利的大气环境:上干冷下暖湿、大的 CAPE 和 DCAPE、中等的垂直风切变等。(2)适宜的天气系统配置:高空低槽、低空低涡、冷锋及地面辐合线等系统的共同影响。(3)在临近时段,在满足前述大气环境和天气系统配置条件下,提前分析地面 3 小时变压,对出现明显区别于日变化的 3 h 负变压区可考虑发布更高等级的大风预警信号。

5 结论与讨论

本文利用地面加密自动站、探空、ERA5 资料及重庆中心城区 X 波段相控阵雷达等数据,分析了 2022 年 4 月 11—12 日间四川盆地发生的一次极端雷暴大风天气过程。主要结论总结如下:

(1)雷暴大风分布:盆地大部分地区出现 8 级以上大风,其中最强风力呈西北—东南线状走向分布,以 10～13 级风为主;北部地区风力稍小,多为 8～9 级大风,但分布广泛;而南部地区观测到雷暴大风的站次较少、分布零散,但仍有超 12 级的风力观测。

(2)极端大风成因:500 hPa 高空槽、急流入口区右后侧、中层干空气、低层锋面等天气系统提供了有利的天气尺度强迫条件。上干下湿、较大的 CAPE、DCAPE 为雷暴大风的产生提供了优越的不稳定能量。冷空气、对流下沉支共同作用造成的密度差异是造成此次雷暴大风天气的重要成因。盆地北部主要受冷空气影响,出现大范围 8～9 级阵风;盆地南部主要受暖湿气流影响,出现的大风虽强,但较为分散;而盆地中部一线,恰好处于冷暖气流交汇处,形成了本次过程最强的雷暴大风区域。

(3)重庆中心城区大风以多单体风暴形式向北偏东方向移动,其东侧暖区内有新单体生成,新生成的风暴单体持续时间仅十余分钟,初始回波高度 6~9 km、最大回波强度超过50 dBZ。新生成的风暴单体在合并入主体回波时,产生了强雷暴大风。

(4)从预报服务来看:当锋面和干冷空气强度等条件相对趋同时,是否存在暖湿空气成为能否产生极端雷暴大风的最大制约因素。因此,提前分析暖湿气流的分布及强度,并针对性升级预警信号是一种可行的思路。本次过程中,四川安岳、重庆大足、铜梁等地在发生极端大风前 1~2 h 内,均伴随着地面 3 h 负变压,可作为发布高等级雷暴大风预警信号的重要依据。推而广之,在熟悉强对流产生背景、原理的条件下,分析天气过程的主要成因和制约因素,并在观测中捕捉制约因素,可能为更加准确地发布高等级预警信号提供帮助。

参考文献

[1] 马淑萍,王秀明,俞小鼎. 极端雷暴大风的环境参量特征[J]. 应用气象学报,2019,30(3):292-301.

[2] 俞小鼎,王秀明,李万莉,等. 雷暴与强对流临近预报[M]. 北京:气象出版社,2020.

[3] 俞小鼎,周小刚,王秀明. 雷暴与强对流临近天气预报技术进展[J]. 气象学报,2012,70(3):311-337.

[4] 孙继松. 与直线型对流大风相关的强风暴形态结构和热动力学过程[J]. 气象,2023,49(1):1-11.

[5] FUJITA T T. Precipitation and cold air production in mesoscale thunderstorm system[J]. Journal of Meteorology,1959,16:454-466.

[6] 姚叶青,俞小鼎,郝莹,等. 两次强龙卷过程的环境背景场和多普勒雷达资料的对比分析[J]. 热带气象学报,2007,23(5):483-490.

[7] 杨新林,孙建华,鲁蓉,等. 华南雷暴大风天气的环境条件分布特征[J]. 气象,2017,43(7):769-780.

[8] YANG X L, SUN J H, ZHENG Y G. A 5-yr climatology of severe convective wind events over China[J]. Wea Forecast, 2017,32(4):1289-1299.

[9] 杨晓亮,杨敏,隆璘雪,等. 冷涡背景下河北雷暴大风环境条件与对流风暴演变个例分析[J]. 暴雨灾害,2020,39(1):52-62.

[10] 王黉,李英,宋丽莉,等. 川藏地区雷暴大风活动特征和环境因子对比[J]. 应用气象学报, 2020, 31(4):435-446.

[11] XIA R D, WANG D H, SUN J H, et al. An observational analysis of a Derecho in south China[J]. Acta Meteor Sinica, 2012,26(6):773-787.

[12] 俞小鼎,郑媛媛,廖玉芳,等. 一次伴随强烈龙卷的强降水超级单体风暴研究[J]. 大气科学,2008,32(3):508-522.

[13] 郑媛媛,朱红芳,方翔,等. 强龙卷超级单体风暴特征分析与预警研究[J]. 高原气象,2009,28(3):617-625.

[14] 唐明晖,姚秀萍,杨湘婧,等. 基于多普勒天气雷达资料的"6·1"监利极端大风成因分析[J]. 暴雨灾害,2016,35(5):394-402.

[15] 王秀明,俞小鼎,周小刚,等."6·3"区域致灾雷暴大风形成及维持原因分析[J]. 高原气象,2012,31(2):504-514.

[16] 龙柯吉,康岚,罗辉,等. 四川盆地雷暴大风雷达回波特征统计分析[J]. 气象,2020,46(2):212-222.

[17] 王福侠,俞小鼎,裴宇杰,等. 河北省雷暴大风的雷达回波特征及预报关键点[J]. 应用气象学报,2016,27(3):342-351.

[18] 康岚,刘炜桦,肖递祥,等. 四川盆地一次极端大风天气过程成因及预报着眼点分析[J]. 气象,2018,44(11):1414-1423.

[19] 翟丽萍,农孟松,梁维亮,等. 造成临桂极端大风的超级风暴单体观测分析[J]. 暴雨灾害,2019,38(4):346-353.

[20] 王清川，彭敏，周涛，等．一次罕见超级单体风暴的 X 波段双偏振雷达特征分析[J]. 气象研究与应用，2022，43(1)：107-111.

[21] 费海燕，王秀明，周小刚，等．中国强雷暴大风的气候特征和环境参数分析[J]. 气象，2016，42(12)：1513-1521.

[22] 陈晓欣，俞小鼎，王秀明．中国大范围雷暴大风事件(Derechos)研究：时空分布、环境背景和对流系统形态特征[J]. 气象学报，2022，80(1)：67-81.

[23] PARK H S，RYZHKOV A V，ZRINC D S，et al. The hydrometeor classification algorithm for the polarimetric WSR-88D：description and application to an MCS[J]. Mon Wea Rev，2009，24(3)：730-748.

[24] 吴翀，刘黎平，仰美霖，等．X 波段双偏振雷达相态识别与拼图的关键技术[J]. 应用气象学报，2021，32(2)：200-216.

[25] CHEN G T J，WANG C C，WANG A H. A case study of subtropical frontogenesis during a blocking event[J]. Mon Wea Rev，2007，135(7)：2588-2609.

[26] 俞小鼎．关于冰雹的融化层高度[J]. 气象，2014，40(6)：649-654.

2022年5月14日黑龙江五常切变线龙卷过程分析

谢玉静[1] 吴 岩[1] 周奕含[1] 徐 玥[1] 赵广娜[2] 张礼宝[1]
(1. 黑龙江省气象台,哈尔滨,150030;2. 哈尔滨市气象局,哈尔滨,150080)

摘 要:本文利用EAR5(第5代欧洲再分析)、常规气象观测、多普勒天气雷达等资料分析了2022年黑龙江省首次中等强度龙卷天气过程。结果表明,此次是一次弱天气背景形势下非典型龙卷天气过程,发生在切断冷涡西北部的冷区、弱垂直风切变条件下,属于非超级单体辐合切变线龙卷。边界层温度低,但是上下温差大,$\Delta T_{500\sim850}$达到30 ℃,上冷下暖的层结不稳定,抬升凝结高度较低,高空、地面均有三支气流汇合,对流风暴在地面中尺度锋区及辐合线上触发。龙卷母云为单体风暴,龙卷出现在风暴的右后侧,径向速度上有弱切变到弱中气旋特征,龙卷发生时,回波顶较高,强中心悬垂但高度较低。对于此次龙卷天气,根据雷达回波特征很难做出龙卷的预警。

关键词:辐合切变线,龙卷,东北冷涡,中尺度锋区

引言

2022年5月14日下午黑龙江省五常市卫国乡两村屯遭遇龙卷,造成部分民房、育秧大棚不同程度受损。这是一次冷涡背景下切变线非超级单体龙卷,环境条件不典型,短临的预报服务发布了雷雨大风强对流天气预报,对于龙卷的预报预警难度较大。冷涡是易发生龙卷的环流形势之一,龙卷一般发生于冷涡的偏南象限[1,2],产生于有利于对流发展的环境条件下,包括中等以上强度的对流有效位能、较高的低层相对湿度和较低的抬升凝结高度及低层较强的垂直风切变[3-5]。东北地区是我国龙卷多发区之一[6,7],龙卷产生的某些环境条件类似,但也有自己的特点,如大气垂直减温率较大,低层水汽含量和湿层厚度较江淮及华南龙卷显著偏低[8,9],辽宁开原EF4级强龙卷,中下层相对湿度低,抬升凝结高度高[10]。龙卷可分为两大类,一类是中气旋龙卷(超级单体龙卷),另一类是非中气旋龙卷(非超级单体龙卷),包括飑线或弓形回波前部的γ中涡旋内龙卷以及地面辐合切变线上龙卷[11],目前对超级单体中气旋龙卷的研究较成熟[12-14],对非中气旋的龙卷研究较少,理论认知较粗略,尤其是地面辐合切变线上龙卷通常较弱,绝大多数为EF0级,个别为EF1级,产生的机理及细节并不清楚[11]。本文利用ERA5资料,结合哈尔滨雷达观测、地面自动站观测、探空等资料分析了龙卷发生的环境条件及龙卷母体风暴的特征,阐述了该龙卷天气预报难点,探究弱天气背景下非典型龙卷的预报着眼点,对非超级单体龙卷预报有一定的指导意义。

1 龙卷实况与灾情

2022 年 5 月 14 日下午黑龙江省五常市卫国乡保家村十二户屯、福利屯遭遇龙卷，持续 10 min，并伴有小雨，造成部分民房、育秧大棚不同程度受损。经实地调查和分析，龙卷从十二户屯移至福利屯，接地路径约 2 km，房屋屋顶被掀去，两棵杨树被连根拔起（树根较浅），简易铁皮房被吹出去约 1 km，树木无明显扭曲，无院墙倒塌，无人员伤亡（图 1），判定为龙卷，龙卷强度等级达到气象行业标准二级（中等强度龙卷，相当于美国的 EF1 级）[15]。是一次弱天气背景形势下地面辐合切变线上的龙卷，是我国 2022 年第一次龙卷。龙卷处于黑龙江省龙卷发生频率较高的地区，发生地距离周边哈尔滨、牡丹江以及长春雷达都在 100 km 以外，龙卷风暴的底层特征无法监测到，龙卷的预警难度大。灾情发生后国、省、市、县一体协同，第一时间到现场调研灾情并对其成因进行深入细致分析。

图 1　2022 年 5 月 14 日五常卫国乡龙卷路径与受灾情况照片

2 成因分析

2.1 天气背景

冷涡下的龙卷通常发生于冷涡系统的西南侧、南侧或东南侧[16]，此次龙卷发生在 500 hPa 切断低涡的西北象限，冷涡进入减弱阶段，由偏东气流逐渐转为偏北气流，低层的涡旋环流减弱为切变线,700 hPa 上为西北冷平流影响,850～1000 hPa 上为西北、偏西、东北三股气流汇合,西北与偏西气流引导冷空气,东北气流引导暖空气,冷暖空气在东北地区东部交汇,形成温度梯度较大的锋区,龙卷发生在该温度锋区的冷空气一侧,如图 2。

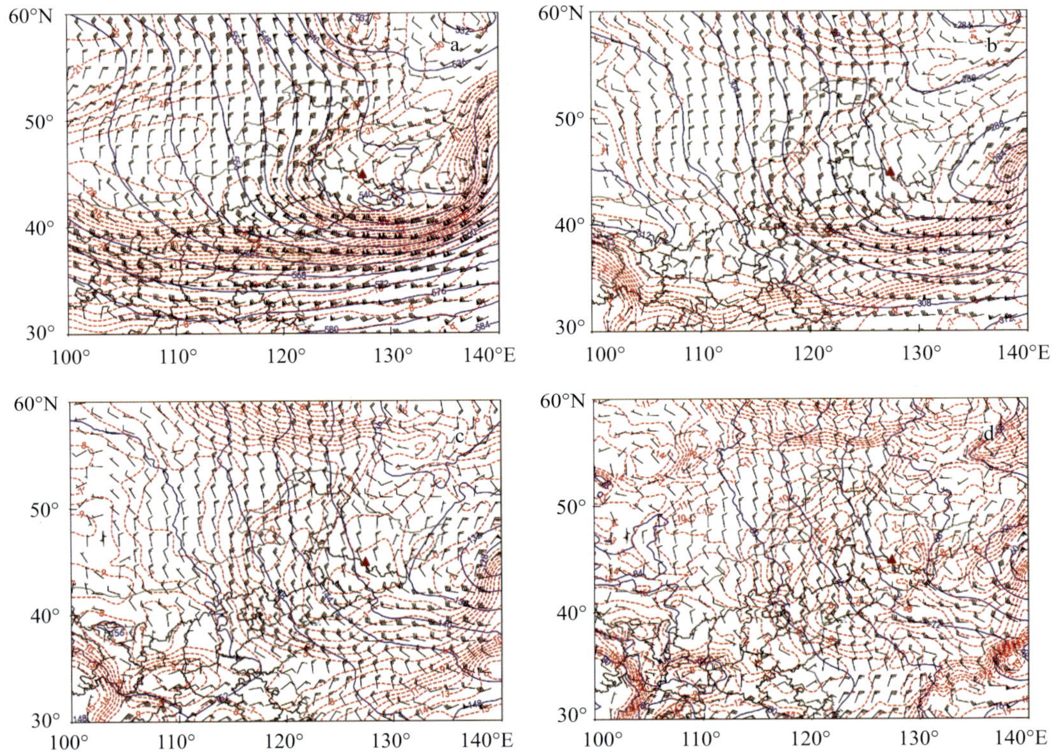

图 2　2022 年 5 月 14 日 11 时 500 hPa(a)、700 hPa(b)、850 hPa(c)、925 hPa(d)ERA5 模式资料高度场(实线,单位:dagpm)、温度场(虚线,单位:℃)与风场(风向杆,单位:m/s)
(三角形区域为龙卷发生地)

2.2　环境条件

此次龙卷天气过程对流条件并不典型,首先是对流层温度低,08 时哈尔滨探空显示(图略),850 hPa 温度为−2 ℃,925 hPa 为 5 ℃,并且系统是处于冷涡减弱阶段,冷平流逐渐加强。一般 850 hPa 温度在 8 ℃以上黑龙江省开始有明显对流天气产生,此次对流产生的热力条件偏弱,龙卷发生在如此低的边界层温度很少见。对流层低层相对湿度在 80%左右,主要为本地水汽,输送条件较弱。但是对流层上下温差很大,$\Delta T_{500\sim700}$为 20 ℃,$\Delta T_{500\sim850}$为 30 ℃,上冷下暖的垂直不稳定较强,08 时在近地面层及 600～700 hPa 存在弱不稳定层。利用 11 时温度、露点温度订正 08 时探空,CAPE 值由 24.6 J/kg 增大到 733.9 J/kg,虽然对流有效位能明显小于多数龙卷天气过程[14],但对流有效位能集中在低层,是龙卷垂直上升运动的能量来源。

利用垂直风切变与抬升凝结高度区分超级单体与非超级单体龙卷,后者较前者,垂直风切变更小,抬升凝结高度更高[14],非中气旋龙卷通常具有较强的水平切变和垂直涡度,但垂直风切变一般较弱[17]。此次龙卷环境的垂直风切变较弱，0～1 km 为 5.7 m/s，0～3 km 为 1.7 m/s，0～6 km为 3.2 m/s，风暴螺旋度为 0。抬升凝结高度 LCL 为 990 m，与国内非超级单体龙卷以及超级单体龙卷的抬升凝结高度接近[18]，高于东北地区 EF2 级以上龙卷的平均值 800 m[8]，比较有利于龙卷涡旋触地。

2.3 龙卷风暴的触发

此次为边界层辐合切变线龙卷，边界层有中尺度的锋区，地面加密资料分析（图 3），龙卷发生处为西北、偏南、偏东三支气流辐合，地面温度及露点温度梯度大，龙卷风暴在中尺度锋区及地面辐合线上触发。地面上西北风带来的是暖平流，高层则相反，西北带来的是冷平流（图 2），不仅有利于该区域上冷下暖的不稳定层结条件维持与加强，并且这三支气流容易形成气旋式涡旋，加强辐合上升运动，积雨云移过该区域时其上升运动区与地面辐合叠加有利于龙卷发生[11]。冷涡东南部有云雨天气出现，西北部为晴空，局地温差加大，加强中尺度锋区，中尺度锋区有利于局地加强的水平切变及垂直涡度[3]，龙卷发生在中尺度温度锋区上（图 3a）。另外，虽然没有干线触发超级单体龙卷中的温差大[2]，但相邻两站（距离 50～60 km）露点相差 5 ℃左右，与温度锋区叠加，有利于抬升触发作用加强。龙卷产生于露点温度较大的一侧，如图 3b，龙卷发生处为附近露点温度最大值 8 ℃。

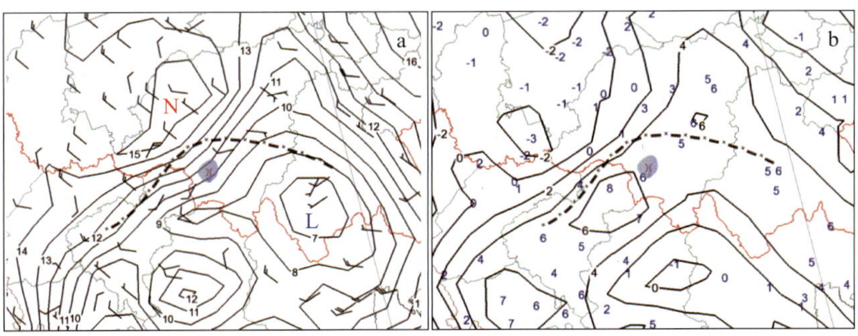

图 3　2022 年 5 月 14 日 11 时地面加密站温度等值线、风场（a）及露点温度填图（单位：℃）及等值线（b）分析
（图中阴影为龙卷发生地；N 为暖中心；L 为冷中心；叉实线为地面辐合线）

3 雷达探测特征

3.1 反射率因子特征

哈尔滨雷达显示，龙卷母云为单体风暴，初生于西泉眼水库，在偏西北的引导气流下向东南方向移动并加强，移动速度 12～15 km/h，研究发现，水体的暖湿效应有利于对流天气的加强[19]。初始阶段回波强度较弱，强中心在 35～40 dBZ，有两个较强的风暴，如图 4，12 时 10 分左侧风暴 A 较强，之后减弱，右侧风暴 B 开始发展，从山上移至平原地区，12 时 22—55 分风暴 B 处于强烈发展期，强中心可达 55 dBZ，回波顶高 7.5 km，回波距离雷达中心约 125 km，最低

可以探测到 1 km,不能探测到风暴的底层特征,只能看到龙卷母云的部分中尺度特征。12 时 22—38 分风暴的右侧反射率因子梯度较大,在 12 时 38—50 分前侧入流特征较明显,此时龙卷触地的可能性较大,图 4 中三角形为龙卷路径中间位置,龙卷发生在风暴右后侧,下沉气流出现后形成的出流缺口附近。13 时 18 分之后强回波面积增大,风暴顶变圆滑,风暴左侧出现层状卷云,层云面积增大,风暴进入减弱阶段。

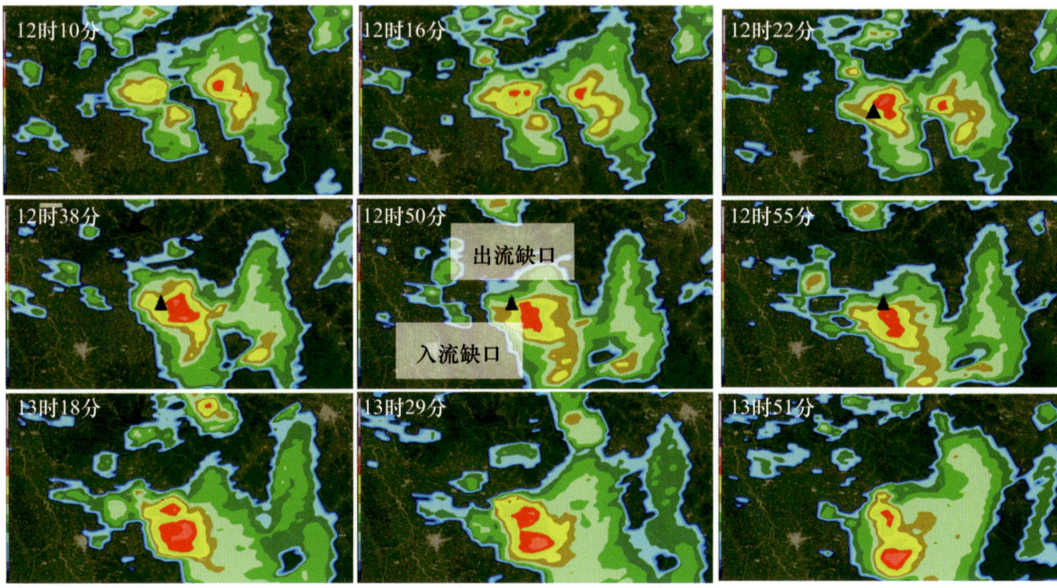

图 4　1.5°仰角反射率因子图(单位:dBZ)
(黑色三角形处为龙卷风暴发生路径中间位置)

3.2　径向速度特征

径向速度图上,对应风暴的发展阶段,12 时 22—55 分在 1.5°仰角以下径向速度图上有弱切变或弱中气旋特征。如图 5,12 时 22 分的 0.5°仰角正负速度差 15 m/s,12 时 38 分为 20 m/s,在这个距离处,属于弱切变,12 时 50 分增强到 26 m/s,可以达到弱中气旋级别,但是只有 0.5°与 1.5°仰角能看到,一个体扫达到弱中气旋强度,随后移到雷达测速范围边缘,速度切变明显减弱。结合雷达回波与地理定位以及目击者视频推测龙卷最有可能发生在 12 时 40 分—13 时,风暴的发展到强盛,上升气流与下沉气流共存阶段,龙卷发生于风暴反射率因子强中心的右后侧。

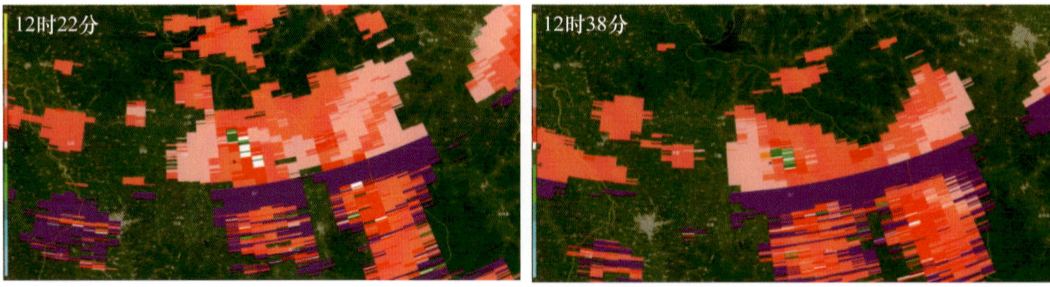

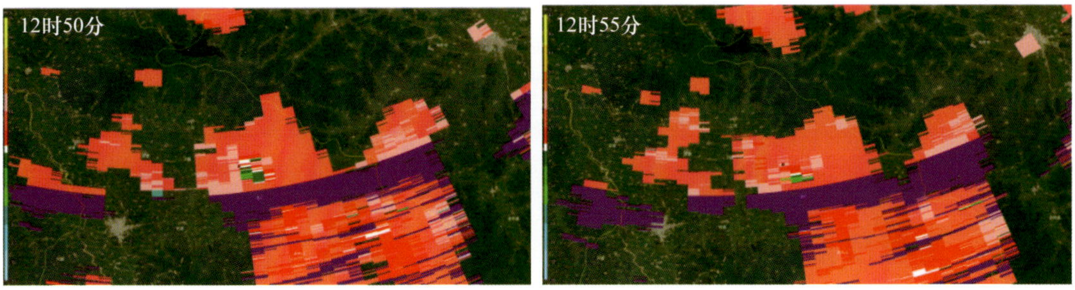

图 5　0.5°仰角径向速度图(单位:m/s)

3.3　回波顶高与质心高度特征

与龙卷对应的风暴在 12 时 38—55 分强回波中心高度较低，在 2.5 km 左右，但强中心悬垂。回波顶较高，风暴垂直伸展高度高，12 时 50 分回波顶高达到最高约 7.8 km，如图 6。综合分析，龙卷发生时风暴整体上升气流与下沉气流强盛阶段，回波顶高度较高，同时风暴质心较低，有利于龙卷接地。13 时 18 分之后风暴的回波顶高略有下降，表示风暴顶附近上升气流有所减弱，但回波强度并未减弱，强回波中心高度更高，达到 4 km，此时龙卷天气结束，中低层上升运动依然维持，并且强中心接地，下游的龙凤山站降水明显，降水产生的拖曳作用是回波顶高下降的原因。

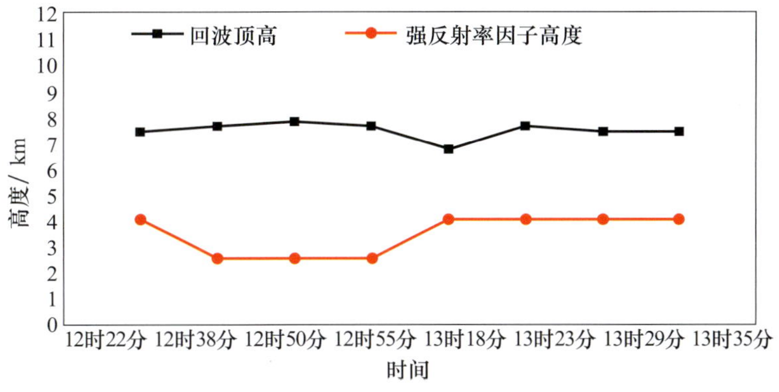

图 6　龙卷风暴的回波顶高及最强反射率因子伸展高度图

4　弱背景下龙卷的预报难点与着眼点

4.1　预报预警难点

此次是 2022 年我国第一次龙卷天气过程，为弱天气背景形势下形成的，与典型对流天气多出现在对流层中低层暖平流影响下不同，对流天气发生在冷涡发展的后期，中层为冷平流，且对流层低层温度较低,850 hPa 温度在−2 ℃,远远低于黑龙江省对流发展的热力条件阈值,根据各家数值模式预报,各种不稳定指数不明显,垂直风切变较小,预报有较强对流难度较大,预报龙卷的难度更大。龙卷发生位置处于雷达探测边缘位置,随着雷达波束的抬高和展宽,很难探测到龙卷风暴特征,只有一个体扫探测到弱的中气旋特征,根据雷达回波特征很难做出龙卷的预警。

4.2 龙卷预报着眼点

根据黑龙江省龙卷天气发生的时空规律和特点,针对此类弱天气背景下的龙卷天气,预报着眼点关注以下几个方面。

(1)黑龙江省龙卷最早发生在四月底,春季弱龙卷天气发生概率较高,需特别关注第一次对流天气及龙卷的出现,一般是第一次强升温天气后的强降温,利于对流层上下温差的加大,垂直不稳定条件增强。

(2)低层的温湿度不连续,低层局地热力条件的增强,产生自由对流,也有利于低层辐合的产生,是龙卷低层的触发机制,低层的温度锋区与湿度锋区及气流的汇合有利于局地垂直风切变的产生,是弱环境垂直风切变条件下龙卷产生的风切变条件的来源。另外需特别关注局地地形作用形成的近地面层的辐合与切变。

(3)关注高低层多支气流汇合及气流来源,冷暖平流是否一致,高低层不同方向的冷暖平流以及低层的辐射条件有利于局地热力条件配置的改变和辐合形势的维持。

(4)持续时间较长的对流单体的发展演变,径向速度的不连续及低层速度辐合特征的持续的时间,龙卷产生的条件还是非常苛刻的,无论单体、超级单体,还是带状对流系统产生的龙卷风暴都会有一定的生命史。风暴垂直伸展高度在不同的季节不同,春季龙卷风暴垂直伸展高度在 6～8 km 就需特别关注。

5 结论

(1)龙卷发生在冷涡西北象限,对流层热力条件较差,垂直风切变弱。上下温差大,垂直不稳定层结较强,有一定的 CAPE,露点温度达到 8 ℃。

(2)高空与地面均为三支气流汇合,高空西北气流带来冷平流,地面西北气流为暖平流,有利于上冷下暖的层结不稳定及近地面垂直上升运动加强。

(3)龙卷为辐合切变线龙卷,近地面辐合切变维持,并有三支气流的辐合,形成气旋式涡旋,积雨云移入该区域后,上升运动与辐合切变区叠加有利于龙卷生成,近地面温度与湿度锋区起到抬升触发作用。

(4)龙卷母云为较强的单体风暴,在其发展到强盛阶段强下沉气流出现后产生龙卷,龙卷发生在风暴右后侧,径向速度上有弱切变到弱中气旋特征,维持时间较短,龙卷发生时回波顶高度较高,同时风暴质心较低,有利于龙卷接地。

参考文献

[1] 张桂莲,常欣,黄晓璐,等. 东北冷涡背景下超级单体风暴环境条件与雷达回波特征[J]. 高原气象,2018,

37(5)：1364-1374.

[2] 才奎志，姚秀萍，孙晓巍，等．冷涡背景下辽宁龙卷气候特征和环境条件[J]. 气象学报，2022，80(1)：82-92.

[3] 黄先香，俞小鼎，炎利军，等．2019 年 4 月 13 日广东徐闻强龙卷天气分析[J]. 气象，2021，47(2)：216-229.

[4] 唐佳佳，唐晓文，徐芬，等．"0612"高邮龙卷母体风暴演变特征分析及龙卷形成机理初探[J]. 热带气象学报，2021，37(5/6)：824-835.

[5] 戴建华，王国荣，龚剑，等．梅雨锋中尺度涡旋内微型超级单体龙卷的形成研究[J]. 热带气象学报，2021，37(5/6)：693-709.

[6] 范雯杰，俞小鼎．中国龙卷的时空分布特征[J]. 气象，2015，41(7)：793-805.

[7] 蔡康龙，黄先香，李彩玲，等．2020 年中国龙卷过程及灾情特征[J]. 气象科技进展，2021，11(1)：40-45.

[8] 王秀明，俞小鼎，周小刚．中国东北龙卷研究：环境特征分析[J]. 气象学报，2015，73(3)：425-441.

[9] 冯佳玮，闵锦忠，庄潇然．中国龙卷时空分布及其环境物理量特征[J]. 热带气象学报，2017，33(4)：530-539.

[10] 郑永光，蓝渝，曹艳察，等．2019 年 7 月 3 日辽宁开原 EF4 级强龙卷形成条件、演变特征和机理[J]. 气象，2020，46(5)：589-602.

[11] 俞小鼎，王秀明，李万莉，等．雷暴与强对流临近预报[M]. 北京：气象出版社，2020.

[12] 郑媛媛，朱红芳，方翔，等．强龙卷超级单体风暴特征分析与预警研究[J]. 高原气象，2009，28(3)：617-625.

[13] 唐晓雯，李峰，刘高平．龙卷形成过程及母体风暴结构与演变研究进展[J]. 成都信息工程大学学报，2018，33(6)：599-605.

[14] 俞小鼎，赵娟，范雯杰．中国龙卷的时空分布与关键环境参数特征[J]. 热带气象学报，2021，37(5/6)：681-692.

[15] 中国气象局．龙卷强度等级：QX/T 478—2019[S]. 北京：气象出版社．

[16] 郑永光，宋敏敏．冷涡影响中国对流性大风与冰雹的分布特征[J]. 热带气象学报，2021，37(5/6)：710-720.

[17] 郑永光，朱文剑，田付友．2015 年"东方之星"翻沉事件和 2016 年阜宁 EF4 级龙卷对流风暴环境条件、结构特征和机理[J]. 气象科技进展，2018，8(2)：44-54.

[18] 刁秀广，万明波，高留喜，等．等非超级单体龙卷风暴多普勒天气雷达产品特征及预警[J]. 气象，2014，40(6)：668-677.

[19] 杨伟，方阳，蒋帅，等．2017 年 8 月 13 日东洞庭湖水龙卷特征[J]. 应用气象学报，2020，31(3)：328-338.

2022年6月12日东北冷涡诱发的北京强对流过程分析

荆 浩[1] 荀 璐[1] 杨艺亚[1] 邢 楠[1] 雷 蕾[1] 于 波[1] 乔 林[1] 肖 现[2]
(1. 北京市气象台,北京,100097;2. 北京城市气象研究院,北京,100089)

摘 要:本文利用多种观测资料、多波段双偏振雷达以及ERA5(第5代欧洲再分析)资料,分析2022年6月12日北京出现的剧烈强对流天气。结果表明:(1)东北冷涡旋转东移有助于北京形成低层暖湿、高层干冷的不稳定层结和垂直风切变的发展,为强对流产生提供有利的环境。(2)上游增强的偏南风向北移动引起北京中尺度地形辐合线发展,配合地形强迫抬升,是超级单体初生的直接原因;地形对超级单体冷池出流的偏转和风切变随高度明显顺转是其移动显著右转的原因;深厚的中气旋、回波穹隆、低层辐合和高层辐散以及ZDR柱等结构长时间维持,有利于大冰雹增长和长时间降雹。(3)平原边界层暖湿舌建立后,雷暴冷池出流与环境南风、东南风三支气流强烈辐合导致雷暴快速增强;辐合中心不断向南推进触发新雷暴,并出现后向传播和列车效应造成通州局地大暴雨;强降水的拖曳和中层径向辐合、后侧入流急流的共同作用是产生9级雷暴大风的主要原因。

关键字:东北冷涡,超级单体,触发机制,双偏振雷达

引言

2022年6月12日北京发生了一次剧烈的强对流天气,以冰雹、强降水为主,伴有短时大风及雷电。冰雹范围之广,历史罕见,最大冰雹直径超过5 cm,局地最长持续时间约30 min。孤立的超级单体造成的强对流天气导致北京东北部的密云区和平谷区受灾严重,两区受灾总人数约79693人、房屋受损约9030间、车辆受损约8332辆、农业受灾面积约8457.76 hm^2,直接经济损失约4.35亿元。

东北冷涡作为导致北京强对流天气的重要天气系统[1,2],最明显的特点是其诱发的中小尺度系统,可以连续几天在同一个地区附近产生雷暴大风、冰雹、短时强降水等强对流天气,且在冷涡的形成、发展、持续和衰减阶段都可能出现[3,4]。在冷涡南部,低层暖湿平流、高层干冷平流有利于不稳定能量的累积,并在午后到晚上生成中尺度对流系统引发雷暴大风、冰雹、短时强降水等强对流天气[5-7]。因此,冷涡背景下基于天气尺度-中尺度环境场进行对流天气的潜势预报,仍对当前分类强对流预报业务工作具有重要意义[8]。分析风暴精细化雷达特征和中小尺度环境场对风暴生消演变的影响,可为强对流临近预报、预警提供重要指导[9,10]。北京市气象局睿图临近数值预报系统基于雷达资料快速四维变分同化技术与三维数值云模式,循环同化京津冀8部多普勒天气雷达径,并实时融合自动站与睿图-短期预报结果,可提供京津冀逐10 min循环、3 km水平分辨率的分析产品,对华北地区强对流天气的监测、预报和分析提供了重要参考[11-17]。

造成本次强对流天气的中小尺度系统发展快、移动路径变化大。尽管实时预报中对该过程的演变趋势把握较好，但对大冰雹和强降水的影响范围和强度估计不足，尤其是降水极值预报偏差较大，全球和区域数值模式对降水预报均有明显偏差。因此，十分有必要对该过程发生、发展的成因和预报偏差进行详细分析，加深对东北冷涡诱发强对流特征和机制的理解，揭示本地地形以及中小尺度环境场变化对雷暴生消演变的作用，以期未来面对类似天气过程时能有更好的把握。

1 资料介绍

文中所用资料包括国家级气象站、加密自动站、高空观测、L 波段探空、FY-4A 红外数据等常规气象观测资料，北京 S 和 X 波段双偏振雷达、风廓线雷达等非常规观测资料，逐时空间分辨率为 0.25°×0.25°的 ERA5(第五代欧洲再分析)资料以及睿图临近数值预报系统提供的京津冀区域 3 km 分辨率的三维、多要素分析场。本文所提及的降水预报产品包括:欧洲中期天气预报中心(ECMWF)、美国国家环境预报中心(NCEP)的全球模式预报，中国气象局的全球同化预报系统(CMA-GFS)、中尺度天气数值预报系统(CMA-MESO)预报和北京市气象局快速更新循环的睿图短期系统(RMAPS-ST)预报。

2 天气实况和预报服务情况

2.1 天气实况

本次强对流天气突发性强、局地性强、持续时间长(整个过程持续时间超过 14 h)。降雨量分布极不均匀，北京东北部及东南部的通州北部达暴雨、局地大暴雨。根据自动站统计，6 月 12 日 14 时—13 日 06 时，全市平均降雨量 18.7 mm，最大降雨出现在通州通顺马场 139.9 mm，最大小时雨强为 86.0 mm/h(21—22 时；通州蓝湖庄园)；全市 56 个观测站(占全市 9.8%)雨量超过 50 mm，7 个观测站(占全市 1.2%)雨量超过 100 mm(图 1a)。

2011—2022 年北京强降水过程中雨强大于 80 mm/h 的事件共发生 32 站次，本次过程两个站点雨强超过 80 mm/h，分别在近 12 年中历史排名第 19 位和 22 位；以往北京超过 80 mm/h 的强降水主要集中在 7 月和 8 月，而本次过程出现的时间最早(图 1c)，时间上具有一定的极端性。

除海淀和门头沟，北京大部均出现明显冰雹，最大冰雹直径超过 5 cm，密云站冰雹持续 30 min 之久，大冰雹范围之广历史少见。主要降雹位置在 X 波段雷达观测系统中都有准确的识别(图 1d)，为业务预报人员判断冰雹发生的具体信息提供了很好参考。

此外，密云、平谷和通州的 22 个自动气象站观测到 8 级及以上的雷暴大风(占全市 5%)，最大阵风出现在通州南马庄，为 22.6 m/s(9 级，图 1b)，此量级雷暴大风在北京并不具有极端性(2010—2019 年北京 9 级以上雷暴大风占比 29%，最大阵风 34.8 m/s)。

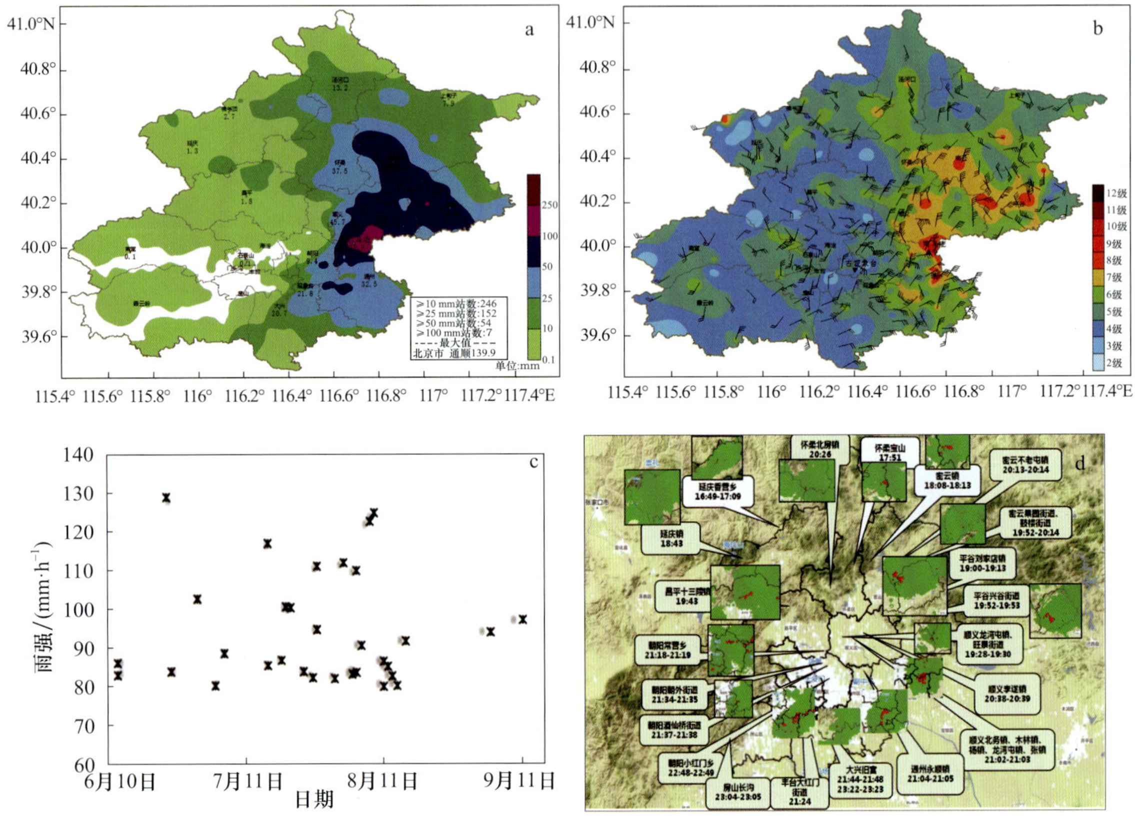

图 1 2022 年 6 月 12 日 14 时—13 日 06 时北京地区降雨量(a,单位:mm)和风力分布图(b)、2011—2022 年雨强≥80 mm/h 过程时间分布图(c)、北京 X 波段雷达组网应用系统中识别的冰雹(d)

2.2 预报服务情况

针对本次强对流过程,北京市气象台于 6 月 9 日发布首期《重要天气报告》,10—12 日每日更新发布,持续提示“12 日下午到夜间有 7～8 级雷暴大风和冰雹等强对流天气”,并在 11 日召开新闻通气会、发布新闻通稿等。过程当天北京市气象台在 12 日 13 时 30 分发布了雷电黄色预警信号,提示有冰雹、大风和短时强降水等强对流天气,后续指导各区发布冰雹、大风、暴雨预警信号;雷暴影响城区和通州时,市台发布了冰雹和大风预警信号。市区两级共发布相关预警信号 58 期(其中平谷升级发布了暴雨橙色预警信号,通州升级发布了暴雨橙色和红色预警信号),各区发布的冰雹预警信号平均提前时间为 53 min。

3 影响系统和对流潜势分析

根据《东北冷涡监测预报公报》,2022 年第 14 号东北冷涡于 6 月 8 日形成,10 日进入东北冷涡监测区并东移,12 日东北冷涡发展到了成熟阶段,13 日 08 时之后减弱。10—14 日北京连续 5 d 出现强对流天气,其中 12 日为 5 d 中对流最剧烈的一天。

12 日 08 时北京位于冷涡底部的高空槽前(图 2a)，冷涡系统冷中心明显、结构对称。对比分析 12 日 08 时、20 时高空观测(图略)和 ERA5 资料，随着冷涡旋转东移，冷涡后部风力加大、冷平流明显，12 日白天到前半夜北京高空存在明显冷空气侵入(500 hPa 08—20 时变温 −3 ℃)，低层暖湿气流加强、急流建立(850 hPa 变温＋1.5 ℃、西南风增至 12～14 m/s、比湿增至 12 g/kg)，700 hPa 西南风与偏西风切变线在 12 日 20 时前后过境，850 hPa 切变线 13 日 05 时前过境。冷涡的旋转东移促进了北京地区不稳定层结的发展和垂直风切变的加强。700 hPa 切变线过境前后，17—21 时存在明显的上升运动(图 2)。环境场分析表明，12 日北京形成了高层干冷、低层暖湿的前倾天气形势，高低空系统、水汽和能量配合佳，十分利于强对流发生。

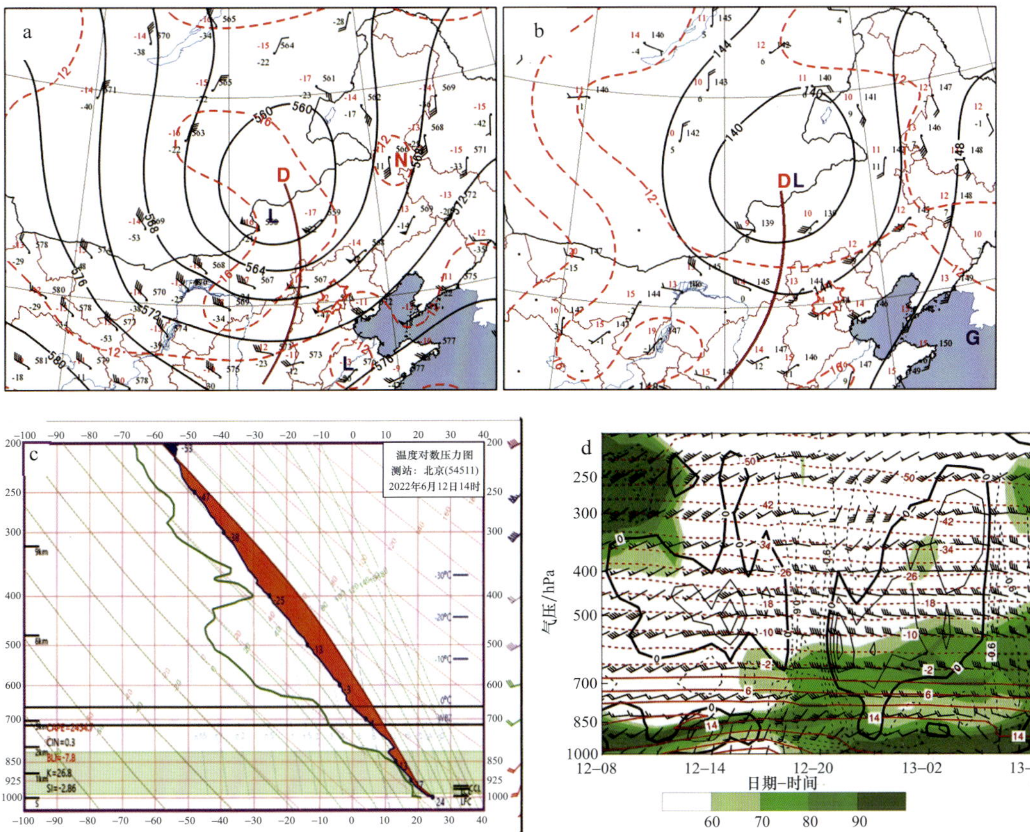

图 2　2012 年 6 月 12 日 08 时 500 hPa(a)和 850 hPa(b)的高度场(实线，单位：dagpm)、温度场(虚线，单位：℃)及水平风场(风羽，单位：m/s)，12 日 14 时观象台 T-ln$P$ 图(c)，12 日 08 时—13 日 08 时 40°N、116.5°E 的风场、垂直速度(虚线，单位：Pa/s)、温度(红线，单位：℃)和相对湿度(填色，单位：%)时间高度剖面(d)

12 日 14 时探空(图 2c)显示，500 hPa 和 850 hPa 温度(温度露点差)分别为−14 ℃和 13 ℃(28 ℃和 1 ℃)，高低空温差达 27 ℃，对流有效位能(CAPE)为 2455 J/kg，最有利抬升指数(BLI)−7.8 ℃，层结十分不稳定。另外，自由对流高度(LFC)在 995 hPa(约 40 m)，0～6 km 垂直风切变为 17.5 m/s，环境场十分有利于强对流的触发和组织化发展。其中，850 hPa 比湿 10 g/kg、近地面露点约 20 ℃，低层湿度较大，有利于短时强降水的发生。−30～−10 ℃区间对流有效位能占比大，干球和湿球 0 ℃层高度分别为 3.5 km 和 2.8 km，较低的湿球 0 ℃层高度有利于大冰雹落地、小冰雹不易融化[18]。600 hPa 处下沉对流有效位能($DCAPE_{600}$)由 14

时的 1017 J/kg 下降至 20 时的 583 J/kg，结合中等强度的中层风速和垂直风切变推断高空动量下传和蒸发冷却产生的负浮力影响有限，不利于极端的雷暴大风产生[19,20]。

4 中尺度对流系统演变

中尺度对流系统按影响北京的时间顺序可分为 4 个阶段，前两个阶段对流主要影响山区，后两个阶段下山后发展增强，影响了北京大部分地区。由于前两个阶段对流系统未影响平原地区，本节重点在 4.2 和 4.3 小节中对影响平原的第 3 个阶段(超级单体)和第 4 个阶段(影响北京大部的多单体风暴)对流系统进行分析。

4.1 对流系统演变概况

根据 S 波段组网雷达的组合反射率监测，第 1 阶段的多单体风暴尺度较小，于 12 日 13 时左右在河北张家口中部生成，14 时 30 分移入北京延庆，经海陀山脉后迅速减弱(图 3a)，于 15 时 30 分左右消亡于延庆盆地中。第 2 阶段的多单体风暴于 12 时前后在张家口大马群山西侧生成，16 时加强成明显的线状对流，随后移经海陀山时发生断裂，其南端与第 1 阶段风暴相似，17 时左右消亡于延庆盆地中部(图 3b)，北端继续东移扫过北京北部山区，至 19 时之后移出密云。

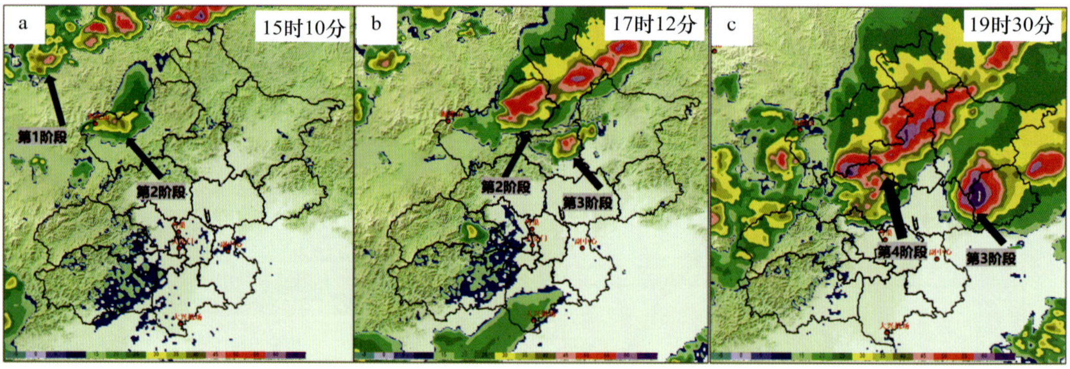

图 3 2022 年 6 月 12 日影响北部山区和平原地区的第 1、2、3、4 阶段风暴的 S 波段组合反射率拼图(单位：dBZ)

(a)15 时 10 分；(b)17 时 12 分；(c)19 时 30 分

第 3 阶段对流系统为影响北京东北部的孤立超级单体风暴，17 时前后在山前初生并迅速加强(图 3b)，东移进入密云南部后向南移入平谷(图 3c，移动路径见图 6c)，21 时后消亡于平谷，对北京东北部平原影响严重。第 4 阶段的多单体风暴，午后生成于张家口西部，18 时前后接近北京西部山区时发展成线状对流，其东移翻山过程中(图 3c)，在风暴东南侧的山前不断有雷暴新生、发展、合并加强，新生雷暴东移影响了北京大部分地区，主体至 13 日 0 时 30 分前后移出北京。

卫星云图特征表明，第 2 阶段位于张家口和承德附近的对流云团，随着东移发展云顶温度逐渐降低、云顶高度升高，面积增大。19 时第 3 阶段的超级单体对流云团主体位于密云平谷一带，怀柔山前再次出现新生对流云团，局部云顶亮温约−65 ℃，且雷暴南部梯度巨大，最高云顶高度达15000 m。21—22时，第3阶段对流云团主体与第4阶段增强的云团在北京东北部合并(图4a)，此时云团整体发展最为旺盛，云顶高度达17000 m(图4b)，出现冲顶对流，水汽进入平流层，使得水汽通道亮温进一步增大并超过红外窗区亮温，水汽-红外亮温差达到5 ℃左右(图4c)。

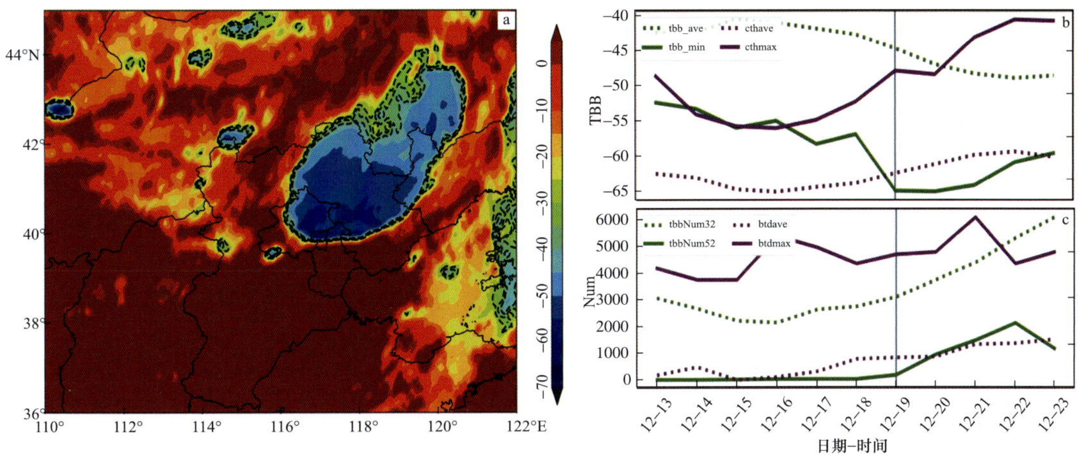

图4 (a)2022年6月12日21时云顶亮温TBB(单位:℃)；(b)13—23时对流云团相当黑体温度最低值及平均值(tbb_min、tbb_ave，单位:℃)和云顶高度最大值及平均值(cthmax、cthave，单位:m)；(c)水汽-红外亮温差最大值及平均值(btdmax、btdave，单位:℃)和TBB低于−32 ℃及−52 ℃像素个数(tbbNum32、tbbNum52)随时间的变化(蓝色竖线是雷暴下山时间)

4.2 超级单体的初生、移动和雷达回波特征

影响北京平原的超级单体具有发展速度快、移动速度慢、路径变化大和持续时间长等特点。从初生、快速增强、降雹和消亡经历的4个阶段，持续近4 h，但只移动了约60 km，移速不足20 km/h。

4.2.1 超级单体初生的成因

6月12日17时北京怀柔南部迅速出现强度约25 dBZ弱雷暴，12 min后雷暴中心迅速加强至50 dBZ(图3b)，在18时发展成超级单体。在超级单体初生之前(16时30分)在其上游，第2阶段的多单体风暴位于延庆中北部，中心距离超级单体初生位置约40 km(图3b)；在其下游，基于睿图临近分析场发现15时前后渤海湾附近有雷暴消亡，存在雷暴冷池出流并加强了天津地区的东南风，天津塘沽站小时极大风由14时的6.9 m/s增至18时的10.7 m/s(图略)。在上游雷暴入流和下游的雷暴出流影响下，北京东部的东南风加强，图5可见北京通州站和怀柔站东南风速依次加强，如怀柔站小时极大风从14—18时增加了2.9 m/s(2 min平均风从14时30分的1.8 m/s增加到16时30分的3.5 m/s)。同时，北京南部低空偏南风加强，观象台风廓线(图5b)显示1.5 km附近西南风由15时的8 m/s增加至18时的12～14 m/s，达到急流强度。两股增强的偏南风与地形的辐合加强(图5c)，在17时前促成了山前中尺度地形辐合线的发展,可见光云图中有增强的线状积云对应(图略)。此外,16 时 30 分怀柔南部至密云 0～3 km 垂直风切变和低层上升速度有增加(图 5a)。

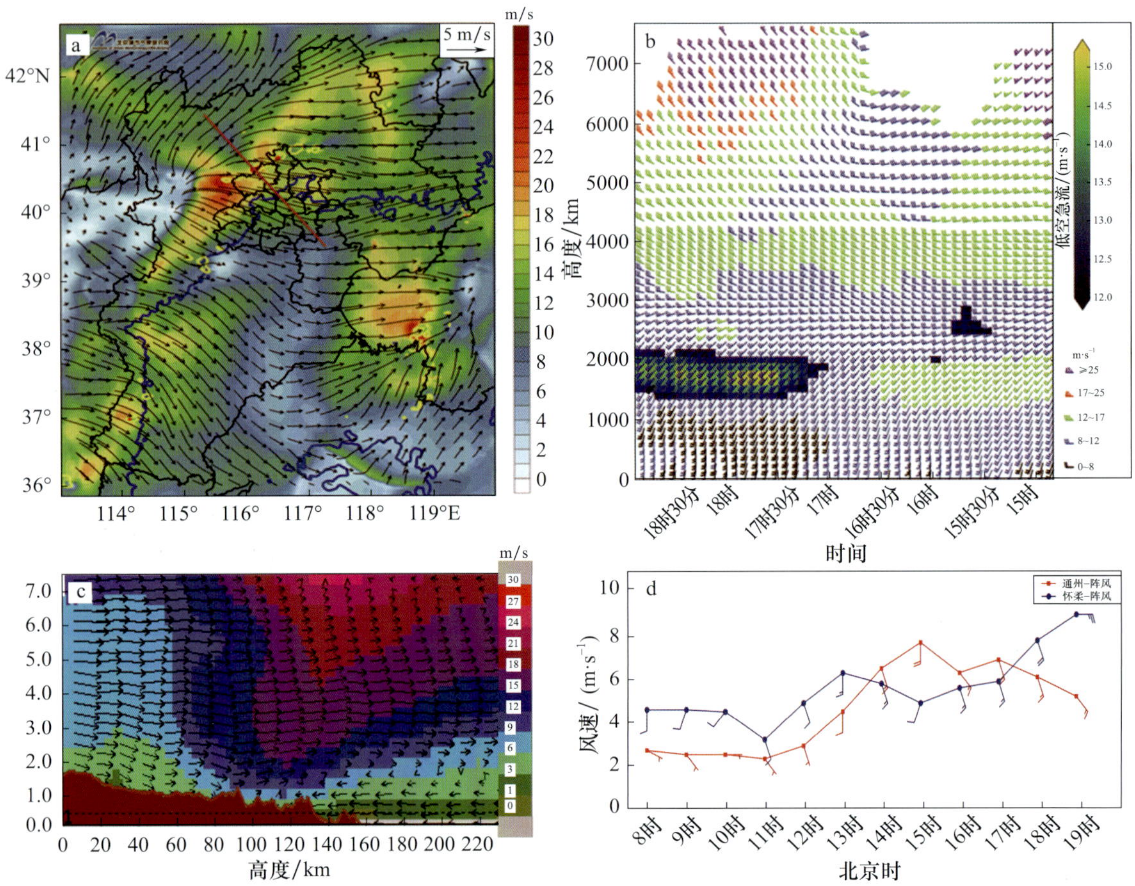

图 5　2022 年 6 月 12 日 16 时 30 分京津冀 0～3 km 垂直风切变(填色)与 3 km 风场(箭头)(a)、15—19 时北京观象台逐 6 min 风廓线时序图(b)、沿(a)中线段垂直风场剖面(填色为速度)(c)、08—19 时怀柔(蓝)和通州(红)小时极大风时序图(d)

因此,在高对流有效位能、低自由对流高度和加强的垂直风切变背景下,超级单体初生前,上游南风、东南风增强并向北传输,形成地面中尺度辐合线并受地形强迫抬升,是超级单体初生的直接原因。

4.2.2　超级单体转向移动的成因

以往影响北京的超级单体多呈准直线路径移动(如北京 2014 年 7 月 16 日一次超级单体风暴[21]),此次超级单体特别之处是移动中存在明显的向南转向,整体路径呈 S 形(图 6c)。18 时之前,其路径约沿着引导气流右侧 30°夹角移动,但东移进入密云南部后转向南进入平谷,18—20 时期间移动路径与引导气流方向接近垂直,有以下两点原因。

一是地形强迫雷暴向西南方向出流。当超级单体移动至密云平原南部,其东、西两侧为山区,北部虽是密云水库,但水库与超级单体之间有丘陵阻挡,地形南低北高,密云南部比周边海拔低 100～200 m 以上(图 6a)。所以,除超级单体本身结构影响外,地形阻挡导致雷暴冷池出流转向西南方向(图6b)，并与东南风辐合触发雷暴新生，导致超级风暴向偏西南方向传播，而引导气流推动风暴向东北方向平流移动。综合风暴的传播和平流移动，于是超级单体风暴系统转向东南方向移动(图6c)，可以发现地形强迫是其突然南折的重要原因。超级单体进入平谷后，同样受东、北和南三面山地阻挡，出流转向偏西方向，与引导气流方向接近平行，移速迅速减弱并逐渐消亡。

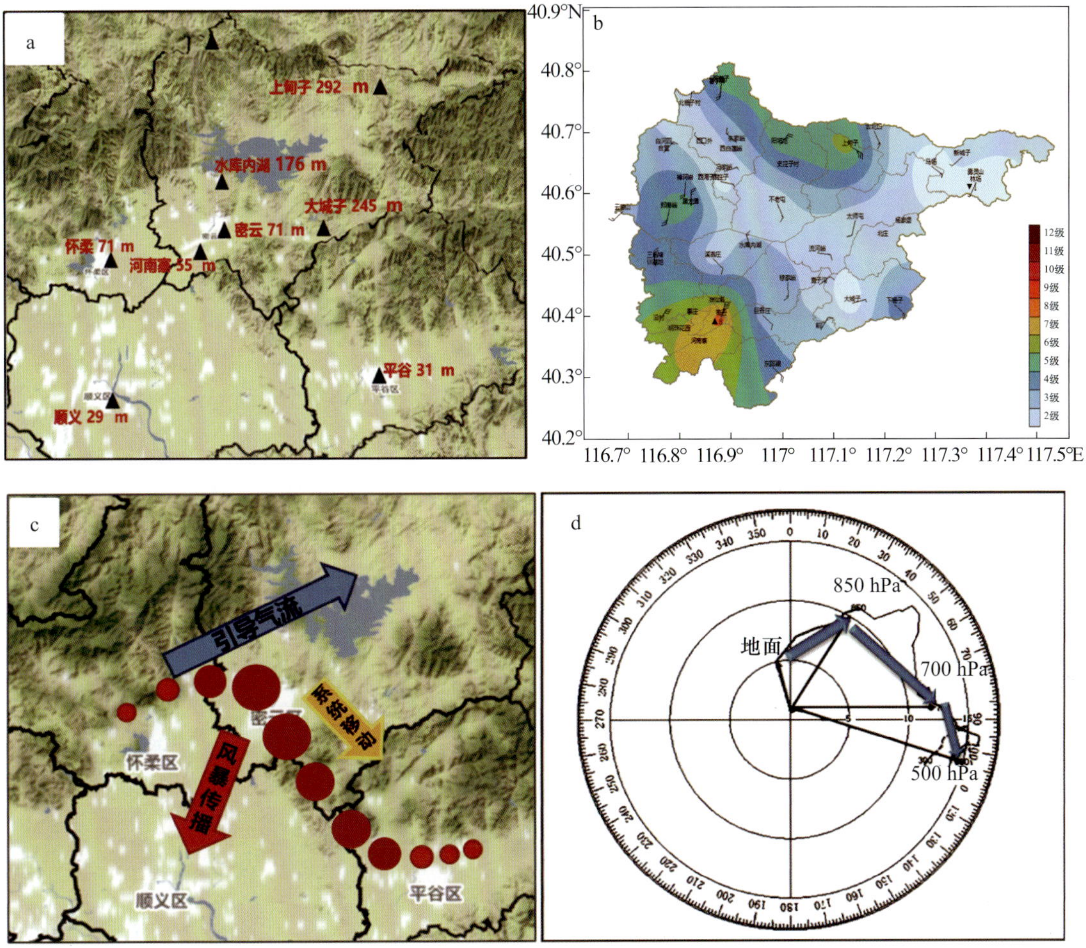

图6　北京东北部地形(a)(黑色三角表示自动站位置并用红色标注其海拔高度，单位：m)、2022年6月12日18时—18时15分密云区自动站极大风(b)、超级单体移动示意图(c)、12日20时北京观象台地面至300 hPa风矢端图(d)

二是风切变矢量随高度明显顺转。本次超级单体环境场的风切变随高度存在明显的顺转(图6d)，特别是地面至中层风速随高度增加且方向顺时针旋转超过90°，存在右移风暴的选择性加强效应，即顺转扰动了对流上升气流内部及附近的气压场，加强了右移风暴抑制了左移风暴[22]。

上述现象在X波段雷达的组合反射率拼图中可观测到，18时30分前后超级单体回波开始呈“人”形分裂成左移风暴和右移风暴(图7a)，随后左侧减弱慢慢脱离超单并沿引导气流方向离开、右移风暴发展(图7b～图7d)。

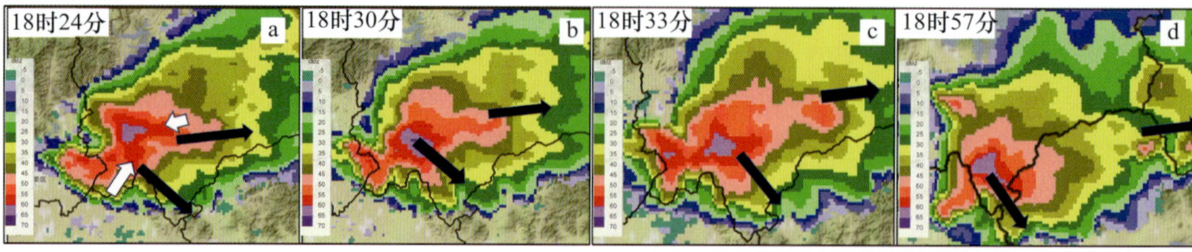

图 7　2022 年 6 月 12 日北京 X 波段雷达组合反射率因子 3 km 高度 18 时 24 分(a)、18 时 30 分(b)、18 时 33 分(c)、18 时 57 分(d)拼图(单位:dBZ)

(a 中白色箭头表示风暴即将分裂成左移和右移两部分,黑色箭头表示移动方向)

4.2.3　强降雹超级单体的雷达回波特征

观象台 S 波段雷达回波显示,19 时前后成熟阶段的超级单体可观测到钩状回波与“V”形缺口(图 8a)、中气旋(图 8b)、有界弱回波区和强的回波悬垂以及柱状回波墙(图 8c)、低层强辐合和高层强辐散(图 8d)等特征,其中超过 60 dBZ 的反射率因子高度超过了 7 km(1 kft≈304.8 m),强回波向上扩展很高,这些是强冰雹超级单体的显著特征。超级单体的中气旋于 12 日 18 时生成,持续近 2 h,19 时距观象台雷达约 70 km 处时最大旋转速度约 21 m/s(40.8 kt,1 kt≈0.514 m/s),属于中等偏强中气旋,其直径约为 5 km,深度约由 2.5 km 伸展至 7 km,持久深厚的中气旋易产生强冰雹。

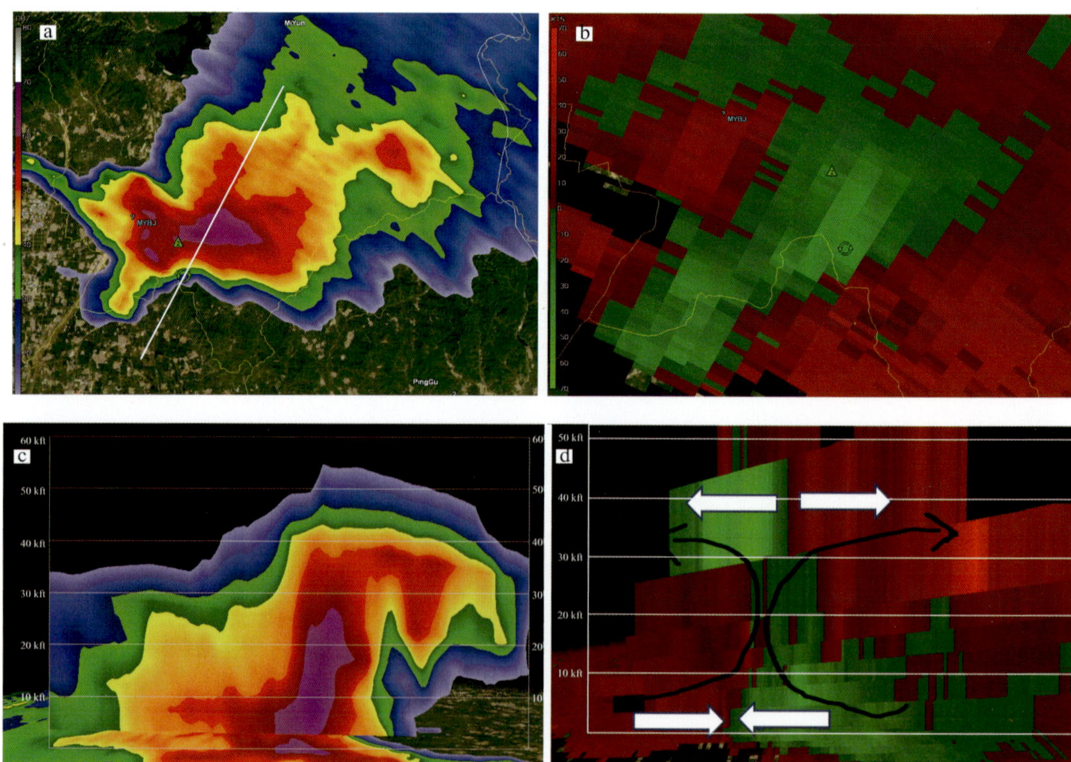

图 8　2022 年 6 月 12 日 18 时 36 分超级单体 1.5°仰角雷达反射率因子(a,单位:dBZ)、径向速度(b,单位:kt)、沿(a)中线段的反射率因子垂直剖面(c,单位:dBZ)、径向速度垂直剖面(d,单位:kt)

X 波段双偏振雷达拼图(图 9)显示,18 时 09 分超级单体刚形成时中心反射率因子超过 65 dBZ 处相关系数较小,最小仅有 0.7～0.8(图 9a),垂直液态水含量(VIL)超过 70 kg/m^2(图 9b)。顺义的双偏振雷达 RHI 扫描分析,反射率因子具有清晰的回波悬垂、穹窿和回波墙等(图 9c),65 dBZ 的强回波中心达到−20 ℃层以上,强回波中心已接地,接地的强反射率因子对应的差分反射率 ZDR 接近 0 dB(图 9d),相关系数<0.8,粒子识别产品可识别到固态降水粒子(图 9e),说明此处已有大冰雹落地。上述结构维持时间较长,容易产生长时间的大冰雹天气。实况监测显示,18 时 12 分密云观测到 3 cm 左右的大冰雹。X 波段双偏振雷达对大冰雹有较好的指示意义。

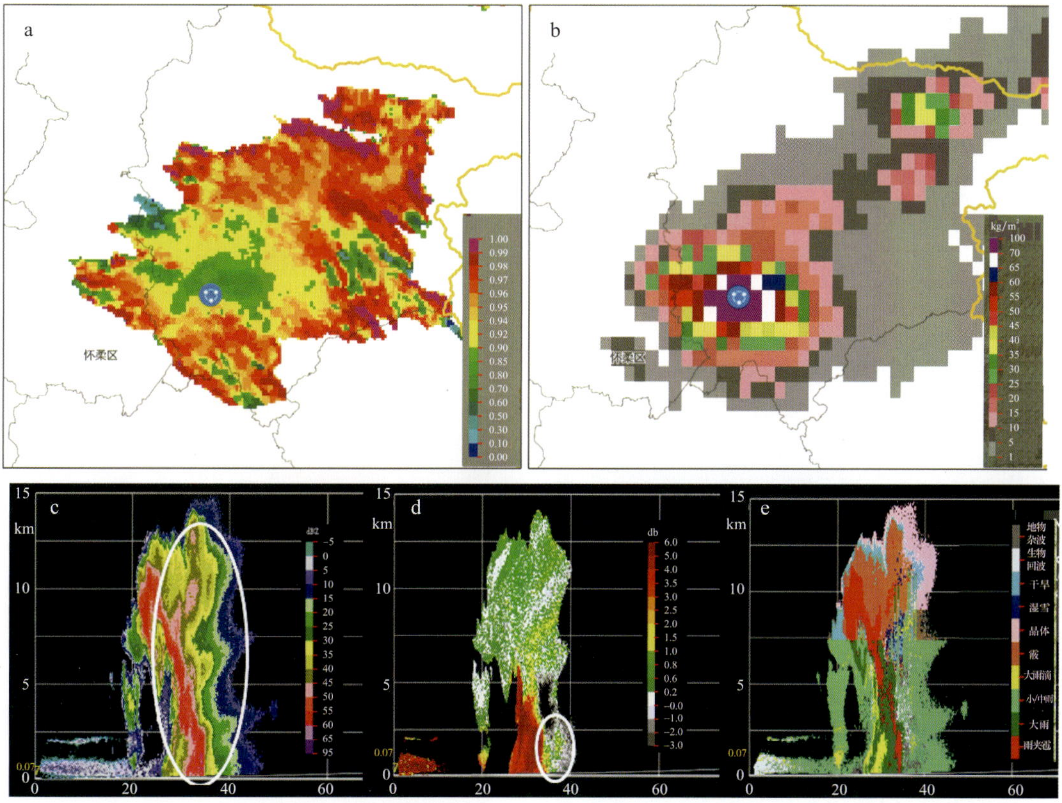

图 9　2022 年 6 月 12 日 18 时 09 分双偏振雷达相关系数(a)、垂直液态水含量(b,单位:kg/m^2)、RHI 反射率因子(c,单位:dBZ)、RHI 差分反射率(d,单位:dB)、RHI 粒子识别(e)

4.3　多单体风暴的发展和雷达回波特征

4.3.1　快速增强的成因

20 时 15 分前后,第 4 阶段线状对流南部的弱单体风暴移至北京顺义时出现了快速增强,随后强风暴单体继续向南移动、发展,影响朝阳和通州北部,21 时 30 分左右减弱移出北京。风暴增强前,北京南部的观象台风廓线监测 3 km 以下西南风明显增强(图 10b);东南部的天津地区东南风也再度增大,受上游东南风脉动影响,通州站东南风向 2 min 平均风速从 19 时

10 分的 2.5 m/s 增加至 20 时 20 分的 4.3 m/s；另外，受地形强迫影响，北侧位于密云和平谷的雷暴冷池出流为东北风。三股气流(南风、东南风和东北风)在顺义地区相遇形成强辐合，随后雷暴显著增强，增强后的雷暴冷池出流推动强辐合中心向南移动(图 10a)，雷暴随之向南移动、发展。所以，低层风速的强辐合是雷暴快速增强的重要原因。

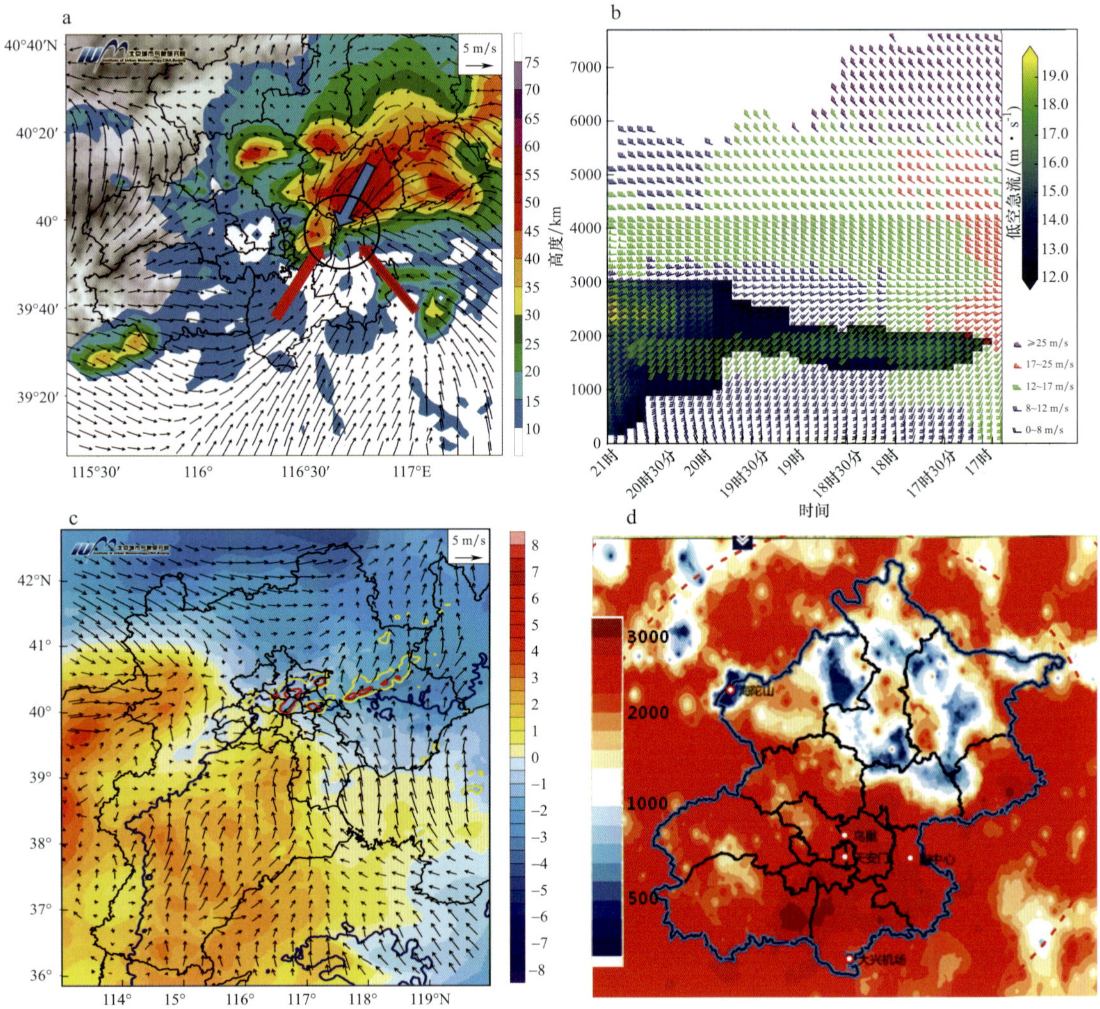

图 10　2022 年 6 月 12 日 20 时 50 分北京区域最强反射率与 0.15 km 高度风场(a)、17—21 时观象台逐 6 min 风廓线时序图(b)、20 时 30 分京津冀 0.15 km 高度扰动温度(单位：℃)与风场(c)、21 时自动站温度和露点订正观象台 20 时探空计算的对流有效位能(d)

4.3.2　通州局地强降水和大风的双偏振雷达回波特征

21 时前后北京北部受前 3 个阶段风暴过境影响，有雷暴高压维持、为负变温，而中南部偏南风增强、为正变温，此种环境下北京低层北部冷、CAPE 低，中南部暖、CAPE 高(图 10c、图 10d)(湿暖舌于 18 时后建立)，北部雷暴冷池出流与逐渐增强的偏南气辐合，不断在西南方向触发雷暴新生，雷暴随引导气流向偏东移动时呈准后向传播并在通州北部形成了明显的列车效应(图略)，导致该地区大暴雨的出现。

基于自动协同策略调用房山 X 波段雷达对通州北部回波进行 RHI 扫描，对强降水敏感的双偏振量 K_{DP} 分析，近地面的 K_{DP} 值达到 7～9 deg/km（图 11b），粒子识别结果表明在垂直方向上识别到深厚的大雨滴（图 11a），对应自动站监测可看到通州通顺马场 21 时 10 分的 5 min 降水量达到 10.8 mm，对应 21—22 时出现本次降水的最大小时雨强，通州蓝湖庄园小时降水量 86.0 mm。

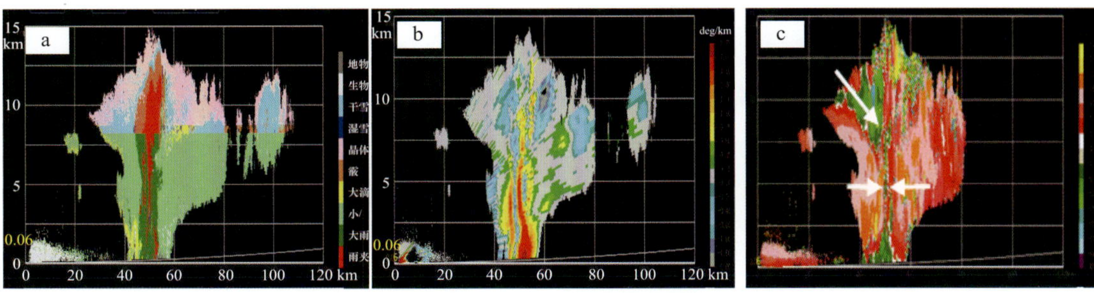

图 11　2022 年 6 月 12 日 21 时 09 分 X 波段双偏振雷达 RHI 扫描的粒子相态识别（a）、差分相移 K_{DP}（b，单位：deg/km）和径向速度（c，单位：m/s）

21 时 09 分径向速度的 RHI 图像（图 11c）显示，影响通州北部的强雷暴单体中存在非常明显的中层径向辐合，后侧入流急流出现速度模糊；反射率因子的垂直结构中可见强回波中心的快速下降（图略）。即在强降水的拖曳和中层径向辐合、后侧入流急流的共同作用下出现雷暴大风，对应 21 时 15 分通州北部出现 9 级阵风。

5　预报偏差分析和改进思路

5.1　预报偏差分析

数值预报模式对此次过程有一定预报能力，但主客观预报对对流的强度预报均存在不同程度的低估。强降水方面，CMA-GFS、ECMWF 和 NCEP 预报北京地区降水东多西少，落区分布与实况较为一致，但量级较实况明显偏小，尤其是极值（图 12a、图 12c、图 12d）。分析 ECMWF 全球模式，发现其对冷涡中心和高空槽等系统的位置、强度和移速预报很好，但低层湿度的预报较实况明显偏弱，导致 CAPE、DCAPE 和冰雹指数等对流参量偏小（表 1）。全球模式是静力模式，对流过程的参数化处理容易对中小尺度天气过程的描述或预报能力不足，除此之外，物理量预报的偏差是导致降水预报偏弱的重要原因。

区域模式 CMA-MESO（图 12b）和 CMA-BJ（图 12e、图 12f），12 日起报的预报结果较 11 日起报结果明显调小，临近时次的预报偏差反而变大，譬如：CMA-BJ 模式在 11 日 08 时起报的降水落区与实况较接近，虽然降水大值区范围偏小，但降水极值接近实况，而 12 日起报结果未报出北京有大雨以上的降水。由于短期时段内 CMA-BJ 模式对 700 hPa 切变的强度和位置不断调整，导致低层湿度调整较大，预报摆动频繁，对预报结论的参考性无法提供稳定性支持。但临近时段内 CMA-BJ 模式持续预报了平原东部有新生雷暴发展，对临近预报有重要指示意义。

预报员在短期时段主要依赖于数值模式产品，基于模式结果，虽然主观预报把降水量向大订正，但降水的大值区偏小、极值明显偏小(图 12g)。

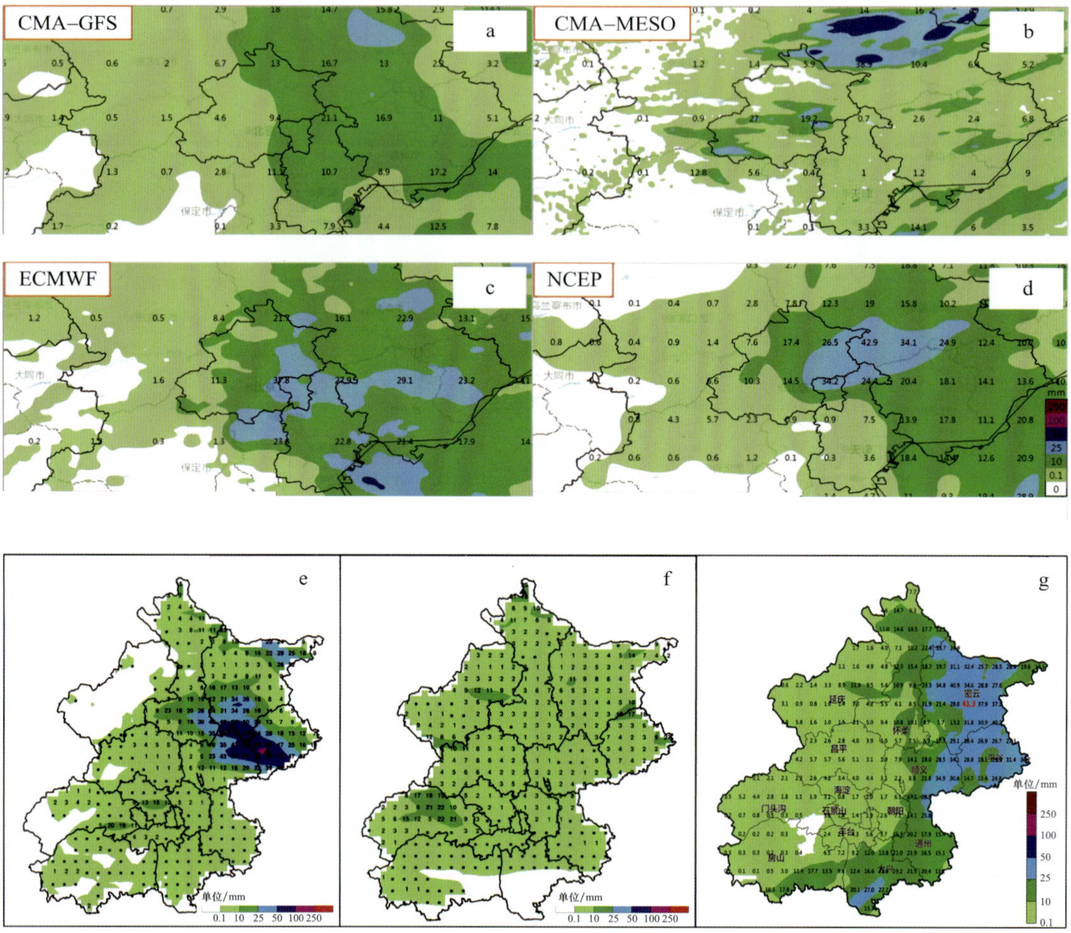

图 12　2022 年 6 月 12 日 08 时起报的 CMA-GFS(a)、CMA-MESO(b)、ECMWF(c)和 NCEP(d)预报未来 24 h 降水量，11 日 08 时(e)和 12 日 11 时(f)起报的 CMA-BJ(睿图-短期)预报 12 日白天至夜间降水量，北京市气象台 12 日下午发布的傍晚至夜间降水落区预报(g)

表 1　ECMWF 模式 12 日 08 时起报预报 12 日 14 时对流参量

对流参量	12 日 08 时报 12 日 14 时	12 日 14 时实况
850 hPa 比湿/($g \cdot kg^{-1}$)	10	12
CAPE/($J \cdot kg^{-1}$)	1749	2545
DCAPE/($J \cdot kg^{-1}$)	890	1017
冰雹指数	0.7	1.5

5.2　预报难点与着眼点

此次强对流天气过程的预报难点在于大冰雹和强降水的落区以及强度的定量预报可预报

性较差。数值模式预报存在明显的偏差，区域模式预报结果稳定性差，加之地形对冷池出流偏折使得触发新雷暴的位置判断难度大，新生雷暴的冷池出流又不断激发新的雷暴，给强对流天气的具体落区、极值的预判带来较大困难。

预报着眼点包含以下几个方面：(1)CMA-BJ 模式中的对流新生和降水极值的预报对临近预报有重要参考意义。(2)风暴的移动方面，关注局地地形对雷暴冷池出流的偏转和风切变随高度的旋转方向将有助于判断风暴移动方向的变化。(3)风暴强度方面，关注北京周边低层风场变化，如上游阵风锋引起的北京地区风速增加，将导致山前中尺度地形辐合线形成、发展，从而诱发风暴初生或增强。

5.3 预报改进思路

(1)此次过程中模式对低层湿度预报存在偏差，在短时间内数值模式无法明显提升准确率，今后可在不同季节、不同天气类型下对模式误差进行分类统计和来源分析，找出短期内各模式的参考误差，在此基础上对模式结果进行订正来确定最优的预报结论，体现预报员的附加价值。

(2)CMA-BJ 区域数值模式更新快、预报产品多，预报结果的频繁摆动使预报员很难在短时间内合理决策，可将不同时次起报的模式产品采用集成、加权或其他客观方法得到动态的概率化产品，以便客观地反映区域模式总体结果和变化趋势，提高分析效率。

(3)预报员需了解区域模式中参数化方案的优劣，在临近时段使用经验对区域模式结果进行订正，同时综合多源观测资料实况和模式结果对临近预报进行及时调整。

6 总结与讨论

2022 年 6 月 12 日处于成熟阶段的东北冷涡诱发了北京地区冰雹、短时强降水和雷暴大风等强对流天气。本文对此次强对流特征和发生成因以及预报偏差进行了分析，主要结论如下。

(1)北京位于东北冷涡本体南部，受冷涡旋转东移影响，低层暖湿、高层干冷的前倾天气形势建立，对流有效位能超过 2000 J/kg，垂直风切变达到中等偏强程度，动力、水汽和能量等条件配合很好，为强对流发生、发展提供了十分有利的环境。

(2)影响平原地区的超级单体发展迅速、路径变化大、致灾性强。受上游雷暴入流和下游雷暴出流影响，北京平原地区偏南风增强，引发北京山前中尺度地形辐合线发展，加上地形抬升，进而引发超级单体的初生；超级单体移动中地形对风暴冷池出流方向偏转和风切变随高度顺转是其路径发生明显右转的主要原因；深厚的中气旋、回波穹隆、强回波悬垂、低层辐合和高层辐散以及 ZDR 柱等结构长时间维持，有利于大冰雹增长和长时间降雹。

(3)在北京平原暖湿舌建立的背景下，受地形强迫和北部地区雷暴高压影响，雷暴冷池出流向西南方向推进，与加强的东南风、南风强烈辐合导致雷暴强度快速增加，辐合中心向南推进过程中在北京南部不断触发新的雷暴，东移形成准后向传播和列车效应，造成北京东部大暴雨的出现；雷暴中强降水的拖曳和中层径向辐合、后侧入流急流的共同作用是产生 9 级雷暴大风的主要原因。

(4)X波段双偏振雷达的RHI扫描产品可反映强雷暴单体精细化的三维结构特征,对冰雹、雷暴大风和短时强降水的监测和临近预报有一定的指示意义。

(5)本次过程中全球数值模式对低层水汽条件预报偏弱导致CAPE等对流参量预报偏小,进而导致对流强度预报偏弱,区域模式对雷暴新生和降水极值的预报有重要参考价值。

数值模式在短期时段内对此次强对流天气具有一定预报能力,但对极端天气的预报能力不足,业务中对大冰雹、强降水和大风的精细化预报难度很大,但通过本文分析发现,强对流的极端性从大尺度环境场和中小尺度特征方面是有迹可循的。短期时段通过加强对不同阶段冷涡的监测和热力、水汽、动力结构分析,结合已发生的天气可对数值模式进行大胆订正,将有助于提高分类强对流预报的准确率;短临时段结合快速更新的区域模式,对多源实况观测资料、睿图分析场以及风暴S/X双偏振雷达特征开展综合分析,同时关注地形对中尺度冷池出流的影响,将有助于提高北京局地突发强对流精细化预报和分区预警水平。

参考文献

[1] 郑永光,宋敏敏. 冷涡影响中国对流性大风与冰雹的分布特征[J]. 热带气象学报,2021,37(5/6):710-720.

[2] 郁珍艳,何立富,范广洲,等. 华北冷涡背景下强对流天气的基本特征分析[J]. 热带气象学报,2011,27(1):89-94.

[3] 白人海,孙永罡. 东北冷涡中尺度天气的背景分析[J]. 黑龙江气象,1997(3):6-12.

[4] 张立祥,李泽椿. 东北冷涡研究概述[J]. 气候与环境研究,2009,14(2):218-228.

[5] 李云静,张建春,王捷纯,等. 一次冷涡背景下强对流不稳定条件的成因分析[J]. 气象,2013,39(2):210-217.

[6] 王磊,谌芸,张仙,等. 冷涡背景下MCS的统计分析[J]. 气象,2013,39(11):1385-1392.

[7] 郑媛媛,张雪晨,朱红芳,等. 东北冷涡对江淮飑线生成的影响研究[J]. 高原气象,2014,33(1):261-269.

[8] 郑媛媛,姚晨,郝莹,等. 不同类型大尺度环流背景下强对流天气的短时临近预报预警研究[J]. 气象,2011,37(7):795-801.

[9] 冯晋勤,汤达章,曹长尧. 福建西部山区短时暴雨雷达回波特征及中小尺度系统分析[J]. 气象,2014,40(3):297-304.

[10] 郑永光,陶祖钰,俞小鼎. 强对流天气预报的一些基本问题[J]. 气象,2017,43(6):641-652.

[11] WILSON J W, FENG Y R, CHEN M, et al. Nowcasting challenges during the Beijing Olympics: Successes, failures, and implications for future nowcasting systems[J]. Wea Forecasting, 2010, 25(6): 1691-1714.

[12] 陈双,王迎春,张文龙,等. 复杂地形下雷暴增强过程的个例研究[J]. 气象,2011,37(7):802-813.

[13] 肖现,陈明轩,高峰,等. 弱天气系统强迫下北京地区对流下山演变的热动力机制[J]. 大气科学,2015,39(1):100-124.

[14] 陈明轩,肖现,高峰,等. 基于雷达四维变分分析系统的强对流高分辨率模拟个例分析和批量检验[J]. 气象学报,2016,74(3):421-441.

[15] 陈明轩,肖现,高峰. 出流边界对京津冀地区强对流局地新生及快速增强的动力效应[J]. 大气科学,2017,41(5):897-917.

[16] 于波,荆浩,孙继松,等. 北京夏季一次罕见偏南大风天气的成因分析[J]. 高原气象,36(6):1674-1681.

[17] 雷蕾,孙继松,陈明轩,等. 北京地区一次飑线的组织化过程及热动力结构特征 [J]. 大气科学,2021,45

(2)：287-299.

[18] 俞小鼎．关于冰雹的融化层高度[J]. 气象，2014，40(6)：649-654.

[19] GEERTS B. Estimating downburst-related maximum surface wind speeds by means of proximity soundings in New South Wales，Australia[J]. Weather & Forecasting，2000，16(2)：261-269.

[20] 马淑萍，王秀明，俞小鼎．极端雷暴大风的环境参量特征[J]. 应用气象学报，2019，30(3)：292-301.

[21] 雷蕾，孙继松，乔林，等．一次超级单体雹暴的中尺度对流特征和形成条件分析[J]. 气象科技进展，2019，9(5)：16-23.

[22] MARKOWSKI P，RICHARDSON Y. Mesoscale Meteorology in Midlatitudes[M]. Chichester：John Wiley & Sons Ltd，2010.

2022年6月13日冷涡背景下华北黄淮飑线天气过程分析

唐文苑　李江波　郑永光　盛　杰　蓝　渝　谷欣蕊　何丽华　闫雪瑾　裴宇杰
(国家气象中心,北京,100081)

摘　要:应用多源观测资料,针对2022年6月13日发生在冷涡西南侧、影响山西、河北、山东等地的飑线过程,重点分析对流环境条件、飑线的触发演变、形成和维持机制。结果表明:此次过程发生在冷涡减弱期,多条带状对流回波产生于冷涡西侧南侧,其中两条加强发展成为飑线系统,造成大范围的强对流天气;河北南部至山东强飑线受低层切变线触发对流;而黄土高原及其东侧地区新生对流是受地形作用及地面冷锋触发,加之午后太阳辐射加热影响,低层大气抬升突破逆温层的抑制,导致潜在不稳定能量的释放,促使强对流系统的发展加强;山东境内飑线系统在形成和发展阶段的对流最旺盛,低层垂直风切变与冷池的相互平衡制约对山东境内飑线的长时间维持以及向前传播起到关键作用,具有低质心、低顶高的特点,并且单体快速发展消亡从而抑制了更强的对流系统发展,因此本次强对流过程虽然影响范围广,但强度相对不极端。

关键词:冷涡,飑线,强对流天气

引言

冷涡是指存在于中、高纬地区对流层中、上层的冷性闭合低压环流系统。暖季的冷涡常导致冰雹、雷暴、雷暴大风和短时强降水等强对流天气,是造成中国东北、华北和西北地区强对流天气的重要天气系统之一[1,2]。冷涡移动过程中引导冷空气南下从而在冷涡西侧和南侧诱发强对流天气,特别是在冷涡南侧,当中高层的冷平流和低层的切变线结合时,更容易产生剧烈的强对流天气[3,4]。在冷涡不同发展阶段、冷涡的不同位置,对流天气类型和强度都具有不同的特点;冷涡自身的强度和结构形态、高低层温湿系统的配置、冷涡中心与对流关键区的距离远近等都会影响对流的类型、强度和范围。

飑线,也称为准线状对流系统,是由多个雷暴单体线状排列形成,飑线一般长约几十至几百千米,持续几小时至十几小时,发展快速,能带来雷暴大风、冰雹、短时强降水等强对流天气[5,6]。有研究表明东北地区64%的飑线与冷涡有关[7],冷涡背景下飑线基本发生在6—8月,主要形成在冷涡的南部。在冷涡形成期产生的飑线大都位于冷涡的东南部,而在冷涡的成熟期和消亡期产生的飑线都位于冷涡的西南部[8]。段祥海等[5]发现冷涡减弱阶段,冷涡后部短波槽东移引导冷空气侵入京津冀地区,低层暖湿舌形成良好高温高湿条件,地面辐合线触发后对流组织化发展同样能形成飑线。不同区域东北冷涡的模拟验证了理论分析的结果,也表明冷涡西南侧受南下冷空气的影响，配合低层暖平流出现条件不稳定层结，结合有东西向梯度的湿度场形成飑线[9]。北京2017年一次罕见强弓状飑线发生在前倾槽和低空急流形势下500 hPa冷涡西南部，高不稳定能量和强的垂直风切变条件为飑线的生成和维持、大冰雹和地面强风天气提供了有利环境条件[10]。

冷涡背景下的强对流天气复杂多变且连续反复，尤其是冷涡背景下产生的飑线系统，其触发和发展，移动和传播机制一直是预报的重点和难点，2022年6月13日上午至夜间，华北黄淮地区经历了一次冷涡背景下大范围的强对流天气过程，其间三条带状对流回波中的两条加强发展成为飑线系统，造成了大范围的雷暴大风、短时强降水和局地的冰雹天气，其中又以山东飑线发展最为强盛持久。本文利用常规地面观测、重要天气报、自动气象站、探空、新一代天气雷达等观测资料，分析2022年6月13日影响山西、河北、山东等地的飑线过程。其中山西河北段飑线是在弱强迫条件下触发，业务预报中容易出现漏报，重点分析其触发机制；而山东飑线持续时间长、影响范围广、发展最强盛，重点讨论其演变和维持传播机制，加深对冷涡背景下飑线系统发生发展规律的认识，为预报、预警提供参考依据。

1 对流天气实况和对流环境条件

1.1 天气实况

2022年6月13日12时(北京时，下同)左右，山东北部多个分散回波单体东西向带状排列，同时山西北部至内蒙古交界附近密集的新生对流风暴迅速暴发。受冷涡后部西北引导气流影响，对流风暴群整体向东南方向移动，并组织化发展。15时40分，三条近东西向的带状对流回波形成(图1a)，其中位于河南至山东的带状对流回波(带状回波Ⅰ)发展最为旺盛，最强回波超过65 dBZ。随后带状对流回波群继续东南移动，呈现出不同的发展变化趋势，位于最南端的带状回波Ⅰ和中间的带状对流回波Ⅱ显著加强发展，回波强度超过55 dBZ，活跃对流单体高度组织化呈弓状排列，地面测站监测到两条弓状回波附近均出现集中的8级及其以上瞬时大风(图2a、图2b)，表明南北两条飑线已经形成(17时30分，图1b)，而最北端带状回波Ⅲ强度逐渐减弱，其影响趋于结束。随后2 h，南北两条飑线移速减慢强度略有加强，最南端飑线Ⅰ进入苏皖北部，在18—19时达到最强盛时期，回波带长度超过750 km，超过35 dBZ回波宽度达到200 km，20时之后南压影响苏皖地区直至14日凌晨，此飑线系统持续时间长达8 h，影响山东、河南、安徽及江苏等地，造成大范围8～9级、局地10～11级的雷暴大风、冰雹和短时强降水天气。20时北端飑线Ⅱ开始分裂衰亡，此前飑线形态维持共近4 h，影响河北中南部、山西中东部及山东北部，造成上述地区集中的8～9级、局地10～11级雷暴大风、冰雹以及短时强降水。

1.2 环境背景条件

1.2.1 冷涡演变与对流特点

2022年6月10日20时第14号东北冷涡生成，10—11日冷涡处于发展阶段，冷涡中心快

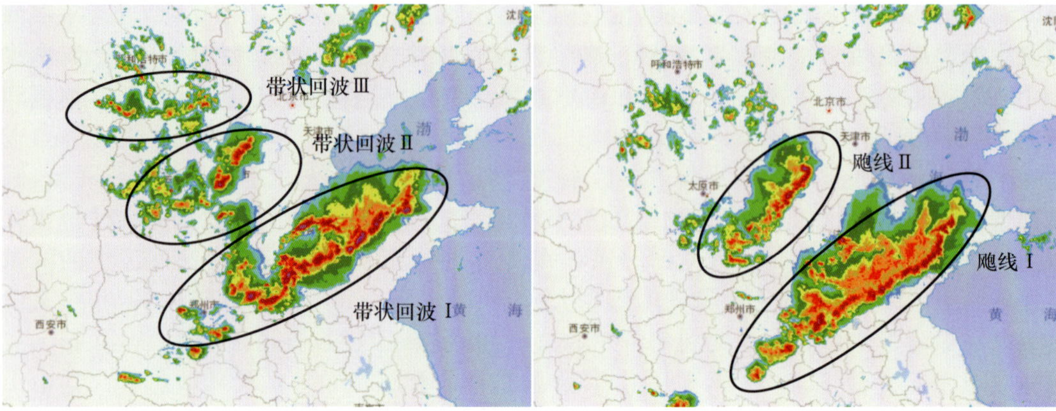

图1 2022年6月13日雷达回波拼图(单位:dBZ)

(a)15时40分;(b)17时30分

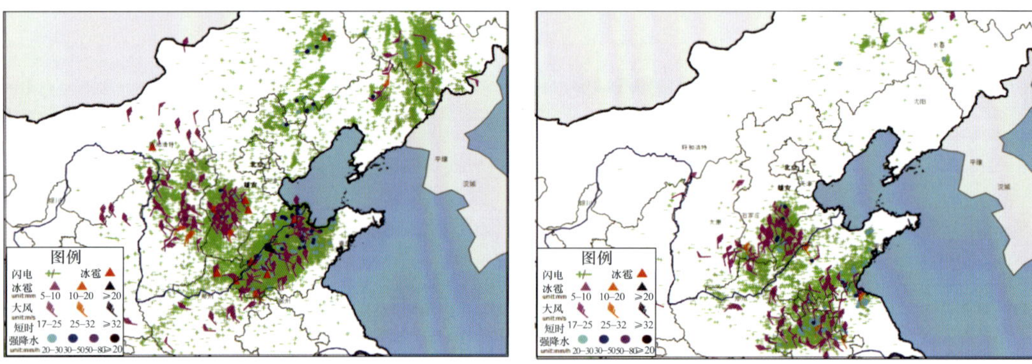

图2 (a) 2022年6月13日12—18时强对流天气实况;

(b) 2022年6月13日18时—14日0时强对流天气实况

(圆点表示强降水;风矢表示8级及以上雷暴大风;三角表示冰雹)

速东移接近内蒙古二连浩特市,500 hPa低压中心值为560 dagpm。此阶段对流层中低层系统表现为后倾型,低层暖区远离中高层冷涡中心,水汽、对流不稳定能量和动力抬升条件配合不理想,对流发展受限。

12日冷涡发展成熟,其位置稳定少动,500 hPa低压中心值达556 dagpm,冷涡后部有补充冷空气南下,同时低层暖湿急流建立。此阶段低中高层涡旋系统位置接近,冷涡南侧水汽、对流不稳定能量及动力抬升条件配合较好,在冷涡南侧出现多类型对流天气,当日北京受超级单体影响,发生了大冰雹天气。

13日冷涡明显减弱,500 hPa低压中心值增加至564 dagpm,冷中心减弱为冷槽,同时冷涡南部低槽经向度明显增加,有利于地面对流系统新生并在引导气流影响下向南发展。对流不稳定能量大值区范围较前期明显增大,冷涡南部对流条件最好,带状对流回波群产生于冷涡西侧和南侧,冷涡南侧系统不断组织化发展形成飑线,造成大范围的强对流天气。

总体来看,在冷涡成熟及减弱期,冷涡西侧南侧对流条件配置最好,有利于多类型混合的对流天气集中发生,但是对流的强度和范围有较大差异。冷涡成熟期(12日),对流条件配置最好的区域与冷涡中心位置更接近,但是对流不稳定能量大值区范围较小,因此出现了局地较为极端的大冰雹天气；而在冷涡减弱期（13 日），对流条件配合最好的区域远离冷涡中心，并且对流不稳定能量大值区范围明显增大，因此，13 日的对流天气呈现范围大、但相对不极端的特点。

1.2.2 对流环境条件

13 日 08 时冷涡中心位于内蒙古中部偏东地区，华北黄淮一带受冷涡西南侧强西北气流控制，冷涡西侧有短波槽活动，低层有准南北向的切变线位于河北东南部（图 3a）。13 日白天横槽转竖，引导冷涡后部冷空气南下，低层切变线向东南方向移动，河北山东一带动力抬升条件较好。河南至山东有暖舌东伸，中层冷槽叠加低层的暖舌之上，850 hPa 与 500 hPa 的温差超过 30 ℃，垂直温度递减率非常大，河北山东等地对流有效位能 500～1500 J/kg，整层可降水量为 20～30 mm，具有一定的对流不稳定能量和水汽条件（图 3b）。但是 0～6 km 垂直风切变条件小于 20 m/s（图 3b），当日 08 时山西河北境内探空站垂直风切变矢量仅为 8～15 m/s，属于中等偏弱的深层垂直风切变，对于对流的组织化发展并不是很有利。总体来看，13 日华北黄淮地区具备发生强对流天气的潜势条件，但是深层垂直风切变条件不利于对流回波生成后组织化发展形成飑线，业务预报中容易对飑线系统的发展加强估计不足，后文将会重点探讨山东强飑线的发展维持机制。

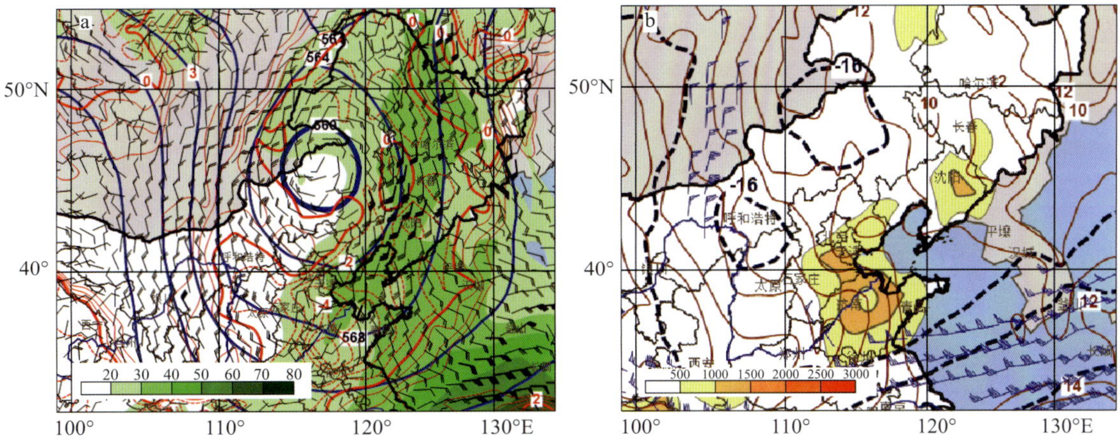

图 3 （a）2022 年 6 月 13 日 14 时 NCEP 模式分析场综合图（填色为整层可降水量 PWAT（单位：mm）；红线为最有利抬升指数 BLI（单位：K）；蓝实线为 500 hPa 位势高度（单位：dagpm）；风矢量为 925 hPa 风场（单位：m/s））；（b）填色为对流有效位能 CAPE（J/kg）（红实线为 850 hPa 等温线（单位：℃）；蓝虚线为 500 hPa 等温线（单位：℃）；风矢量为 0～6 km 垂直风切变（单位：m/s））

13 日 08 时探空站显示（图 4），山西高原、河北西部及河南西部靠近太行山的高原与平原过渡地区大气层结干暖盖特征明显，干暖盖离地高度向西逐渐降低。850 hPa 有干暖舌自西向东伸展至河北南部至山东一带，来自高原的干暖舌覆盖在冷涡底部槽前的偏南潮湿空气之上（图略）。干暖盖一方面能够抑制对流能量的释放，另一方面迫使对流能量积累。本次过程中河北南部、山东等地在低层切变线影响下产生大尺度抬升运动，内蒙古中南部、山西等地受地面冷锋触发及午后太阳辐射加热近地面增温影响，上述两种条件下均能导致低层大气抬升突破逆温层的抑制，使得潜在不稳定能量释放，促使强对流天气的发展加强。

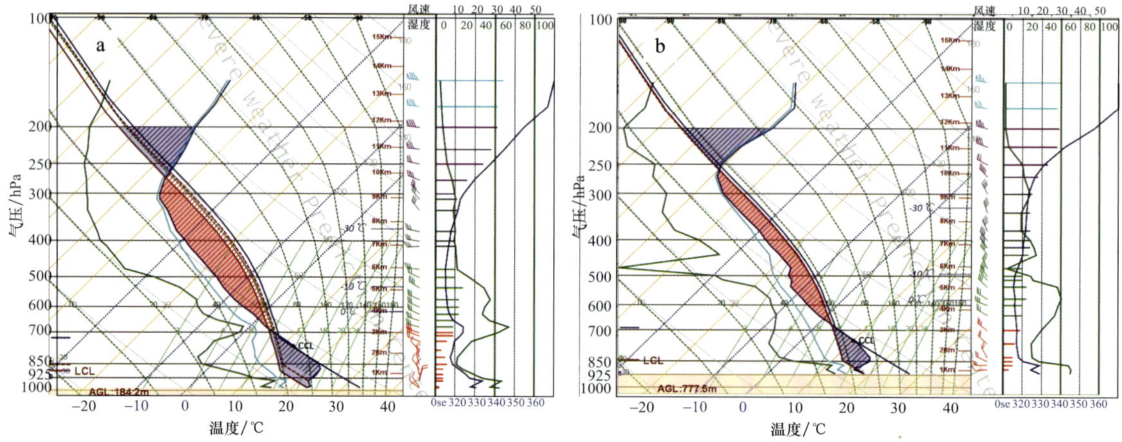

图 4　2022 年 6 月 13 日 08 时(a)邢台探空站(b)太原探空站 T-ln$P$ 图

(绿色实线为露点曲线;蓝色实线为层结曲线;红色实线为状态曲线;红色阴影为正不稳定能量;蓝色阴影为负不稳定能量)

3 对流触发机制

此次过程在有利的对流环境背景下孕育了多条带状对流风暴,其中山西中部及山东境内两条带状对流回波加强发展为飑线,所经地区出现大范围的雷暴大风,局地的冰雹及短时强降水天气。对于山东境内发展的飑线系统,其触发机制较为清楚,13 日河北南部至山东低层切变线维持并缓慢南压,受其触发 13 日 12—13 时初生对流单体沿切变线位置呈线状排列(图 5a)。对于触发机制明显的对流系统具有较强的可预报性,在业务预报中并不会造成大的预报偏差,但是对于 13 日上午在内蒙古和山西交界处多单体对流风暴簇的新生(图 5b)则很容易出现漏报。从 12 日和 13 日发布的业务强对流分类短期预报落区图可见(图略),由于预报员对内蒙古、山西对流初生估计不足,导致 24 h 时效和 12 h 时效预报中漏报了山西、河北飑线系统造成的强对流天气。

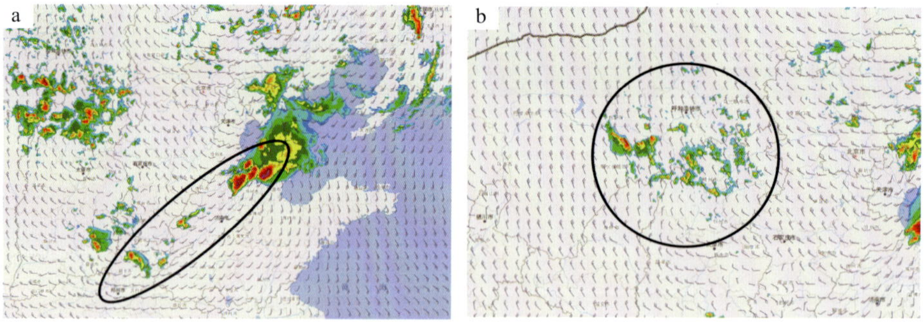

图 5　2022 年 6 月 13 日雷达回波拼图、850 hPa 风场 12 时 30 分(a)、11 时(b)

山西河北处于西北气流控制,500 hPa 急流核前端出口区位于河套地区附近,表明冷涡后部不断有冷空气分裂南下(图 6a)。地面气温时序图显示上午山西高原地区辐射增温效应显著,位置接近太原的尖草坪站(图 6a 中红色三角位置)11—12 时地面气温迅速升至 27～28 ℃(图 6b)。09—11 时地面露点温度维持在 11～12 ℃,虽然较低,但满足了产生雷暴的水汽条件。结合太原的探空温湿廓线图可知,地面气温在上午 11 时就已经接近对流温度(27.8 ℃),对流抑制能量 CIN 接近于 0,这时只需要非常弱的抬升强迫就能够产生热对流[11]。因此尽管处于冷涡后部西北气流控制之下，没有低槽、切变线等影响系统，山西、河北西部仍具备了对流风暴发生的条件。

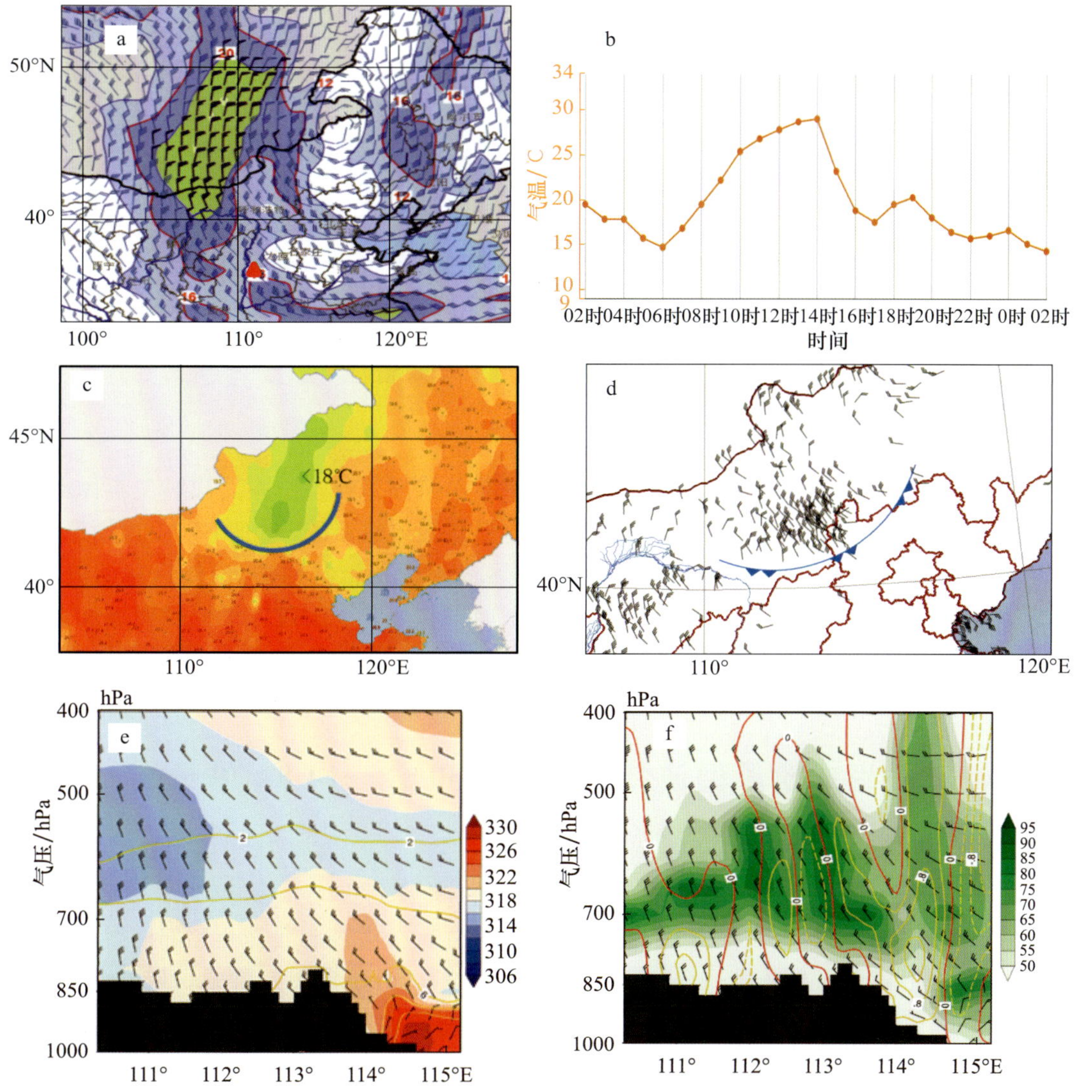

图6 (a)2022年6月13日08时 NCEP 模式 500 hPa 风场(阴影代表风速；红色五角星代表尖草坪地面站)；(b)2022年6月13日02时—14日02时山西尖草坪地面气温时序图；(c)2022年6月13日11时温度场(阴影代表地面气温，单位：℃)；2022年6月13日08时 NCEP 模式 500 hPa 风场(阴影代表风速，单位：m/s)；(d)2022年6月13日11时大于5级2 min 平均风(单位：m/s)和地面冷锋；(e)2022年6月13日13时沿西北气流方向高度剖面图假相当位温(阴影，单位：K)、风场(风向杆，单位：m/s)、比湿(等值线，单位：g/kg)；(f)相对湿度(阴影，单位：%)、风场(单位：m/s)、垂直速度(等值线，单位：10^{-2} Pa/s)

分析发现山西北部对流的触发与高原复杂地形条件以及地面冷锋有关。13日午后，沿西北气流方向，山西境内有对流云发展，从沿西北气流方向的物理量场垂直剖面可以看出，假相当位温随着高度增加减小，说明有对流不稳定发展，400 hPa 以下的西北风在 12 m/s 以下(图6e)，500～700 hPa 有相对湿度在60%以上的浅薄湿层，随着山地高低起伏气流存在交替相间的上升和下沉运动(图6f)，在可见光云图表现为波状云系(图略)。研究表明[12]，在环境风速随高度增大条件下，气流受到山脉地形阻挡容易引起空气的垂直震荡，并沿水平气流方向向下游传播形成地形波，最大垂直上升速度能达到 15 m/s，可以引发对流天气。因此，高原地区上空气流有规律的上升和下沉运动是由于地形波引起的，地形波对于山西高原对流的触发有正贡献。由于风速不大，在太阳辐射的加热作用下不同方向的上坡风在山顶或山体上半部辐合，加上冷涡系统本身的大尺度上升运动，促使对流触发，雷达图上可见有多个碎片状的回波发展。2 min 平均风显示，13 日 11 时内蒙古中南部与华北交界处位于地面冷空气前沿(图 6c)，这一带也是偏北大风的南侧边界(图 6d)，表明上述地区有地面冷锋的影响。因此，在冷涡后部补充冷空气南下，上午地面辐射加热升温导致逆温层消失，条件不稳定能量释放，高原高低起伏地形条件以及地面冷锋共同作用下触发新生对流单体簇。

4 飑线演变机理

上文触发机制分析可知，在不同的触发条件下在山西高原以及山东北部对流单体群新生，其中山东北部带状对流回波发展最为快速和旺盛，形成强飑线系统(飑线Ⅰ)；山西高原新生对流单体群在中层偏北引导气流控制下向南移动发展成为两条带状回波，南侧带状回波南移至山西中南部至河北南部一带形成飑线Ⅱ，随后往东南方向移动下山进入平原后明显加强，北侧带状回波在南移过程中减弱瓦解。此次过程山东飑线发展最强盛，持续时间长达 8 h，下面重点分析山东飑线(飑线Ⅰ)系统生命史各阶段的水平和垂直雷达回波结构。

4.1 飑线形成阶段回波特征(13 时 30 分—14 时 30 分)

13 日 13 时 32 分(图 7a)，济南雷达回波上有多个孤立强对流单体生成，对流单体周围为弱回波层云区，同时刻雷达回波垂直剖面图可以看出(图 7b)，大于 40 dBZ 对流核伸展高度约为 6 km，弱回波层云伸展到 9 km 左右。对流单体群分布在山东西北部至北部一线，整体向东南方向移动，并且逐渐发展连成一条强回波带，在 14 时 32 分于济南至聊城一带组织成飑线系统 A(图 7c)。雷达组合反射率分布图可以看到，飑线对流回波带水平长度 250 km，宽度约为 15 km。14 时 32 分雷达回波剖面图显示(图 7d)，最强回波核强度超过 60 dBZ，大于 45 dBZ 回波垂直伸展高度超过 10 km，强回波核后侧层云区范围与前侧相当，弱回波层云伸展高度接近 13 km，说明此阶段对流单体内上升运动较前期明显加强。同时可见飑线系统 A 东北侧和西南侧均有强回波单体群发展。

4.2 飑线发展阶段(14 时 30 分—16 时 30 分)

在偏南气流作用下，背风坡以南一侧水汽能量条件更有利于对流的加强发展，因此，飑线回波带向东南移动过程中由于鲁中山区的阻挡经历了上山分解减弱、下山重新加强的过程，而其东北侧及西南侧的强回波单体群正经历合并加强并组织化发展时期(图 8a)。对西北侧强回波单体群 B 中弓状回波单体的垂直剖面显示(图 8b)，相比形成阶段，对流核超过 60 dBZ 的范围明显增大，出现高悬强回波及清晰的回波悬垂结构；超过 45 dBZ 回波的水平范围达到了 13 km，其垂直伸展到约 10 km 高度，说明在此阶段虽然飑线系统上山减弱，但是西北侧对流发展强盛，实况监测也显示飑线系统西北侧的强回波单体群造成了较为集中的 8～9 级雷暴大风天气。

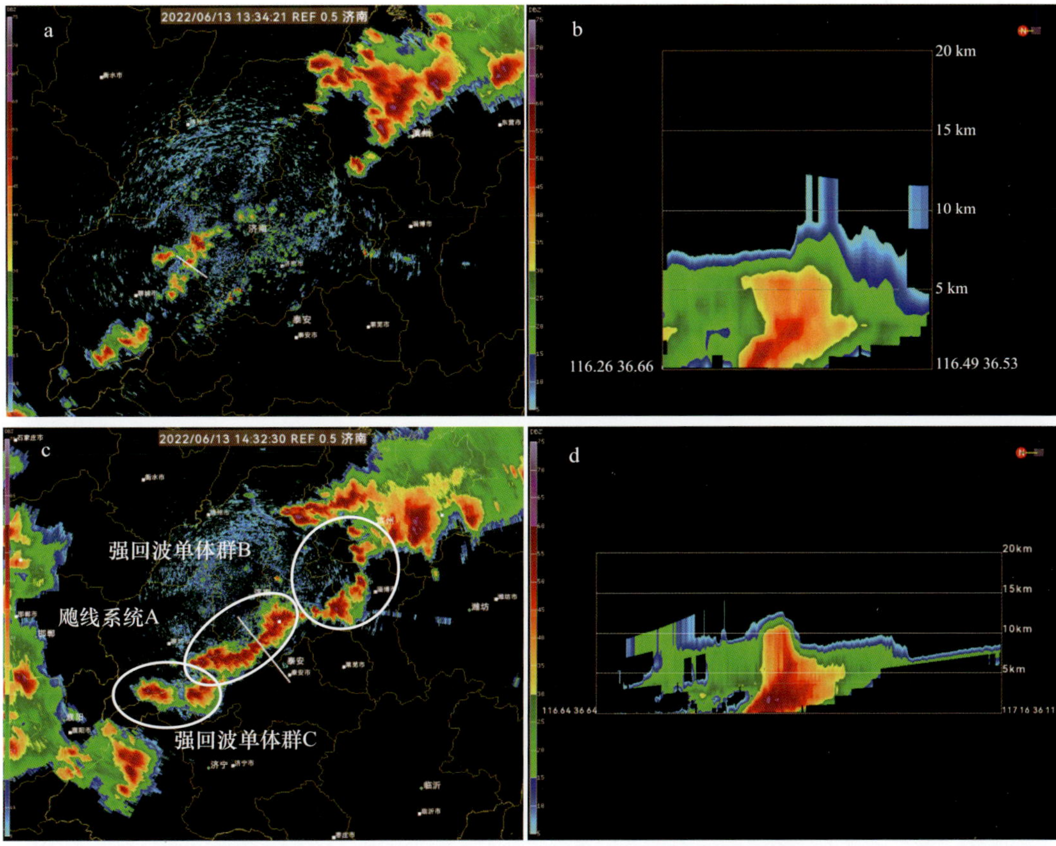

图 7　2022 年 6 月 13 日 13 时 34 分山东济南雷达站 0.5°仰角雷达反射率因子(a)沿(a)中白色线雷达回波垂直剖面图(b)；2022 年 6 月 13 日 14 时 32 分山东济南雷达站 0.5°仰角雷达反射率因子(c)沿(c)中白色线雷达回波垂直剖面(d，单位：dBZ)

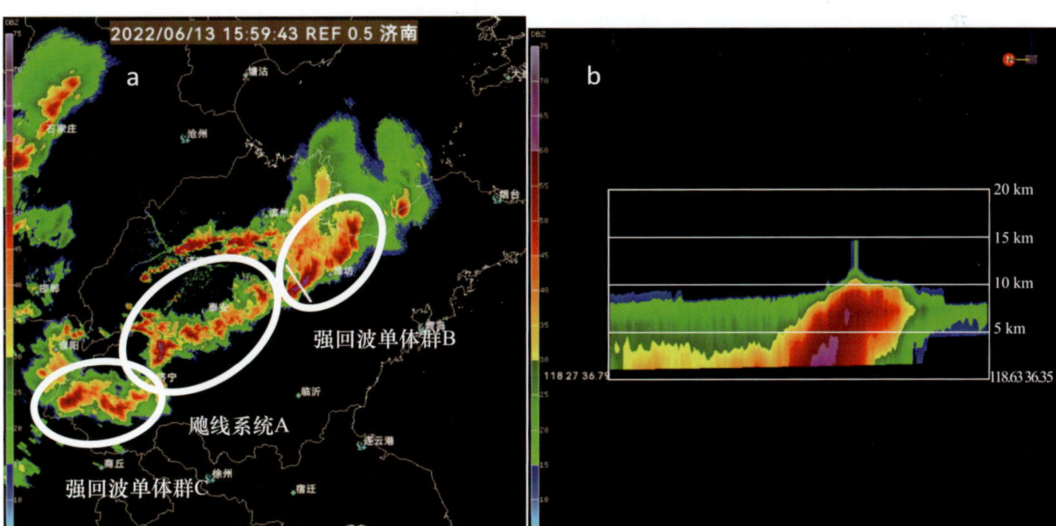

图 8　2022 年 6 月 13 日 15 时 59 分山东济南雷达站 0.5°仰角雷达反射率因子(a)沿(a)中白色线雷达回波垂直剖面图(b，单位：dBZ)

4.3 飑线成熟阶段回波特征(16 时 30 分—20 时)

16 时 25 分,飑线系统越过鲁中山区重新加强,并与其东北侧的潍坊地区弓状强回波系统以及西南侧强回波单体群连接,形成山东潍坊、济宁至菏泽一带西南—东北向超长飑线系统,水平长度超过 500 km。雷达反射率分布图中可见飑线后侧存在宽广的层云区(图 9a),此层云区内存在回波强度达到 35～45 dBZ 的“次强回波区”。同时刻雷达回波剖面图可以看到(图 9b),最强回波核强度较发展阶段有所减弱,回波核高度也下降到低于 5 km,强回波上方的层云伸展高度也有所下降,说明飑线在成熟阶段上升运动是减弱的。飑线成熟阶段随着系统向东南方向发展,18 时 27 分飑线后侧“次强回波区”范围进一步扩大,并且次强回波区和强回波带之间存在弱回波过渡带(图 9c),垂直剖面显示(图 9),次强回波区强度达到 50 dBZ 以上,高度位于 2.5～3 km,厚度约为 1 km,这是由于固态粒子降落到 0 ℃层开始融化造成雷达反射率异常增大形成了“零度层亮带”。

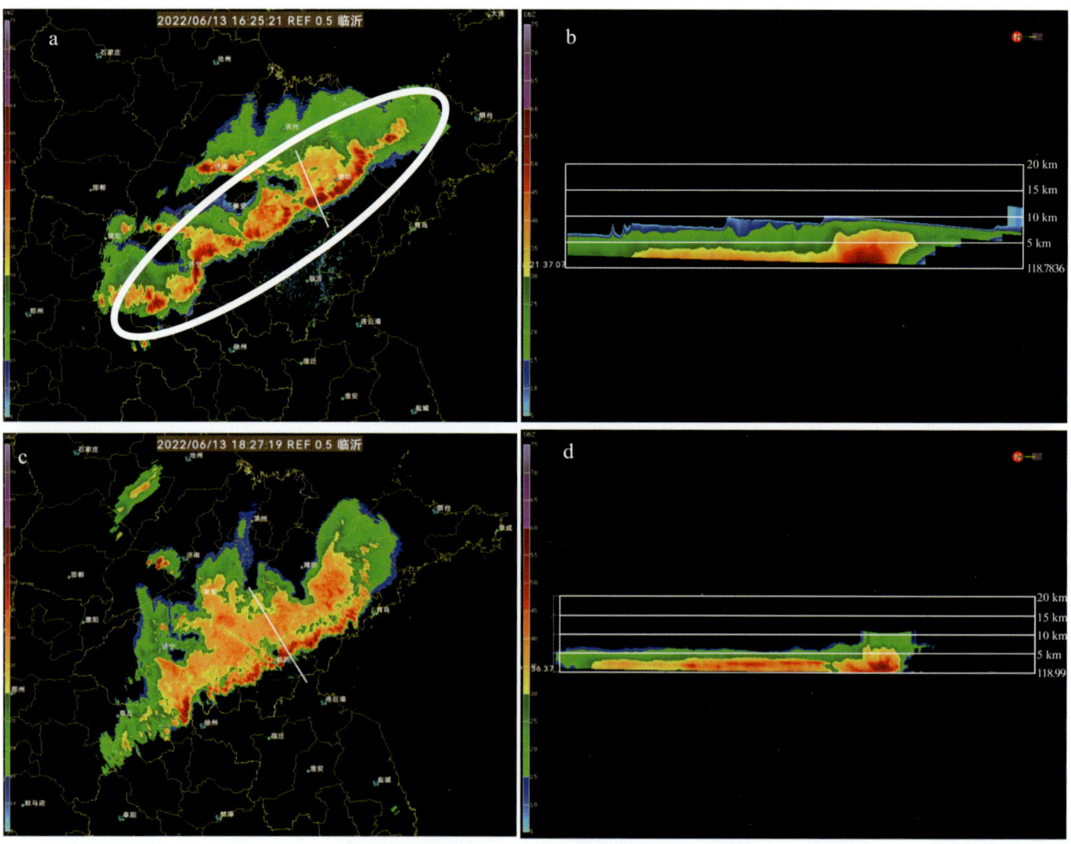

图 9　2022 年 6 月 13 日 16 时 25 分山东临沂站雷达站 0.5°仰角雷达反射率因子(a)沿(a)中白色线雷达回波垂直剖面图(b)及 2022 年 6 月 13 日 18 时 27 分山东临沂站 0.5°仰角雷达反射率因子(c)沿(c)中白色线雷达回波垂直剖面图(d,单位:dBZ)

4.4 飑线消散阶段回波特征(20 时—22 时 30 分)

20 时飑线进入苏皖北部，飑线中部接近江苏宿迁时断裂，之后继续南压并不断分裂瓦解成为孤立对流单体，到 22 时 30 分各对流单体基本消散，飑线系统生命史结束。20 时 56 分低仰角雷达反射率可见(图 10a)，超长飑线已经断裂为东西两段，次弱回波区范围明显缩小。垂直剖面图显示(图 10b)，系统伸展高度进一步降低，层云回波顶高在 5 km 左右，强回波核高度下降并且强度减弱，强回波后侧没有看到明显的零度层亮带。

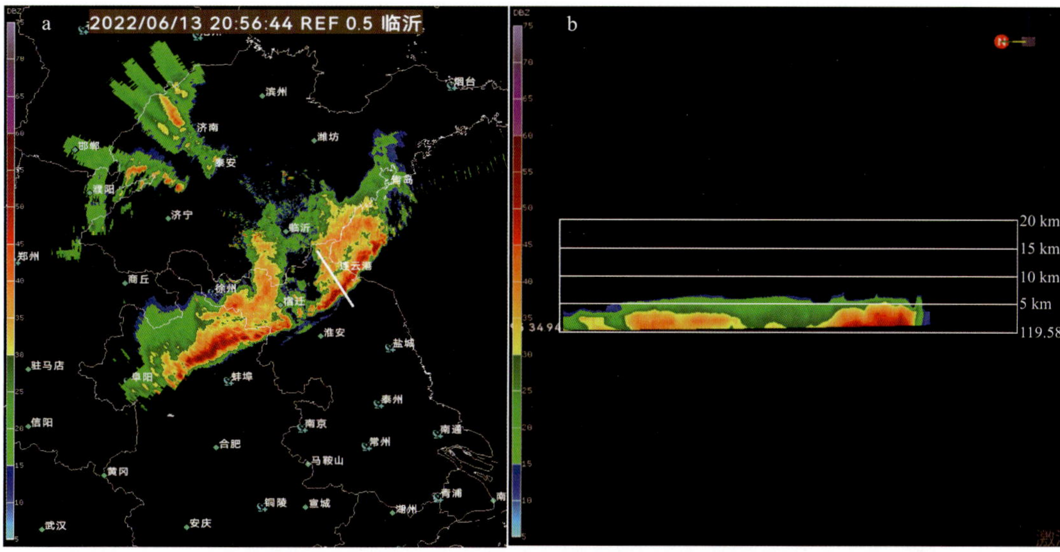

图 10　2022 年 6 月 13 日 20 时 56 分山东临沂站雷达站 0.5°仰角雷达反射率因子(a)
沿(a)中白色线雷达回波垂直剖面图(b，单位：dBZ)

山东飑线经历了形成后上山减弱，下山与东北侧及西南侧强回波带连接增强的过程。此次过程对流系统在形成阶段和发展阶段单体对流核区的强度和垂直伸展高度最大，在成熟阶段系统后侧层云区水平范围最大，次强回波区特征明显。

5 飑线维持传播机制

飑线系统整个生命史持续时间长达 8 h，其发展维持以及传播机制是预报的重点和难点。研究表明，在弱的垂直风切变环境中对流风暴很难有组织地发展加强，这在某种程度上是由于对流风暴内上升气流和下沉气流不能长时间共存。大多数情况之下，弱的垂直风切变环境中的对流风暴多为普通单体风暴或组织程度较差的多单体风暴，而强垂直风切变有利于产生超级单体和飑线系统[13]。实况探空资料计算山西太原、河北邢台以及山东章丘探空站 0～6 km 垂直风切变矢量，分别为 13 m/s、8 m/s、15 m/s，可见深层垂直风切变条件属于中等偏弱，对于对流风暴组织化发展和维持并不是十分有利。

山东飑线具有持续时间长、影响范围大的特点，在深层垂直风切变不强的条件下，其发展维持机制值得讨论。根据 RKW 理论,当飑线后侧冷池强度与低层垂直风切变达到一定平衡时,也就是冷池产生的负涡度与低层垂直风切变产生的正涡度达到近似平衡状态,这时冷池前沿的上升气流最强,最易沿着出流边界形成新的风暴单体,从而也最有利于维持整个飑线系统的发展传播,需要注意的是 RKW 理论主要适用于飑线的伸展方向逐渐与低层垂直风切变垂直条件下[14,15]。13 日 18 时地面温压场显示,飑线后侧伴随强盛的雷暴高压和冷池(图 11b),同时 0～3 km 垂直风切变方向为自西北向东南方向(图 11a),与西南东北向的飑线伸展方向垂直(图 12),满足 RKW 理论的前提条件。因此,在中等偏弱的深层垂直风切变条件下,低层垂直风切变与冷池的相互作用促使山东飑线旺盛发展并长时间维持。

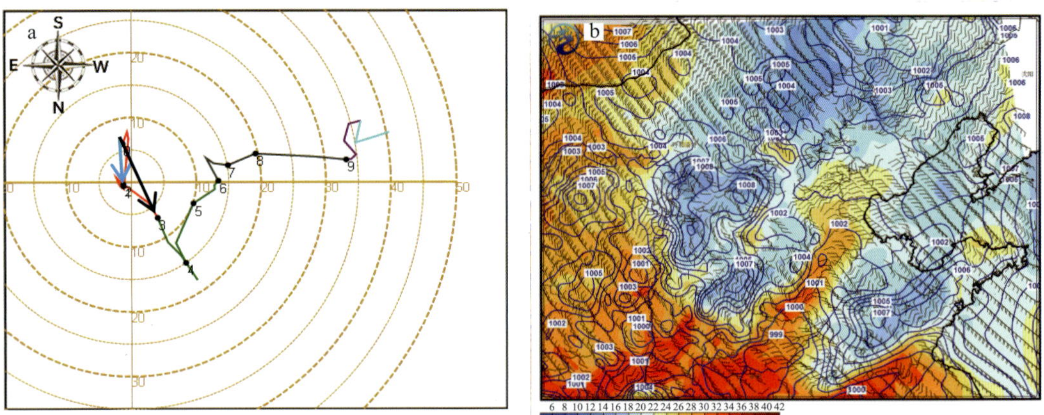

图 11 (a)2022 年 6 月 13 日 08 时山东章丘探空风矢端图(数字表示距离地面高度,单位:km;黑色箭头代表 0～3 km 垂直风切变,单位:m/s;蓝色箭头代表 0～1 km 垂直风切变,单位:m/s);(b)2022 年 6 月 13 日 18 时地面气温(阴影,单位:℃)、海平面气压(等值线,单位:hPa)、地面风矢量(单位:m/s)

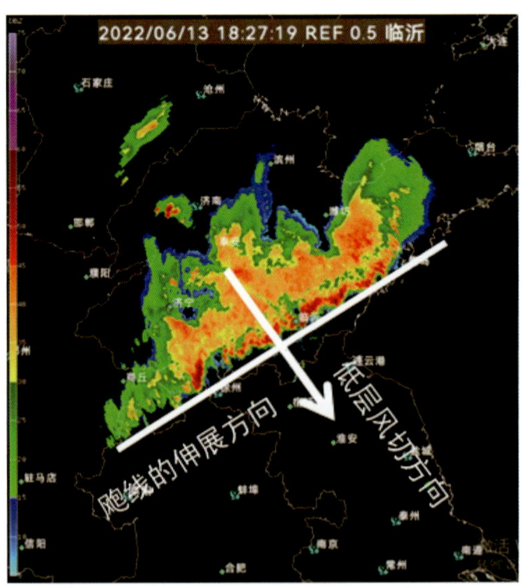

图 12 2022 年 6 月 13 日 18 时 27 分雷达回波

(白色箭头代表低层垂直风切变方向;白色实线代表飑线伸展方向)

当冷池强度与低层垂直风切变维持平衡,冷池前沿上升气流最强,沿阵风锋易形成新的对流单体，有利于飑线系统的向前传播和长时间维持。临沂单站沿垂直飑线伸展方向的雷达反射率因子垂直剖面可见（图 13），单体在冷池抬升作用下，不断在强回波带前方触发新的单体，1～3 个体扫就完成了新生到成熟再到减弱的过程，同时老单体由于冷池出流切断暖湿气流，快速的衰亡、快速的更新迭代造成系统整体向前移动。因此，冷池迫使前侧入流维持稳定上升，促使对流新生，后侧母体衰亡，形成了飑线前向的传播机制。

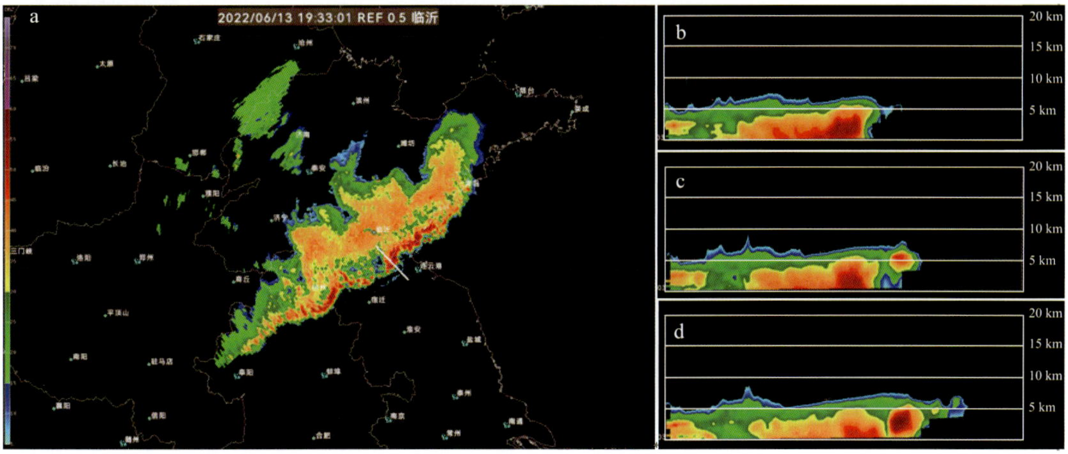

图 13　(a)2022 年 6 月 13 日 19 时 33 分临沂雷达（白实线为剖面位置），2022 年 6 月 13 日 (b)19 时 27 分、(c)19 时 33 分、(d)19 时 39 分雷达回波垂直剖面图（单位：dBZ）

6　对流天气强度分析

监测显示，此次过程山东强飑线系统没有造成直径大于 2 cm 的大冰雹，所经之处引发了大范围的 8～9 级雷暴大风，共 4 站次非高山站监测到 1 h 极大风速达到 10 级及以上，其中最大为 30 m/s（11 级，广饶县），但没有观测到 12 级以上的极端大风。过程中山东境内多时次雷达低仰角径向速度图上没有发现异常速度大值区，飑线系统在 18—19 时处于最强盛阶段，18 时 27 分前后正好经过临沂站，该站低仰角速度大值区最大径向速度值约为 25 m/s（离地高度 0.16 km，图 14），由于此时飑线移动方向与其伸展方向相垂直，因此所观测到的径向风速接近于全风速，以上分析可见最大径向速度值接近于实际观测到的最大风速，可见此次飑线过程具有对流天气覆盖范围大、但强度相对不极端的特点。已有研究表明，造成地面对流性大风的原因有多种，包括动量下传、降水拖曳、中层干冷气流夹卷进入对流体后降水粒子相变降温效应造成的负浮力以及飑线中尺度雷暴高压引起的冷池密度流[16]，尤其是对流性极端大风天气的发生，更是由多种作用叠加造成。研究发现对于导致地面大风的对流系统，经常镶嵌有显著的弓形回波或中气旋，“6・1”监利极端大风就是由伴随线性多单体风暴中的超级单体造成[17]。

13 日冷涡处于减弱期，河北南部至山东一带对流不稳定能量为 1000～1500 J/kg，低层有西南东北向切变线提供动力抬升条件，虽然该区域对流条件配合最好，但是相对远离冷涡中心，500 hPa 急流位置偏西以及中等偏弱的深层垂直风切条件都说明整体上动力系统相对偏

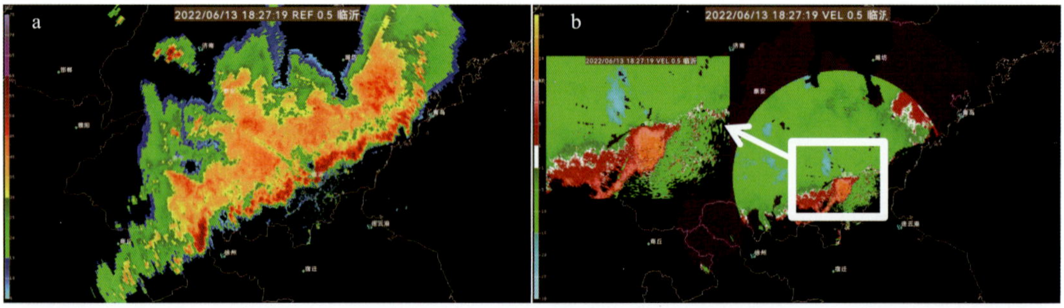

图 14　2022 年 6 月 13 日 18 时 27 分临沂 0.5°仰角(a)雷达反射率因子及(b)径向速度(左上图为白框区域的径向速度放大图,单位:dBZ)

弱,对极端对流天气的发展并不十分有利。同时从回波结构形态分析发现,山东境内飑线整个生命期,内部结构整体上呈现出强回波质心高度小于 5 km、回波顶高小于 10 km 的低质心低顶高的特征(图 7～图 10),表明回波发展高度有限,同时由于单体快速的迭代生消,飑线中也没有发展出镶嵌在其中的更强对流单体或者超级单体等能造成极端天气的更小尺度的对流系统,从而没有形成极端大风和大冰雹事件。

7 结论和讨论

2022 年 6 月 13 日冷涡背景下,华北黄淮受多条带状对流回波影响,出现大范围的雷暴大风,并伴随短时强降水和局地冰雹,通过分析得到以下结论。

(1)此次过程发生在冷涡减弱期,在冷涡西侧南侧产生多条带状对流回波,其中偏南的两条带状对流回波发展加强为飑线,造成大范围强对流天气。相比冷涡成熟期,13 日对流环境条件配合最好的区域因距离冷涡中心更远、垂直风切变偏弱、不稳定能量不强,因此对流天气呈现出范围大、但相对不极端的特点。

(2)本次过程中河北南部及山东等地在低层切变线影响下产生大尺度抬升运动。山西高原及其东侧地区干暖盖特征明显,内蒙古中南部山西等地受高原地形作用及地面冷锋触发,在午后太阳辐射加热增温作用下,导致低层大气抬升突破干暖盖的抑制,使得潜在不稳定能量得以释放,造成强飑线天气的发生发展。

(3)背风坡以南地区受到偏南气流作用,水汽能量条件更有利于对流发展,因此山东飑线经历翻越鲁中山区后与东北侧及西南侧强回波带连接增强的过程,对流系统在形成阶段和发展阶段对流发展最为旺盛,在成熟阶段系统后侧层云区水平范围达到最大。

(4)低层垂直风切变与冷池的相互作用对山东境内飑线的长时间维持和旺盛发展起到重要作用。冷池迫使前侧入流维持稳定上升,促使对流新生后侧母体衰亡,快速的更新迭代造成系统整体向前快速移动,形成了飑线前向传播机制。

(5)河北南部至山东一带对流条件配合最好,但是整体上动力系统相对偏弱;山东境内飑线呈现低质心低顶高的特征,同时单体快速生消,使得没有更强更小尺度的对流系统生成,因此本次过程虽然影响范围广,但相对不极端。

由于此次过程发生在冷涡减弱期,冷涡西侧高原地区在没有明显动力系统强迫抬升的条件下，出现对流新生以及冷涡南侧多条带状回波的发生发展，在预报业务中容易漏报冷涡西侧弱动力强迫下的对流系统，尤其需要关注对流触发后移至平原地区可能迅速加强为飑线系统，并注意多飑线出现的可能性。

参考文献

[1] 何晗，谌芸，肖天贵，等．冷涡背景下短时强降水的统计分析[J]．气象，2015，41(12)：1466-1476.

[2] 郑永光，宋敏敏．冷涡影响中国对流性大风与冰雹的分布特征[J]．热带气象学报，2021，37(5/6)：710-720.

[3] 李爽，丁治英，戴萍，等．东北冷涡的最新研究进展[J]．干旱气象，2016，34(1)：13-19.

[4] 刘刚，封国林，秦玉琳，等．初夏东北地区冷涡降水"累积效应"[J]．大气科学，2017，41(1)：202-212.

[5] 段祥海，谌芸，朱克云．一次冷涡减弱阶段产生的飑线过程分析[J]．成都信息工程大学学报，2019，34(5)：512-524.

[6] 盛杰，郑永光，沈新勇．华北两类产生极端强天气的线状对流系统分布特征与环境条件[J]．气象学报，2020，78(6)：877-898.

[7] 张立祥，李泽椿．东北冷涡研究概述[J]．气候与环境研究，2009，14(2)：218-228.

[8] 杨姗姗，谌芸，李晟祺，等．冷涡背景下飑线过程统计分析[J]．气象，2016，42(9)：1079-1089.

[9] 张弛，王咏青，沈新勇，等．东北冷涡背景下飑线发展机制的理论分析和数值研究[J]．大气科学，2019，43(2)：361-371.

[10] 罗琪，郑永光，陈敏．2017年北京北部一次罕见强弓状飑线过程演变和机理[J]．气象学报，2019，77(3)：371-386.

[11] 郑永光，陶祖钰，俞小鼎．强对流天气预报的一些基本问题[J]．气象，2017，43(6)：641-652.

[12] 寿绍文，励申申，姚秀萍．中尺度气象学[M]．北京：气象出版社，2003.

[13] 俞小鼎，王秀明，李万莉，等．雷暴与强对流临近预报[M]．北京：气象出版社，2020.

[14] ROTUNNO R，KLEMP J B，WEISMAN M L．A theory for strong，long-lived squall lines[J]．Journal of the Atmospheric Sciences，1988，45(3)：463-485.

[15] 陈明轩，王迎春．低层垂直风切变和冷池相互作用影响华北地区一次飑线过程发展维持的数值模拟[J]．气象学报，2012，70(3)：371-386.

[16] 盛杰，郑永光，沈新勇，等．2018年一次罕见早春飑线大风过程演变和机理分析[J]．气象，2019，45(2)：141-154.

[17] 唐明晖，姚秀萍，杨湘婧，等．基于多普勒天气雷达资料的“6·1”监利极端大风成因分析[J]．暴雨灾害，2016，35(5)：393-402.

2022 年 6 月 25 日东北冷涡背景下沈阳极端雷暴大风成因及思考

杨 磊[1] 陈 宇[1] 曹世腾[1] 陈传雷[1] 王 瀛[1] 杨 雪[1] 徐 爽[2] 李 崇[2] 孙晓蕾[3]

(1. 辽宁省气象灾害监测预警中心,沈阳,110166;2. 沈阳市气象台,沈阳,110168;3. 辽宁省气象台,沈阳,110166)

摘　要:2022 年 6 月 25 日傍晚辽宁出现以雷暴大风为主的强对流天气,针对白天强对流空报、局地极端天气形成机理研究不足等进行分析。结果表明:东北冷涡后侧的高空槽和低空切变线于傍晚影响辽宁,沈阳具有“X”型温湿廓线特征和强垂直风切变等有利条件;而白天无明显天气尺度强迫且 850 hPa 相对湿度仅 60%,可能是没有出现强对流的主要原因。对流初期孤立风暴导致局地大风,随后多单体风暴合并为弓形回波,导致沈阳城区出现大范围雷暴大风;弓形回波前沿出现浅薄的低空 γ 中尺度涡旋并在近地面形成扰动低压,导致下沉气流加强,局地出现 13 级大风。强对流预报需综合考虑天气尺度强迫和环境条件,预警方面可借助分钟级观测资料研判强对流天气中小尺度涡旋的发展趋势。

关键词:东北冷涡,雷暴大风,弓形回波,γ 中尺度涡旋,分钟级自动站资料

引言

雷暴大风是指伴随雷暴而出现的阵风达到 17.2 m/s(风级 8 级)以上的瞬时大风[1],其形成机制复杂,可由风暴的强下沉气流造成,也与冷池密度流、高空动量下传和上升气流的抽吸等作用有关[1-3]。弓形回波是造成雷暴大风的主要风暴类型,早期 Fujita 等[2]指出弓形回波演变特征以及不同阶段雷暴大风常出现的区域,该理论目前仍是强对流预警的重要基础。后侧入流急流、中层径向辐合和低仰角径向速度大值区是雷暴大风发生时的普遍雷达回波特征[4,5]。弓形回波前沿常存在低空的 γ 中尺度涡旋是造成局地强风的中小尺度系统[6-9],但目前仍缺少观测资料分析证实涡旋对极端雷暴大风的影响机制。

东北冷涡是我国雷暴大风的主要影响系统[10,11],受其影响时,通常具有较强的天气尺度强迫和有利于强对流发生的环境条件。2022 年 6 月 25 日受东北冷涡影响,东北地区尤其是辽宁北部出现大范围雷暴大风,局地出现罕见的 13 级雷暴大风。本次过程存在白天强对流空报、沈阳城区大范围预警提前量不够和局地极端天气形成机理研究不足等问题,本文针对以上问题进行分析,以期为提升东北冷涡强对流的精准预报和局地极端天气的提前预警能力提供参考。

1 资料和数据

本文使用的资料包括多源观测、再分析和CMA（中国气象局）数值模式数据。利用5 min分辨率的自动站资料分析强对流实况和地面气象条件。由于马三家自动站实现分钟级观测和数据传输，因此利用该站逐分钟观测资料详细分析极端大风出现时刻的气象要素演变。沈阳SC多普勒天气雷达逐6 min基本反射率和径向速度产品，用于分析风暴雷达回波演变和动力结构。使用营口SA双极化多普勒天气雷达逐6 min的差分反射率因子ZDR、相关系数*CC*、差分传播相移率KDP产品，分析风暴内云-水微物理和热动力特征。使用ERA5（第五代欧洲再分析）资料（时间分辨率分别为1 h，空间分辨率为0.25°）分析影响系统和环境条件。以CMA-MESO数值模式（分辨率为3 km）为例，分析数值模式对本次过程环境条件和对流系统的预报情况。

2 强对流实况及预报情况

2.1 强对流实况

25日18—22时，辽宁北部同时出现雷暴大风、冰雹和短时强降水，尤其以雷暴大风特征更为明显（图1a），特点一是站次多（图1b），共82个自动站出现8级以上雷暴大风，21个自动站出现10级以上雷暴大风，20时前，雷暴大风站点较为分散，而20时后，雷暴大风站次迅速增加；特点二是强度强，仅20—21时就多达9个自动站阵风达到10级，20时27分沈阳马三家街道出现39.1 m/s的雷暴大风（达到13级），实属罕见[11,12]。

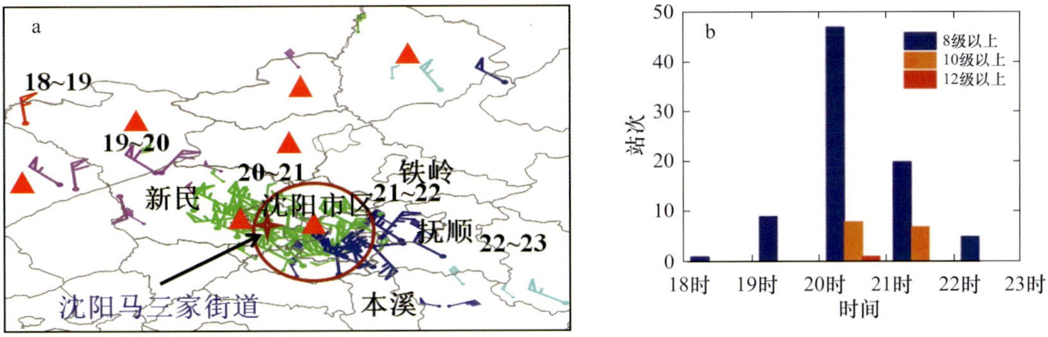

图1 （a）25日18—22时雷暴大风和冰雹实况（风向杆颜色表示雷暴大风出现的时间）；（b）逐小时雷暴大风出现站次

2.2 预报预警情况

考虑受冷涡系统影响，气象部门预报25日白天至夜间，辽宁地区将出现强对流天气，但仅辽宁北部出现了极端强对流天气，主要出现在傍晚以后，所以 25 日白天强对流预报明显空报。预警发布方面，对沈阳市区极端强对流天气的预判不足，对于 13 级雷暴大风的成因认知不够。因此本文针对以上不足和难点进行分析。

3 天气形势和风暴系统演变

3.1 天气形势

25 日，东北冷涡位于鄂霍次克海并缓慢东移，辽宁位于冷涡西南象限，冷涡后侧高空槽和 850 hPa 切变线逐渐南下，并于 17 时开始影响辽宁北部(图 2a)。基于 ERA5 资料的 17 时沈阳市区 T-ln$P$ 图(图 2b)，温湿廓线具有“X 型”形态特征，即中层 500 hPa 存在干层、850 hPa 附近存在湿层、低层存在蒸发层，湿层有利于对流系统的生成，而中层和低层存在的干层则有利于降水粒子蒸发冷却，通过加强下沉气流形成雷暴大风，因此这种“X”型的温湿廓线是雷暴大风天气常见的探空曲线类型[1,13]；另外，沈阳上空整层大气可降水量(Precipitable Water Vapor, PWV)达到 40 mm，地面与 500 hPa 温度差高达 36 ℃，CAPE 达到 1000 J/kg，0～6 km和 0～1 km 风矢量差分别为 28 m/s 和 10 m/s，以上条件满足东北冷涡背景下雷暴大风的环境指标[11]。然而对于 25 日白天，尽管辽宁同样处于东北冷涡背景下，也具有以上有利的环境物理量条件，但是并没有受冷涡高空槽等天气尺度系统影响；850 hPa 相对湿度 RH 仅 60%，而以往研究发现我国东部强对流往往发生在 RH 超过 80%的环境中[14]，这可能是白天时段和辽宁南部并没有出现强对流天气的原因。

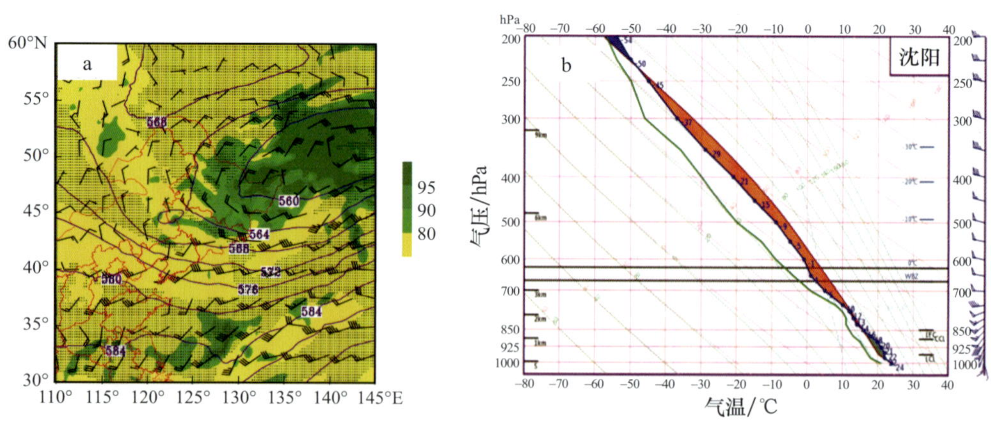

图 2 基于 ERA5 再分析资料的 2022 年 6 月 25 日(a)17 时 500 hPa 位势高度(等值线，单位：dagpm)、RH 小于 40%(点)、850 hPa 风场(风向杆，单位：m/s)、RH(填色，单位：%)及(b)17 时沈阳市区最近网格点的T-ln$P$图

3.2 风暴系统演变

本次对流过程可分为五个阶段(图 3)：(1)17 时为风暴初生阶段，内蒙古东南部首次出现强度达到 30 dBZ 的普通单体风暴。(2)18—19 时，在古和辽宁交界处出现多单体风暴。(3)19—

20时，多单体风暴出现具有类似超级单体风暴的形态特征，但并未监测到中气旋，由于风暴尺度较小且孤立，仅产生分散的强度为8～9级的雷暴大风。(4)19时40分后，多单体风暴快速移动并靠近，在不到20 min的时间内合并为弓形回波，其长轴尺度约70 km，最强达到66 dBZ；20时弓形回波内开始出现高回波质心快速下降的现象，产生下击暴流，导致沈阳城区出现大范围雷暴大风。(5)21时后，弓形回波演变为逗点回波并继续导致雷暴大风，22时后逐渐消亡。本次风暴的演变以及雷暴大风站点与Fujita等[2]提出的弓形回波经典模型较一致，我国近年来多次出现的极端强对流天气都是由弓形回波导致[1,4,15]，目前经典风暴演变模型仍然是极端强对流预报预警的重要理论基础。

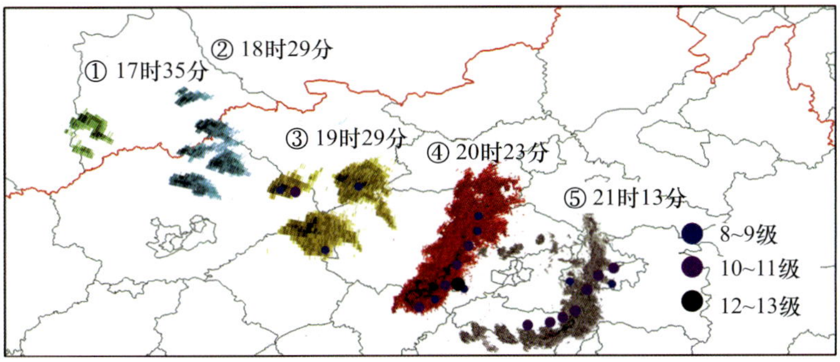

图3　典型时刻沈阳雷达0.5°仰角反射率因子(填色，单位：dBZ)与相应10 min雷暴大风站点(圆点)分布

4　区域性雷达大风形成原因

4.1　负浮力的作用

前文提到17时(图2b)，沈阳城区上空500 hPa存在干层，*RH*仅36%，抬升凝结高度至地面的*RH*也仅60%，以上环境条件有利于干空气夹卷进入由降水启动的下沉气流，使得雨滴蒸发，下沉气流内温度降低并明显低于环境温度，进而产生向下的加速度[4,5]。下沉对流有效位能(Downdraft Convective Available Potential Energy，DCAPE)可用来估算负浮力做功造成地面大风的大小，负浮力做功引起的下沉气流的强度$-w_{\max}=\sqrt{2\mathrm{DCAPE}}$[5,15]，计算沈阳发生强对流天气前(17时)的DCAPE达到1000 J/kg，估算得到由对流造成的地面水平风速约为22 m/s，达到8级。所以仅由负浮力导致的下沉运动还不足以导致多站点出现10级以上雷暴大风。

沈阳城区位于营口双偏振雷达东南方向约140 km，营口雷达监测到弓形回波南端内嵌着超级单体风暴(图4a)，0.5°仰角存在钩状回波，此仰角最强反射率高达70 dBZ，表征存在冰雹；高层强回波位于低层弱回波区(Weak Echo Region，WER)之上(图略)，径向速度图(图4b和图4e)显示存在强度达到中等强度的中气旋[16]。从双偏振量特征来看，0.5°仰角距地2.5 km，温度约10 ℃，ZDR的垂直剖面上(图4f)，在WER附近存在ZDR柱，ZDR大于1 dB的伸展高度可达5 km，位于0 ℃以上，表征此区域存在强上升气流[17]；ZDR柱后侧出现了ZDR的低值区即ZDR槽，强度接近0 dB，其形成是由冰相粒子在融化层中强烈融化导致[18]。在高达65 dBZ

的强回波区域,KDP 在 2～4(°)/km(图 4c),表征伴有大量的降水,地面降水实况 5 min 降水量为 6 mm,下个体扫 KDP 增加到 5.2(°)/km,5 min 降水量为 11 mm,更强降水往往需要大粒子的增多,更多的大粒子的拖曳作用更有利于形成下沉气流强度[4];*CC* 接近 0.93(图 4d),实际业务中发现营口雷达监测到冰雹时,*CC* 比业务常用阈值低,综上,强回波区域存在正在融化的冰雹。在强干空气夹卷作用下,强烈的蒸发冷却、融化冷却和大雨滴拖曳,有利于形成强下沉气流[1,4],这支下沉气流是地面极端大风的主要强迫源。

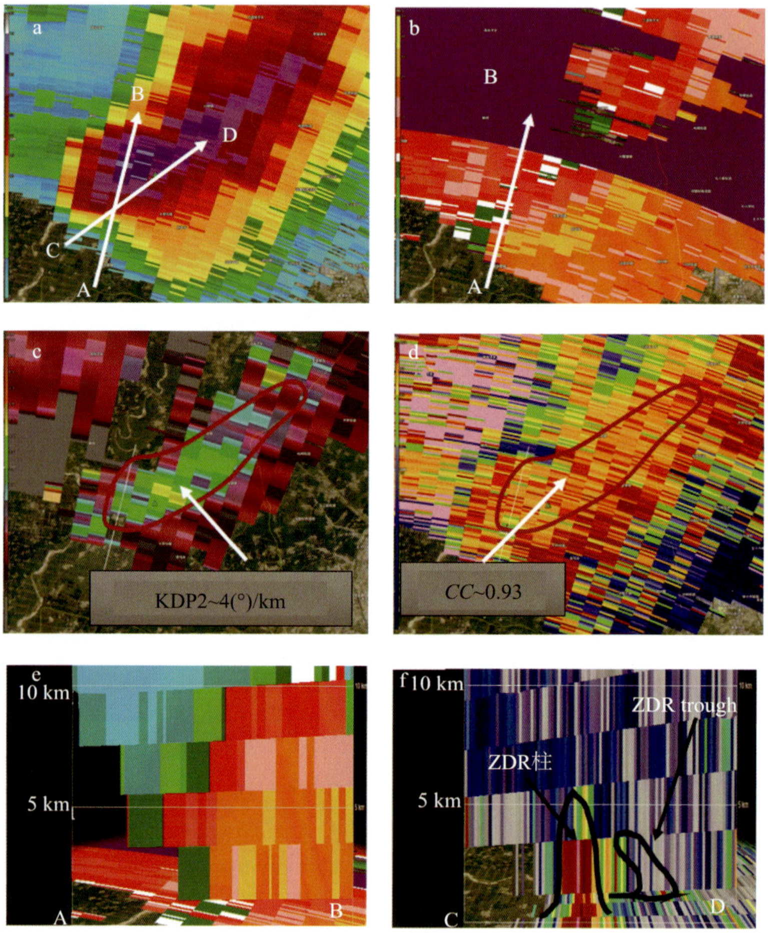

图 4　2022 年 6 月 25 日 20 时 14 分营口双偏振 0.5°仰角(a)基本反射率因子(单位:dBZ);(b)径向速度(单位:m/s);(c)差分传播相移率 KDP(单位:(°)/km);(d)相关系数 *CC*;(e)沿 *AB*(c)的径向速度剖面(单位:m/s);(f)沿着 *CD* 的差分反射率因子 ZDR 的剖面(单位:dB,棕色线为 0.5°仰角 65 dBZ 等值线)

4.2　下沉气流的作用

下沉气流夹卷区的环境水平风越强,对地面大风的贡献越大,可用风暴承载层平均风(mean wind speed of storm bearing layer,SSBL)表示动量下传的潜势大小[1,15]。利用 ERA5 资料计算的 SSBL 达到 20 m/s,超过冷涡雷暴大风发生时 SSBL 的 75%分位点[11],表明环境条件有利于通过下沉气流加强雷暴大风强度。

在弓状回波导致的下击暴流阶段，速度剖面图上对应 2～6 km 处存在逐渐向下伸展的后侧入流急流（Rear Inflow Jet，RIJ）（图 5），随后 0.5°仰角出现后侧入流槽口（Rear Inflow Notch，RIN），径向速度图上出现速度模糊（图 5a），朝向雷达速度达到 31 m/s，强烈的 RIJ 有助于中层气流加速进入对流系统，使得系统中心的单体移动速度最大，进而形成"弓"形结构[2]；另一方面，RIJ 会将较大动能的气流带入下沉气流，通过动量输送增强地面大风[1,15]。20 时 23 分，RIJ 的最大径向速度达到 40.5 m/s，低层径向速度大值区到 33 m/s，进而导致近地面出现雷暴大风。RIJ 在前文介绍的负浮力作用中也起到干冷空气输送带的作用，引导干空气进入风暴，增大了水成物的蒸发冷却降温，进而加剧下沉运动。

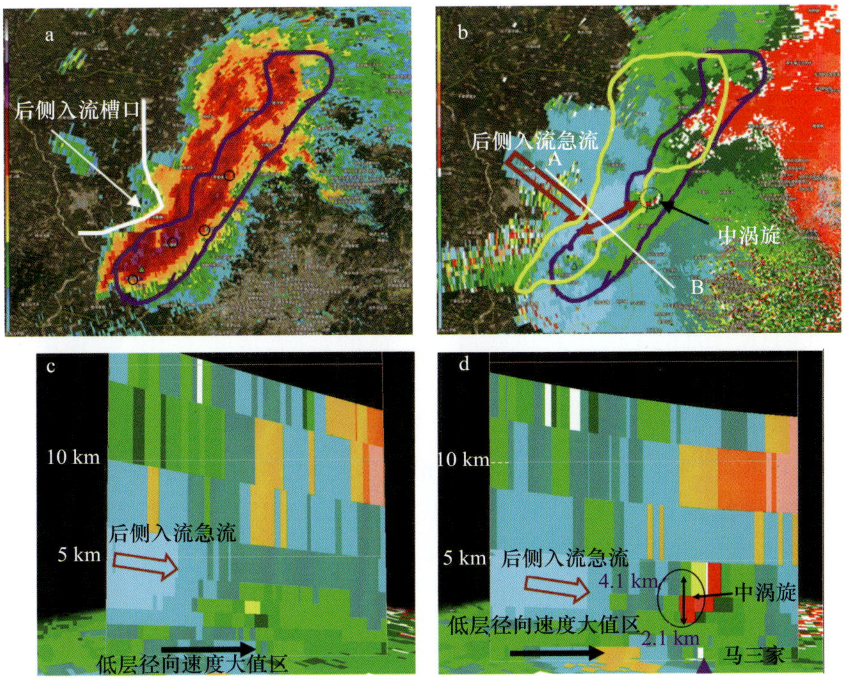

图 5　20 时 18 分 (a)0.5°仰角反射率因子（单位：dBZ）和对应时刻雷暴大风站点（圆圈）；(b)4.3°仰角径向速度（单位：m/s）；(c)20 时 18 分、(d)20 时 23 分沿着 AB 直线的径向速度（单位：m/s）垂直剖面（a、b 中紫线为 4.3°仰角距地约 2.8 km 反射率因子为 35 dBZ 等值线；黄线为 0.5°仰角距地约 0.5 km 反射率因子为 35 dBZ 等值线）

4.3　冷池密度流的作用

对比单体风暴（图 6a）和弓形回波（图 6b）阶段地面气象要素的小时变化可见，相同点是气压场呈"低-高-低"的结构分布，存在雷暴前低压、雷暴高压和尾流低压；不同点是单体风暴影响时，地面冷池降温达到－6 ℃，气压升高仅 2 hPa，冷池中心和雷暴高压中心位置并没有重合；而弓形回波阶段，雷暴前低压更低，负变压中心达到－1.5 hPa，这可能与风暴前侧高层的补偿下沉气流引起的绝热增温有关[19]，冷池降温中心同样为－6 ℃，但冷池面积明显加大，雷暴高压更强，正变压中心达到 2.5 hPa，值得注意的是冷池内外气压差约为 3 hPa，变压梯度指向东南方向，表明冷池密度流为西北方向。冷池和雷暴高压的中心几乎重合，这种"低-高-低"的气压场分布以及多要素变化中心重合的特征也是弓形回波极端大风的标志之一[19,20]。

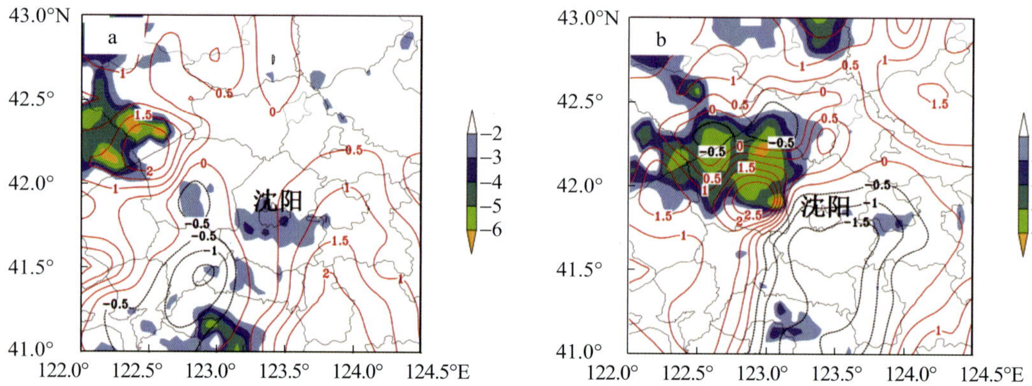

图6 2022年6月25日19时30分和20时20分小时变温(阴影,单位:℃)和变压(等值线,单位:hPa;红色为正变压;黑色为负变压)

冷池传播速度 C 也会影响风暴的维持时间,目前关于飑线(或弓形回波)能够长久维持最认可的解释为RKW理论[21,22],该理论强调了 C 与垂直风切变之间的平衡是风暴长时间维持的重要条件,只有当 C 和垂直风切变产生的水平涡度大致平衡时,才能允许上升气流垂直发展,风暴才可以长久维持。国内学者针对我国弓形回波过程[15,23,24],讨论了 C 和0~3 km垂直风切变(简称SHR3)的相互作用对风暴演变特征的影响,证实了RKW理论也适用于我国强对流天气。C 可根据简化公式 $C^2=2\Delta p/\bar{\rho}$ 计算[15],其中 Δp 为冷池内外气压变化,$\bar{\rho}$ 为地面空气的平均密度,利用自动站数据,在冷池中心和冷池前沿(东侧)各取3~4个站点,估计冷池内外气压差并计算 C,用ERA5资料计算冷池最近格点的SHR3。如表1所示,在单体风暴阶段,冷池相对较弱,C 仅为18.3 m/s,弱于SHR3,此阶段SHR3占主导地位,风暴处于生成阶段。20时后,C 开始逐渐增加,尤其在20时20分,Δp 达到3 hPa,C 和SHR3的强度相当,比值约为1,此种环境下风暴可以更好地维持[21-23],也是在此阶段出现大范围雷暴大风。21时后,地面冷池加强(图略),冷池传播速度加大到28.8 m/s,开始大于SHR3,冷池出流占主导,弓形回波逐渐减弱。

表1 冷池密度流传播速度和垂直风切变

时间	Δp/hPa	2 m温度/℃	ρ/(kg·m^{-3})	C/(m·s^{-1})	SHR3/(m·s^{-1})	C/SHR3
19时30分	2	24.0	1.188	18.3	22.7	0.81
20时20分	3	22.3	1.196	22.4	22.7	0.99
21时	4	21.0	1.204	28.8	20.2	1.44

5 局地极端雷暴大风形成机理

上文分析了大范围雷暴大风的形成原因,下文将对马三家自动站13级雷暴大风的形成机理进行分析。从20时18分开始,在风暴移动方向前侧的反射率因子梯度区内,距地面约3 km处出现低空的γ中尺度涡旋(图5d),垂直厚度为2 km,尺度仅10 km,旋转速度达16.5 m/s,强度达到弱中气旋的标准[16],此种出现在弓状回波前沿的涡旋被称为中涡旋(low-level mesoγ-scale vortices 或 mesovortices，简称为 MV）[6-9, 26]。相比于中气旋（mesocyclone），MV 要更浅薄并常出现在近地面 2～3 km 以下，最大速度中心也位于近地面，MV 由于在低空形成扰动低压，会在风暴内的低空形成垂直向下的气压梯度力，可单独导致雷暴大风，也可和 RIJ 共同作用导致更极端的雷暴大风[6-9]。20 时后，马三家自动站的分钟级资料显示（图 6），受雷暴前低压影响，气压缓慢下降；20 时 20 分开始各气象要素出现突变现象，尤其是气压在 20 时 20 分—20 时 25 分陡升 3 hPa，雷暴高压前沿已经影响到该站点，但是在 20 时 25 分气压停止上升反而出现波动下降的现象，2 min 内下降幅度约 0.5 hPa，此时 MV 恰好位于马三家上空，证实了 MV 的确会导致低空出现气压降低的现象，进而通过加强下沉气流导致 MV 附近出现更强的雷暴大风。20 时 18 分（图 5），RIJ 最强处与 MV 的距离为 14 km，20 时 23 分，RIJ 最强处与 MV 的距离为 7.8 km。因此，逐渐下降的 RIJ 和 MV 靠近，在 MV 导致气压降低的时刻，MV 下方的马三家站出现 39.1 m/s 极端大风。

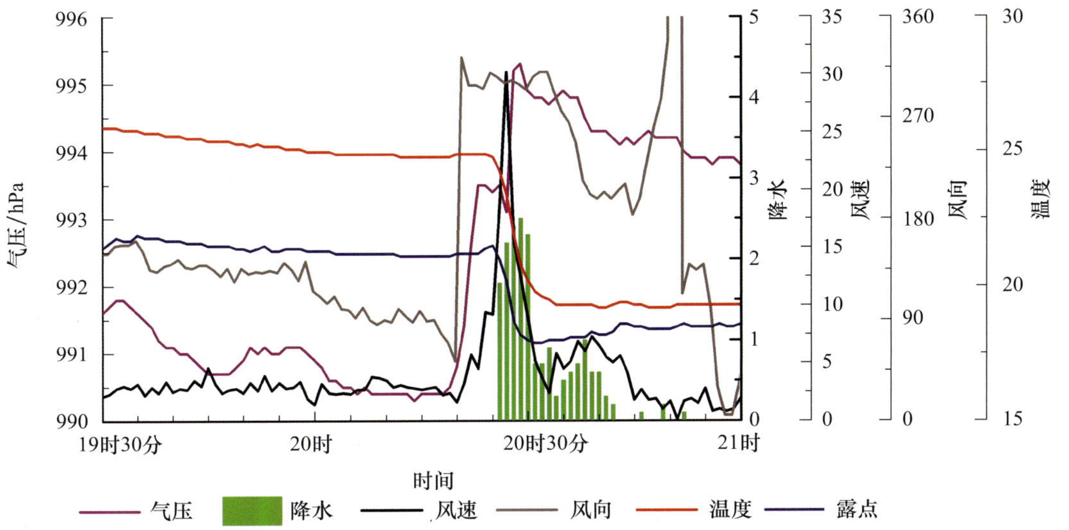

图 7　马三家自动站逐分钟气象要素演变，气压（粉色线，单位：hPa）、降水（绿色柱状，单位：mm）、风向（黑色线，单位：°）、风速（灰色线，单位：m/s）、温度（红色线，单位：℃）和露点（蓝色线，单位：℃）

20 时弓形回波在地面形成强的冷池（图 6b），*C* 逐渐加强并且和 SHR3 相当（表 1），表明冷池出流的强度已经很强。冷池出流形成了由北指向南的水平涡管，在风暴前侧上升气流扭曲作用下形成初始涡旋。由于环境垂直风切变达到强垂直风切变的标准[25]，有利于形成强的垂直运动[3]，因此初始涡旋在强上升气流的拉伸作用下迅速加强，本次 MV 的形成机制和 Atkins等[6,7]的数值模拟研究结论一致。

6　可预报性及偏差分析

6.1　天气形势和对流过程预报情况

全球和中尺度数值模式对于本次冷涡过程的大尺度环流形势和环境条件均有较好的预报

表现,为提前预报和跟踪此次过程提供重要参考。但是强对流的落区预报存在明显偏差,表现为预报辽宁南部的风暴较北部更强,影响区域也更大,而实况恰好相反,其原因可能与冷涡高空槽和低空切变线主要影响辽宁北部有关。另外,对比 CMA-MESO 不同时次起报的预报结果(图 8),11 时预报显示辽宁北部的风暴强度和范围较 05 时起报的更强,这也提示预报员辽宁北部可能出现更强的强对流天气。

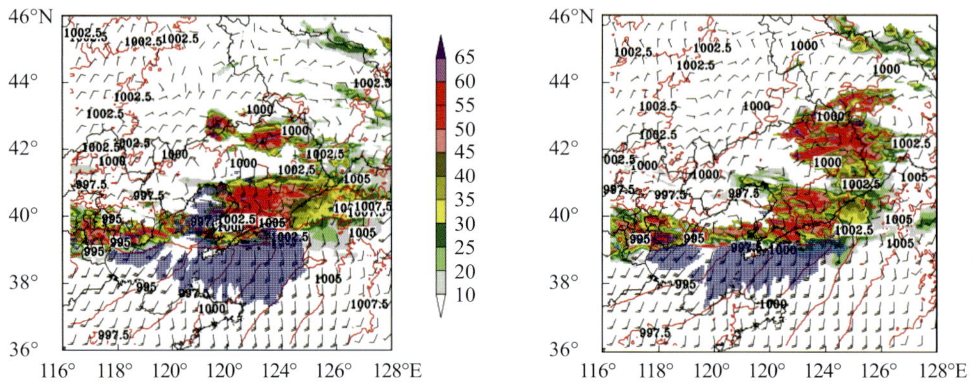

图 8 2022 年 6 月 25 日 20 时 CMA-MESO 模式预报结果(组合反射率,填色,单位:dBZ;地面风场,风向杆;地面风速大于 10 m/s 的区域:蓝点)05 时起报(a)、11 时起报(b)

6.2 极端大风的预警和难点分析

由于强对流风暴在进入沈阳市区前迅速加强,存在提前发布大范围强对流预警信号的难度较大。但在潜势分析和客观算法产品的支持下,在风暴的合并阶段有提前发布大范围低级别预警信号的可能。

对局地极端雷暴大风的预警存在明显不足,主要原因在于虽然通过卫星、雷达和自动站等观测资料的分析,同时结合经典风暴概念模型,预报员可以判断对流系统的演变趋势,但局地极端雷暴大风的成因十分复杂,对极端强天气的预警提前量仍不到 10 min,因此极端天气的形成机理和预报方法仍亟须加强研究。

7 总结与讨论

本文对 2022 年 6 月 25 日强对流过程的预报难点进行复盘,主要结论如下。

(1)东北冷涡后侧高空槽和低空切变线在 25 日傍晚影响辽宁北部,具有“X”型探空曲线特征和强垂直风切变等有利于的环境条件;白天没有明显的天气尺度强迫且低层相对湿度较低,可能是白天时段没有出现强对流天气的原因。

(2)对流过程和经典弓形回波演变模型一致:初期孤立风暴导致分散局地大风,随后多单体风暴合并为弓形回波,通过负浮力、强下沉气流和冷池密度流等作用导致沈阳市区出现大范围雷暴大风。

(3)弓形回波前沿存在浅薄的低空 γ 中尺度涡旋 MV,MV 位于马三家站上方时,该站气压在原本陡升的情况下，2 min 下降 0.5 hPa，证实了 MV 旋转可加强下沉气流，并与后侧入流急流共同作用导致局地极端大风。本次过程 MV 可能是由地面冷池出流形成的水平涡管被风暴前侧上升气流倾斜和拉伸作用下形成的。

（4）东北冷涡影响下强对流的精准预报仍是难点，局地极端天气的监测和提前预警亟须提升，一方面需要加强超级单体、弓形回波等经典理论的业务实践，另一方面亟须挖掘分钟级观测资料的使用价值，促进中小尺度涡旋对强对流天气影响机制的研究。

参考文献

[1] 俞小鼎，郑永光．中国当代强对流天气研究与业务进展[J]．气象学报，2020，78(3)：391-418.

[2] FUJITA T T，WAKIMOTO R M．Five scales of airflow associated with a series of downbursts on 16 July 1980[J]．Mon Wea Rev，1981，109(7)：1438-1456.

[3] 王秀明，周小刚，俞小鼎．雷暴大风环境特征及其对风暴结构影响的对比研究[J]．气象学报，2013，71(5)：839-852.

[4] 孙继松．与直线型对流大风相关的强风暴形态结构和热动力学过程[J]．气象，2023，49(1)：1-11.

[5] 王秀明，俞小鼎，费海燕，等．下击暴流形成机理及监测预警研究进展[J]．气象，2023，49(2)：129-145.

[6] ATKINS N T，LAURENT S T．Bow echo mesovortices．Part I：processes that influence their damaging potential[J]．Mon Wea Rev，2009，44：2445-2480.

[7] ATKINS N T，LAURENT S T．Bow echo mesovortices．Part II：their genesis[J]．Mon Wea Rev，2009，137：1514-1532.

[8] SCHENKMAN A，XUE M．Bow-echo mesovortices：A review[J]．Atmos Res，2016，70：1-13.

[9] NIELSEN E R，SCHUMACHER R S．Dynamical insights into extreme short-term precipitation associated with supercells and mesovortices[J]．J Atmos Sci，2018，75(9)：2983-3009.

[10] 郑永光，宋敏敏．冷涡影响中国对流性大风与冰雹的分布特征[J]．热带气象学报，2021，37(5/6)：710-720.

[11] 杨磊，郑永光．东北地区雷暴大风观测特征及其与东北冷涡的关系研究[J]．气象学报，2023，已录用．

[12] 马淑萍，王秀明，俞小鼎．极端雷暴大风的环境参量特征[J]．应用气象学报，2019，30(3)：292-301.

[13] 樊李苗，俞小鼎．中国短时强对流天气的若干环境参数特征分析[J]．高原气象，2013，32(1)：156-165.

[14] TIAN F Y，ZHENG Y G，ZHANG T．Characteristics of environmental parameters for warm season short-duration heavy rainfall over central and eastern China[J]．Adv Atmos Sci，2015，29(3)：370-384.

[15] 许长义，章丽娜，肖现，等．冷涡背景下华北平原一次弓形回波致灾大风过程分析[J]．气象学报，2023，81(1)：40-57.

[16] 俞小鼎，王秀明，李万莉，等．雷暴与强对流临近预报[M]．北京：气象出版社，2020.

[17] KUMJIAN M R，RYZHKOV A V．Polarimetric signatures in supercell thunderstorms[J]．J Appl Meteor Climatol，2008，47(7)：1940-1961.

[18] WAKIMOTO R M，BRINGI V N．Dual-polarization obsevations of microbursts associated with intense convection：The 20 July storm during the MIST project[J]．Mon Wea Rev，1988，116：1521-1539.

[19] ADAMS-SELIN R D，JOHNSON R H．Mesoscale surface pressure and temperature features associated with bow echoes[J]．Mon Wea Rev，2010，138(1)：212-227.

[20] 寿绍文，励申申，寿亦萱，等．中尺度气象学[M]．北京：气象出版社，2016.

[21] ROTUNNO R，KLEMP J B，WEISMAN M L．A theory for strong，long-lived squall lines[J]．J Atmos Sci，1988，45(3)：463-485.

[22] WEISMAN M L, ROTUNNO R. "A theory for strong long-lived squall lines" revisited[J]. J Atmos Sci, 2004, 61(4): 361-382.

[23] 陈涛，张芳华，符娇兰，等. 2014 年 5 月 8—9 日引发珠江口区域强降水的两个长生命史 MCS 特征分析[J]. 气象，2020，46(4)：449-461.

[24] 彭霞云，章丽娜，刘汉华，等. 冷涡底部对流引起的杭州湾极端大风形成机制分析[J]. 气象，2022，48(6)：719-728.

[25] JOHNS R H, DOSWELL C. Severe local storms forecasting[J]. Weather and Forecasting, 1992, 7(4): 588-612.

[26] 杨磊，郑永光，袁子鹏，等. 2019 年 8 月 16 日沈阳极端降水事件的低空 γ 中尺度涡旋观测特征和机理分析[J]. 气象学报，2023，81(1)：19-39.

2022年7月20日江苏淮北龙卷天气过程分析

王　易[1]　郑媛媛[2]　蓝　渝[3]　王啸华[1]　盛　杰[3]　吴海英[1]　刘安宁[1]　喜　度[1]
韩桂荣[1]　刘　梅[1]　曹艳察[3]　慕瑞琪[1]　李泽宇[1]　孙康远[2]　周晓敏[3]　顾荣直[1]
（1. 江苏省气象台，南京，210008；2. 南京气象科技创新研究院，南京，210008；
3. 国家气象中心，北京，100081）

摘　要：本文分析了2022年7月20日江苏宿迁、连云港、盐城、淮安等地区的四次龙卷过程的天气背景以及导致龙卷对流风暴的多普勒天气雷达演变等中小尺度特征，并对此次龙卷过程的预报服务进行了分析和复盘。分析表明，此次淮北龙卷天气过程的环流形势符合典型的梅雨锋龙卷天气概念模型；宿迁龙卷发生时雷达未观测到中气旋（M）和龙卷涡旋特征（TVS），属于非超级单体龙卷，基本无可预报性，其他三个龙卷属于超级单体龙卷，在雷达反射率因子图上均有钩状回波结构特征，通过径向速度数据识别的中气旋和TVS底高均在1 km以下，环境的标准化风暴螺旋度系数（NROT）大于1；X波段多普勒天气雷达能显示出龙卷的精细结构特征，可作为S波段多普勒天气雷达的辅助探测手段，和S波段雷达一起提供龙卷预警依据；雷达观测显示，连云港海州灌云龙卷在中低层均存在后侧下沉气流（RFD）。预报员依据国省联动、江苏省气象局客观潜势预报和临近预报系统平台，结合龙卷天气流型配置和多普勒天气雷达回波特征等概念模型，成功预报预警此次龙卷过程，取得了很好的决策和社会服务效果。

关键词：龙卷，环境背景，双偏振多普勒天气雷达，S波段，X波段，中气旋，TVS

引言

龙卷是一种强烈的对流天气现象，往往造成重大的人员伤亡和财产损失。美国在龙卷的探测和研究方面取得了许多成果，并首次利用多普勒天气雷达观测到了超级单体中的中气旋和龙卷涡旋特征[1-5]。随着新一代多普勒天气雷达布网工作在中国的开展，对强对流天气特别是龙卷的研究开始逐渐增多。俞小鼎等[6]首次利用合肥多普勒天气雷达资料对2003年7月8日安徽无为县龙卷过程进行了分析。郑媛媛等[7]对发生在安徽的3次强烈龙卷过程进行了分析，重点研究了3次超级单体风暴多普勒天气雷达回波特征及其与强冰雹超级单体风暴的差异。王秀明等[8]分析了2016年6月5日海南一次EF2级龙卷过程，指出海风锋、出流边界等边界层β中尺度辐合线边界可能在此次弱垂直风切变背景下的龙卷形成过程中起决定性作用。此外，郑永光等[9]、黄先香等[10]、袁潮等[11]、朱君鉴等[12]、周后福等[13]也对不同地区龙卷的环境条件特征和雷达特征进行了分析。

中国的龙卷主要发生在大陆东半部的江淮、黄淮、东北等平原地区，其中江苏省龙卷发生的频率最高[14]，冯佳玮等[15]研究也表明，江苏和广东等平原地区出现龙卷概率最高，因此，许多学者针对江苏龙卷开展了研究。2016 年 6 月 23 日在江苏省盐城市阜宁县发生了 EF4 级龙卷,造成了重大的人员伤亡,郑永光等[16]、张小玲等[17]分别对此次龙卷过程的强度和中尺度特征进行了评估和分析。吴海英等[18]对 2007 年 7 月 3 日发生在江苏高邮、盐城和安徽天长的龙卷天气成因进行了分析,指出中尺度涡度方程中的倾斜项是此次龙卷天气产生的重要原因。曾明剑等[19]通过合成分析江淮梅雨期间的 11 次龙卷过程,发现地面中尺度强气旋的右侧附近、对流层低层中尺度低涡右下方 200～300 km 处和低空急流左后侧之间区域是龙卷高度关注区。徐芬等[20]对 2006—2018 年江苏龙卷的时空分布、等级分布、天气背景特征和风暴形态特征进行了统计分析,指出江苏地区超过 50%的龙卷产生于镶嵌在多单体风暴系统中的超级单体中气旋内,30%龙卷产生于准线性对流系统。王易等[21]通过统计分析 10 年南京中气旋,发现持续 3 个体扫的中气旋以及低质心、强切变的中气旋有利于产生龙卷。慕瑞琪等[22]对 2020 年 7 月 22 日发生在江苏北部的 EF2～EF3 级龙卷天气过程进行了详细的分析,认为当中气旋底高较低且切变值持续较强时,结合地面中气旋尺度系统演变能为龙卷预警提供帮助。此外,江苏约有 20%的龙卷过程与台风有关[23],蒋义芳等[24]对 2008 年“凤凰”台风前部龙卷的环境场和雷达回波进行了分析,提出了强回波质心高度的骤降、径向速度风场中气旋的迅速发展是提前警戒龙卷的优质参考指标。慕瑞琪等[25]分析了江苏 2007—2018 年的台风龙卷过程,发现低空急流输送充足的水汽和不稳定能量为龙卷的发生提供了有利的环境条件。

2022 年 7 月 20 日,江苏淮北地区比较罕见的一天内出现 4 次龙卷过程。本文对此次江苏淮北龙卷的天气背景以及导致龙卷对流风暴的多普勒天气雷达演变等中小尺度特征进行了复盘分析,并对龙卷的可预报性和后期龙卷预报预警服务的改进思路进行了探讨。

1 龙卷基本信息和预报服务情况

受地面气旋影响,自 7 月 20 日 05 时(北京时,下同)开始,江苏省自西向东出现大范围降雨,并伴有短时强降水、8～10 级雷暴大风和局地龙卷等强对流天气,沿淮和淮北部分地区出现大到暴雨。20 日 08 时 30 分左右,宿迁市沭阳县开发区出现 EF1 级龙卷,12 时 50 分左右淮安市淮阴区出现 EF1 级龙卷,12 时 20 分左右,连云港市海州区和灌云县出现 EF2 级龙卷,12 时 50 分左右,盐城市响水县出现 EF3 级龙卷。

1.1 龙卷强度及路径信息

7 月 20 日下午,江苏省气象局专家团队组织灾情调查小组第一时间赴现场开展灾情调查,通过航拍、拍照、走访村民、收集视频等方式收集相关灾情证据。国家级和省级专家组结合天气形势及观测站实况数据综合分析研判认定:宿迁市沭阳龙卷发生时间在 08 时 30 分左右,龙卷中心最大风力 13 级,级别为一级龙卷(相当于美国 EF1 级),龙卷影响接地范围在 1 km 左右,影响时间 2～3 min;连云港市海州区和灌云县龙卷发生时间在 12 时 20 分左右(图 1a),龙卷中心最大风力 15 级,级别为二级龙卷(相当于美国 EF2 级);盐城市响水龙卷发生时间在 12 时 50 分左右,龙卷中心最大风力 17 级(图 1c),级别为三级龙卷(相当于美国 EF3 级),龙卷呈跳跃式移动，最长接地距离为1500 m、最宽为160 m左右，最短接地距离为500 m、宽为100 m左右；淮安市淮阴区龙卷发生时间在12时50分左右(图1b)，龙卷中心最大风力13级，级别为一级龙卷(相当于美国EF1级)。

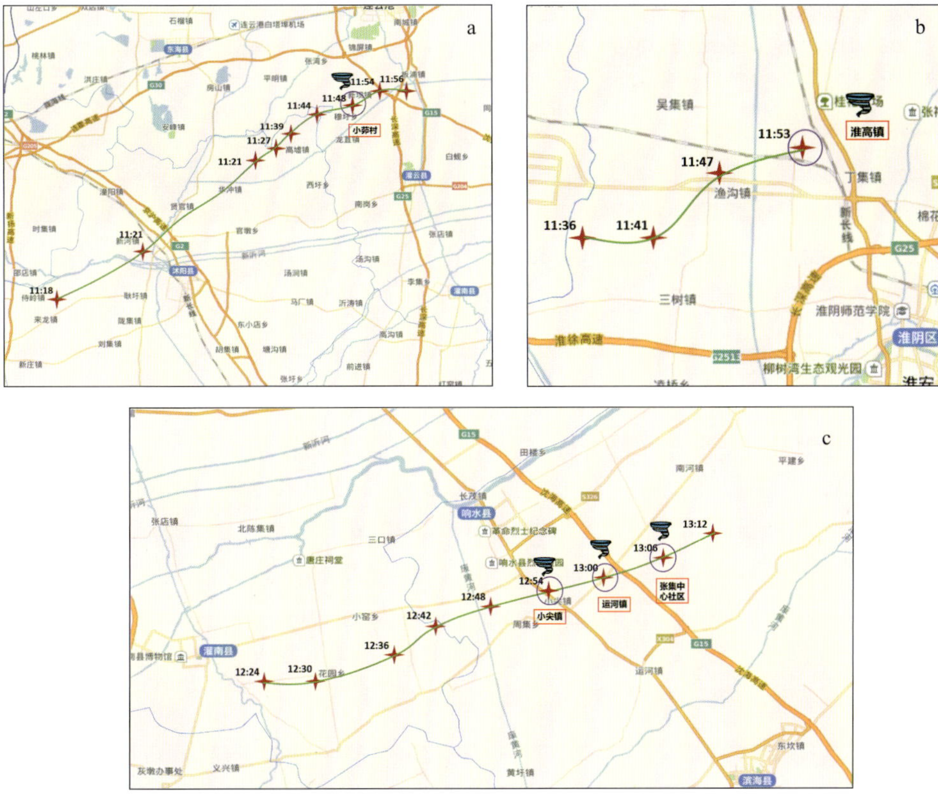

图1 连云港海州、灌云龙卷(a)、淮安淮阴区龙卷(b)、盐城响水龙卷(c)路径信息

1.2 龙卷灾情及社会影响

7月20日江苏淮北龙卷过程共造成2人死亡(连云港灌云1人，盐城响水1人)，43人轻伤，受灾人口2698人，紧急转移安置397人，3574间房屋受损(图2)。农业受灾面积257.1 hm^2。直接经济损失约7550.6万元，其中农林渔牧损失约314万元。

图 2　2022 年 7 月 20 日江苏淮北龙卷灾情

1.3　龙卷预报服务情况

针对此次龙卷过程,江苏省气象台提前 3 d,从 7 月 18 日起即关注此次过程。18 日下午,江苏省气象台发布《重要天气报告》,吴政隆书记、储永宏秘书长进行了批示。19 日下午江苏省气象台依据客观潜势预报结果,结合龙卷预报概念模型,预报 20 日沿淮和淮北地区有大范围强对流天气,明确提及局地有龙卷可能。19 日下午,江苏省气象局主动联系应急管理部门,联合发布《气象灾害应对工作提示单》,明确提及局地龙卷,并给出了强对流潜势预报落区图(图 3),标注了龙卷落区。江苏省应急厅 19 日傍晚紧急调度各市县关注此次强对流天气,要求做好龙卷等极端大风防御工作,应对可能发生的龙卷天气。

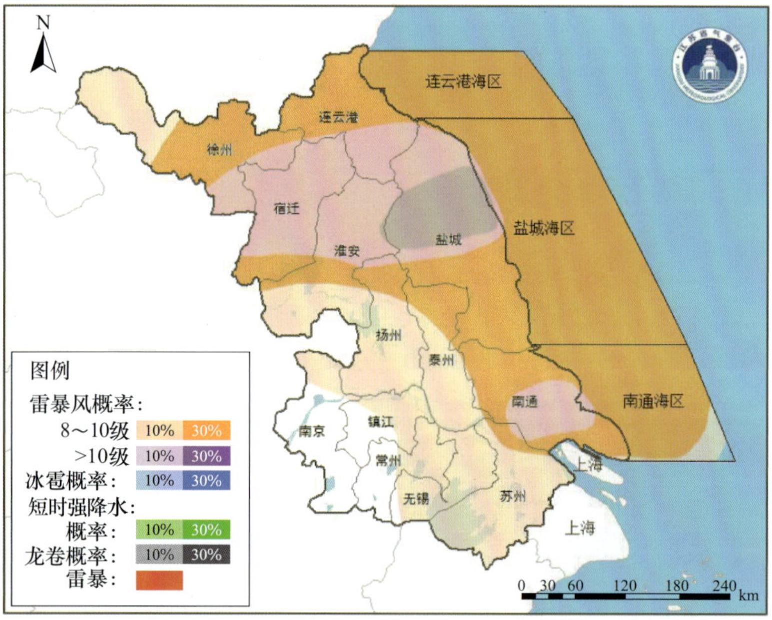

图 3　2022 年 7 月 20 日 10—20 时江苏强对流潜势预报图

7 月 20 日江苏省气象台在早间会商再次提及关注江淮之间龙卷发生的可能性。20 日白天,全省气象部门严密监测，省、市、县上下联动，加强会商，扁平指导，江苏省气象台提前 30 min 以上对市、县气象台进行强对流落区指导，相关市、县提前 10～20 min 成功预警 3 个龙卷过程（图 4）。龙卷天气发生后，江苏省气象局第一时间派出由省气象台首席专家带队、联合省服务中心组成的灾情调查小组前往受灾一线开展龙卷灾情调查工作。国、省两地专家根据当地龙卷灾害调查资料，及时开展龙卷定性定级工作，确定龙卷灾害等级，第一时间对外发布天气快报和官方情况通报，吴政隆书记、许昆林省长对相关内容进行了批示。

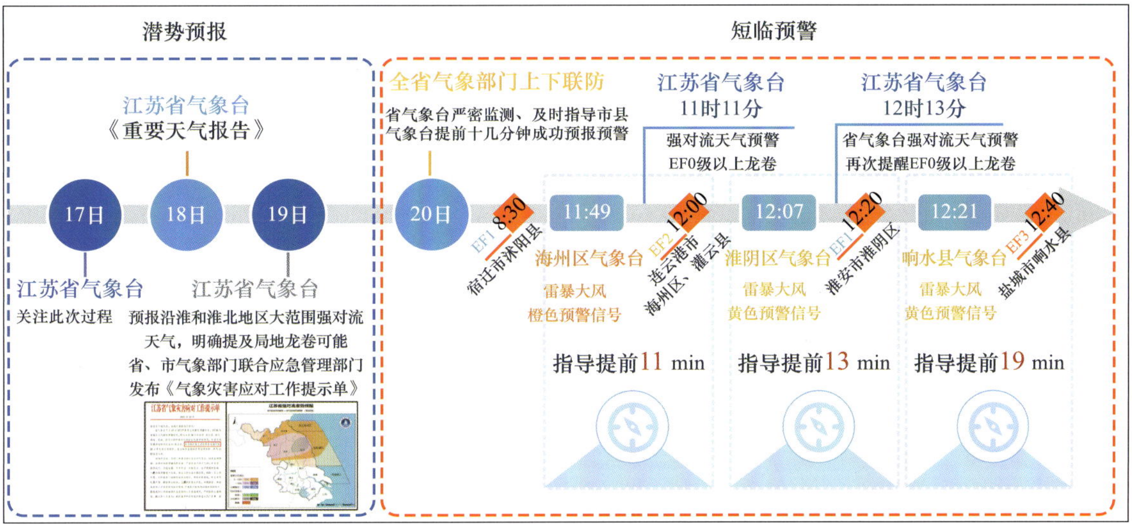

图 4　2022 年 7 月 20 日江苏淮北龙卷天气过程预警流程图

江苏气象部门的此次龙卷预报预警服务及时、准确，灾害发生后反应迅速，为灾害防御和降低灾害损失提供了科学决策支持，较好地发挥了气象防灾减灾第一道防线的作用，圆满完成了此次龙卷气象服务保障，取得了很好的决策和社会服务效果。中国气象局对本次“7·20”江苏龙卷天气过程的提前 1 d 的潜势预报、提前 10～20 min 的临近精准预警和有力支撑给予高度肯定。

国、省联动方面，在龙卷强对流过程发生前，中央气象台提前 2 d 在 18 日全国早间会商中提示“可能出现龙卷”，并在 19 日与江苏省气象台开展专题电话会商，同时充分应用基于探空和数值模式资料研发的龙卷指数、超级单体指数、龙卷概率预报等诊断分析和预报产品，结合以往经验科学研判龙卷天气出现的可能性。中央气象台在 7 月 19 日 10 时发布的《气象灾害预警服务快报》中明确“江苏风力较大需注意防范极端大风危害”提示信息，20 日当天发布 1 期强对流天气蓝色预警和 1 期强对流天气黄色预警，并在 13 时升级发布的强对流天气黄色预警中，首次加入“可能出现龙卷”的文字描述。两次龙卷强对流过程中，国、省两级预报员充分应用中国气象局高分辨率区域模式（CMA-MESO，3 km 水平分辨率）等模式资料研判强对流系统发展演变，应用中国气象局新一代强对流天气临近预报系统（SWAN3.0 系统）和新一代天气雷达等资料实时捕捉龙卷发生的蛛丝马迹，滚动监视，结合以往经验研判龙卷、雷暴大风和短时强降水等强对流天气发生的可能性。

2 天气背景分析

2.1 环流背景及天气流型配置

此次龙卷天气过程发生时段恰逢江苏梅汛期,其环流形势符合典型的梅雨锋龙卷天气概念模型。7月20日08时(图5a),500 hPa西太平洋副热带高压(以下简称副高)西伸北抬,588 dagpm线位于沿长江一带,河套地区有高空槽东移,江苏北部位于副高西北侧及高空槽前的西南气流中。850 hPa在河南东南部有低涡,其南侧自华南沿海至江淮出现了一支西南急流,急流轴与副高边界基本重合(图5b)。925 hPa有超低空急流发展,苏皖地区水汽条件充足,比湿达18 g/kg。江苏北部位于200 hPa高空急流入口区的右后侧及分流区附近,随着高空槽东移,高层辐散、低层低涡发展伴随西南急流加强(下游地区射阳站08时850 hPa风速为10.7 m/s,14时达到20.2 m/s),低空急流为苏北地区输送水汽和能量,并为强对流天气提供抬升动力,龙卷发生在西南急流的北侧附近。

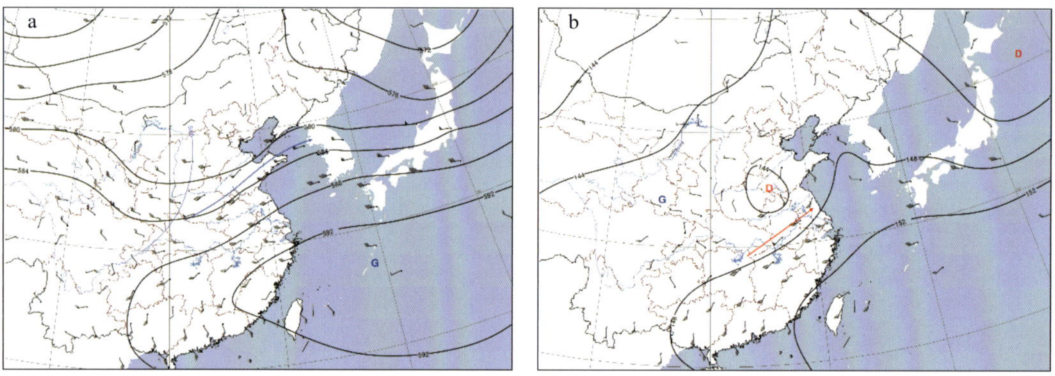

图5 2022年7月20日08时500 hPa(a)和850 hPa天气图(b)

地面天气图上,黄淮和长江中下游地区处于低压带中(图6),低压中心位于江苏西北部,并存在明显的温度梯度,江苏北部地区露点温度高达26~27 ℃,温度露点差0~1 ℃,地面空气呈饱和状态,龙卷发生在低压南侧的暖区中。

2.2 环境参数特征及其变化分析

从此次龙卷天气中尺度分析结果来看(图7),龙卷初生地位于高空急流右后侧,低空急流出口区左前侧和低层低涡右前方,同时也位于地面气旋右侧区域,符合典型的江淮梅雨季西风带龙卷天气概念模型。

20日08时,射阳站探空资料显示(图8a),对流有效位能(CAPE)值为1661 J/kg,大气不稳定能量充沛;14时,射阳站(图8b)的CAPE值进一步增加到3510 J/kg,表明龙卷发生前,热力不稳定增强,有利于龙卷的发生。20日08时,射阳站的自由对流高度(LCF)为3.5 km,

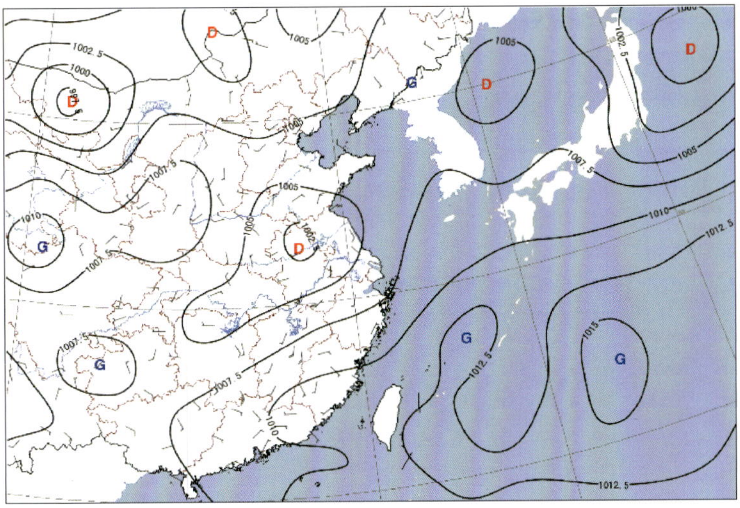

图 6　2022 年 7 月 20 日 08 时地面天气图

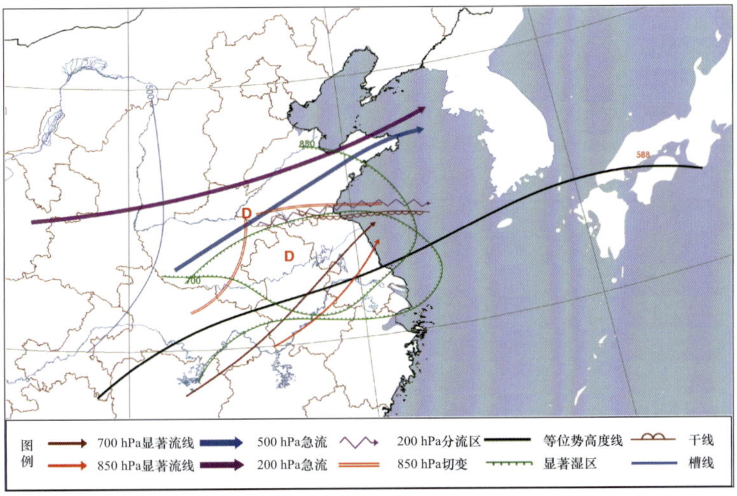

图 7　2022 年 7 月 20 日 08 时龙卷天气中尺度分析

抬升凝结高度(LCL)为 0.5 km，非常有利于触发强对流天气；大气湿层深厚，850 hPa 以下露点温度均大于 20 ℃。从射阳探空形势来看，08 时近地面为东南风，风速为 2 m/s，1 km 附近转为偏南风，风速为 9 m/s，0～1 km 垂直风切变为 7.5 m/s，0～6 km 垂直风切变为 16.6 m/s；14 时近地面风场顺时针转为偏南风，其上西南风增强，0～1 km 垂直风切变达 15.9 m/s，强的垂直风切变有利于超级单体龙卷。由此可见，7 月 20 日苏北地区对流有效位能(CAPE)较高，0～6 km 深层垂直风切变较大，有利于超级单体风暴形成；同时抬升凝结高度 LCL 极低，0～1 km垂直风切变较大，有利于龙卷尤其是超级单体龙卷的发生。

通过 7 月 20 日射阳站订正探空物理量与常年统计平均的对比也可以更加直观地看出(表 1)，对流有效位能(CAPE)、1 km 垂直风切变(SHK1)以及低层 0～3 km 风暴相对螺旋度(SRH)均远大于常年统计平均值，抬升凝结高度(LCL)0.46 km，远低于统计平均的 1.2 km。因此，从各物理量的统计对比上来看，此次 7 月 20 日淮北地区龙卷发生时的环境条件明显优于常年统计平均，非常有利于超级单体龙卷的出现。

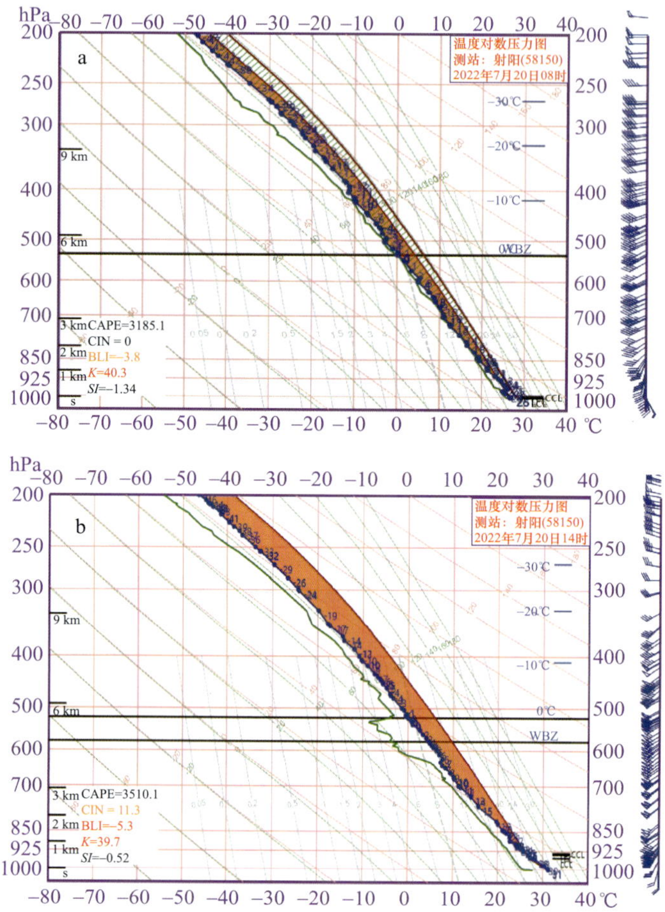

图 8　2022 年 7 月 20 日 08 时(a)和 14 时(b)射阳站订正探空

表 1　2022 年 7 月 20 日探空物理量与常年统计平均对比

物理量	7 月 20 日	统计平均
CAPE	3510 J/kg	1000 J/kg
LCL	0.46 km	1.2 km
SHR1	16 m/s	10 m/s
SRH	500 m^2/s^2	240 m^2/s^2

3 对流风暴特征分析

3.1 龙卷对流风暴演变特征分析

2022 年 7 月 20 日在江苏所产生的 4 个龙卷，均生成于同一个组织化发展过程的较强回波中，只是存在于不同的时间阶段，时间跨度大约从08时30分—13时(北京时，下同)。其中图9a中红圈标记的位置为宿迁龙卷所在单体，为连云港SA型天气雷达所观测，时间为08时30分；图9b同样为连云港SA雷达在12时30分所观测，经过明显的组织化发展后，形成了多单体线状风暴，各个单体间有明显缝隙；2号红圈为连云港龙卷所在单体位置(正在发生)，3号红圈为盐城龙卷所在单体位置(生成中)，4号红圈为淮安龙卷所在单体位置(正在发生)。

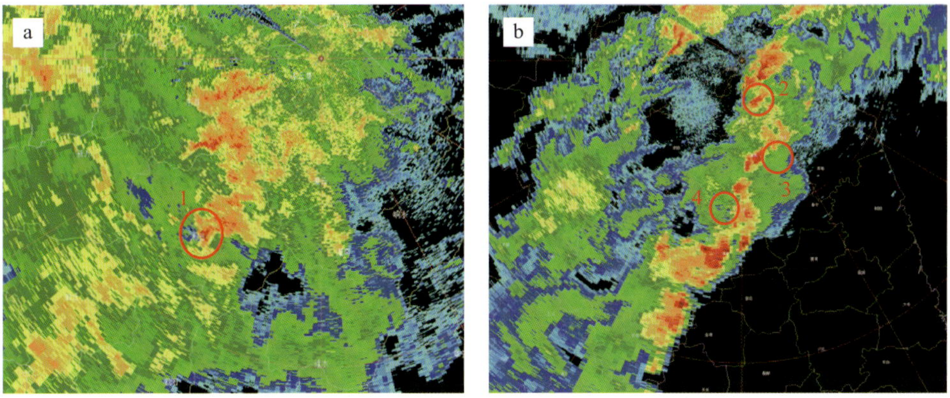

图9　2022年7月20日08时30分(a)、12时24分(b)连云港雷达0.5°仰角基本反射率因子图

3.1.1　宿迁龙卷

宿迁龙卷所在单体尺度非常小(7～10 km)，钩状回波在S波段天气雷达中不明显(图9a)，仅能看出有不太明显的入流缺口存在。通过宿迁和连云港两部S波段天气雷达的1.5°仰角径向速度图比对发现(图10)，宿迁雷达存在小范围速度大值区，但未观测到速度对；连云港雷达所观测到的速度对较为明显，但由于雷达本身距离龙卷对流单体较远，速度值较弱。宿迁龙卷从生成到消亡，周边三部S波段天气雷达(另一部为淮安SA型天气雷达)均未观测到中气旋和TVS特征，而且宿迁龙卷并未进入苏北X波段天气雷达网观测范围，未能进一步观测到有关该龙卷的精细化信息。

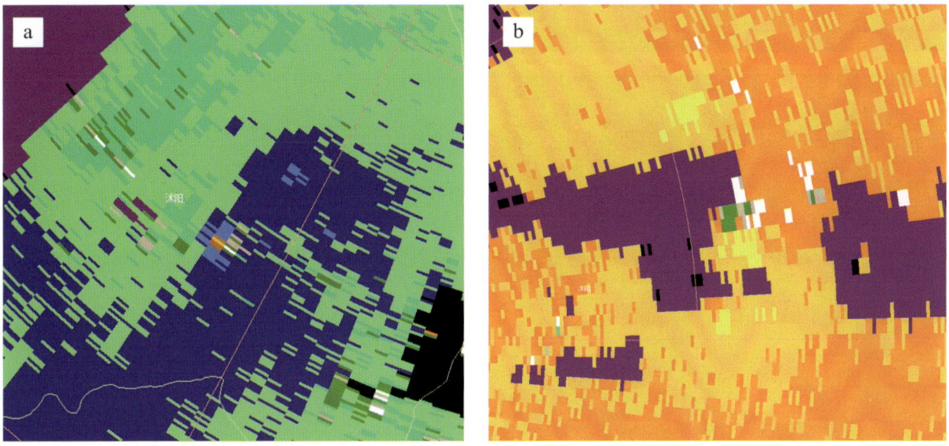

图10　2022年7月20日08时36分宿迁雷达(a)、08时41分连云港雷达(b)1.5°仰角径向速度图

3.1.2 连云港龙卷

影响连云港的龙卷,是由宿迁龙卷所在单体东移后造成的,10 时 48 分,该单体回波强度有明显增强,且低层暖湿气流入流缺口更加明显,单体的基本速度场已开始出现较明显的速度对,但此时仍未出现中气旋和 TVS 报警信息(图略)。

该单体在 11 时 36—42 分接近连云港时,开始出现明显的钩状回波形态,单体的空间尺度也迅速增大(图 11a、图 11b),且速度对开始有层次并逐渐紧缩(图 11b、图 11d),其中 11 时 42 分在 0.5°仰角基本反射率因子图上在钩状回波中央出现眼区,高度 1 km 处的眼区直径范围为 0.4～0.6 km,正负速度对径向速度差值约 45 m/s,同时从基本反射率因子剖面图上也能看出钩状回波底部高反射率因子区有迅速接地的趋势(图 11f)。从 0.5°仰角差分反射率因子(图 11e)可以看到 ZDR 弧的特征出现,说明该单体已经发展为超级单体,低层(0～3 km)风暴相对螺旋度较大,有利于超级单体进一步发展。

11 时 48 分—12 时的连云港雷达基本反射率因子可以看到(图 12a～c),连云港境内的超级单体钩状回波形态和眼区结构更加明显,3 个时次在 0.8 km 高度眼区直径约为 0.6 km,在超级单体回波南侧有新的弧状单体形成,说明该区域环境非常有利于超级单体的生成和维持,此时速度对层次更加分明(图 12d)。

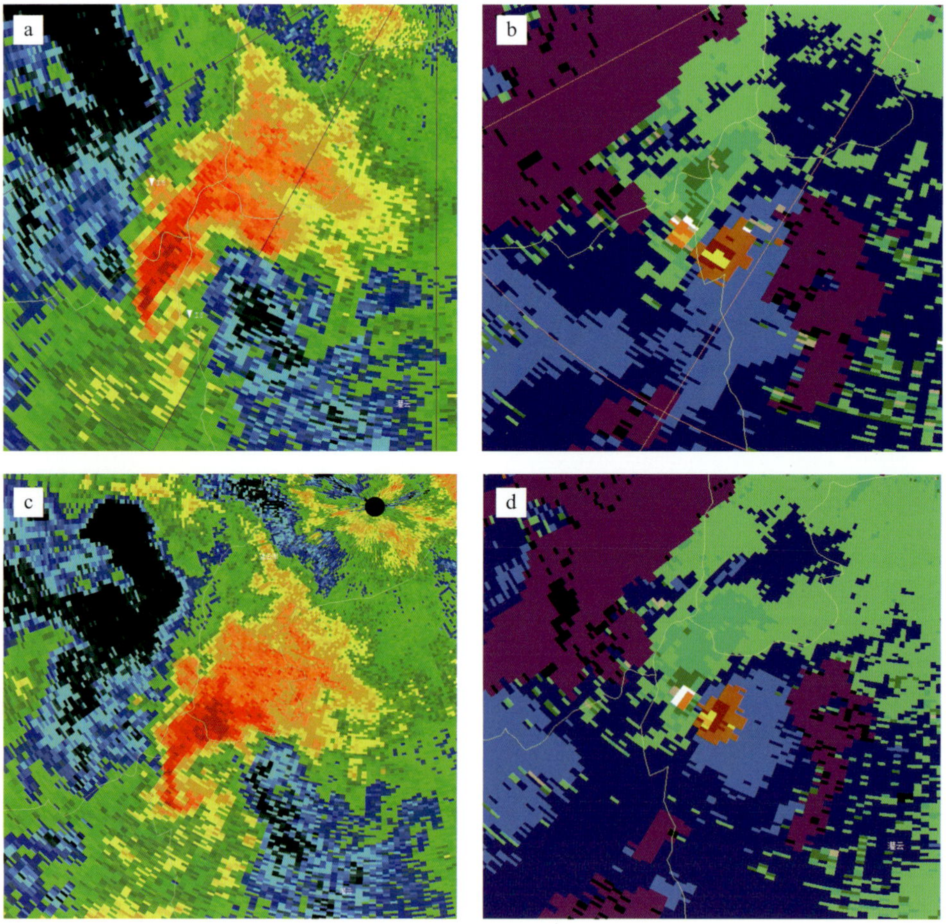

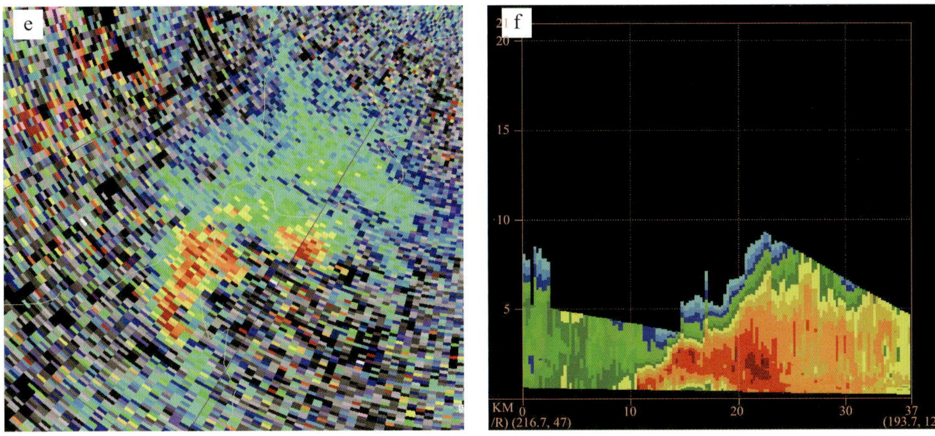

图 11　2022 年 7 月 20 日 11 时 36 分连云港雷达 0.5°仰角基本反射率因子图(a)、径向速度图(b)、11 时 42 分连云港雷达 0.5°仰角基本反射率因子图(c)、径向速度图(d)、差分反射率因子图(e)，基本反射率剖面(f)

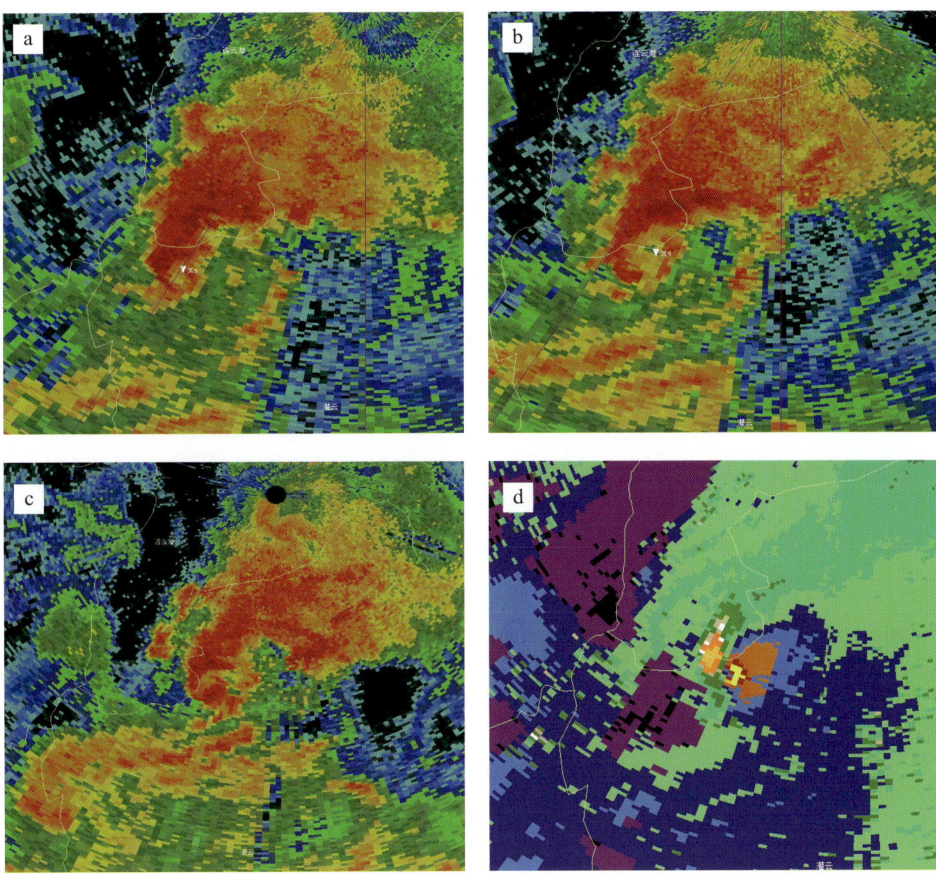

图 12　2022 年 7 月 20 日 11 时 48 分(a)、11 时 54 分(b)、12 时(c)连云港雷达 0.5°仰角基本反射率因子图和 11 时 54 分连云港雷达 0.5°仰角径向速度图(d)

从中气旋演变上看,该龙卷发生前后连云港雷达并未有中气旋报警信息,而淮安 SA 型天气雷达 11 时 17 分首先显示有三维风场切变出现,11 时 39 分出现第一个中气旋报警,11 时 56 分出现最后一个中气旋报警,期间中气旋底高一直维持在 2.4～3.0 km 高度,未能达到经典的中气旋龙卷预警标准。

而连云港 SA 型天气雷达 TVS 报警相比较中气旋报警要早 1 个雷达体扫(图 13),11 时 12 分在淮安沭阳境内即出现第 1 个 TVS 报警,距离淮安雷达约 40.0 km,底高为 1.3 km,之后从沭阳北部到灌云西部连续 7 个体扫都有 TVS 报警,其中 11 时 18 分开始 TVS 底高即低于 1.2 km。11 时 42—54 分 TVS 底高低于 1.0 km,最低高度为 0.9 km,和实况龙卷接地时间段基本一致。该龙卷中气旋和 TVS 报警位置对应有一定的偏差,中气旋位置在 TVS 所在位置偏东方向。

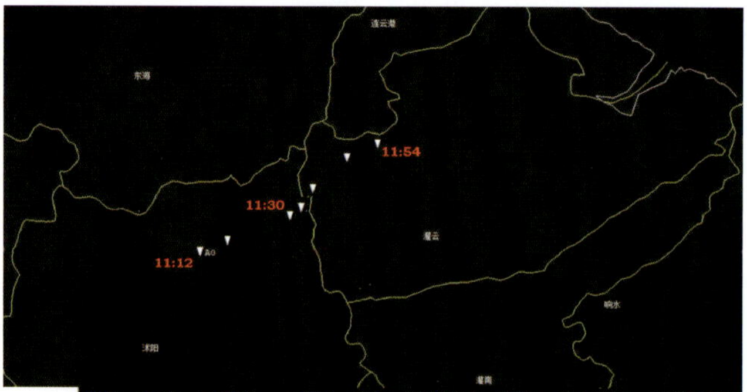

	FEAT TYPE	STORM ID	AZ/RAN (DEG,KM)	AVGDV (MP)	LLDV (MP)	MXDV/HGT (MP,KM)	DEPTH (KM)	BASE/TOP (KM)	MXSHR/HGT (E-3/S,KM)
11:12	TVS	A0	221/57	50	51	51.0/1.3	2.7	1.3/4.0	104.7/2.3
11:18	TVS	A0	220/53	49	49	49.0/1.2	3.4	1.2/4.6	130.4/1.2
11:24	TVS	A0	222/47	28	22	50.0/3.4	3.1	1.1/4.3	124.7/3.4
11:30	TVS	A0	220/43	31	29	44.5/4.1	3.0	1.1/4.1	117.3/4.1
11:36	TVS	S6	213/39	26	50	50.5/1.7	2.5	1.1/3.5	146.6/1.7
11:42	TVS	N8	213/35	17	20	20.0/1.0	2.2	1.0/3.2	65.5/1.0
11:48	TVS	D3	209/30	18	20	21.0/1.9	1.4	0.9/2.3	79.6/1.9
11:54	TVS	D3	202/26	41	43	51.0/1.7	1.6	0.9/2.5	247.2/1.7

图 13　连云港 SA 型天气雷达 TVS 路径和报警信息

3.1.3　盐城龙卷

由于该龙卷所在单体距离连云港和盐城 S 波段雷达均较远(均大于 90 km),从形态上无法分辨钩状回波特征(图 14a、图 14c),但从速度场上能明显分辨出其龙卷所在位置(图 14b、图 14d),12 时 24 分可以发现存在两个速度对,其中红圈范围内为盐城龙卷所在位置,白色圈为连云港龙卷所在位置(图 14d)。

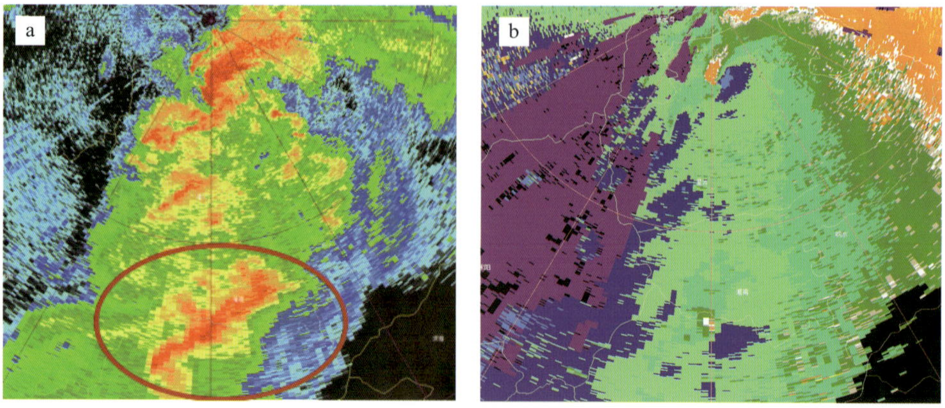

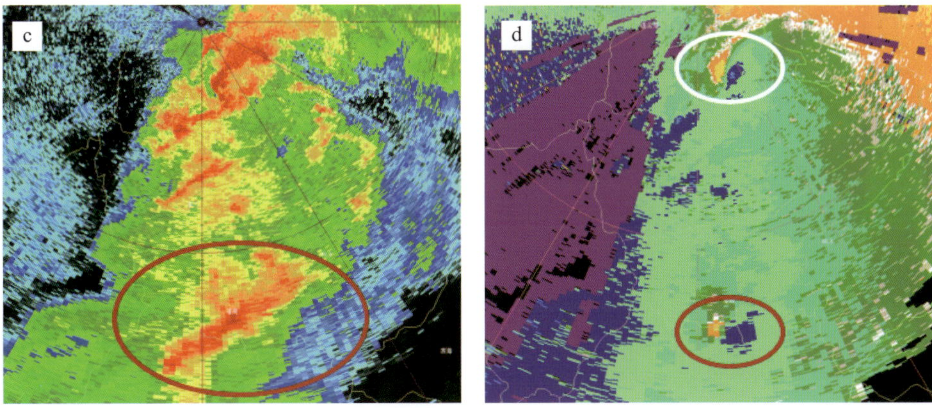

图 14　2022 年 7 月 20 日 12 时 18 分连云港 SA 雷达 0.5°仰角基本反射率因子图(a)、径向速度图(b)、12 时 24 分连云港 SA 雷达 0.5°仰角基本反射率因子图(c)、径向速度图(d)

从盐城龙卷的中气旋和 TVS 轨迹可以看出(图 15)，连云港 SA 雷达于 12 时 24 分在灌南县境内同时给出中气旋和 TVS 报警，位置也基本吻合，并于 12 时 48 分进入响水境内，13 时 12 分连云港 SA 雷达最后一次识别出中气旋和 TVS 特征。从 20 日 12 时 36 分—13 时 12 分，中气旋底高始终维持在 0.8 km，风切值为$(12\sim14)\times10^{-3}$/s，TVS 底高一直维持在 1.4～1.5 km，风切值为$(40\sim60)\times10^{-3}$/s。

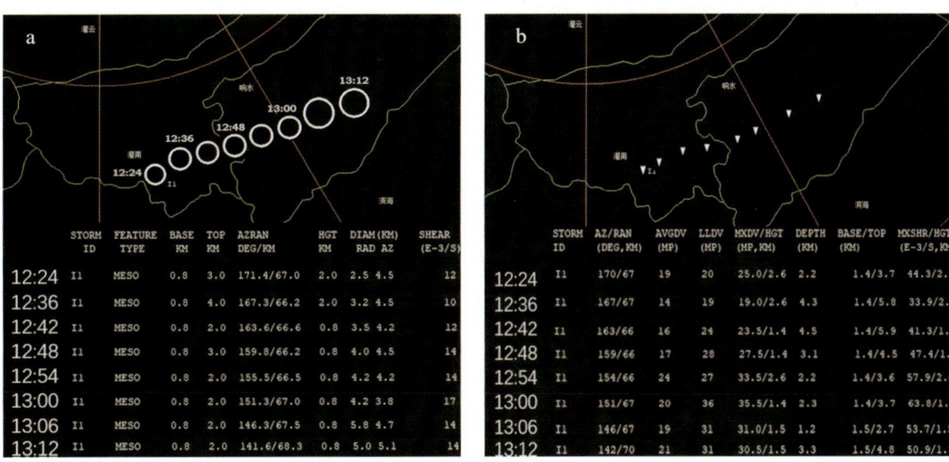

图 15　连云港雷达 12 时 24 分—13 时 12 分中气旋轨迹图和信息(a)、TVS 轨迹图和信息(b)

盐城龙卷生成后，即进入苏北 X 波段雷达网中的阜宁 X 波段雷达观测范围内，距离阜宁雷达约 50 km，处于 X 波段雷达观测范围边缘(最大观测距离约 60 km)。从 12 时 37 分连云港 S 波段雷达 0.5°仰角(高度约 1.3 km)基本反射率因子图(图 16a)和同时次阜宁 X 波段雷达 2.4°仰角(高度约 1.4 km)基本反射率因子图(图 16b)可以看出，X 波段雷达能够看出窄条状钩状回波的形成，且有未闭合眼区，和 S 波段相比结构明显改善，龙卷眼区直径约 0.4 km。从 S 波段雷达和 X 波段雷达同高度速度场对比可以看出，虽然 X 波段雷达所显示的速度对更加平滑精细(图 16d)，但 S 波段雷达所显示的速度对更有层次，更能反映真实数据(图 16c)。

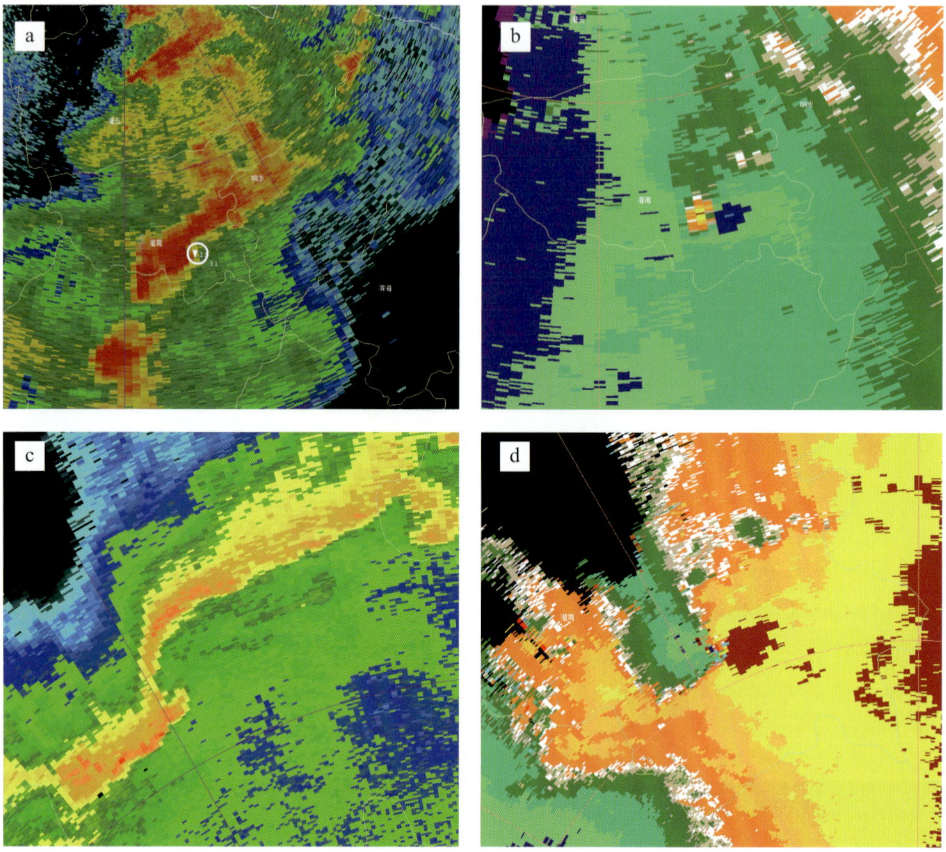

图 16　2022 年 7 月 20 日 12 时 36 分连云港 S 波段雷达 0.5°仰角基本反射率因子图(a)、径向速度图(b)和 12 时 37 分阜宁 X 波段雷达 1.4°仰角基本反射率因子图(c)、径向速度图(d)

由于连云港雷达距离龙卷较远，波束宽度导致水平分辨率变差，和连云港龙卷相比，盐城龙卷所在超级单体的差分反射率因子 ZDR 弧特征无法通过 S 波段雷达准确识别(图 17a)，故采用阜宁 X 波段雷达差分反射率因子产品识别。从图 17b 中可以看出，12 时 47 分阜宁 X 波段雷达对于 ZDR 弧识别效果较好，甚至出现双 ZDR 弧特征，说明龙卷所在超级单体南侧也有超级单体风暴发展，且低层(0～3 km)风暴相对螺旋度较大。

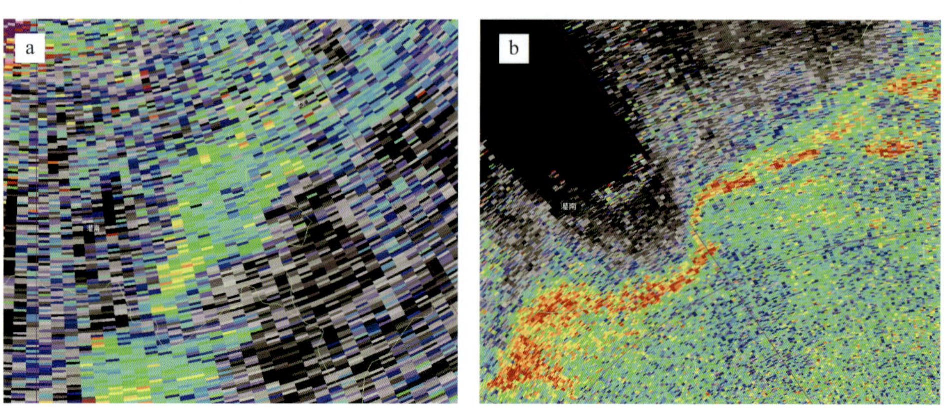

图 17　2022 年 7 月 20 日 12 时 48 分连云港 S 波段雷达(a)、12 时 47 分阜宁 X 波段雷达(b)差分反射率因子图

标准化风暴螺旋度系数(NROT)通常由多普勒天气雷达观测和相关参数计算得出，一般认为其值大于 1 对龙卷的生成有指示意义，该参数在 2021 年江苏苏州盛泽“5·14”龙卷过程中有较好的表现。从连云港龙卷和盐城龙卷的 NROT 变化可以看出(表 2)，在龙卷发生前期，NROT 均有上升趋势，并在龙卷发生时刻达到最大，之后明显下降。因此可以看出，NROT 的变化能较好地反映龙卷强度的演变特征。

表 2　2022 年 7 月 20 日连云港龙卷和盐城龙卷 NROT 变化

	11 时 12 分	11 时 24 分	11 时 36 分	11 时 42 分	11 时 48 分	11 时 54 分	12 时	12 时
连云港龙卷	1.05	1.28	1.21	1.45	1.46	1.76	1.44	1.02
	12 时 24 分	12 时 30 分	12 时 36 分	12 时 42 分	12 时 48 分	12 时 54 分	13 时	13 时 06 分
盐城龙卷	1.13	1.24	1.03	1.35	1.40	1.53	1.25	1.07

3.1.4　淮安龙卷

相对于连云港龙卷和盐城龙卷，淮安龙卷特征相对不明显，尤其是钩状回波形态特征不明显且尺度相对较小(图 18a、图 18b)，只能通过 TVS 特征以及风切变大值才能发现(图 18c、图 18d)。从 11 时 36 分出现第 1 个 TVS 报警信息时，其 TVS 底高就已经达到 0.6 km，且有连续 4 个体扫底高都维持在 0.6～0.7 km。TVS 对应基本速度场，有弱的速度对存在，速度对强度虽然很弱，但仍较为紧凑，该龙卷是比较容易忽略的龙卷类型。双偏振参量和 NROT 无任何指示特征。

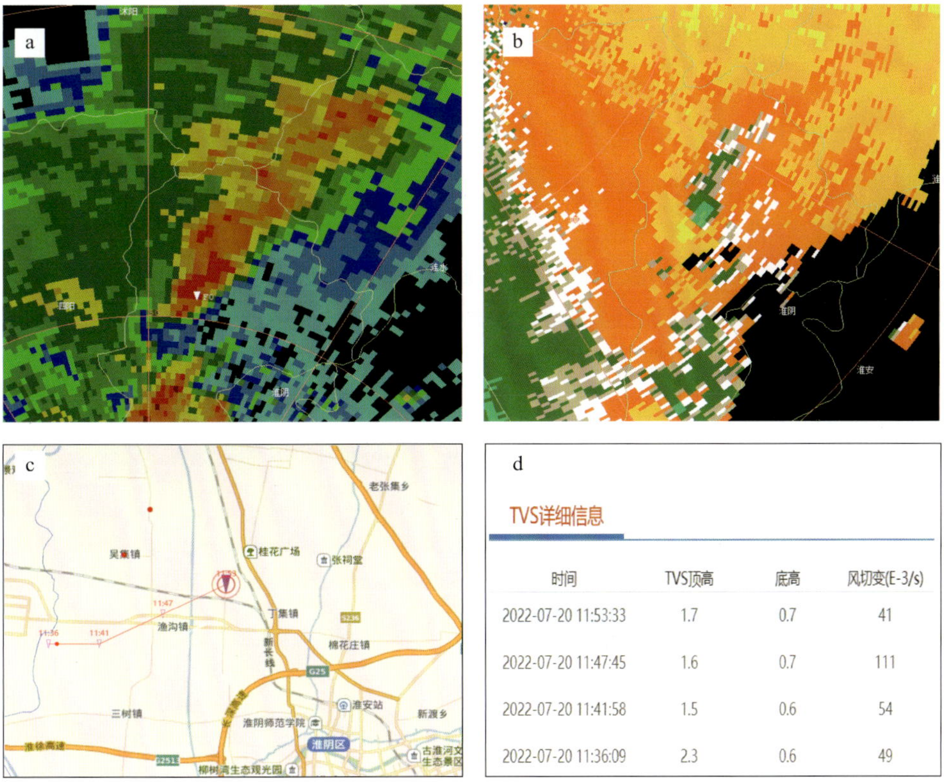

图 18　2022 年 7 月 20 日淮安 SA 雷达 11 时 36 分 0.5°仰角基本反射率因子图(a)、径向速度图(b)、TVS 轨迹特征(c)、TVS 特征信息(d)

3.2 基于四维变分同化的龙卷结构分析

使用雷达0.5°仰角径向速度资料，利用二维最小二乘拟合方法反演超级单体中气旋涡度，图19为12时17分—13时48分共16个时次的超级单体涡度计算结果叠加图，结果显示龙卷母体风暴在12时39分—13时02分期间发展强盛，涡度结构紧密、强度强，垂直涡度在13时02分达到约$20\times10^{-3}/s$，造成盐城响水老舍树圩村1人死亡，多户房屋倒塌。13时02分之后，涡度结构开始松散，并逐渐减弱。

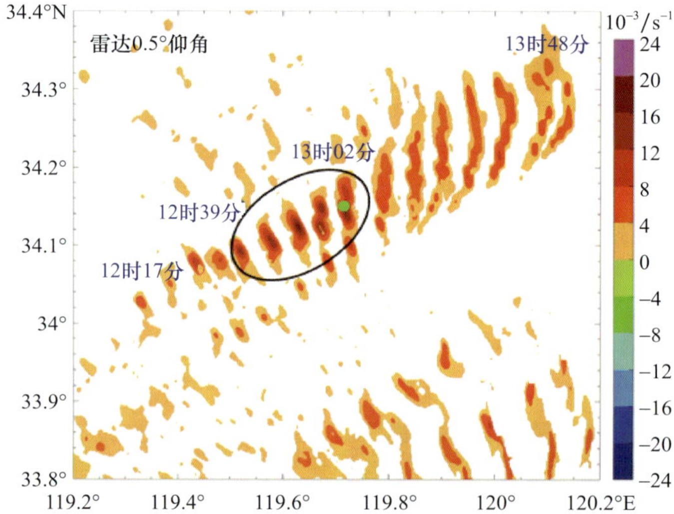

图19 2022年7月20日12时17分—13时48分反演中气旋涡度演变(图中仅标出特征明显的4个时间点)

为了进一步分析龙卷母体风暴的精细结构，采用四维变分同化系统(VDRAS)，同化雷达资料与自动站资料，获得高分辨率的动力场。对于盐城EF3级的母体风暴从垂直涡度的演变来看(图20)，12时24分随着低层入流逐渐增强，上升气流增加，涡度中心在2 km高度，12时30分低层入流、上升气流、垂直涡度都显著增强，强回波高度中心上升，12时42分垂直涡度大值达到了$8\times10^{-3}/s$，涡度中心位于2.3 km高度。

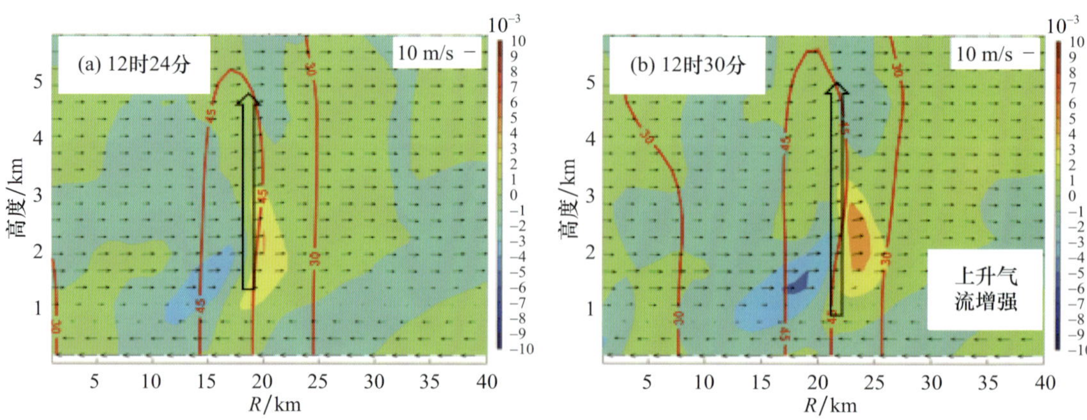

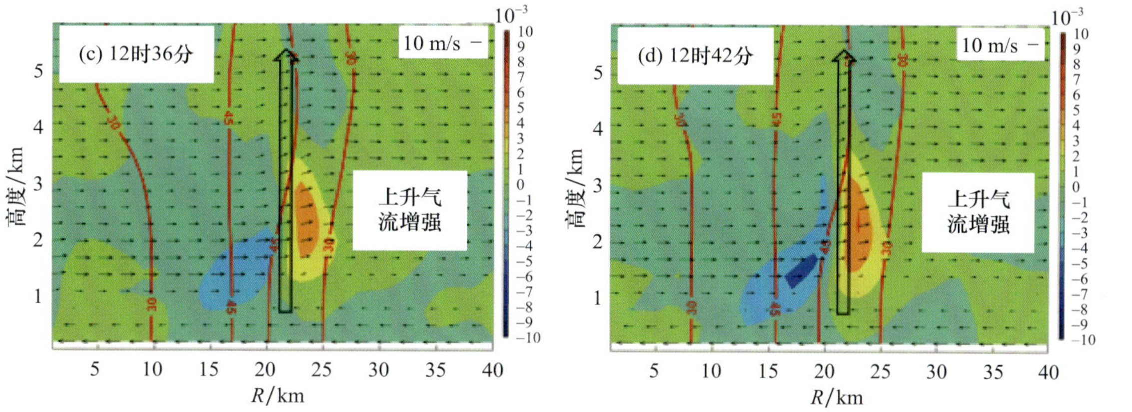

图 20　2022 年 7 月 20 日 12 时 24 分(a)、12 时 30 分(b)、12 时 36 分(c)、12 时 42 分(d)垂直涡度结构演变图

经典龙卷超级单体理论认为，上升气流把水平涡度拉伸扭转为垂直涡度，但是仅仅依靠拉伸作用可能不足以把垂直涡度压低到近地面层，将垂直涡度压低到近地面层的原因是后侧下沉气流(RFD)的存在，RFD 将上升气流拉伸的垂直涡度压低到近地面从而形成龙卷。对于盐城响水龙卷，从同化分析结果中没有看到明显的 RFD 存在，但是对于连云港海州、灌云龙卷，可以发现在中低层均存在 RFD，且位于在涡度中心西南向(图 21)。

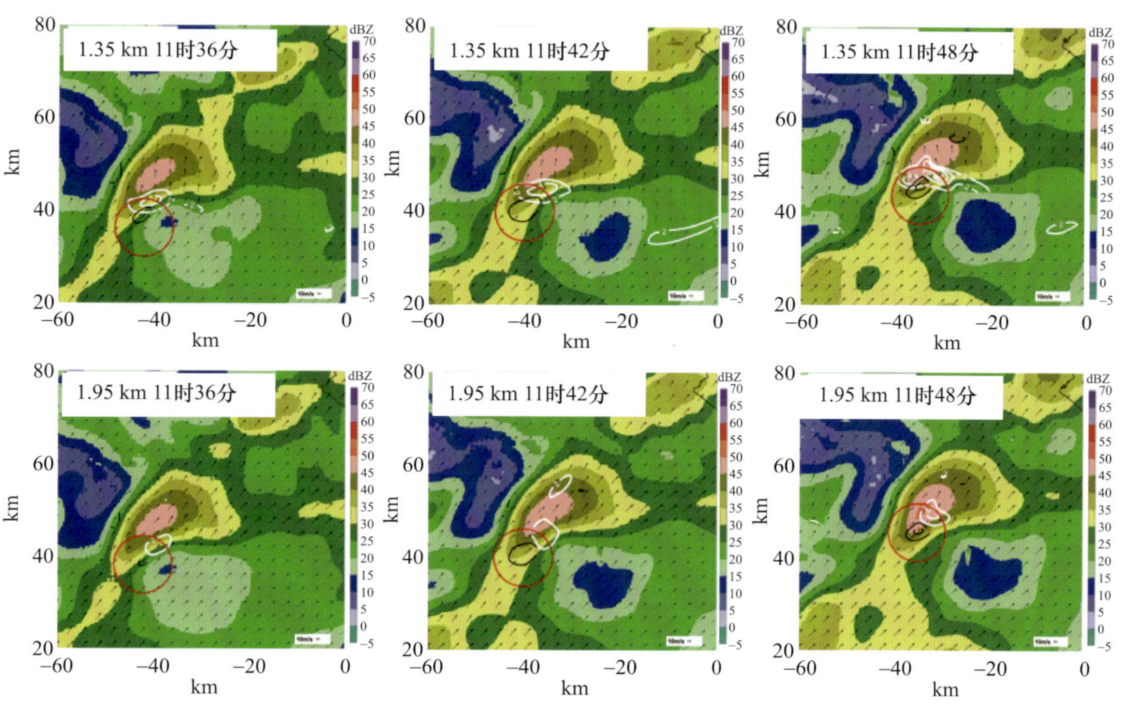

图 21　海州灌云龙卷 RFD 特征(填色：回波强度；白线：涡度；黑线：下沉气流)

4 龙卷的可预报性及改进思路

4.1 潜势预报

此次龙卷过程的潜势预报阶段,江苏强对流客观潜势预报系统预报出了在江苏省江淮之间和淮北地区有龙卷发生的可能性。预报员在参考了客观潜势预报的基础上,结合江苏省西风带龙卷概念模型,明确预报江淮之间和淮北地区局地有龙卷的可能,绘制了强对流潜势预报落区图,标注了龙卷落区,取得了较好的预报服务效果。

但目前龙卷潜势预报的空报和漏报仍然较多,主要原因在于龙卷的空间尺度仅为百米级,维持时间基本在 1 h 以内,现有的中尺度数值模式的时空分辨率不高,难以满足龙卷预报的需求,容易造成一定程度的空报。

4.2 短临预警

此次龙卷过程的短临预警阶段,宿迁沭阳的龙卷在雷达上的龙卷结构不明显,没有识别到中气旋和 TVS 等特征,因此该龙卷属于非超级单体龙卷,基本无可预报性。连云港、淮安、盐城的三个龙卷过程均有明显多普勒天气雷达特征,中气旋和 TVS 特征符合统计阈值,属于超级单体龙卷。以往针对超级单体龙卷的研究较为集中,因此连云港、淮安、盐城的三个龙卷过程在短临预警阶段具有一定的可预报性。

但中国龙卷尺度相比美国小,超级单体龙卷的多普勒天气雷达特征不是特别典型,无法对龙卷强度进行预报,监测预警仍然以单偏振雷达为主,缺乏对双偏振和不同波段天气雷达的结合应用,预警提前量与政府决策服务需求之间仍存在差距。而非超级单体龙卷的预报预警研究仍较为薄弱,缺乏足够的识别方法。

因此,针对超级单体龙卷,应加强多普勒天气雷达中新增的双偏振功能应用,强化不同波段天气雷达的协同应用,同时结合自动站和下垫面(特殊地形)等数据来对龙卷预警进行消空。针对非超级单体龙卷,需重视 TDS 特征等双偏振参量信息的提取和在预警中的应用,探索并尝试开展非超级单体龙卷的预报预警服务。

4.3 省、市、县一体化龙卷业务流程

此次龙卷过程中,江苏省、市、县各级气象部门依据省市县一体化龙卷业务流程,上下联动,扁平指导,及时发布预警信号,成功提前预警 3 个龙卷,预警提前时间达到 10～20 min。近年来,以客观预报预警为代表的新技术、新方法,不断在龙卷预报预警服务过程中发挥了重要作用,因此,需进一步完善前期建立的省、市、县一体化的龙卷业务流程,将新技术、新方法融入龙卷等强对流天气业务流程,通过客观算法实现预警信号客观智能提醒,进一步提升龙卷等强对流预警业务能力。

4.4 短临预报人才培养

此次龙卷过程中，短临预报员依据国省联动、客观潜势预报和临近预报系统，结合概念模型等成功预报预警此次龙卷过程，取得了很好的决策和社会服务效果。由此可以看到，预报员的经验，以及对预报技术的掌握，在龙卷等关键的强对流过程预报中发挥了重要的作用。因此要重视对各级预报员的预报能力培养与提升，加强预报员理解和应用多普勒天气雷达新增的双偏振参数的能力，扩大国家级、省级优秀骨干预报员之间的交流规模，建立常态化交流机制。

5 结论与讨论

本文全面分析了 2022 年 7 月 20 日江苏宿迁、连云港、盐城、淮安等地区的 4 次龙卷过程的天气流型配置、关键探空参数，以及导致龙卷的对流风暴的多普勒天气雷达演变特征等中小尺度特征，并对此次龙卷过程的预报服务进行了分析和复盘，结论如下：

(1)此次龙卷天气过程的环流形势符合典型的梅雨锋龙卷天气概念模型。从物理量特征来看，此次淮北龙卷过程发生时大气不稳定能量 CAPE 处于高值，抬升凝结高度 LCL 很低，0～1 km垂直风切变达 15.9 m/s，低层风暴螺旋度很大，有利于超级单体龙卷。

(2)此次四个龙卷过程中，宿迁龙卷未观测到中气旋和 TVS，属于非超级单体龙卷，预报预警难度较大，基本无可预报性。其他三个属于超级单体龙卷，在 S 波段雷达反射率因子图上均有钩状回波结构特征，中气旋和 TVS 底高均在 1 km 以下，标准化风暴螺旋度系数(NROT)大于 1，X 波段雷达能显示出龙卷的精细化结构特征，可作为 S 波段雷达的辅助，两者结合有利于龙卷精准预警水平的提升。

(3)采用四维变分同化系统(VDRAS)，对盐城响水 EF3 级的母体风暴的垂直涡度的演变进行分析，可以看到随着低层入流逐渐增强，上升气流、垂直涡度都显著增强。连云港海州和灌云龙卷在中低层均存在后侧下沉气流(RFD)。

(4)此次龙卷预警服务过程，在潜势预报阶段，预报员通过国省联动、客观潜势预报系统和江苏龙卷天气学概念模型，提前关注龙卷，并与应急部门联合发布气象灾害应对工作提示单，在附上的强对流潜势预报落区图中明确提及局地龙卷。在临近预警阶段，通过建立的省市县一体化的龙卷业务流程，各部门上下联动，扁平指导，成功提前 10～20 min 临近预警三个龙卷，取得了较好的决策和公众服务效果。

龙卷预报难度目前仍然较大，龙卷潜势预报和临近预报预警空报漏报仍然较多，对升级不久的 SA 多普勒天气雷达的双偏振功能和不同波段天气雷达协同观测的应用仍然较为薄弱。因此，要进一步完善龙卷客观潜势预报系统，加强 SA 雷达双偏振参数和不同波段雷达协同观测在短临预警中的应用，同时要完善以客观预报预警为基础的省、市、县一体化龙卷业务流程，不断重视和强化各级预报员的预报能力尤其是短临预报能力培养与提升。

参考文献

[1] DONALDSON R J JR. Vortex signature recognition by a Doppler radar [J]. J Appl Meteor Mag, 1970,

9:661-670.

[2] BROOKS E M. The tornado cyclone [J]. Weather wise, 1949, 2:32-33.

[3] FUJITA T T. Analytical meso-meteorology: A review, severe local storm [J]. Meteor Monogr, 1963, 5 (27):77-125.

[4] BROWN R A, LEMON L R, BURGESS D W. Tornado detection by pulsed Doppler radar [J]. Mon Wea Rev, 1978, 106:29-38.

[5] BROOKS H E, LEE J W, CRAVEN J P. The spatial distribution of severe thunderstorm and tornado environments from global reanalysis data [J]. Atmo Res, 2003, 67-68:73-94.

[6] 俞小鼎,郑媛媛,张爱民,等. 安徽一次强烈龙卷的多普勒天气雷达分析[J]. 高原气象,2006,25(5):914-924.

[7] 郑媛媛,朱红芳,方翔,等. 强龙卷超级单体风暴特征分析与预警研究[J]. 高原气象,2009,28(3):617-625.

[8] 王秀明,俞小鼎. 热带一次致灾龙卷形成物理过程研究[J]. 气象学报,2019,77(3):387-404.

[9] 郑永光,蓝渝,曹艳察,等. 2019 年 7 月 3 日辽宁开原 EF4 级强龙卷形成条件、演变特征和机理[J]. 气象,2020,46(5):589-602.

[10] 黄先香,俞小鼎,炎利军,等. 2019 年 4 月 13 日广东徐闻强龙卷天气分析[J]. 气象,2021,47(2):216-229.

[11] 袁潮,王式功,马湘宜,等. 2019 年 7 月 3 日开原龙卷形成环境背景及机理探究[J]. 高原气象,2021,40(2):384-393.

[12] 朱君鉴,蔡康龙,龚佃利,等. 登陆台风“摩羯”(1814)在山东引发龙卷的灾情调查与天气雷达识别[J]. 海洋气象学报,2019,39(4):21-34.

[13] 周后福,刁秀广,夏文梅,等. 江淮地区龙卷超级单体风暴及其环境参数分析[J]. 气象学报,2014,72(2):306-317.

[14] 俞小鼎,赵娟,范雯杰. 中国龙卷的时空分布与关键环境参数特征[J]. 热带气象学报,2021,37(5/6):681-692.

[15] 冯佳玮,闵锦忠,庄潇然. 中国龙卷时空分布及其环境物理量特征[J]. 热带气象学报,2017,33(4):530-539.

[16] 郑永光,朱文剑,姚聃,等. 风速等级标准与 2016 年 6 月 23 日阜宁龙卷强度估计[J]. 气象,2016,42(11):1289-1303.

[17] 张小玲,杨波,朱文剑,等. 2016 年 6 月 23 日江苏阜宁 EF4 级龙卷天气分析[J]. 气象,2016,42(11):1304-1314.

[18] 吴海英,沈树勤,蒋义芳,等. 龙卷诱发原因的实例分析[J]. 气象科学,2009,29(3):335-341.

[19] 曾明剑,吴海英,王晓峰,等. 梅雨期龙卷环境条件与典型龙卷对流风暴结构特征分析[J]. 气象,2016,42(3):280-293.

[20] 徐芬,郑媛媛,孙康远. 江苏龙卷时空分布及风暴形态特征[J]. 气象,2021,47(5):517-528.

[21] 王易,郑媛媛,孙康远,等. 南京雷达中气旋产品特征值统计分析[J]. 气象学报,2018,76(2):266-278.

[22] 慕瑞琪,吴海英,李杨,等. 2020 年 7 月 22 日苏北地区 EF2～EF3 级龙卷天气分析[J]. 热带气象学报,2021,37(5):759-769.

[23] 郑媛媛,张备,王啸华,等. 台风龙卷的环境背景和雷达回波结构分析[J]. 气象,2015,41(8):942-952.

[24] 蒋义芳,吴海英,沈树勤,等. 0808 号台风凤凰前部龙卷的环境场和雷达回波分析[J]. 气象,2009,35(4):68-75.

[25] 慕瑞琪,徐芬,孙康远,等. 江苏台风龙卷环境条件与雷达关键特征分析[J]. 气象,2022,48(2):190-202.

2022年8月13日四川彭州局地强对流特征分析

张　涛[1]　韦　玮[1]　孙继松[2]　陈朝平[3]　张东方[1]　周　聪[1]　罗　坤[4]
（1. 成都市气象局，成都，611131；2. 中国气象科学研究院，北京，100081；
3. 四川省气象台，成都，610072；4. 彭州市气象局，成都，611930）

摘　要：2022年8月13日午后，四川省彭州市龙门山镇因局地强降雨诱发山洪灾害，龙漕沟内没有快速撤离的游客被卷入急流，造成人员伤亡。形成此次局地强降水的γ中尺度对流系统，是低层不稳定的偏东或东南暖湿气流沿龙漕沟沟谷迅速爬升，在上游高海拔山区触发产生，并在持续的东南暖湿气流水汽供应下维持较长时间的结果。该γ中尺度对流系统属于稳定少动且具有较高降水效率的暖云对流，其极端性特征主要表现为维持时间接近6 h。位于陡峭狭窄地形的局地强降水，覆盖整个沟谷汇水面且持续时间超1 h，造成沟内累计流量远大于一般局地对流风暴降水，使得水位急剧抬升，流速突增，诱发山洪。在山洪气象风险预警中，应特别关注狭窄陡峭的山间溪流上游稳定少动的局地强对流，同时强化气象雷达和卫星监测资料的应用，弥补地面降水观测的不足。

关键词：彭州龙漕沟，γ中尺度对流系统，陡峭地形，山洪

引言

山洪主要指溪河洪水，是山区小流域由降雨诱发的突发的、暴涨暴落的地表径流[1,2]，因其暴发突然、破坏力大，极易成灾[3,4]。受多尺度天气系统作用和复杂地形影响[5-11]，高原与四川盆地过渡地区是我国暖季暴雨中心之一[12]，也是山洪、滑坡、泥石流等高发区[13,14]。

当前，针对较大范围暴雨过程所诱发的山洪事件，大部分情况下气象部门有能力提前预报或及时发布山洪预警，由相关部门组织受威胁人员转移。但对于尺度小于20 km的γ中尺度对流系统诱发的山洪，即便是提前数小时，开展精细预警的难度依然很大。主要原因在于相对孤立的γ中尺度对流系统可预报预警能力本身就非常弱，即这类对流系统的可预报性很低；其次，触发于深山壑谷的对流风暴可探测能力也很薄弱。2022年8月13日午后，四川省彭州市龙门山镇因局地强对流天气（以下简称“8・13”强对流天气）引发了山洪灾害，龙漕沟内没有快速撤离的游客被卷入湍急溪流（15时30分左右，北京时，下同），造成7名游客死亡、3名游客轻伤。通过对这次天气过程的复盘分析，本文试图回答以下几个预报预警过程中的关键科学技术问题：（1）局地强降水对流系统在龙漕沟上游发生的主要机制；（2）导致山洪暴发的该γ中尺度对流系统有哪些特征；（3）从这次导致多人伤亡的强降水次生灾害预警、应对过程中应该吸取哪些经验教训。

1 基本信息和预报服务情况

1.1 彭州龙漕沟概况

彭州北部处于龙门山地震断裂带东南端，南侧为成都平原，整体地势北高南低，周边地形多尺度特征明显。此次灾情发生地位于彭州西北部的一条长 8.63 km，集雨面积为 16.1 km^2 的山溪沟——龙漕沟(图 1a)。龙漕沟为天然行洪通道，流域呈树叶状，沟宽窄不一且最大溪沟宽度不足 20 m，沟发源地海拔为 3435 m，事发沟口海拔 1020 m、高程落差 2415 m(图 1b)。溪沟呈西北东南走向，沟渠主干与正东西方向夹角为 20°～30°，沟岸陡峭，沟西段(发源地)海拔高度普遍在 3000 m 以上，沟北侧海拔高度大约在 2200～3200 m，沟南侧海拔高度在 1200～2400 m(图 1)。该沟为典型的山溪沟，降雨季节，沟内水位陡涨陡落现象明显。同时，龙漕沟流域上游为大熊猫保护区，流域内无居民居住，无山洪灾害危险区，无人为拦洪设施，故流域内未建有气象、水文、山洪等监测站点。

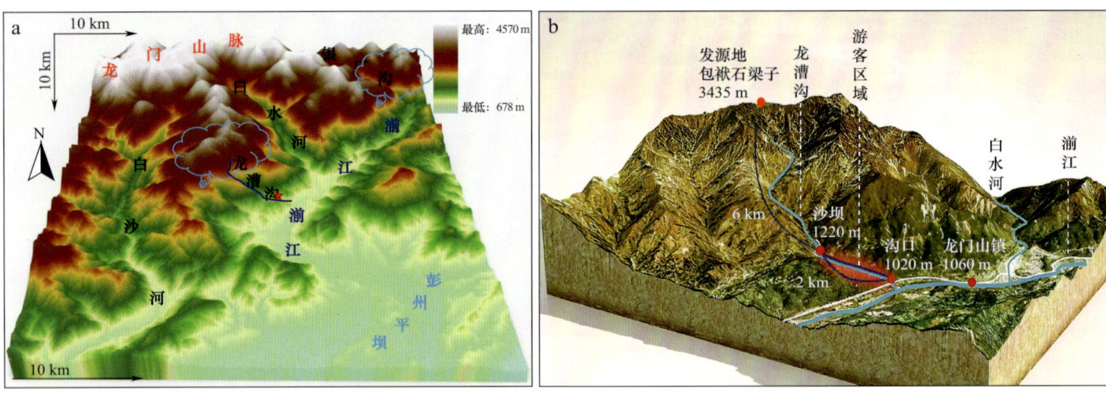

图 1 “8・13”龙漕沟强对流天气(a)附近的三维地形图(五角星为事发地点附近)和(b)沟内示意图(素材引自“地理公社”公众号，略有修改)

1.2 强对流天气实况

如雷达反射率因子(R)所示，8 月 13 日 11 时 45 分，彭州市龙门山镇东北部(银厂沟沟口，图 2A 处)有对流单体发展，水平尺度小于 10 km(图 2b)，12 时许，龙门山镇西南部(龙漕沟，图 2B 处)附近有水平尺度≤6 km 的单体开始生成(图 2c)；13 时 45 分以前 A 处对流明显加强并向东北方向移动和什邡西部山区对流合并，而 B 处对流并没有明显发展，水平尺度小于 10 km，最大反射率因子多在 50 dBZ 以下(图 2d)。随后龙漕沟(B 处)对流逐渐发展并略向西移动，14 时 31 分前后对流水平尺度发展到近 20 km，进入成熟阶段，形成 γ 中尺度对流系统，最大反射率因子达到了 59.5 dBZ(图 2e)。15—16 时，A、B 两处对流有向中心合并趋势(图 2f)，回波覆盖了龙门山脉彭州段东坡，最大反射率因子维持在 55 dBZ 左右，山洪灾害正是发生在该时段。

16 时 03 分后，A、B 两处对流强度逐渐减弱(图 2g)，一直维持到 18 时前后消亡。由于主要降水落区出现在海拔 2000 m 以上的中高山区，缺乏雨量监测点，所以此次局地对流虽持续了6 h 左右，仅彭州龙门山东林寺一个雨量自动站监测到了 0.1 mm 的降水，但天气雷达50 dBZ以上的持续强回波表明龙漕沟上游区域有明显降水发生。根据洪水视频和现场测绘情况，综合数据模型对比分析，龙漕沟沟口峰值流量为 18.1 m^3/s，由水文模型推算出的小时雨强约为 16.5 mm(摘自成水务〔2022〕151 号)。

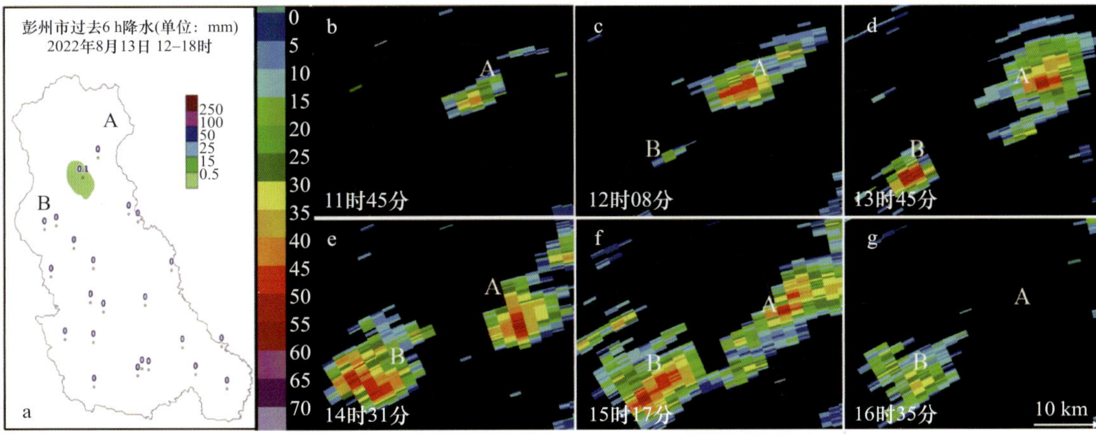

图 2 “8·13”强对流天气自动站雨量分布和 1.5°仰角雷达反射率因子(*R*)演变图

1.3 预报服务情况

此次局地强对流天气发生在西太平洋副热带高压(以下简称副高)588 dagpm 线控制范围内，对流最大尺度不足 20 km 且附近对流稀少，几乎所有的业务数值预报模式均未给予有效预报，因此本次预报难度很大。在 8 月上中旬极端高温的背景下，四川盆地与川西高原过渡的山区在午后到夜间常常有局地降水出现，位置不定，个别地方小时降水量达 50 mm 以上。根据历史经验，四川省气象台 13 日 11 时在全省会商时提醒市县加强短临监测预警，12 时许，成都市气象台监测到彭州山区有零星回波发展，14 时 26 分和 14 时 46 分先后两次在“气象服务微信群”叫应彭州市有对流发展。14 时 35 分，彭州市气象台发布关键性短时天气预报，明确点出了龙门山将有短时强降水，请注意防范，同时通过多渠道发送相应部门。14 时 37 分，龙门山镇接到气象预报之后，即组织村干部等对辖区内河道、沟道戏水群众进行劝离。15 时 12 分，彭州市气象台采用雷达回波截图的方式再次叫应龙门山镇防汛减灾负责人，并收到对方肯定回复。灾情发生后，四川省气象局迅速安排部署应急服务工作，省、市、县三级气象台加密会商，有序开展各项工作。此次过程中，短时强降水短临预报的及时发布为避免更多人员伤亡发挥了重要作用。

2 大气环流背景及环境条件

8 月 13 日 14 时，200 hPa 南亚高压控制着中国中纬度地区(图 3a)，四川地区位于南亚高压中心南侧的东风气流影响，高层无明显的辐散。500 hPa 四川盆地虽然处于副高 588 dagpm 线内，但盆地西北部存在东南风和东北风的切变，同时云南东南部存在气旋式辐合中心，经过广东、广西、贵州到四川南部的偏东偏南气流中存在弱的扰动。8 月 7—14 日，四川盆地内的大气环流特征基本稳定，与午后到傍晚没有局地对流发生(8 月 7 日、8 日、11 日、12 日)的 14 时高空风相比，13 日 14 时 700 hPa 四川盆地西部的偏南风稍大，风速以 4～8 m/s 为主，并在靠近盆地西部山区时偏南风略呈气旋弯曲，彭州西北部山区处于(6.0～9.0)$\times10^{-5}$/s 的正涡度区中。850 hPa 从盆地南部到北部由东南风转为偏南风，成都以弱东南风为主，有利于与盆地西部高山之间形成一定的动力强迫(迎风坡抬升)，同时在彭州附近存在水汽的辐合(图 3c)。

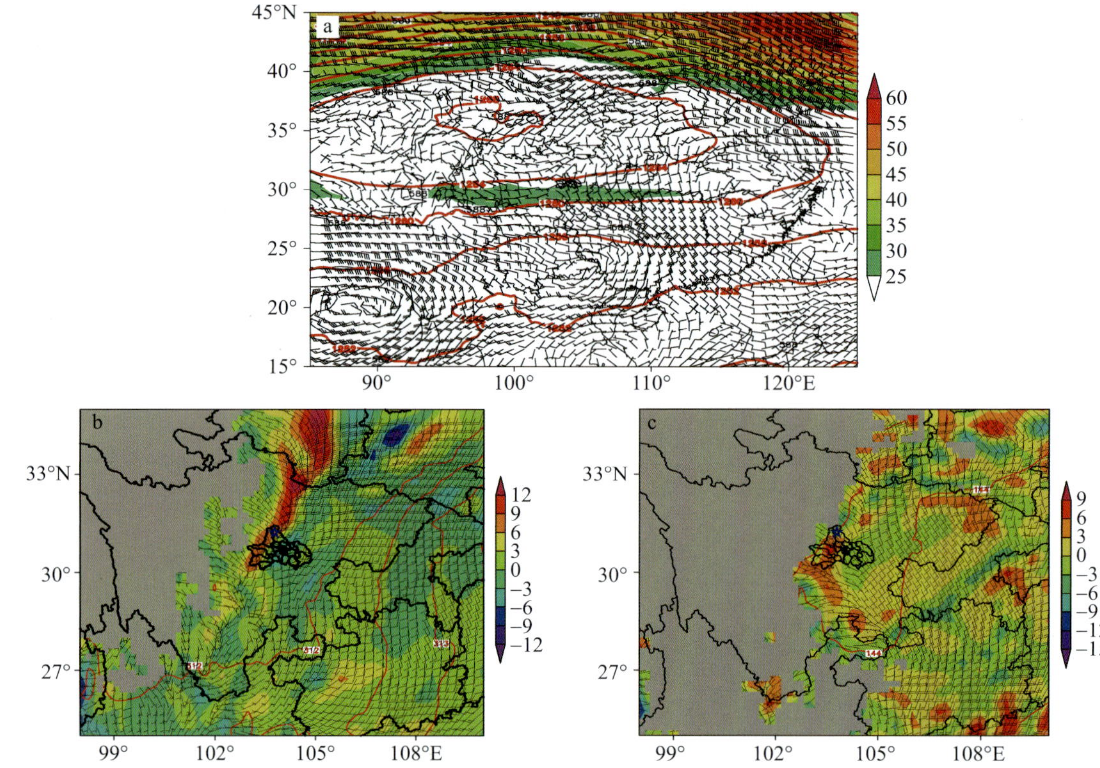

图 3 基于 ERA5 资料 8 月 13 日 14 时(a)500 hPa 位势高度(黑色等值线，单位：dagpm)和风场(单位：m/s)、200 hPa 位势高度(红色等值线，单位：dagpm)和风场(填色，单位：m/s)(b)700 hPa 位势高度(红色等值线，单位：dagpm)、风场(单位：m/s)和涡度(填色，单位：10^{-5}/s)(c)850 hPa 位势高度(红色等值线，单位：dagpm)、风场(单位：m/s)和水汽通量散度(填色，单位：10^{-5} g/(cm^2 · hPa · s))

13 日 08 时，温江站(位于彭州龙漕沟南约 50 km)探空资料显示(图 4a)，对流有效位能(CAPE)为 998 J/kg，对流抑制能量(CIN)达 285 J/kg；*K* 指数为 35 ℃，*SI* 指数为 1.7 ℃，850 hPa 与 500 hPa 温度差值为 22.7 ℃，存在弱的条件不稳定。850 hPa 和 700 hPa 比湿分别达 14.87 g/kg 和 9.27 g/kg，但整层空气相对湿度低。利用 14 时温江站气压(938 hPa)、温度(36.9 ℃)和露点温度(25 ℃)修正后(图 4b)，对流有效位能(CAPE)增加到 4886 J/kg，CIN 下降至 0 J/kg，表明在湿度条件足够下，近地面弱的抬升条件下就可触发局地热对流。

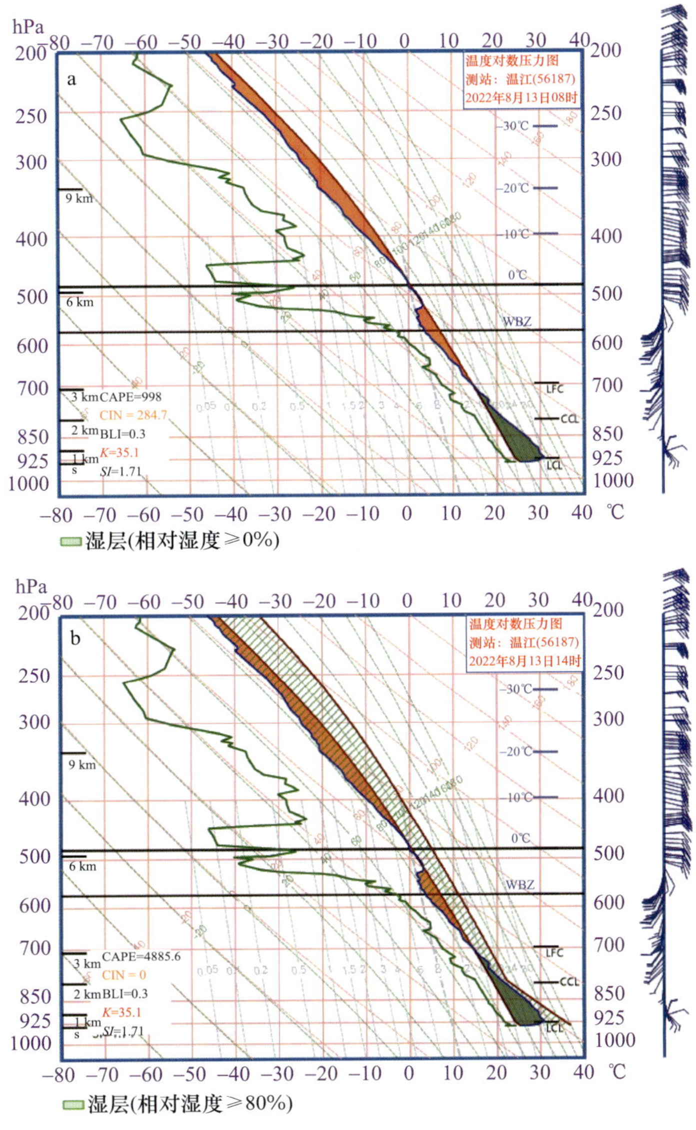

图 4　8 月 13 日温江 T-lnP 图(a)08 时和(b)14 时订正图

3 强对流天气特征和成因分析

3.1　多尺度地形逐级抬升作用

选用彭州风廓线雷达(位于龙漕沟东南方向约 23 km,海拔 620 m)对 8 月 10 日、13 日和 14 日不同落区的局地降水进行对比分析(图 5),10 日午后,在图 2 中 A 处以及向北的什邡西部出现了短时强降水;14 日午后,局地降水出现在图 2 中 B 处偏南 10 km 范围内,且降水持续为 1 h 左右。对比 13 日和 14 日,相同的是在距离地面 1.0～2.0 km 高度内,均为南偏东风,这个高度内风向和龙漕沟及其南部的山溪沟走向相近，便于气流在龙漕沟上游爬升；往上 2.0～4.0 km 高度内 2 d 均为西南风，但 13 日西南风风速更强，风向更为一致，由于风向与龙门山脉(东北—西南向)大地形的走向接近，所以地形强迫抬升作用十分微弱；在离地面 700 m 以下，13 日以偏东风为主，14 日为一致的东北风。结合地形可知，13 日低层偏东风和南偏东风自龙漕沟入口向上游地区汇聚，并沿沟溪爬升，从而在龙漕沟上游触发对流；而低层东北风更利于气流在龙漕沟西南侧、向东南方向突出的山脊(即白沙河东侧山脊，图 2a)的东北坡形成更强的抬升机制，因此 14 日的局地对流位置更偏向西南方向(即 B 处南侧)。对比 13 日和 10 日，10 日从近地面到 4.0 km 高度上大多为西南风或偏南风，低层偏南风沿着湔江河谷上游向 A 处汇聚，因此 10 日的局地降水更偏东偏北。

进一步对 13 日水平风廓线演变时序图分析，14 时彭州近地面偏东风开始明显增厚，14 时 20 分达到 1.5 km 高度。偏东风的明显增厚，使得由湔江河谷地带进入龙漕沟的气流更强，辐合抬升更为明显，同时也为 14 时龙漕沟附近对流在强度和水平尺度上的发展以及回波略有向西移动提供了动力条件。14 时 40 分后，1.0～2.0 km 风向迅速转为南偏西风，且 1.0 km 以下上升速度增强到 2～4 m/s，使得对流在湔江西侧，龙门山脉东侧山坡上发展，促进了龙漕沟、银厂沟到什邡西部山区两地对流向中心发展，并有合并趋势。同时水平风廓线还表明，从对流生成前到对流消失的整个过程中，中低层环境风的垂直切变较弱，使得对流的发展和组织受到动力条件的限制。

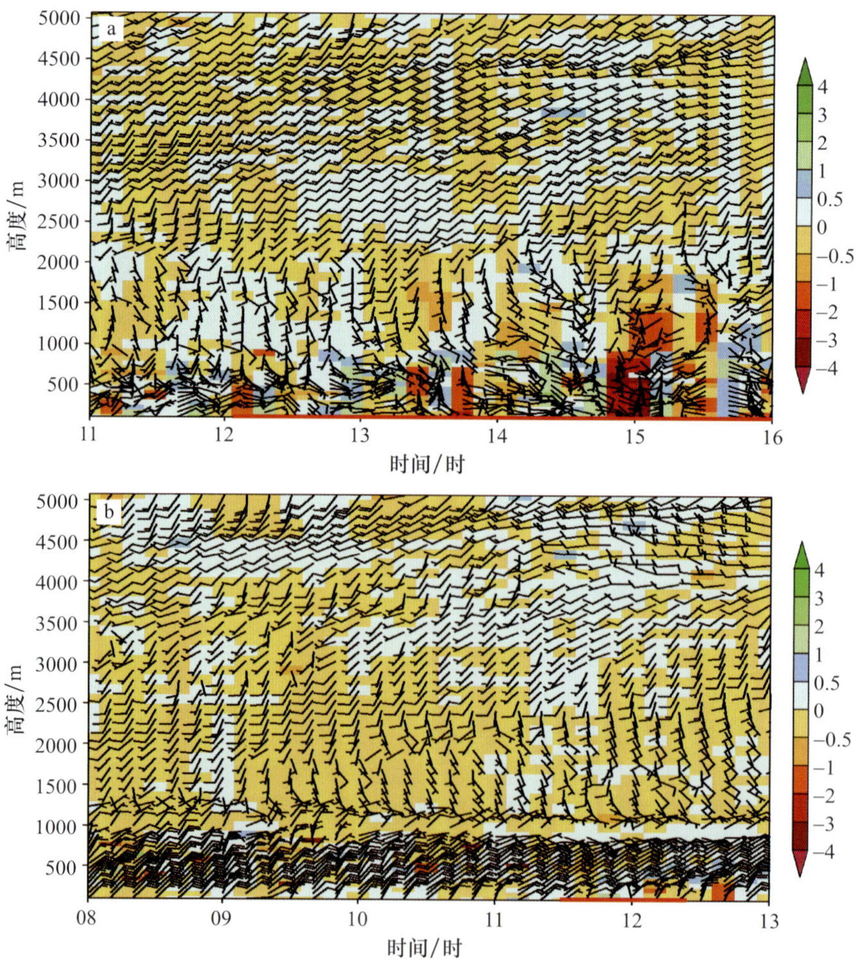

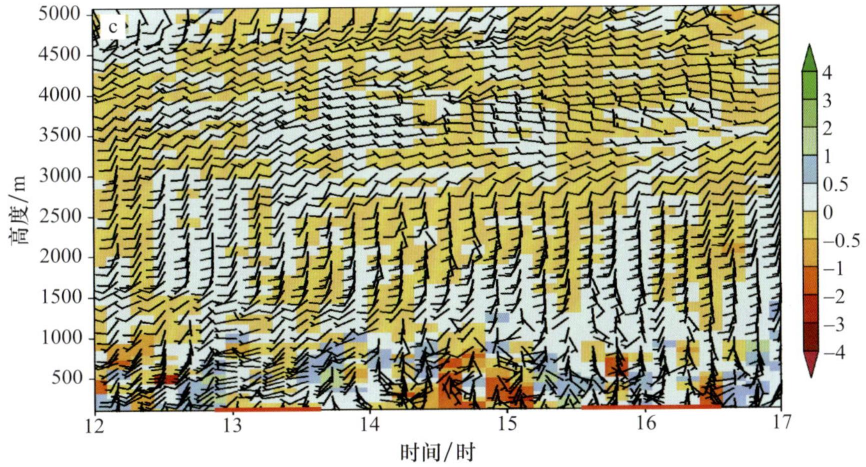

图 5　8 月 13 日(a)、8 月 14 日(b)和 8 月 10 日(c)彭州风廓线雷达观测的水平风廓线和垂直速度（填色，正速度为下沉运动单位：m/s，横坐标轴上红色粗实线为 A 处或 B 处对流发生时间）

由此可见，13 日局地强对流的触发和维持与多尺度不同高度的地形强迫抬升存在联系。对流发生前低层偏东风气流维持超 4 h 以上，以及对流产生后偏东风厚度增厚，有利于近地层偏东暖湿气流沿湔江河谷地区向彭州龙漕沟附近聚集；2 km 以下的南偏东风利于气流翻越湔江以南和以东的山脉，在龙漕沟内部以及龙门山脉的东侧汇合并抬升。

3.2　对流发生时环境特征

13 日 11 时，在彭州北部—什邡西部—绵竹西部—北川一带（即龙门山山脉），受山脉两侧上坡风（谷风环流）作用，沿山脊形成中尺度辐合线（图 6a）。随着气温持续上升，13 时，龙门山山脉东侧高位温区向东向南迅速发展，彭州北部到什邡西部处于暖湿的地面中尺度辐合中心，同时龙门山山脉东侧地面风向转为更为一致的偏东风，这些条件表明，龙门山山脉东侧存在更强的地形强迫抬升机制和更不稳定的低层大气层结，即相对于龙门山山脉西侧，局地对流在龙门山脉东侧更容易被触发、发展。此次对流发生时另外一个显著特征是，受边界层内东南气流影响（图 3c、图 6b），13 日中午在可见光云图上盆地中部到北部存在西北东南向的对流云街（图 6c），并一直维持到山洪发生后，同时云街区域与 850 hPa 盆地中部到北部的水汽通量辐合区有较好的对应关系（图 3c），表明低层东南气流为此次盆地西部山区对流发生提供了直接和持续的水汽来源。

3.3　对流雷达回波特征

偏东或东南暖湿气流在龙漕沟爬升，在 4～5 km 高度形成对流单体初生回波（图 7a），12 时 31 分回波向下发展到 1.9 km 以下（雷达最低仰角波束到达此次高度为 1.9 km），直到 13 时 40 分回波厚度和强度没有明显变化，此为对流初生阶段。随着东南暖湿气流增厚，13 时 45 分—14 时 31 分回波有所发展，低层回波强度稳定维持在 45 dBZ 以上，回波高度增加到近 9 km，此为对流发展阶段。14 时 37 分—15 时 35 分为成熟阶段，强回波中心虽有降低，但最

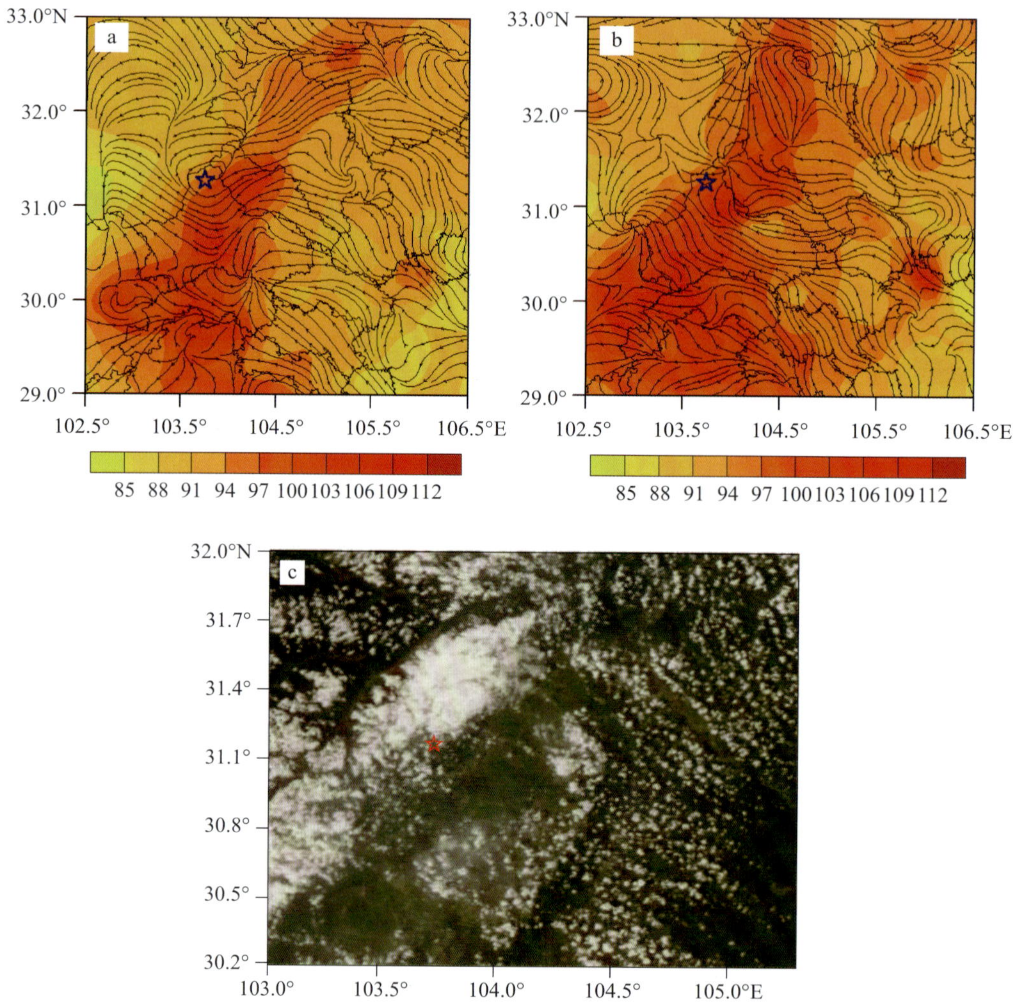

图 6　8 月 13 日 11 时(a)、13 时(b)地面流场(矢量)和假相当位温(填色,单位:℃)及 13 时 55 分 FY-3D 可见光云图(c,分辨率 250 m)

大反射率因子均增至 50 dBZ 以上,最大为 59.5 dBZ,对流水平尺度近 20 km,形成 γ 中尺度对流系统,使得沟内及其汇水面的雨强迅速增大,在陡峭地形作用下,沟道内雨水快速汇集水位迅速抬升,流速突增,诱发山洪。对流云维持到 16 时 32 分后逐渐转为消亡阶段,近 18 时降雨趋于结束。从剖面时序图还可分析出>40 dBZ 的回波高度大多在 5.5 km 高度以下(0 ℃层高度 6.1 km),属于低质心降水回波,主要以暖云降水为主。径向速度如图 7b、图 7c 所示,14 时 31 分,在 0.5°和 1.5°仰角上龙漕沟附近对流有径向辐合存在,正负速度最大值在 5.5 m/s 左右,2.4°仰角上表现为径向辐散,径向速度垂直分布表明此时风暴内部动力结构和其他区域发生的暖区强降水对流风暴结构类似,即对流北侧中低层有后侧入流存在,而风暴南侧为东南风入流(与图 5a 中 1.5 km 下的偏东风对应),两支气流在对流单体中低层形成辐合。与雷达反射率低质心强降水回波结构对应,风暴强辐合主要发生在低层,2.4°仰角上已经呈现出风暴顶辐散特征。

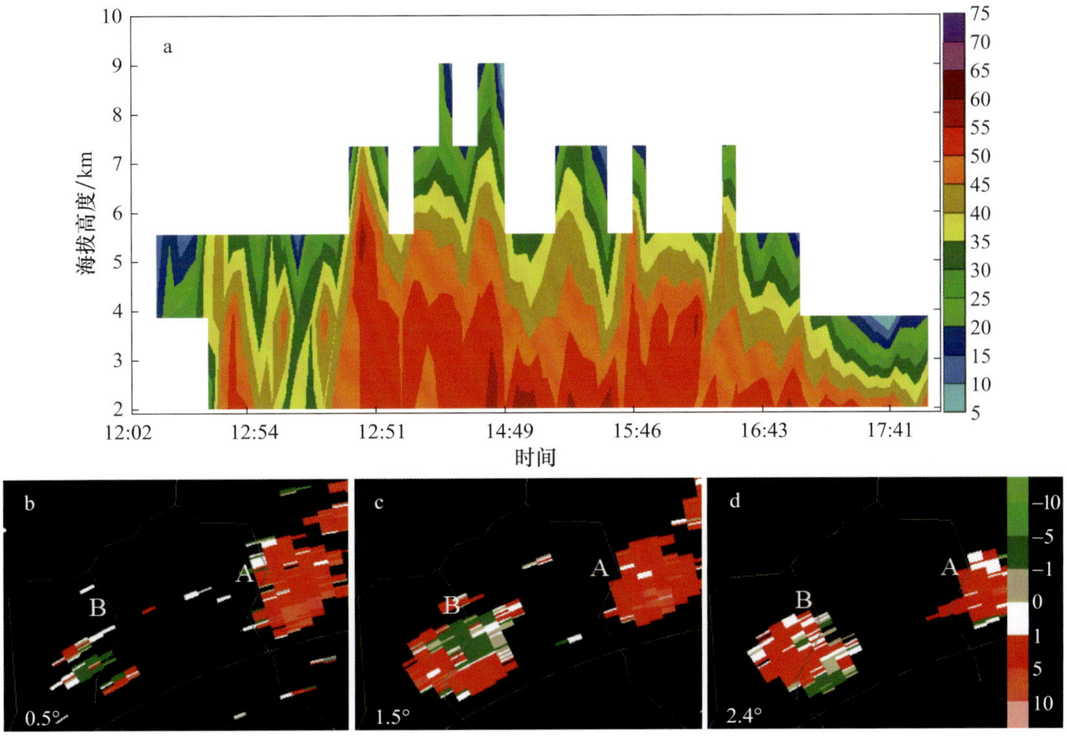

图 7　12 时—18 时龙漕沟对流单体反射率因子垂直廓线时序图(a) 及 14 时 31 分(雷达站在其东南方向)0.5°仰角(b)、1.5°仰角(c)、2.4°仰角(d)径向速度图

以上分析表明，对流发生区域处于强盛副热带高压内部，受晴热高温天气影响，虽然存在层结不稳定环境条件，但是垂直风切变较弱，不利于对流系统的发展和组织化；引发山洪的该γ中尺度对流系统主要是由沟谷气流在地形强迫抬升作用下触发的，且对流风暴高度内的垂直风矢量和很小(即引导气流较弱)，风暴的触发和维持机制以及弱的引导气流决定了它不太可能移出山谷并在更大范围内发展和组织化，这也决定了对流风暴的主要特征表现为稳定少动；另一方面，由于相对饱和大气环境主要集中在 5 km 高度以下，此时 0 ℃层高度位于 6.1 km 的干层大气中，因此，对流风暴主要表现为较高降水效率的低质心暖云降水。

4　强对流诱发山洪成因与特点

基于历史雷达数据，过去 9 年内 8 月 6—20 日龙漕沟附近对流回波出现时间以及维持时间统计结果表明(图 8a)，11—16 时是龙漕沟附近对流初生或对流开始过境的最高频次时段，对流维持时间大多在 3 h 以内，次高频时段为 22 时到次日 02 时，此次发生时段正好位于对流出现的高频时段内。过去 9 年，龙漕沟附近对流有 86.1%个例持续时间<3 h，70.9%个例持续时间<2 h；对流持续时间>3 h 天气事件中，大多属于区域性强降水事件(占 77.3%，17 次)，而局地降水仅占 22.7%(5 次)。此次“8・13”强对流天气局地对流共持续近 6 h，从开始到诱发山洪近 3.5 h，持续时间上属于极端个例。

图 8b、图 8c 为龙漕沟上游地区 12 时—15 时 30 分各体扫中>35 dBZ 和>45 dBZ 反射率

因子区域出现的频次图(共 36 个时次)。从频次图可以看出龙潭沟附近的强对流具有稳定少动的特征,对流主要位于龙潭沟沟渠北侧高坡上方。在距离龙潭沟沟口上方 4 km 左右是>35 dBZ 回波出现频次大于 20 次的区域(持续时间 2 h),最大 24 次,东西水平尺度约 4 km;大于 15 次的>35 dBZ 回波区域水平尺度达到 8 km 左右,覆盖了龙潭沟上游汇水面的大部分区域,即在龙潭沟汇水面大部地方出现了 1.5 h 以上的对流性降水,这为龙潭沟局地山洪的形成提供了直接的雨水条件。对比两个频次图,>45 dBZ 频次最大值区相对>35 dBZ 频次最大值区更靠龙潭沟上游,表明最强降水位置离事故发生区更远,可延长降水汇聚诱发山洪的时间,同时在高山的视觉阻挡下不容易引起游客的警觉。结合图 8a 中统计的对流回波数据分析,虽然龙潭沟附近在 11—16 时为对流出现的高频时间,但以往持续时间超过 1 h 的对流具有不同的特点,多数局地对流移动特征更明显或对流尺度更大并在此次游客戏水区产生了降水,更容易引起游客的警觉。

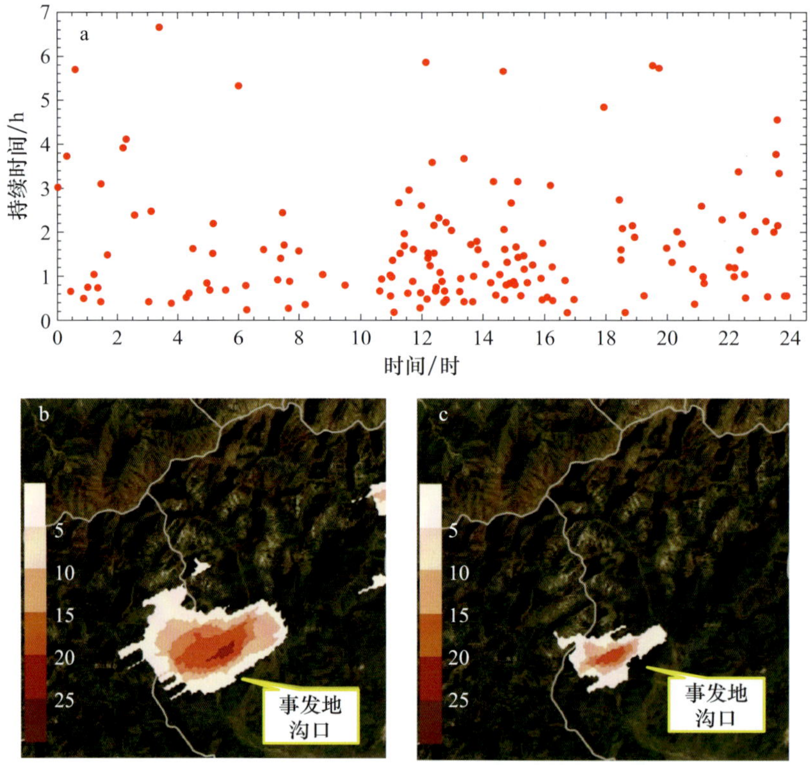

图 8　2013—2022 年(2016 年资料缺失)8 月 6—20 日龙潭沟附近对流回波出现时间以及维持时间散点图(a),12 时—15 时 30 分“8・13”强对流天气过程中>35 dBZ(b)和>45 dBZ(c)REF 出现的频次空间分布图(填色为次数)

5　预报预警及其灾害应对的经验教训

诱发此次山洪事件的强降水过程非常局地,在短期和短临时效内预测其发生位置难度很大;当对流出现时,判断对流持续时间及降水强度,及时发出短临预报预警也是难点之一。经过分析，总结经验教训如下：

(1)预报预警和决策服务人员要有敏锐的风险意识。盛夏时节，成都乃至整个四川盆地西部山区均是避暑胜地，长时间极端高温天气将促使更多的游客在山区溪流中避暑纳凉，然而，在大气层结不稳定的天气背景下，山区极易出现对流性局地强降水，特别是山区溪流上游人烟稀少，缺乏地面降水观测，这些区域发生的小尺度降水很难通过地面雨量计被监测到，需特别注意在狭窄陡峭的山间溪流上游局地强对流降水造成的山洪下泄而引发的下游灾害。

(2)强化山区对流降水精细气候特征认识。通过对山区对流时间、强度和移速等特征的分区气候特征统计以及这些统计特征与环境气流、地形地貌之间的内在关系的认识，通过强化雷达和气象卫星监测资料的应用，将有助于局地强对流的短临预报和预警信号及时甚至提前发布，结合风险意识，可以让预报员开展更为有效的预报服务，一定程度避免过度叫应与服务。

(3)及时开展有效的对流性灾害天气短临预警和叫应服务。γ中尺度局地强对流主要依赖于短临监测预警，受地形和山谷风环流的影响，盛夏季节四川盆地西部沿山地区经常在午后到夜间有对流发生。预报员应及时发布短临天气预报，同时监测对流发生位置，持续时间和移动速度，结合对流气候特征，及时更新或升级预报等级，开展叫应服务。

(4)强化社会公众防灾减灾意识的重要性。近年来一些未开发且人流量少的山涧溪流受到群众喜爱。此次山洪中游客无视沿沟警示标牌，在沟道内搭设帐篷、戏水。山洪到达前，防灾减灾人员通过喇叭极力劝说，部分游客也未离开沟内。故日常生活中还需做好防灾减灾科普宣传，提升广大群众的风险意识和临灾避险能力。

6 总结与讨论

(1)此次四川彭州局地强降水天气由不断生消的γ中尺度对流系统产生。低层不稳定的偏东或东南暖湿气流沿龙漕沟谷迅速爬升，在龙漕沟上游触发局地对流。由于存在持续的东南暖湿气流水汽供应，使得此次对流较长时间的维持。该γ中尺度对流系统发生区域整层大气偏干，受极端高温天气影响，虽存在层结不稳定环境条件，但垂直风切变较弱，不利于对流系统在较大范围内发展和组织化；该γ中尺度对流系统主要是由沟谷气流在地形强迫抬升作用下触发，且对流风暴高度内的垂直风矢量和很小。风暴的触发和维持机制以及弱的引导气流决定了它不太可能移出山谷并在更大范围内发展和组织化。

(2)上述环境条件和触发维持机制决定了诱发此次山洪暴发的γ中尺度对流系统主要特征表现为稳定少动；由于相对饱和大气环境主要集中在5 km高度以下，此时0 ℃层高度位于6.1 km的干层大气中，因此，该对流风暴主要表现为较高降水效率的低质心暖云降水，雷达反射率＞40 dBZ回波大多位于0 ℃层高度以下，回波顶高度维持在7 km左右。对流风暴中低层存在明显的径向风辐合，风暴顶辐散开始于5.5 km高度左右。

(3)这次γ中尺度对流系统造成山洪灾害的极端性特征主要表现为维持时间接近6 h。持续时间超1 h的局地强降水覆盖整个龙漕沟汇水面，配合陡坡地形和狭窄的沟谷，造成龙漕沟汇水面的累计流量远大于一般局地对流风暴降水，使得沟谷水位迅速抬升，流速突增，诱发山洪。

(4)山区溪流缺乏地面降水观测，强化雷达和气象卫星监测资料的应用，可有效提升灾害性对流天气的短临预报预警能力。在山洪气象风险预警中，应特别注意狭窄陡峭的山间溪流上游局地强对流造成的山洪下泄而引发的下游灾害。

参考文献

[1] 唐川，朱静．基于GIS的山洪灾害风险区划[J]．地理学报，2005，60(1)：87-94.

[2] NORTH G R, PYLE J A, ZHANG F Q. Encyclopedia of Atmospheric Sciences: Second Edition[M]. Holland: Elsevier Ltd, 2014: 201-208.

[3] DOSWELL C A, BROOKS III H E, MADDOX R A. Flash flood forecasting: an ingredients-based methodology[J]. Weather Forecasting, 1996, 11(4): 560-581.

[4] 杜俊，丁文峰，任洪玉．四川省不同类型山洪灾害与主要影响因素的关系[J]．长江流域资源与环境，2015，24(11)：1977-1983.

[5] 肖递祥，王佳津，曹萍萍，等．四川盆地突发性暖区暴雨特征及环境场条件分析[J]．自然灾害学报，2020，29(3)：110-118.

[6] 何光碧．西南低涡研究综述[J]．气象，2012，38(2)：155-163.

[7] 肖递祥，杨康权，俞小鼎，等．四川盆地极端暴雨过程基本特征分析[J]．气象，2017，43(10)：1165-1175.

[8] 金妍，李国平．爬流和绕流对山地突发性暴雨的影响[J]．高原气象，2021，40(2)：314-323.

[9] 谢家旭，李国平．重力波与对流耦合作用在一次山地突发性暴雨触发中的机理分析[J]．大气科学，2021，45(3)：617-632.

[10] 赵玉春，许小峰，崔春光．川西高原东坡地形对流暴雨的研究[J]．气候与环境研究，2012，17(5)：607-616.

[11] 周秋雪，康岚，蒋兴文，等．四川盆地边缘山地强降水与海拔的关系[J]．气象，2019，45(6)：811-819.

[12] 罗亚丽，孙继松，李英，等．中国暴雨的科学与预报：改革开放40年研究成果[J]．气象学报，2020，78(03)：419-450.

[13] 郁淑华．四川盆地泥石流、滑坡的时空分布特征及其气象成因分析[J]．高原气象，2003，22(S1)：83-89.

[14] 周长艳，岑思弦，李跃清，等．四川省近50年降水的变化特征及影响[J]．地理学报，2011，66(5)：619-630.

2022 年 8 月 17—18 日青海大通强对流天气成因及预报难点分析

马秀梅　马　琼　李　静　牛海祯　王有莲　马海超
（青海省气象台，西宁，810001）

摘　要：2022 年 8 月 17—18 日，青海大通出现了罕见的强对流天气，以短时强降水为主，大通青山乡、青林乡小时降水量突破自建站以来的历史极值，强降水导致大通青山乡、青林乡发生山洪灾害和重大人员伤亡。本文利用多源探测资料和 ERA5 数据对此次强对流天气短时强降水成因和预报难点进行分析，得到以下结论：强对流天气发生在西太平洋副热带高压异常偏强、偏西的背景下，强的位势不稳定层结，为对流发生发展提供了有利的热力环境；湟水河谷地区冷暖平流均较弱，大气斜压性弱，符合准正压类—副高边缘型强对流模型；地面弱冷空气提供了一定的触发抬升条件，中尺度地面辐合线的建立和发展东移是灾区出现强降水的重要因素；异常强的辐合抬升运动触发了对流，造成了不稳定能量的释放，导致强降水的发生。

关键词：强对流，短时强降水，副热带高压，中尺度辐合线，成因分析，预报难点

引言

近年来全球暴雨洪涝、高温热浪、干旱等气象灾害频发强发，极端事件对经济社会发展造成的影响趋于严重[1]。2022 年汛期西太平洋副热带高压异常强盛并长期控制青海，导致青海 8 月上旬气温为 1961 年以来同期最高，高温高湿背景下，降水呈现出分散性、局地性、对流性强的特点。全省降水量为近 10 年来同期最多，强降水频次为 1961 年来同期最多。其中 8 月 17—18 日青海省西宁市大通县出现了罕见的短时强降水，青山乡、青林乡突发山洪灾害，造成青山、青林 2 个乡 6 个村 1517 户 6245 人受灾，其中 26 人遇难，5 人失踪。

强对流天气发生的天气学条件有丰富的水汽、不稳定层结、抬升触发机制或强的上升运动，郑媛媛等[2]、许新田等[3]、何群英等[4]研究发现强降水的时空分布有明显的中尺度特征，强烈发展的强风暴常存在明显的中尺度低压和辐合线、干线，对流单体一般生成于地面辐合线附近，在地面辐合线与干线结合处易于对流单体或云团的新生和发展。张树民等[5]分析发现强对流天气发生前大气层结不稳定，呈上干下湿状态分布，雷暴大风强对应于中高层大气干，而短时强降水强对应于低层湿层厚。张青梅等[6]将青海短时强降水天气环流形势划分为西风气流型、副热带高压型和低涡切变型，其中副热带高压型是以低层偏南或偏东暖湿气流引起的热力不稳定造成短时强降水。西太平洋副热带高压异常强盛时期，青海高原处于高温高湿的状态，此时青海东部地区受到弱冷空气、地面辐合线等的抬升触发易发生短时强降水、冰雹等强对流天气，此类强对流天气由于受到西太平洋副热带高压位置的不确定性、复杂地形的影响等

预报难度非常大。因此,本文针对此次强对流过程中短时强降水的特点、成因及预报难点进行深入细致的分析,重点分析触发机制、中小尺度系统演变特征、水汽来源及预报难点,为今后的预报业务提供参考依据。

1 天气特点

8 月 17—18 日青海东北部地区出现了一次明显的强对流天气过程,从实况资料分析(图 1a),此次强对流天气主要以短时强降水为主。强降水主要分为两个阶段,第一阶段为 17 日午后,受弱冷空气影响,门源地区出现短时强降水;第二阶段为夜间 22 时左右,受地面辐合线发展东移影响青海东北部地区出现强降水天气。8 月 17 日 21 时大通县开始出现强降水,17 日 22 时—18 日 0 时为降水集中时段,其中青林乡、青山乡 22—23 时 1 h 降水量分别达 39.3 mm、34.6 mm,大通县城 17 日 23 时—18 日 0 时 1 h 降水量达 40.6 mm,为 1984 年以来最强。青林乡、青山乡 5 min 最大雨强分别达 14.7 mm/min、7.2 mm/min。强降水特征主要表现为持续时间短,极端性强,致灾性强。

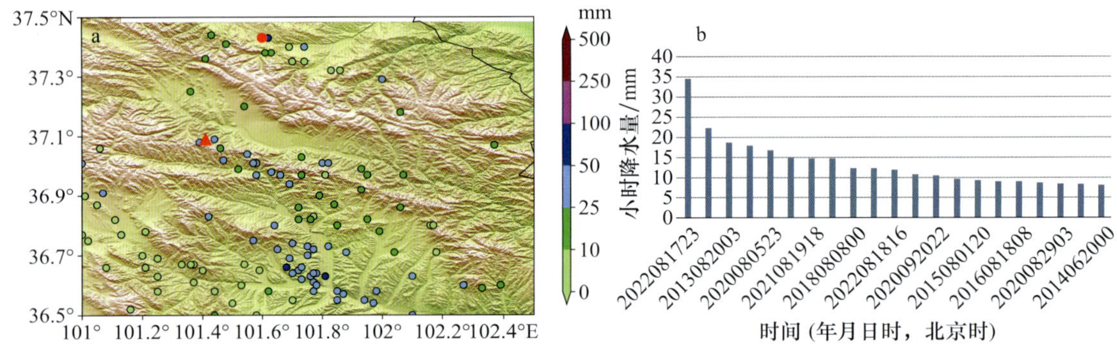

图 1 2022 年 8 月 17 日 08 时—18 日 08 时降水量(a)及青海大通青山乡站 2012 年 10 月 31 日 13 时—2022 年 8 月 17 日 23 时(北京时)小时降水量排序图(b)

(红色小三角标注区为灾害发生地,红色圆点为门源地区)

此次强降水过程前期青海东北部已出现 3 次较强降水,尤其是 8 月 13—14 日,西宁等地出现 2022 年首场区域性暴雨,87 个测站出现暴雨,4 个测站出现 100 mm 以上的大暴雨,17—18 日,大通等 67 个测站出现大到暴雨。8 月 1—18 日,大通累计降水量(128 mm),已超过历史同期 8 月的总降水量(115.1 mm)。

2 主客观预报检验

2.1 主观预报检验

此次强降水过程预报员体现了一定的主观订正能力,17 日 20 时—18 日 20 时的预报中将降水中心预报在了青海东北部,尤其是在灾害点附近预报出了 68 mm 的降水量(图 2),但是对于短时强降水的强度估计不足,未考虑到其极端性。

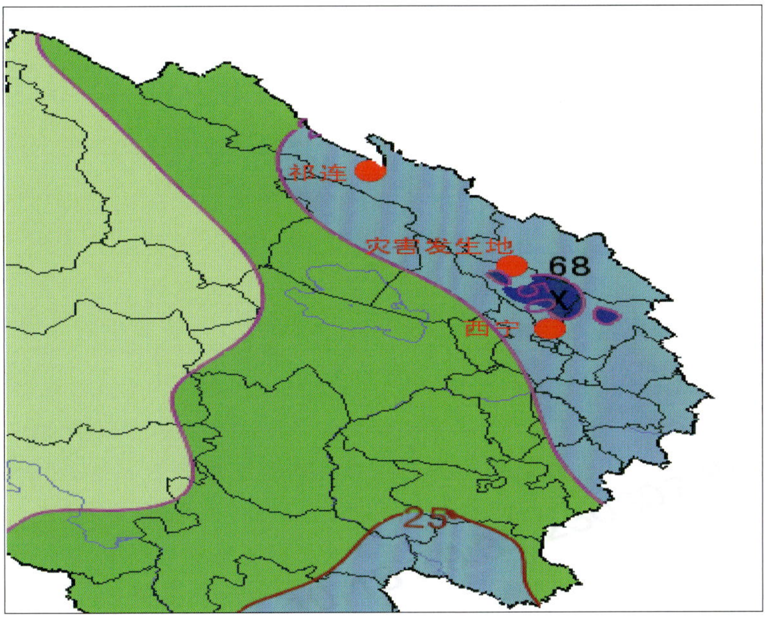

图 2　2022 年 8 月 17 日 16 时起报 17 日 20 时—18 日 20 时预报员主观降水量预报图

2.2　客观预报检验

此次山洪灾害主要由极端短时强降水引起,因此将 8 月 17 日 08 时起报 17 日 12 时—19 日 11 时大通站逐小时的降水实况与 17 日 08 时起报的 CMA-MESO(中国气象局中尺度天气数值预报系统)、CMA-SH9(中国气象局上海数值预报模式系统)、CMA-BJ(中国气象局北京快速更新循环数值预报系统)、NCEP(美国国家环境预报中心)模式逐小时降水进行对比分析发现(图 3),大部分模式均未在 17 日夜间预报出大通地区的短时强降水,只有 CMA-SH9 在 17 日 21 时预报了 10 mm 左右的降水,因此,对于此次短时强降水过程各家数值模式预报能力均较弱,仅有 CMA-SH9 在小时降水强度预报中有一定的指示意义。

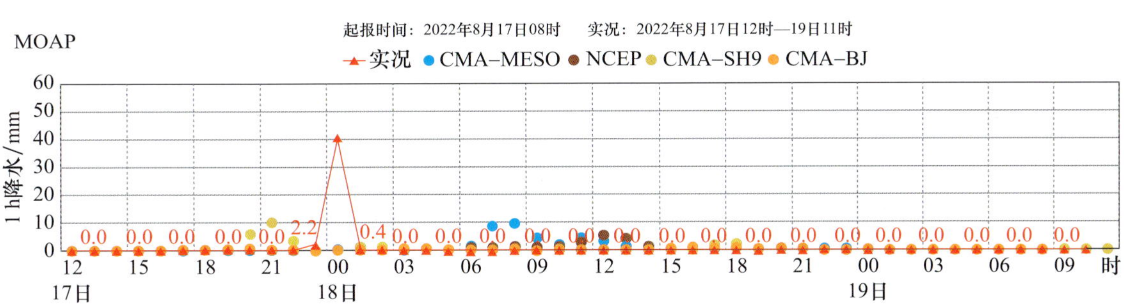

图 3　大通站 2022 年 8 月 17 日 12 时—19 日 11 时逐小时降水模式客观预报与实况对比场

3 环流背景和大气层结条件

2022 年 8 月,西太平洋副热带高压(以下简称副高)异常偏西、偏强,青海受副高的持续控制,8 月上中旬黄河谷地和湟水河谷地最高温度达 28～34 ℃,地面比湿在 12 g/kg 以上,高温高湿的环境使青海东部大气层结处于极度不稳定状态。8 月 17 日 08 时,副高有所东退,高压主体位于我国中东部地区,中高纬地区以纬向环流为主,青海东北部处在副高边缘弱西南偏西风中,至 20 时(图 4),副高略有西进,青海东北部受西风带弱短波扰动影响,由西南风转受西北偏西风影响。与多年平均的 8 月位势高度场相比较,17 日 08 时及 20 时青海 500 hPa 位势高度较多年平均值偏强 0～2 dagpm,说明 17 日虽然北部受弱短波扰动影响,但天气尺度强迫较弱,主要影响系统仍为副高,副高控制下持续的高温高湿造成了不稳定能量的积累,为中小尺度对流系统创造了有利的环境条件[2]。17 日 08 时,青海东北部低层 600 hPa(图 5c)为弱东南风影响,南风较常年同期略偏强,而 20 时随着副高西进(图 5d),川北至青海东北部南风加强,风速达 4～6 m/s,青海东北部较常年同期偏强 2～4 m/s,大通地区南风偏强 4～6 m/s,有利于南部暖湿气流输送。在 700 hPa 上,17 日 08 时(图 5e)青海东北部风速较小,较常年同期偏西分量较为明显,20 时(图 5f)副高西侧南风气流一部分到达甘肃中部后南风转为偏东风灌入东部河谷地区,一部分继续向北到达内蒙古南部地区后转为偏东风直接进入东部河谷地区,湟水河谷地偏东风较常年同期偏强 2～4 m/s,河谷地区低层强东风一方面有利于水汽输送并汇集至河谷,另一方面受河谷地形影响,东风在河谷地区产生风速辐合,辐合抬升是触发不稳定能量释放的重要机制。

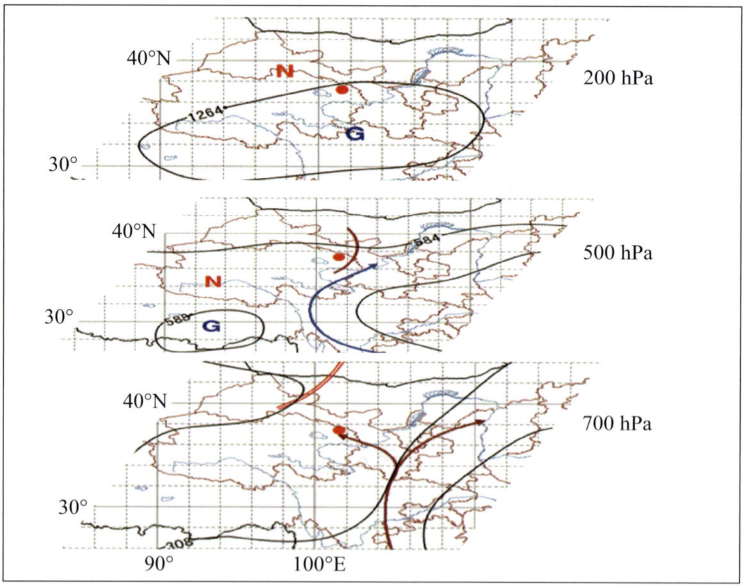

图 4　2022 年 8 月 17 日 20 时天气形势概念模型图

(黑色实现为高度场;蓝色箭头线为 500 hPa 显著流线;棕色箭头线为 700 hPa 显著流线;红色双实线为切变线;红色圆点为灾害点位置)

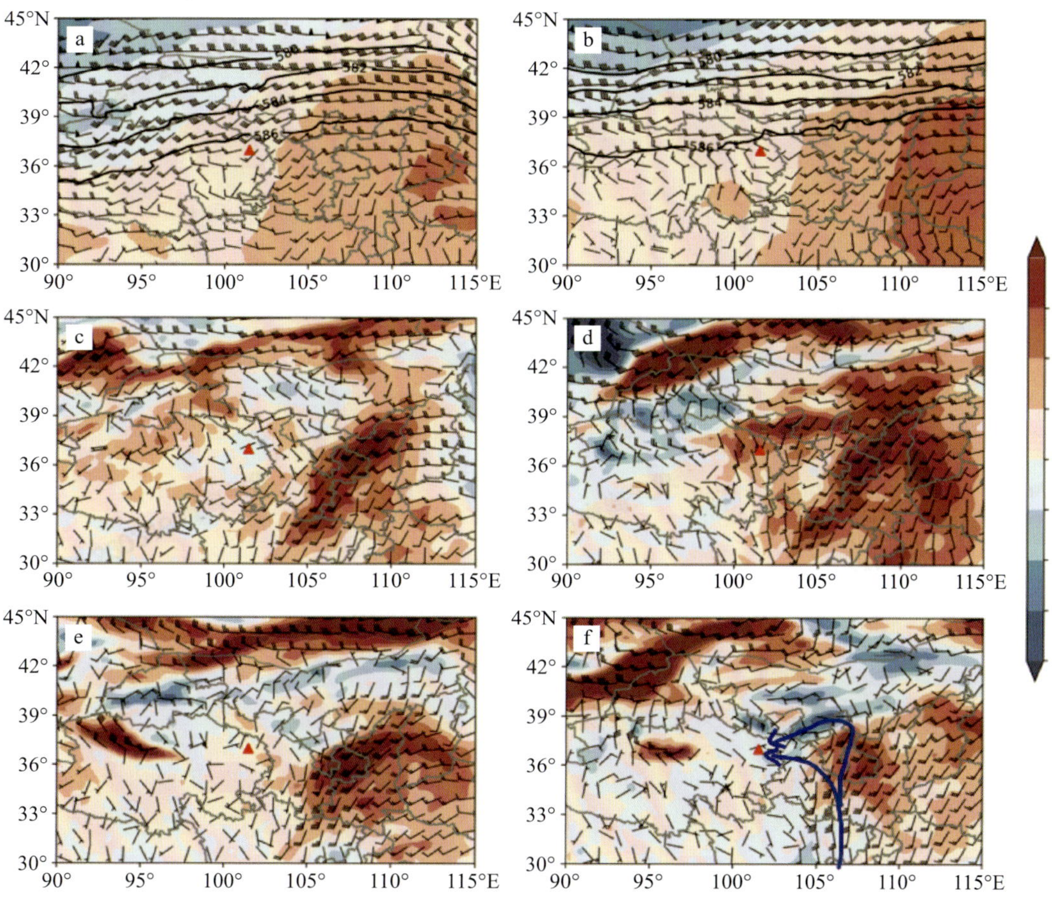

图 5　2022 年 8 月 17 日 500 hPa 位势高度场(等值线，单位：dagpm)与距平场(阴影)、600 hPa 风场(风向杆，单位：m/s)与经向风距平场(阴影)、700 hPa 风场(风向杆，单位：m/s)与纬向风距平场(阴影，红色小三角为山洪发生地)

(a)08 时 500 hPa 位势高度场与距平场；(b)20 时 500 hPa 位势高度场与距平场；(c)08 时 600 hPa 风场与经向风距平场；(d)20 时 600 hPa 风场与经向风距平场；(e)08 时 700 hPa 风场与纬向风距平场；(f)20 时 700 hPa 风场与纬向风距平场

从假相当位温的垂直变化来看，湟水河谷地假相当位温表现为“上低下高”的位势不稳定区(图 6a)，西宁站 17 日 20 时地面假相当位温可达 369 K，400～500 hPa 为假相当位温的低值区，中低层假相当位温差值达到 15 K，说明大气具备强位势不稳定层结，为对流发生发展提供了有利的热力环境。从西宁站 17 日 20 时探空图(图 6b)来看，CAPE 可达到 1336.7 J/kg，西宁站地面到 650 hPa 比湿在 12～15.5 g/kg，低层绝对湿度大。*SI* 指数达－1.93 ℃，*LI* 指数达－2.22 ℃。地面至 500 hPa 风向随高度存在顺转，说明低层存在暖平流，从图 6a 可看出湟水河谷地低层以暖平流为主，500 hPa 由于受弱短波扰动影响有冷平流，冷空气主体位于河西走廊，低层暖平流高层冷平流的配置有利于对流不稳定的建立，但整体而言湟水河谷地冷暖平流均较弱，即大气斜压性弱，符合准正压类—副高边缘型强对流模型。

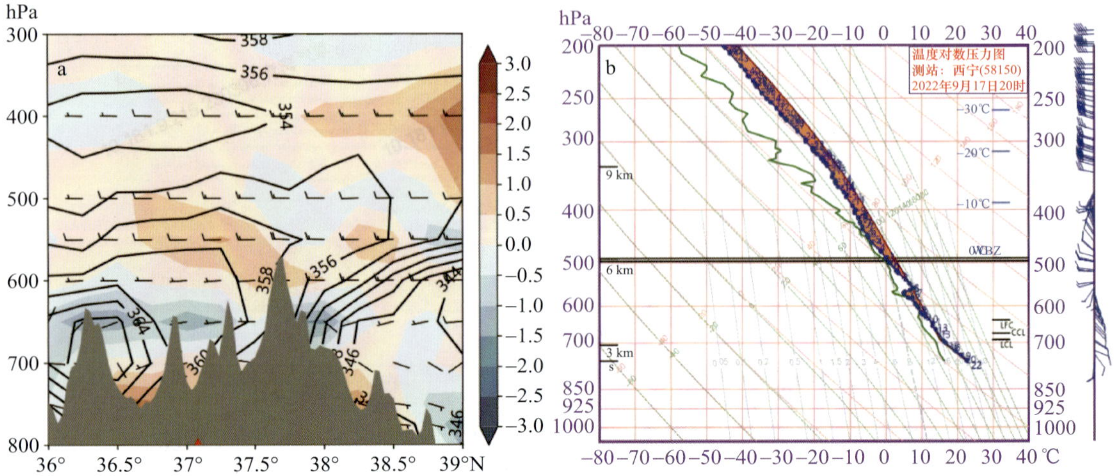

图 6　(a)沿 101.5°E 假相当位温(黑色等值线,单位:K)、温度平流(阴影,单位:×10⁻⁴ K/s)及风场(风向杆,单位:m/s)剖面图(红色小三角为山洪发生地);(b)2022 年 8 月 17 日 20 时西宁站探空图

4　水汽及动力条件异常性分析

4.1　有利的水汽输送和强的水汽辐合

此次降水过程中低层均有不同程度的水汽输送,但由于 85%～90%水汽主要集中在 500 hPa 以下,故低层水汽输送较中层明显。500 hPa(图 7a),主要表现为西风带中短波扰动中携带的水汽,青海东部地区水汽通量为 2～4 g/(s·cm·hPa),600 hPa(图 7b)主要为来自四川北部的水汽随着南风输送到河谷地区,水汽通量为 4～6 g/(s·cm·hPa),大通地区可达 6～8 g/(s·cm·hPa),700 hPa(图 7c)表现为偏东风输送水汽,青海湟水河谷地存在水汽输送的大值区,中心值可达 8～10 g/(s·cm·hPa),主要来源于副高西侧偏南气流输送,一部分水汽到达东部河谷地区直接灌入,另一部分进入内蒙古南部地区取东北路进入河谷地区,是此次过程中的重要水汽通道。

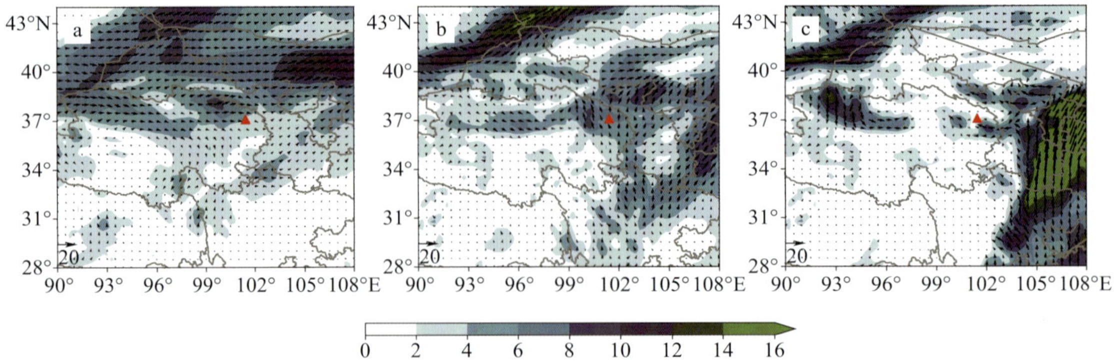

图 7　2022 年 8 月 17 日 20 时 500 hPa (a)、600 hPa(b)、700 hPa(c)水汽通量方向(矢量箭头,单位:g/(s·cm·hPa))及大小(等值线,单位:g/(s·cm·hPa),红色三角为山洪发生地)

从 700 hPa 水汽输送与多年平均值来看(图 8),湟水河谷底水汽输送较常年同期偏强 6～8 g/(s·cm·hPa),说明 17 日夜间低层偏东风水汽输送异常明显,使得大通山洪灾害发生点 700 hPa 比湿一直维持在 13 g/kg,而水汽输送到东部河谷地区后 21 时水汽辐合开始加强,22 时达到最强,23 时以后开始缓慢减弱,22—23 时是山洪灾害点降水最强的时段。

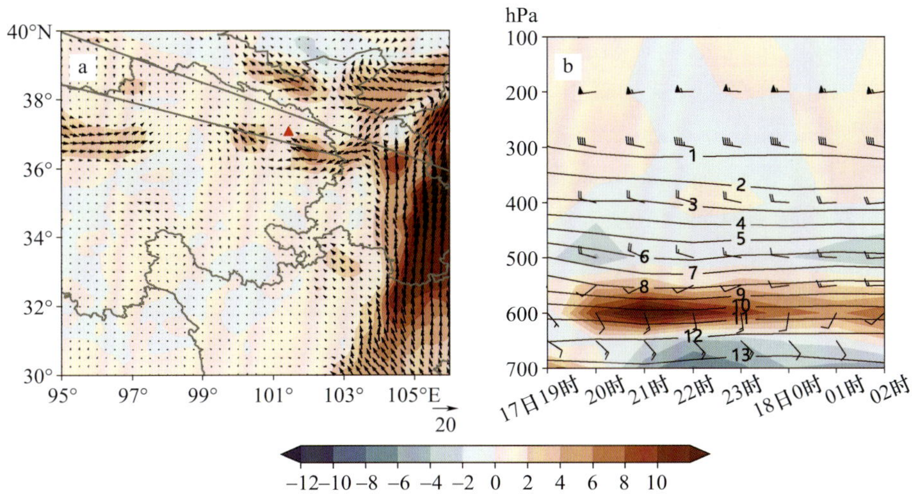

图 8 2022 年 8 月 17 日 20 时 700 hPa 水汽通量方向(矢量箭头,单位:g/(s·cm·hPa))及距平场(阴影)(a)、山洪灾害发生点水汽通量散度(阴影,单位:单位:g/(s·cm·hPa))、比湿(黑色等值线,单位:g/kg)及风场(风向杆,单位:m/s)时间高度剖面(b)(红色小三角为山洪发生地)

4.2 异常强的辐合抬升

17 日夜间强降水阶段,山洪灾害点及其东南部 700 hPa(图 9a)表现为强辐合,辐合中心值超过 -9×10^{-5}/s,与常年同期相比辐合明显偏强(8～10)$\times10^{-5}$/s,从 600 hPa 垂直速度(图 9b)看出大通地区上升运动较常年同期偏强(2～4)$\times10^{1}$ Pa/s,最强上升运动超过 -3×10^{1} Pa/s,异常强的辐合抬升运动触发了此次强对流天气,造成了不稳定能量的释放,导致强降水的发生。

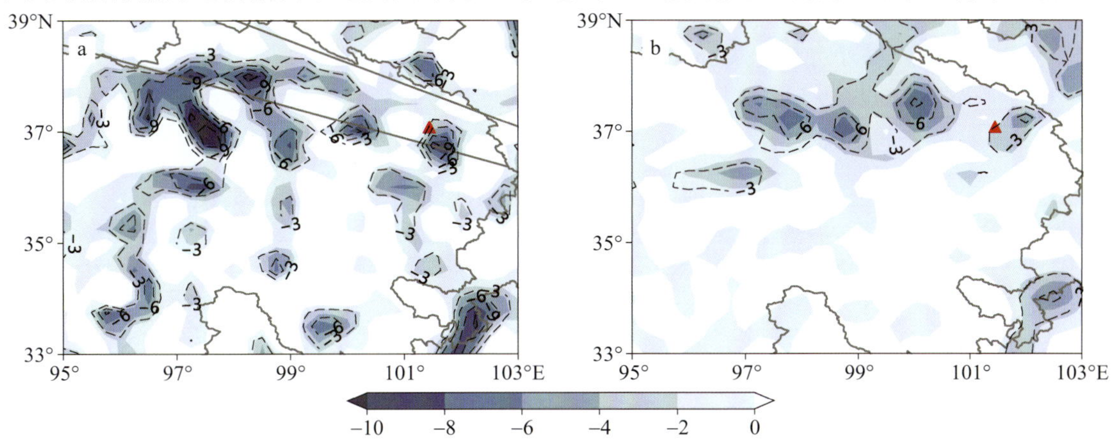

图 9 2022 年 8 月 17 日 20 时 700 hPa(a)散度(等值线,单位:$\times10^{-5}$/s)及距平场(阴影)、(b)600 hPa 垂直速度(等值线,单位:$\times10^{1}$ Pa/s)及距平场(阴影,红色小三角为山洪发生地)

4.3 地形影响

8 月 17 日夜间强降水主要分布在青海湟水河谷地，降水期间谷地低层盛行偏东风，而山洪灾害发生点正好处于地形迎风坡。700 hPa 偏东风携带来自南部的水汽向西灌入河谷后受西部山脉影响，水汽被阻挡至山前的位置，正好为灾害发生点的位置，水汽被阻挡后不断辐合，22 时(图 10b)水汽辐合达到最强，中心值达到$(-10\sim-9)\times10^{-5}$/s，大通青山乡、青林乡 22—23 时小时降水量分别达 39.3 mm、34.6 mm，其中青林乡 22 时 20—25 分降水达到 14.7 mm，23 时随着低层风速减小，水汽通量及辐合均开始减小，降水减弱。可以看出地形在降水过程中对水汽输送及辐合有较大影响。

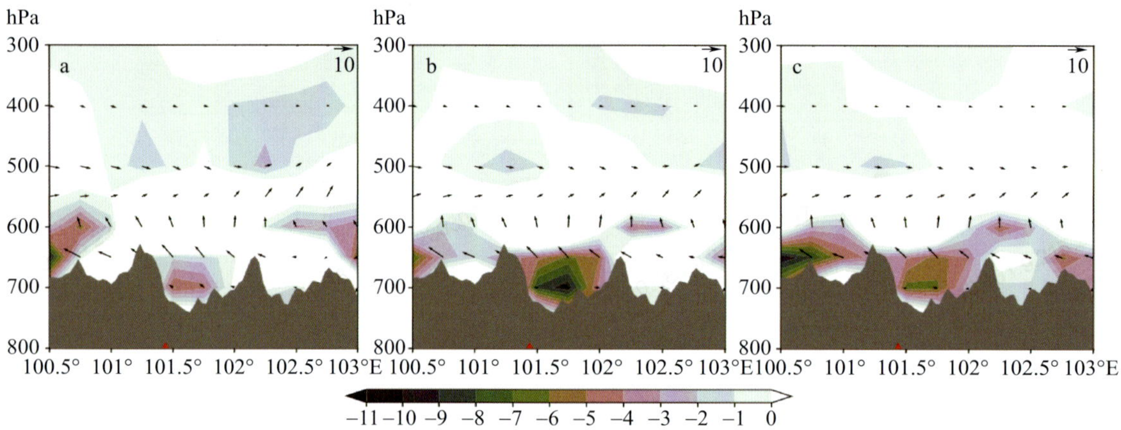

图 10　2022 年 8 月 17 日沿 36°N 水汽通量(矢量箭头，单位：g/(s · cm · hPa))及水汽通量散度(阴影，单位：$\times10^{-5}$/s)垂直剖面(红色小三角为山洪发生地)

(a)21 时；(b)22 时；(c)23 时

过降水中心的垂直速度剖面(图 11)显示，从 17 日 20 时开始，由于低层东风加强在山脉迎风坡造成抬升，低层迎风坡前存在上升运动大值区，辐合也开始加大，至 22 时低层辐合及上升运动达到最大，辐合中心值达到-6×10^{-5}/s，上升运动最大值达到$(-8\sim-7)\times10^{1}$ Pa/s，到 23 时低层东南风减小导致上升运动和辐合均开始减小，但由于地形抬升作用依然存在，山脉迎风坡前仍有上升运动大值区，但水汽辐合有限，故降水减小。此次过程中地形造成的抬升辐合对降水有较大的增幅作用。

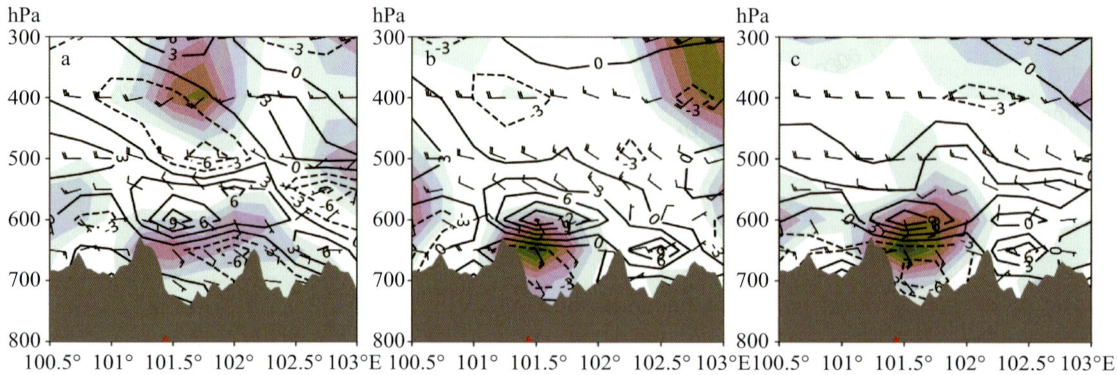

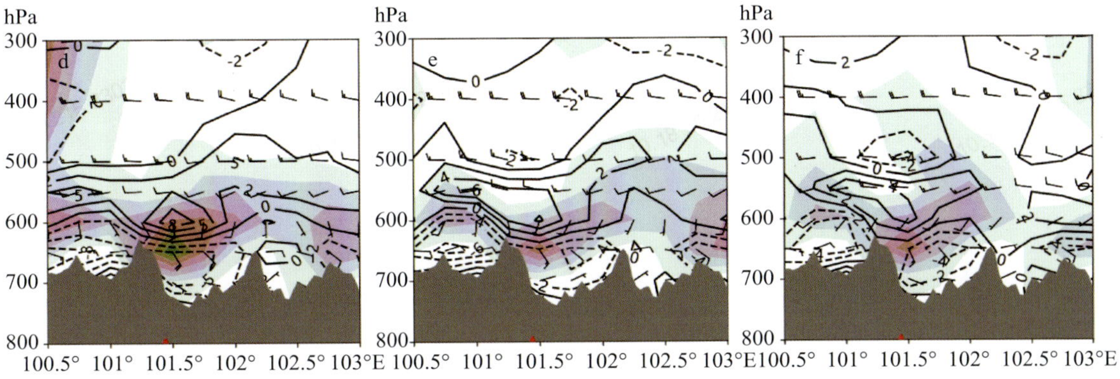

图 11　2022 年 8 月 17 日沿 36°N 垂直速度(阴影，单位：$\times10^{1}$ Pa/s)、散度(等值线，单位：$\times10^{-5}$/s)及风场(风向杆，单位：m/s)垂直剖面(红色小三角为山洪发生地)

(a)17 日 20 时；(b)21 时；(c)22 时；(d)23 时；(e)18 日 0 时；(f)18 日 01 时

5　中尺度系统发展演变特征

5.1　中尺度环境场特征

对过程期间 5 min 地面观测资料进行分析，第一阶段强降水于 17 日午后在海北门源境内发展，18 时 20 分在门源西部地面辐合线形成(图 12a)，低层辐合加强上升运动发展，18—19 时门源地区局地小时降水量达 49.8 mm，为第一阶段降水最强时段，此时的湟水河谷地区为一致的东南风，天气晴朗。第二阶段强降水，21 时 25 分(图 12b)，受地面弱冷空气渗透影响，门源境内均转为偏北风，同时湟水河谷地仍为一致的东南风，22 时 05 分(图 12c)，青山乡、青林乡西侧之前一致稳定维持的东南风迅速转为西北风，与河谷持续的东南风在大通北部形成中尺度地面辐合线。22 时 20 分(图 12d)，大通青林乡、青山乡附近地面辐合继续加强，使得水汽汇集以及辐合上升运动进一步增强，这也与雷达回波合并增强的时间段对应。22—23 时，在大通境内的中尺度地面辐合线逐渐东移，移动过程期间，湟水河谷地的温度均在 20 ℃以上，地面比湿均在 14 g/kg 以上，局地能量及水汽条件十分充沛，导致对流在向暖湿区东移过程中不断发展，强度未曾减弱。

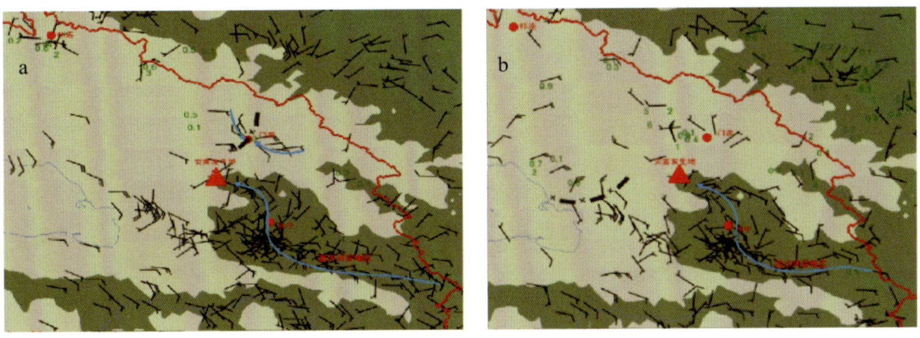

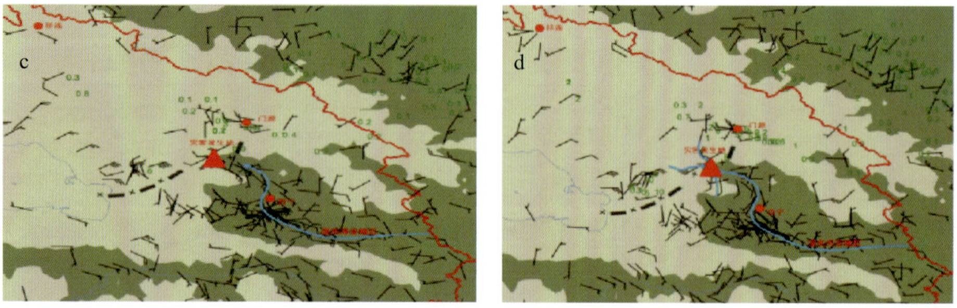

图 12　2022 年 8 月 17 日青海东北部地区地面资料分析图

(b)18 时 20 分;(b)21 时 25 分;(c)22 时 05 分;(d)22 时 20 分

(红色小三角表示灾害发生地,━×━×━×━× 表示地面辐合线————→表示地面显著气流)

5.2　卫星云图特征分析

分析 17 日夜间红外云图,青海境内的对流云带分为南北两条,青海南部的中尺度对流云团发展旺盛,范围较大,呈现出准正压状态下原地生消的特点。青海东北部的对流云团在海北境内生成后迅速发展,受 500 hPa 高空偏西北气流引导及云团自身传播的影响,对流云团向东南方向偏东移动,且移速缓慢,在青海东北部维持达 8 h 以上。在移动过程中,强对流云团中心最低亮温一直维持在 190 K 左右,发展十分旺盛,云团范围逐渐增大,呈现为椭圆型,至 18 日0 时云团已发展为明显的中尺度对流系统(图 13c),且强对流云团在移动过程中,呈现出明显的后向传播特征,强降水出现在云顶亮温低值中心附近与云顶亮温梯度大值区之间。

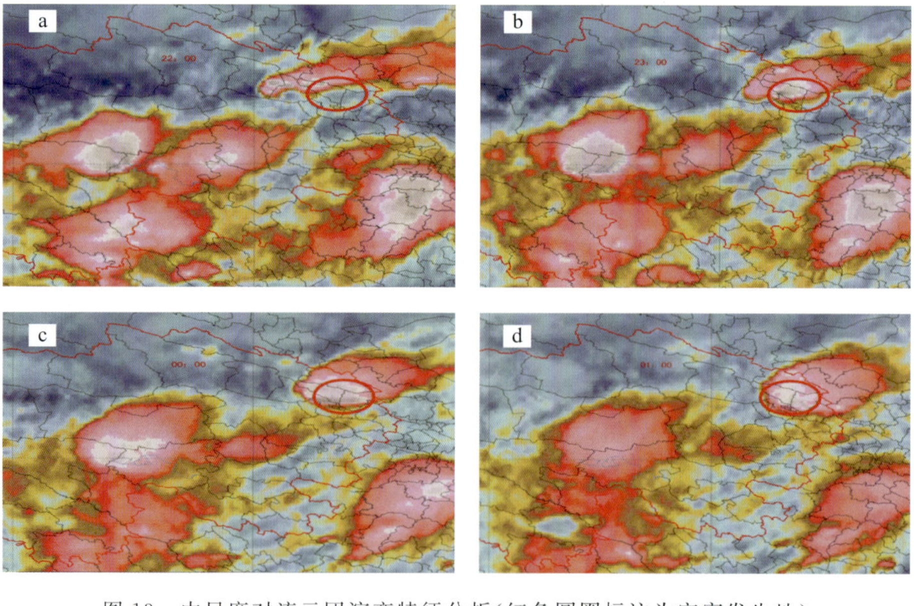

图 13　中尺度对流云团演变特征分析(红色圆圈标注为灾害发生地)

(a)17 日 22 时;(b)17 日 23 时;(c)17 日 0 时;(d)18 日 01 时

5.3 雷达回波演变特征

从雷达回波演变看，17 日夜间至 18 日凌晨，青海东北部地区出现的强降水是由多个单体合形成的带状多单体风暴造成的，此次过程对流发展强盛，回波强度强，发射率因子最强达 67 dBZ。分析大通地区回波可知，21 时 38 分(图 14a)，在大通宝库乡与青山乡、青林乡交界处有一强度达 60 dBZ 的对流单体发展，至 21 时 49 分(图 14b)，强单体主体回波向南移动至青山乡境内，强度依旧为 60 dBZ。至 22 时，对流单体强度略有减弱，但范围有所增大，在青林乡、青山乡境内维持，同时其南侧发展出新生的对流单体。22 时 10 分，青山乡境内新生回波单体增强至 55 dBZ。22 时 16 分(图 14c)，原对流单体与新生单体合并，青山乡境内回波增强至 60 dBZ。22 时 21 分，回波继续向南移动，强度迅速减弱至 50 dBZ。22 时 42 分(图 14d)，回波移出青山乡。由于强回波在青山乡境内经历了增强—合并—增强的过程，使得 55 dBZ 强回波在青山乡境内维持时间长达 7～8 个体扫，从而造成了强降水。过程期间 VIL 值一直维持在 15～25 kg/m^2。

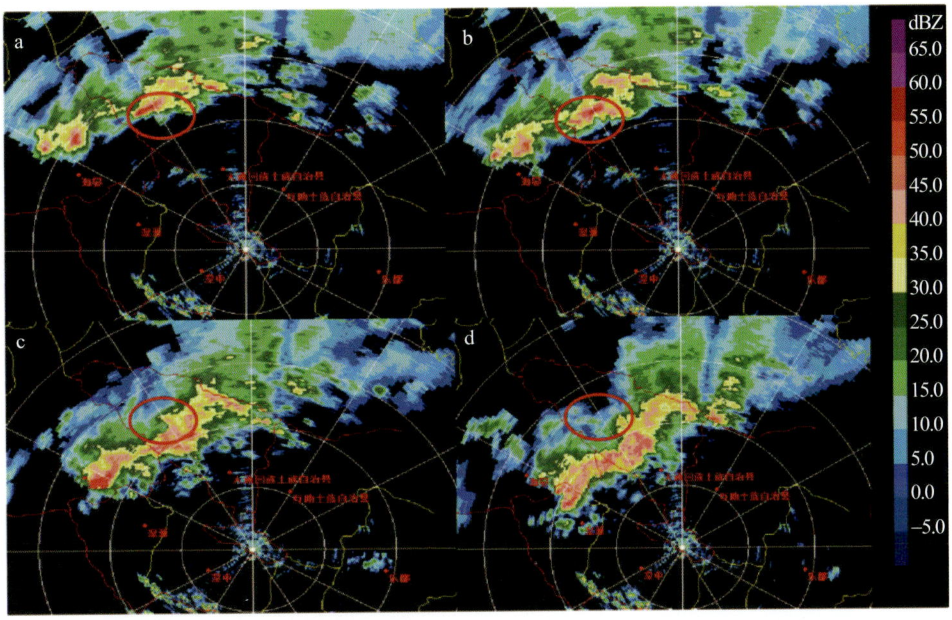

图 14　2022 年 8 月 17 日西宁雷达站 2.4°仰角基本反射率因子(红色圆圈标注为灾害发生地)
(a)17 日 21 时 38 分；(b)17 日 21 时 49 分；(c)17 日 22 时 16 分；(d)17 日 22 时 42 分

分析反射率因子剖面图(图 15)，强降水过程期间强回波伸展高度在 5 km 左右，回波质心位于 2～3 km，是典型的低质心强降水回波。

在径向速度图上，22 时 16 分(图 16b)，灾害点附近偏北风与暖湿环境的东南风形成明显的辐合，同时有逆风区形成，形成强的低层辐合，有利于垂直上升运动的发展和维持。

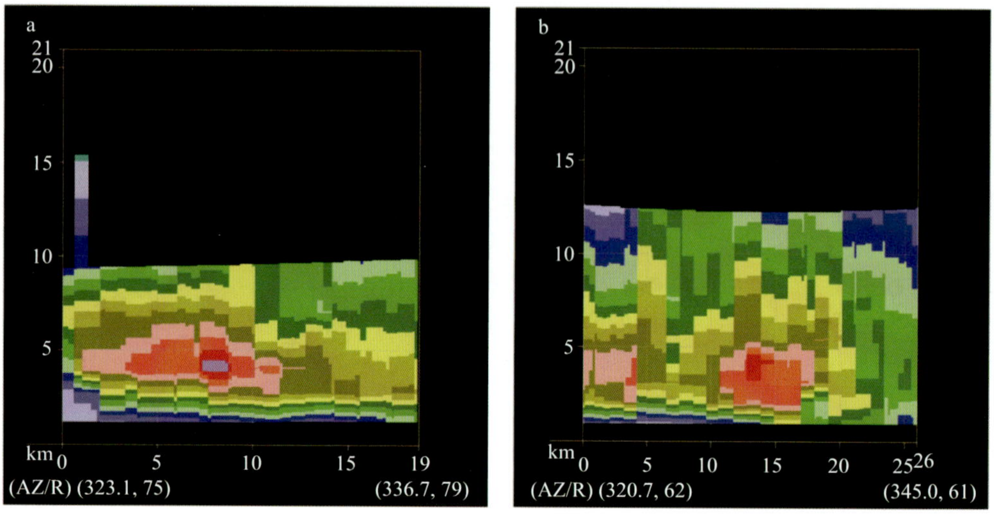

图 15　2022 年 8 月 17 日西宁雷达站反射率因子剖面图

(a)17 日 21 时 38 分;(b)17 日 22 时 37 分

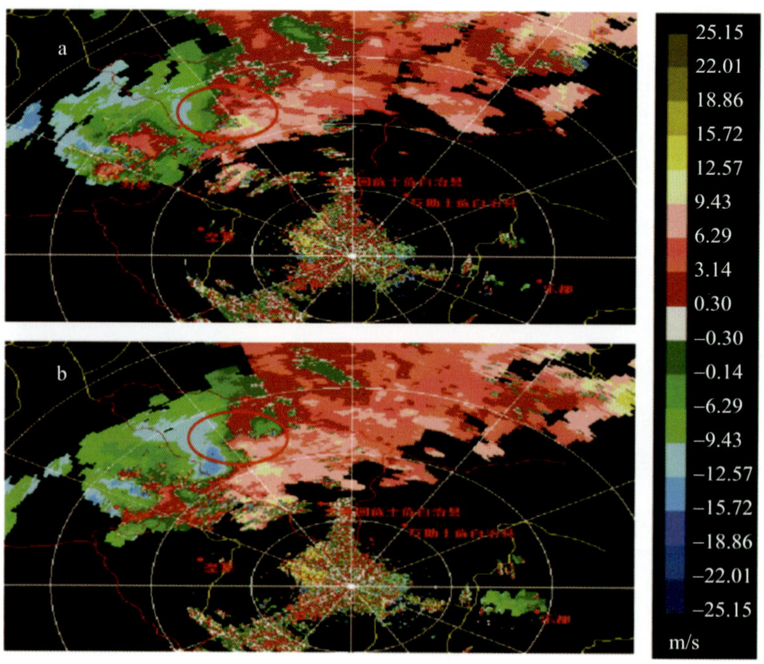

图 16　2022 年 8 月 17 日西宁雷达站 2.4°仰角径向速度图(红色圆圈标注为灾害发生地)

(a)17 日 22 时;(b)17 日 22 时 16 分

6 预报难点分析

6.1 降水极端性难以把握

此次强对流过程中，全省有 16 个观测站超过 95％极端降水阈值，其中大通青山乡超过阈值 5.9 mm，小时降水量突破自建站以来的历史极值。虽然在前期的预报中研判出了此次强对流天气具有一定的极端性，24 h 内也预报出了暴雨天气，但是实况出现的极端性降水强度仍然是超出了预判，尤其是短时降水的量级预判与实况差距较大，降水时间短，强度强是造成此次山洪灾害的主要原因。

6.2 模式预报的不确定性

模式预报对于西太平洋副热带高压的预报不确定性较大，同时对于高原复杂地形下的对流性降水预报模式之间有明显的差异，各家预报能力总体偏弱，25 mm 以上大雨降水落区空报范围较大，50 mm 以上暴雨均漏报，对于致灾性短时强降水的出现时间和强度各家模式均不具备预报能力，仅有 CMA-SH9 在小时降水强度预报中有一定的指示意义。

6.3 站网稀疏无法支撑精准预报

青山乡、青林乡各仅有一个气象站，且均位于乡镇东缘，上游强回波长时间影响时无法获得准确降水实况。此次强对流过程中，在地面站网稀疏的情况下，预报员充分应用雷达、卫星资料加强监测分析，尤其是灾区上游低质心强回波、低层强辐合等特征，为提前发布大通地区暴雨红色预警信号提供了有利的支撑。

7 小结及讨论

(1)2022 年 8 月 17—18 日大通强对流天气发生在西太平洋副热带高压异常强盛并长期控制青海的背景下，大气处于强的位势不稳定层结，大气斜压性弱，符合准正压类—副高边缘型强对流模型。

(2)本次强对流天气过程以强降水为主，主要表现为持续时间短，强度强，致灾性强，极端性明显。强降水分为两个阶段，第一阶段在 17 日午后，受地面弱冷空气抬升，海北门源境内雷暴高压发展，出现短时强降水。第二阶段强降水，受地面弱冷空气渗透和雷暴高压出流的触发抬升及大通北部形成地面中尺度辐合线影响，青海东北部地区出现强降水。

(3)异常强的辐合抬升运动触发了不稳定能量，中尺度地面辐合线的建立和发展东移、有利的水汽输送和强的水汽辐合是灾区出现强降水的重要因素。

(4)本次过程 85％～90％水汽主要集中在 500 hPa 以下，故低层水汽输送较中层更明显。

600 hPa 主要为来自四川北部的水汽随着南风输送到河谷地区，700 hPa 主要来源于副高西侧偏南气流输送，一部分水汽到达东部河谷地区直接灌入，另一部分进入内蒙古南部地区取东北路进入河谷地区，是此次过程中的重要水汽通道。

(5)本次过程降水局地性强、极端性明显，全球各家模式预报能力偏弱，预报降水量均比实况偏弱，中尺度模式预报中仅有 CMA-SH9 在量级上有一定的参考意义。预报员在主观订正上有一定的优势，预报预警总体把握较好，前期的重要天气报告、临近的预警及预警信号均在预报服务、应急调度中发挥了有效作用，但是对于强对流爆发的精细时间、小时降水强度等仍估计不足。

(6)因前期累计降水量大，加之 17—18 日小时雨强大，降水落区重叠，土壤体积含水量超过 40%，接近饱和，发生山洪、泥石流等次生灾害的风险极高。

青海高原复杂地形下发生的强对流天气预报难度大，准确率不高，今后要加强多源探测资料的应用，追踪监测、深入分析中小尺度系统的发展演变特征，加强模式预报对于此类天气的预报偏差分析，不断提高强对流天气的短时临近预报准确率。

参考文献

[1] 李威，叶殿秀，赵琳，等．从全球气候变化角度看 2021 年河南“7・20”特大暴雨[J]. 中国防汛抗旱，2022，32(04)：38-44.

[2] 郑媛媛，姚晨，郝莹，等．不同类型大尺度环流背景下强对流天气的短时临近预报预警研究[J]. 气象，2011，37(7)：795-801.

[3] 许新田，刘瑞芳，郭大梅，等．陕西一次持续性强对流天气过程的成因分析[J]. 气象，2012，38(5)：533-542.

[4] 何群英，东高红，贾慧珍，等．天津一次突发性局地大暴雨中尺度分析[J]. 气象，2009，35(7)：16-22，129.

[5] 张树民，缪燕，周金磊，等．副热带高压脊线附近江苏两次强对流天气对比分析[J]. 暴雨灾害，2017，36(5)：422-430.

[6] 张青梅，李生辰，苏永玲，等．青海高原短时强降水时空分布及天气学概念模型[J]. 高原气象，2022，41(2)：515-525.

四、强降雪

2021年12月南方大范围降雪天气成因和预报偏差分析

关　月　胡　宁　宫　宇　张夕迪　张　博　张芳华
（国家气象中心，北京，100081）

摘　要：利用欧洲中期天气预报中心ERA5资料、地面常规观测资料和多普勒天气雷达资料分析了2021年12月23—26日南方首次降雪过程，结果表明：雨雪天气前期乌拉尔山以东阻塞高压较常年异常偏强并稳定维持，其下游横槽发展，引导偏北气流持续输送到南方地区，江南地区低层维持东北风，气温持续偏低，为此次降雪过程提供了有利的温度条件。低纬南支槽较常年同期偏强，槽前西南气流输送暖湿空气至江南一带，为降雪提供了有利的水汽条件。25日夜间至26日是降雪的主要时段，西南急流及其锋区上空的对称不稳定有助于斜升气流的组织和加强，并进一步加强了锋区两侧的次级环流，有利于贵州、湖南等地出现较强降雪。数值模式对冬季暖湿气流沿冷垫爬升形势下的降水预报易偏弱，预报中可将降水落区向暖湿气流的下游方向订正或适当提高降水预报量级。

关键词：降雪，低温，模式偏差

引言

强降雪是冬季常见的灾害性天气，我国南北地区天气特征差异大，降雪区域性特征也较为明显，一般来说，高纬度、高海拔地区降雪多且强。气象工作者对北方地区强降雪天气成因已有大量的研究[1-3]，李燕等[4]对辽宁一次强降雪成因分析发现，受地形抬升作用影响，地面气流在山前形成风向辐合，是造成强降雪的主要原因之一。侯瑞钦等[5]分析2009年河北特大暴雪天气成因指出，冷锋系统长时间维持、中层强辐合及正涡度耦合为暴雪提供了较好的动力条件。申李文等[6]分析2011年山西一次连续性降雪成因表明，暴雪是500 hPa西北冷平流和西南暖平流导致的地面锋生以及700 hPa暖切变共同作用的结果。杨玮等[7]、麻巨慧等[8]、易明建等[9]、曾明剑等[10]分析了2008年1月南方冰冻雨雪的大气环流及与平流层极涡等大尺度系统的关系，并着重分析了冰冻天气的动力学成因，降雪的成因和物理过程分析较少。南方地区热力和动力条件与北方地区差异大，强降雪过程的成因也不尽相同，但以往南方地区降雪过程少，因此强降雪天气的成因及模式预报性能研究较少，近年来极端天气频发，南方地区强降雪过程有增多趋势，研究南方地区降雪对理解南北地区降雪成因差异及防灾减灾有重要意义。

2021年12月23—26日受寒潮天气影响，我国中东部地区出现明显大风降温，多地气温达到入冬以来最低值，南方地区持续低温并出现入冬首场大范围降雪，湖南、贵州和江西等地出现强降雪。此次寒潮天气对交通运输造成不利影响，多条高速公路和道路封闭、航线停航，湖南部分列车停运或出现不同程度延误。受降雪影响，湖南邵阳、娄底、怀化、湘西等地教育部门发布停课放假通知，湖南多个景区临时闭园。本文利用常规观测资料、自动站观测资料、欧洲中期天气预报中心逐 6 h ERA5(第五代欧洲再分析)资料以及多普勒天气雷达资料，分析此次降雪过程的环流形势和天气特点，重点讨论南方大范围降雪，尤其是贵州东部、湖南等地的强降雪天气成因和预报误差。

1 天气实况特征

2021 年 12 月 23—26 日，受寒潮天气影响，我国中东部地区出现明显大风降温，大部分地区最低气温最大降温幅度 6～10 ℃，其中内蒙古中西部、宁夏、陕西北部、山西、河北北部、山东大部、江苏南部、上海和贵州东部等地降温幅度达 12～16 ℃。降温后，最低气温 0 ℃线南压到贵州南部、广西北部至江西南部和浙江中部一带，－10 ℃线最南到达陕西中部、山西南部、河北中部一带(图略)。12 月 25—28 日，江南中西部以及贵州等地大部地区气温偏低，低温天气持续 3～4 d，大部气温较常年同期(12 月下旬，2 ℃线在长江中下游)偏低 4～8 ℃(图 1)。

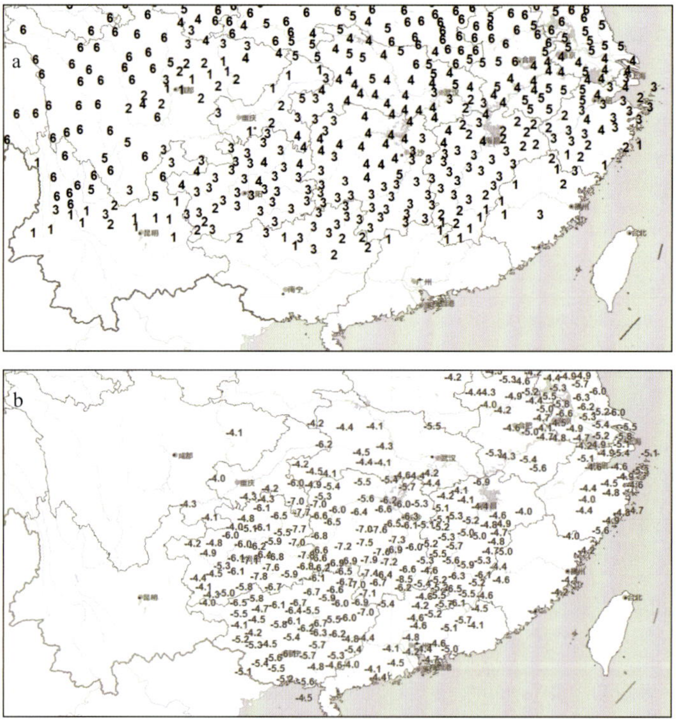

图 1　(a)2021 年 12 月 22—28 日温度低于 2 ℃持续日数(单位：d)；
(b)12 月 26—28 日平均气温低于历史同期距平值(小于－4 ℃)

12 月 25—27 日早晨，湖北、湖南、贵州及江西中北部等地先后出现大范围雨转雪或降雪天气，局地出现短时冻雨，雨雪相态转换复杂，贵州东部、湖南北部 25 日夜间开始雨转雪，其中，贵州东部、湖南中北部、江西西北部等地出现大到暴雪，湖南中部偏西地区局地出现大暴雪，湖南怀化累计降雪量达 31.5 mm(图 2a)，最强降雪时段出现在 25 日夜间至 26 日白天，贵州东部、湖南中北部最大积雪深度有 5～12 cm，贵州铜仁和湖南怀化、湘西、娄底、益阳等局地最大积雪深度超过 15 cm，湖南怀化最大达 23 cm（见图 2b）。另外，湖南南部、广西东北部和贵州西南部山区等地局地出现冻雨，但由于冷空气势力较强，加之南支槽东移后迅速减弱，湖南等地高空逆温层持续时间短，这次过程冻雨范围小、强度弱，总体为轻冰冻。

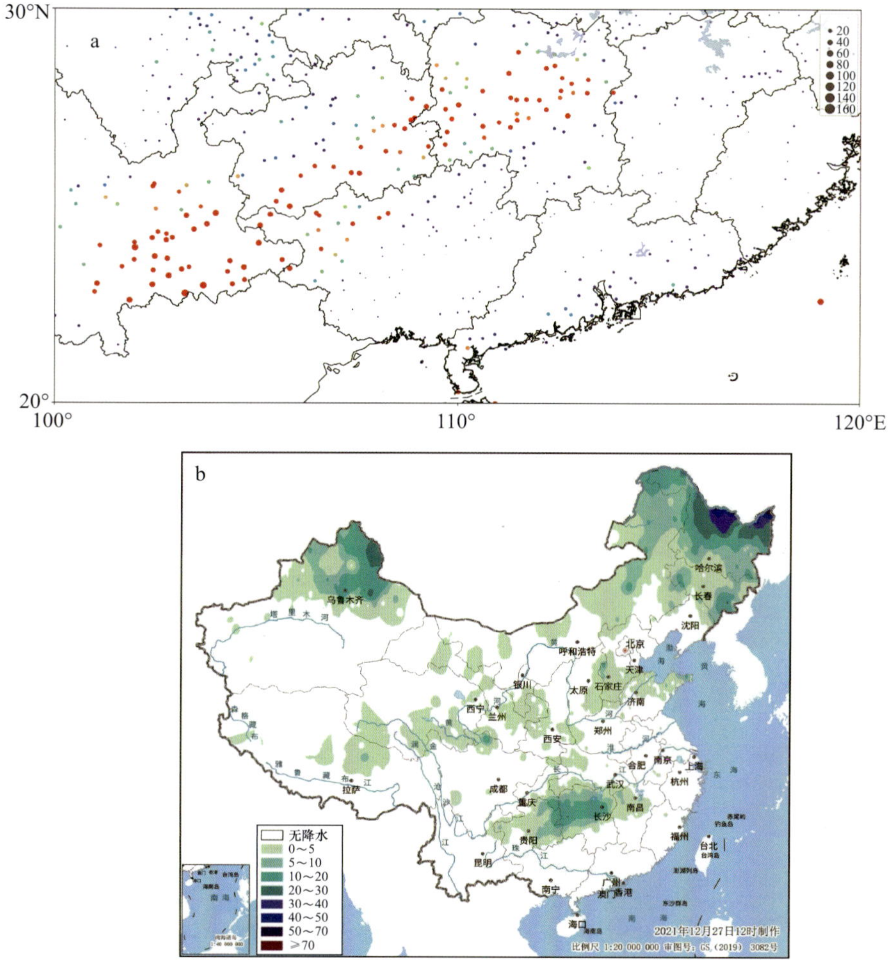

图 2　2021 年 12 月 23—27 日(a)全国累积降水(单位:mm)和(b)最大积雪深度实况图(填色，单位:cm)

2　大尺度环流背景及数值模式环流预报检验

2.1　环流背景

12 月 18 日前，大西洋高压脊向极地异常发展，19 日后，乌拉尔山附近高压脊逐渐向北发展，与大西洋高压脊打通，同时东太平洋高压脊也向极地发展，致使极涡分裂，偏向东亚的高纬地区，在亚欧大陆至太平洋高纬地区，形成两脊一槽的倒 Ω 型环流，有利于冷空气在西伯利亚堆积(图 3a)。21 日后,乌拉尔山以东高压脊东移至贝加尔湖附近,冷空气在脊前横槽东侧堆积,23—25 日,横槽缓慢南压,引导地面冷空气南下影响我国中东部,造成大范围的大风降温天气。500 hPa 高度场标准化距平的时间—经度剖面图显示(图 3b),贝加尔湖和东太平洋高压均较常年同期异常偏强(偏高 2σ),使得中高纬环流在 26 日横槽转竖后仍能够稳定维持,高空脊前偏北气流引导低层风场在我国南方地区 850 hPa 以下形成持续的偏东北风气流(图 4)。受其影响,南方地区累计降温幅度大,气温持续偏低,并为降雪天气的出现提供了低温和冷垫条件。23 日后,孟加拉湾北部南支槽异常发展并东移,我国西南地区和江南西部等地 700 hPa 处于槽前西南气流控制下,偏南气流在低层冷垫上爬升,为强降雪提供了有利的水汽和动力条件。

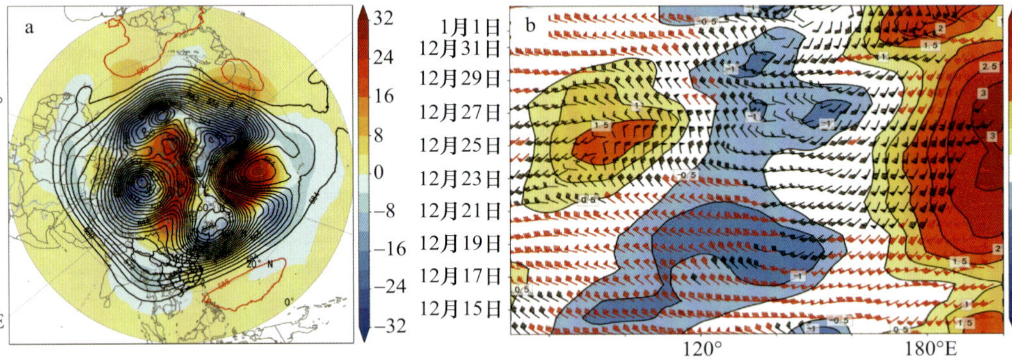

图 3 (a)2021 年 12 月 23—26 日 500 hPa 高度场(等值线)和距平(填色,单位:hPa);(b)沿 40°~60°N 平均的 500 hPa 高度场标准化距平的时间—经度剖面图(填色:标准化距平,单位:hPa,风矢量:500 hPa 风场,单位:m/s)

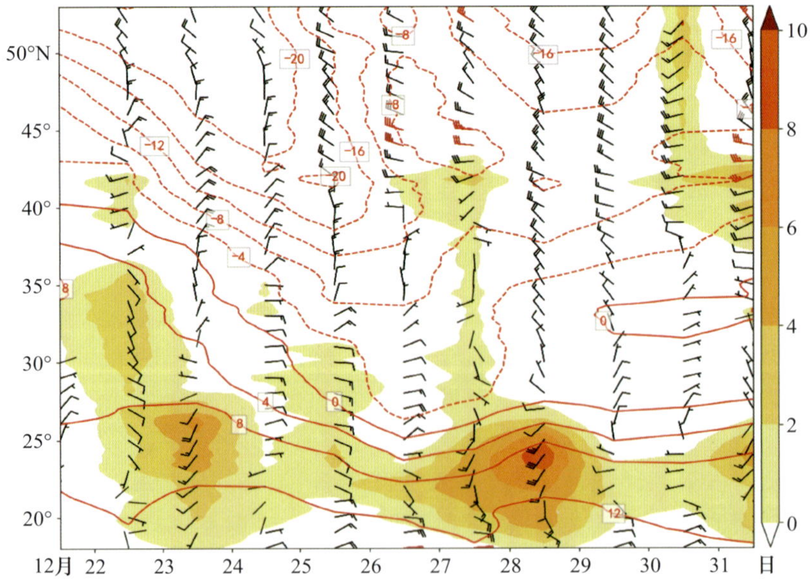

图 4 沿 104°~113°E 平均的 850 hPa 温度(等值线,单位:℃)、风场(风矢量)时间—纬度剖面图(填色:南风风速,单位:m/s)

2.2 数值模式对大尺度环流及过程降水的预报性能

这次寒潮雨雪过程是乌拉尔山阻塞高压和南支槽共同作用的结果。欧洲中期天气预报中心(ECMWF)月预报产品能够提前2～3周预报出欧亚大陆的两槽一脊环流型，但系统强度较实况偏弱。随时效临近提前7 d左右能够比较准确预报出槽脊强度和位置，但对于南支槽，模式14 d左右的预报明显偏弱，7 d内预报的强度调整到与实况基本一致(图略)。从西伯利亚高压指数和南支槽指数的预报检验也可以得到类似结论。用距平相关方法检验10 d以内ECMWF、NCEP(美国国家环境预报中心)、CMA-GFS(中国气象局全球同化预报系统)三家模式500 hPa环流的预报发现，ECMWF的可用预报时效最长，其次是NCEP和CMA-GFS。相对于环流的预报时效，过程降水预报时效较短，且空报较大。ECMWF集合预报提前7～10 d能报出南方这次降水过程，但4 d以内降水强度和范围才更接近实况，3 d内才能报出25 mm以上强度的降水。

3 南方强降雪成因

3.1 水汽条件

25日夜间开始，贵州、湖南等地的降水从雨或雨夹雪逐渐转为雪，降雪集中时段在26日08时—27日08时。湖南怀化(最强降雪站点)逐小时降水量也显示(图略)，1 mm/h以上降水主要出现在26日07—16时，最强降水可达2.4 mm/h。图5a显示，700 hPa的水汽来源有两支，一支来自孟加拉湾，受南支槽影响，一支来自南海西北部，在贵州东部至湖南中北部一带形成明显的水汽辐合，贵州、江南西部等地比湿达6 g/kg，满足较强降雪所需的水汽条件，同时整层水汽剖面(图5b)显示，贵州、湖南、江西北部等地上空湿层深厚垂直伸展至300 hPa附近，整层气温均低于−4 ℃，云顶气温低于−20 ℃，有利于冰晶雪花粒子在云内碰并增长。

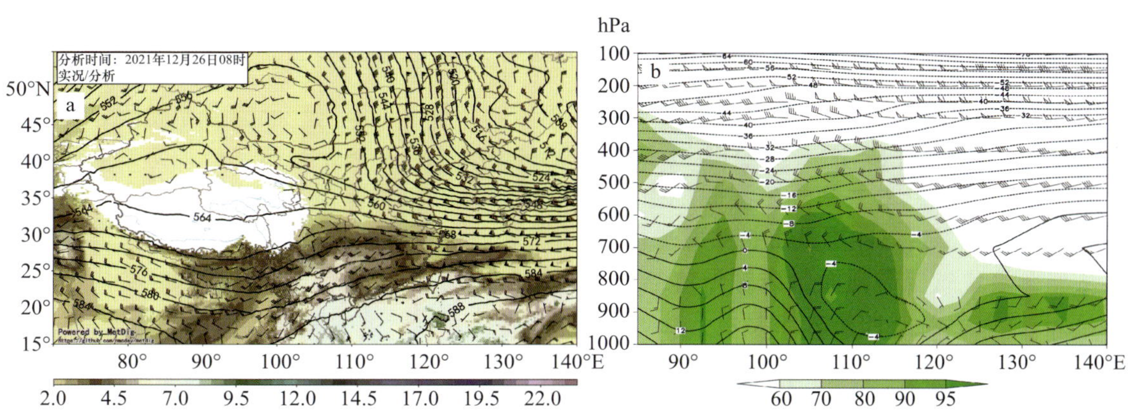

图5 (a)12月26日08时500 hPa位势高度(等值线，单位：hPa)、700 hPa风(风矢量，单位：m/s)和绝对湿度(填色，单位：g/kg)；(b)沿28°N相对湿度纬向—垂直剖面(等值线：温度，填色：相对湿度，单位：%)

3.2 动力条件和对称不稳定

12 月 25 日夜间至 27 日上午,云南至江南西部一带 700 hPa 西南气流风速达 12 m/s 以上(图 6a),贵州北部至湖南、江西一带处于急流轴北侧,有弱的辐合。26 日 14 时位温、湿度的经向垂直剖面显示(图 6b),锋区与地面交角较小,28°N 上空(湖南长沙)位于地面锋区后部冷区上空,850 hPa 以下为偏东北风,700 hPa 上为西南风,低层为气温偏低的干冷气团,其上是气温较高的暖湿气团,说明环境大气处于层结稳定和惯性稳定的状况,以稳定性降水为主。700 hPa 以上气流沿锋面倾斜爬升,在锋区两侧形成次级环流,600～400 hPa 存在较强的有组织的倾斜上升气流。600 hPa 湿位涡分析图(图 7)显示贵州东部和湖南北部的湿位涡(EPV)为负值,负值带与雷达回波平行,说明上述降雪地区存在对称不稳定(CSI)。张芳华等[11]、王建中等[12]也认为,存在 CSI 的情况下,即使无外界强迫,倾斜对流也能够获得发展,即弱对称不稳定有利于倾斜上升运动的组织和发展,并进一步维持和加强锋区两侧的次级环流。雷达回波也显示(图略),26 日白天有多条平行回波经过湖南、贵州北部,有最大中心大于 35 dBZ 的弱对流出现,说明在湖南、贵州一带上空有不稳定存在。因此,26 日白天西南急流与锋区上空弱对称不稳定配合,是贵州、湖南、江西等地出现较强降雪的成因。

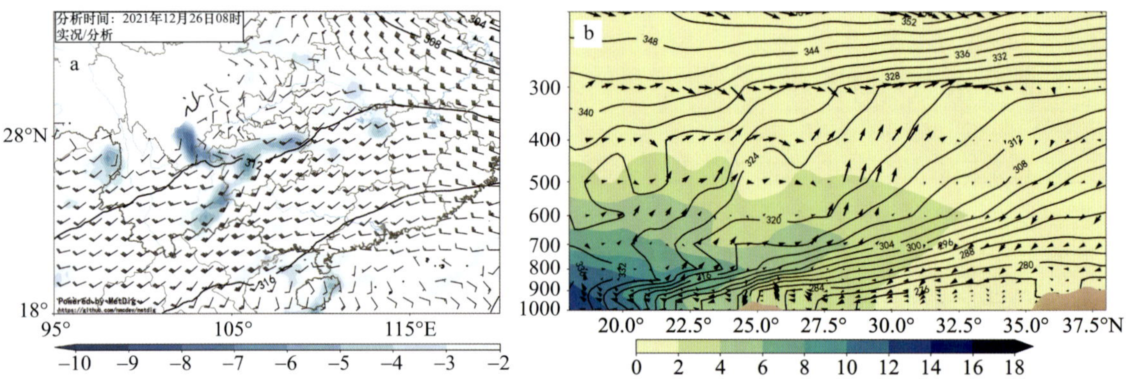

图 6 (a)12 月 26 日 08 时 700 hPa 位势高度(等值线,单位:hPa)、风(风矢量,单位:m/s)和水平散度(阴影,单位:10^{-5}/s)(b)12 月 26 日 14 时沿 113°E 经向垂直剖面上的相当位温(等值线,单位:K)、绝对湿度(填色,单位:g/kg)和风(风矢量,单位:m/s)

4 强降雪预报检验及偏差成因初步分析

4.1 降雪预报及积雪深度检验

检验 ECMWF、CMA-GFS、NCEP 三家模式对 25 日 20 时起报的 36 h 降水的预报情况(图略),ECMWF、NCEP 模式对贵州、湖南中西部等地 10 mm 以上降水落区预报与实况较为一致,但漏报湖南东部的暴雪;CMA-GFS 模式部分报出了湖南东部暴雪,但是对贵州降雪落

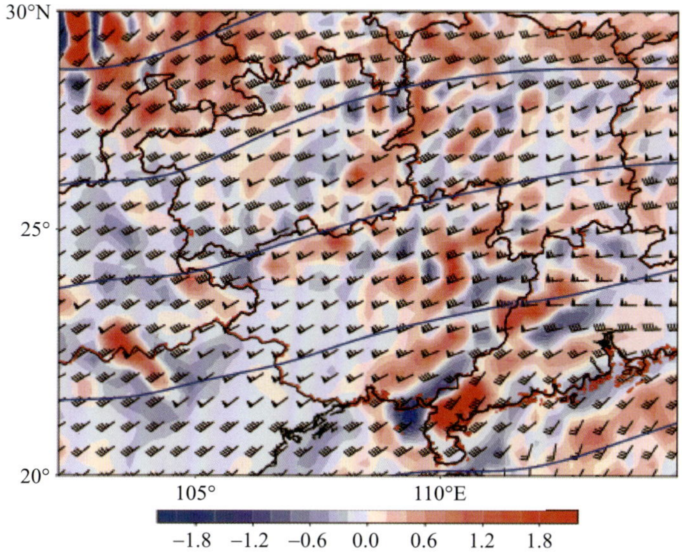

图7　12月26日14时600 hPa准地转湿位涡(阴影，单位：10^{-6}K·m^2/(s·kg))、500 hPa高度场(等值线，单位：hPa)和风场(单位：m/s)

区预报明显偏北。ECMWF模式对降水落区和强度的预报与实况最为接近。ECMWF集合预报在贵州东部、湖南西部的大雪概率为30%，但对湖南中东部的暴雪预报概率小于10%，中央气象台基于ECMWF集合预报的Logistic订正概率预报产品，预报湖南中东部暴雪概率为10%～20%，相较模式略有提高。主观预报的暴雪量级降水评分虽然高于ECMWF集合预报，但仍然漏报湖南东北部的强降雪。

截止到27日08时，贵州东部和湖南西部等地24 h新增积雪实况为8～14 cm(图略)，ECMWF模式36 h预报在贵州东部与实况基本一致，在湖南西部预报偏小3～4 cm，而在湖南东部降雪预报偏小，所以在积雪深度上也较实况明显偏小。中央气象台基于Cobb算法的客观预报产品在上述地区最大积雪深度预报有10～20 cm，较实况偏大，但这也可能与客观产品空间分辨率较高，而实际测站稀疏有一定关系。

4.2　降雪预报偏差成因初步分析

对于贵州、湖南、江西等地的相对湿度和整层可降水量，ECMWF模式36 h预报与实况基本一致。但700 hPa风速预报与实况对比显示，ECMWF模式在26日白天西南急流轴东北侧(湖南东部)预报的风速均较实况略偏弱，造成上述地区700 hPa辐合和500 hPa上升运动均较实况偏弱。图8显示，ECMWF模式虽然预报出了锋区上空的斜升运动，但较实况范围偏小且偏弱。对比实况与模式预报的湿位涡显示(图8)，ECMWF模式对于湖南东部600 hPa负的湿位涡区也较实况偏小，强度偏弱。ECMWF模式尽管能够预报出强降雪区上空存在对称不稳定，但较实况偏弱，因此，湖南东部斜升运动预报偏弱，与强降雪相关的低层辐合和垂直运动预报均偏弱，从而造成湖南东部降雪预报偏弱。

在实际预报中，多次降水个例的检验也表明，当出现西南风气流在偏东风冷垫上爬升造成冬季降水过程时，全球数值模式对西南急流及其伴随的斜升运动预报容易偏弱，预报时可参考中尺度模式预报和已有实况，将降水落区向急流下游订正，并增大降水预报强度。

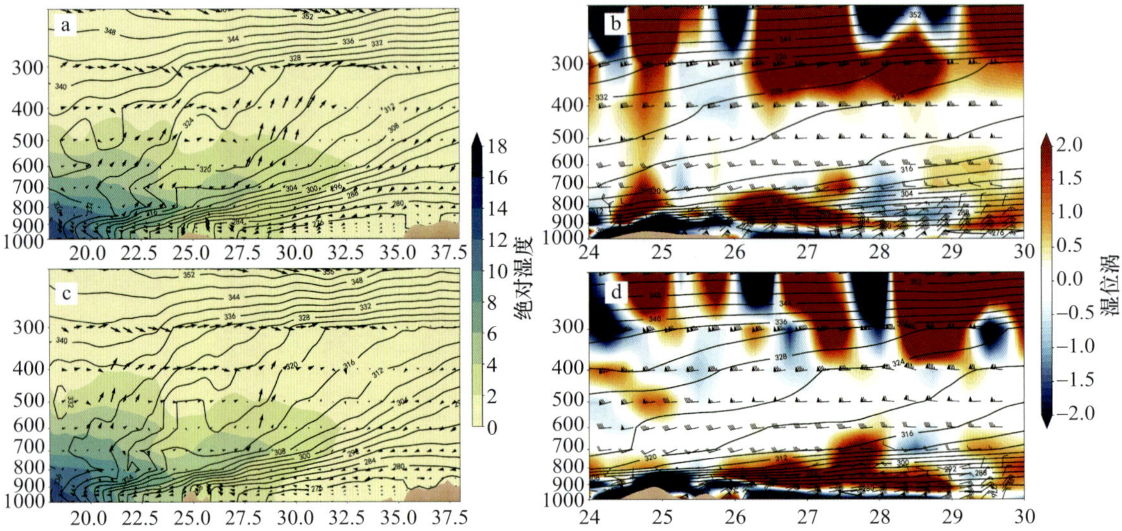

图 8　12 月 26 日 14 时沿 113°E 经向垂直剖面的相当位温(等值线，单位：K)，绝对湿度(阴影，单位：g/kg)和风(风矢量，单位：m/s)分布图((a)分析场；(c)ECMWF)；模式 12 月 25 日 20 时起报，26 日 14 时湿位涡(阴影，单位：10^{-6}K・m^2/(s・kg))、相当位温(等值线，单位：K)和水平风(单位：m/s)分布图((b)分析；(d)预报)

5 结论与讨论

本文针对 2021 年 12 月 23—26 日的南方大范围降雪过程大尺度环流和强降雪天气尺度成因分析，并分析了模式误差的成因，结果表明：

(1)乌拉尔山以东阻塞高压和太平洋高压脊异常偏强并稳定维持，使得高压脊前横槽稳定少动，脊前偏北气流持续输送到南方地区，江南地区低层维持东北风，气温较常年异常偏低，为降雪提供有利的温度条件。同时，低纬偏强的南支槽前西南气流，为降雪提供了水汽条件。

(2)江南北部 700 hPa 以上是西南风，暖湿气流在由东北风形成的冷垫上倾斜爬升，在锋区两侧形成次级环流，在对流层中下层出现对称不稳定，使锋面附近倾斜上升运动有组织地加强和发展，也进一步维持和加强了锋区两侧的次级环流，有利于贵州、湖南、江西等地强降雪的出现。

(3) 欧洲中期天气预报中心模式在 700 hPa 湖南东部附近西南急流预报偏弱，对称不稳定预报偏弱，造成上述地区 700 hPa 辐合和 500 hPa 倾斜上升运动均较实况偏弱，与强降雪相关的低层辐合和垂直运动预报均偏弱，从而造成湖南东部降雪预报偏弱。

本文只是针对单个个例定性分析了模式降雪量预报偏差与天气系统及其诊断量预报的关系，下一步将尝试通过大量个例诊断模式降雪量预报和低层急流等天气系统的定量偏差，以期帮助预报员订正模式偏差，提高预报准确率。

参考文献

[1] 王玉娟，刘晓燕，白爱娟，等．1961—2017 年三江源地区极端降雪指数变化特征分析[J]．气象与环境学报，2018，34(6)：108-115.

[2] 姚静，井宇，刘勇，等．2016 年陕西地区首场伴随“高架雷暴”区域性暴雪过程机理分析[J]．气象与环境学报，2018，34(6)：24-32.

[3] 徐爽，胡鹏宇，梁红，等．2017—2018 年辽宁地区三次降雪天气的 GPS 水汽变化特征[J]．气象与环境学报，2019，35(5)：27-36

[4] 李燕，赛瀚，刘晓初，等．辽宁东南部一次强降雪天气的成因分析[J]．海洋气象学报，2021，41(3)：84-93.

[5] 侯瑞钦，张迎新，范俊红，等．2009 年深秋河北省特大暴雪天气成因分析[J]．气象，2011，37(11)：1352-1359.

[6] 申李文，苗爱梅，赵建峰．2011 年山西省一次连续性降雪过程成因分析[J]．气象与环境科学，2011，36(1)：7-14.

[7] 杨玮，何金海，王佳，等．“0801 南方雪灾”水汽通量与降水关系的 SVD 分析[J]．热带气象学报，2011，27(5)：697-702.

[8] 麻巨慧，王盘兴，李丽平，等．“0801 南方雪灾”与同期蒙古高压中期活动的关系[J]．大气科学学报，2009，32(5)：652-660.

[9] 易明建，陈月娟，周任君，等．2008 年中国南方雪灾与平流层极涡异常的等熵位涡分析[J]．高原气象，2009，28(4)：880-888.

[10] 曾明剑，陆维松，梁信忠，等．2008 年初中国南方持续性冰冻雨雪灾害形成的温度场结构分析[J]．气象学报，2008，66(6)：1043-1052.

[11] 张芳华，陈涛，杨舒楠，等．一次冬季暴雨过程中的锋生和条件对称不稳定分析[J]．气象，2014，40(9)：1048-1057.

[12] 王建中，丁一汇．一次华北强降雪过程的湿对称不稳定性研究[J]．气象学报，1995(4)：451-460.

2022 年 1 月 27—29 日长江中下游雨雪天气过程检验分析

张 峰 任宏昌 李晓兰 胡 宁 宫 宇 郭楠楠 刘 璐 孙 军 谌 芸 徐 珺
(国家气象中心,北京,100081)

摘 要:2022 年 1 月 27—29 日我国中东部出现了大范围的雨雪天气过程,长江中下游地区降水相态复杂,雨、雪和雨夹雪交替出现,国、省两级气象部门在预报服务中均出现了不同程度的预报偏差,对春运造成了一定影响。本文重点针对长江中下游地区,分析 1 月 27—29 日雨雪过程的实况和成因,并评估主流数值模式预报性能。结果表明,数值模式对此次天气系统及降水落区的位置和强度预报具有较大的不稳定性,随着预报时效增加,模式对雨雪落区的预报偏差明显增大。地面气温预报偏低导致雨雪分界线预报偏南,叠加模式对降水落区位置预报偏北,使得模式预报的降雪量明显偏强。究其原因,模式对近地面冷平流的预报偏强以及降雪开始时间和量级的预报偏差对气温预报的反馈作用共同造成了对近地面气温及其变化趋势的预报偏差。这一结论对业务预报有很好的参考作用,也有助于提高类似雨雪过程的预报订正。

关键词:雪,雨夹雪,相态,检验评估,误差

引言

2022 年 1 月以来,我国中东部地区出现 4 次(1 月 20—24 日、1 月 25—29 日、1 月 31 日—2 月 4 日、2 月 5—7 日)大范围雨雪天气过程,表现为范围广、时间长、累计降雪量大、积雪深度深、相态复杂多变、南方持续低温阴雨寡照等特征。其中 1 月 25—29 日全国多个省份出现降雪或雨夹雪、雨转雪和降雨天气,部分地区出现大到暴雪,长江中下游地区降水相态复杂,雨、雪和雨夹雪交替出现。恰逢春运和春节假期,此次低温阴雨雪天气对江淮、江南等地的交通运输(公路、机场、航运)、农业(设施农业、经济林果、露地蔬菜、畜牧业等)、电力通信和城市运行均造成了严峻考验。针对此次中东部大范围较强雨雪天气过程,各级气象部门加强监测预报预警,及时发布预警信息。中国气象局启动重大气象灾害(暴雪)Ⅳ级应急响应,27 日 08 时 30 分提升为Ⅲ级。中央气象台发布 2022 年首个暴雪黄色预警,过程期间共发布暴雪预警 10 期,其中黄色预警 5 期。同时,中央气象台积极联动各地气象部门,利用网站、微博、微信等平台滚动更新天气实况和预报预警信息,并适时开展重点天气解读和防灾减灾科普宣传。

相比历年雨雪过程[1-3],此次过程相态复杂,部分站点雨雪反复转换,数值模式和主观预报均出现了明显的预报偏差,对关键环流系统预报偏北偏强。同时,预报转雪时间明显偏早,造成了雪线位置预报偏南,对预报服务造成了严峻的考验,造成了一定的社会影响。本文将重点围绕长江中下游地区雨雪过程,分析其成因及预报出现明显误差的原因,为以后的雨雪过程预报提供经验借鉴。

1 数据和方法

本文选取了1月27—29日欧洲中期天气预报中心（ECMWF）确定性模式的零场以及ERA5（第五代欧洲再分析）资料制作的分析场。实况降水则使用了国家气象信息中心提供的2300多个观测站的降水资料，预报数据为ECMWF和中国气象局全球同化预报系统（CMA-GFS）以及ECMWF集合预报数据，每个预报时次分别有51个预报成员。

积雪深度产品使用中央气象台基于Cobb算法的新增积雪预报技术和产品[4]。Cobb算法原理是利用温度和垂直速度等对雪水比的影响，基于相关统计关系，利用模式预报的要素产品计算雪水比，计算公式为 $R_{\text{snow}} = SR(T) \times \dfrac{F_{\text{layer weighting}}}{\sum F_{\text{layer weighting}}}$。

2 实况特征

2.1 中东部雨雪天气范围广、降雪量大

1月25—29日，西北地区东部、黄淮西部、江淮、江汉、江南及西南地区等地先后出现雨雪天气，甘肃、宁夏、陕西、山西、河南、湖北、湖南、江西、安徽、江苏、上海、浙江及四川、重庆、广西、贵州、云南、西藏等18个省（区、市）出现降雪或雨夹雪、雨转雪和降雨天气，10 mm以上雨雪覆盖面积达113万 km^2，25 mm以上覆盖面积约有50万 km^2（图1a）。

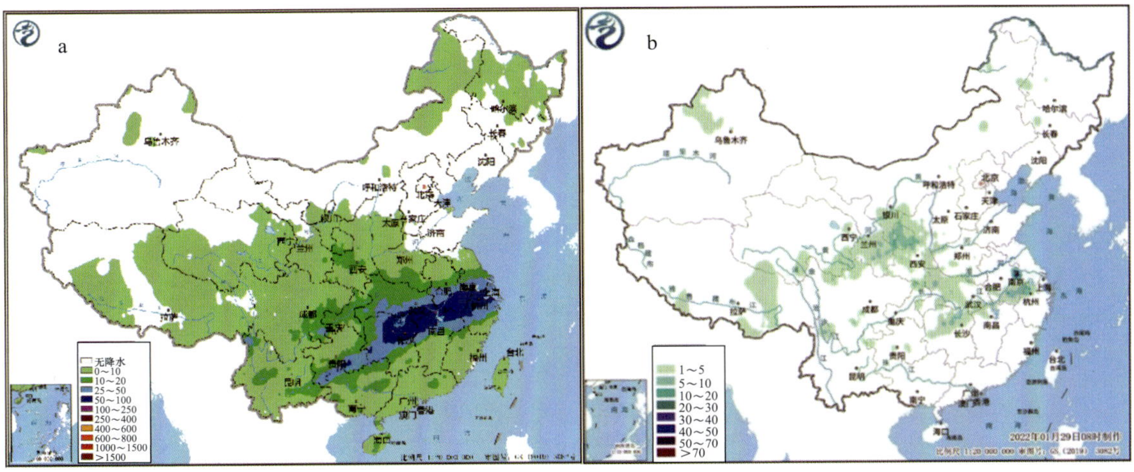

图1 2022年1月25—29日累计降水量（a，单位：mm）及最大新增积雪深度（b，单位：cm）分布图

1月25—29日，甘肃东部、陕西中南部、山西南部、河南中南部、湖北、湖南中部和东北部、安徽南部、江西北部、江苏南部、浙江北部等地的部分地区出现中到大雪或雨夹雪、雨转雪，安徽东南部、浙江西北部等局地出现暴雪。与25日相比，29日早晨，甘肃东部、陕西中部、河南中部、湖北西北部和南部、湖南北部、安徽南部、浙江北部等地的部分地区新增积雪深度2～

8 cm,安徽九华山和黄山、浙江安吉和德清等局地降雪深度达 11～17 cm(图 1b)。

2.2 长江中下游地区降水相态复杂

1 月 25—26 日,长江中下游地区主要以降雨为主,28 日起,湖北、湖南北部、安徽南部、江西西北部、江苏南部、浙江北部等地开始出现大范围雨转雪或雨夹雪,其中降雪的持续时间不长(图 2);贵州南部、湖南中部、江西中北部、浙江中部等地以降雨为主。28 日,贵州贵阳、黔东南和黔南、安徽黄山、江西九江、湖南衡阳等地出现冻雨。

图 2 2022 年 1 月 27—29 日武汉、南京、杭州、桐城四个观测站的相态变化情况

(绿色为降雨,蓝色为雨夹雪或雪,黄色为无降水记录)

3 雨雪成因及预报偏差分析

3.1 环流形势演变及预报偏差

1 月 27—29 日,亚洲中高纬度环流持续呈"一脊一槽"型分布,库页岛上空至我国中西部地区有低涡低槽维持,高压脊位于哈萨克斯坦上空,槽后西北气流引导冷空气不断南下,加之南支槽偏强偏东(图 3a、图 3b),呈现"冬行夏令"的特征,导致暖湿空气不断向北输送,造成了冷暖空气不断交汇于江淮、江南到贵州一带。从逐日天气形势演变可以看到,27 日以后,南支槽东移速度缓慢,槽前 700 hPa 西南急流较为显著,850 hPa 高度上存在明显的低涡切变系统(图 3c、图 3d),而在北方地区,高空槽后的偏北风携带冷空气南下,在中低空各层均存在较好的动力抬升条件,槽前的低层偏南气流也提供了充足的水汽供应。从 θ_{se} 的演变也可以看出,随着冷空气南下,低涡切变附近位置的气温逐渐降低,引起过程中的雨雪相态变化。

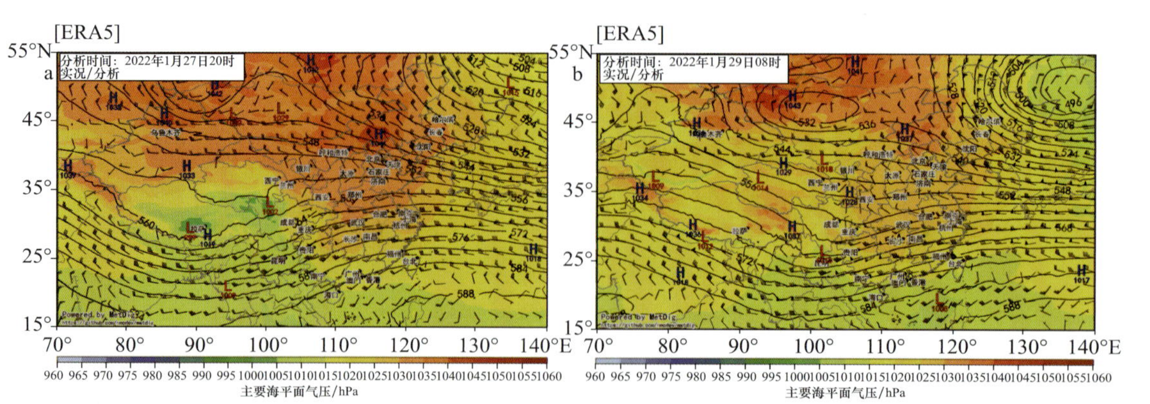

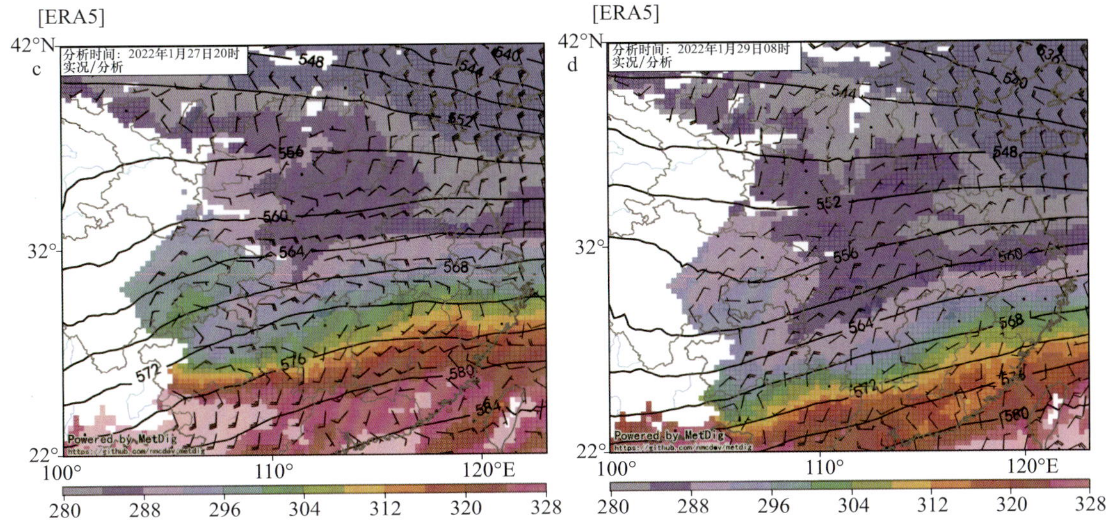

图 3　2022 年 1 月 27 日 20 时(a)和 29 日 08 时(b)的 500 hPa 位势高度(单位：dagpm)、700 hPa 风场和海平面气压场(单位：hPa)图及 1 月 27 日 20 时(c)和 29 日 08 时(d)的 500 hPa 位势高度(单位：dagpm)、850 hPa 风场和 850 hPa 相当位温(单位：K)图

ECMWF 和 CMA-GFS 等主流模式预报很不稳定，模式提前 2～3 d 对 700 hPa 黄淮地区的切变线位置预报明显偏北，且随时效一直在调整，提前 24 h 预报的切变线位置仍然较实况略偏北，同时切变线南侧的西南急流预报偏强(图 4)。从 850 hPa 比湿的预报偏差分析可以看到，36 h 时效内长江中下游一带的水汽预报明显偏强(图 5a)，24 h 时效内预报有所改进，但在湖北中东部和安徽南部等地预报仍然偏强(图 5b)。

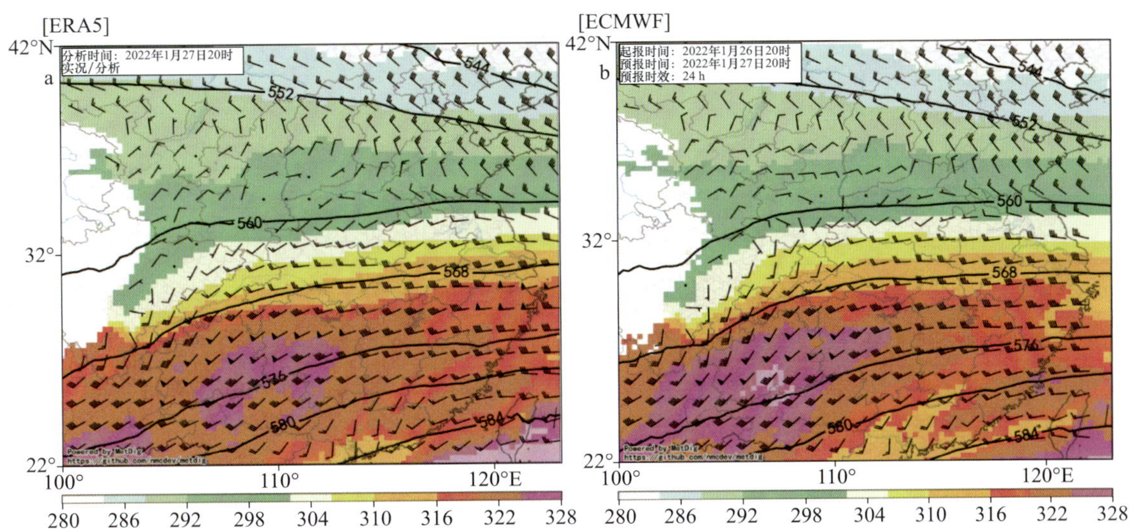

图 4　2022 年 1 月 27 日 20 时的 500 hPa 位势高度(单位：dagpm)、700 hPa 风场和 700 hPa 相当位温(单位：K)实况分析场(a)和 26 日 20 时起报的 24 h 预报场(b)

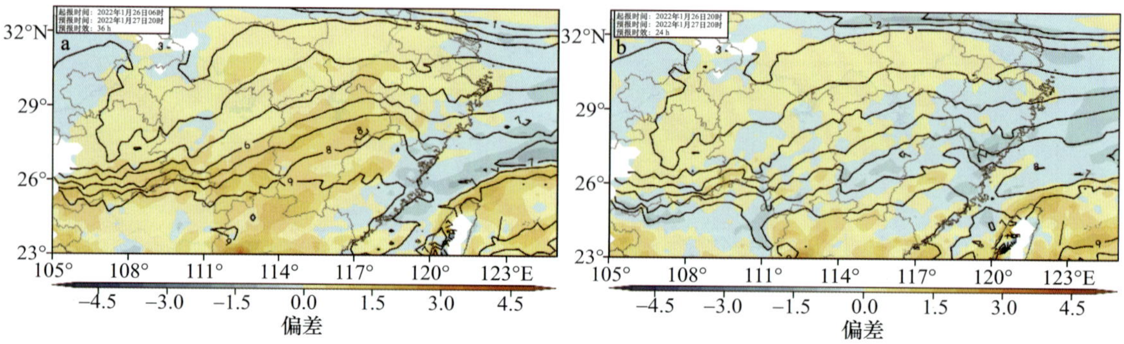

图 5　2022 年 1 月 27 日 20 时 850 hPa 比湿(单位:g/kg)的 36 h(a)和 24 h(b)时效的预报偏差(单位:g/kg)

3.2　雨雪天气成因及偏差分析

3.2.1　雨雪落区成因及偏差分析

对比分析降雪量最强的 27 日和 28 日的预报情况可以发现,对于 27 日的降水,ECMWF 和 CMA-GFS 模式对雨带整体位置预报明显偏北(图 6a、图 6b)。从 ECMWF 和 Cobb 客观算法对 27 日的新增积雪深度预报可以看到,对于陕西、湖北、安徽等地的新增积雪深度预报明显偏强(图 6e、图 6f)。ECMWF 模式对 28 日降水雨带位置预报较好,CMA-GFS 模式预报依然偏北,主流模式对于 28 日的雨雪相态预报同样存在偏差,且在湖北东部、安徽西南部等地降雪量预报偏大。

分析 1 月 27—28 日的预报偏差出现的原因,主要有两点:一是从图 4 及前文分析可知,ECMWF 和 CMA-GFS 等主流模式提前 2～3 d 对 700 hPa 上黄淮地区的切变线位置预报明显偏北,且模式预报不稳定,这是造成预报雨带位置偏北的最主要原因。切变线南侧的西南急流预报偏强使得陕鄂皖等地的水汽预报偏强,因而造成上述地区预报降水量偏大。二是通过对比 28 日白天上述地区的降水相态(图 7)可以发现,28 日 08—14 时湖北西南部和东部、安徽西南部等地以降雨为主,而模式相态预报产品均预报为雪、湿雪或雨夹雪。模式相态预报产品对转雪的时间预报偏早,导致雪线预报偏南。这种雨雪相态的预报偏差与雨带位置偏北的误差相叠加,导致对于陕西南部、湖北、安徽西部等地降雪强度预报明显偏强。

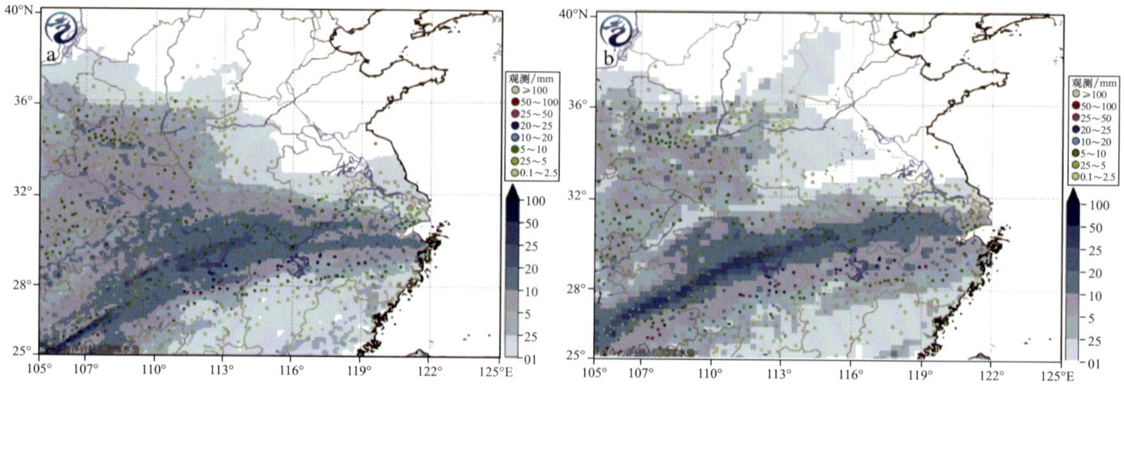

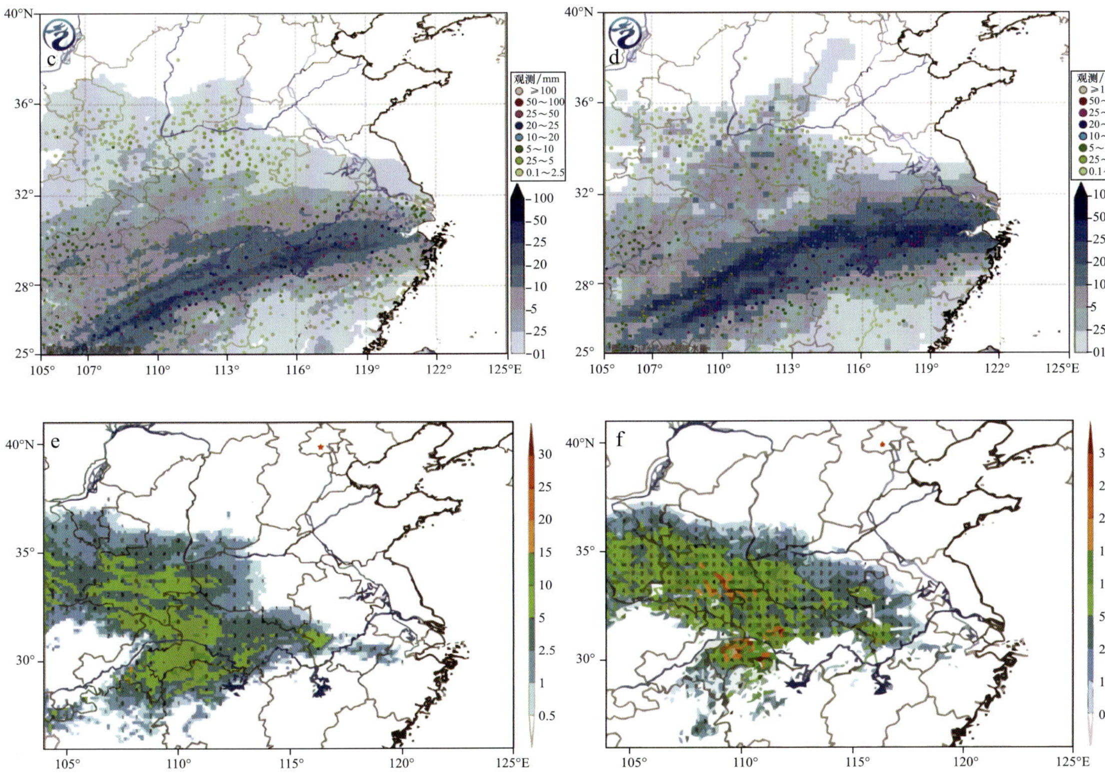

图6 2022年1月27日08时—28日08时24 h降水量（单位：mm）的ECMWF模式（a）和CMA-GFS模式（b）的36 h预报对比图、1月28日08时—29日08时24 h降水量（单位：mm）的ECMWF模式（c）和CMA-GFS模式（d）的36 h预报对比图及ECMWF模式（e）和Cobb客观算法（f）对1月28日08时的24 h新增积雪（单位：cm）的预报图

3.2.2 气温预报偏差分析

前人关于相态转换时地面气温的研究结论[5-10]表明，地面气温在0 ℃附近、1000 hPa气温0～2 ℃附近时降水相态有可能会从雨向雨夹雪或雪转变，地面气温在−2～4 ℃时有可能出现雨夹雪或雨雪转换。余金龙等[7]分析了安徽省2000—2009年冬半年的雨雪过程样本，发现出现雨、雨夹雪和雪时的地面气温主要分布为2.4～9 ℃、0.2～2.2 ℃、−2～0.2 ℃。在27—28日的降水过程中，湖北、安徽等地的地面2 m气温处于0～2 ℃的区间内，此时雨、雨夹雪和雪三种相态都有出现的可能，降水相态对温度的预报偏差较为敏感，相态的预报难度较大。

从图8a、图8b可以看出，28日白天，湖北、安徽、江苏一带的大范围地区2 m气温出现在−2～2 ℃，而模式预报的气温偏低。从925 hPa气温预报偏差（图8c、图8d）也可以看到，模式在24 h时效内对安徽、江苏一带的气温预报同样偏低。虽然气温偏低的幅度并不是特别明显，但由于处在敏感温度区间内，对相态预报的影响较大。模式对于湖北、安徽、江苏等地的低层气温预报偏低，是导致相态预报出现偏差的直接原因。

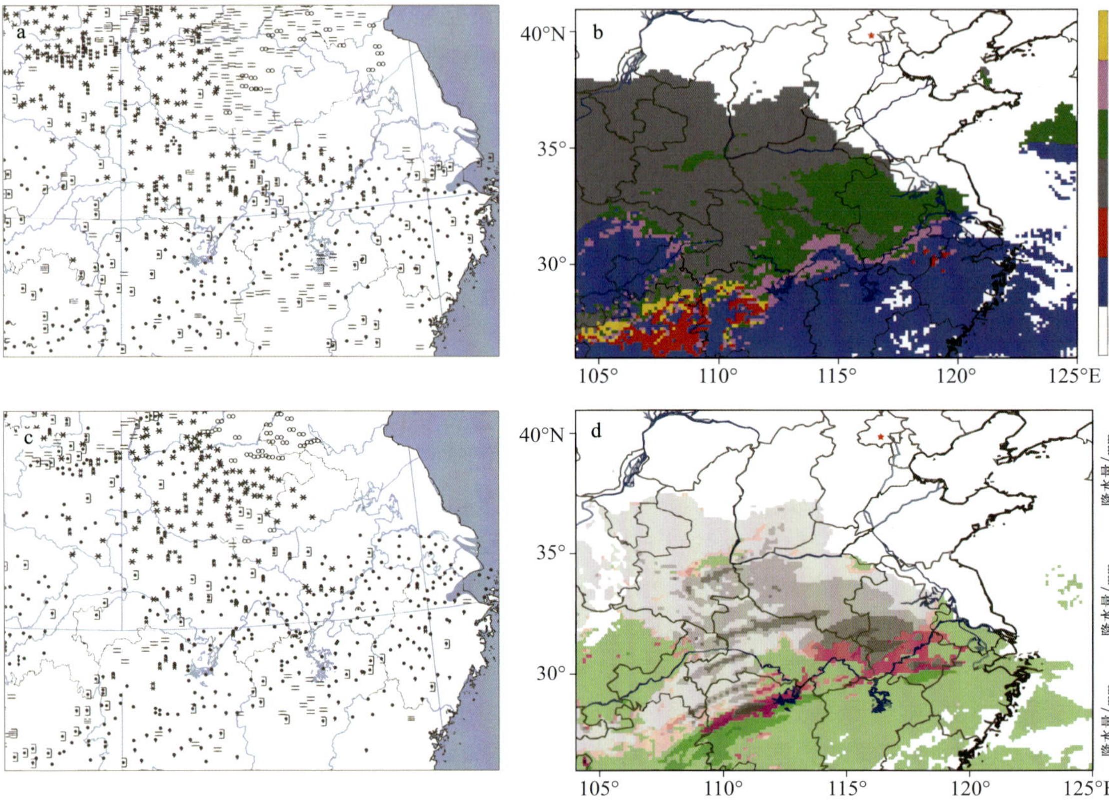

图 7　2022 年 1 月 28 日 08 时地面观测降水相态(a)和 ECMWF 模式 26 日 20 时起报 36 h 时效的降水相态预报图(b)、28 日 14 时地面观测降水相态(c)和 ECMWF 模式 27 日 20 时起报 18 h 时效的 3 h 降水量及相态预报图(d)对比

在实际预报中,我们常将温度变化的热流量方程表示为$\frac{\partial T}{\partial t}=-V\cdot\nabla T-\omega(\gamma_d-\gamma)+\frac{1}{C_p}\frac{\mathrm{d}\overline{Q}}{\mathrm{d}t}$,由此可知影响局地温度变化的因素主要包括温度平流、垂直运动和非绝热因子。在此次过程中,低层垂直运动的预报偏差较小,我们主要从其他两个方面来分析温度预报出现偏差的原因。

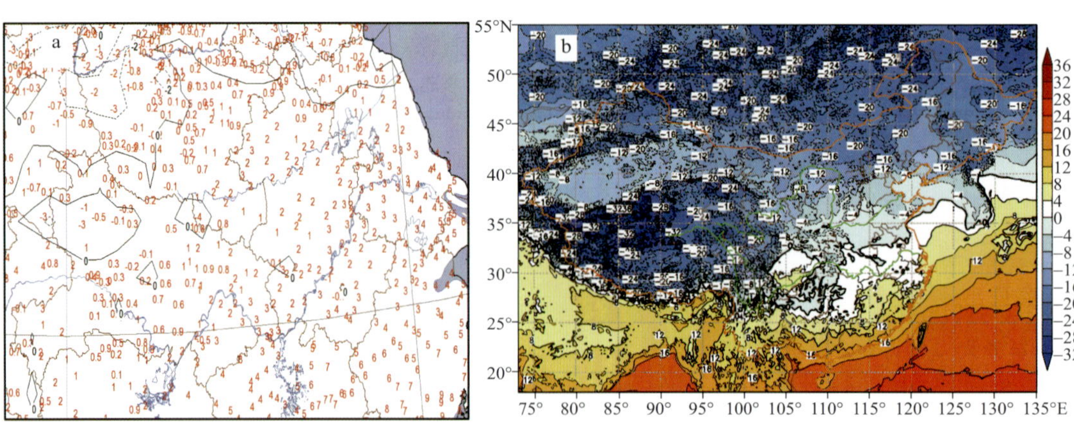

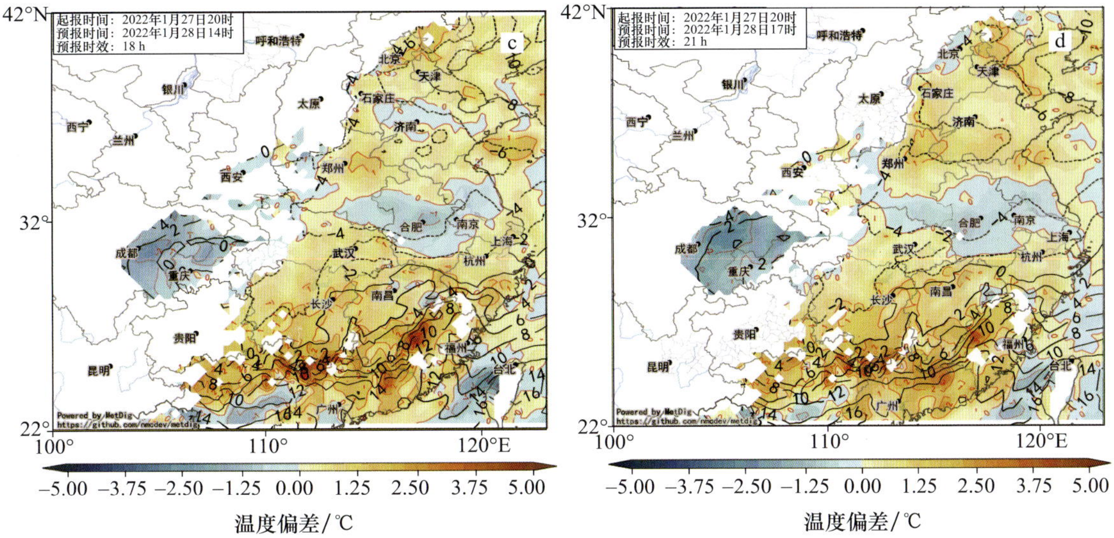

图 8　2022 年 1 月 28 日 08 时地面 2 m 气温观测（a，单位：℃）和 ECMWF 模式对 28 日 08 时 2 m 气温的 12 h 预报（b，单位：℃）以及 ECMWF 模式对 28 日 14 时（c）和 28 日 17 时（d）的 925 hPa 气温（单位：℃）的预报偏差

1. 温度平流偏差分析

从 28 日 08 时的 925 hPa 温度平流的实况预报对比（图 9）可以看到，湖北东部和安徽西南部存在北方冷空气南下导致的冷平流，而模式 36 h 时效预报冷平流的强度略偏强[10]，但在湖北、安徽、江苏境内，冷平流的预报偏差并不明显。另外，通过对武汉、南京等站点的冷平流垂直剖面时序图对比发现，模式对中低层温度和温度平流的预报偏差不大，预报偏差主要出现在近地面附近。

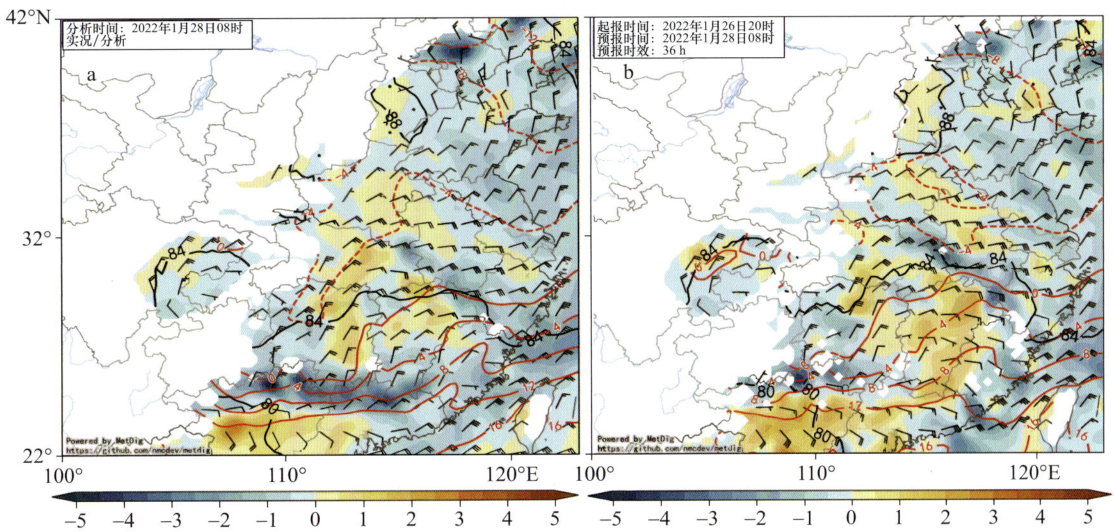

图 9　2022 年 1 月 28 日 08 时 925 hPa 位势高度场（单位：dagpm）、风场和温度平流场（单位：10^{-4} K/s）实况（a）及 ECMWF 模式 36 h 预报（b）

2. 非绝热项偏差分析

选取此次过程中受关注程度较大的武汉和南京两个站点，通过对比26日20时—29日20时的3 h降水、3 h降雪和2 m气温的演变情况，并与不同时次起报的模式预报结果对比(图10)，发现在27日武汉站(图10a、图10b)的2 m气温预报较实况略偏高，在28日早晨模式预报降雪开始后，预报2 m气温持续下降。从气温观测实况可以看到，28日武汉站2 m气温维持在2 ℃左右，而模式在两个预报时次的预报结果均较实况偏低。

南京站(图10c、图10d)28日白天无降雪，中午气温显著回升，20时左右回落至1 ℃左右，数值模式对27日的2 m气温预报与实况较为一致，但26日20时起报的预报结果中出现了对28日降雪的空报，同时预报2 m气温持续下降，28日气温预报较实况明显偏低，27日08时起报的预报结果有所调整，但降雪量仍然预报偏大且降雪开始时间预报偏早，2 m气温在28日白天预报仍较实况偏低。

模式在过程开始前夕对气温的预报与实况较一致或略偏高，模式预报的气温下降时段与预报的降雪发生时段较为吻合，预报降雪的发生一定程度上影响了其对气温的预报。对比降雪和气温的预报偏差，不同时效的模式预报对两地28日的降雪出现了空报、量级预报偏大和开始时间偏早等误差，这与气温预报偏低的趋势较为一致。推测模式对于降雪时间和量级的预报偏差在模式内部有进一步反馈到温度预报结果的可能，致使在模式空报的降雪期间预报气温持续偏低，这进一步误导了预报员对降水相态的判断。

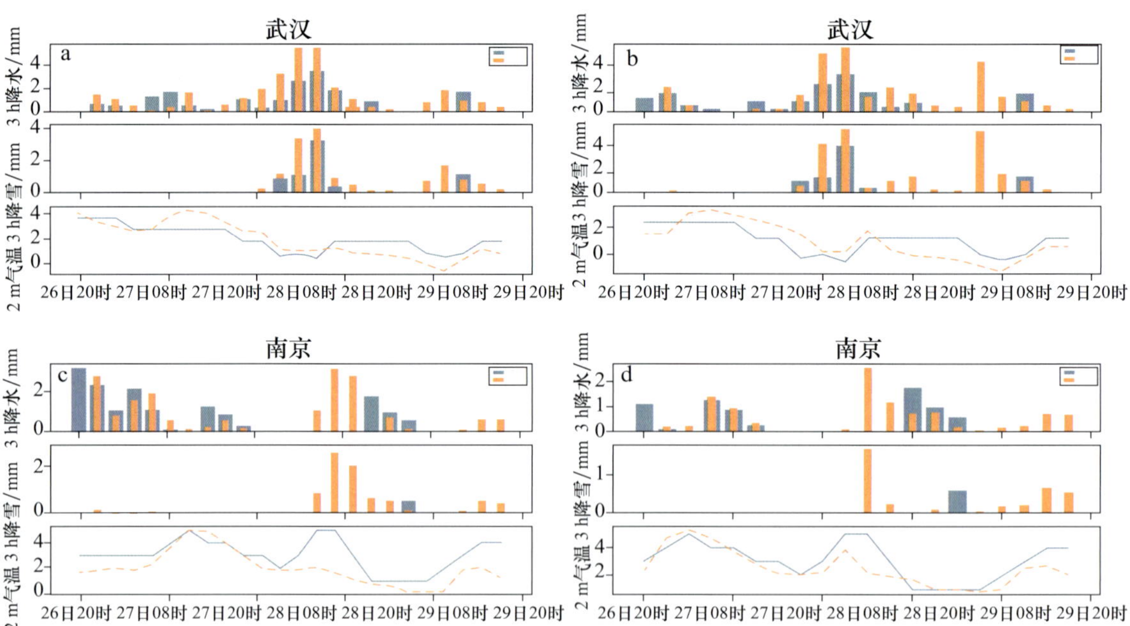

图10 武汉与南京3 h降水、3 h降雪、2 m气温的实况时序图与ECMWF模式预报对比(蓝色:实况，橙色:预报)

(a)武汉1月26日20时—29日20时；(b)武汉1月27日08时—29日20时；
(c)南京1月26日20时—29日20时；(d)南京1月27日08时—29日20时

4 预报服务改进思路及对策

4.1 雨雪预报偏差改进思路和技术方案

（1）冬季降水预报的难点在于降水相态对边界层过程非常敏感，建议进一步提高自主模式边界层的垂直分辨率及其对物理过程的预报能力，同时加强大气垂直层结精细化观测和分析，加强研发降水相态、冻雨和新增积雪深度客观预报产品[11]，并对其进行检验评估和技术改进。

（2）对于临界温度附近的雨雪天气过程，模式对降水或降雪的过报可能会导致气温预报偏低，进而影响后续相态预报，应加强对这方面个例的研究和分析。

（3）当模式对气温预报出现较大偏差时预报员缺乏订正能力，应加强对数值预报模式性能的检验，分析模式对系统强度的预报偏差，提升预报员对模式气温进行主观订正和应用的能力。

（4）应加强机器学习、深度学习等新技术以及集合预报产品在降水相态预报方面的应用[12,13]，提升对冬季降水相态的预报准确率。

4.2 服务改进思路和建议

（1）此次过程适逢春节前夕和春运高峰期，为了更好支撑各部门提前防范应对部署，提前较长时间发布了预报服务材料，但临近时段的预报调整也给预报服务工作造成了一定程度的影响。当过程预报不稳定、出现较大调整时，需及时滚动更新预报结论和相关服务，并及时向公众传达。

（2）预警信号发布如何兼顾服务需求和预报质量也需要进一步讨论和分析。

5 总结和讨论

（1）此次雨雪过程覆盖中东部大部地区，雨雪持续时间长，影响范围大，部分地区出现大到暴雪且积雪明显，其中长江中下游地区雨雪相态复杂并出现反复转换。

（2）亚洲中高纬槽后西北气流引导冷空气南下、南支槽偏强导致冷暖空气不断汇集于江淮江南至贵州一带等原因共同造成此次大范围雨雪天气。

（3）国、省两级中短期预报对27—29日长江中下游等地的降雪量级和积雪深度预报偏大。主要原因是由于主流数值模式对系统位置和强度的预报偏差导致雨带整体位置预报偏北，且对陕西南部、湖北、安徽西部等地的降水相态预报出现偏差，二者综合作用导致对上述地区降雪预报偏强。

（4）模式对地面气温预报偏低是导致此次相态预报出现偏差的主要原因。其中，模式对近地面冷平流的预报偏强导致气温预报偏低，对降雪开始时间预报偏早和降雪量级预报偏大等原因对气温预报偏低有反馈作用，上述原因共同导致了模式对气温预报偏低，进而误导了预报员对降水相态的判断。

参考文献

[1] 张志富,希爽,刘娜,等. 1961—2012 年中国降雪时空变化特征分析[J]. 资源科学,2015,37(9):1765-1773.

[2] 李双双,段克勤,王婷,等. 1970—2018 年秦岭南北冷季降雪量时空变化及其影响因素[J]. 地理科学,2022,42(1):163-173.

[3] 赵琳娜,慕秀香,马翠平,等. 冬季稳定性降水相态预报研究进展[J]. 应用气象学报,2021,32(1):12-24.

[4] 符娇兰,陈博宇,陈双,等. 新增积雪深度客观预报技术研究及其应用[J]. 气象,2022,48(10):1230-1241.

[5] 李江波,李根娥,裴雨杰,等. 一次春季强寒潮的降水相态变化分析[J]. 气象,2009,35(7):87-94.

[6] 张备,尹东屏,孙燕,等. 一次寒潮过程的多种相态降水机理分析[J]. 高原气象,2014,33(1):190-198.

[7] 余金龙,朱红芳,邱学兴,等. 安徽冬季地面降水相态的判别研究[J]. 气象,2017,43(9):1052-1063.

[8] 张琳娜,郭锐,曾剑,等. 北京地区冬季降水相态的识别判据研究[J]. 高原气象,2013,32(6):1780-1786.

[9]漆梁波,张瑛. 中国东部地区冬季降水相态的识别判据研究[J]. 气象,2012,38(1):96-102.

[10] 杨舒楠,徐珺,何立富,等. 低层温度平流对华北雨雪天气过程的降水相态影响分析[J]. 气象,2017,43(6):665-674.

[11] 谌芸,曹勇,孙健,等. 中央气象台精细化网格降水预报技术的发展和思考[J]. 气象,2021,47(6):655-670.

[12] 黄骄文,蔡荣辉,姚蓉,等. 深度学习网络在降水相态判识和预报中的应用[J]. 气象,2021,47(3):317-326.

[13] 董全,张峰,宗志平. 基于 ECMWF 集合预报产品的降水相态客观预报方法[J]. 应用气象学报,2020,31(5):527-542.

五、沙尘

2022年4月20—21日内蒙古强沙尘暴过程天气学成因与预报难点分析

云静波　孙永刚　刘诗韵　周志花　田　畅　霍志丽　郭炳瑶
（内蒙古自治区气象台，呼和浩特，010051）

摘　要：2022年4月20—21日，内蒙古出现了大范围沙尘暴天气，其中内蒙古西部出现强沙尘暴。利用常规气象观测数据、FY-4气象卫星资料、呼和浩特市激光雷达资料以及美国国家环境预报中心（NCEP）再分析资料，对本次强沙尘暴天气过程的天气学成因及预报难点进行分析发现，沙尘暴天气过程中温度平流垂直分布差异直接影响大气层结稳定性。沙尘区与700 hPa及以下的冷平流区对应，冷锋过境前该地低层暖平流增温。呼和浩特沙尘天气前期与高空颗粒物的沉降密切相关，但随着地面冷锋、切变线的过境，地面至高空整层消光系数显著增大，边界层混合高度显著下降至0.5 km，低层沙尘浓度显著增加，表明本地起沙与传输沉降相叠加，沙尘天气剧烈增强，沙尘天气影响气溶胶光学厚度显著增大，能见度显著下降。中国气象局全球同化预报系统（CMA-GFS）对风的预报效果最佳，中国气象局亚洲沙尘暴数值预报系统（CMA-CUACE-Dust）近地层沙尘浓度预报偏强、范围偏大。结合内蒙古沙尘暴预报业务及经验，业务中采用本地WRF-Chem模式与内蒙古沙尘智能客观预报为主，但两种客观预报均对内蒙古东部沙尘预报存在偏差，需预报员进行订正。

关键词：沙尘暴，大风，蒙古气旋，温度平流

引言

沙尘暴是发生在荒漠化和干旱、半干旱地区的严重土壤风蚀过程，在漫长的地质时期一直存在。沙尘暴不仅是一种严重的灾害性天气过程，同时，沙尘气溶胶也是气候变化的重要影响因素。

与其他灾害性天气不同的是，沙尘暴是大气圈与岩石圈紧密联系并相互作用形成的特殊天气过程，沙尘暴的发生除了受到气象条件的影响，下垫面条件也是影响沙尘暴形成的关键因素。沙尘暴形成的物质基础——沙尘来自地面，而沙尘粒子脱离地面则需要气象条件——大风驱动，在不稳定或者中性的大气层结条件下，强烈的上升运动把大量的沙尘卷扬到高空，在大风的作用下沙尘传输到远方，形成大范围沙尘暴天气[1-5]。内蒙古中西部是影响我国冷空气南下的必经之路。春季冷空气入侵频繁、干燥多风，为沙尘暴的发生提供了适宜的气象条件。同时，这里分布着广袤的高原、众多的沙漠沙地，特殊的地形地貌条件为沙尘暴发生提供了适宜的下垫面条件，这使得内蒙古中西部不仅成为我国沙尘暴的主要发生区之一，同时也是沙尘

暴的重要沙尘源地[6,7]。

激光雷达作为一种主动式大气遥感探测设备,利用大气分子、气溶胶、云等对激光的散射,获取它们的光学性质、空间垂直分布等相关信息。自 20 世纪 80 年代起,国内学者开始应用激光雷达观测资料,对沙尘过程中气溶胶层进行分析,并指出激光观测沙尘暴过程中的气溶胶特征是可行的,激光沙尘暴探测的主要缺点在于穿透能力的限制[8]。近年来,王莉娜等[9]、黄艇等[10]、张晋茹等[11]运用激光雷达等综合观测资料,对白银、大连、北京沙尘过程进行分析,得到沙尘过程的时间和空间分布特性。樊璠等[12]应用激光雷达等综合观测资料,分析了北京地区的一次强沙尘过程前后的天气形势和细颗粒物($PM_{2.5}$)的污染特征,反演了雷达探测期间的消光系数,探讨了沙尘过程中气溶胶的时空分布特征及输送特征。郭伟等[13]通过分析两次沙尘天气过程中浮尘、扬沙和沙尘暴三类天气情况的地面综合观测资料,得到气溶胶后向散射系数的时间和空间结构特性。

本文针对 2022 年 4 月 20—21 日内蒙古强沙尘暴过程的起沙动力因子、热力因子以及沙尘过程中呼和浩特市激光雷达特征进行详细分析,并对沙尘业务数值模式效果进行检验分析,提炼预报思路和着眼点,以期为沙尘天气预报预警提供参考。

1 资料与方法

本文所用资料包括地面及高空观测资料、FY-4 气象卫星沙尘监测资料、呼和浩特市激光雷达数据、美国国家环境预报中心(NCEP)FNL 再分析资料、中国气象局亚洲沙尘暴数值预报系统(CMA-CUACE-Dust)沙尘预报产品、内蒙古自治区预报业务中常用在线耦合的大气化学模式 WRF-Chem 模式预报产品和内蒙古智能客观沙尘预报产品,文中对沙尘预报产品进行对比检验。此外,对业务中常用的中国气象局全球同化预报系统(CMA-GFS)、欧洲中期天气预报中心确定性模式(ECMWF)和集合预报(ECMWF-EPS)给出的风进行对比检验。除特别说明外,文中所用时间均为北京时。

2 沙尘、大风实况及天气学成因分析

2.1 沙尘、大风天气实况

2022 年 4 月 20—21 日,受强烈发展的蒙古气旋及相伴的地面冷锋影响,内蒙古中西部自西北向东南方向陆续出现大范围沙尘、大风天气(图 1)。沙尘天气范围大、强度强、共计 15 个站出现沙尘暴天气,沙尘暴主要分布在内蒙古西部和中部偏北地区,其中 4 站出现能见度小于 500 m 的强沙尘暴,包头市北部的希拉穆仁气候站观测到最小能见度为 0.317 km。沙尘天气从 4 月 20 日 08 时开始,至 21 日 20 时结束,其中 20 日 17 时—21 日 02 时沙尘暴强度最强。沙尘天气过程中,内蒙古中西部偏北地区平均风力 6~7 级,极大风速大范围出现了 8~9 级,60 个站的极大风速≥8 级,18 个站的极大风速≥9 级;2 站极大风达到 10 级,即包头市白云鄂博矿区风速为 26.8 m/s、锡林郭勒盟苏尼特右旗风速为 26.2 m/s。过程中极大风速 8 级以上

的范围与沙尘暴区域吻合。

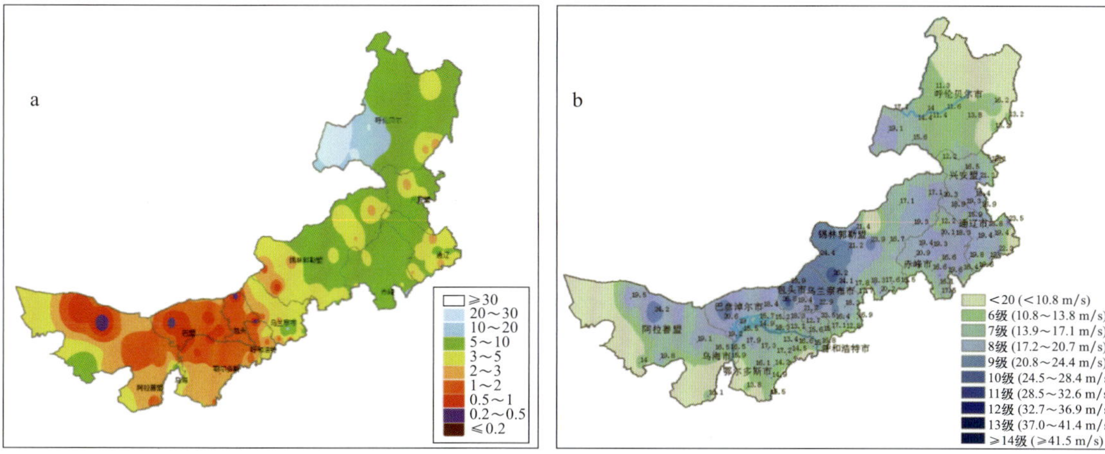

图1　2022年4月20—21日内蒙古沙尘暴过程中最低能见度(a,单位:km)、极大风速(b,单位:m/s)实况

本次过程中通过FY-4A沙尘监测合成图(图2)可以清晰地看到沙尘区从20日14时在蒙古国南部和我国阿拉善盟西北部开始加强,范围逐渐扩大,至20日23时尘区已覆盖内蒙古中西部大部,虽有云系的影响,但仍可以看到零散分布的沙尘区域。与能见度小于10 km的沙尘区域基本吻合。

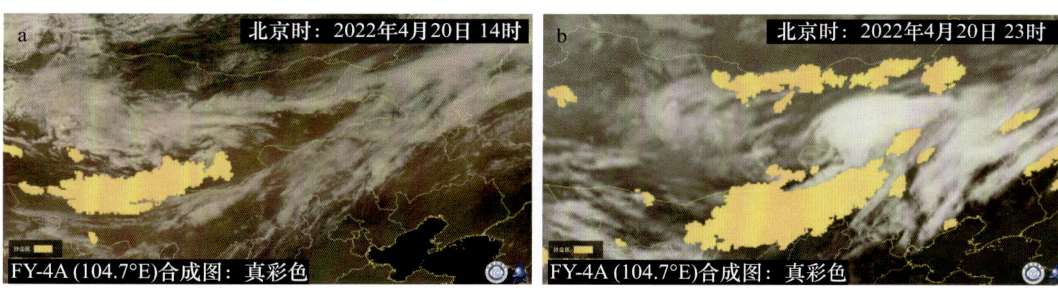

图2　2022年4月20日14时(a)、23时(b)FY-4A沙尘监测合成图

2.2　大气环流形势分析

4月20日08时,500 hPa亚欧中高纬为一槽一脊,我国内蒙古及蒙古国受宽广的高空槽控制,高空槽底部压至内蒙古西部偏北地区;在内蒙古西部地区700 hPa高度槽与850 hPa温度脊反位相叠加,即高空冷平流置于低层增暖的大气之上,有利于该地区形成中性层结或者不稳定层结,从而有利于沙尘天气的出现。在地面图上,受西北东南向的地面低压控制,低压中心位于蒙古国南部和内蒙古中部交界处,内蒙古中西部位于地面气旋冷锋前部,随着地面气旋和伴随的冷锋发展,在内蒙古中西部出现了大范围沙尘天气(图3)。本次过程中地面气旋中心最低气压达990 hPa,气旋后部冷高压中心最高气压达1018 hPa,与内蒙古多年平均的4月内蒙古沙尘暴冷高压、蒙古气旋强度统计特征相符[14],是有利于出现大范围沙尘天气的。

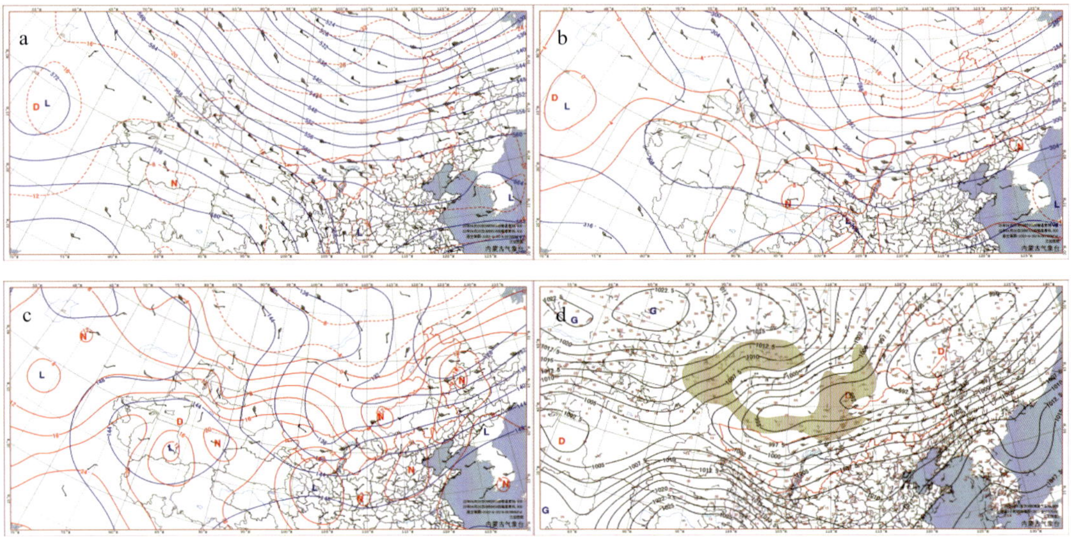

图 3　2022 年 4 月 20 日 08 时 500 hPa(a)、700 hPa(b)、850 hPa(c)高空及地面(d)天气形势图

2.3　沙尘天气成因分析

2.3.1　大气层结特征

大气层结稳定性是沙尘暴形成的重要因素，是沙尘暴预报的关键。相关研究表明，边界层内形成深厚的混合层是深厚干对流和强沙尘暴产生的主要原因。在预报中常常会发现沙尘暴天气发生前并没有深厚的混合层形成，更多的深厚混合层是与沙尘暴天气同时发生的。在本次沙尘暴天气过程中，以乌拉特中旗探空站为例，4 月 20 日 08 时温度对数压力图(图 4a)显示，中低层大气为干空气并伴有下沉有效位能，低层为偏南风，随着高度增高逐渐转为西北风，即低层为暖平流，中高层对应冷平流。从该时次的垂直位温分布图(图 4b)能更直观地看到整层大气比湿接近 0，在沙尘天气发生前的 20 日 08 时，位温的垂直分布以稳定层结为主。但在 20 日 20 时(图 4c)，伴随着沙尘暴的发生，中低层温度直减率明显增大，$T_{850-500}$ 由 08 时的 20.6 ℃增加至 36.2 ℃，$T_{700-500}$ 由 08 时的 19.1 ℃增加至 20.8 ℃，可见低层增温更为明显，该地沙尘天气从 20 日 14 时后明显发生，到 18 时能见度下降至 0.7 km，20 时能见度为 0.9 km。从 20 时的垂直位温分布图(图 4d)可知，位温在 500 hPa 以下与横坐标近乎垂直，说明大气层结几乎为绝热状态，此时已形成了自地面到 500 hPa 的深厚混合层，混合层的出现可以减少气块在上升过程中的能量所需，进而促进干对流的出现和发展。

在沙尘暴天气中，温度平流垂直分布差异直接影响大气层结稳定性。沿着气旋冷锋的位置 41.5°N 做温度平流、涡度和风场的垂直剖面(图 5)，发现沙尘区与 700 hPa 及以下的冷平流区对应，冷锋过境前该地低层暖平流增温，锋后冷平流区在 14 时达到最强(-40×10^{-5}℃/s)并东移，此时沙尘天气逐渐增强东移；20 时，低层冷平流区范围扩大，沙尘区域增大，但强度有所减弱，700 hPa 冷平流达到-30×10^{-5}℃/s 的区域对应沙尘暴区域。沙尘暴天气强冷平流中心位于较高的层次，与近地层弱冷平流叠加，形成高低层温度平流差异，使得垂直气温直减率加大并保持这一趋势，形成有利于沙尘暴发生的深厚不稳定层结条件，在低层扰动的触发下形成干对流风暴，能量交换不稳定能量释放，使该层大气趋于中性层结即混合层。

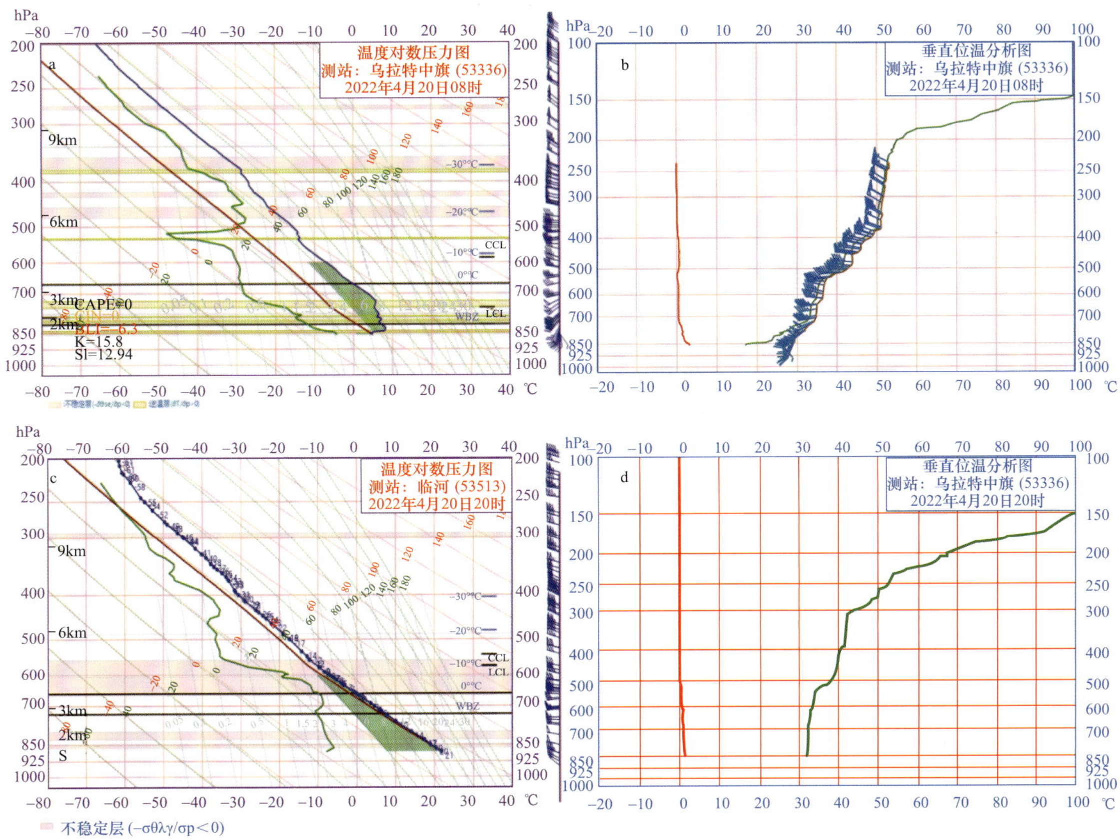

图 4 2022 年 4 月 20 日 08 时 T-ln$P$ 图(a)、08 时垂直位温(图中绿线，单位：℃)分析图(b)、20 时 T-ln$P$ 图(c)和 20 时垂直位温(图中绿线，单位：℃)分析图(d)

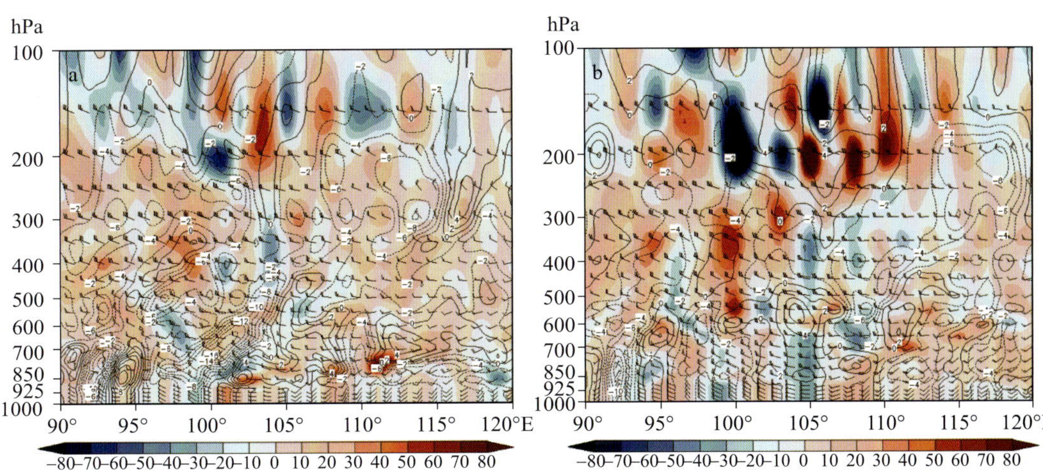

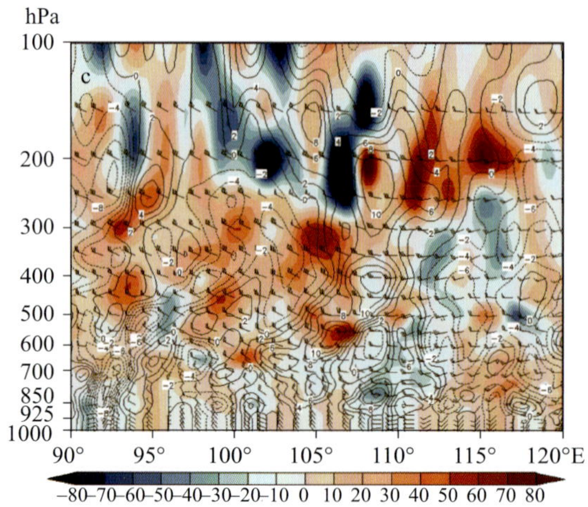

图 5　2022 年 4 月 20 日 08 时(a)、14 时(b)、20 时(c)沿 41.5°N 温度平流(阴影,单位:10^{-5} ℃/s)、涡度(等值线,单位:10^{-5}/s)、风(单位:m/s)垂直剖面图

2.3.2　动力结构特征

本次过程中,20 日 14 时沙尘天气开始明显增强,通过分析 14 时散度、涡度、垂直速度、相对湿度物理量的垂直分布特征(图 6),以揭示气旋冷锋导致沙尘天气发展增强的原因。在冷锋附近 800 hPa 存在辐合中心,低层辐合区上空 700～500 hPa 对应辐散区,高层的辐散抽吸作用,使得冷锋附近强上升气流中心位于 600 hPa(强度为−2.5 Pa/s),下沉运动位于冷锋后低层 700 hPa 以下,中心位于 850 hPa(强度为 0.8 Pa/s)。冷锋前后,850～700 hPa 以下的中低层大气相对湿度在 20%～40%,相对湿度低,利于沙尘天气出现。冷锋附近整层大气为正涡度,且随着高度增高,涡度增大。

2.3.3　激光雷达观测特征

4 月 20 日中午前后开始至 21 日白天,呼和浩特风力增大,大部分地区出现 6 级以上大风,20 日夜间均出现沙尘天气,随着地面气旋冷锋的东移南压,20 日 23 时左右,呼和浩特地面出现西北东南向切变线,沙尘天气在 20 日 23 时 50 分增强,能见度从 23 时 40 分的 14 km 迅速下降为 2.5 km,此时地面气温 10 min 内升高 0.5 ℃,气压开始上升,地面由偏南风迅速转为西北风,23 时 56 分大风达 11.5 m/s,21 日 01 时 54 分风速再次增大到 16 m/s(图 7a)。从呼和浩特市赛罕区可吸入颗粒物(PM_{10})逐小时观测数据(图 7b)分析可见,PM_{10} 浓度在 20 日午后出现陡增,从 13 时的 225.7 $\mu g/m^3$ 增加至 15 时的 1000 $\mu g/m^3$,并维持到 17 时,此后逐渐降至 200 $\mu g/m^3$ 左右;该站 PM_{10} 浓度的第二次增长出现在 20 日 23 时,浓度迅速增至 774.8 $\mu g/m^3$,第二次 PM_{10} 浓度增加时,与激光雷达观测到的消光系数增大、边界层混合高度下降、AOD 陡增的变化趋势一致。

从呼和浩特激光雷达资料分析(图 7c、图 7d)可知,20 日上午呼和浩特市有本地气溶胶存在,浓度较低,颗粒较小,首要污染物为 $PM_{2.5}$,之后随着地面气旋的侵入,消光系数(图 7c)和退偏比(图 7)同步升高。分析发现,该次沙尘天气造成的空气质量恶化前期主要与高空颗粒物的沉降密切相关,4 月 20 日 20—23 时,3500～4500 m 高度消光系数较大,其低层消光系数小,表明此时沙尘主要在高空开始扩散至呼和浩特。当地面切变线于 23 时在呼和浩特加强

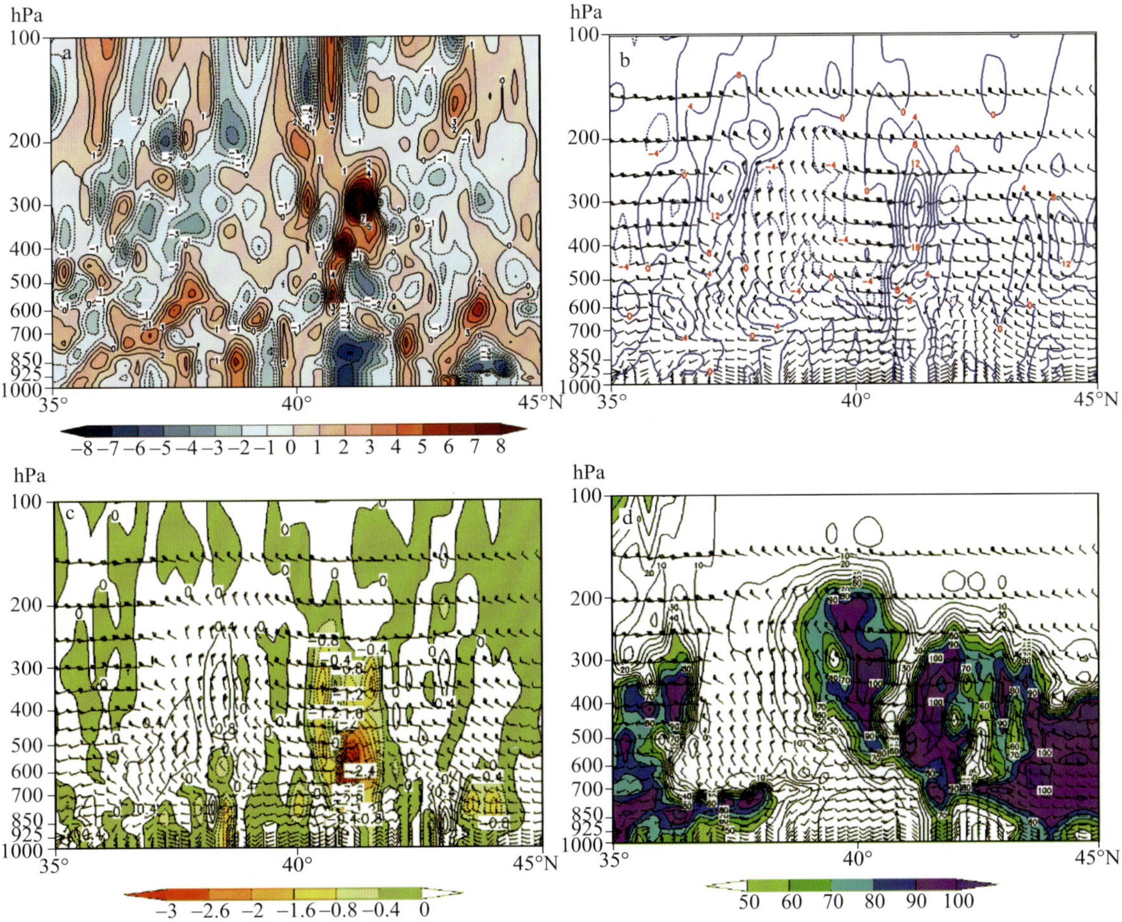

图 6　2022 年 4 月 20 日 14 时沿 108°E 的散度(a,单位:10^{-5}/s)、涡度(b,单位:10^{-5}/s)、垂直速度(c,单位:Pa/s)及相对湿度(d,单位:%)纬向-高度剖面图

时,激光雷达地面至 5000 m 高度整层消光系数显著增大至 1/km,此时边界层混合高度(图 7e)显著下降至0.5 km,低层沙尘浓度迅速增加,到 21 日 01 时,地面至 5000 m 高度整层的平均消光系数约为1/km,表明受切变线或地面冷锋过境,呼和浩特本地起沙与传输沉降相叠加,沙尘天气剧烈增强。从气溶胶光学厚度(图 7f)的演变知,20 日 23 时 AOD 陡增,20 日 23 时—21 日 01 时,气溶胶光学厚度达 6～7.5,表明受沙尘天气影响气溶胶光学厚度显著增大,将导致能见度显著下降。当沙尘减弱时,AOD 值则逐渐降低。综合消光系数、退偏比、AOD 分析可知,本次沙尘天气中,呼和浩特污染最严重时段为 20 日夜间至 21 日中午前后,且污染物以 PM_{10} 为主,其中 20 日 23 时—21 日 02 时呼和浩特沙尘天气最为强烈。

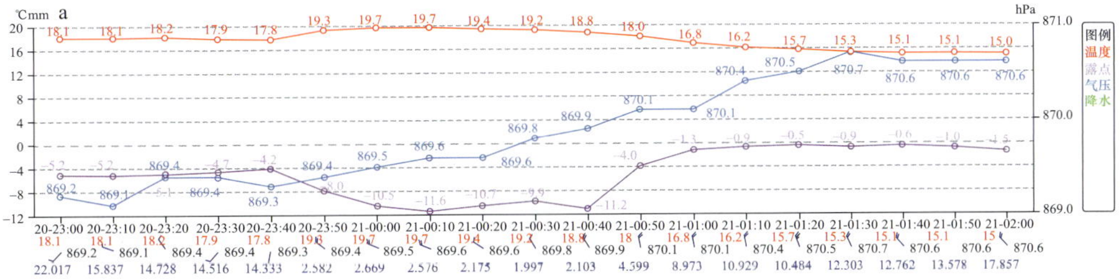

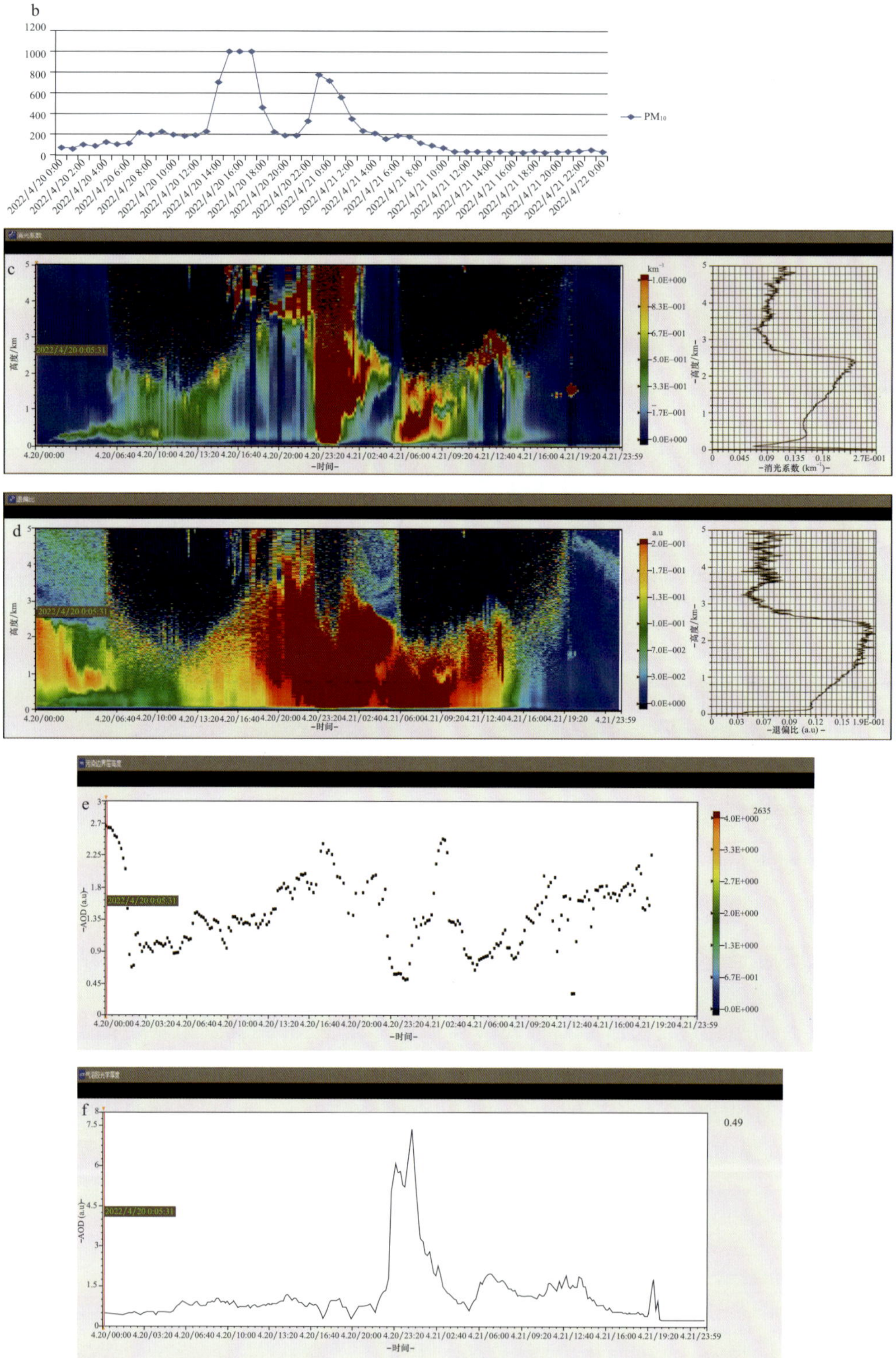

图 7　2022 年 4 月 20 日 23 时—21 日 02 时呼和浩特地面 10 min 气象要素演变图(a)、4 月 20—21 日呼和浩特市赛罕区 PM_{10} 逐小时浓度图(b,单位:μg/m^3)、激光雷达消光系数垂直结构(c,单位:/km)、退偏振比垂直结构(d)、污染边界层高度(e,单位:km)、气溶胶光学厚度演变图(f)

3 业务数值模式检验和预报偏差分析

3.1 业务数值模式可预报性分析

针对4月20—21日沙尘天气过程，对常用业务数值模式的可预报性进行分析。将地面5级以上大风实况、中国气象局全球同化预报系统（CMA-GFS）、欧洲中期天气预报中心（ECMWF）确定性模式10 m风场和集合预报（ECMWF-EPS）的10 m最大阵风集合平均及离散度预报进行对比分析可知，集合预报（ECMWF-EPS）对于风力预报性能相对较差，CMA-GFS和ECMWF逐3 h风场预报均表现为14时风速预报最强，与实际风速变化趋势较为一致，对5级以上大风CMA-GFS预报落区、强度效果最好，ECMWF预报偏弱。

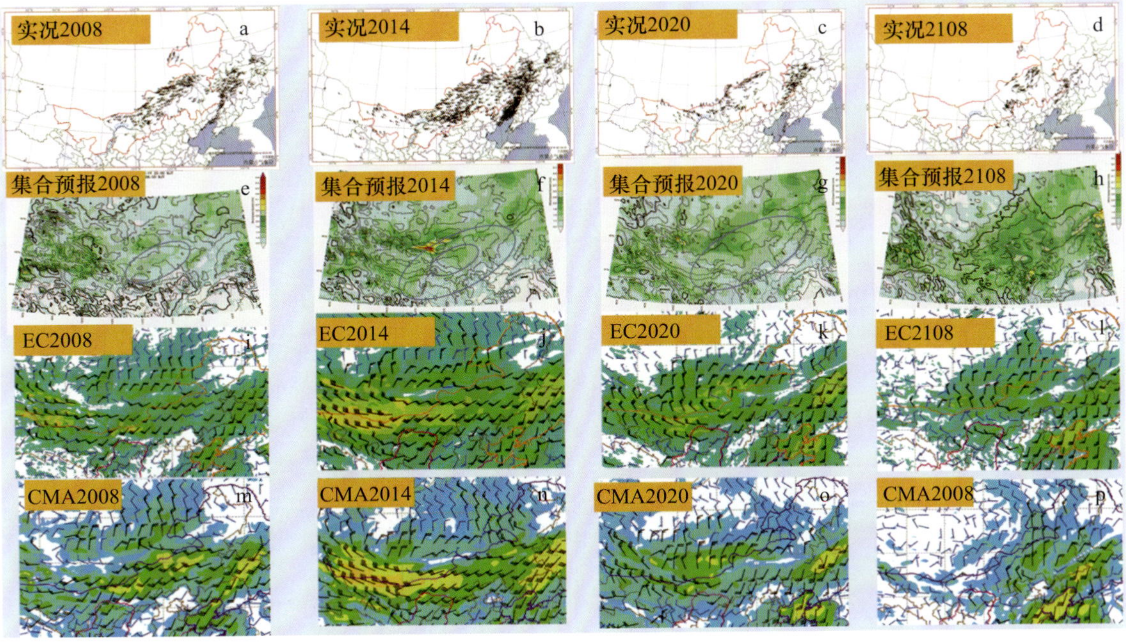

图8 2022年4月20日08时、14时、20时和21日08时地面实况风场（单位：m/s）与集合预报（ECMWF-EPS）10 m最大阵风集合平均及离散度（单位：m/s）、欧洲中期天气预报中心确定性模式（ECMWF）（单位：m/s）和中国气象局全球同化预报系统（CMA-GFS）（单位：m/s）10 m风场预报对比图

3.2 沙尘数值模式预报检验分析

对比4月20日14—23时逐3 h最低能见度实况、中国气象局亚洲沙尘暴数值预报系统（CMA-CUACE-Dust）近地层沙尘浓度预报产品、本地WRF-Chem沙尘模式沙尘浓度预报以及内蒙古沙尘智能客观方法预报的沙尘区域的范围和强度（图9）可以发现，CMA-CUACE-Dust近地层沙尘浓度预报强度偏强、范围偏大，且经常在内蒙古西部偏北预报大范围沙尘天

气，多为空报；本地 WRF-Chem 模式在内蒙古中西部预报范围较好，但内蒙古东部沙尘天气存在漏报，WRF-Chem 模式 PM_{10} 浓度激增时间与持续时间较准确，最大浓度较实况偏大；内蒙古沙尘智能客观方法预报给出的沙尘暴预报范围略大，中西部预报效果好，东部地区预报偏强，且位置偏东，起沙时间与沙尘最强时间预报相对较准确，但沙尘消散时间各产品预报效果均一般。从各类产品的不同起报时次的预报对比可见，起报时间越临近，沙尘区域和强度预报效果越好。

结合内蒙古沙尘暴预报业务及经验，业务中采用本地 WRF-Chem 模式与内蒙古沙尘智能客观预报为主，但两种客观预报均对内蒙古东部沙尘预报存在偏差，需预报员根据实际情况进行订正。

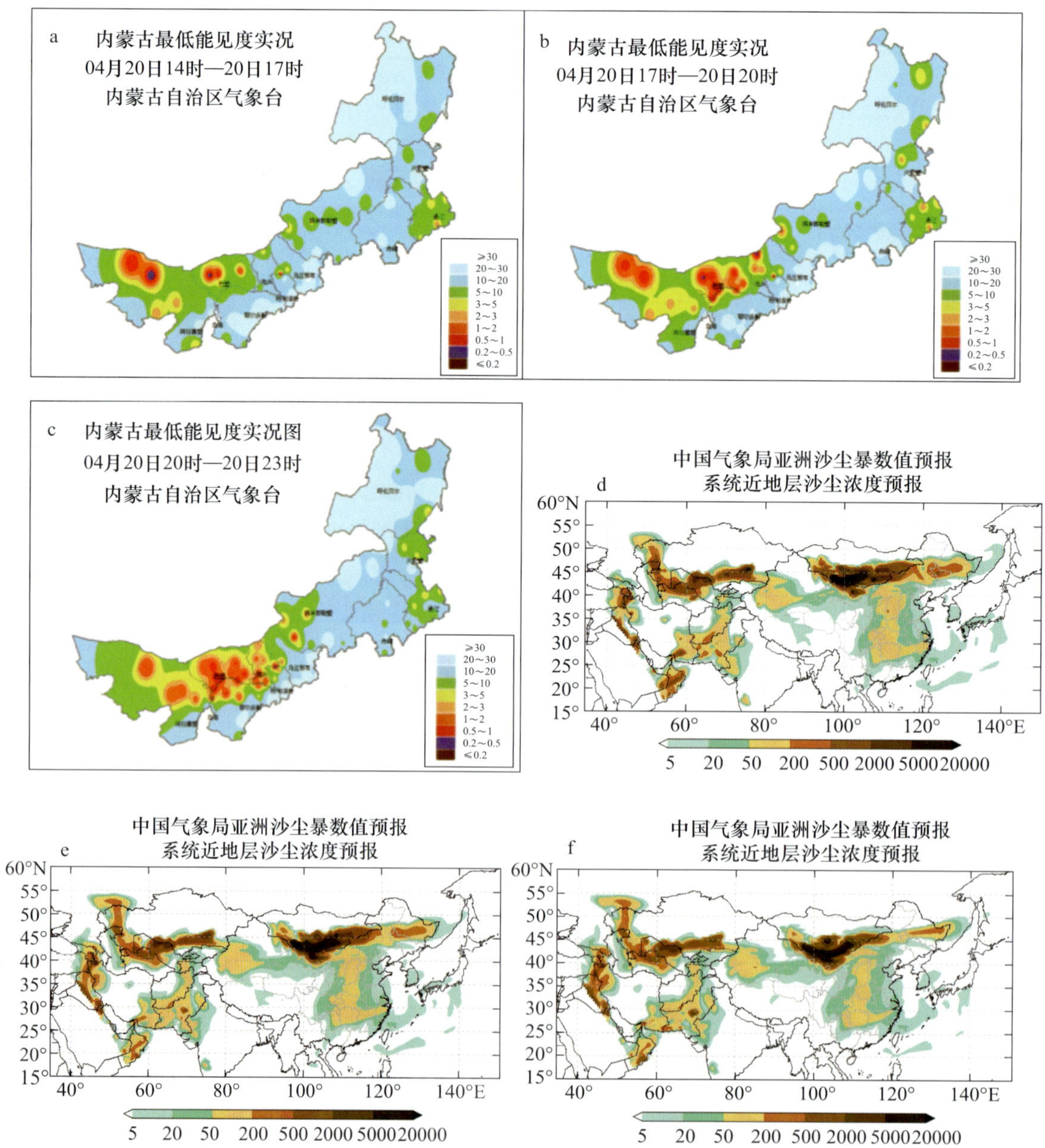

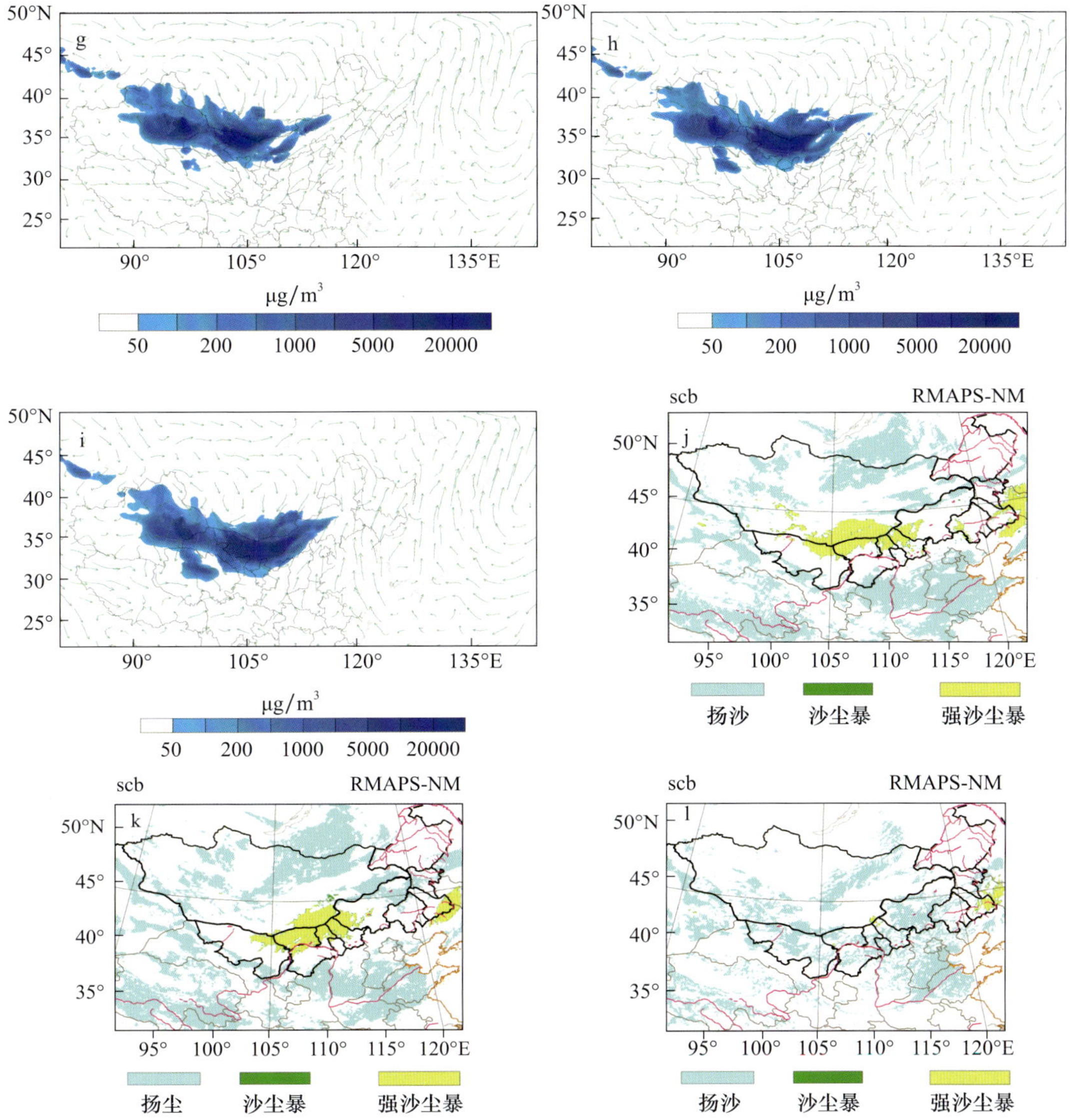

图 9　2022 年 4 月 20 日 14—17 时(a)、17—20 时(b)、20—23 时(c)最低能见度实况(单位:km)与 2022 年 4 月 19 日 0 时起报 20 日 06 时(d)、09 时(e)、12 时(f)CMA-CUACE-Dust 近地层沙尘浓度报(单位:μg/m³)，2022 年 4 月 19 日 20 时起报 20 日 14 时(g,j)、17 时(h,k)、20 时(i,l)本地 WRF-Chem 沙尘浓度预报(g、h、i,单位:μg/m³)、内蒙古沙尘智能客观方法沙尘天气类型预报(j、k、l)对比图

3.3　预报难点分析

此次沙尘天气的预报难点主要来自以下几方面：(1)上游蒙古国沙尘实况参考性较差，基于常规观测的戈壁、沙漠等沙尘源地地面观测站网分布相对较少，且取消人工观测后，在一定程度上仅能依靠国家站的能见度数据来判断沙尘天气的位置和强度。(2)对于沙尘业务模式缺少长期、定量化检验，预报员对沙尘天气的强度预报较难，特别是沙尘暴的强度、区域的判断难。(3)沙尘天气持续时间的预报需要综合考虑天气系统强度、风和温度层结的演变，但业务

中预报员常应用 08 时、20 时两次探空资料做预报分析研判，需要加强基于卫星探测的温度层结特征分析。

4 结论与讨论

2022 年 4 月 20—21 日，受强烈发展的蒙古气旋及相伴的地面冷锋影响，内蒙古中西部自西北向东南方向陆续出现大范围沙尘、大风天气。利用多源观测资料和数值模式对本次沙尘过程进行分析，得到以下结论：

(1)本次沙尘暴天气过程中，温度平流垂直分布差异直接影响大气层结稳定性。沙尘区与 700 hPa 及以下的冷平流区对应，冷锋过境前该地低层暖平流增温。混合层存在期间沙尘天气持续。

(2)分析呼和浩特市激光雷达资料发现，沙尘天气造成的空气质量恶化前期与高空颗粒物的沉降密切相关，但随着地面冷锋、切变线于 20 日 23 时过境，地面至高空整层消光系数显著增大，此时边界层混合高度显著下降至 0.5 km，低层沙尘浓度显著增加，本地起沙与传输沉降相叠加，沙尘天气剧烈增强，且 23 时 AOD 陡增，20 日 23 时—21 日 01 时，气溶胶光学厚度达 6～7.5，受沙尘天气影响气溶胶光学厚度显著增大，导致能见度显著下降。

(3)中国气象局全球同化预报系统(CMA-GFS)对风的预报效果最佳，各类沙尘模式产品均表现为起报时间越临近，沙尘区域和强度预报效果越好。中国气象局亚洲沙尘暴数值预报系统(CMA-CUACE-Dust)近地层沙尘浓度预报产品预报强度偏强、范围偏大；本地 WRF-Chem 模式对内蒙古中西部的沙尘预报较好，但内蒙古东部沙尘天气存在漏报；内蒙古智能客观方法的沙尘预报范围略大，中西部预报效果好，东部地区预报偏强，且位置偏东，起沙时间与沙尘最强时间预报相对较准确。

参考文献

[1] 李岩瑛，张春燕，张爱萍，等．河西走廊春季沙尘暴大气边界层垂直结构特征[J]．气象，2022，48(9)：1171-1185.

[2] 李红英，李岩瑛，王云鹏，等．河西走廊西部沙尘暴时空差异及其动力分析[J]．干旱区资源与环境，2022，36(10)：104-112.

[3] 毛东雷，蔡富艳，赵枫，等．塔克拉玛干沙漠南缘近 4 年沙尘天气下的气象要素相关性分析[J]．高原气象，2018，37(4)：1120-1128.

[4] 张春燕，李岩瑛，曾婷，等．河西走廊东部冬季沙尘暴的典型个例及气候特征分析[J]．气象，2019，45(9)：1227-1237.

[5] 袁国波．21 世纪以来内蒙古沙尘暴特征及成因[J]．中国沙漠，2017，37(6)：1204-1209.

[6] 姜学恭，陈受钧．地形影响沙尘传输的观测和模拟研究[J]．气象学报，2008，66(1)：722-834.

[7] 翟亮，雷蕾，刘瑞鑫，等．2022．两类典型沙尘过程对比及清除机制分析[J]．环境科学学报，2022，42(10)：111-119.

[8] 邱金桓，燕曾，汪宏．激光探测沙暴过程中的气溶胶消光系数分布[J]．大气科学，1984，8(2)：205-210.

[9] 王莉娜，杨丽丽，杨燕萍，等．基于多源资料的西北地区一次沙尘暴天气过程综合分析[J]．大气与环境光学学报，2021，16(5)：392-402.

[10] 黄艇，宋煜，胡文东，等．大连地区一次沙尘过程的激光雷达观测研究[J]．中国沙漠，2010，30(4)：

983-988.

[11] 张晋茹，陈玉宝，卜令兵．基于气溶胶和大气风场激光雷达对北京一次沙尘过程分析[J]．激光与光电子学进展，2018，55(8)：122-128.

[12] 樊璠，陈义珍，陆建刚，等．北京春季强沙尘过程前后的激光雷达观测[J]．环境科学研究，2013，26(11)：1155-1161.

[13] 郭伟，卜令兵，贾小芳，等．基于激光云高仪的北京沙尘气溶胶特征分析[J]．气象，2016，42(12)：1540-1546.

[14] 云静波，姜学恭，孟雪峰，等．冷锋型和蒙古气旋型沙尘暴过程若干统计特征的对比分析[J]．高原气象，2013，23(2)：2423-2434.

第三部分

预报技术支撑

2022年风云气象卫星技术进展及天气应用分析

任素玲　武胜利　曹广真　郭　徵　韩博威　漆成莉　曹冬杰　王志伟　寿亦萱　李　博
(国家卫星气象中心,北京,100081)

摘　要:本文阐述了2022年风云气象卫星发展概况及天气应用技术提升。年内FY-4B和FY-3E正式投入业务运行,应用FY-4B开展强降水过程多载荷协同加密观测试验;研制了多类卫星反演产品,并对继承性产品进行优化和改进;研发了轻量型实时卫星应用平台"风云地球",实现5个方面17类产品实时到达到预报员"桌面";基于"风云地球"对流相关产品和卫星云图,结合地面观测实况开展典型强对流过程遥感分析,在2022年4月24日西南涡引发的强对流天气过程中,卫星水汽图像干侵入特征和可见光图像对冷空气活动及对流触发具有指示意义,在对流初生、发展、成熟和减弱阶段,FY-4A/LMI闪电"事件"均显示明显的闪电活动;7月24日副热带高压控制下山区快速发展强对流过程中,FY-4B/GHI发挥高时空分辨率监测优势,FY-4A/GIIRS温度廓线显示山区白天晴空非均匀感热加热与对流触发位置有一定关系。

关键词:FY-4B,FY-3E,FY-4A/LMI,"风云地球"

引言

2022年,FY-4B和FY-3E经过在轨测试正式投入业务运行,FY-4B东漂至133°E,初步实现我国静止气象卫星的东西战略布局,FY-3E成功实施避险轨道机动。FY-4B快扫支撑国内应急服务响应44次和国际应急响应服务5次,模式切换时效由2 h缩短至30 min内。在轨运行的卫星包括FY-2G、FY-2H、FY-4A、FY-4B、FY-3C、FY-3D和FY-3E,共计7颗。基本完成第六颗风云三号卫星(FY-3F,上午星)和第七颗风云三号卫星(FY-3G,倾斜轨道卫星)的研制,开展了包括关键指标测试、关键部件测试、特殊状态测试等在内的各项测试工作,为这两颗卫星发射做好准备。

全面推动风云卫星遥感产品高质量发展,应用FY-4B研发了52个定量产品和14个合成图像产品,分两批完成了29个定量产品和14个合成图像产品的上线工作,其中14个合成图像产品均为新研制,多个产品的质量较应用FY-4A时显著改进。应用FY-3E研发了46个定量产品,其中新产品22个,并对部分已有的继承性产品在精度和时效上开展了大量的优化和改进。

强化卫星资料在精细化天气监测预警中的应用,以预报员需求为引导,研发了轻量型实时卫星应用平台"风云地球",实现国、省、市、县气象业务全面应用。成功完成北京冬奥会和冬残奥会、神舟十四号载人飞船发射和党的二十大首都气象服务保障,完成30余次强对流天气过程、25个编号台风、21次东北冷涡、四川芦山地震等灾害应急和专项保障服务。上报卫星遥感监测服务报告730余份。与中央气象台、北京市气象局、流域气象中心等形成互动联动机制，首次通过华西短临天气和冬季气象保障等专班形式融入气象核心业务。

1 风云气象卫星、仪器和产品新进展

1.1 风云气象卫星、仪器新进展

1.1.1 FY-3E状态及L1预处理算法改进

FY-3E于2021年7月5日成功发射[1,2]，在轨测试结束后于2022年6月1日进行业务试运行，在2022年12月1日转业务运行。试运行期间，微波温度计、红外高光谱仪器、中分辨率光谱成像仪、风场测量雷达等根据卫星轨道特性，对地面系统L1产品完成太阳规避、带外响应校正、多探元响应一致性提升等改进，更好地规避和减轻晨昏轨道特性带来杂散、热控条件变化及响应不一致等影响，保障产品精度和稳定性。

1.1.2 FY-3F和FY-3G研制进展

FY-3F是我国第六颗风云三号系列极轨气象卫星，运行于上午轨道，计划于2023年发射，将搭载中分辨率光谱成像仪-Ⅲ型、红外高光谱大气探测仪-Ⅱ型、紫外高光谱臭氧探测仪-天底型、紫外高光谱臭氧探测仪-临边型、太阳辐射监测仪-Ⅱ型、地球辐射探测仪-Ⅱ型、微波温度计-Ⅲ型、微波湿度计-Ⅱ型、微波成像仪-Ⅱ型、全球导航卫星掩星探测仪-Ⅱ型共10台仪器，将在大气成分、地球辐射、冰雪、植被等要素探测上提供更高精度的卫星资料，为应对气候变化能力建设提供支撑服务。

FY-3G是我国第七颗风云三号系列极轨气象卫星，是我国首颗倾斜轨道降水测量卫星，计划于2023年发射。FY-3G将搭载双频降水测量雷达、微波成像仪-降水型、全球导航卫星掩星探测仪-Ⅱ型、中分辨率光谱成像仪-降水型等仪器。以FY-3G为核心，配合我国黎明、上午、下午轨道气象卫星，共同对全球降水开展观测，有望获取3～6 h/次的高精度全球降水观测数据。

1.1.3 FY-4B强天气多载荷协同加密观测试验

2022年6月26—28日，我国北方地区发生一次大到暴雨、局地大暴雨并伴有短时强降水和雷暴大风等强对流天气过程，本次暴雨过程发展机制复杂，高空切断冷涡、副热带高压、西南低空急流和中尺度低涡等天气系统之间相互影响，CMA-GFS(中国气象局全球同化预报系统)等数值模式预报有明显调整，暴雨落区和降水强度模式预报存在显著不确定性，迫切需要气象卫星高频次实时观测资料的支撑。国家卫星气象中心、国家气象中心和中国气象局地球系统数值预报中心联合申请，于6月24—28日实施了FY-4B北方地区降水专项观测试验。

FY-4B搭载了先进的静止轨道辐射成像仪(AGRI)、干涉式红外探测仪(GIIRS)、快速成像仪(GHI)三台对地观测遥感仪器，联合观测资料具有观测范围大、时空分辨率高、光谱分辨率高等特点[1]。其中，FY-4B/GIIRS 是一台探测大气上行红外辐射信号的高光谱大气探测仪，能够精细刻画大气温湿度场的四维时空演化，在此次专项观测试验中，红外高光谱资料主要用于 CMA-GFS 数值模式同化，这是将 FY-4B/GIIRS 资料应用于数值天气预报的一次积极尝试，对深入研究大气红外光谱辐射在短临天气预报中发挥正效果具有促进作用，同时也对进一步优化仪器观测模式、提升观测数据质量具有推动作用。图 1 为本次降水专项观测试验中，FY-4B/GHI 1 min 频次 250 m 分辨率云图观测的锋面气旋云系及其伴随的强对流。

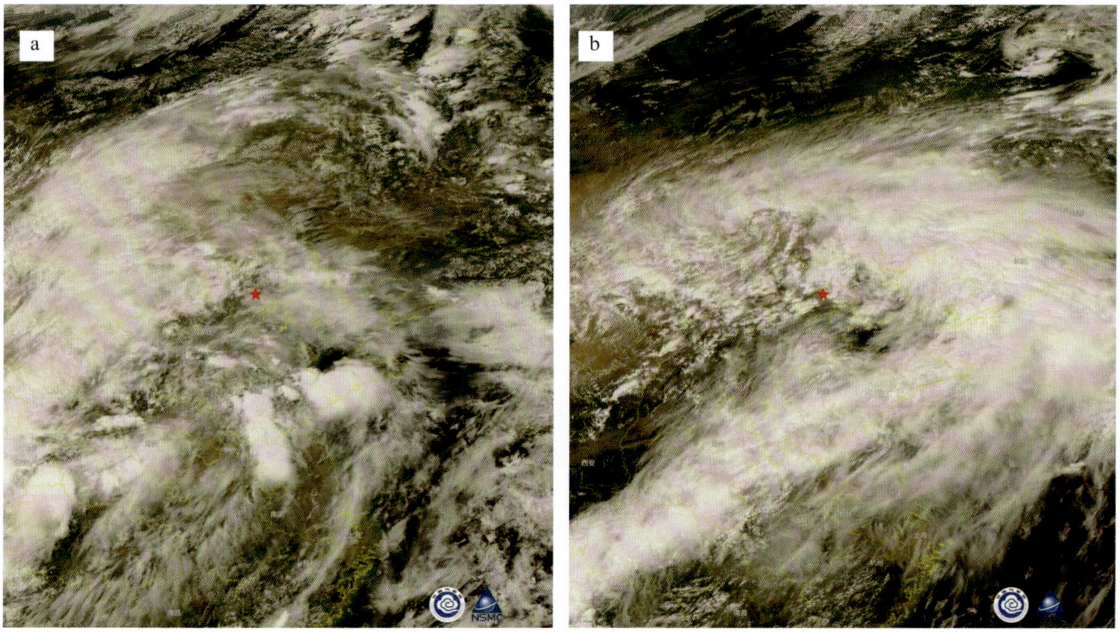

图 1　FY-4B/GHI 1 min 频次 250 m 分辨率真彩色合成图
(a)2022 年 6 月 26 日 14 时 01 分(b)27 日 13 时 01 分(北京时，下同)

1.2　风云气象卫星 L2 级产品及改进

本文主要介绍卫星反演对流相关产品，包括 FY-4A 闪电成像仪(LMI)L2 级产品介绍及产品改进。

1.2.1　FY-4A/LMI L2 级产品介绍

FY-4A/LMI L2 级产品算法是将闪电成像仪 CCD 面阵探测的 L1b 数据作为输入量，通过对 L1b 数据进行虚假信号滤除和聚类分析，生成包括“事件”(Event)、“组”(Group)和“闪电”(Flash)的 L2 级闪电探测产品。产品算法核心为聚类分析算法，首先对经过背景光滤除和虚假信号滤除后的原始“事件”进行虚假信号滤除再分析，获取闪电“事件”，然后将闪电“事件”聚类为“组”，再将“组”聚类为“闪电”。

FY-4A/LMI L2 级产品包括如下 3 个产品：(1)闪电“事件”，定义为单个像元探测到的闪电发光现象；(2)闪电“组”，定义为闪电的一次放电过程；(3)“闪电”，定义为一次完整的闪电过程。

1.2.2 FY-4A 闪电成像仪 L2 级产品改进及精度评估

FY-4A 闪电成像仪 L2 级产品改进如下：(1)简化辅助数据，降低辅助数据对产品质量的影响；(2)自适应阈值滤除虚假信号，采用自适应阈值调整技术，应用于对面元噪声的判识和滤除，提高了虚假信号滤除效率，一定程度降低了产品虚警率；(3)聚类分析采用并行处理技术，提高了产品探测率；(4)优化算法结构，降低算法冗余度，通过改进算法结构布局，对算法结构各组成部分进行合理设计，调整算法各部分组成结构，引入并行运算技术，提高算法运行效率。

闪电成像仪与地基闪电定位网闪电探测产品比较结果表明，FY-4A/LMI 1 min 高频次闪电“事件”产品的经度偏差绝对值的平均值为 0.09°，标准偏差为 0.06°，位置纬度偏差绝对值的平均值为 0.10°，标准偏差为 0.06°。

图 2 为 2022 年 4 月 11 日一次西南涡活动引起的强雷暴大风过程中 FY-4A/LMI 观测闪电“事件”频次分布，四川中东部、重庆、贵州北部、河南西部和东北部、山东中西部出现高频次的闪电活动。

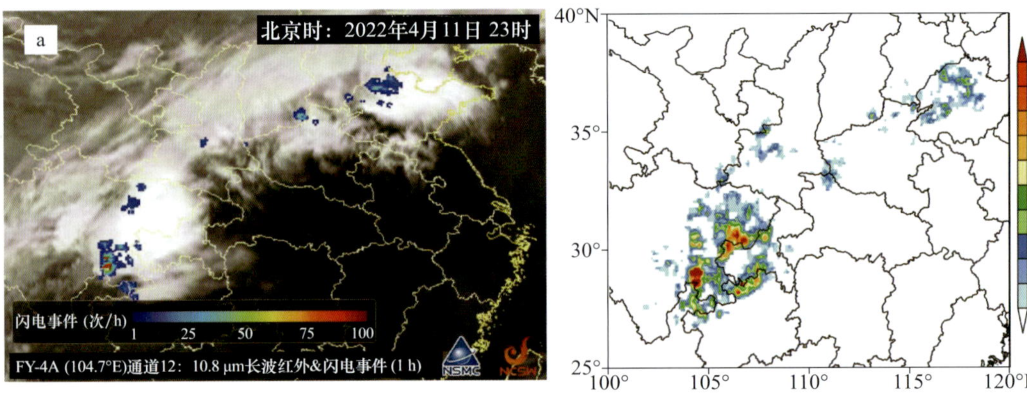

图 2 2022 年 4 月 11 日 FY-4A/LMI 闪电“事件”监测

(a)22—23 时 1 h 累计闪电“事件”频次和 23 时红外云图叠加；

(b)2022 年 4 月 11 日 0—23 时 59 分 24 h 累计闪电“事件”频次(单位：次)

2 风云业务平台“风云地球”

2.1 “风云地球”简介

为强化卫星资料在精细化天气监测预警中的应用，以预报员需求为引导，研发了轻量型实时卫星应用平台“风云地球”，实现了在国、省、市、县气象业务中全面应用。“风云地球”实现了 5 个方面 17 类产品能够实时到达预报员“桌面”，具备内网部署、实时推送、简易应用的特点，总结为“一线”“两全”和“三达”(图 3)。

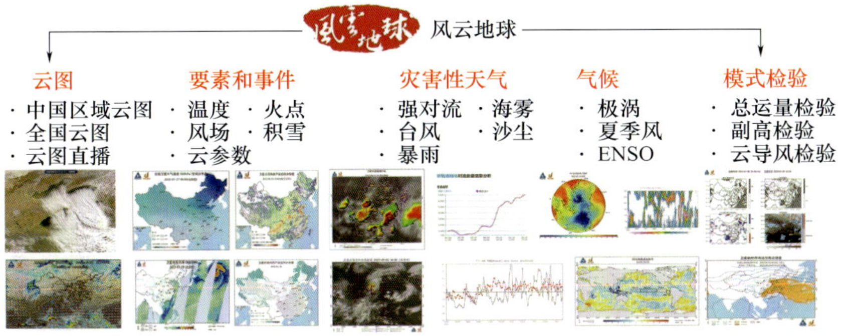

图 3 “风云地球”架构

2.1.1 “一线”是始终以“一线预报员”核心业务需求为设计和改进目标

在平台框架、功能、产品种类和应用习惯等多方面的设计和改进中，面向天气监测分析业务需求，聚焦重点、明确目标，与全国气象部门的预报员开展多次集中研讨、分类讨论，确立卫星应用产品既兼顾全国大范围，又容纳流域气象为设计和改进目标，同时对于市县级气象精细化网格化的监测内容也进行了细化和优化。

2.1.2 “两全”是“理念全”和“产品全”

第一是理念全，“风云地球”业务平台融入了国家卫星气象中心“全流程大业务”的理念，包括卫星资料预处理、L2 级产品精度提升、应用算法研发更新、数据产品分发服务，是国家卫星气象中心各个部门环环相扣、通力合作的结果，形成以需求驱动的卫星数据和产品精度提高，以及服务能力提升的闭环全流程；第二是产品全，以卫星新技术新产品带动服务，融合风云系列卫星的资料和产品，研发对流、台风、寒潮、暴雨、大雾等灾害天气应用产品，推动卫星应用科技支撑。

2.1.3 “三达”是“气象业务内网直达”“三键内到达”和“卫星监测及时送达”

“气象业务内网直达”是指“风云地球”集成在国家气象业务内网，实现了集约化部署，满足应用中多资料综合研阅形成监测预报结论的实际需求；“三键内到达”是每一种应用产品的获取非常简洁方便，列表一目了然、短小精干、易于上手；“卫星监测及时送达”，优化业务流程，确保产品生产后立即在风云地球完成可视化并提供服务。FY-4B 卫星分钟级 250 m 高分辨率云图和动画，从观测到用户端延迟小于 5 min，实现了精细和准实时同步。

2.2 “风云地球”对流相关遥感应用产品

2.2.1 FY-4A 气象卫星对流监测产品算法及改进

基于 FY-4A/AGRI L1 级数据，选取通道 9、通道 10、通道 12 和通道 13 亮温（即 $BT_{6.25}$、$BT_{7.10}$、$BT_{10.8}$和 $BT_{12.0}$），使用 $BT_{10.8}$、$BTD_{6.25-10.8}$、$BTD_{6.25-7.10}$以及 $BTD_{12.0-10.8}$共 4 个指标对中尺度对流系统（MCS）像元进行初步筛选（$BTD_{6.25-10.8}=BT_{6.25}-BT_{10.8}$，两通道亮温差）。

对流识别指标为:(1)根据 MCS 定义,选择 $BT_{10.8} \leqslant -32$ ℃作为云顶温度的筛选阈值;(2)选择 $BTD_{6.25-10.8}$ 和 $BTD_{6.25-7.10}$ 来识别云团高度与对流层顶的相对位置,从而剔除纬度与海拔高度对云顶亮温的影响,通过统计不同区域的频率关系,最终选择 $BTD_{6.25-10.8} \geqslant -3$ ℃和 $BTD_{6.25-7.10} \geqslant -5$ ℃作为筛选阈值;(3)$BT_{12.0}$ 和 $BT_{10.8}$ 通道,都是大气窗区通道,在通常情况下,$BT_{12.0}$ 通道是可以反映出更高位置的大气温度,即在正常条件下 $BT_{12.0}$ 的亮温要低于 $BT_{10.8}$,但在垂直发展的对流云中,上升气流所携带的水汽并未和环境大气发生充分的热量交换,因此 $BTD_{12.0-10.8}$ 能够反映对流在垂直方向上的发展程度,该值接近 0 或大于 0 表明对流垂直发展旺盛,结合统计结果,将 $BTD_{12.0-10.8} \geqslant -2$ ℃作为对流垂直向上发展的阈值,由于 $BT_{12.0}$ 通道对冰粒子的吸收能力较强,对于冰相态卷云,$BTD_{12.0-10.8}$ 会出现较大负值,可有效剔除高空卷云,使用 $BTD_{12.0-10.8} \geqslant -3$ ℃作为卷云的滤除阈值;(4)对于筛选出来的像元使用邻域八连通方法进行云团划分,并剔除当量直径小于 20 km 并且长短轴比小于 0.2 的云团,从而得到最终的判识结果。

针对上述对流识别方法开展精度评估,统计了 2018 年 5—7 月的强对流个例,将 FY-4A MCS 识别结果和地面站数据进行匹配,当某一时次地面自动站前 1 h 发生强对流天气时(短时强降水、大风和冰雹等),如果该产品在前 1 h 内的当前位置识别出 MCS,认为是准确判识,反之,则认为是漏判。在统计的这些强对流个例中,应有强对流像元 74969 个,卫星识别出来的对流像元为 62974 个,命中率(POD)为 84.1%。

2022 年,产品在原有算法基础上进行了改进,使用亮温分级对 MCS 判识结果进行渲染,从而反映当前 MCS 强度。在支持中国区域大范围对流监测的基础上,增加了对不同省份的对流监测,改进后的产品示例见图 4。

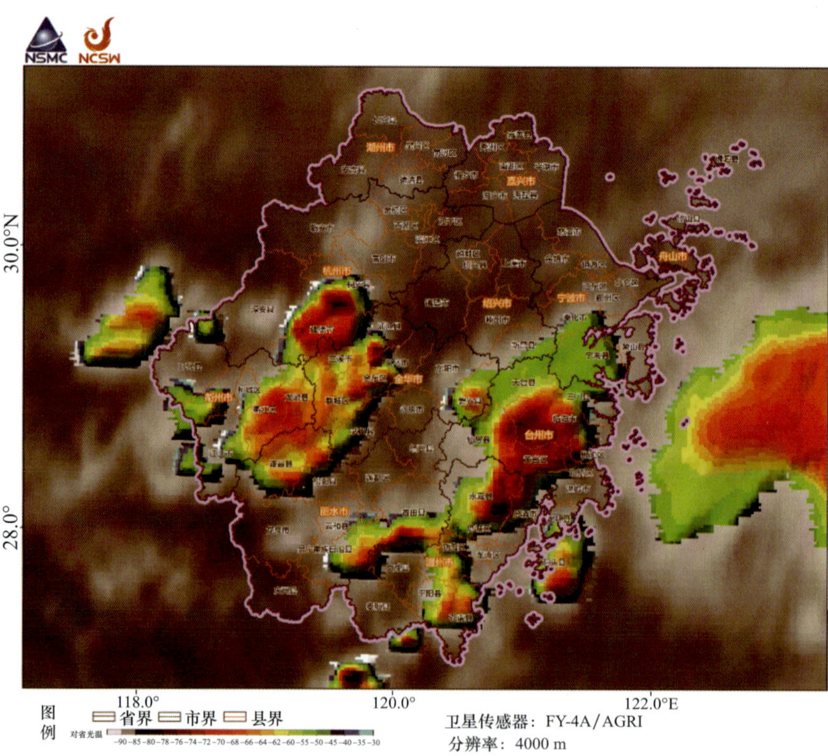

图 4 “风云地球”FY-4A 气象卫星对流监测产品(2022 年 8 月 27 日 14 时 30 分)

2.2.2 FY-3E 卫星 K 指数算法及产品应用评估

K 指数是用于分析大气稳定程度的物理参数。“风云地球”集成的 K 指数产品是基于 FY-3E 综合大气反演（FY-3E/VASS）温湿度廓线产品计算得到的诊断产品，温度精度优于 2.5 K，相对湿度精度优于 35%[4]，K 指数产品格式与 FY-3E 温湿度廓线产品一致，星下点空间分辨率 33 km，K 指数计算见公式(1)：

$$K=(T_{850}-T_{500})+T_{d_{850}}-(T_{700}-T_{d_{700}})-273.16 \tag{1}$$

式中，T 与 T_d 分别表示温度与露点温度，下标 500、700、850 表示气压层。式(1)右侧第一项表示温度直减率，第二项表示低层水汽条件，第三项表示中层饱和程度，因此 K 指数可以反映大气的层结稳定情况。K 指数越大，层结越不稳定，统计结果：$K<20$ ℃ 无雷暴；20 ℃$\leqslant K<25$ ℃ 孤立雷暴；25 ℃$\leqslant K<30$ ℃ 零星雷暴；30 ℃$\leqslant K<35$ ℃ 分散雷暴；$K\geqslant35$ ℃ 成片雷暴[5]。

图 5 为 2022 年 5 月 11 日 FY-3E 卫星 K 指数产品在孟加拉湾强气旋风暴“阿萨尼”(Asani)监测中的应用。“阿萨尼”中心附近及其东北侧 K 指数较高，印度东部和孟加拉国中部 K 指数大于 40 ℃，可能产生短时强对流。

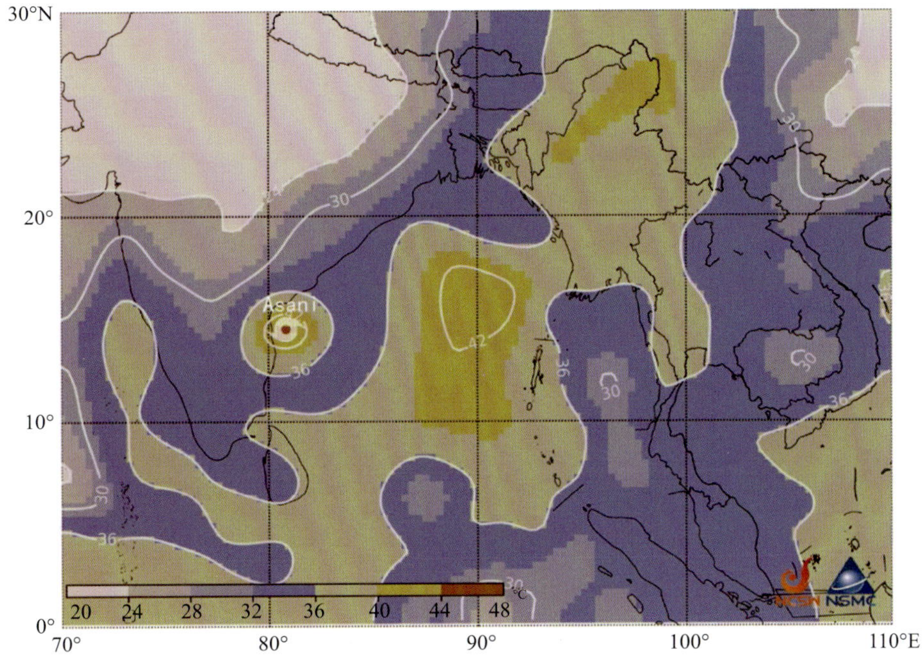

图 5 “风云地球”FY-3E 卫星 K 指数产品（2022 年 5 月 11 日 06 时，单位：℃）

3 风云气象卫星高影响天气过程监测

2022 年强对流天气频发，本文以两次不同类型的强对流天气过程为例，使用“风云地球”对流相关产品，包括对流监测、对流初生、城市对流统计、FY-4A/LMI、FY-3E/VASS K 指数、FY-4A/GIIRS 温度等，同时利用 FY-4B/GHI 和 FY-4A/AGRI 多通道云图等，结合地面观测实况分析强对流天气过程卫星遥感特征。

3.1 4月24日西南涡引发强对流天气卫星遥感监测

3.1.1 天气实况

2022年4月23—25日,青藏高原东移的高空短波槽加强,在对流层低层触发西南涡,我国中东部温度较高,水汽条件较好,沿青藏高原东北部有冷空气进入四川盆地,触发对流发展。西南涡中心附近及其南侧出现暴雨或大暴雨、大风和冰雹等灾害性天气,河南南部和湖北出现大于80 mm/h的短时强降水,大风主要出现在湖南、江西、贵州和湖北,其中湖南出现风速25~32 m/s的大风,冰雹主要出现在湖南、贵州和河南。

3.1.2 水汽图像干侵入特征强对流触发

图6为4月24日触发对流的FY-4A水汽图像干侵入过程,连续监测显示:11—13时西南涡中心位于四川东部,云系主要位于低涡中心附近及其北侧,向北向东伸展的高空卷云表明高层的流出动力条件较好,江南、华南、江汉等地天气晴好,有利于能量的堆积。水汽图像和动画显示了甘肃南部向南推进的干侵入,代表偏北气流和冷空气活动,为24日下午贵州对流云带的发展提供了低层偏北气流低层辐合有利条件。19—22时水汽图像可见贵州北部为暗区控制,其南侧对流发展旺盛。

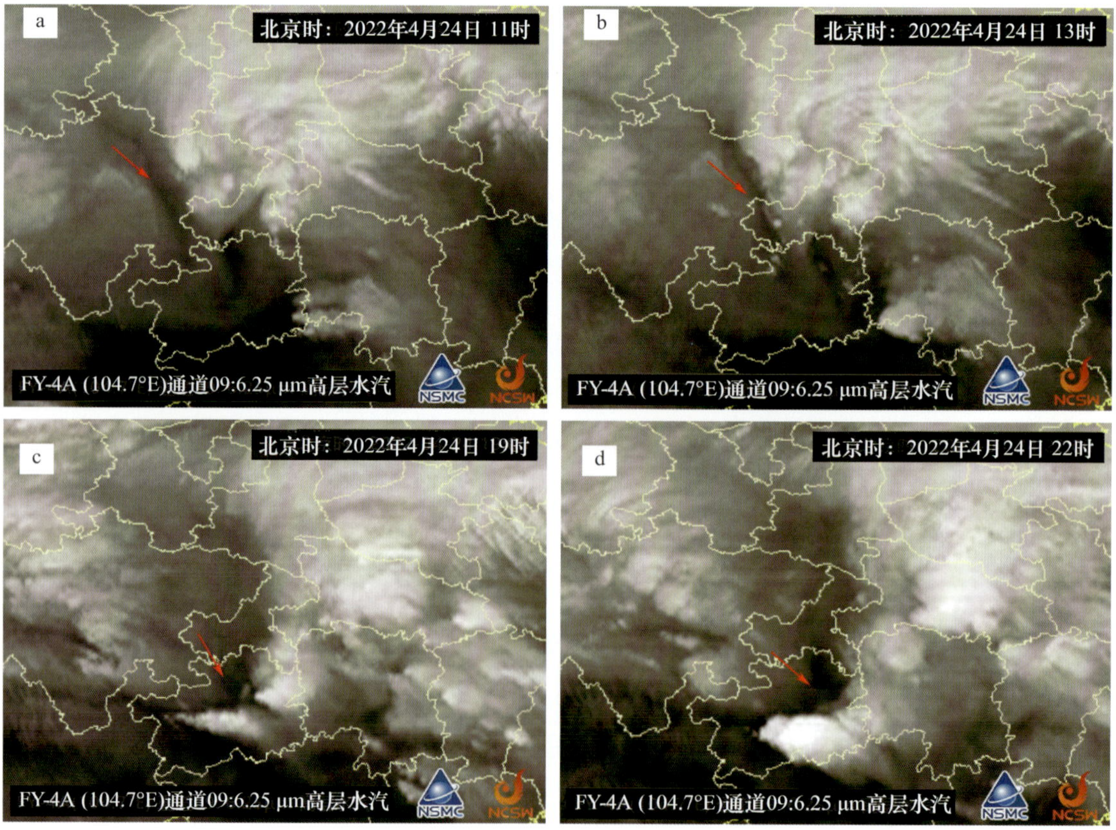

图6 2022年4月24日FY-4A水汽图像

(a)11时;(b)13时;(c)19时;(d)22时

3.1.3 可见光云图监测冷空气活动及地面辐合线

4 月 24 日上午，水汽图像显示的干侵入过程代表自甘肃南部有冷空气南下进入四川盆地，受冷空气影响，16 时 FY-4B 可见光图像显示四川盆地的云系逐渐南移天空放晴（图 7），同时次 ERA5（第五代欧洲再分析）2 m 温度和 10 m 风场显示，强偏北风控制四川盆地大部，和江南、华南的西南气流在贵州重庆一带形成地面辐合线，在同时次的可见光云图上可见一条西南—东北向的对流带，甘肃南部和陕西南部气温较低，在近地面辐合线的东南侧气温较高。

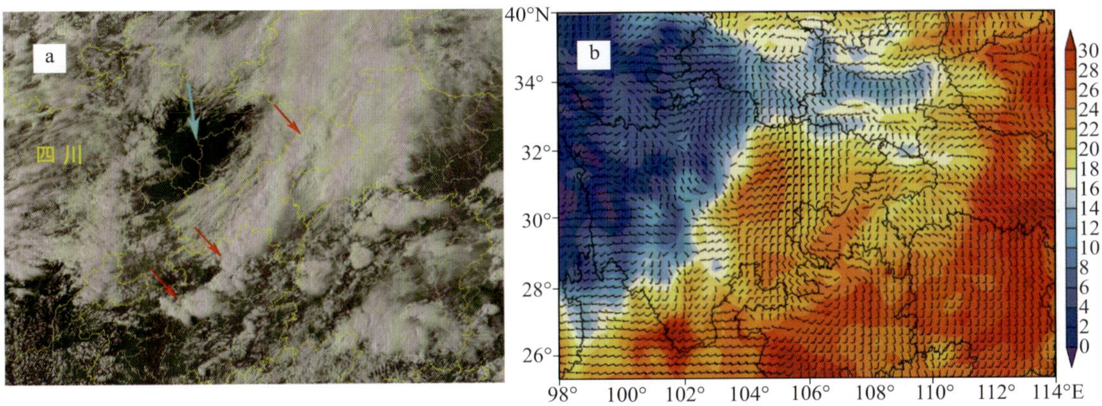

图 7　2022 年 4 月 24 日 16 时 FY-4B 可见光图像(a)、ERA5 2 m 温度（单位：℃）和 10 m 风场（单位：m/s）分布图(b)

3.1.4 中尺度对流系统发展演变

由贵阳市和黔东南苗族自治州 FY-4A 城市对流定量信息可知（图 8），24 日 15 时 38 分贵阳市对流开始增强，云团覆盖面积快速增加至 3000 km^2，23 时 30 分影响基本结束，贵阳市最低云顶亮温出现在 21—22 时，为 −73 ℃，云顶最大高度约为 18 km。位于偏东地区的黔东南苗族自治州对流开始较晚，对流发展较缓慢，最大对流覆盖面积出现 21 时，云顶最低亮温为 −73 ℃，云顶最大高度约为 16 km，25 日 04 时左右影响结束。

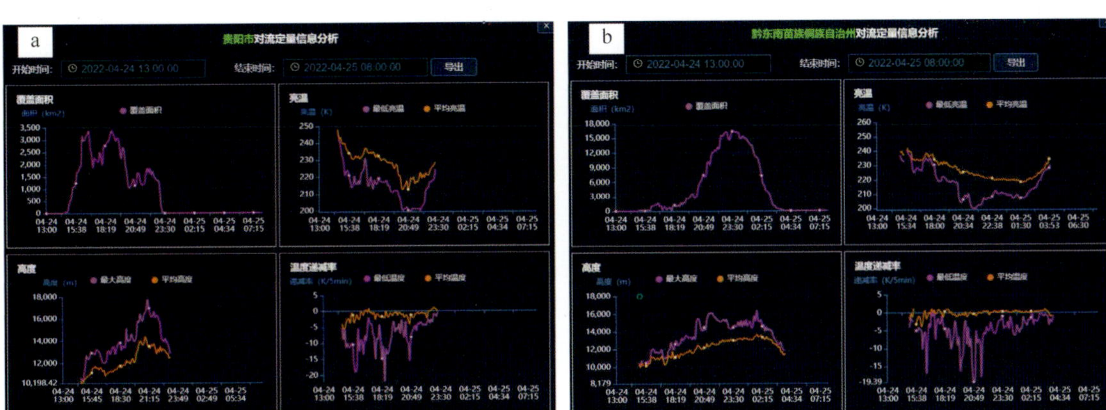

图 8　贵州省贵阳市(a)和黔东南苗族自治州(b)FY-4A 城市对流统计定量信息
（2022 年 4 月 24 日 13 时—25 日 08 时）

FY-4A 对流初生监测显示（图 9），中尺度对流系统初生阶段 24 日 13 时 30 分，贵州西北部、重庆南部有疑似初生对流（黄色）和初生对流（红色），14 时贵州东北部和湖南西部也监测到对流初生；中尺度对流系统发展阶段(20 时 30 分)，对流云带的西部对流活跃区云顶亮温降温率为－2 K/h(绿色)、－8 K/h(紫色)，对流带西部边缘发展更迅速；在中尺度对流系统成熟阶段(21 时 40 分)，云顶降温率为 0。对流初生产品很好地监测了本次对流的发展演变过程。

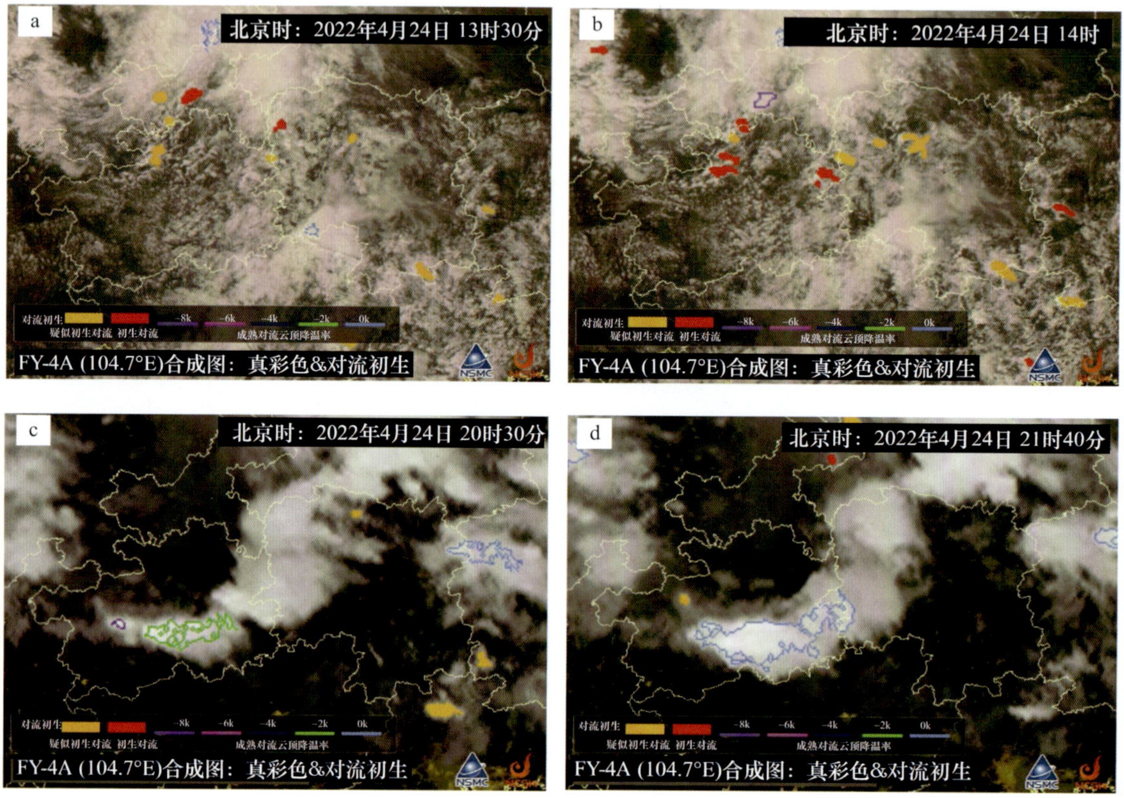

图 9　2022 年 4 月 24 日 FY-4A 对流初生产品

(a)13 时 30 分；(b)14 时；(c)20 时 30 分；(d)21 时 40 分

FY-4A/LMI 监测到明显的闪电活动(图 10)，24 日 16 时，对流初生阶段，贵州、湖北、湖南等地出现闪电活动，闪电出现在对流云带的西侧边缘。24 日 20 时 15 分和 22 时，对流发展和成熟阶段，闪电频次高值区位于贵州中东部、湖南西部、湖北南部、江西北部等地。在对流系统减弱阶段，25 日 05 时，闪电高频次区位于广西北部、湖南南部、河南南部、安徽南部等地。本次西南涡强对流系统初生、发展、成熟和减弱阶段，均出现明显的闪电活动，闪电频次的大值区一般位于对流的西侧及中心附近。

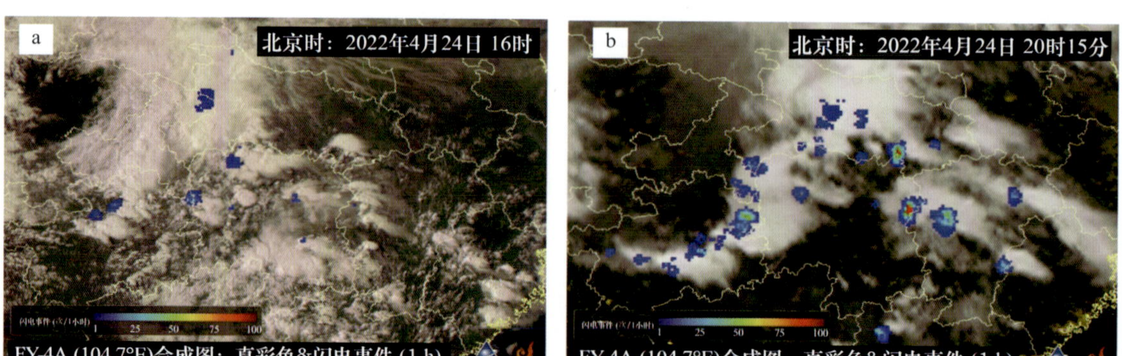

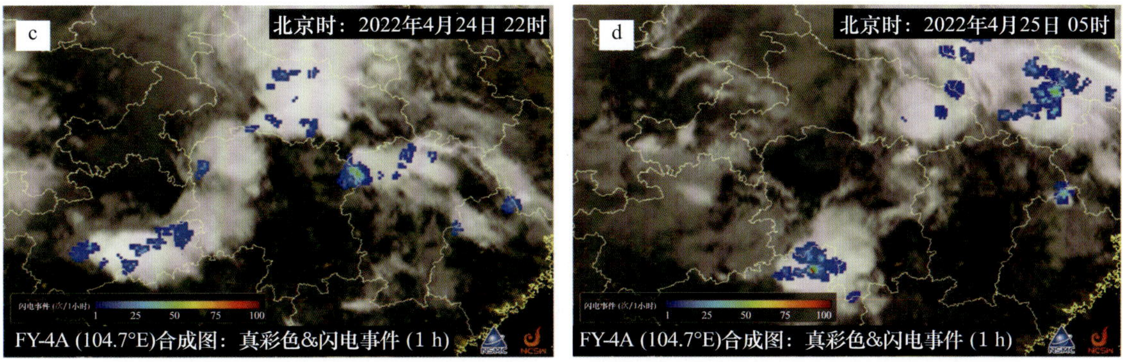

图 10　2022 年 4 月 24 日 FY-4A 真彩色云图和 1 小时闪电“事件”频次产品

(a)16 时；(b)20 时 15 分；(c)22 时；(d)25 日 05 时

3.1.5　卫星监测大气不稳定特征

FY-3E 卫星 K 指数监测显示(图 11)，24 日早上，江南、华南、四川东部、重庆、江汉等地的 K 指数高于 30 ℃，有利于对流的发生。

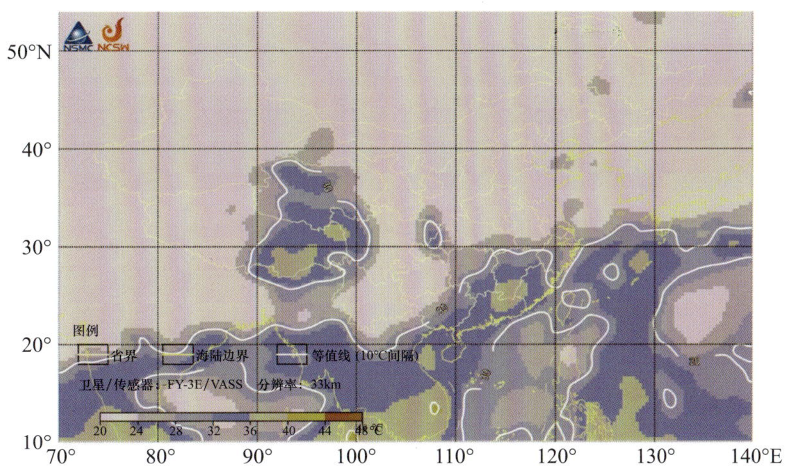

图 11　FY-3E 卫星 K 指数分布(2022 年 4 月 24 日 06 时，单位：℃)

3.2　7 月 24 日山区快速发展对流卫星遥感监测

3.2.1　天气实况

2022 年 7 月 24 日白天，湖南和江西交界处出现超级单体风暴，发生在副热带高压控制下，造成 10～30 mm/h 的短时强降水和 8 级左右的大风，并伴有闪电。该超级单体具有突发性，和山区的非均匀加热有关。

3.2.2　FY-4B/GHI 监测对流快速发展演变

FY-4B/GHI 真彩色合成图监测显示(图 12)，24 日上午 09 时 01 分湖南和江西为晴空，

12时01分积云开始发展，14时01分两省交界处山区有超级单体快速发展，17时01分超级单体影响江西省，单体的东侧对流旺盛，西侧为丝缕状的高空卷云覆盖，主要影响江西省吉安市。

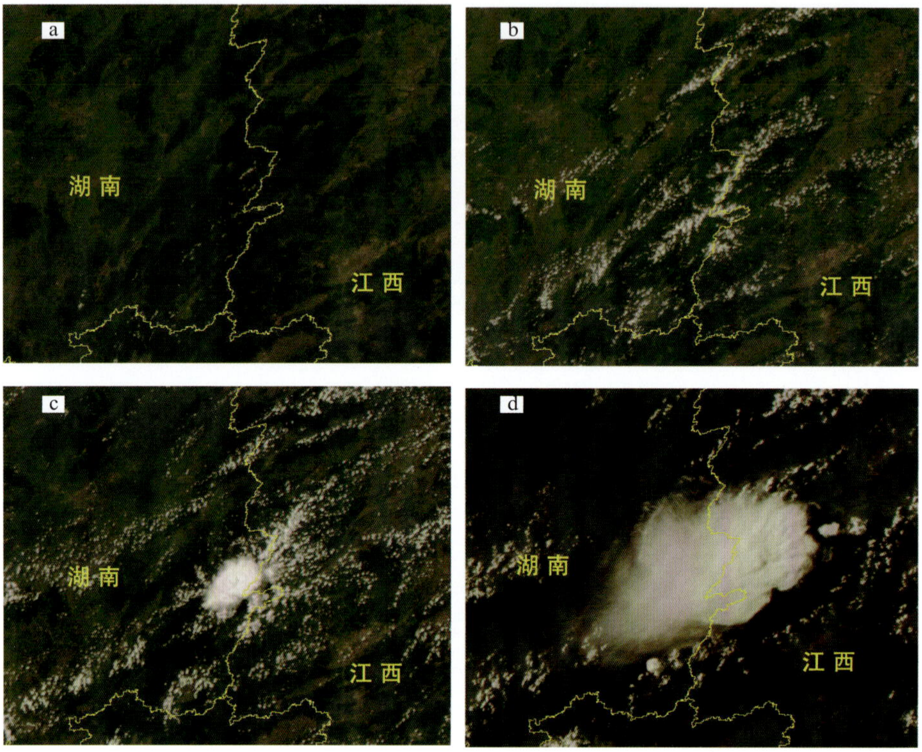

图12　2022年7月24日FY-4B/GHI 1 min快扫250 m分辨率真彩色合成图
(a)09时01分；(b)12时01分；(c)14时01分；(d)17时01分

3.2.3　卫星观测对流发展演变及伴随的闪电

江西省吉安市对流活动从24日14时左右开始，17时左右最强，19时后消亡，属于快速发展和消亡的对流系统(图13)。13时45分FY-4A最先监测到疑似初生对流(图略)，14时监测到初生对流，15时45分云顶亮温递减率为−2 ℃/h的发展对流(图14)。17时吉安市对流达到最强时，在对流云团的东侧强对流活动位置，卫星监测到明显的闪电活动，雷达基本反射率超过45 dBZ。1 h降水量25 mm，对流的东侧出现8级左右偏西风(图略)。

3.2.4　FY-4A/GIIRS温度廓线监测山区白天晴空感热加热触发对流

对流初生的位置位于山区(26.3°N，113.8°E)，地形海拔高度约为1500 m，西侧和东侧地势较低。24日08—10时FY-4A/GIIRS 850 hPa温度监测显示[3](图15)，08时温度为22 ℃左右，10时温度升高至24 ℃左右，该区域升温较东部和西部地形较低的区域略高。对流初生位置FY-4A/GIIRS温度廓线连续监测显示，08—10时晴空条件下，700 hPa以下出现明显升温(3～4 ℃)，650 hPa以上有明显的降温；10—12时云量开始增多，700 hPa以下温度略有降低；14时对流开始发展700 hPa以下温度明显降低，之后对流系统东移，16—18时温度开始升高。晴空水平非均匀加热有利于对流的发展。

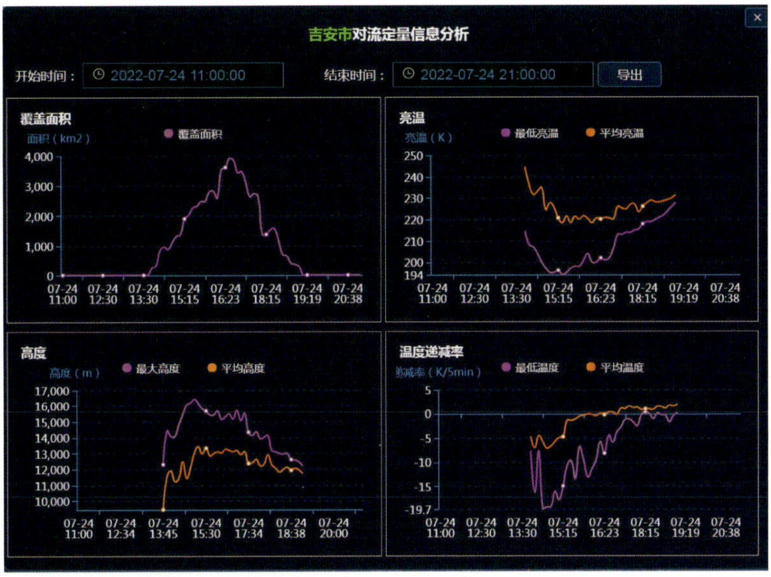

图 13　对流定量信息 FY-4A 江西省吉安市对流定量统计（2022 年 7 月 24 日 11—21 时）

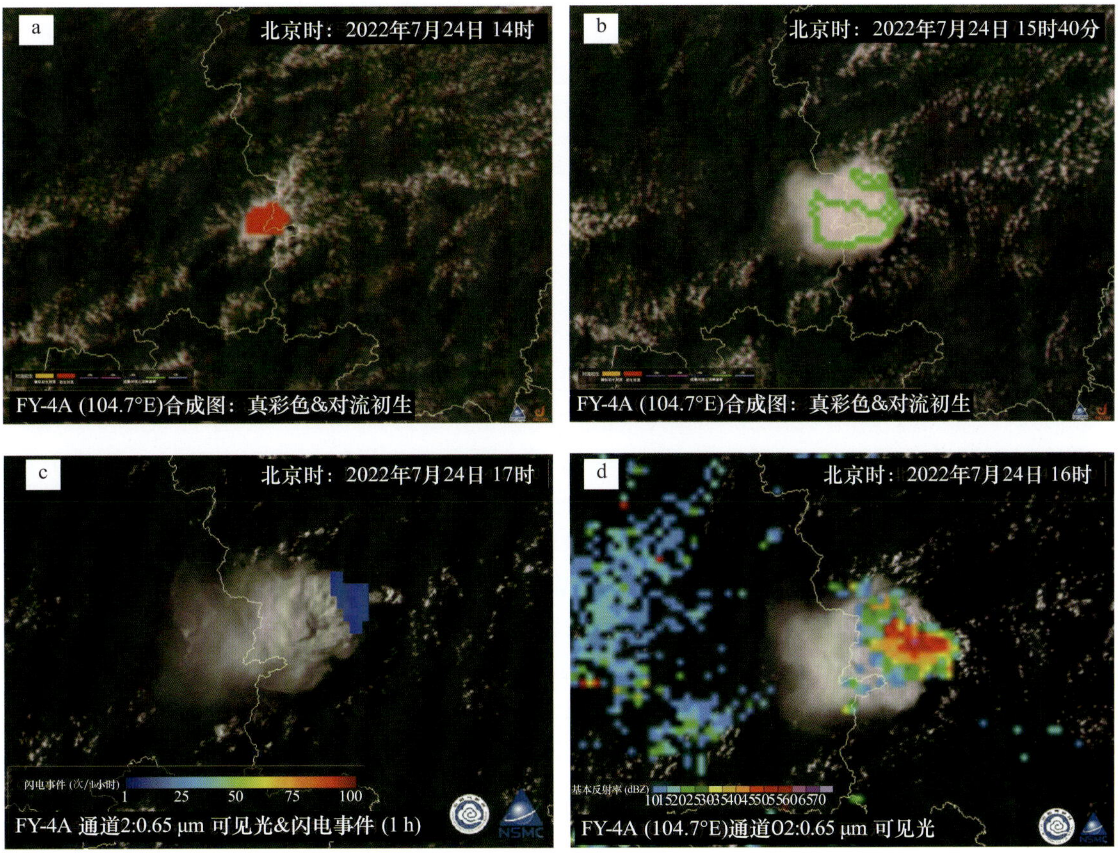

图 14　FY-4A 真彩色合成图像叠加 FY-4A 对流初生产品（2022 年 7 月 24 日 14 时（a）和 15 时 40 分（b））、FY-4A/LMI 1 h 闪电“事件”频次（c，2022 年 7 月 24 日 16—17 时）和雷达基本反射率（d，2022 年 7 月 24 日 16 时）

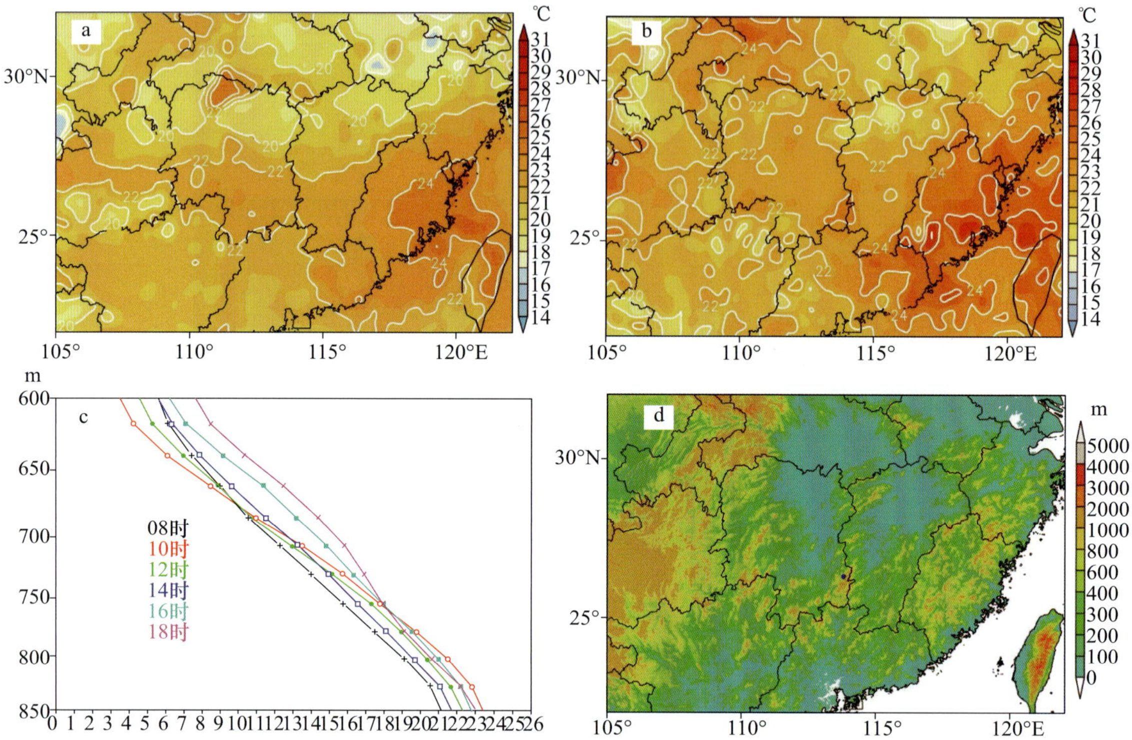

图 15 FY-4A/GIIRS 2022 年 7 月 24 日 08 时(a)和 10 时(b)850 hPa 温度，08—18 时对流初生位置温度廓线(c)及区域地形图(d,图中蓝色圆点表示对流初生位置)

4 总结和讨论

2022 年风云气象卫星及天气应用技术提升主要内容如下：

(1)FY-4B 和 FY-3E 完成在轨测试并正式投入业务运行，FY-4B 成功东漂至 133°E，基本完成了第六颗风云三号卫星(FY-3F，上午星)和第七颗风云三号卫星(FY-3G，倾斜轨道卫星)的研制工作。

(2)应用 FY-4B 研发了 52 个定量产品和 14 个合成图像产品；应用 FY-3E 研发了 46 个定量产品，其中新研产品 22 个，并对部分已有的继承性产品在精度和时效上开展了优化和改进。

(3)以预报员需求为引导，强化卫星资料在精细化天气监测预警中的应用，研发了轻量型实时卫星应用平台“风云地球”，并实现国、省、市、县全面应用。

(4)在 2022 年强对流天气过程中，使用“风云地球”对流相关产品，包括对流监测、对流初生、城市对流统计、FY-4A/LMI、FY-3E*K* 指数、FY-4A/GIIRS 温度等，同时利用 FY-4B/GHI 和 FY-4A/AGRI 多通道云图等，结合地面观测实况分析强对流天气过程卫星遥感特征。4 月 24 日西南涡引发的强对流天气过程中，卫星水汽图像干侵入特征和可见光图像对冷空气活动及对流触发具有指示意义；FY-4A/LMI 闪电“事件”监测显示对流初生、发展、成熟和减弱阶段均出现明显的闪电活动，闪电频次的大值区一般位于对流的西侧及中心附近；对流活跃区 FY-3E *K* 指数较高。7 月 24 日副高控制下的强对流过程中，FY-4B/GHI 对局地快速发展对流具有观测优势，FY-4A/GIIRS 温度廓线显示晴空非均匀感热加热与对流触发有一定关系。

参考文献

[1] XIAN D, ZHANG P, GAO L, et al. Fengyun meteorological satellite products for earth system science applications[J]. Advances in Atmospheric Sciences, 2021, 38(8): 1267-1284.

[2] ZHANG P, HU X Q, LU Q F, et al. FY-3E: the first operational meteorological satellite mission in an early morning orbit[J]. Advances in Atmospheric Sciences, 2022, 39(1): 1-8.

[3] REN S L, JIANG J Y, FANG X, et al. FY-4A/GIIRS temperature validation in winter and application to cold wave monitoring[J]. Journal of Meteorological Research, 2022, 36(4): 658-676.

[4] BAI, W G, ZHANG P, LIU H, et al. A fast piecewise-defined neural network method to retrieve temperature and humidity profile for the vertical atmospheric sounding system of FengYun-3E satellite[J]. EEE Transactions on Geoscience and Remote Sensing, 2023, 61: 1558-0644.

[5] 章丽娜. T-ln$p$ 图在天气分析和预报中的应用[M]. 北京：气象出版社，2022：118.

2022年综合气象观测技术及天气应用分析

郭建侠　王　佳　姚　聃　杨金红　茆佳佳　高　岑　高丽娜　梁　宏　权继梅
(中国气象局气象探测中心,北京,100081)

摘　要:本文介绍了2022年综合气象观测领域新技术及新产品在天气监测服务方面的进展。主要包括天气雷达产品在强对流监测中的应用,尤其是双偏振相控阵天气雷达在龙卷监测中的应用;地基遥感垂直观测反演的云水相态识别产品、温度平流产品、边界层高度产品、对流指数产品等在冬季雨雪、强对流天气以及雾、霾天气监测中的应用;海洋观测新产品在台风监测中的应用;黑碳质量浓度和散射系数以及多源气溶胶三维分析产品在雾和霾监测中的应用;水汽产品在华南暴雨和西南干旱监测中的应用以及GNSS-R积雪深度产品在南方雨雪天气中的试用等。

关键词:综合气象观测,新产品,天气应用

引言

2022年以气象雷达为突破点,强对流灾害性天气监测能力进一步增强,综合气象观测产品体系由"2层-5类-6级"升级至"3层-3段-6类-6级"(简称"3366体系"),ROSE2.0预警产品更新上线,地基垂直观测识别产品、水汽产品等实现分钟级业务应用,大气成分、生态观测(农业)、海洋观测等产品紧密围绕气象服务需求,强化科技含量。

应用天气雷达强对流监测产品、逐15 min格点实况产品等在2022年"6・12""6・13"强对流天气,2022年"7・20"龙卷等观测预报服务互动中,云水相态识别、地基遥感对流指数、多源气溶胶三维分析产品等在北京冬奥会和冬残奥会、党的二十大等重大活动服务保障中发挥了重要作用。海洋观测及融合产品持续助力台风监测;作物生育期产品、农业虫害迁飞监测产品等在生态农业服务中初显成效。2022年,综合气象观测产品体系进一步优化,产品系统进一步完善。新增天气雷达、垂直观测、海洋观测、生态观测(农业)、大气成分、强天气识别、检验评估等200余种产品。基于丰富的综合气象观测产品,及时制作天气实况监测快报。针对孟加拉湾季风与南海季风暴发、四川彭州山洪、青海西宁市大通县2022年"8・18"山洪灾害、台风"梅花"登陆、北京冰雹雷暴大风、浙江宁波奉化雷暴大风、高温干旱对秋粮作物产量影响、华北及周边地区雾和霾等重要天气事件,利用多源观测产品分析整个过程的实况特点,编制气象监测专题报告;强化观测预报互动,与一线预报团队及时互动,建立华西秋雨、冬季气象保障联合专班机制,全年向中央气象台提供天气会商产品等。其中台风产品、大风产品、雷达组网产品、能见度产品、雾和霾产品、土壤水分产品、温度产品等多次在中央气象台会商中使用。

1 天气雷达新产品及应用

2022年，全国已有81部新一代天气雷达完成双偏振升级，X波段雷达运行224部，强对流监测能力提升显著。ROSE2.0在全国气象业务中应用，在强对流监测预警中发挥重要作用。本节以广州从化龙卷、青海大通县山洪地质灾害的服务为例，分析天气雷达新产品新技术在两次强对流监测中的应用情况。

1.1 广州从化龙卷雷达监测分析

6月16日19时25分左右广东省广州市从化区太平镇出现龙卷，尺度很小，距离龙卷最近的(约700 m)太平二中气象站观测到6级阵风(12.6 m/s)。经现场目击者反馈，该龙卷生命史为3 min左右，造成部分区域停电、临时棚架倒塌、绿化树损毁堵塞交通等情况。

1.1.1 S波段双偏振雷达监测分析

广州S波段双偏振天气雷达于19时0—24分时段监测到造成本次龙卷过程的超级单体风暴。该超级单体风暴具有典型的钩状回波和中气旋特征(图1)，向偏东方向移动。

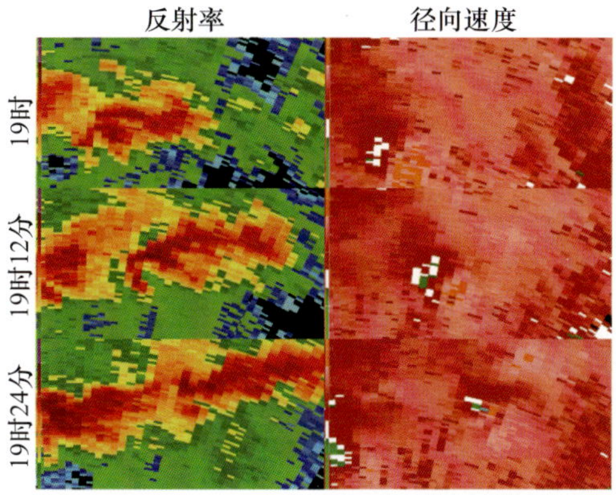

图1 广州雷达19时0—24分时段0.5°仰角天气雷达监测图

19时24分和19时30分两个时次，0.5°仰角径向速度场监测到清晰的龙卷涡旋特征(TVS)结构，该TVS位于雷达站北偏东15°方向约50 km位置，距地面高度约为700 m以内。对速度模糊进行质控处理之后，速度对所对应的径向速度分别为−2.5 m/s和33.0 m/s，方位角切变达到35.5 m/s，旋转速度18.0 m/s。同时，该TVS对应有明显的谱宽(SW)高值区域(15 m/s)以及相关系数(CC)低值区域(0.78)，前者表明该位置具有强烈的速度不均匀分布特征，后者表明该处粒子相态复杂，并非由单一降水粒子构成，而是伴随杂质，即呈现出龙卷地物碎片特征(TDS)，印证了龙卷的发生。19时36分，TVS和中气旋特征迅速消失。

1.1.2 X波段相控阵雷达监测分析

广州帽峰山X波段相控阵雷达19时20—24分逐分钟产品(图2)可以清晰观测到钩状回

波、龙卷涡旋特征(TVS)、龙卷地物碎片特征 TDS(低相关系数区)的形成和演变过程。

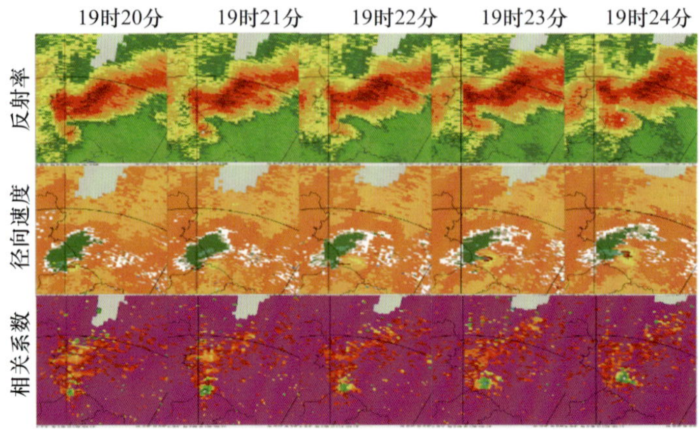

图 2 广州帽峰山 X 波段相控阵雷达 0.9°仰角 19 时 20—24 分时段雷达监测图

龙卷出现期间,相控阵雷达精密地监测到了像素级的龙卷涡旋,最大正速度为 25.5 m/s,最大负速度为−10.5 m/s(图 3)。龙卷直径<200 m,对应高度约为 300 m。广州 X 波段相控阵雷达具备双偏振功能,相关系数产品 CC 上观测到显著的低值区域,最低值小于 0.5,形成比 S 波段雷达更为显著的 TDS 特征,该特征进一步确认龙卷的发生。龙卷涡旋周边差分反射率(ZDR)值较大,表明龙卷外围伴有较大尺寸的雨滴,但龙卷涡旋本体 ZDR 较小。

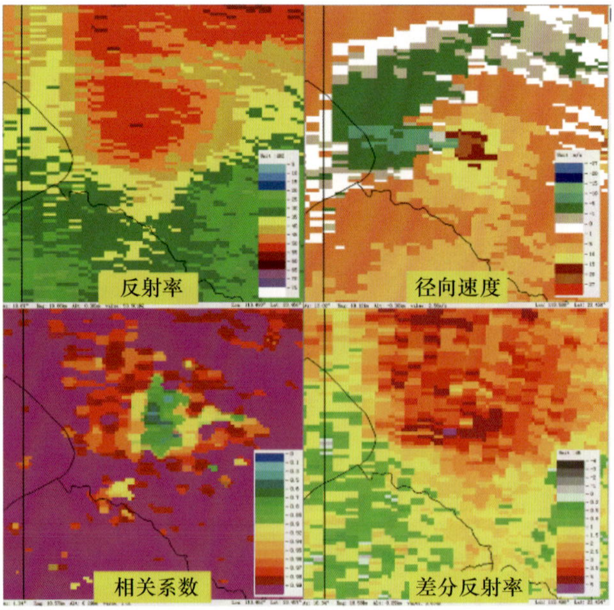

图 3 广州帽峰山 X 波段相控阵雷达 0.9°仰角 19 时 25 分时次雷达监测图

1.2 青海大通山洪地质灾害雷达监测分析

2022 年 8 月 17 日 22 时—18 日 0 时,大通县及其上游西北方向出现短时强降水。22—23

时，最大降水出现在青海大通青林乡政府站(X0057)，达 39.3 mm/h；23 时—次日 0 时，最强小时降水量出现在青海大通站(52862)，达 40.6 mm/h，引发山洪，造成泥石流灾害。

1.2.1 雷达监测对流系统演变过程

西宁雷达为 C 波段单偏振雷达，大通县位于该雷达西北侧，距离约 50 km。从 20 时 29 分—次日 0 时 31 分雷达组合反射率演变看(图 4)，20 时 29 分前后，雷达站西北方向 110 km 处有降水回波形成，回波带内伴随有小尺度强对流系统，最大回波强度约 50 dBZ，回波快速向东南移动并不断增强。22 时前后，回波进入大通县区域，原本分散的多个回波中心出现合并，降水系统组织性更强，强度迅速增加至 67 dBZ。22 时 30 分—23 时 30 分，最强回波中心已影响山洪事发区域(红色星号标记)。

图 4　20 时 29 分—次日 0 时 31 分雷达组合反射率演变(事发区域用红色星号标记)

雷达回波出现合并后(22 时前后)，回波顶高出现了明显的增加，由 13 km 增加至 17 km 以上，也预示强对流系统正在增强发展(图 5)。

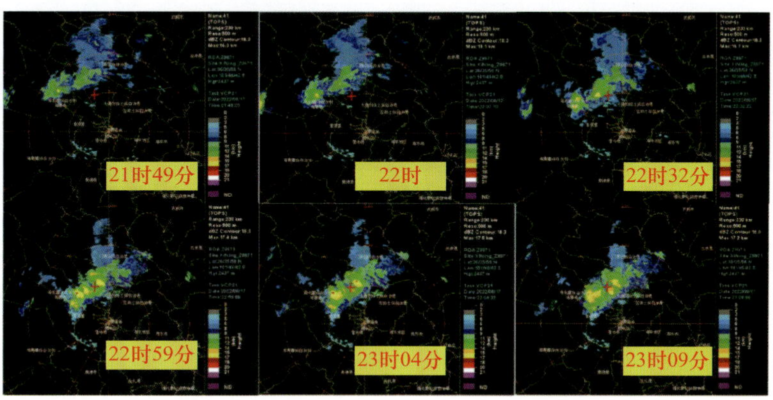

图 5　21 时 49 分—23 时 09 分雷达回波顶高演变

22 时 59 分最强降水中心的雷达剖面图显示(图 6),强降水中心的空间尺度很小,大于 50 dBZ 的回波区域小于 5 km。降水系统的回波质心较低(低于 5 km),降水效率高。径向速度剖面出现明显的中层径向辐合和高层辐散特征,有利于对流系统的维持和发展,并造成短时强降水。

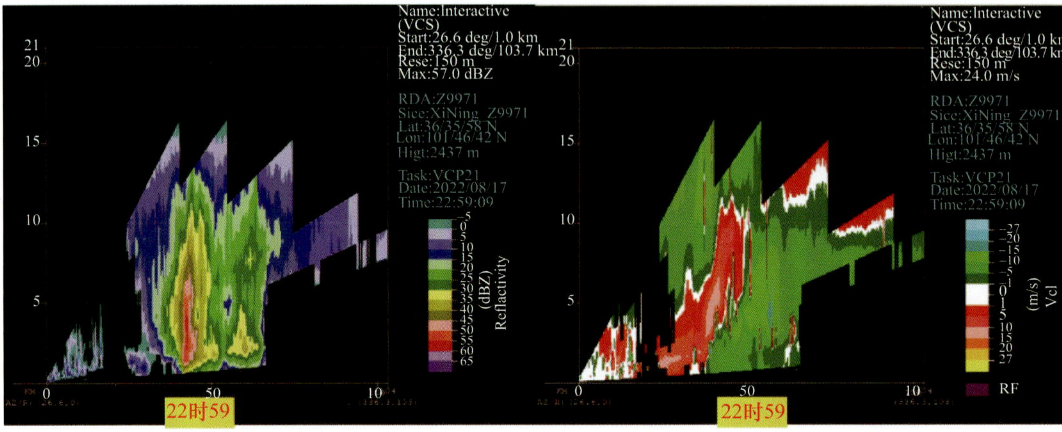

图 6　22 时 59 分雷达反射率(a)和径向速度(b)剖面图

1.2.2　ROSE2.0 参数调整

ROSE 系统的强降水监测预警产品默认阈值为 1 h 估测降水量达到 20 mm,且强降水面积不低于 30 km²,而此次过程的强降水区域空间尺度不足 15 km²,大通县附近的西宁雷达和海北雷达都未触发强降水预警。将强降水预警阈值调整为 1 h 估测雨量 10 mm,面积大于 10 km²,在 23 时 31 分后开始连续发出强降水预警提醒,预警区域正好位于大通县境内(图 7)。因此 ROSE2.0 系统默认预警参数值需各地进行本地化调整优化。

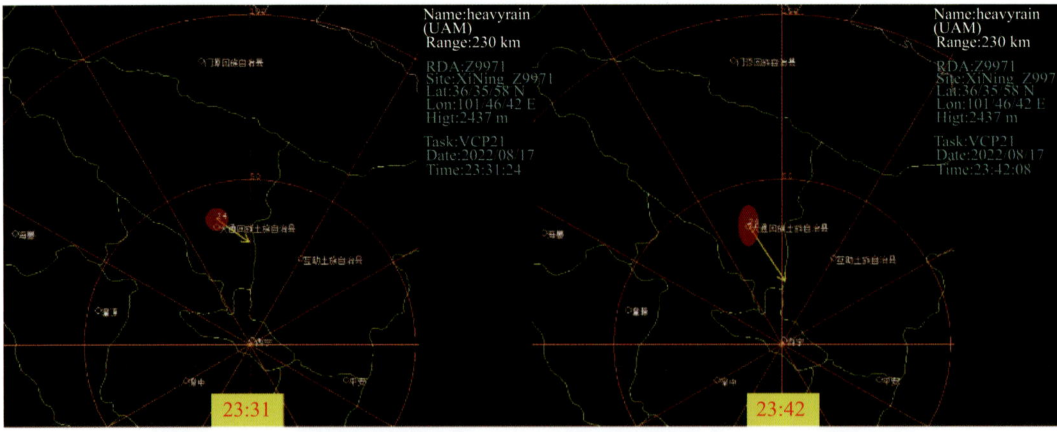

图 7　ROSR2.0 参数修正(降低)后强降水预警产品(发出预警)

2　垂直观测新产品及应用

2022 年,基于温、湿、风、水凝物、气溶胶等分钟级精细化垂直观测资料,云水相态识别、温度平流、融合边界层高度、地基遥感对流指数等产品相继研发并在重大气象保障服务中得到应用。

2.1 云水相态识别产品

引入神经网络方法，联合云雷达基数据和微波辐射计温度数据研制云水相态识别产品。首先，基于传统的模糊逻辑方法和专家判别建立样本库，根据微波辐射计受降水影响的情况建立降雨和非降雨模型；其次，使用半监督学习方法(Tri-Training)，将大量的无标签数据制作为伪标签进一步扩充样本库，利用扩充的样本库重新训练上一步得到的模型，提高模型的泛化性；最后，使用云雷达信噪比阈值和时空平滑对不符合物理意义的识别结果做订正，得到识别类别包括雪花、冰晶、过冷水、混合相态、雨滴、融化层、杂波的算法。云水相态识别产品可分钟级监测降水类型、相态转换时刻及演变过程，有助于业务中降水相态的自动识别。该产品在北京冬奥会和冬残奥会、2 月 5—9 日南方大范围雨雪过程等重大气象保障工作中应用。图 8 为 2022 年 3 月 11—12 日冬残奥会期间，北京全市发生大范围降水过程，海淀站云雷达监测的反射率和相态产品，05 时 35 分云雷达回波接地，相态为降雨。该产品比地面站监测雨雪更为快速精确。

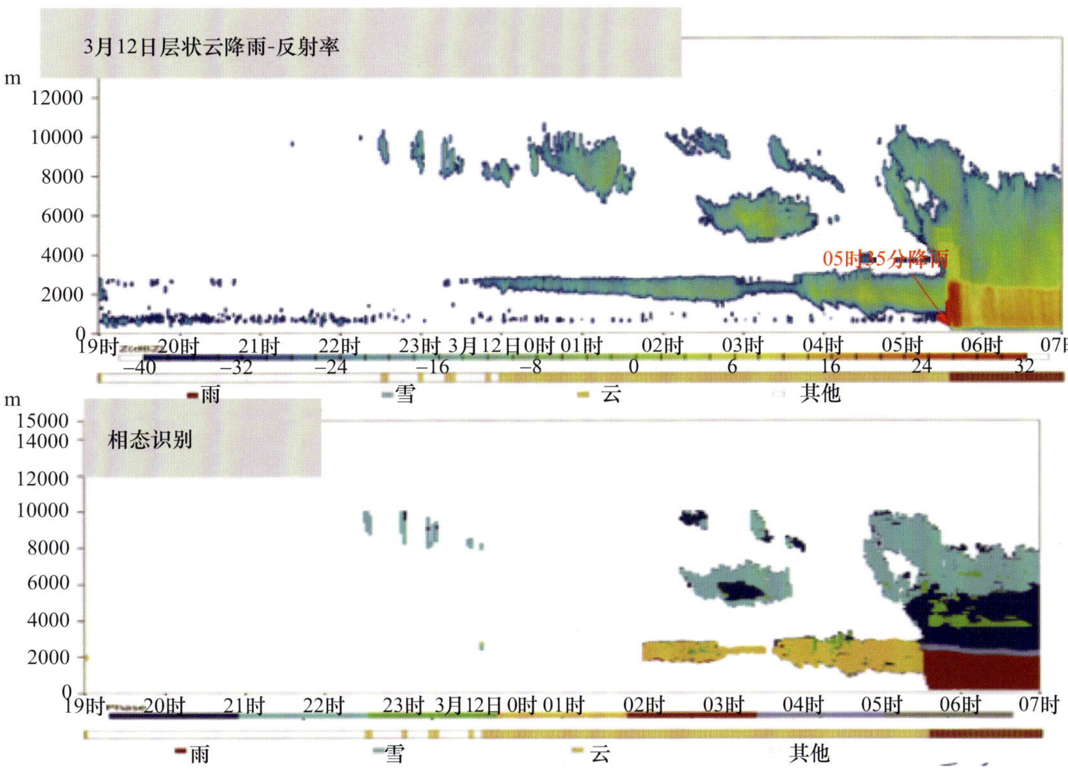

图 8 2022 年 3 月 11 日 19 时—12 日 07 时海淀站云雷达反射率(a)和相态识别(b)时序图

2.2 温度平流产品

利用风廓线雷达和微波辐射计反演量获得温度平流产品，垂直高度≤6 km，时间分辨率

6 min。该产品在北京冬奥会和冬残奥会、2 月 5—9 日南方大范围雨雪、5 月 24 日飑线、6 月 12 日北京强对流等过程中进行了服务与应用。以 3 月 11—12 日冬残奥会期间降水过程为例，将北京 7 个观测站的温度平流产品进行组合(图 9)，可以看出，降水前温度平流产品显示 3 km 以下为暖平流，3～5 km 高度为冷平流，呈上冷下暖，层结不稳定加强，至 04 时 30 分开始各站逐渐发生降水，有助于提前研判层状云降水发生。

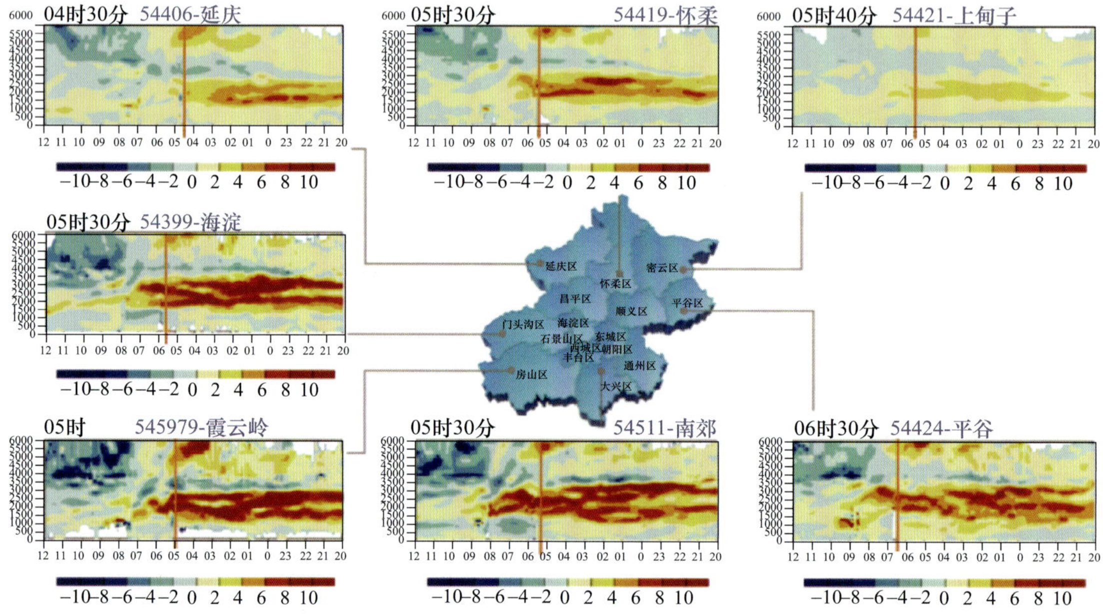

图 9　2022 年 3 月 11—12 日北京 7 个观测站温度平流产品图

2.3　融合边界层高度产品

基于微波辐射计的温度、风廓线雷达的水平风和探空的气压数据，使用理查森数法计算得到大气边界层高度产品，与温、湿、风、水凝物等多要素组合显示。边界层高度有利于判断雾、霾发生发展趋势，该产品在重大服务保障、11 月 16—21 日北京雾、霾过程复盘中得到应用(图 10)。由图 10 可见，11 月 18—19 日，北京海淀气溶胶消光系数开始增大，白天边界层高度降低至 700～800 m，大气垂直速度以下沉为主，有利于气溶胶累积；20 日，气溶胶层厚度降至 1 km，气溶胶消光系数有所增强；白天边界层高度在 500 m 以下，近地面相对湿度较高，大气垂直速度以下沉为主，有利于气溶胶的堆积及吸湿增长；21 日，气溶胶层厚度上升至 2.6 km，气溶胶消光系数显著降低；白天边界层高度抬升至 1.5 km，垂直速度既有上升又有下沉，存在对流，有利于气溶胶的扩散。

2.4　地基遥感对流指数产品

K 指数、*SI* 指数、*A* 指数、全总指数、抬升指数、深对流指数 6 项地基遥感对流指数产品是基于微波辐射计的温湿数据和探空气压等数据依据指数公式反演计算形成的，产品分辨率为

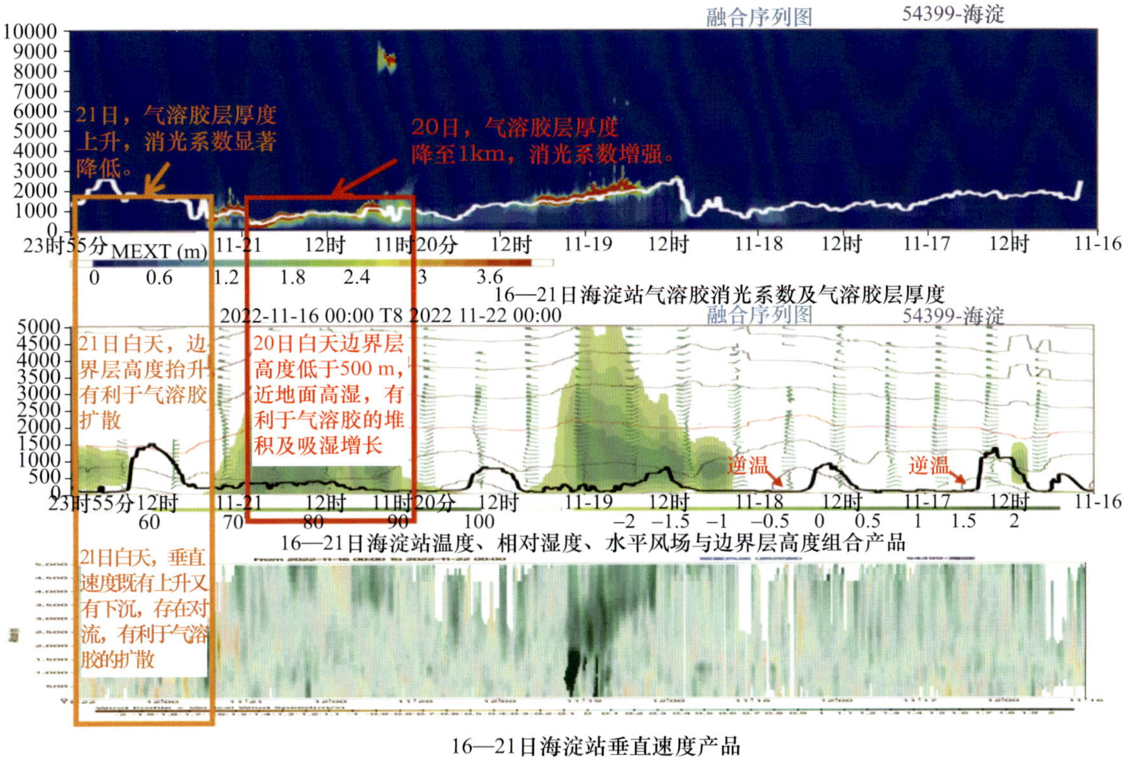

图 10　11 月 16—21 日北京雾、霾过程边界层变化

2 min。地基遥感对流指数的变化，有助于分析研判对流发生发展的环境条件变化情况，提高短临潜势预报服务能力，在 2022 年 5 月 24 日华北飑线、6 月 12 日北京强对流、6 月 24 日华北强降水等气象保障服务中应用。2022 年 6 月 12 日北京多地发生强对流天气过程，以延庆站云雷达反射率因子和地基遥感对流指数为例（图 11），12 日午后开始，*A* 指数、深对流指数、*K* 指数、全总指数明显增加，*SI* 指数和抬升指数明显下降，约 18 时 20 分左右，各指数达到最大或最小值，*SI* 指数降低至 0 以下，此时云雷达反射率因子出现 V 型缺口，速度模糊，说明延庆发生对流性强降水，可能出现冰雹。

2022 年 5 月 24 日受冷空气和切变线东移南压影响，14 时起飑线系统影响北京。由图 12 海淀站数据显示，自 15 时云系开始发展，垂直 1.5～2.0 km 高度暖平流增加，850 hPa 与 550 hPa

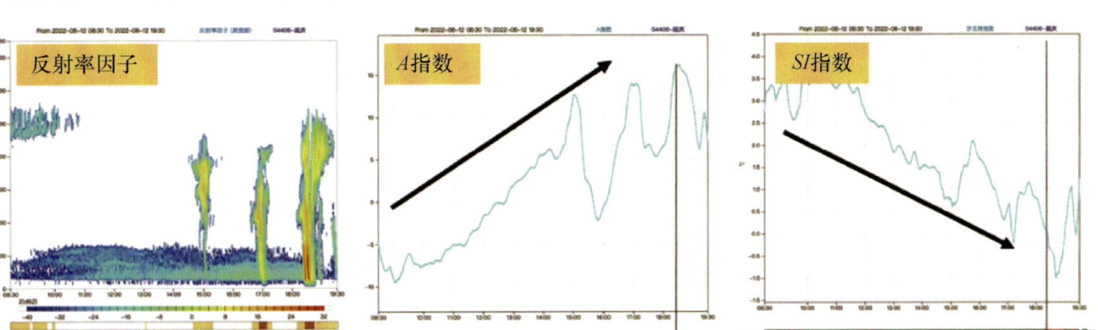

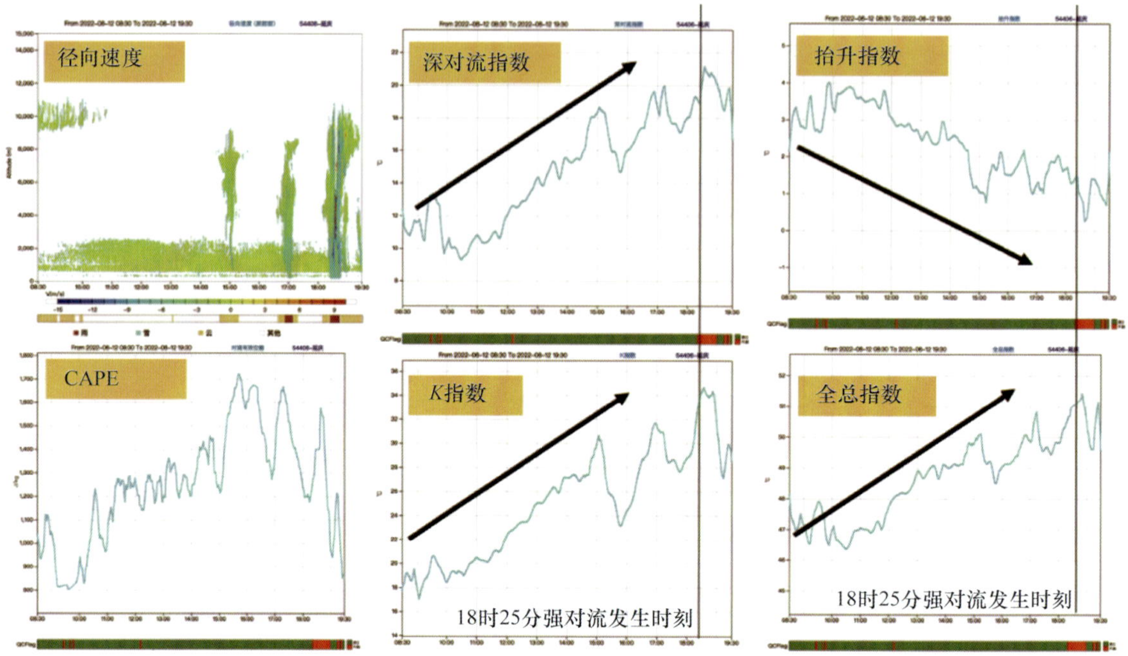

图 11　2022 年 6 月 12 日延庆站地基遥感雷暴指数产品

的温度平流垂直变化率>0,为上冷下暖结构,不稳定层结加强,15 时 30 分达到极大值,而后迅速下降;*K* 指数、*SI* 指数等均在 15 时陡增或陡降,不稳定条件转好,15 时 45 分达到极大值或极小值,预判回波移经此处将维持或发展,经实况证实 16 时回波接触地面,3 km 以下径向速度已达 9~10 m/s,发生对流性降水,预警提前量可达 15 min。

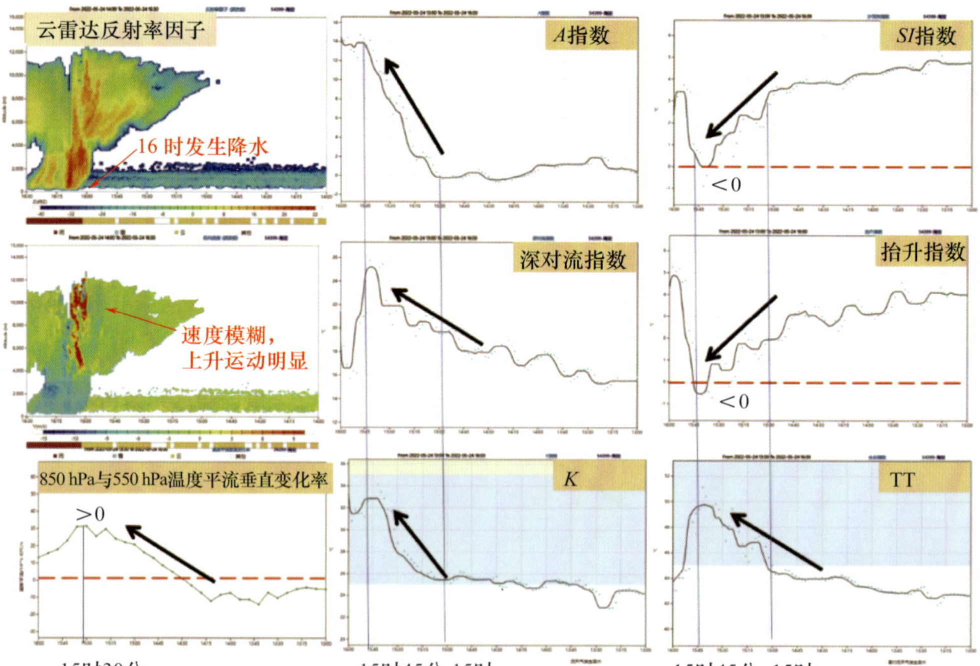

图 12　2022 年 5 月 24 日海淀站地基遥感对流指数产品

3 海洋观测新产品及应用

采用融合分析方法，结合气象浮标、船舶站、沿海站、海岛站等海洋观测与卫星遥感观测，形成了逐 15 min 格点实况数据，并基于格点实况数据，研发台风风圈产品、风场径向速度产品等，为台风登陆期间实况监测提供了有效支撑。

图 13 展示台风“暹芭”（2203 号）、台风“梅花”（2212 号）登陆前夕风圈分布，包括 7 级风圈、10 级风圈和 12 级以上风圈。“梅花”登陆前夕 10 级风圈在中心东侧延展至 150 km，“暹芭”核心强风区同样集中于中心东侧；“暹芭”与“梅花”同样出现 14 级风圈，但“梅花”12 级以上风圈结构更为完整，整体强度更高。

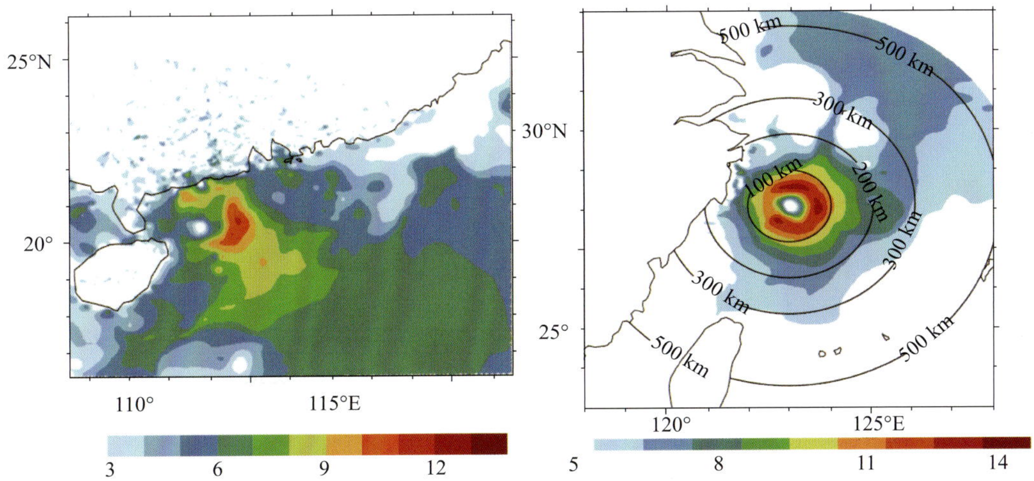

图 13　实况格点风圈产品台风登陆期间应用示例

(a)台风“暹芭”；(b)台风“梅花”

图 14 为台风“艾利”（2204 号）风场 10 m 径向速度分布情况，负值（蓝色）代表向台风中心入流，正值（红色）代表从台风中心出流，可以看出入流集中在台风中心右侧，螺旋入流带来了充足暖湿空气底层输送，这为台风眼壁区强对流的发展和台风快速增强创造了有利条件。

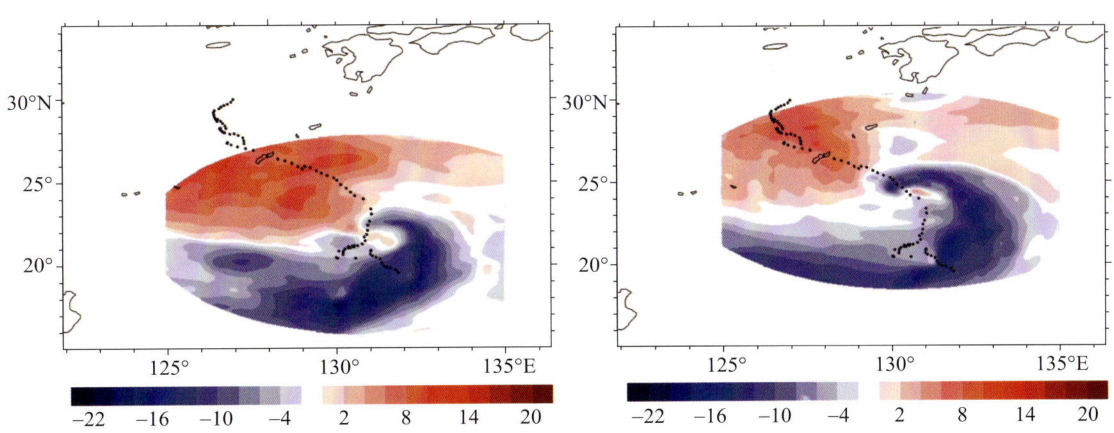

图 14　实况格点径向风产品应用示例（台风“艾利”）

4 大气成分新产品及应用

4.1 黑碳质量浓度和散射系数产品应用

黑碳是由含碳物质的不完全燃烧产生，对来自化石和生物质燃烧源的气溶胶有很好的指示意义。10 月 13—14 日，北京及周边地区出现雾、霾天气，南郊和上甸子大气本底站黑碳浓度均呈现增加现象(图 15)，其中南郊黑碳浓度 14 日 08 时超过 4.5 $\mu g/m^3$，上甸子黑碳浓度水平与北京南郊站点相当，夜间高于南郊，表明本次霾过程颗粒物污染具有明显的区域性特点(非局地性)，且来自化石和生物质燃烧排放的颗粒物加剧了此次霾的形成。

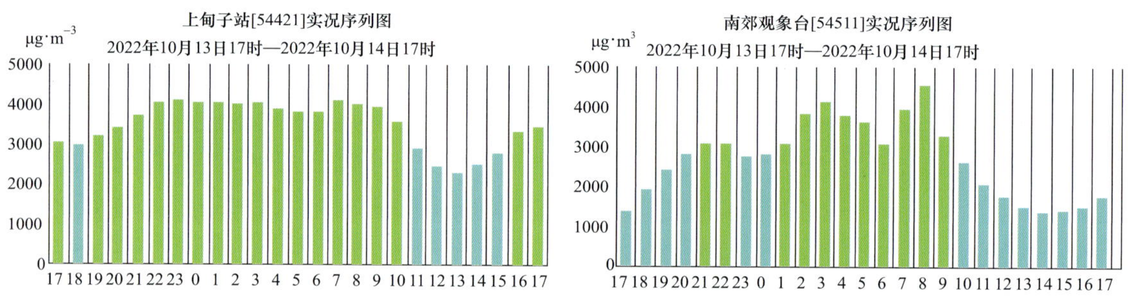

图 15　2022 年 10 月 13 日—14 日北京上甸子(a)和南郊(b)黑碳变化特征

从 13 日开始，北京地区观测的散射系数也逐渐上升，14 日，北京大兴、上甸子的散射系数超过 600/Mm。并且四个站点(上甸子、昌平、南郊、大兴)散射系数差异不大(图 16)，表明本次北京地区的污染过程水平方向和垂直方向均呈现出均匀混合的分布特征。

4.2 多源气溶胶三维分析产品应用

采用多源气溶胶观测资料实时同化系统同化全国地面气溶胶质量浓度和北京激光雷达消光系数廓线，得到京津冀及周边地区 9 km 分辨率气溶胶三维分析场产品如图 17 所示。

10 月 19—21 日，我国华北和黄淮地区出现一次雾、霾天气过程，三维剖面图显示(图 18)，19 日京津冀及周边地区近地面盛行偏南风(水平分布图)；20 日风向与 19 日相似，但风速略大；南北剖面图可见，近地面附近存在南风分量，北部燕山山脉地形阻挡作用下，污染物在北京累积和爬坡；21 日，燕山山前气流辐合特征显著，加剧污染物累积。对比 20 日和 21 日东西剖面图，21 日北京上空的西风分量略有减弱，对污染物平流扩散更为不利；污染物的高度大多在 1000～1500 m。

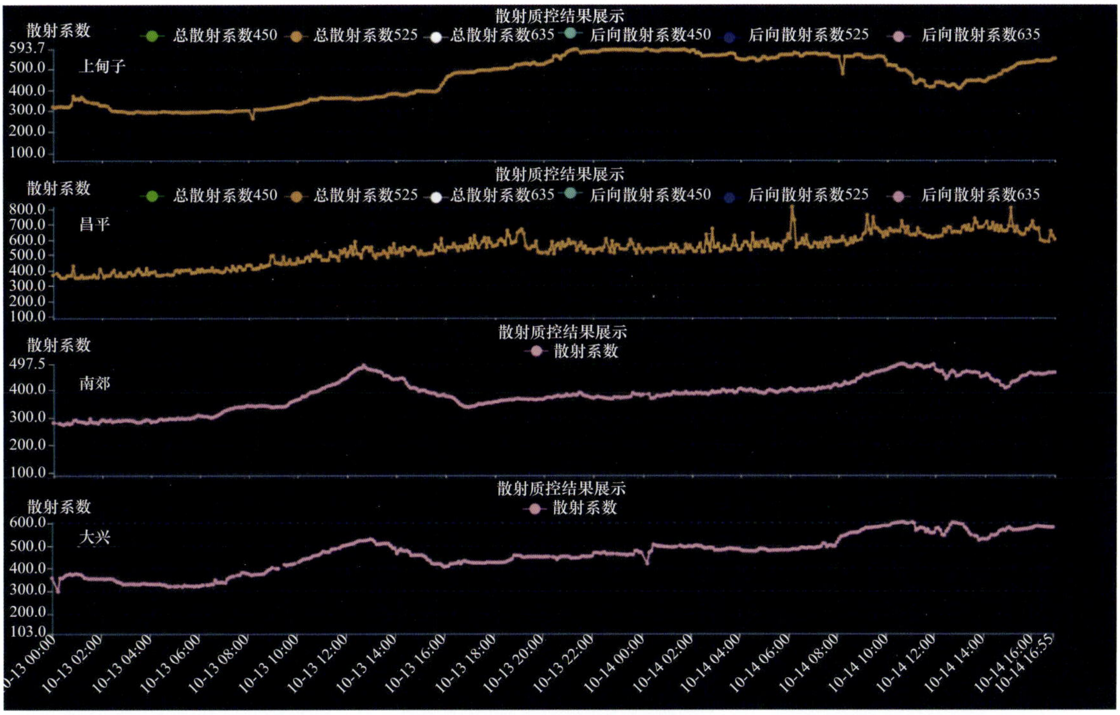

图 16　2022 年 10 月 13 —14 日北京地区四个站点散射系数变化特征

（从上到下依次为上甸子、昌平、南郊、大兴）

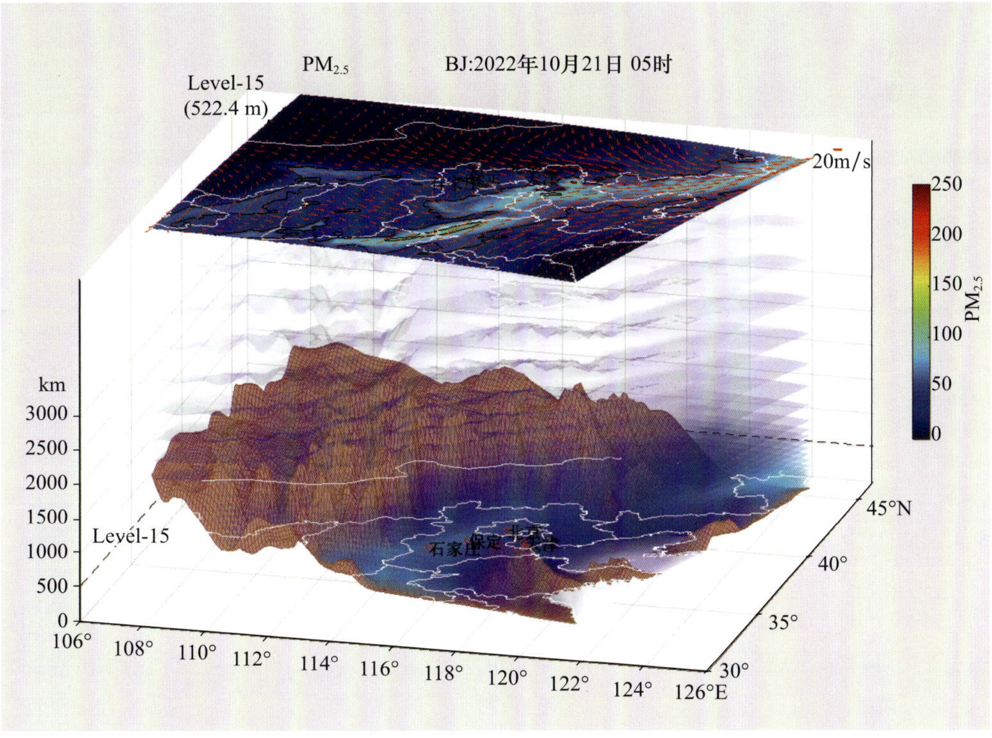

图 17　2022 年 10 月 21 日 05 时京津冀及周边地区 $PM_{2.5}$ 三维场（填色，单位：$\mu g/m^3$）

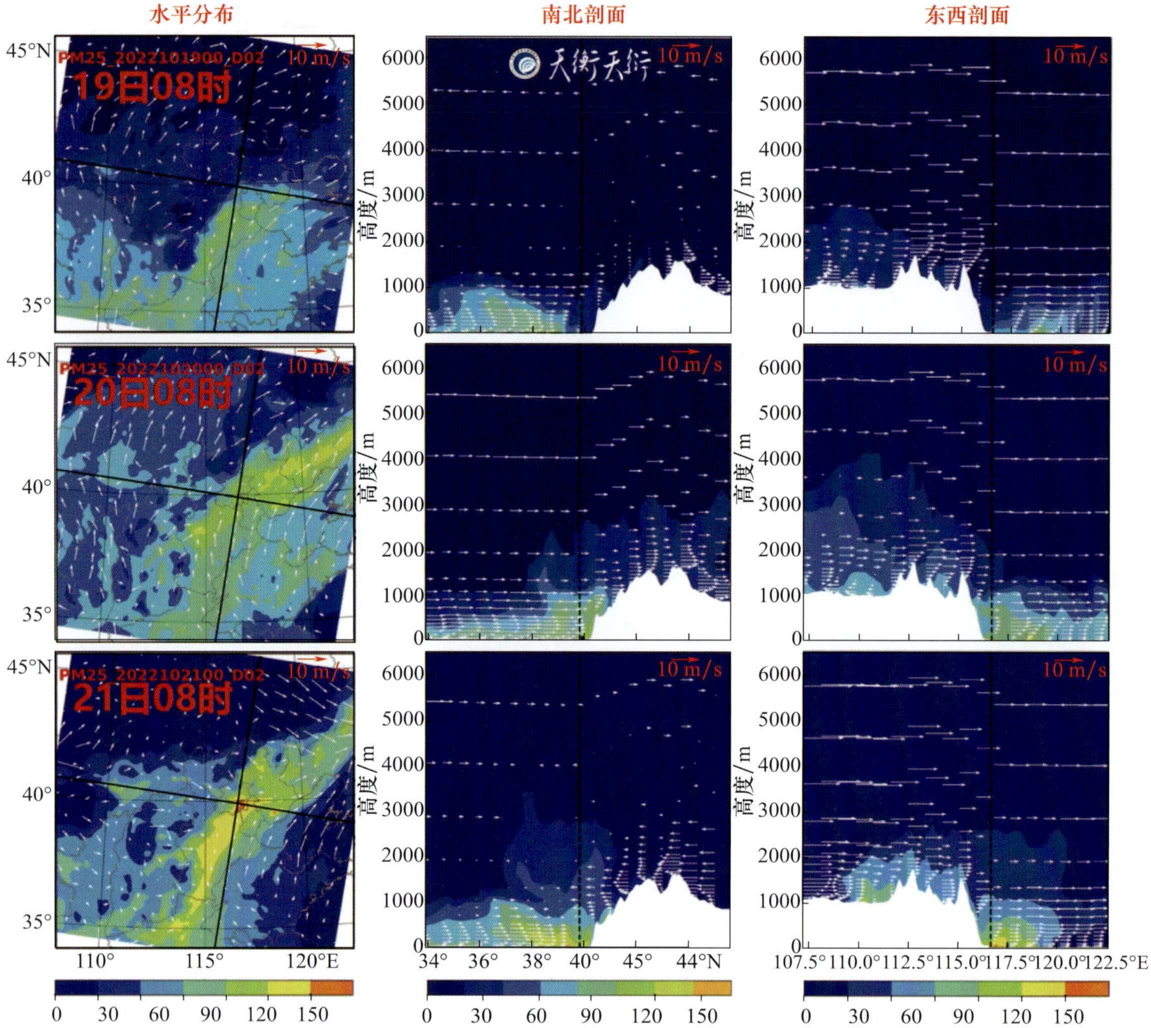

图 18　2022 年 10 月 19—21 日 08 时京津冀及周边三维剖面图(单位:$\mu g/m^3$)

(左图:水平分布;中图:南北剖面;右图:东西剖面;剖面中心:北京南郊观象台所在格点)

5 水汽、积雪新产品及应用

5.1　5—6 月广东和广西暴雨区水汽产品服务

5 月 21 日—6 月 21 日广东和广西出现严重暴雨灾害天气,基于龙门、佛冈、韶关和阳山 4 个典型站的大气可降水量统计分析表明,4 站大气可降水量处于历史同期高位,龙门和佛冈站多个时次的大气可降水量超过近 10 年 95%百分位数线,韶关站部分时次大气可降水量超过近 10 年 99%百分位数线,阳山站多个时次大气可降水量超过近 10 年 99%百分位数线(图 19)。

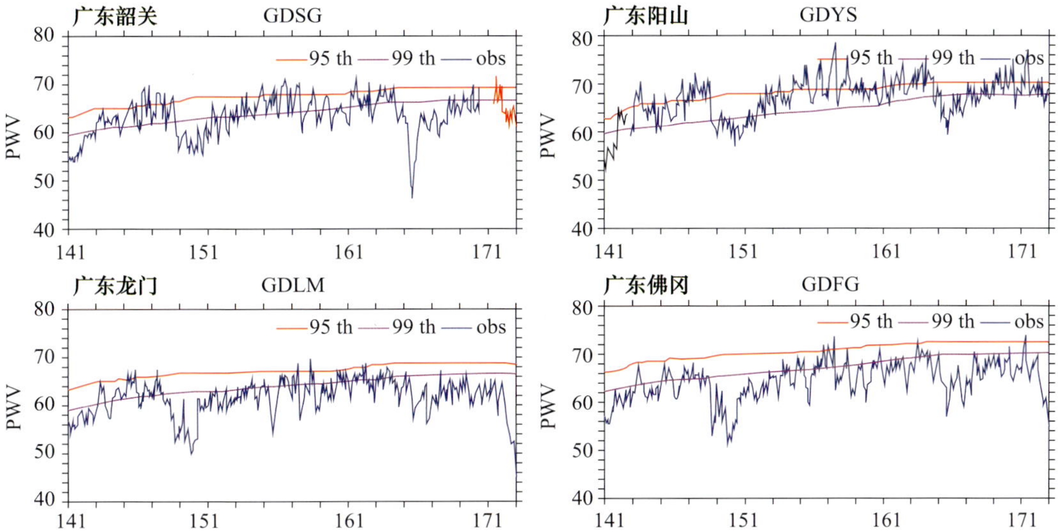

图 19　韶关(a)、阳山(b)、龙门(c)、佛冈(d)大气可降水量变化及其 10 年百分位位数线

(横坐标：年积日；纵坐标：大气可降水量，单位：mm)

5.2　西南干旱区水汽监测服务

7 月 20 日—8 月 3 日，华南、江南、四川东部、重庆、新疆持续出现高温天气；8 月 3—8 日，高温区域北上至江南、江汉、江淮、黄淮、华北等地，四川东部及重庆高温持续；8 月 8—22 日，高温天气持续覆盖江南、江淮、江汉及川东、重庆。分析表明我国西南地区大气可降水量 7 月 1 日—8 月 22 日平均值与最近 10 年相比，明显偏小(图 20)，偏小约 3 kg/m^2(约 8%)。

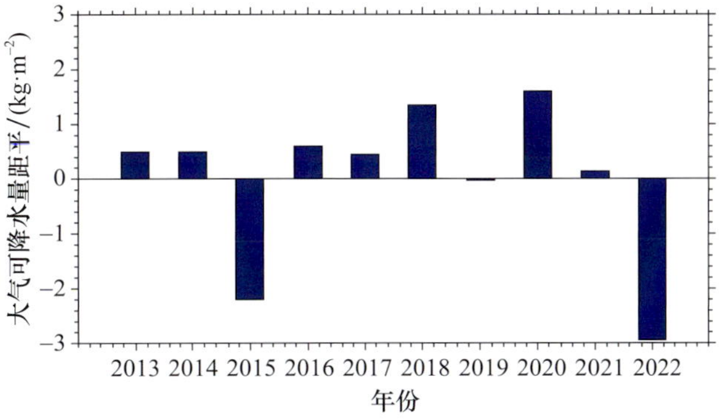

图 20　西南地区大气可降水量变化

5.3　GNSS-R 积雪深度产品试用

GNSS-R 积雪深度是基于 GNSS/MET 水汽观测基数据二次挖掘得到的产品，目前全国符合 GNSS-R 积雪深度观测的 GNSS/MET 站点约 100 个站，主要集中在北方地区。针对 2022 年 2 月 5—8 日南方降雪过程，GNSS-R 积雪深度产品进行了应用服务。本次过程湖北、

安徽、江苏和浙江四省有 20 个台站符合 GNSS-R 积雪深度反演条件(信号强度较好、周边无高大建筑物、自然下垫面等),产品应用表明 GNSS-R 能较好反映 2 月 5—8 日南方降雪过程,大部分站点积雪深度 10～20 cm;与实测比平均偏差(MAE)和均方根误差(RMS)分别为 1～2 cm 和 1～3 cm,由于 GNSS-R 观测的范围是以 GNSS 天线为中心,半径 15～20 m 的圆,而实测是一个点,因此两者测定深度有一定差别。图 21 是安徽池州站 GNSS-R 积雪深度与台站实测值的比较结果,降雪从 2 月 6 日开始,7 日到达最大值,9 日结束,GNSS-R 获得的面平均积雪深度最大为 10.0 cm,与实测点积雪深度相比平均偏差为 0.9 cm,均方根误差为 2.2 cm。

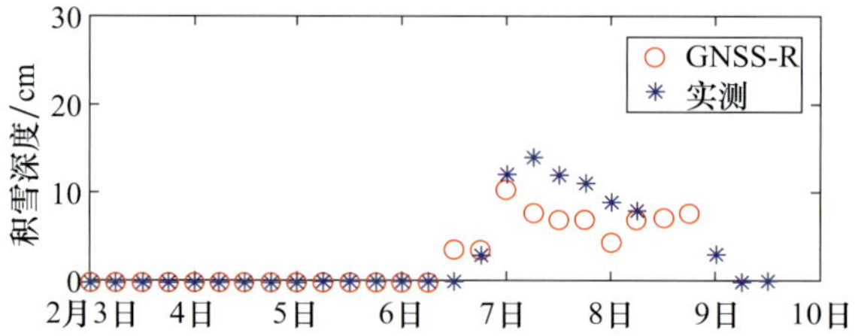

图 21　安徽池州站同时具备 GPS 和伽利略信号观测,可估计每 6 h 的雪深

6 总结和展望

2022 年,综合气象观测产品覆盖领域不断拓展,算法不断升级优化,产品应用成效显著。主要进展如下:

(1)2022 年全国已有 81 部新一代天气雷达完成双偏振升级,X 波段雷达运行 224 部,针对性改进 ROSE2.0 预警产品,提升了雷达对龙卷、冰雹等强对流天气发生发展过程的精密监测能力。

(2)持续挖掘地基垂直观测、大气可降水量等数据产品优势,研发了分钟级云水相态、地基遥感对流指数等识别产品,实时提供高精度、高时空分辨率的融合组合产品,有助于提高短临潜势预报服务能力。

(3)紧盯高影响天气服务需求,强化大气成分等多源观测产品的研发与应用,开展气溶胶扩散分布等监测服务,扩展服务领域,服务效果显著。

未来,探测中心将坚持综合气象观测产品高质量发展,加强算法优化迭代,不断提高产品的质量和精度;加强产品实时检验和分析,对产品质量进行监控;定期开展用户交流会议,调研了解用户需求,解决用户使用问题;加强产品研发队伍建设和组织架构,形成国省市县共同研发互动的机制,提高观测产品的可用性和生命力。强化科技创新,推动新成果、新技术在气象服务工作中的转化应用,充分利用气象探测新技术、新设备、新试验成果拓展服务领域,发挥好气象防灾减灾第一道防线作用。

2022 年多源融合实况分析产品的研发改进及应用*

庞紫豪　谷军霞　张志强　师春香　韩　帅　姜文静　徐　宾　张　涛
（国家气象信息中心，北京，100081）

摘　要：本文简要总结了多源融合实况分析产品在 2022 年的研发和改进新进展，重点阐述了实况产品在高影响天气过程监测和重大服务保障中的应用情况。通过多源数据协同质控技术、复杂地形实况分析技术、风云卫星应用同化技术、网格实况真实性检验等 4 方面的优化，改进降水、气温等实况产品质量，其中气温产品在复杂地形区误差降低 20%，有效剔除虚假降水和 80%融雪性降水，改善复杂山区降水信息，大气风场误差降低 2%，大气湿度误差降低 3.5%。在暴雨、台风、高温、寒潮等监测服务中，系统反映了“龙舟水”期间对流系统的活动特征；准确捕捉台风“梅花”降水落区的演变、雨强大小、大风影响范围以及台风的垂直结构等特征；对于极端高温天气和寒潮中雨雪冰冻及大风的影响区域均有较好监测效果；同时在山洪等突发事件中，实况产品的分钟级数据有效弥补了站点稀疏区监测资料的不足；百米分辨率实况产品有效支撑了 2022 年冬奥气象服务保障。

关键词：实况产品，研发改进，监测应用，过程分析

引言

随着气象业务的高质量发展，各行业对格点化时空连续的气象实况产品要求越来越高[1]。国家气象信息中心在引进国际先进融合技术的基础上，持续多年攻关多源融合实况分析产品的研发核心技术[2]，从无到有建成“全球—区域—局地”一体化实况业务体系，实时发布涵盖海洋、大气、陆面多圈层近 150 余种多源融合实况分析产品，产品分辨率全球 10 km，中国区域 1 km，重点区域 100 m，最快实现 5 min 更新。全球实况产品质量与国际同类产品接近或相当，在中国区域更优，其中 2 m 气温和比湿较欧洲中期天气预报中心（ECMWF）最新的 ERA5-Land 同类产品误差小 15%以上[3]；中国区域 1 km 分辨率实况产品质量相比 5 km 分辨率产品，大幅度提升了针对复杂地形、冬季降水以及极值的刻画能力，其中降水实况产品与独立检验站的整体相关系数为 0.85，相比于雷达 QPE 的 0.72 和 IMERG 卫星降水的 0.45，多源融合实况分析产品质量有明显提升[4,5]。

2022 年，实况产品用户访问量达到 8.9 亿次，有效支撑暴雨、台风、高温等监测预报业务。实况产品具有时效性强、时空分辨率高的优点，为山西中阳山洪、四川龙漕沟山洪、青海大通县山洪、四川泸定地震等突发灾情提供 1 km、10 min 更新的高质量实况数据支撑，弥补站点稀疏

* 参与本文编写的人员还包括潘旸、王正、孙帅、廖志宏、葛玲玲、张志森、曹丽娟、王蕙莹、远芳、陈丽帆、朱亚妮、杨和平、陈楠、王洁和陈文琴。

区观测资料的不足。网格化的实况产品有效地支撑了智能网格预报业务发展,成为从“零时刻”到日、月、季、年无缝隙预报业务的重要组成部分,同时在气象、环境、生态、航空、公共卫生、交通、电力等 20 个行业服务应以及重大活动服务支撑中发挥重要作用。

1 多源融合实况分析产品研制及改进新进展

2022 年,针对实况数据研制过程中技术薄弱环节,从实况数据多源协同质控、复杂地形实况分析优化、国产卫星资料应用、降水实况产品真实性检验评估等 4 方面进行,包括质量控制技术、复杂地形订正和评估技术、卫星资料同化技术等攻关,进一步改进降水、气温等实况产品质量。同时,根据天气气候核心业务对新数据的需求,基于偏差订正、多重网格变分分析、强对流天气特征提取技术和多模式集成等技术,研制了最高气温、最低气温、短时强降水、积雪等实况产品(表 1),产品自主支撑占比由年初的 56%提升至 77%。

表 1 实况分析产品重点技术升级和研制进展

实况产品攻关方向	关键技术
多源数据协同质控技术改进	动态黑名单技术和质量控制技术
复杂地形实况优化技术改进	基于物理统计和机器学习的复杂地形订正方法
国产资料融合应用技术改进	FY-3E、FY-4A、云海 2 号等数据同化应用技术
降水真实性检验评估技术改进	独立检验和基于复杂地形的检验评估技术
中国 1 km、逐 10 min 近地面多源融合实况分析产品研制	偏差订正、最优插值、多重网格变分等技术
中国 1 km、逐小时更新 24 h 最高温最低温多源融合实况分析产品研制	多重网格变分分析算法
中国 1 km、逐小时短时强降水、雷暴大风多源融合实况分析产品研制	强对流天气特征提取技术
中国区域 6.25 km、逐小时积雪深度实况分析产品研制	TC 协方差方法 CLM3.5、Noah 等多模式集成

1.1 多源融合实况分析产品技术改进升级

1.1.1 多源数据协同质控技术改进

研发形成单源质控、多源数据协同质控(雷达+天气现象)和动态黑名单相互独立、互为补充的质控技术,显著提升虚假降水、虚假“0”降水识别能力,1—8 月累计甄别错误降水数据 74 万站次。研发降水动态黑名单技术,解决区域自动站冬季最典型的固态降水观测“滞后”问题,在 2 月 6—9 日鄂皖苏降雪过程中,共计 1.08 万站进入黑名单,有效剔除降雪过程虚假“0”值和 80%融雪性降水,为实况产品提供高质量输入。

1.1.2 复杂地形实况技术优化改进

针对降水实况产品,引入地形坡度参数和站网密度信息,优化 OI 融合后处理算法,在剔除雷达虚假降水的同时避免对山区雷达探测降水的误剔，更好地保留山区雷达降水信息。针对气温实况产品，通过引入高程、坡度、坡向、地表覆盖类型等描述复杂地形的信息，研发基于物理统计和机器学习的订正方法，订正后气温实况产品空间分布更加精细，在地形复杂的山区均方根误差降低约 20%。

1.1.3 国产资料融合应用技术改进

攻关风云卫星资料应用技术，实现 FY-3C/D/E、FY-2G/H、FY-4A 等 6 颗在轨风云卫星 28 种数据在全球和中国区域实况分析产品中定量融合应用。全球实况产品中风云卫星资料同化占比从 5%提高到 10.5%。大气风场分析误差降低 2%，大气湿度分析误差降低 3.5%，建成全球实况分析备份系统，进一步提升 FY 卫星资料在实况业务中应用能力。

1.1.4 降水实况产品真实性检验评估

降水网格实况产品与站点观测高度一致，准确保留了站点观测极值。独立检验中相关系数大于 0.8 的检验站占 93%，均方根误差小于 1 mm/h 的检验站占 93.2%，质量明显优于同类型的雷达、卫星降水产品(表 2)。全国 8 省 173 个灾情事件检验表明，降水实况产品可以精准刻画灾情事件强降水中心，在站点观测空白区可以准确捕捉到约 94.18%以上晴雨事件。针对复杂地形检验中，在坡度较缓地区实况产品表现更优，独立检验相关系数超过 0.84，对于坡度大于 35°且海拔超过 3000 m 的极端陡峭山体上，相关系数依旧可达 0.75，产品性能均在可用范围之内(表 3)。

表 2 降水实况产品与同类型降水产品(雷达 QPE、IMERG 卫星降水)独立检验结果对比

降水产品分类	平均误差 ME/(mm·h^{-1})	均方根误差 RMSE/(mm·h^{-1})	相关系数
降水网格实况产品	−0.010	0.524	0.851
雷达 QPE 产品	−0.016	0.815	0.720
IMERG 卫星降水产品	0.015	1.070	0.451

表 3 降水实况产品在不同坡度分级中平均误差统计(独立性检验)

坡度分级	相关系数 CORR	平均误差 ME /(mm·h^{-1})	平均绝对偏差 /(mm·h^{-1})	平均相对误差 MRE	均方根误差 RMSE /(mm·h^{-1})
微斜坡(0.5°～2°)	0.8689	−0.0010	0.064	−0.008	0.521
缓斜坡(2°～5°)	0.8361	−0.0005	0.087	−0.003	0.759
斜坡(5°～15°)	0.8391	−0.0059	0.096	−0.033	0.728
陡坡(15°～35 °)	0.8067	−0.0045	0.097	−0.027	0.646
峭坡(35°～55°)	0.7452	−0.0031	0.12	−0.022	0.585

1.2 多源融合实况分析新产品研制

1.2.1 中国 1 km 逐 10 min 降水和近地面要素多源融合实况分析产品

基于 PDF (概率密度函数)偏差订正技术、雷达-卫星加权融合技术、OI 融合分析以及地形偏差订正和多重网格融合分析等技术,融合分钟级地面自动站观测资料、雷达 QPE、FY-4A 反演降水产品等资料,中国区域实况产品时空分辨率提高至 1 km/(10 min),产品滞后 5 min 更新(图 1a),要素包括降水、2 m 气温、2 m 湿度、10 m 风。经检验,产品质量上与已业务化的中国区域 1 km 逐小时多源融合实况分析产品水平总体相当,对 10 mm/h 以上强降水精度更优。

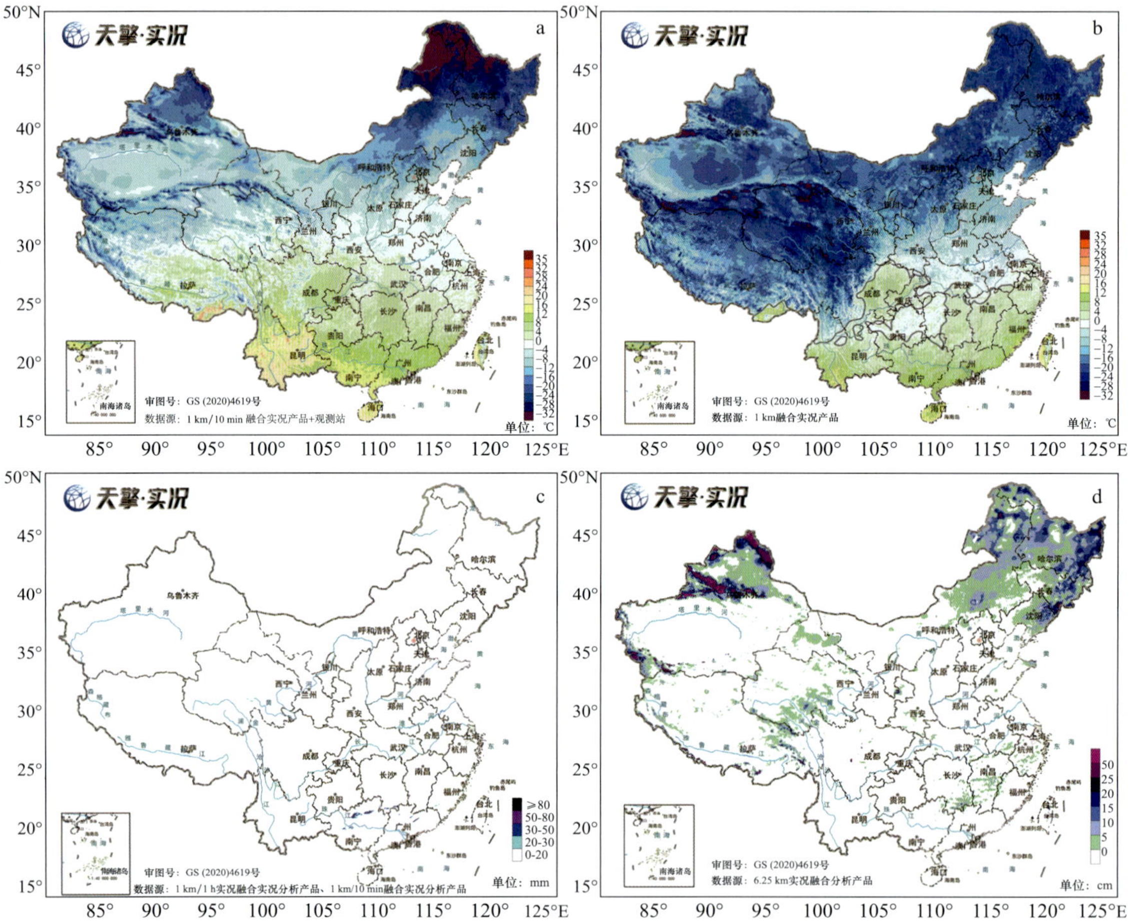

图 1　中国区域多源融合实况分析产品

(a)1 km 逐 10 min 气温(2022 年 1 月 25 日 18 时 40 分,单位:℃);(b)逐小时更新过去 24 h 最低气温(2022 年 12 月 30 日,单位:℃);(c)逐小时短时强降水(2022 年 6 月 13 日 05 时,单位:mm/h);(d)6.25 km 逐小时积雪深度(2022 年 12 月 1 日 23 时,单位:cm)

1.2.2　中国 1 km 逐小时更新过去 24 h 最高最低气温实况分析产品

中国区域逐小时更新的过去 24 h 最高、最低气温实况分析产品(图 1b)是利用多重网格变分分析算法,融合全国各级业务观测站最高气温、最低气温观测资料而生成,空间分辨率为 1 km,时间分辨率为 1 h,产品生成时效为 15 min,产品质量上均方根误差为 0.3 ℃(非独立检验),可有效提升对高温、低温极值天气过程的再现能力。

1.2.3 中国1 km逐小时短时强降水、雷暴大风多源融合实况分析产品

基于中国区域多源融合降水和极大风数据、FY-4 AGRI L1产品和闪电定位数据，进行质量控制、时空匹配等预处理，通过强对流天气特征提取技术对短时强降水、雷暴大风进行判识，形成了中国区域短时强降水、雷暴大风多源融合实况分析产品(图1c)，空间分辨率为1 km，时间分辨率为1 h，产品滞后26 min更新。产品命中率超过96%，漏报率小于4%。

1.2.4 中国区域6.25 km逐小时积雪深度实况分析产品

基于中国气象局陆面数据同化系统CLDAS-V2.0大气驱动数据，进行CLM3.5、Noah和NoahMP陆面模式积雪深度的模拟，使用TC协方差方法进行多模式集成，并与质控后积雪深度站点观测数据进行融合生成积雪实况产品。产品空间分辨率为6.25 km，时间分辨率为1 h，滞后1 h 17 min(图1d)。该产品可为中国区域积雪监测、气候变化、雪灾等提供数据支撑。

1.3 “天擎·实况”可视化综合服务平台建设

为提升实况产品服务支撑能力，围绕汛期气象服务保障、重大活动气象保障、重大灾害气象保障、突发事件气象保障四大业务场景，打造“天擎·实况”可视化综合服务平台(图2)。结合27类丰富的地理信息图层，实现历史、实况和预报数据产品的综合可视化服务。细化分流域、分区域、分灾种专项服务场景，发布服务接口、图形产品以及高温、暴雨、台风等交互分析专题。

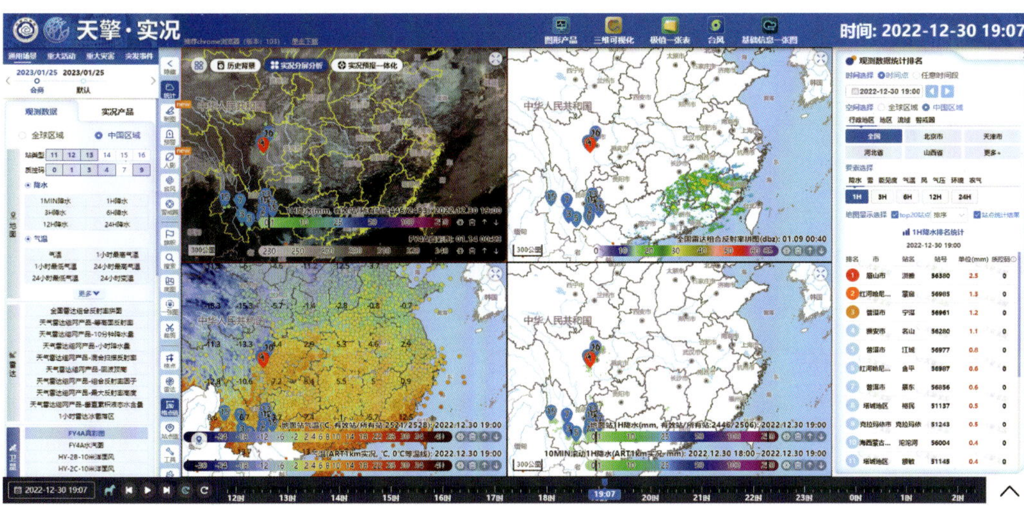

图2 “天擎·实况”可视化综合服务平台(http://idata.cma/art/#/home/default)

2 多源融合实况分析产品对高影响天气过程的监测能力分析

2022年华南地区“龙舟水”极端性强，强对流频发、局地灾害严重；高温天气持续时间长、影响范围广；台风登陆后带来大范围降水；11—12月寒潮带来大范围降温雨雪天气，降温时间

长,覆盖面积广,累计降雪深度大。基于实况产品开展了各类灾害性天气过程监测分析。

2.1 实况产品在暴雨监测中的应用效果分析

2.1.1 2022年3—7月降水特征分析

2022年汛期全国降水整体分布不均[6],广东、广西、福建均出现大面积累计降雨量超过1500 mm的区域。东部大部分地区均出现过雨量大于20 mm的短时强降水,广东、广西、山东、安徽等局部地区超过50 mm,同时粤北桂北暴雨日达到10 d以上。

基于中国区域1 km分辨率降水实况分析产品对雨带演变进行分析(图3)。2022年3—7月,雨带位置南北摆动大,通过对不同时期主要多雨区的影响范围的监测分析,实况产品显示华南前汛期雨带主要集中在南方地区,在华南和江南地区呈现小幅度摆动。进入7月之后,雨带迅速北抬,形成北方和华南两条主雨带,长江中下游地区雨量偏少。华南地区在3月下旬发生强降水后,从4月开始,平均累计雨量逐旬增加,到6月中旬达到峰值,降水频率在5月下旬达到80%以上。华北和东北地区从5月下旬开始雨量逐渐增加。

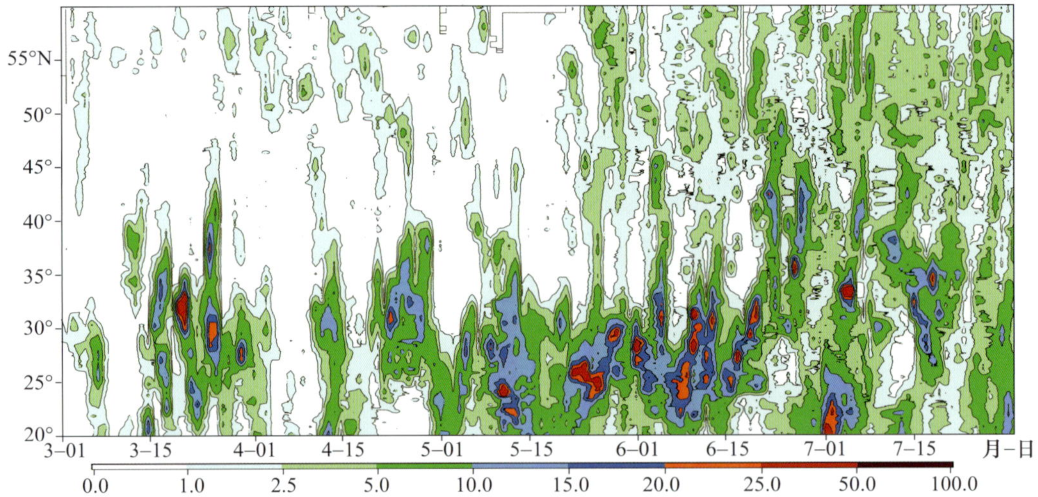

图3 2022年3—7月我国中东部地区(100°～125°E)降水过程时间-纬度剖面图(单位:mm)

对于全国各区域降水量的分级结构以及日变化精细化特征而言(图4),实况产品显示华南10 mm/h以上降水对总降水量的贡献超过30%,20 mm/h以上降水贡献13%。新疆和西北地区以2 mm/h以下的降水为主,对总降水贡献超过50%。西南和华北地区以夜间降为主,夜间降水的贡献超过60%。东部沿海、东北和内蒙古东部地区的降水以白天降水为主。在降水量和降水频率的日变化上,华南地区降水的大值时刻出现在16时,西南地区的低值时刻出现在12时。东北和西南地区的降水日变化呈现反相位。

2.1.2 2022年“龙舟水”过程实况监测应用分析

2022年“龙舟水”期间具有降水时间长、累计雨量大、暴雨落区重叠、多种灾害叠加等特点,珠江流域接连发生流域性大洪水,影响范围极广[7]。

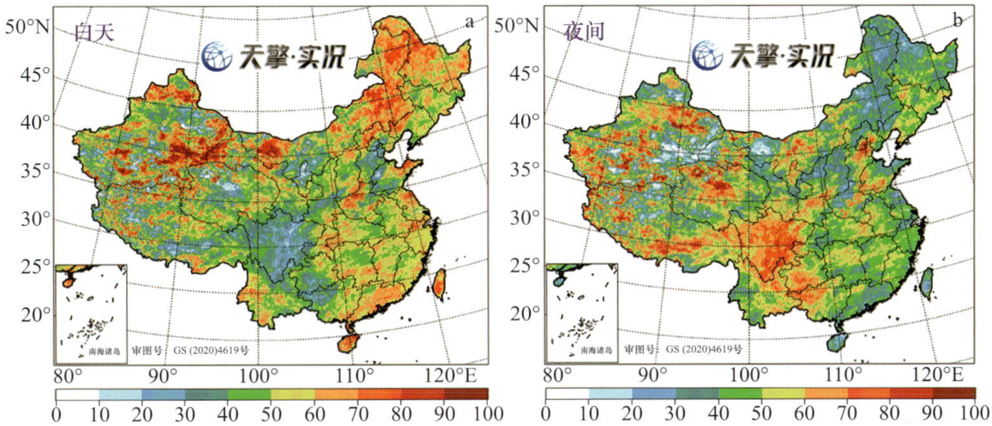

图 4　2022 年 3—7 月全国日雨百分比(a)和夜雨百分比(b)空间分布图(单位：%)

基于实况产品高时空分辨率、高时效和高精度的特征，对珠江流域暴雨洪涝灾害过程进行精细化监测分析(图 5)。结果显示，“龙舟水”期间降水空间分布非常不均匀，本次过程强降雨区主要集中于广东、广西北部，出现 30 mm/h 雨强的地区超过各省面积的 45%，累计雨量超过 800 mm 的区域均占了两省总面积的 10%以上。在降水极值上，实况产品和站点观测有一致的表现，同时也有效地填补了观测空白区的降水特征。广西东北部、广东北部暴雨日数普遍有 5～8 d，局部超过 10 d，降水频率在 50%以上。

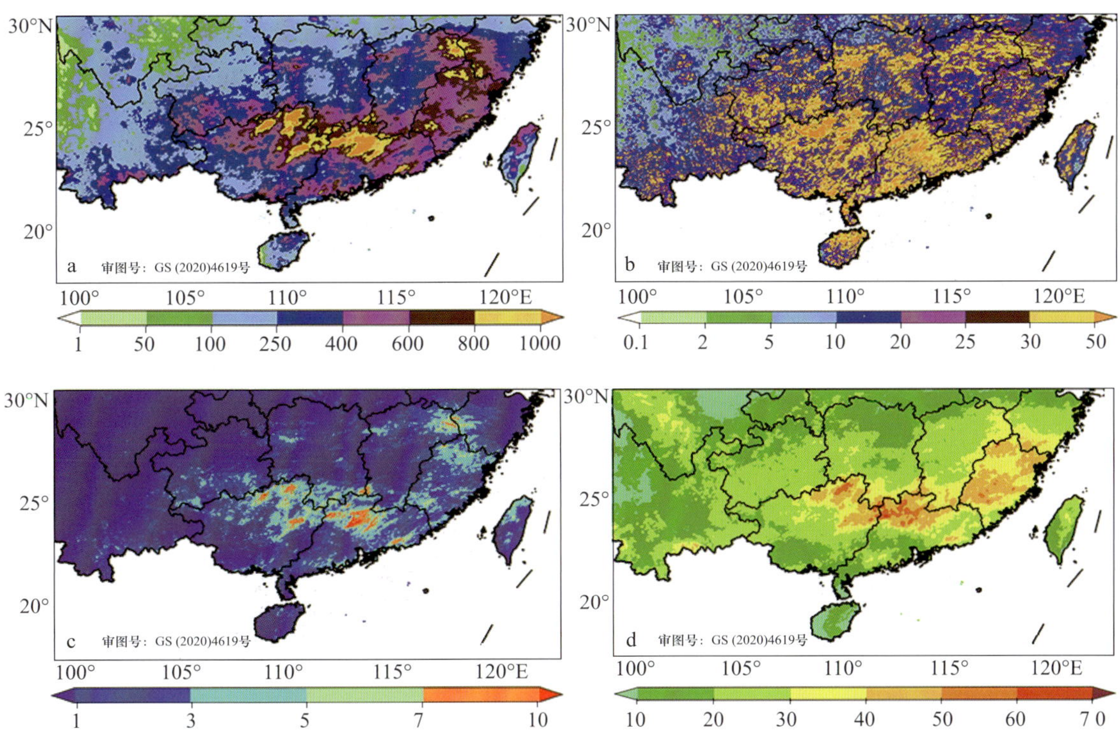

图 5　2022 年“龙舟水”期间(2022 年 5 月 21 日—6 月 21 日)，1 km 分辨率降水实况产品统计空间分布情况
(a)过程累计降水量(单位：mm)；(b)最大小时雨强(单位：mm/h)；(c)暴雨日数(单位：d)；(d)降水频率(单位：%)

基于中国区域5 km分辨率三维云实况分析产品和FY-4A红外亮温产品对华南暴雨过程中云团的生消演变过程以及突发性对流天气的发展特征进行分析(图6),可以看出在“龙舟水”过程中的6月12日12时,华南地区被前后两个厚重的云团所覆盖,亮温小于−52 ℃的冷云区覆盖范围广。广东省中东部地区积雨云发展旺盛,出现了明显的云毡结构,云顶气压在200 hPa左右,达到对流层顶,同时在位于对流云团冷云区边界地带,亮温梯度较大,说明该地区云顶纹理丰富,起伏剧烈,对流发展旺盛,非常有利于强降水的发生。随后对流云团持续东移,合并加深,对流云团进一步扩大。

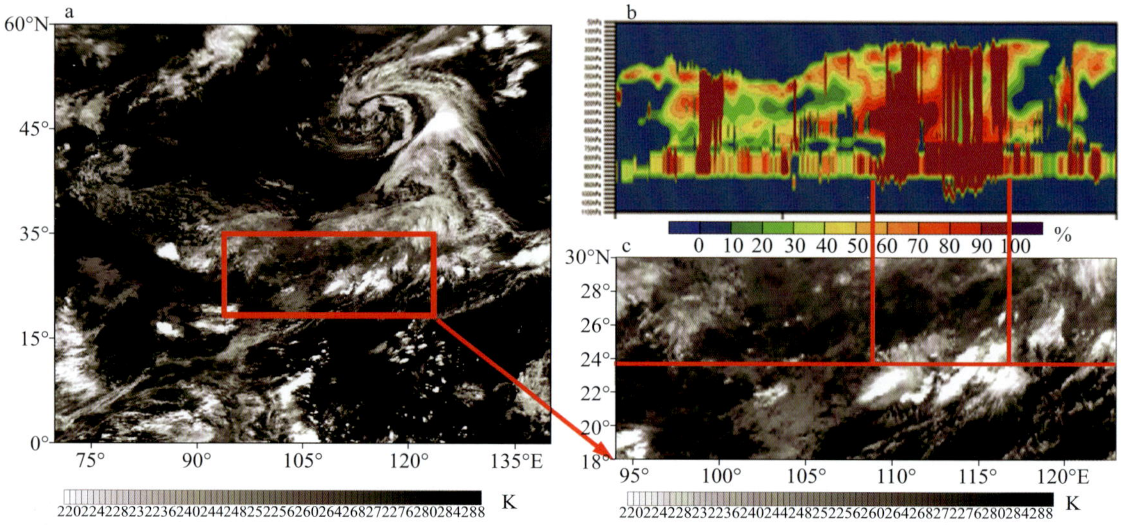

图6　2022年“龙舟水”过程中5 km分辨率三维云实况产品反映的对流云团垂直结构(2022年6月12日12时),(a)(c)FY-4A红外亮温(单位:K);(b)三维云量实况产品(单位:%)

基于全球10 km/6 h大气实况分析产品对“龙舟水”期间大气热动力特征、层结稳定度、水汽输送通道以及高低空急流耦合等物理量进行分析。整体而言,5—6月南支槽持续发展,亚洲中高纬度呈两槽一脊的环流形势,东亚槽引导冷空气南下,在华南地区形成冷暖交汇,同时在华南地区出现南风脉动,115°~120°E出现≥12 m/s南风急流,南风在夜间有增强,低空急流左侧有强上升运动区,华南地区整层水汽充沛,广东上空的整层相对湿度一直维持在60%以上,部分时次达到90%,并且华南地区上空垂直速度旺盛、对流不稳定能量高和水汽输送剧烈,大气环流条件都与本次龙舟水期间的强降水过程密切相关。

2.2　实况产品在台风监测中的应用

2022年第12号台风“梅花”于9月8日在西北太平洋生成,先后4次在浙江舟山、上海奉贤、山东青岛、辽宁大连登陆。受其影响,浙江北部和东部、上海、江苏东部、山东半岛、辽宁东部等地出现暴雨或大暴雨。

基于中国区域1 km多源融合实况分析产品对本次台风过程影响区域的降水和大风实况特征进行分析(图7),结果显示,在9月12—17日,浙江绍兴、宁波、舟山及山东青岛、烟台等地部分地区累计降水量达250~500 mm,局地达600 mm以上。随着台风“梅花”登陆后的持续北上，在浙江东部、上海、江苏东部、山东半岛、辽宁东部等地陆续出现 8 级以上的极大风天气，其中上海沿海、浙江沿海的局地阵风风力可达 12～14 级。

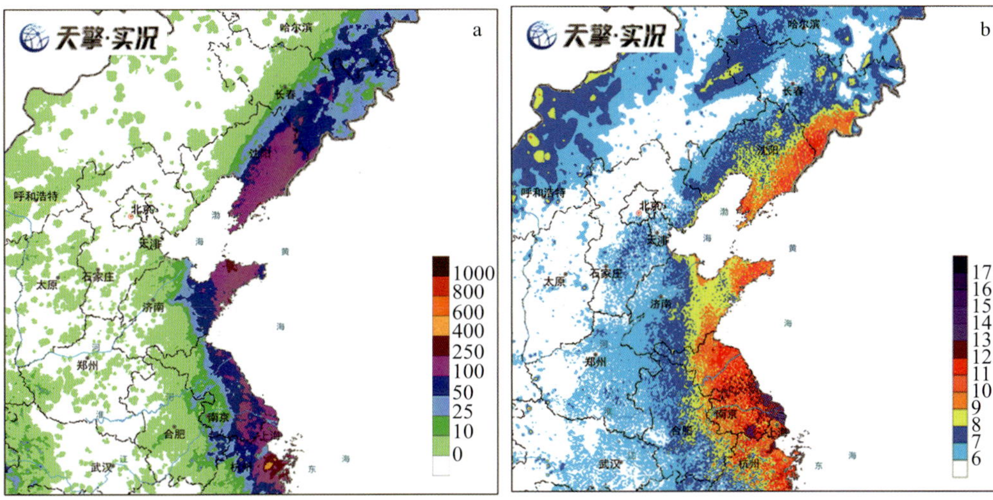

图 7　台风“梅花”期间(2022 年 9 月 12 日 08 时—17 日 08 时)多源融合实况分析产品统计的(a)过程累计降水量(单位：mm)和(b)过程最大极大风(风力等级)的空间分布图

基于全球大气和海表温度等融合分析产品对台风“梅花”过程的热动力条件演变情况进行分析(图 8)，可以看出，在台风登陆前，由于台风中心的抽吸作用，台风经过的区域海表温度均出现明显下降，导致在台风的尾部出现海表温度的冷舌。台风登陆后，由于受中纬度西风槽进入华北后加深发展的影响，槽后干冷空气不断从西侧侵入，使台风西侧湿度减小而对流减弱，同时高低层具有明显的垂直风切变，高层的强盛东南风持续引导“梅花”向东北方向移动。

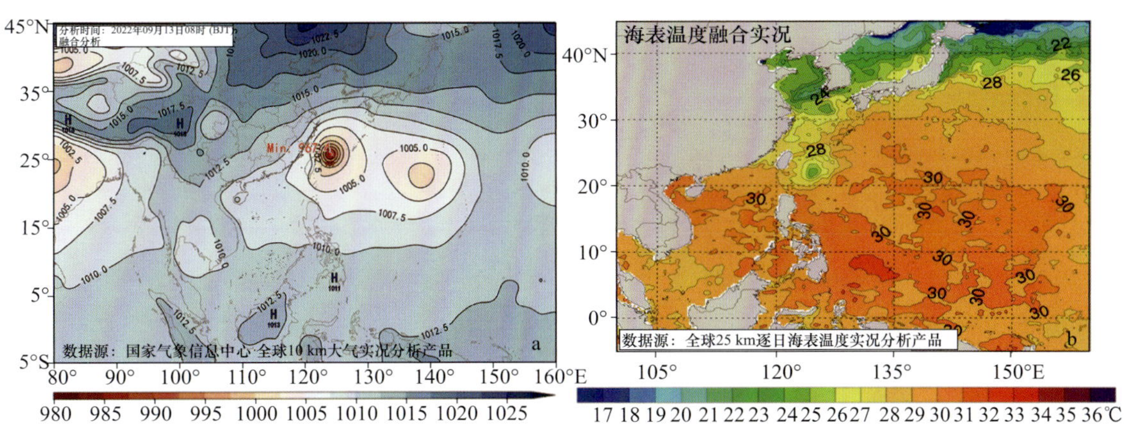

图 8　台风“梅花”过程中 9 月 13 日实况产品

(a)海平面气压空间分布(单位：hPa)；(b)海表温度空间分布(单位：℃)

2.3　实况产品在高温、寒潮监测中的应用

2022 年夏季，全国平均气温 22.3 ℃，较常年同期偏高 1.1 ℃，为 1961 年有完整气象观测记

录以来历史同期最高[8]。2022 年 6—7 月，拉尼娜事件持续，Niño3.4 区海温指数为−0.70 ℃，北太平洋和南太平洋中纬度大部海域 SST 较常年同期偏高，同时受北半球副热带高压带异常强大的影响，东亚地区整个对流层盛行下沉气流，有利于地面持续增温。2022 年 7 月，中国区域 1 km 分辨率气温实况分析产品显示我国南方地区高温相较于 6 月仍在持续发展，7 月持续高温日的主要影响区域由 6 月的华中华北地区转移到华东和长江流域一带，浙江、四川、云南等省份的多站观测日最高气温突破历史极值。我国南方大部分地区日最高气温达到 38～41 ℃，局地达到 41～47 ℃。中国 35 ℃高温日数统计图显示，南方大部地区高温日数达到 16 d 以上，浙江、江西、福建、湖南、广东、广西、四川、重庆等地高温日数达到 22～27 d，个别地区达到 28 d 以上(图 9a、图 9b)。

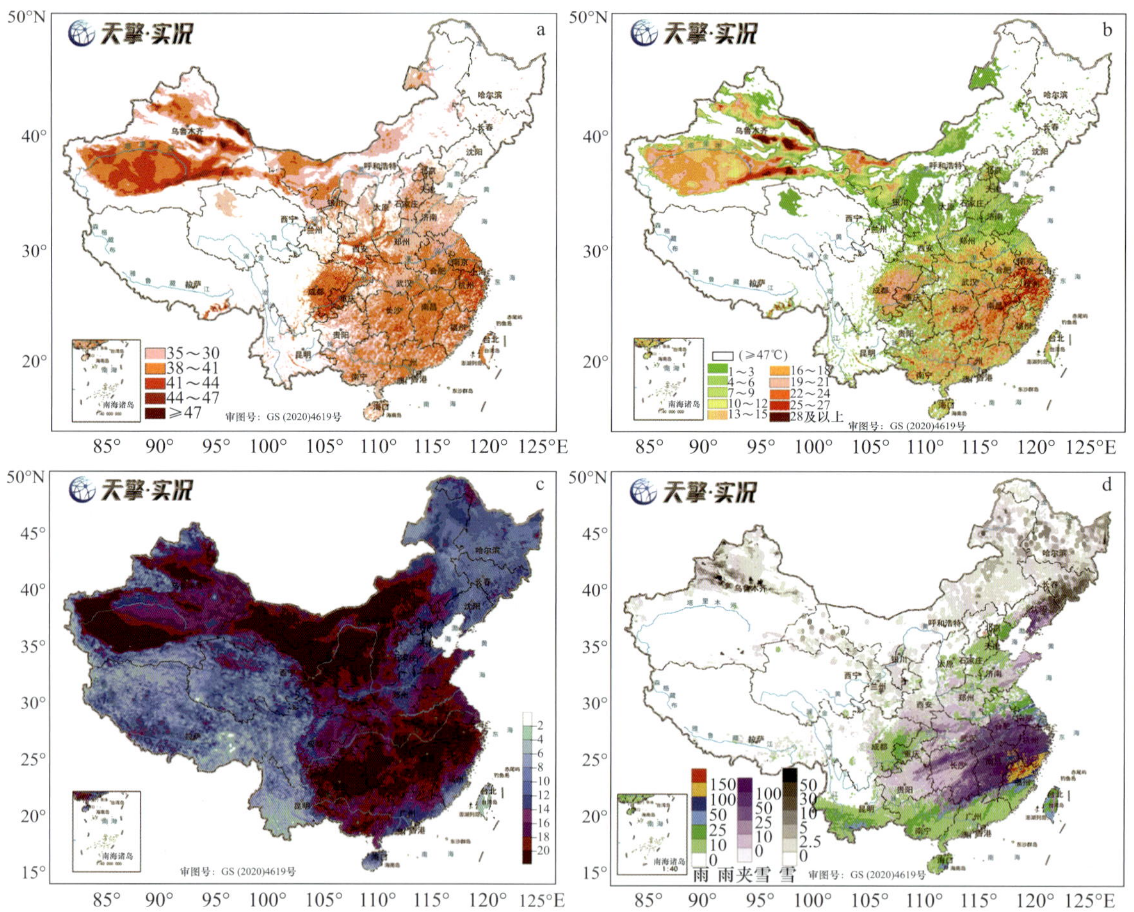

图 9　多源融合实况分析产品统计的 2022 年 7 月(a)中国日最高气温(单位：℃)和(b)35 ℃高温日数(单位：d)以及 2022 年 11 月 26 日—12 月 2 日(c)最大降温幅度(单位：℃)、(d)过程累计雨雪(单位：mm)的空间分布图

2022 年 11 月 26 日—12 月 1 日，出现入冬以来最强寒潮天气，综合强度达到历史同期(11 月)第五。基于多源融合实况分析产品的多特征要素，对本次寒潮过程雨雪冰冻和大风降温天气的演变情况与影响区域进行监测分析(图 9c、图 9d)，结果显示本次过程降温幅度大，具有极端性，全国大部地区过程最大降温幅度达到 8～16 ℃，西北地区、江淮地区、江南地区等地最大

降温降幅度超过 20 ℃，气温 0 ℃线最南到达浙江北部、江西北部至湖南南部、贵州南部一带，有 30 个气象观测站的日最低气温超过月历史同期极值，主要分布在河北、内蒙古、甘肃等省（区）。26 日以来，长江中下游地区出现雨夹雪，江南及华南地区出现暴雨，中东部大部地区极大风达到 6～8 级，部分地区 9～11 级。

3 多源融合实况分析产品在突发事件和重大气象保障服务中的应用

3.1 实况产品在“8・13”四川龙漕沟山洪突发事件中的应用

2022 年 8 月 13 日 15 时 30 分，四川成都彭州市小鱼洞社区龙漕沟突发洪水，河道未撤离游客被卷入山洪。据彭州市发布的应急通告，此次山洪灾害造成多人死亡和受伤。

针对本次龙漕沟的山洪事件，中国区域 1 km 逐 10 min 多源融合实况分析产品反映山洪发生地上游出现的降水具有突发性强、分钟雨量大、降水区域较为集中的特点。8 月 13 日 13 时 30 分—15 时 30 分，彭州市龙漕沟上游普遍存在 10 mm 以上的累计雨量，其中最大累计雨量达到 16 mm（图 10）。逐 10 min 降水实况产品显示在龙漕沟上游地区 14 时 20 分开始出现降水，降水一直持续到 15 时 40 分结束，逐 10 min 降水量最大能达到 6.4 mm/10 min。由于龙漕沟位置未设气象自动站，本次山洪事件也对产品的真实性进行了验证，进一步说明实况产品可以弥补站网观测稀疏区的不足，与站点观测进行互补，精密监测局地中小尺度强降水事件。

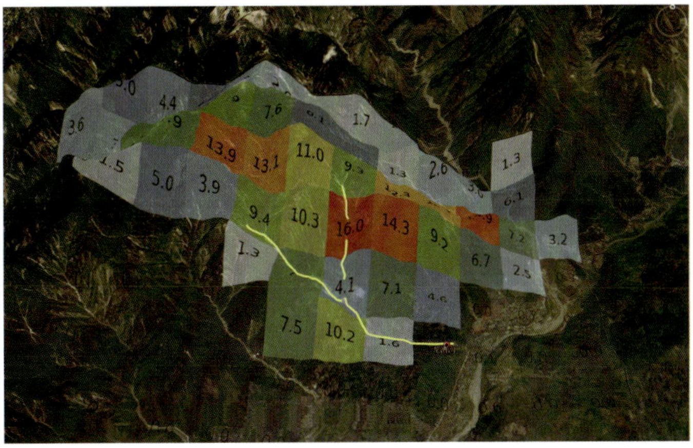

图 10　2022 年 8 月 13 日 13 时 30 分—15 时 30 分
龙漕沟地区累计降水量实况空间分布图（单位：mm，黄色线为龙漕沟）
（数据来源：中国区域 1 km 逐 10 min 多源融合实况分析产品—降水要素）

3.2 实况产品 2022 年冬奥气象服务保障中的应用

国家气象信息中心作为“智慧冬奥 2022 天气预报示范计划（SMART 2022-FDP）”的参与

单位,负责提供京津冀地区 1 km/h、冬奥会山地赛区 100 m/10 min 分辨率冬奥气象实况分析产品(ART-OWG),主要包括 2 m 气温、2 m 相对湿度、10 m UV 风速、降水、总云量等要素。通过应用北京、延庆和张家口及周边建设的冬奥会加密气象综合监测数据、X 波段雷达降水等资料,采用多重网格变分分析方法、最优插值(OI)融合和降尺度分析等技术,结合地形订正、观测数据偏差订正等,实现了复杂地形下 100 m 分辨率、逐 10 min 快速更新的关键气象要素实况产品实时制作,为提升复杂地形和下垫面条件下关键气象要素预报准确率和精细化赛事气象决策能力提供有力数据支持。

4 总结和讨论

2022 年多源融合实况分析产品的研发改进及应用效果提升的主要内容如下:

(1)针对实况数据研制过程中技术薄弱环节,从实况数据多源协同质控、复杂地形实况分析技术优化、风云卫星资料应用技术攻关、网格实况产品真实性检验评估等 4 方面进行包括质量控制技术、复杂地形订正和评估技术、卫星资料同化技术等攻关,进一步改进降水、气温等实况产品质量,其中气温产品在复杂地形区误差降低 20%,有效剔除虚假降水和 80%融雪性降水,改善复杂山区降水信息,大气风场分析误差降低 2%,大气湿度分析误差降低 3.5%。同时持续扩展实况产品种类,全年完成 41 种产品研发,产品自主支撑占比由 56%提升至 77%。

(2)针对暴雨监测效果分析,中国区域 1 km 分辨率降水实况分析产品可以精密监测雨带的南北摆动和降水的日变化特征,广东、广西在“龙舟水”期间出现 30 mm/h 雨强的地区超过各省面积的 45%,粤北桂北降水频率达到 50%以上,同时实况产品对于气温、对流云活动、产流以及大气热动力等特征均有较好监测。针对台风监测效果分析,实况产品有效地捕捉了降水落区的演变、雨强大小、大风影响范围以及台风的垂直结构,有助于研判台风的移动路径和影响区域。在高温和寒潮天气监测服务中,多源融合实况分析产品能准确把握极端高温天气过程和寒潮中雨雪冰冻和大风天气的演变情况。

(3)针对“8·13”四川龙漕沟山洪突发事件,中国区域逐 10 min 多源融合实况分析产品充分展现了分钟级实况产品在应对突发事件的能力,弥补了站点稀疏区观测资料的不足,可精密监测局地中小尺度强降水事件。自主研发的百米实况分析产品为 2022 年冬奥气象服务保障提供有效的数据支撑。

2023 年,结合《气象高质量发展纲要(2022—2035 年)》,通过支撑全球监测、海洋预报、气候变化、专项能力提升、重大活动保障、资源评估服务等需求,着力提升实况数据产品供给能力,并进一步攻关实况分析技术,持续改进产品质量。

参考文献

[1] 周自江,曹丽娟,廖捷,等. 水文气象信息概述:观测,融合与再分析[J]. 气象,2022,48(3):272-283.

[2] 师春香,潘旸,谷军霞,等. 多源气象数据融合格点实况产品研制进展[J]. 气象学报,2019,77(4):774-783.

[3] LIANG X, JIANG L, PAN Y, et al. A 10-yr global land surface reanalysis interim dataset (CRAInterim/Land): Implementation and preliminary evaluation[J]. Journal of Meteorological Research,2020,34(1):101-116.

[4] 潘旸，谷军霞，宇婧婧，等．中国区域高分辨率多源降水观测产品的融合方法试验[J]．气象学报，2018，76(5)：755-766.

[5] HUANG X，HAN S，SHI C. Multiscale assessments of three reanalysis temperature data systems over China[J]. Agriculture，2021(11)：1292.

[6] 李莹，叶殿秀，高歌，等．2022 年夏季中国气候特征及主要天气气候事件[J]．大气科学学报，2023，46(1)：110-118.

[7] 唐思瑜，沙天阳，涂静，等．全球和区域模式在 2022 年广东龙舟水期间的评估[J]．广东气象，2022，44(4)：35-37.

[8] 邹旭恺，高荣，陈鲜艳，等．2022 年长江流域夏伏旱监测评估[J]．中国防汛抗旱，2022，32(10)：12-16.

2022 年 CMA 区域模式典型强对流过程评估

万子为[1] 陈起英[1] 宋小萌[1] 王 淼[1] 王 蕾[1] 徐国强[1] 俞小鼎[2] 姚学祥[1]

(1. 中国气象局地球系统数值预报中心,北京,100081;
2. 中国气象局气象干部培训学院,北京,100081)

摘 要:为了探讨 CMA 区域模式对 2022 年典型强对流过程的预报能力,本文选取了 4—9 月不同影响系统下的 5 次典型区域性强对流过程,分别从模式预报的组合雷达反射率强度和频率的分布特征、模式预报的强对流环境参数展开评估,结果表明,模式对层状云回波和对流风暴回波的强度和频率分布整体预报较好,但低估了部分地区的发生频率,且川西高原强回波易空报。模式对强对流环境参量除 CAPE 值预报偏低外,其他预报效果较好,均值接近且极值误差较小。另外,本文以影响范围较大、出现极端大风和强冰雹天气的 4 月 11—12 日一次强对流过程为代表,分为南北不同强对流类型来进一步检验模式的预报偏差并初步诊断偏差产生的原因。结果表明,华北黄淮强对流以风雹为主,模式预报的新生对流没有往山东传播,这与预报的低层北风偏强使水汽偏干以及西太平洋副热带高压偏南有关;西南地区强对流以混合型为主,模式主要偏差在于低估了短飑线发展最强时段的强度,这可能与云中暖云粒子和冷云粒子的垂直分布偏差有关。模式的垂直速度、云中水凝物以及预报的探空对于极端大风和强冰雹预报有较好的指示意义。

关键词:CMA-MESO,强对流过程评估,模式诊断

引言

强对流天气包含雷暴、短时强降水、冰雹、雷暴大风、飑线、龙卷等剧烈天气,因为其特有的复杂性、局地性和突发性,极大地增加了实际业务中的预报难度[1-4]。回顾 2022 年我国强对流天气的总体特征,根据国家气象中心强天气预报中心的统计,2022 年我国共发生 37 次区域性强对流天气过程,较过去 3 年同期平均次数(45 次)相比明显偏少,其整体特征呈现春季强对流活动明显减弱,长江流域强对流活动显著偏少,西北地区东部、黄淮等地相对多发强发,局地龙卷风集中爆发等特点。尽管全年强对流天气预报评分稳中有升,但强对流天气的预报仍具有较大的不确定性,除了大尺度强迫以外,在把握中尺度系统的触发、移动和传播等更细节的特征方面仍极具挑战和难度。强对流天气预报精度的提升离不开数值模式的发展[5,6],随着数值模式分辨率的不断提高,中尺度模式预报的雷达反射率对于对流精细化特征的预报具有较好的指示意义[7],使得高分辨率模式产品的应用走上一个新的台阶[8,9]。CMA 模式(原名为 GRAPES,全球/区域同化预报系统)是由中国气象局于 2001 年开始组织数值天气预报创新基地自主研发的数值预报模式[10,11]。其中高分辨率区域模式 CMA-MESO(中国气象局中尺度天气数值预报系统)于 2016 年建立覆盖中国东部地区 3 km 水平

分辨率的准业务系统，并在2019年将范围进一步扩展到全中国[12]。CMA-MESO模式既能为预报员提供直接的对流系统产品（如雷达反射率因子、卫星水汽通道模拟亮温、卫星红外通道模拟亮温等），还可提供雷暴、冰雹、雷暴大风的强度和特征产品（如对流有效位能、K指数、冰雹指数、大风指数、风暴强度指数等），对强对流天气的类型判断和精细化特征预报具有较好的指导意义。

2021年11月发布的CMA-MESOV5.1版本针对强对流天气预报做出重要改进，为了客观评估和诊断CMA-MESO模式对强对流过程的预报性能，本文选取2022年几次典型的区域性强对流过程，分别从模式模拟的组合雷达反射率强度和频率的整体特征、强对流环境参数展开系统性评估。其中4月11—12日的强对流过程发生范围较广，影响区域覆盖了西北地区东部、华北、黄淮、西南地区等地，强对流类型包含了短时强降水、雷暴大风、冰雹多种混合型对流，且南方和北方的强对流类型不同，北方以风雹为主，南方则以混合型对流为主。四川省资阳市安岳县在11日夜间遭遇极端大风和强冰雹天气，最大风速约为37.4 m/s(13级，为安岳县有气象监测以来的最大风速）。本文以4月11—12日较大范围的区域性混合强对流过程为代表，进一步检验CMA-MESO模式的预报偏差和初步诊断偏差产生的原因，并探讨模式对极端大风和强冰雹天气的可预报性。

1 数据和方法

1.1 检验个例

选取2022年4—9月不同影响系统下发生的5次典型区域性强对流过程（表1）。预报区域包含了中国中东部大部分地区，强对流类型包含了短时强降水、雷暴大风、冰雹、龙卷等多个类型。检验时段基本包含了对流天气发生发展的全过程，对于CMA-MESO模式预报性能的评估具有较好的代表意义。

表1 2022年典型的区域性强对流天气个例

过程时段	强对流类型	主要天气影响系统	影响区域
4月11—12日	短时强降水、雷暴大风、冰雹	高空槽、低空切变线、西南涡	陕西、山西、河北、河南、山东、四川、重庆、贵州
6月5—6日	雷暴大风、冰雹、弱龙卷	冷涡，切变线	内蒙古、辽宁、吉林、河北北部、安徽南部、江苏南部、湖南中南部、江西、浙江、福建、广西、广东北部
7月22日	短时强降水、雷暴大风、龙卷	西风槽、西太平洋副热带高压、地面气旋	湖北、河南、山东、安徽、江苏
7月25—26日	雷暴大风、短时强降水	西风槽、西太平洋副热带高压	山西、河北、河南、浙江、安徽、湖北
9月4日	雷暴大风、冰雹	冷涡	北京

1.2 观测资料和模式

观测资料选用如下:(1)全国组合雷达反射率,水平分辨率为 1 km,时间分辨率为 6 min,区域范围为 12°~54°N,73°~135°E。(2)风云地球网站上的 FY-4 卫星红外波段云图。(3)中国气象局预报业务平台 MICAPS 的温度对数压力图数据。(4)欧洲中期天气预报中心的第五代欧洲再分析(ERA5)资料,水平分辨率为 25 km,时间分辨率为 1 h,垂直气压层为 37 层,区域范围为全球。

CMA-MESOV5.1 版本的水平分辨率为 3 km,时间分辨率为 1 h,垂直层共 50 层,模式顶高为 1 hPa。采用 1 天 8 次的循环同化预报,起报时间为 02 时、05 时、08 时、11 时、14 时、17 时、20 时、23 时(北京时,以下同)。其中 08 时和 20 时起报的预报时效为 72 h,其余时次的预报时效为 36 h。预报区域范围为 10°~60.1°N,70°~145°E。模式包含同化系统(三维变分系统、三维云分析系统、陆面资料同化系统)和全物理过程(辐射方案、积云对流仅有浅对流、微物理过程为改进的 WSM6 方案、云方案、陆面过程、边界层方案)。针对强对流预报做出如下重要改进和试验:(1)研发雷达反射率直接同化技术,完成反射率直接同化观测算子构建;完成水物质控制变量背景误差特征统计,其结果符合大气中水物质的结构分布特征。(2)研发 X 波段天气雷达、微波辐射计、双偏振雷达的同化应用预处理。(3)FY-4B 开展东北冷涡加密观测试验和实时同化。(4)研发黎明星微波湿度计在模式中的同化应用。(5)对重点区域开展 1 km同化预报循环试验。

本次批量检验选取的模式产品起报时间为 08 时和 20 时,预报时效为 72 h。针对 4 月 11—12 日区域性强对流过程模式评估和诊断的起报时间选取为 4 月 11 日 08 时,预报时效为 72 h。

1.3 模式回波产品的精细化评估方法

利用雷达资料对 CMA-MESO 模式预报的回波产品展开评估。由于模式和雷达资料的时空分辨率不同,统一空间分辨率时对雷达资料做稀疏化处理,统一时间分辨率时只取整点的雷达观测资料。评估模式时,将雷达反射率分为 3 个等级[13]:对流风暴外围的层状云(反射率阈值为 20~35 dBZ,不包含 35 dBZ)、对流风暴(反射率阈值为 35~50 dBZ,不包含 50 dBZ)、强对流风暴(反射率值≥50 dBZ)。由于本次统计中强对流风暴发生频率极其低,故不针对强对流风暴展开评估。针对不同阈值的对流风暴计算平均强度和发生频率:

当格点的组合反射率因子满足相应阈值条件时,记为发生 1 次。不同阈值的对流风暴发生总时次为评估时段内格点的总计发生时次。

不同阈值对流风暴的平均强度=评估时段内满足相应阈值条件的格点组合反射率因子强度之和/满足相应阈值对流风暴的发生总时次。

不同阈值对流风暴的发生频率=满足相应阈值对流风暴的发生总时次/评估时间段内总计小时数。

1.4 模式强对流环境参数的评估方法

参考费海燕等[14]对中国强雷暴大风的环境参数统计方法，选取强对流发生时期内主要影响区域内 08 时和 20 时探空资料，以及针对探空资料的观测时间分别提前 24 h 和提前 36 h 起报的 CMA-MESO 模式产品，分别统计主要影响区域内的探空站和模式预报的环境参数（CAPE、K、T_d、850 hPa 和 500 hPa 温差、垂直风切）。

2 区域模式 2022 年强对流评估

2.1 强对流回波预报评估

针对挑选的 5 次区域性强对流过程，对比观测和不同起报时次的区域模式对流风暴外围层状云回波的强度和频率分布（图 1），可以看出层状云回波发生的相对高频区（≥10%）主要集中在东北地区、黄淮和沿海等地，层状云回波的平均强度为 26～30 dBZ。模式对层状云回波的强度分布预报较好，其中北方的回波强度与观测大体相当，南方强度略偏强。但模式显然低估了中东部层状云回波的发生频率，且在川西高原出现明显空报。08 时和 20 时起报的模式对层状云回波的频率和强度分布无明显差异。图 2 给出观测和不同起报时次的区域模式对流风暴回波的强度和频率分布。整体而言，模式预报的对流风暴的平均强度和频率分布与实况都较为接近，但模式低估了东部沿海地区对流风暴的发生频率，尤其低估了浙江、福建和广东等地的对流风暴回波发生的相对高频区（≥5%）。另外，模式对川西高原的对流风暴发生频率也出现较明显的空报。08 和 20 时起报的模式对于对流风暴回波的频率和强度分布无明显差异。

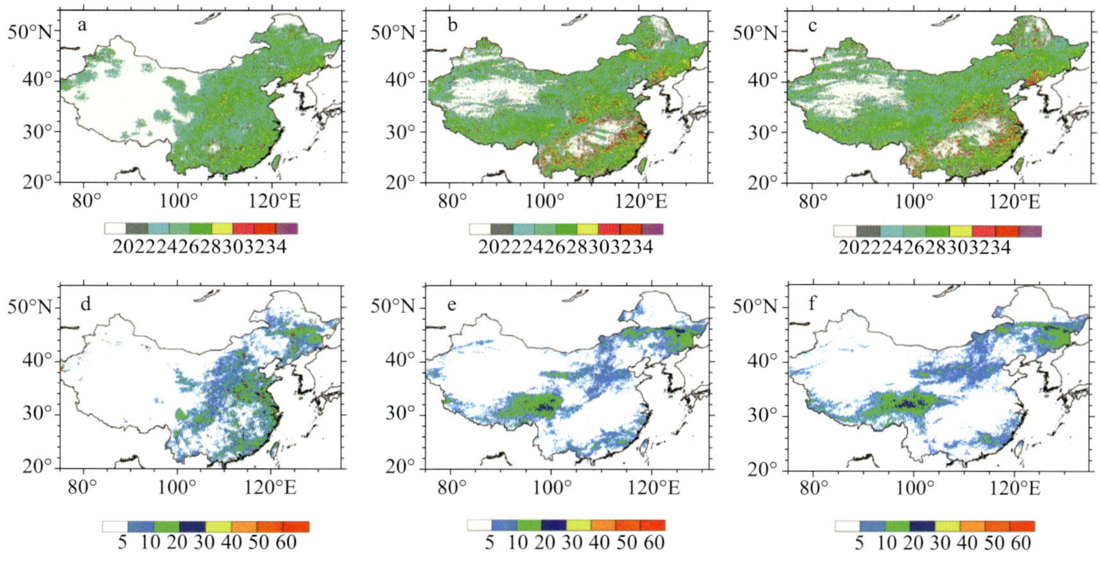

图 1　2022 年 5 次区域性强对流过程观测和模式预报的对流风暴外围层状云回波的平均强度（观测(a)、08 时起报(b)、20 时起报(c)，单位：dBZ）和出现频率（观测(d)、08 时起报(e)、20 时起报(f)，单位：%）分布图

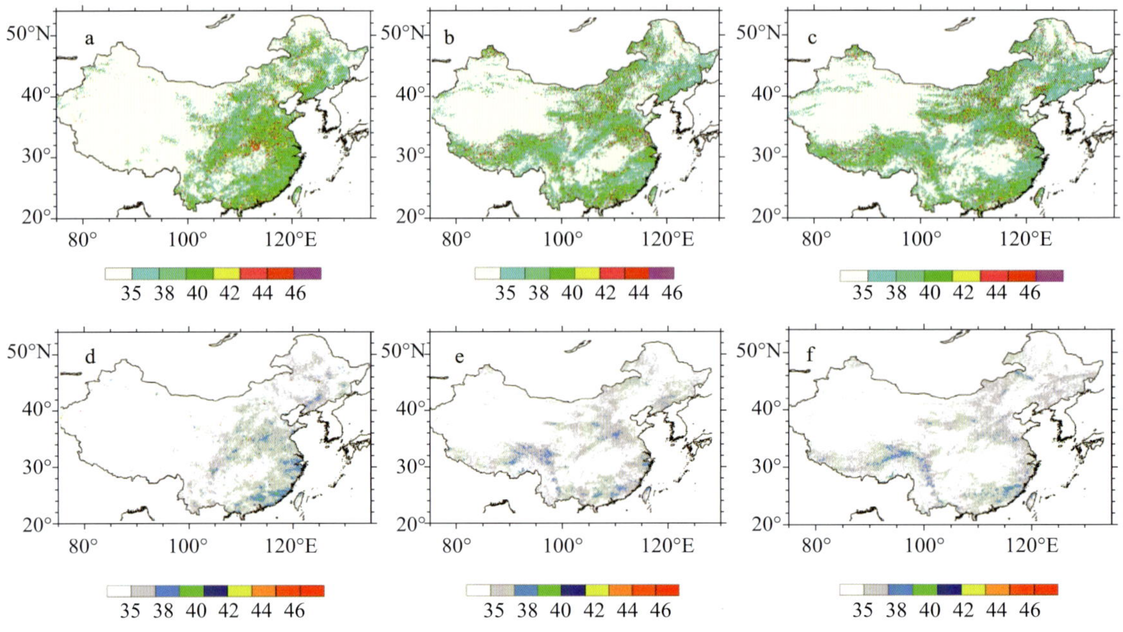

图2　2022年5次区域性强对流过程观测和模式预报的对流风暴回波的平均强度(单位:dBZ)和出现频率(单位:%)分布图

(a)观测;(b)08时起报;(c)20时起报;(d)观测(e)08时起报;(f)20时起报

2.2　强对流环境参量场预报评估

环境参量对强对流的发生发展具有较好的指示意义。如对流有效位能(CAPE)值是判断风暴潜在发展强度的一个重要指标,K指数是判断雷暴发展强度的重要指标,T_d能表征地面的湿度场,850 hPa和500 hPa的温差能表征环境的热力不稳定,环境垂直风切变对雷暴的结构、形态、生命史以及移动和传播有重要作用[14]。5次区域性强对流过程共选出38个站点共计142个时刻的探空数据,给出这些环境参量的观测值以及提前24 h和提前36 h CMA-MESO模式环境参量值的箱线图(图3)。从统计结果来看,这5次强对流过程的CAPE均值偏低,约为500 J/kg,由于强对流多发生在午后到半夜,所以08时和20时的探空站统计中有较多时刻CAPE值几乎为0或很小。而模式预报的CAPE值较观测明显偏低,其中25%分位的CAPE值偏低约200 J/kg,极大值偏低约800 J/kg。就K指数而言,模式预报的K指数均值较观测略偏强约2 K。模式对表征地面的湿度场和表征环境的热力不稳定度预报较好,表现为预报的露点温度以及850 hPa和500 hPa的温差的均值与观测基本接近且极值误差较小。此外,对于环境垂直风切变,模式预报的0～3 km垂直风切变和0～6 km垂直风切变的均值与观测基本接近且极值误差较小。整体而言,提前24 h和提前36 h起报的模式对5次区域性强对流过程中的环境参量除CAPE值预报偏低外,其他预报效果较好,均值接近且极值误差较小,且随着预报时效的临近,趋于向好调整。

进一步给出不同强对流过程模式预报的环境参量之间的差异(图4),结果表明,针对不同强对流过程,模式CAPE值的预报效果有明显差异。其中“4・11—4・12”过程预报的CAPE值明显偏弱,其他个例预报相对较好,但也存在一定偏差。此外,模式对于K指数、850 hPa和

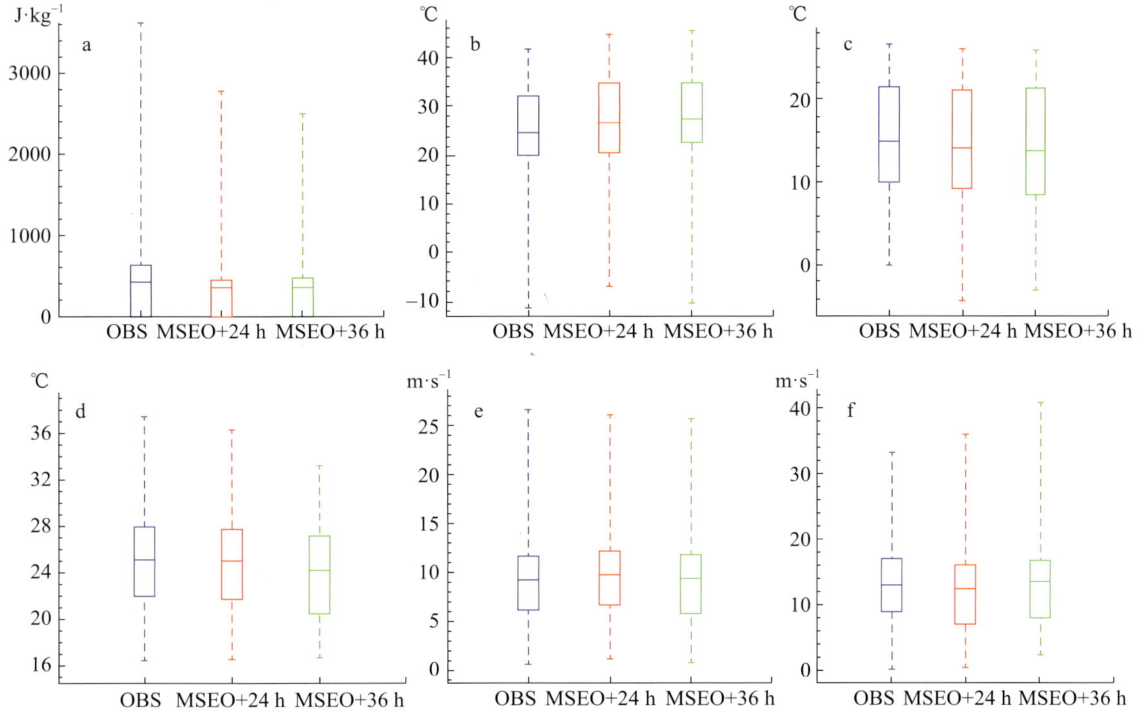

图 3　2022 年 5 次区域性强对流过程探空和模式不同起报时次预报的强对流环境参量箱线图
(a)CAPE；(b)K 指数；(c)T_d；(d)850 hPa 和 500 hPa 温差；(e)0～3 km 垂直风切变；(f)0～6 km 垂直风切变

500 hPa 温差、地面露点温度预报整体效果较好，不过仍存在一些偏差，例如模式易对观测的较强 K 指数预报偏高，对“4·11—4·12”过程的部分探空站的 850 hPa 和 500 hPa 温差和露点温度预报偏低。对于环境垂直风切变，模式预报的 0～3 km 垂直风切变与观测有一定的偏差，0～6 km 垂直风切变预报相对误差更小。

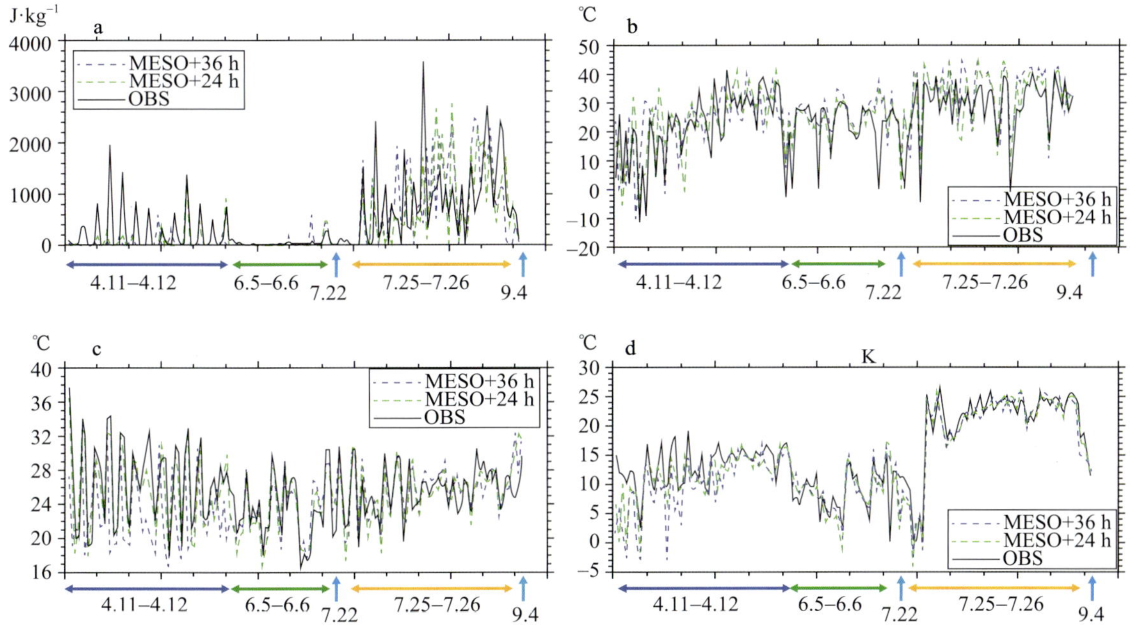

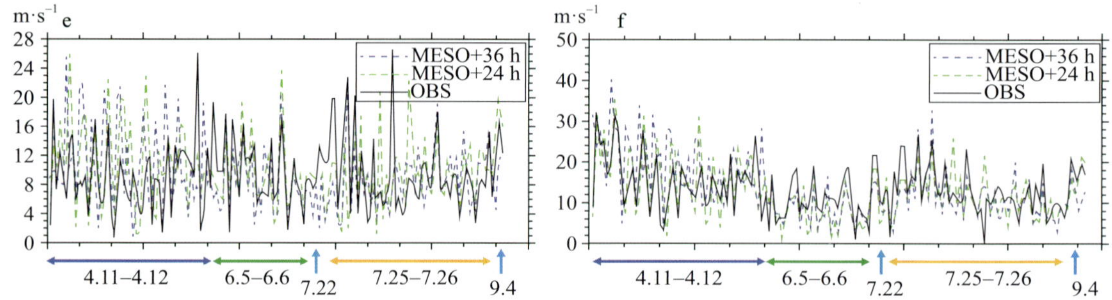

图 4 2022 年 5 次区域性强对流过程不同个例探空和模式不同起报时次预报的强对流环境参量对比图

(a)CAPE;(b)K 指数;(c)T_d;(d)850 hPa 和 500 hPa 温差;(e)0～3 km 垂直风切变;(f)0～6 km 垂直风切变

3 4 月 11—12 日全国大范围强对流区域模式评估与诊断

3.1 模式预报结果分析

4 月 11—12 日,随着冷涡东移,北方受高空槽和低空切变线的共同作用,南方受高原槽东移和西南涡的共同影响,自 11 日夜间起,发生了一次影响范围较大的从华北地区到西南地区的强对流过程。其中北方地区以风雹为主,而西南地区则以混合型对流为主,包括短时强降水、雷暴大风和冰雹天气。其中,强对流发展最旺盛的时段为 11 日 20 时—12 日 02 时,以下将主要针对该时段,选取 11 日 08 时起报的模式产品展开分析。

对比模式模拟的红外云图与 FY-4A 红外云图(图 5),发现模式对于冷空气主导下的稳定少动的锋面云系的影响范围和云边界的预报都较好。但产生强对流主要是由于锋面云系前沿位于华北和黄淮一带的中尺度对流云团,和受西南涡影响的位于西南地区东部的中尺度对流云团所导致,其中对于华北和黄淮一带的中尺度对流云团,模式预报的云团范围显然较观测偏小,而对于位于西南地区的中尺度对流云团,模式预报效果较好。

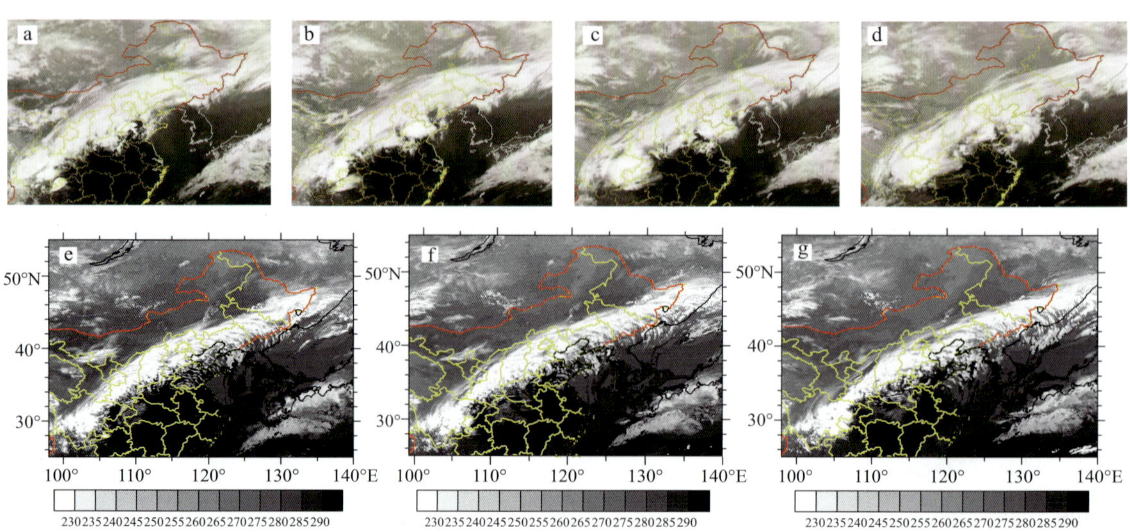

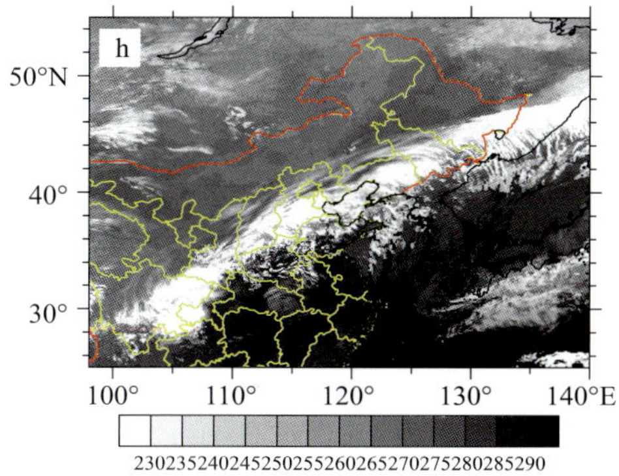

图 5　2022 年 4 月 11—12 日 FY-4A 红外波段云图和模式预报(11 日 08 时起报)红外云图(单位:K)

(a)11 日 20 时 FY-4A 红外波段云图;(e)11 日 20 时模式预报红外云图;(b)11 日 22 时 FY-4A 红外波段云图;(f)11 日 22 时模式预报红外云图;(c)12 日 0 时 FY-4A 红外波段云图;(g)12 日 0 时模式预报红外云图;(d)12 日 02 时 FY-4A 红外波段云图;(h)12 日 02 时模式预报红外云图

进一步,结合模式回波产品进行分析(图 6、图 7)。针对北方的强对流天气,从雷达观测来看,18 时左右在河北西南部触发新生对流,往偏东方向移动,到 20 时对流加强并形成多个发展旺盛的对流单体,随后继续东移影响山东地区。模式能大致模拟出对流新生和发展的过程,对强对流天气的预报有一定的指导意义,但仍存在一些较为明显的预报偏差:对于发展最强盛时期(20 时)的对流单体的强度预报明显不足,以及对流的移动和传播方向的预报不足,观测的多个对流单体主要往偏东方向移动并影响了山东地区,而模式预报的对流缓慢往偏北方向移动,且没有传播到山东地区。下一节将着重结合模式预报的环境场对于对流的移动和发展进行诊断分析。

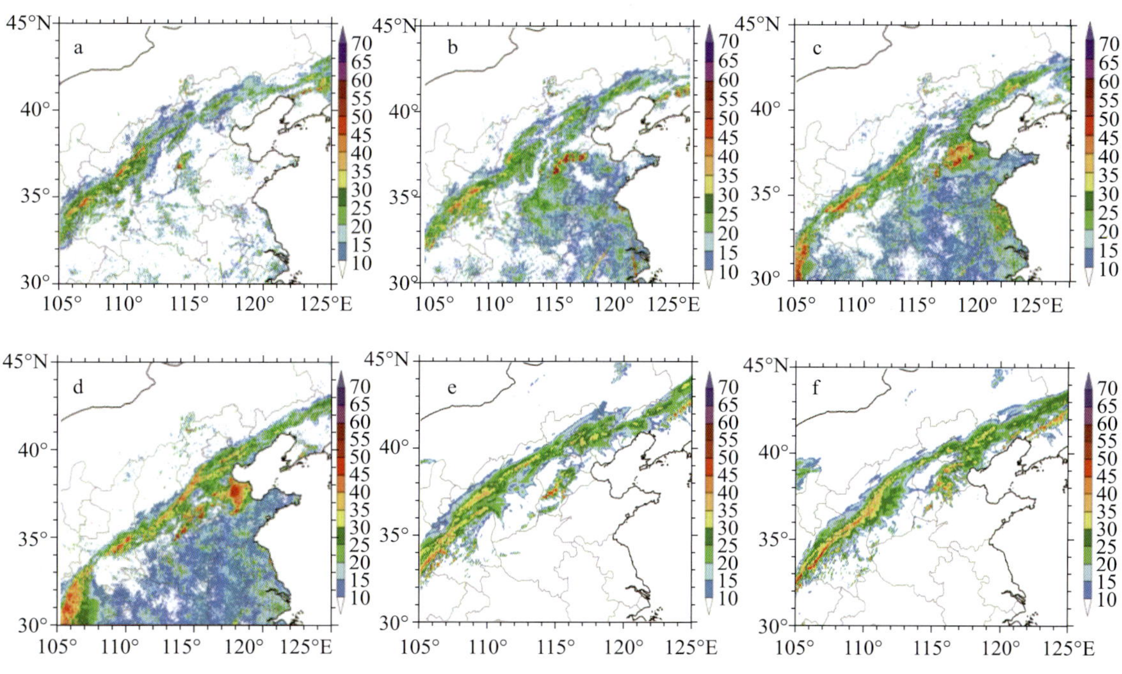

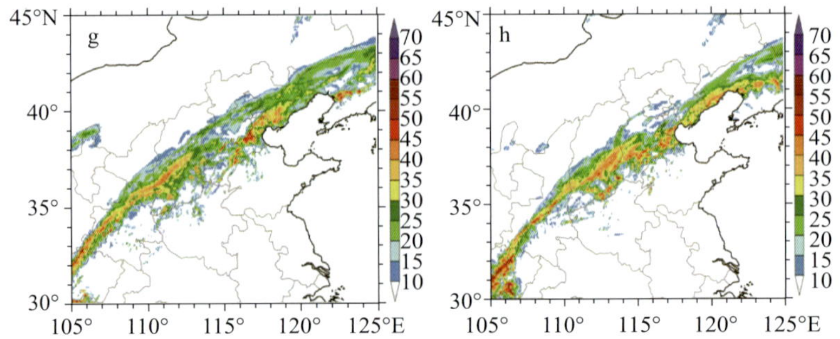

图6　2022年4月11—12日华北黄淮雷达组合反射率和模式预报(11日08时起报)的组合反射率(单位:dBZ)
(a)11日18时雷达组合反射率;(b)11日20时雷达组合反射率;(c)11日22时雷达组合反射率;(d)12日0时雷达组合反射率;(e)11日18时模式预报组合反射率;(f)11日20时模式预报组合反射率;(g)11日22时模式预报组合反射率;(h)12日0时模式预报组合反射率

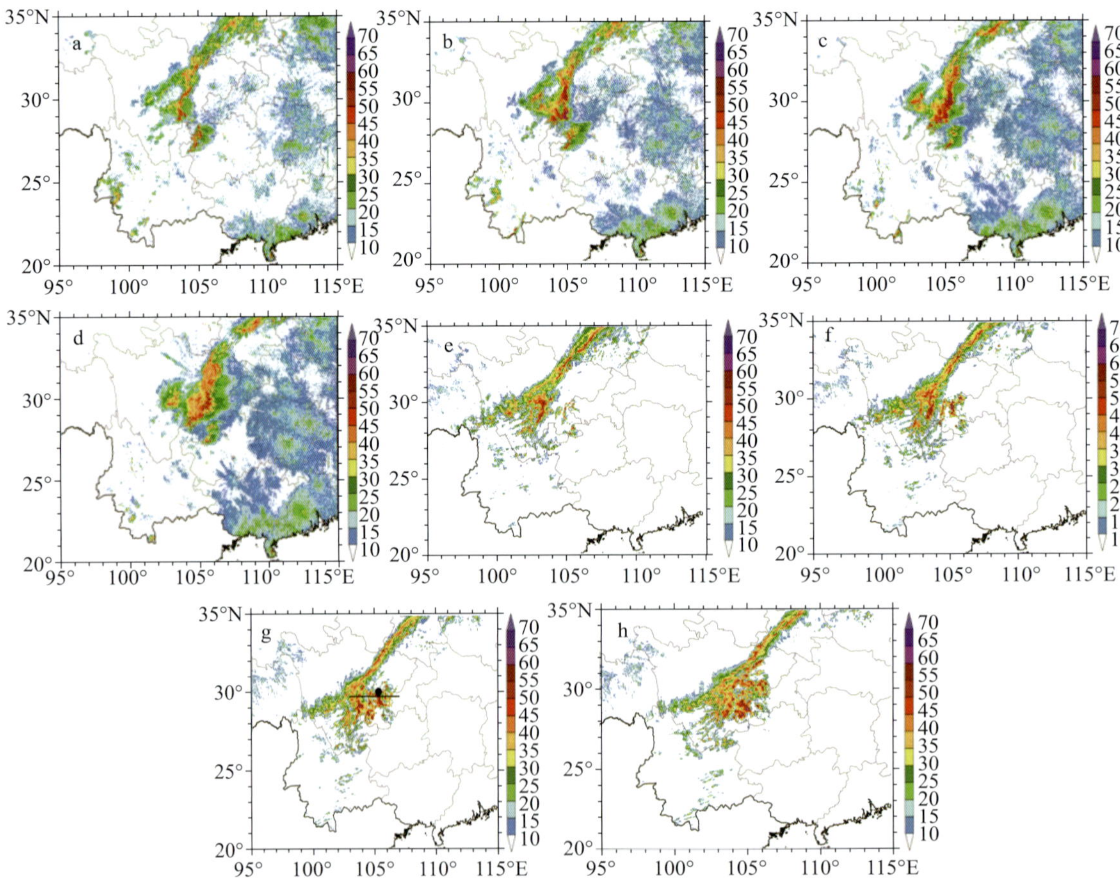

图7　2022年4月11—12日西南地区雷达组合反射率和模式预报(11日08时起报)的组合反射率(单位:dBZ)
(a)11日20时雷达组合反射率;(b)11日21时雷达组合反射率;(c)11日22时雷达组合反射率(安岳县所在位置用红色圆点标示出);(d)11日23时雷达组合反射率;(e)11日20时模式预报组合反射率;(f)11日21时模式预报组合反射率;(g)11日22时模式预报组合反射率(安岳县所在位置用红色圆点标示出);(h)11日23时模式预报组合反射率

针对西南地区的强对流天气，观测发现主要从 11 日夜间开始（20 时），对流往偏东方向缓慢移动并加强形成一条发展旺盛的短飑线，于 22 时发展最强，反射率最强超过 60 dBZ，而安岳县便是在此段时间（21—22 时）出现极端大风和冰雹天气。对比模式模拟结果可以看出，模式较好地还原了该对流的发展过程，对短飑线的形态和强度相对预报较好，但对于 22 时飑线发展最强时期的强度还存在预报偏弱的问题。由于模式模拟的雷达反射率为诊断量，主要与云微物理方案中输出的暖云粒子（云水和雨水）以及冰云粒子（云冰、雪、霰）的散射诊断方案相关，因此下一节内容将着重从云中水凝物的垂直分布来展开诊断分析，并探讨模式对安岳县极端大风和强冰雹天气是否具有较好的指示意义。

3.2 华北黄淮强对流模式偏差诊断

从 11 日 20 时模式预报的环流形势场和 ERA5 分析场对比（图 8a、图 8b）来看，中层的位势高度场预报与分析场较为一致，但副高位置偏南，使得高能高湿区往北伸展不明显，不利于不稳定能量在山东聚集。另外，模式预报的低层风场与分析场差异较为明显，尽管低层切变线的位置基本一致，但切变线北侧预报出范围较大的北风急流，且在切变线南侧的西南风也偏强，尤其北侧的偏北风偏强更明显。结合低层湿度场（图 8c、图 8d），发现山东的低层比湿偏干 2～3 g/kg，考虑可能由于模式低层偏北风偏强，使得山东的水汽偏干，不利于对流往山东传播。

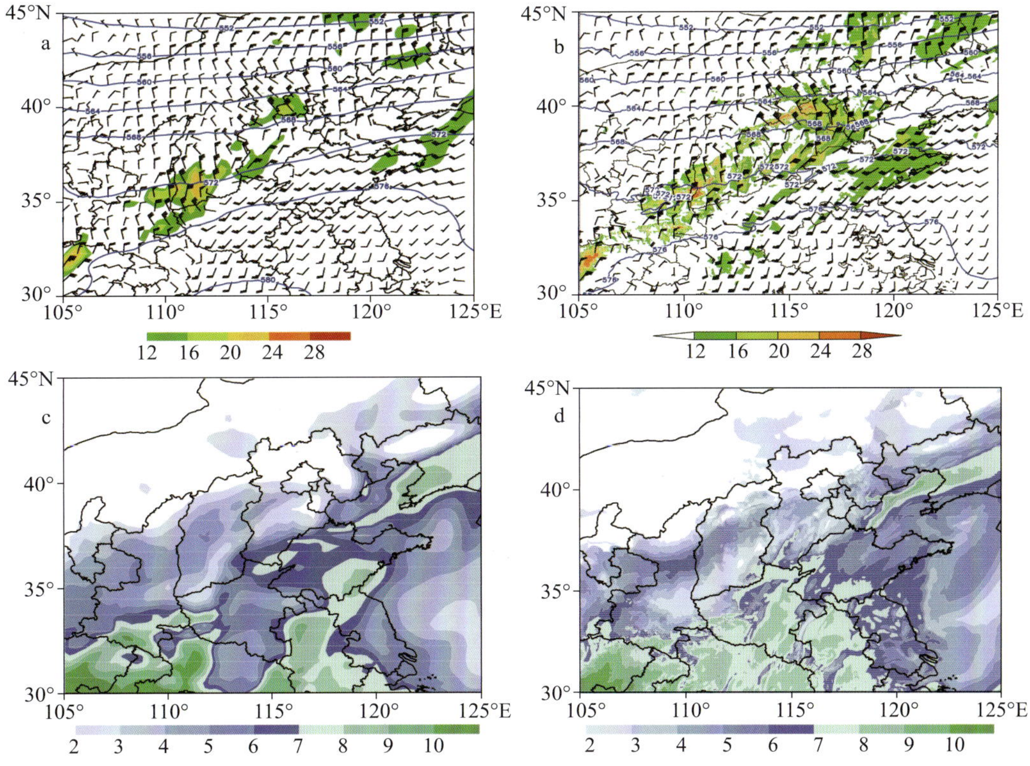

图 8　2022 年 4 月 11 日 20 时 ERA5 分析场和模式预报（11 日 08 时起报）的环流形势场和低层水汽
（a）ERA5 分析场 500 hPa 高度场和 850 hPa 风场（填色为超过 12 m/s 的风速值）；（b）模式 500 hPa 高度场和 850 hPa 风场；（c）ERA5 分析场 850 hPa 比湿；（d）模式 850 hPa 比湿

进一步从强对流天气发生潜势的环境场展开诊断。图 9 给出 11 日 20 时模式预报的 CAPE 值、850 hPa 和 500 hPa 的温差以及 500 hPa 的相对湿度与分析场的对比。从分析场来看，山东的中层有较强干层，高低层温差为 30～34 ℃，热力不稳定条件较好，但不稳定能量较低，不超过 500 J/kg。模式能预报出中层的较强干层，高低层温差也与分析场较为接近，不稳定能量较分析场更偏低。由此可见，模式预报的强对流发生潜势的环境场与分析场无明显差异，并不是预报偏差产生的主要原因，考虑模式预报偏差主要还是与副高位置偏南有关。目前对于这种副高边缘的强对流形成机理还不十分清楚，需要在以后的研究中对模式开展进一步的机理分析研究。

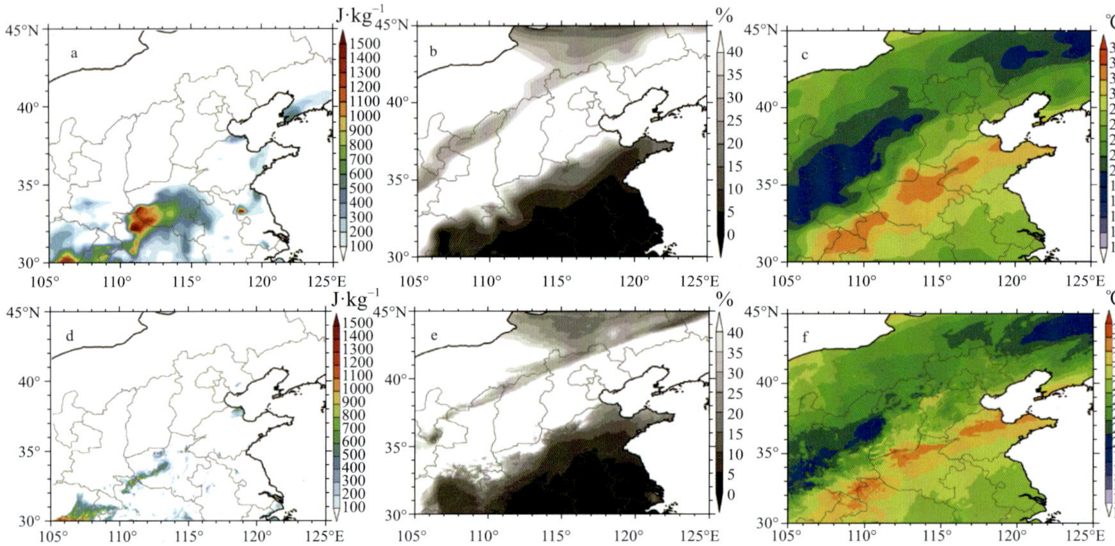

图 9　2022 年 4 月 11 日 20 时 ERA5 分析场和模式预报(11 日 08 时起报)环境场对比

(a)ERA5 分析场 CAPE；(b)ERA5 分析场 500 hPa 的相对湿度；(c)ERA5 分析场 850 hPa 和 500 hPa 的温差；(d)模式预报环境场 CAPE；(e)模式预报环境场 500 hPa 的相对湿度；(f)模式预报环境场 850 hPa 和 500 hPa 的温差

3.3　西南地区强对流模式偏差诊断

针对模式对于发展最旺盛时期的短飑线的强度预报偏弱的问题，结合图 10 给出的 11 日 22 时，即短飑线发展最强时段的模式和 ERA5 分析场的不稳定能量和垂直速度场进行分析。从不稳定能量条件来看，模式预报的对流不稳定能量的范围不如分析场大。另外，对比垂直速度的三维剖面图，考虑到西南地区海拔较高，主要看 700 hPa 以上的垂直速度，模式在四川东部从 500 hPa 到 250 hPa 均有一定范围的超过 0.6 m/s 的上升速度，而分析场的垂直速度大值区(能达到 1 m/s)更集中在短飑线发生的区域，更利于对流旺盛发展。

进一步从云中水凝物的三维剖面图来展开分析。通过对比模式与 ERA5 分析场 11 日 22 时的雨水、云水、云冰、雪的三维剖面(图 11、图 12)，发现整体而言，模式对于四川东部上空的暖云粒子，即雨水和云水，无论是范围还是含量都较分析场明显偏大偏多，且暖云粒子基本集中在中低层，其中雨水在 700 hPa、云水在 600 hPa 的含量最高。冷云粒子，即云冰和云雪，大多集中在中高层，且模式预报的冷云粒子的含量不如分析场，尤其是云冰粒子的含量远远不如分析场。这种冷暖云粒子分布的差异可能是造成模式在西南地区回波强度较观测偏弱的原因之一。

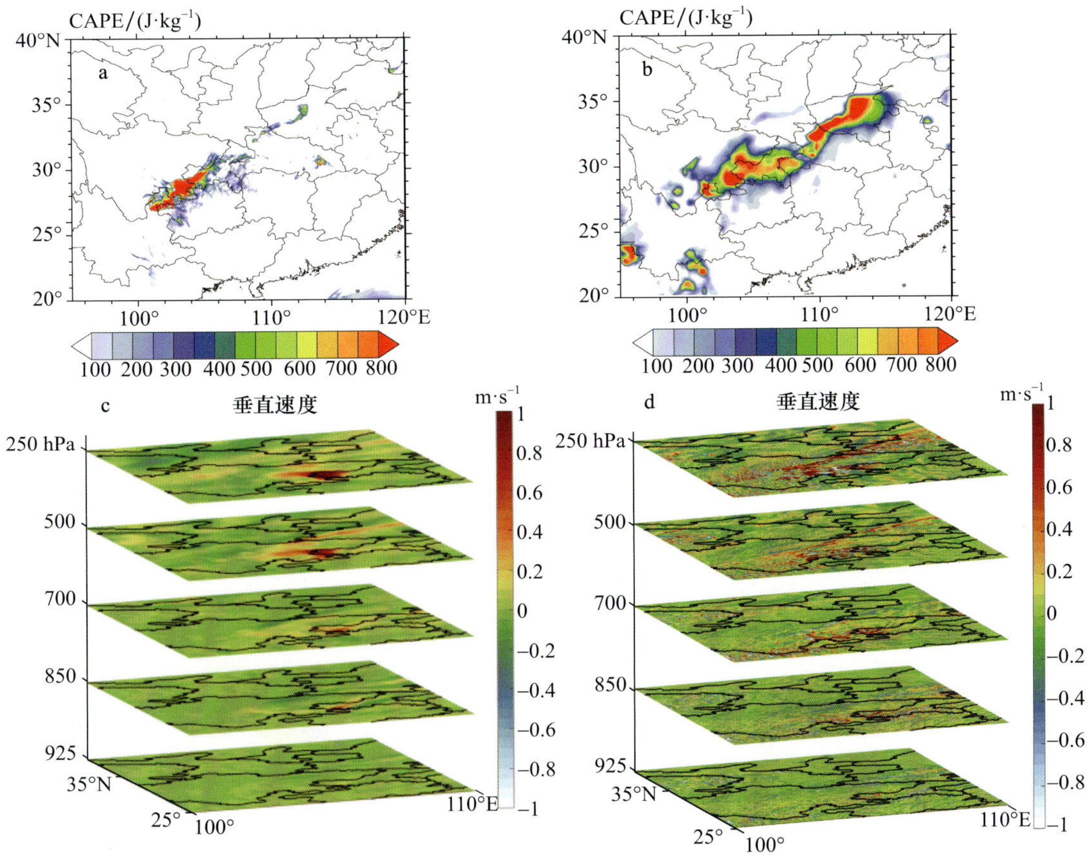

图 10　2022 年 4 月 11 日 22 时 EAR5 分析场和模式预报(11 日 08 时起报)的 CAPE 和垂直速度三维剖面
(a)ERA5 分析场 CAPE;(b)模式 CAPE;(c)ERA5 分析场垂直速度三维剖面;(d)模式垂直速度三维剖面

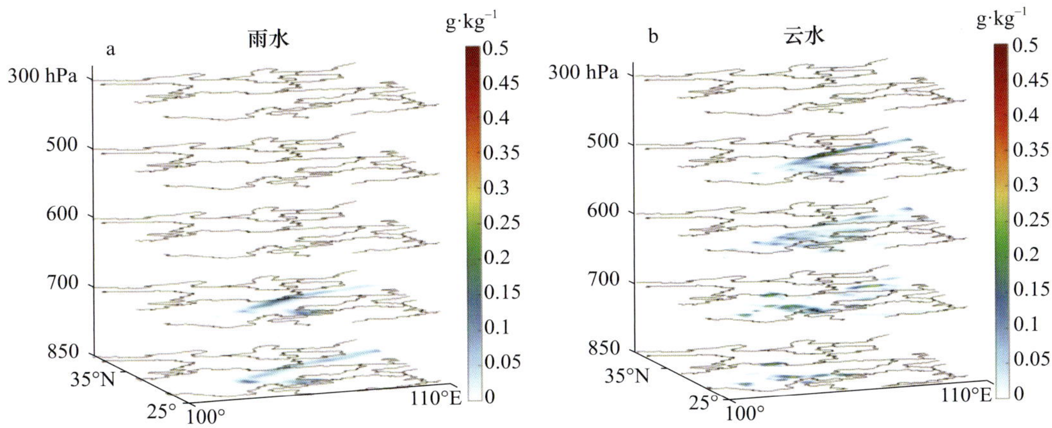

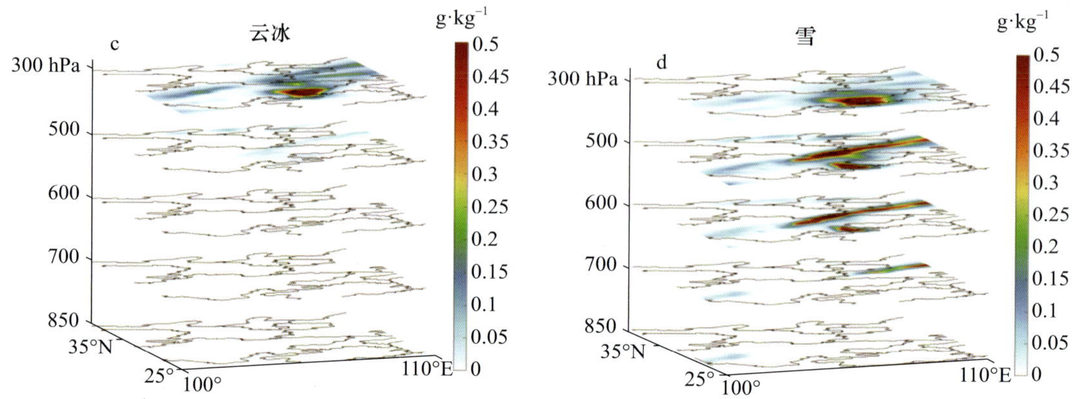

图 11　2022 年 4 月 11 日 22 时基于 ERA5 分析场的云中水凝物的三维垂直剖面图

(a)雨水；(b)云水；(c)云冰；(d)雪

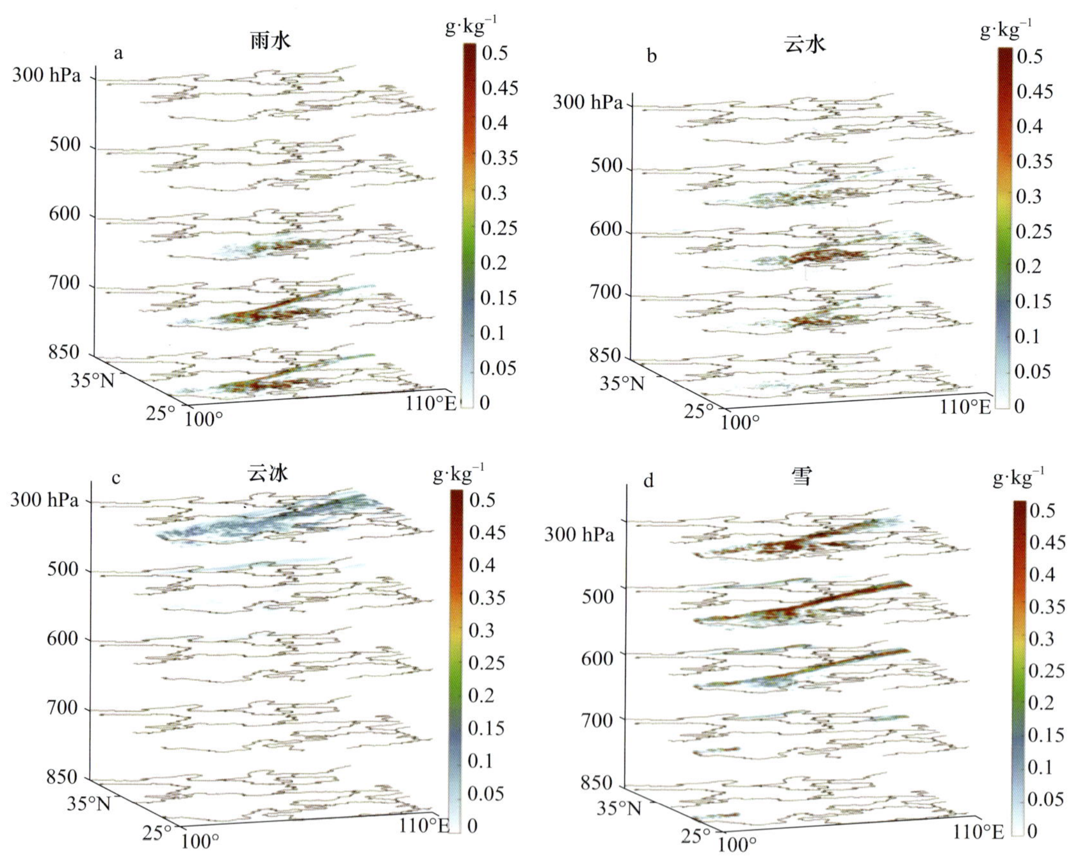

图 12　2022 年 4 月 11 日 22 时基于模式预报的云中水凝物的三维垂直剖面图

(a)雨水；(b)云水；(c)云冰；(d)雪

引言提及安岳县在11日21—22时出现风速34.3 m/s的极端大风和冰雹。因此我们进一步分析模式对强风雹的可预报能力。图13给出模式沿着图8 g所示的黑线(即预报的对流发展最强区域)做垂直速度和云中水凝物的经向剖面图，可以看出，在105°～106°N(安岳县附近)有一支强上升气流，垂直速度最强可超过4 m/s，同时在其旁边有一支同样较强的下沉气流，利于形成下击暴流。云中雨水含量丰富，最大值可达到2 g/kg，利于产生较强降水，霰粒子的最大值能达到4 g/kg，配合强上升气流可以使霰快速增长，在适宜的环境下可进一步发展成为冰雹。这说明模式对强风雹的发生具有较好的指示意义。

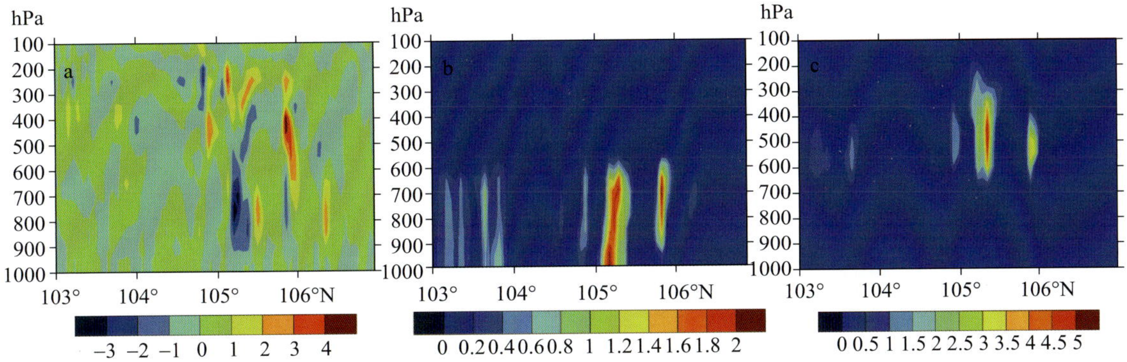

图13　2022年4月11日22时沿29.8°N的模式预报的垂直速度(a，单位：m/s)和云中水凝物(雨水(b)、霰(c)，单位：g/kg)经向剖面图

此外，选取了离安岳县较近的探空站——重庆沙坪坝探空站来对比观测探空和模式预报的探空(图14)。从11月20日沙坪坝探空曲线可以看出，该站具有较强的对流不稳定能量，CAPE值为1370.9 J/kg，上干下湿，中层有较为深厚的干层，利于强雷暴大风的产生。模式能预报出较强的对流不稳定能量，CAPE值为1240.8 J/kg，且能预报出一定厚度的干层，对雷暴大风也有较好的指示意义。

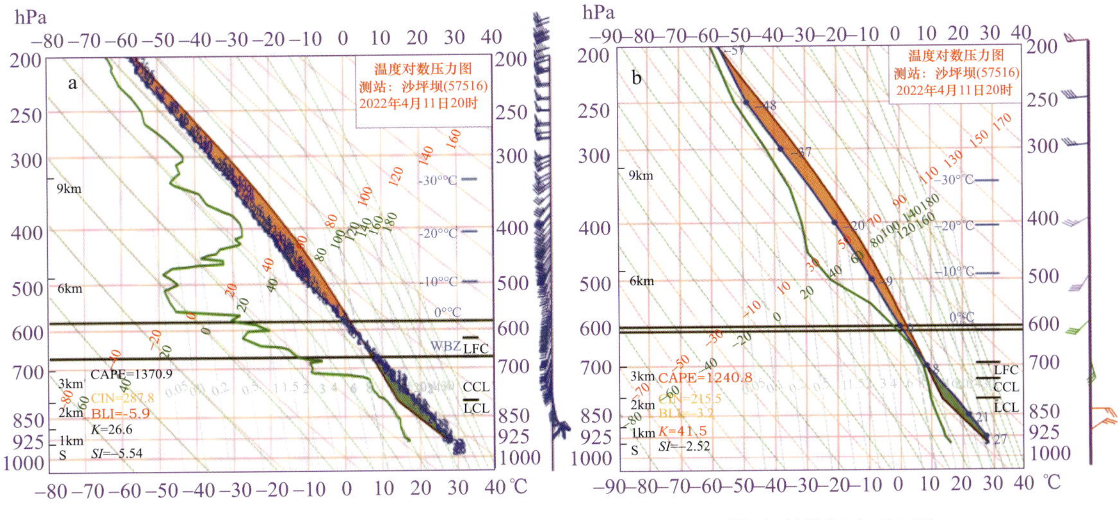

图14　2022年4月11日20时沙坪坝站探空(a)和模式预报探空(b)图

4 结论和讨论

2022 年,CMA-MESO V5.1 版本在强对流预报方面做出了重要改进和试验。本文选取 2022 年 5 次典型强对流过程,分别从模式预报的组合雷达反射率的强度和频率的分布特征、强对流环境参数针对模式对强对流过程的预报能力展开评估。并以 2022 年 4 月 11—12 日发生范围较大并出现极端大风和强冰雹的强对流过程为代表,进一步分析了模式预报偏差和初步诊断偏差产生原因。得到以下结论:

(1)就不同类型的对流风暴回波而言,针对对流云外层状云回波,模式预报的北方回波强度与观测相当,南方强度偏强,并明显低估了中东部的发生频率;针对对流风暴回波,模式预报的回波强度和频率分布与观测相当,但低估了东部沿海地区的发生频率。另外,川西高原强回波的发生频率易空报。

(2)模式对 5 次强对流过程中的环境参量除 CAPE 值预报偏低外,其他预报较好,均值接近且极值误差较小,且随着预报时效的临近,趋于向好调整,且不同过程的 CAPE 值预报差异明显。

(3)针对 4 月 11—12 日强对流过程,华北黄淮地区的强对流以风雹为主,模式能预报出对流新生,但对流没有往山东传播,考虑与副高位置预报偏南不利于不稳定能量在山东聚集有关,且低层偏北风偏强使得水汽偏干,不利于对流往山东传播。西南地区的强对流为混合型,模式对短飑线发展最旺盛时期的强度预报有所不足,这可能与模式预报的暖云粒子和冷云粒子的垂直分布的偏差有关。此外,模式在安岳县附近预报出强上升气流和下沉气流,霰粒子最大值能达到 4 g/kg,预报探空曲线对极端大风和强冰雹的预报有较好的指示意义。

此次研究中发现模式对于低层风场预报偏强及副高位置偏南的问题,考虑可能与初值和同化过程有关,而模式预报的云内暖云和冷云粒子的偏差与云微物理方案有关。下一步将更换初始场和对同化过程开展敏感性试验,以及对云微物理方案做更精细的诊断工作。此外,模式预报的组合反射率能为强风暴预报提供较好参考,环境参量除 CAPE 值偏低以外其他对强对流预报均有较好指示意义,且预报的探空曲线和云中水凝物能为极端大风和强冰雹天气预报提供较好参考。

参考文献

[1] 俞小鼎,周小刚,王秀明.雷暴与强对流临近天气预报技术进展[J].气象学报,2012,70(3):311-337.

[2] 薛晓颖,任国玉,孙秀宝,等.中国中小尺度强对流天气气候学特征[J].气候与环境研究,2019,24(2):199-213.

[3] WAN Z W, LIU X H, XU C L. Multi-source observations and high-resolution numerical model applied on the analysis of a severe convective weather affecting the airport[J]. Meteorol Appl,2021,28(4):1-4.

[4] 杨波,郑永光,蓝渝,等.国家级强对流天气综合业务支撑体系建设[J].气象,2017,43(7):845-855.

[5] 郑永光,周康辉,盛杰,等.强对流天气监测预报预警技术进展[J].应用气象学报,2015,26(6):641-657.

[6] 俞小鼎,郑永光.中国当代强对流天气研究与业务进展[J].气象学报,2020,78(3):391-418.

[7] ZHOU B B, DU J, LIU S, et al. Verifications of simulated radar reflectivity and echo-top forecasts at

NCEP[C]. 24th Conference on Weather and Forecasting, AMS, 91th Annual Meeting, 2011, Seattle, WA.

[8] 漆梁波. 高分辨率数值模式在强对流天气预警中的业务应用进展[J]. 气象,2015,41(6):661-673.

[9] 郑永光，薛明，陶祖钰. 美国 NOAA 试验平台和春季预报试验概要[J]. 气象,2015, 41(5): 598-612.

[10] 薛纪善，陈德辉. 数值预报系统 GRAPES 的科学设计与应用[M]. 北京：科学出版社,2008.

[11] 陈德辉,薛纪善,杨学胜,等. GRAPES 新一代全球/区域多尺度统一数值预报模式总体设计研究[J]. 科学通报,2008,53(20):2396-2407.

[12] 沈学顺,王建捷,李泽椿,等. 中国数值天气预报的自主创新发展[J]. 气象学报,2020,78 (3):451-476.

[13] DIXON M, WIENER G. TITAN: Thunderstorm identification, tracking, analysis, and nowcasting-a radar-based methodology[J]. J Atmos Oceanic Technol,1993, 10(6): 785-797.

[14] 费海燕,王秀明,周小刚,等. 中国强雷暴大风的气候特征和环境参数分析[J]. 气象,2016,42(12): 1513-1521.